U0281569

住房和城乡建设领域专业人员岗位培训考核系列用书

施工员专业基础知识（设备安装）

（第二版）

江苏省建设教育协会　组织编写

中国建筑工业出版社

图书在版编目(CIP)数据

施工员专业基础知识（设备安装）/江苏省建设教育协会组织编写. —2版. —北京：中国建筑工业出版社，2016.10
住房和城乡建设领域专业人员岗位培训考核系列用书
ISBN 978-7-112-19944-0

Ⅰ.①施… Ⅱ.①江… Ⅲ.①建筑工程-工程施工-岗位培训-教材②房屋建筑设备-设备安装-工程施工-岗位培训-教材 Ⅳ.①TU74

中国版本图书馆CIP数据核字(2016)第236551号

本书作为《住房和城乡建设领域专业人员岗位培训考核系列用书》中的一本，依据《建筑与市政工程施工现场专业人员职业标准》JGJ/T 250—2011、《建筑与市政工程施工现场专业人员考核评价大纲》及全国住房和城乡建设领域专业人员岗位统一考核评价题库编写。全书共10章，内容包括：施工图识读与绘制、设备施工测量、设备安装工程材料、设备安装工程力学、建筑设备基础、设备工程施工工艺和工法、计算机和相关资料信息管理软件的应用知识、设备安装工程预算基础、建设工程项目管理的基础、建设工程相关法律法规 。本书既可作为设备安装施工员岗位培训考核的指导用书，又可作为施工现场相关专业人员的实用工具书，也可供职业院校师生和相关专业人员参考使用。

责任编辑：杨　杰　刘　江　岳建光　范业庶
责任校对：陈晶晶　姜小莲

住房和城乡建设领域专业人员岗位培训考核系列用书
施工员专业基础知识（设备安装）（第二版）
江苏省建设教育协会　组织编写
*
中国建筑工业出版社出版、发行（北京西郊百万庄）
各地新华书店、建筑书店经销
北京科地亚盟排版公司制版
北京市密东印刷有限公司印刷
*
开本：787×1092毫米　1/16　印张：30　字数：736千字
2016年9月第二版　2018年2月第九次印刷
定价：**78.00**元
ISBN 978-7-112-19944-0
(28756)

出版说明

为加强住房和城乡建设领域人才队伍建设，住房和城乡建设部组织编制并颁布实施了《建筑与市政工程施工现场专业人员职业标准》JGJ/T 250—2011（以下简称《职业标准》），随后组织编写了《建筑与市政工程施工现场专业人员考核评价大纲》（以下简称《考核评价大纲》），要求各地参照执行。为贯彻落实《职业标准》和《考核评价大纲》，受江苏省住房和城乡建设厅委托，江苏省建设教育协会组织了具有较高理论水平和丰富实践经验的专家和学者，编写了《住房和城乡建设领域专业人员岗位培训考核系列用书》（以下简称《考核系列用书》），并于2014年9月出版。《考核系列用书》以《职业标准》为指导，紧密结合一线专业人员岗位工作实际，出版后多次重印，受到业内专家和广大工程管理人员的好评，同时也收到了广大读者反馈的意见和建议。

根据住房和城乡建设部要求，2016年起将逐步启用全国住房和城乡建设领域专业人员岗位统一考核评价题库，为保证《考核系列用书》更加贴近部颁《职业标准》和《考核评价大纲》的要求，受江苏省住房和城乡建设厅委托，江苏省建设教育协会组织业内专家和培训老师，在第一版的基础上对《考核系列用书》进行了全面修订，编写了这套《住房和城乡建设领域专业人员岗位培训考核系列用书（第二版）》（以下简称《考核系列用书（第二版）》）。

《考核系列用书（第二版）》全面覆盖了施工员、质量员、资料员、机械员、材料员、劳务员、安全员、标准员等《职业标准》和《考核评价大纲》涉及的岗位（其中，施工员、质量员分为土建施工、装饰装修、设备安装和市政工程四个子专业）。每个岗位结合其职业特点以及培训考核的要求，包括《专业基础知识》、《专业管理实务》和《考试大纲·习题集》三个分册。

《考核系列用书（第二版）》汲取了第一版的优点，并综合考虑第一版使用中发现的问题及反馈的意见、建议，使其更适合培训教学和考生备考的需要。《考核系列用书（第二版）》系统性、针对性较强，通俗易懂，图文并茂，深入浅出，配以考试大纲和习题集，力求做到易学、易懂、易记、易操作。既是相关岗位培训考核的指导用书，又是一线专业岗位人员的实用工具书；既可供建设单位、施工单位及相关高职高专、中职中专学校教学培训使用，又可供相关专业人员自学参考使用。

《考核系列用书（第二版）》在编写过程中，虽然经多次推敲修改，但由于时间仓促，加之编著水平有限，如有疏漏之处，恳请广大读者批评指正（相关意见和建议请发送至JYXH05@163.com），以便我们认真加以修改，不断完善。

本书编写委员会

主　　编： 陈从建

编写人员： 刘大君　顾红军　吕艳玲　王正宇

刘明玮　陈金羽

第二版前言

根据住房和城乡建设部的要求，2016 年起将逐步启用全国住房和城乡建设领域专业人员岗位统一考核评价题库，为更好贯彻落实《建筑与市政工程施工现场专业人员职业标准》JGJ/T 250—2011，保证培训教材更加贴近部颁《建筑与市政工程施工现场专业人员考核评价大纲》的要求，受江苏省住房和城乡建设厅委托，江苏省建设教育协会组织业内专家和培训老师，在《住房和城乡建设领域专业人员岗位培训考核系列用书》第一版的基础上进行了全面修订，编写了这套《住房和城乡建设领域专业人员岗位培训考核系列用书（第二版）》（以下简称《考核系列用书（第二版）》），本书为其中的一本。

施工员（设备安装）培训考核用书包括《施工员专业基础知识（设备安装）》（第二版）、《施工员专业管理实务（设备安装）》（第二版）、《施工员考试大纲·习题集（设备安装）》（第二版）三本，反映了国家现行规范、规程、标准，并以施工工艺技术、施工质量安全为主线，不仅涵盖了现场施工人员应掌握的通用知识、基础知识、岗位知识和专业技能，还涉及新技术、新设备、新工艺、新材料等方面的知识。

本书为《施工员专业基础知识（设备安装）》（第二版）分册，全书共 10 章，内容包括：施工图识读与绘制、设备施工测量、设备安装工程材料、设备安装工程力学、建筑设备基础、设备工程施工工艺和工法、计算机和相关资料信息管理软件的应用知识、设备安装工程预算基础、建设工程项目管理的基础、建设工程相关法律法规 。

本书既可作为施工员（设备安装）岗位培训考核的指导用书，又可作为施工现场相关专业人员的实用工具书，也可供职业院校师生和相关专业人员参考使用。

第一版前言

为贯彻落实住房城乡建设领域专业人员新颁职业标准，受江苏省住房和城乡建设厅委托，江苏省建设教育协会组织编写了《住房和城乡建设领域专业人员岗位培训考核系列用书》，本书为其中的一本。

施工员（设备安装）培训考核用书包括《施工员专业基础知识（设备安装）》、《施工员专业管理实务（设备安装）》、《施工员考试大纲·习题集（设备安装）》3本，反映了国家现行规范、规程、标准，并以施工工艺技术、施工质量安全为主线，不仅涵盖了现场施工人员应掌握的通用知识、基础知识和岗位知识，还涉及新技术、新设备、新工艺、新材料等方面的知识。

本书为《施工员专业基础知识（设备安装）》分册，全书共分13章，内容包括：安装工程识图；安装工程测量；安装工程材料；安装工程常用设备；工程力学与传动系统；起重与焊接；流体力学与热功转换；电路与自动控制；安装工程造价基础；安装工程专业施工图预算的编制；建设工程法律基础；建设工程职业健康安全与环境管理体系；职业道德。

本书既可作为施工员（设备安装）岗位培训考核的指导用书，又可作为施工现场相关专业人员的实用手册，也可供职业院校师生和相关专业技术人员参考使用。

目　录

第1章　施工图识读与绘制

1.1　施工图的基本知识

1.1.1　工程图样的一般规定

1. 投影的基本原理及三视图

（1）投影的概念

如图1-1、图1-2所示，物体在光线照射下，就会在相应平面上产生影子，这个影子在某些方面反映出物体的形状特征，人们根据这种现象，总结其几何规律，提出了形成物体图形的方法——投影法，即一组射线通过物体射向预定平面上而得到图形的方法。

在图1-1中，射线发出点S称为投射中心，射线称为投影线，预定平面P称为投影面，在P面上所得到的图形称为投影。

（2）投影法的分类

投影法分为中心投影法和平行投影法。

1）中心投影法

投影线汇交于一点的投影法称为中心投影法，按中心投影法得到的投影称为中心投影，如图1-1所示。中心投影法绘制的图形立体感强，但它不能反映物体的真实大小。

2）平行投影法

投影线相互平行的投影法称为平行投影法，按平行投影法得到的投影称为平行投影，如图1-2所示。

① 斜投影

平行投影法中，投射线与投影面相倾斜时的投影称为斜投影，如图1-2中的$a_1b_1c_1d_1$。

② 正投影

平行投影法中，投射线与投影面相垂直时的投影称为正投影，如图1-2中的abcd。

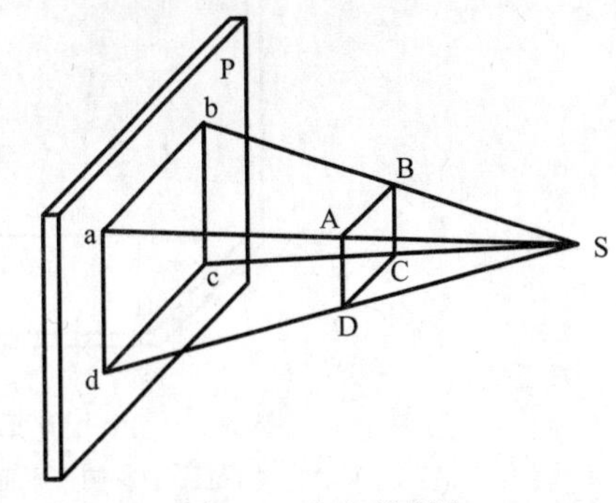

图1-1　中心投影法

在工程制图中，被广泛应用的是正投影法，它的投影能够反映其物体的真实轮廓和尺寸大小，因此能够方便地表现物体的形体状况。

（3）三视图及其投影规律

如图1-3所示，空间形体不同，但如仅从一个方向采用正投影法进行投影，则得出的正投影图是相同的。由此可见，在正投影法中用一个视图是无法完整确定物体的形状和大小的，为了确切表示物体的总体形状，一般需要从几个方向对形体作投影图并且综合起来识读，这样才能确定形体的准确形状和尺寸大小。在实际绘图中，常用的是三视图。

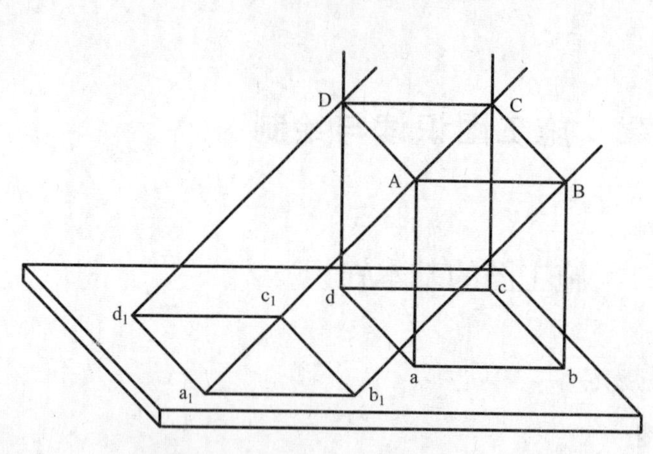

图 1-2　平行投影法、斜投影与正投影

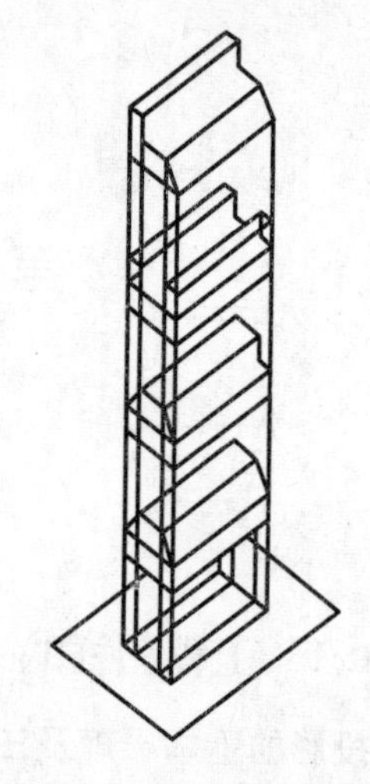

图 1-3　有相同投影图的不同空间形体

① 三视图的形成

为了表示物体的形状，通常采用互相垂直的三个投影面，建立一个三面投影体系。如图 1-4 所示，正立位置的投影面称为正投影面，用 V 表示；水平位置的投影面称为水平投影，用 H 表示；侧立位置的投影面称为侧投影面，用 W 表示。

研究物体的投影，就是把物体放在所建立的三个投影面体系中间，按图 1-5 所示的箭头方向，用正投影的方法，分别得到物体的三个投影，此三个投影称为物体的三视图，为了画图方便，须把互相垂直的三个投影面展开成一个平面，如图 1-6 所示。

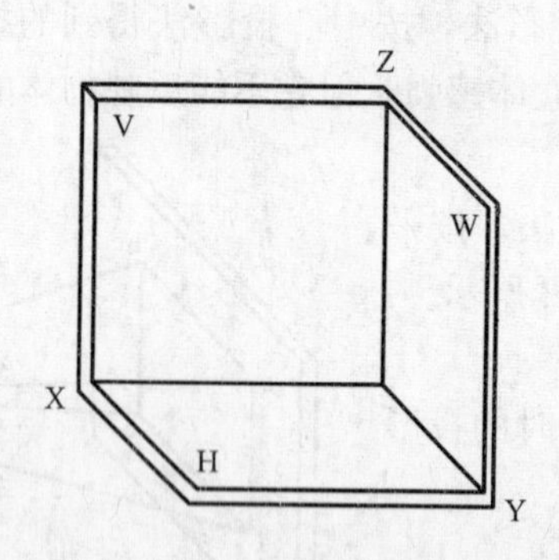

图 1-4　三个相互垂直的投影

V—主视平面；H—俯视平面；W—左视平面

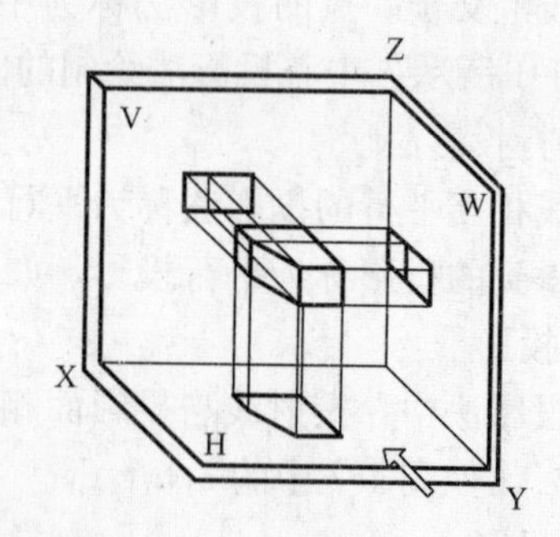

图 1-5　三视图的形成

三视图即主（正）视图、俯（水平）视图和左（侧）视图，在绘制三视图时，先将物体摆正，确定好主视图的位置，接下来将俯视图画在主视图的下方，将左视图画在主视图的右方。

② 三视图的投影规律

从图 1-5 可知，物体的三个视图在尺度上彼此相互关联，主视图反映了物体的长度和高度，俯视图反映了物体的长度和宽度，左视图反映了物体的宽度和高度，也即物体的长度由主视图和俯视图同时反映出来，高度由主视图和左视图同时反映出来，宽度由俯视图和左视图同时反映出来，由此可得到物体三视图的投影规律：

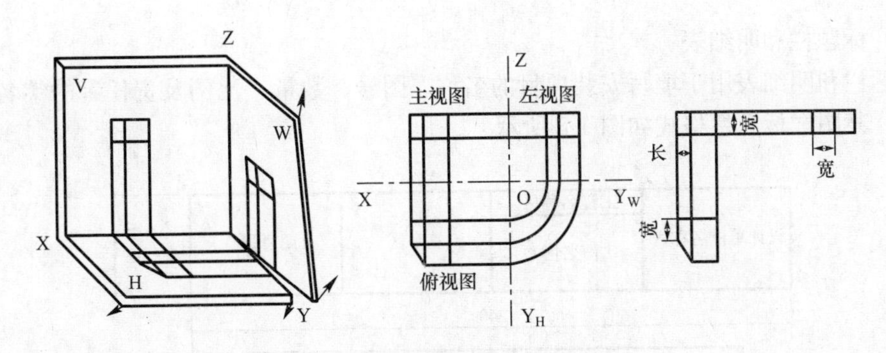

图 1-6　投影面的展开及三视图的形成

a. 主视图和俯视图长对正；

b. 主视图和左视图高对齐；

c. 俯视图和左视图宽相等。

简称为“长对正，高对齐，宽相等”。

不仅整个物体的三视图符合上述规律，而且物体上的任一个组成部分的三个投影也符合上述投影规律，读图时必须以这些规律为依据，找出三视图中相对应的部分，从而想象出物体的结构形状。

2. 工程图样的一般规定

工程技术上根据投影方法并遵照国家标准的规定绘制成一定图形，用以表示相关信息的技术文件称为工程图样，它的主要内容有：一组用正投影法绘制的视图，标注出用于制造、检验、安装、调试等所需的各种尺寸，技术要求，材料、构配件明细表以及标题栏等。

（1）图纸幅面

国家制图标准规定图样的图框格式如图 1-7 所示，其幅面大小见表 1-1。

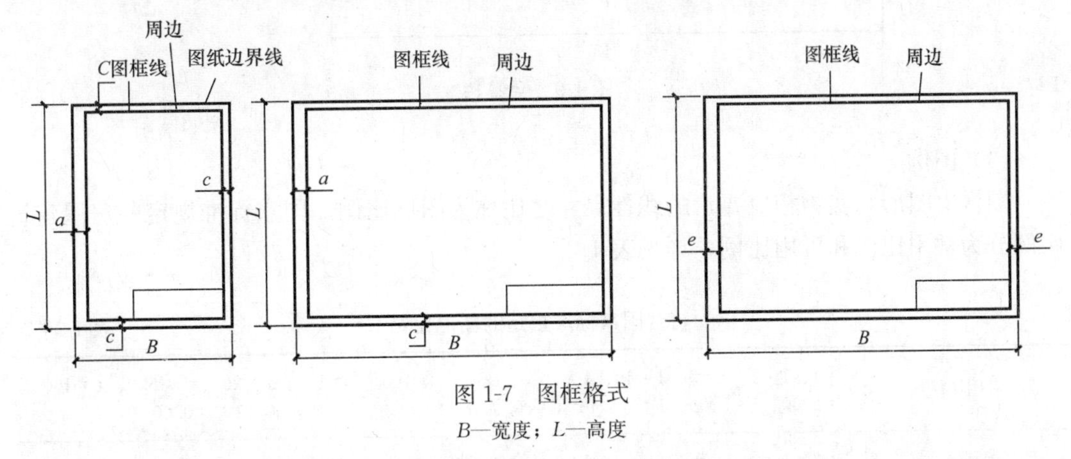

图 1-7　图框格式

B—宽度；*L*—高度

图样幅面尺寸（mm）　　**表 1-1**

幅面代号	A0	A1	A2	A3	A4	A5
L×*B*	841×1189	594×841	420×594	297×420	210×297	148×210
a	25					
c	10			5		
e	20		10			

（2）标题栏和明细表

标题栏和明细表用于填写安装项目的名称、图号、数量、比例及责任者的签名和日期等内容。某图样标题栏格式如图 1-8 所示。

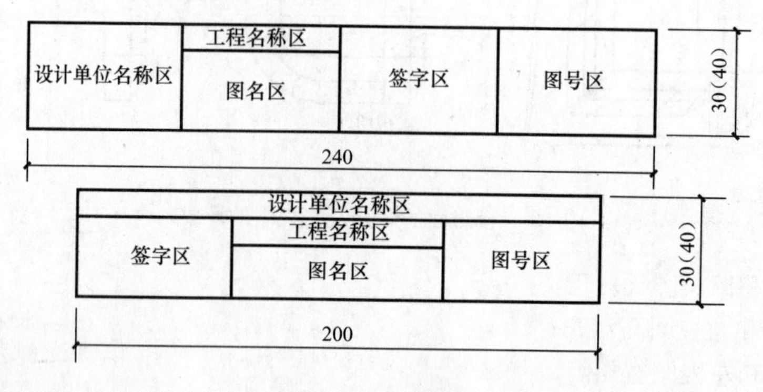

图 1-8　标题栏格式

（3）会签栏

会签栏按图 1-9 的格式绘制，其尺寸应为 100mm×20mm，栏内应填写会签人员所代表的专业、姓名、日期（年、月、日）；一个会签栏不够时，可另加一个，两个会签栏并列；不需要会签的图纸可不设会签栏。

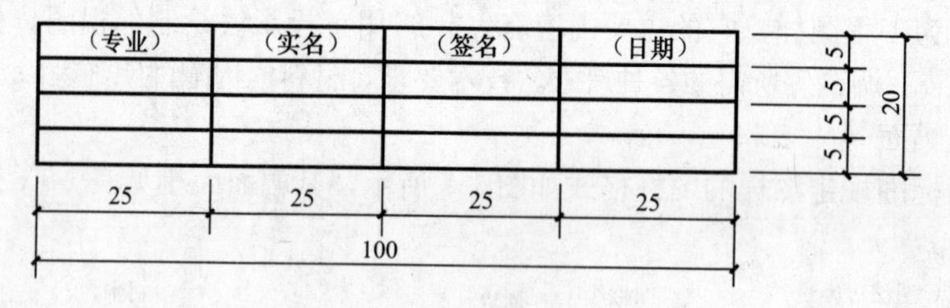

图 1-9　会签栏

（4）图例

图样上图形与实物相应要素的线性尺寸之比称为图形比例。国家标准规定的房屋建筑比例分为常用比例和可用比例，详见表 1-2。

符合国家标准规定的图形比例　　**表 1-2**

常用比例	1∶1、1∶2、1∶5、1∶10、1∶20、1∶50、1∶100、1∶150、1∶200、1∶500、1∶1000、1∶2000、1∶5000、1∶10000、1∶20000、1∶50000、1∶100000、1∶200000
可用比例	1∶3、1∶4、1∶6、1∶15、1∶25、1∶30、1∶40、1∶60、1∶80、1∶250、1∶300、1∶400、1∶600

每张图样上都要注出所画图形采用的比例。

（5）图线

工程建设制图中，应选用的线宽与线型见表 1-3。

图 线 **表 1-3**

名称		线型	线宽	一般用途
实线	粗		b	主要可见轮廓线
	中		0.5b	可见轮廓线
	细		0.25b	可见轮廓线、图列线
虚线	粗		b	见各有关专业制图标准
	中		0.5b	不可见轮廓线
	细		0.25b	不可见轮廓线、图列线
点画线	粗		b	见各有关专业制图标准
	中		0.5b	见各有关专业制图标准
	细		0.25b	中心线、对称线等
折断线			0.25b	断开界线
波浪线			0.25b	断开界线

注：图线的宽度 b，宜从下列线宽系列中选取：2.0、1.4、1.0、0.7、0.5、0.35mm。

（6）工程图纸编排顺序

工程图纸应按专业顺序编排，一般应为图样目录、设计说明、总平面图、建筑图、结构图、给水排水图、采暖通风图、电气图等。

1）图样目录

说明该工程各种图样组成及编号。

2）设计说明

主要说明工程的概况和总的技术要求等，其中包括设计依据、设计标准和施工要求。

3）总平面图

表达建设工程总体布局的工程图样。

4）建筑图

表示一栋房屋的内部和外部形状的图纸。

5）结构图

表示建筑物的基础结构、主体结构、预埋件位置等。

6）给水排水图

表示给水排水管道的布置、走向及支架的制作安装要求等。

7）采暖通风图

表示采暖通风工程布置、通风设备零部件的结构、安装、吊架制作安装、系统调试要求等。

8）电气图

表示电气线路的走向和具体安装要求等。

1.1.2 图样的表达方法

1. 基本视图

前面介绍了用主、左、俯三面视图表达形体的方法，但在生产实践中，有时仅用三面视图常难以把复杂形体的内外有别结构形状等表达清楚，有时形状不同的构件，其三视图可能完全相同，如图 1-10 所示的两个形状不同的形体，但由于投影具有集聚性，其三视图却完全相同。

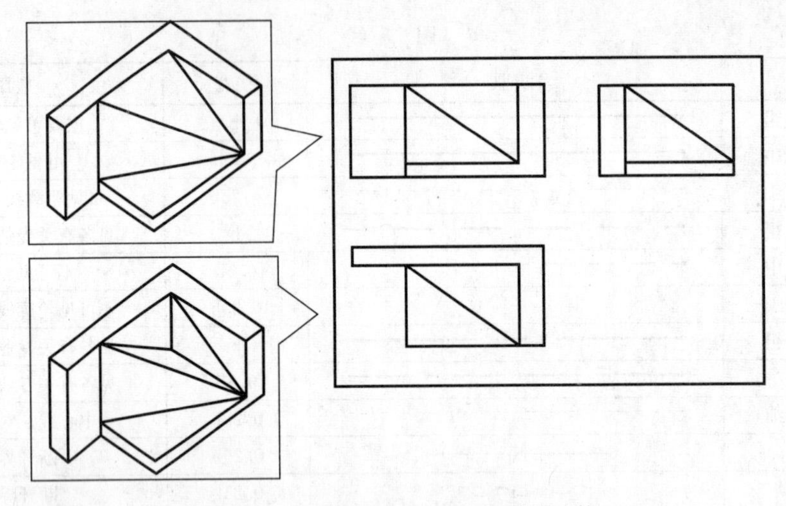

图 1-10　形状不同、三视图相同的形体

为此，国家制图标准规定可用正六面体的六个面作为基本投影面，用正投影原理，分别向六个基本投影面进行投影，所得到的六个视图称为基本视图，如图 1-11 所示。

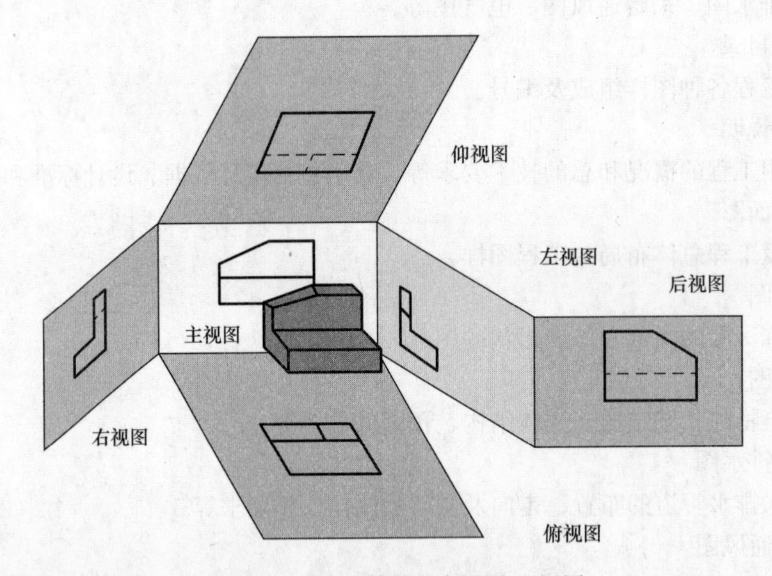

图 1-11　正六面体的基本视图-六视图

根据六个基本视图的投影方向、名称及配置分别得到主视图、左视图、右视图、俯视图、仰视图、后视图。其视图的配置如图 1-12 所示，视图按规定位置配置时，除后视图的上方应标注“后视”或“X 向”外，其他各视图都可不标注名称，识读图样时可根据各视图的位置关系来确定它们的投影关系及名称，若基本视图不能按规定配置或各视图没有画在同一张图样上时，应在视图的上方标注相应的名称。

六个基本视图的投影给形体的表达带来了许多方便，但不是任何形体都要用六个基本视图来表达。相反，在将形体的结构、尺寸及形状表示清楚的前提下，视图数量尽量少，以便于作图。

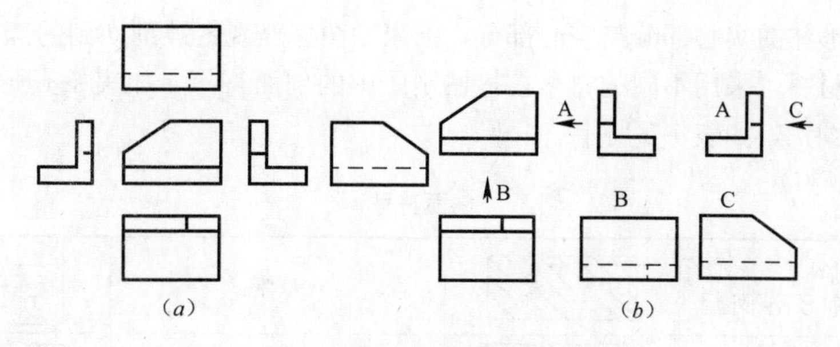

图 1-12　视图的配置

(a) 六视图；(b) A 右视图、B 仰视图、C 后视图

除六个基本视图外，制图标准还规定有局部视图、斜视图、旋转视图等，用来表达形体上某些在基本视图上表示不清楚的结构和形状。

2. 剖视图

为了清晰地表达形体的内部结构，国家制图标准规定可采用“剖视”方法。

(1) 剖视图的概念

剖视图是用假想的剖切平面，在适当的位置剖开形体，移去观察者和剖切平面之间的部分，将其余部分向投影面投影所得的图形，如图 1-13 所示。

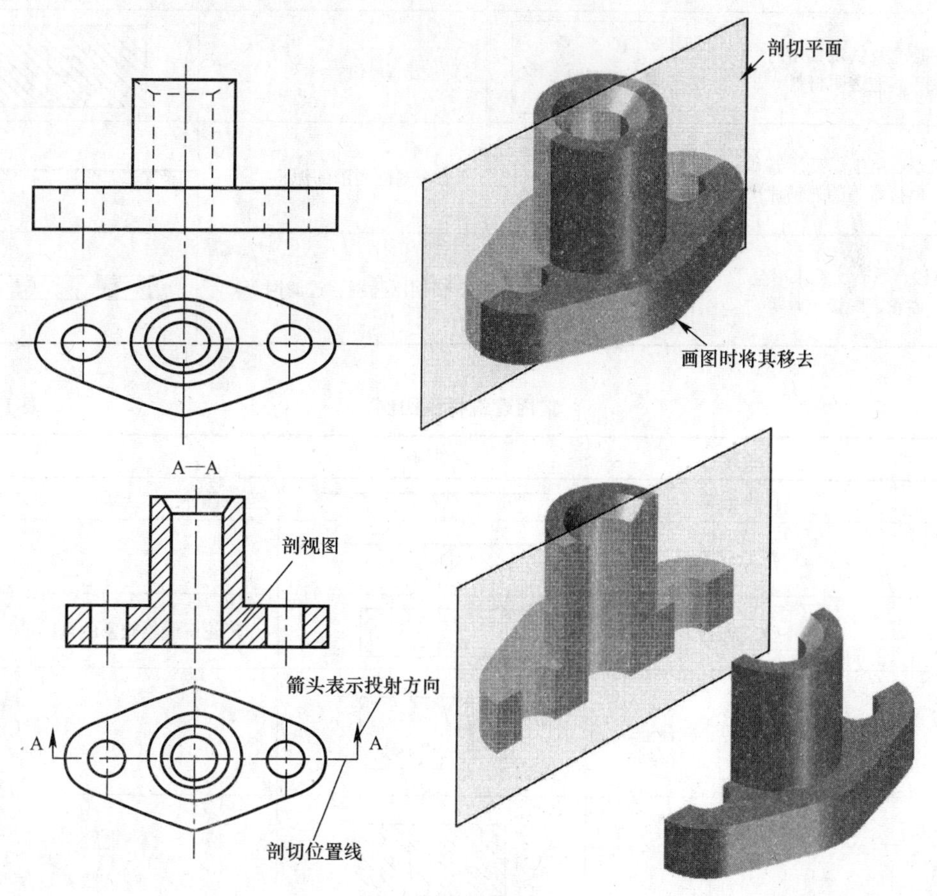

图 1-13　剖视图

为了分清形体的实心部分与空心部分，国家制图标准规定被剖切到的部位应画出剖面符号。不同的材料，采用不同的符号，机械制图中的剖面符号，如表 1-4 所示；制图中常用建筑材料的图例，如表 1-5 所示。

剖面符号 表 1-4

名称		符号	名称	符号
金属材料（已有规定剖面符号者除外）		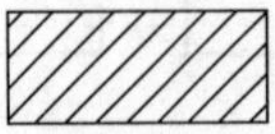	液体	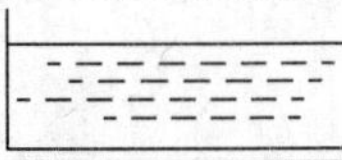
非金属材料（已有规定剖面符号者除外）			胶合板（不分层）	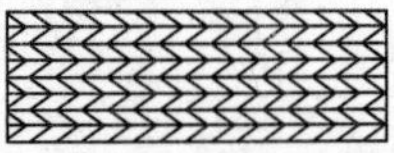
木材	纵剖面		混凝土	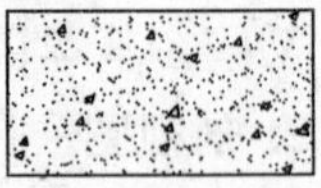
	横剖面	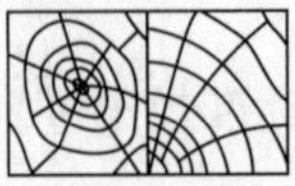		
线圈绕组元件		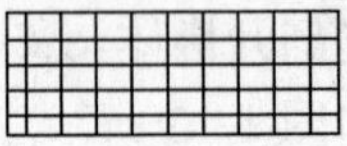	钢筋混凝土	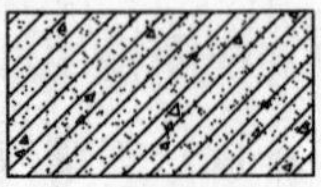
玻璃及供观察用的其他透明材料			砖	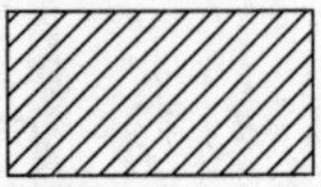
转子、电枢、变压器和电抗器等的迭钢片		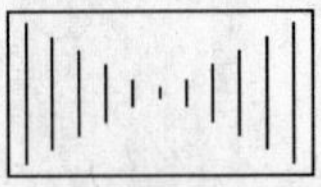	基础周围的泥土	
型砂、填砂、粉末冶金、砂轮、陶瓷刀片等		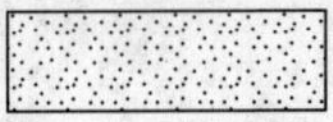	格网（筛网、过滤网等）	

常用建筑材料图例 表 1-5

序号	名称	图例	备注
1	自然土壤		包括各种自然土壤
2	夯实土壤	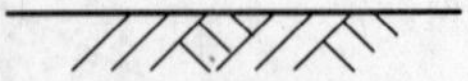	
3	砂、灰土	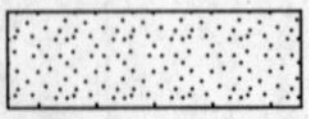	靠近轮廓线绘较密的点
4	砂砾石、碎砖、三合土	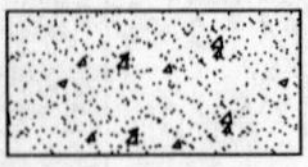	
5	石材	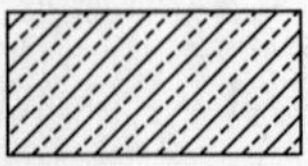	

续表

序号	名称	图例	备注
6	毛石		
7	普通砖	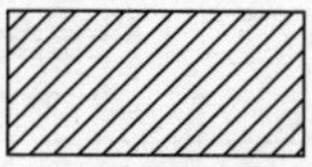	包括实心砖、多孔砖、砌块等砌体。断面较窄不易绘出图线时，可涂红
8	耐火砖	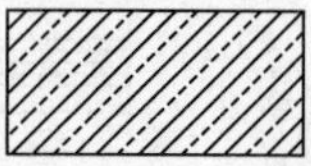	包括耐酸砖等砌体
9	空心砖	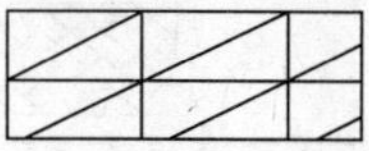	指非承重墙砌体
10	饰面砖	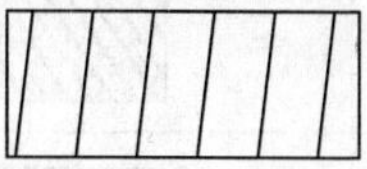	包括铺地砖、马赛克（陶瓷锦砖）、人造大理石等
11	焦渣、矿渣	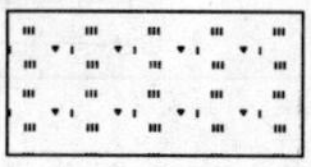	包括与水泥、石灰等混合而成的材料
12	混凝土	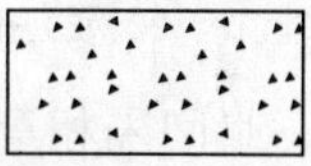	1. 本图例指承重的混凝土及钢筋混凝土 2. 包括各种强度等级、骨料、添加剂的混凝土 3. 在剖面图上画出钢筋时，不画图例线 4. 断面图形小，不易画出图例线时，可涂黑
13	钢筋混凝土	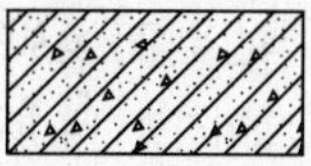	
14	多孔材料	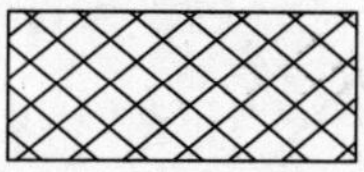	包括水泥珍珠岩、沥青珍珠岩、泡沫混凝土、非承重加气混凝土、软木、蛭石制品等
15	纤维材料	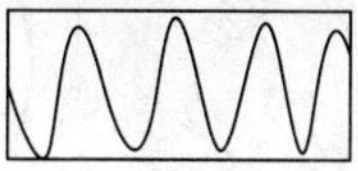	包括矿棉、岩棉、玻璃棉、麻丝、木丝板、纤维板等
16	泡沫塑料材料	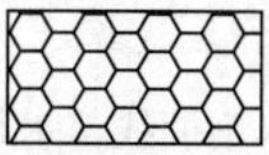	包括聚苯乙烯、聚乙烯、聚氨酯等多孔聚合物类材料
17	木材	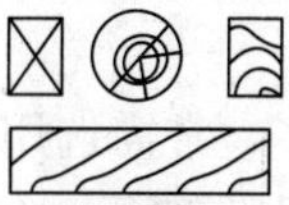	1. 上图为横断面，左上图为垫木、木砖或木龙骨 2. 下图为纵断面
18	胶合板	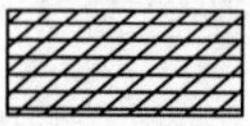	应注明为×层胶合板
19	石膏板	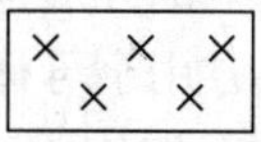	包括圆孔、方孔石膏板、防水石膏板等
20	金属	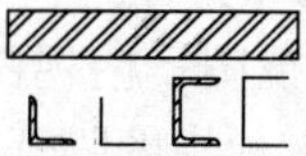	1. 包括各种金属 2. 图形小时，可涂黑

续表

序号	名称	图例	备注
21	网状材料		1. 包括金属、塑料网状材料 2. 应注明具体材料名称
22	液体		应注明具体液体名称
23	玻璃		包括平板玻璃、磨砂玻璃、夹丝玻璃、钢化玻璃、中空玻璃、夹层玻璃、镀膜玻璃等
24	橡胶		
25	塑料		包括各种软、硬塑料及有机玻璃
26	防水材料		构造层次多或比例大时，采用上面图例
27	粉刷		本图例采用较稀的点

注：序号 1、2、5、7、8、13、14、16、17、18、22、23 图例中的斜线、短斜线、交叉斜线等一律为 45°。

如常用金属材料的剖面符号为一组间隔相等且与水平方向成 45°的平行细实线，称剖面线，同一形体各剖视图上的剖面线倾斜方向及间隔应均匀一致。如图形中的主要轮廓线与水平成 45°或接近 45°时，则该图上的剖面线应为与水平线成 30°或 60°的平行线，但倾斜方向仍应与其他图形的剖面线一致，如图 1-14 所示。

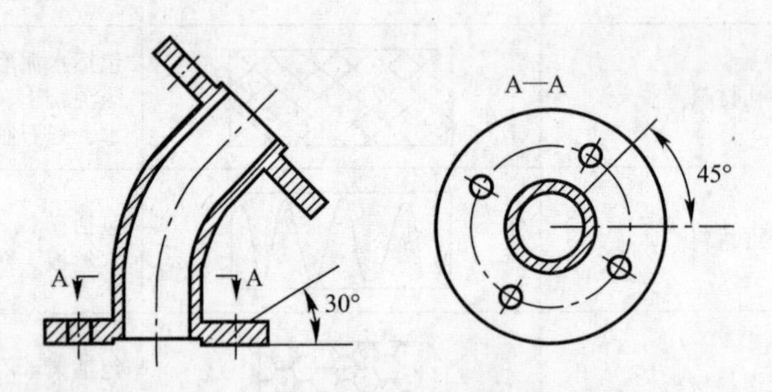

图 1-14　剖面线与水平线成 30°或 60°

（2）剖视图类型

由于形体内部结构形状变化较多，常需选用各种不同类型的剖视图来进行表达，常用的剖视方法有：全剖视、半剖视、局部剖视、阶梯剖视。

1）全剖视图

全剖视图是用一个剖切平面完全地剖开形体后所得到的剖视图，如图 1-15 所示。

全剖视图的标注一般在剖视图上方用字母标出剖视图的名称“X—X”。

在相应的视图上用剖切符号表示剖切位置，在剖切符号的外端用箭头指明投射方向，并注有同样的字母，如图 1-15 中主视图、俯视图所示。当通过形体对称平面剖切时，且剖视图按投影关系配置，中间又无其他视图隔开时，可不标注，如图 1-15 中的主视图。

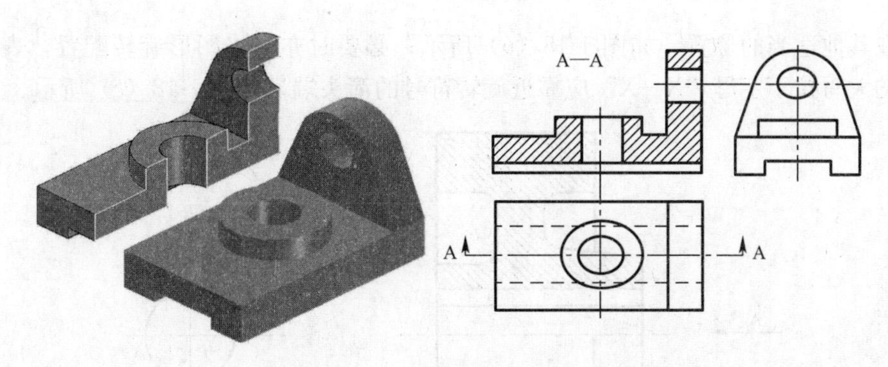

图 1-15　全剖视图及标注

2）半剖视图

半剖视图是当形体具有对称平面时，在垂直于对称平面的投影面上的投影以中心线为界，一半画成剖视图，另一半画成视图所得到的组合图形，如图 1-16 所示。

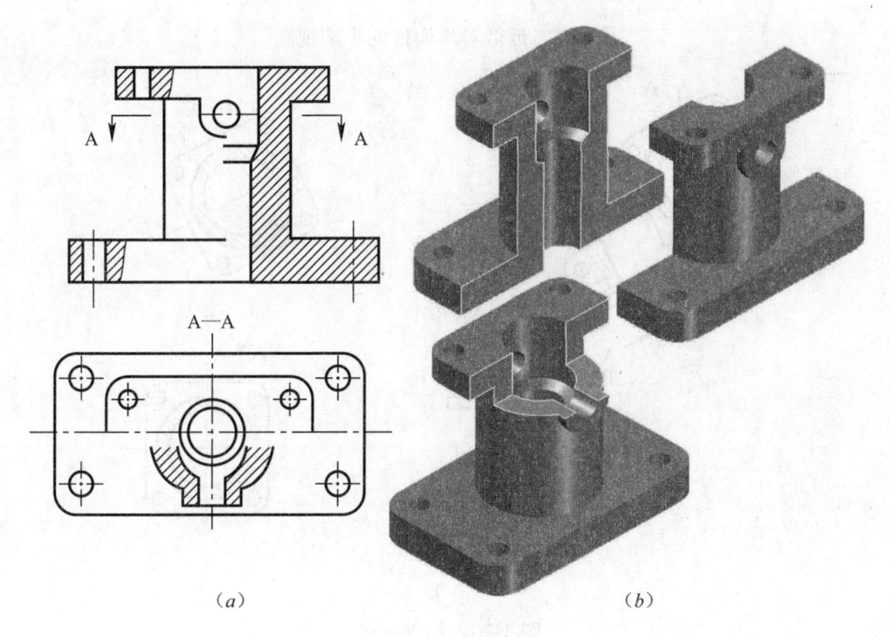

图 1-16　半剖视图
(*a*) 半剖视图；(*b*) 剖视图位置示意图

半剖视图读图时，一半表达形体的外部形状，另一半表达形体的内部结构。半剖视图的标注方法与全剖视图相似。

对于构件形状接近对称，而其不对称部分已在其相关视图中表达清楚时，也可画成半剖视图，如图 1-17 所示的键槽，已在左视图中表示清楚，故亦可用半剖视图进行表达，识读这类半剖视图时应加以注意。

3）斜剖视图

斜剖视图是用不平行于任何投影面的剖切平面剖开形体所得的视图，如图 1-18 所示。

斜剖视图一般配置在箭头所指的方向，并与基本视图保持对应的投影关系，标注为“X—X”剖视，如图 1-18（*a*）所示，读图时应注意：有时为了合理地利用图纸，也有将图形放在其他适当的位置，如图 1-18（*b*）所示；必要时亦可将图形旋转配置，表示该视图名称的大写拉丁字母“X—X”应靠近旋转符号的箭头端，如图 1-18（*c*）所示。

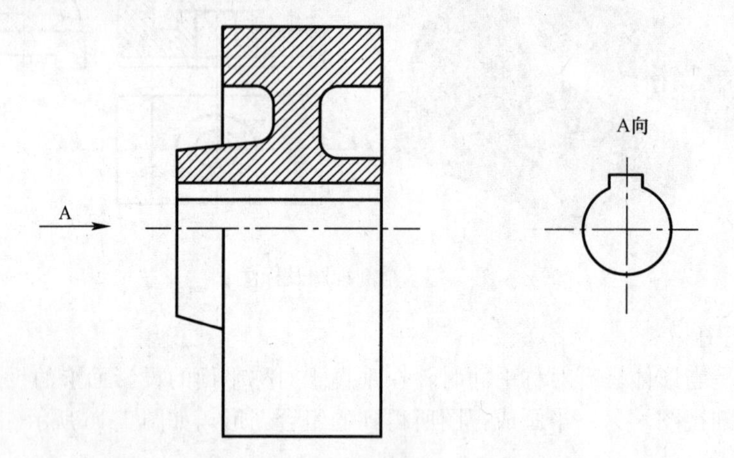

图 1-17　近似对称构件的半剖视图

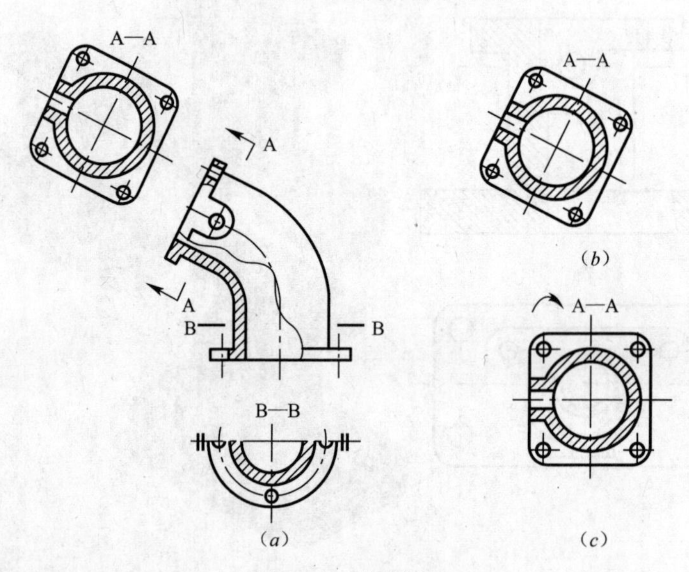

图 1-18　斜剖视图

（*a*）B—B 剖视图；（*b*）A—A 剖视图；（*c*）A—A 剖视图放正

4）阶梯剖面

阶梯剖视图是用几个相互平行的剖切平面剖开形体所得到的剖视图，如图 1-19 所示。

阶梯剖视须在其起讫和转折处用剖切符号表示剖切位置，在剖切符号外端用箭头指明投影方向，并在剖视图上方标注“X—X”，见图 1-19。

识读阶梯剖视图时应注意：阶梯剖视图是把几个平行的剖切平面作为一个剖切平面考虑，被切到的结构要素也被认为是位于同一个平面上。

3. 剖面图

（1）建筑图中的剖面图

与上节所述的剖视图一样，按剖切方式不同，建筑剖面图也会有全剖面图、半剖面图、阶梯剖面图和局部剖面图等类型，分别见图 1-20～图 1-23。

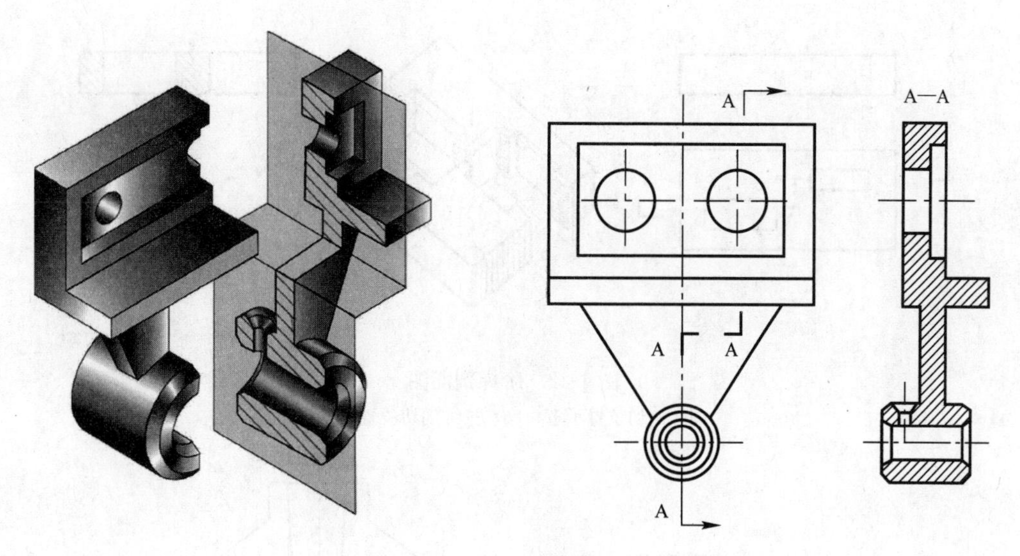

图 1-19　阶梯剖视图

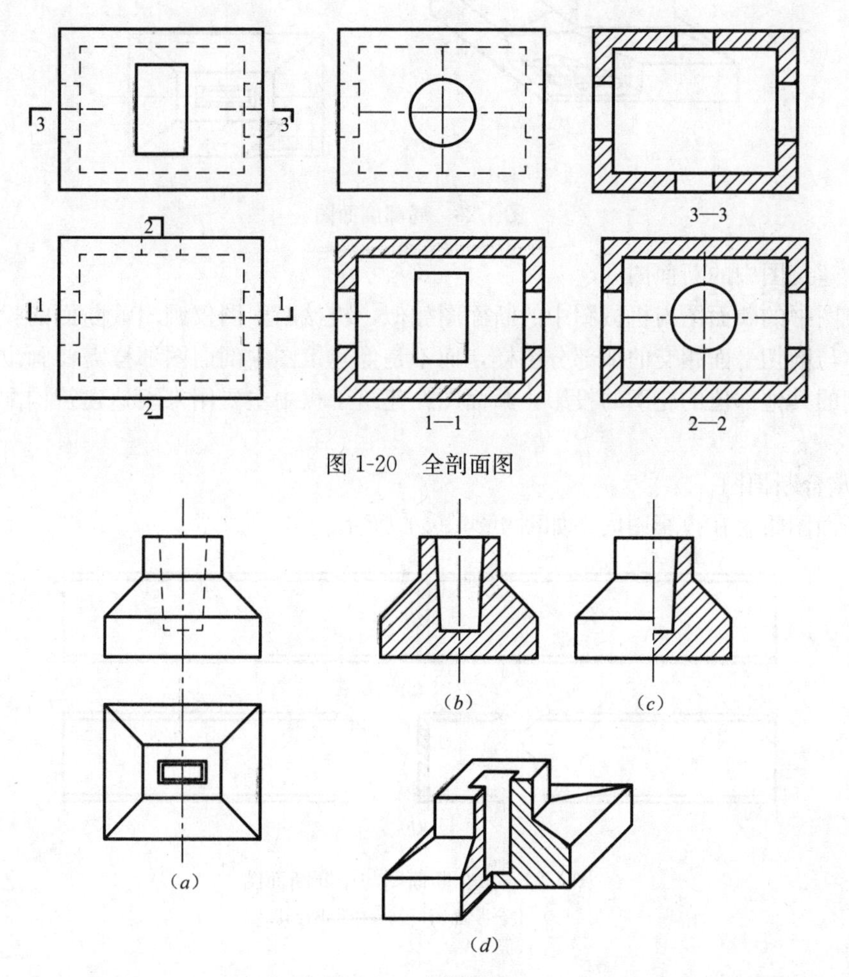

图 1-20　全剖面图

（b）

（c）

（a）

（d）

图 1-21　半剖面图

（a）俯视图；（b）全剖面图；（c）半剖面图；（d）三维模型

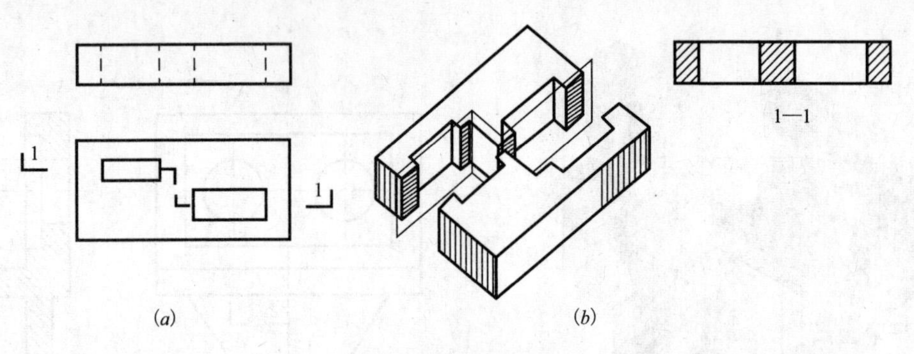

图 1-22　阶梯剖面图

(*a*) 剖切位置示意；(*b*) 三维剖切位置示意

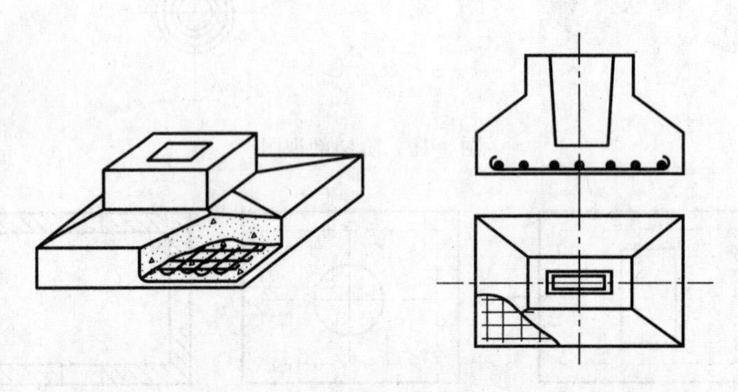

图 1-23　局部剖面图

(2) 建筑图中的断面图

建筑图中的断面图与机械图中的断面图相似，机械断面图仅画出截断面的投影，即只画出形体与剖切平面相交的那部分图样，而不是像建筑图中剖面图那样需要画出沿投影方向看得到的其他部位的轮廓的投影，断面图在建筑工程中主要用来表达建筑构配件的断面形状。

1) 重合断面图

将断面图重叠在投影图内，如图 1-24 (*a*) 所示。

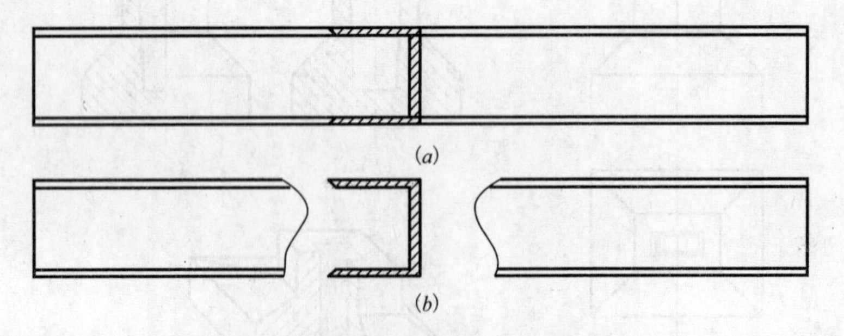

图 1-24　重合断面图与中断断面图

(*a*) 重合断面图；(*b*) 中断断面图

2) 中断断面图

将断面图画在投影图的中断处，用波浪线表示断裂处，并省略剖切符号，如图 1-24

（b）所示。

3）移出断面图

将断面图画在投影图之外，移出断面图一般与形体的投影图靠得较近，断面图的比例可较原图大，以更清晰地显示其内部构造和标注尺寸，图 1-25（a）为剖面图，图 1-25（b）为断面图。从该图中可以看出断面图与剖面图的区别。

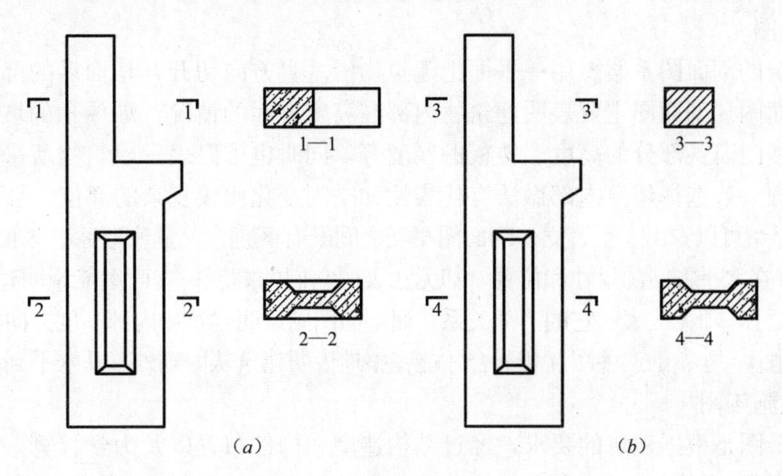

图 1-25　剖面图与断面图

（a）剖面图；（b）断面图

1.1.3　建筑施工图识读

设备安装要与房屋建筑相联系，如设备安装的位置、放线的基准等均以房屋的基准为依据，因此在设备安装施工时，必须弄清楚建筑物的类型和基本构造，学会识读建筑施工图。

1. 基本概念及常用图例

（1）建筑施工图的分类

房屋建筑图是表示一栋房屋的内部和外部形状的图纸，主要有总平面图、平面图、立面图、剖面图、结构图、详图和建筑构配件通用图集等，是建筑施工的主要依据。这些图纸都是运用正投影原理绘制的。

1）总平面图

将新建工程四周一定范围内的新建、拟建、原有和拆除的建筑物、构建物连同其周围的地形、地貌状况用水平投影方法和相应的图例所画出的图样，即为总平面图。主要表示新建房屋的位置、朝向与原有建筑物的关系，以及周围道路、绿化和给水、排水、供电条件等方面的情况，作为新建房屋施工定位、土方施工、设备管网平面布置、安排在施工时进入现场的材料和构件、配件堆放场地、构件预制的场地以及运输道路的依据。

2）平面图

建筑平面图主要表示房屋占地的大小，内部的分隔，房间的大小，台阶、楼梯、门窗等局部的位置和大小，墙的厚度等。平面图有许多种，如总平面图、基础平面图、楼板平面图、屋顶平面图、吊顶或顶棚仰视图等。

3）立面图

房屋建筑的立面图，就是一栋房子的正立投影图与侧立投影图，通常按建筑各个立面的朝向，将几个投影图分别叫做东立面图、西立面图、南立面图、北立面图等。立面图主要表明建筑物外部形状，房屋的长、宽、高尺寸，屋顶的形式，门窗洞口的位置，外墙饰面、材料及做法等。

4）剖面图

房屋建筑的剖面图系假想用一平面把建筑物沿垂直方向切开，切面后的部分正立投影图就叫做剖面图。剖面图主要表明建筑物内部在高度方面的情况，如屋顶的坡度、楼房的分层、房间和门窗各部分的高度、楼板的厚度等，同时也可以表示建筑物所采用的结构形式。剖面位置一般选择建筑内部做法有代表性和空间变化比较复杂的部位。

从以上介绍可以看出，平、立、剖面图相互之间既有区别，又紧密联系。平面图可以说明建筑物各部分在水平方向的尺寸和位置，却无法表明它们的高度；立面图能说明建筑物外形的长、宽、高尺寸，却无法表明它的内部关系；而剖面图则说明建筑物内部高度方向的布置情况。因此只有通过平、立、剖三种图互相配合才能完整地说明建筑从内到外，从水平到垂直的全貌。

5）结构施工图

结构施工图是根据建筑的要求，经过结构造型和构件布置以及力学计算，确定建筑各承重构件的形状、材料、大小和内部构造等，把这些构件的位置、形状、大小和连接方式绘制成图样，指导施工，这种图样称为结构施工图。结构施工图是施工定位、放线、基槽开挖、支模板、绑扎钢筋、设置预埋件、浇筑混凝土以及安装梁、板、柱，编制预算和施工进度计划的重要依据。

6）详图和构件图

将房屋细部及构配件的形状大小、材料做法等用较大的比例按正投影的方法详细表达出来的图样，表示方法根据详图和构件的特点有所不同。

（2）建筑施工图的常用图例

1）图线　工程图样都是由各种不同的图线绘制而成的，不同的图线表示不同的含义，详见本书第一节表1-3图线。

2）比例建筑施工图选用的比例一般如下：

总平面图为1∶500、1∶1000、1∶2000；

平、立、剖面图为1∶50、1∶100、1∶150、1∶200；

详图为：1∶1、1∶2、1∶5、1∶10、1∶20、1∶50。

3）定位轴线及编号

建筑施工图中的定位轴线是确定建筑结构构件平面布置及标志尺寸的基线，是设计和施工中定位放线的依据。凡主要的墙、柱、大梁等承重构件，都应画上轴线并用该轴线编号来确定其位置。

定位轴线用细点划线绘制并编号，编号应注写在定位轴线端部细实线的轴线圆内，其直径为8～10mm。

横向编号采用阿拉伯数字从左至右编号，竖向编号采用大写拉丁字母（I、Z、O三字母除外）由下至上编写，两根轴线之间，如需附加轴线时，应以分数表示，分母表示前一轴线的编号，分子表示附加轴的编号。

4）索引符号

对于需要表达细部的形状、尺寸、材料、构造等工程图中的局部、构件、配件等，则可在它的旁边绘制索引符号。索引符号为一中间有分数线的圆圈，分子的号码是详图序号，分母的号码是放大后的详图所在图纸的页数，如图 1-26（*b*）、（*c*）所示。如果详图在标注索引的同一张图纸上，则在分母处画一横划即可，如图 1-26（*a*）所示。详图的放大比例标注在详图处，如图 1-26（*d*）所示。如果详图是采用建筑配件通用图集的图，则在分数线的外伸线上标注出图集名称，分母表示图集的页码，如图 1-26（*c*）表示详图采用建筑配件通用图 J101 第 5 页中的图。

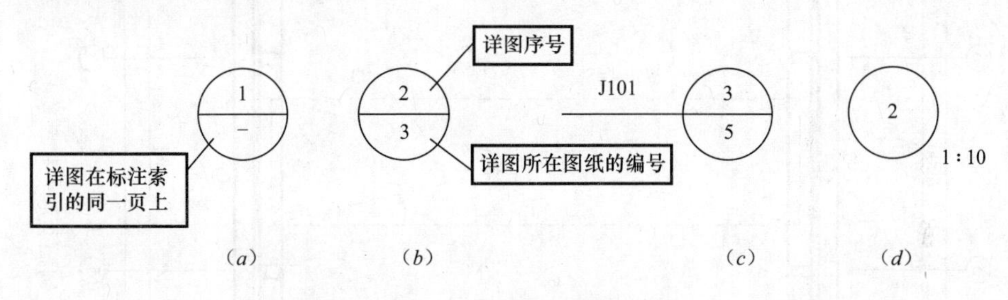

图 1-26　索引符号与详图符号

索引符号与详图符号的应用如图 1-27 所示。

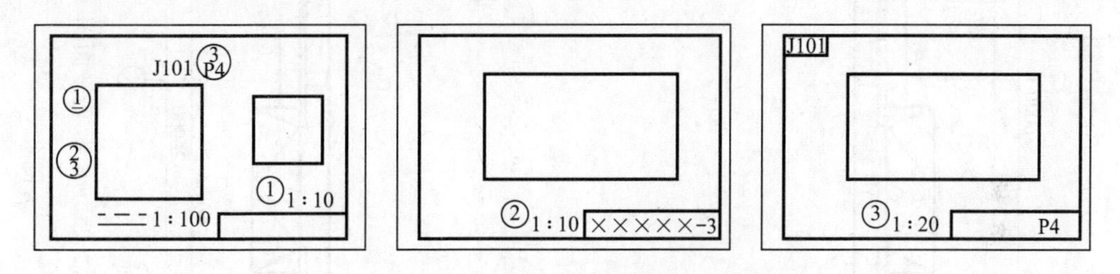

图 1-27　索引符号与详图符号的应用

2. 建筑施工图识读

（1）总平面图

图 1-28 所示为某工业厂房建筑施工平面图，该图的比例为 1∶200。读图顺序一般为：先墙外，后墙内；即从最外围开始，逐步向内部深入。

先分析总尺寸和建筑面积，该厂房从①轴至⑦轴总长为 36.240m，宽度自上而下为 18.240m，建筑面积 36.24m×18.24m＝661.02m^2。

接下来分析柱子间距和厂房跨度，该厂房有纵向柱子 14 根，横向柱子 4 根；纵向柱距 6m，横向柱距 6m；厂房跨度 6m×3＝18m，外墙厚度 240mm。

该厂房共有四个 M-1 门，窗有 C-1、C-2 两种，其中“C-1”14 个，“C-2”22 个。

厂房中有起重机一部，其起重量为 3t，跨度 16.5m；顺着纵向柱的两条点划线表示两条吊车的轨道；厂房内的两端各有一部钢梯。

图中有两个索引详图。

（2）立面图

图 1-29 为某工业厂房的建筑立面图，读图时，先看图名、比例和说明。阅读时注意

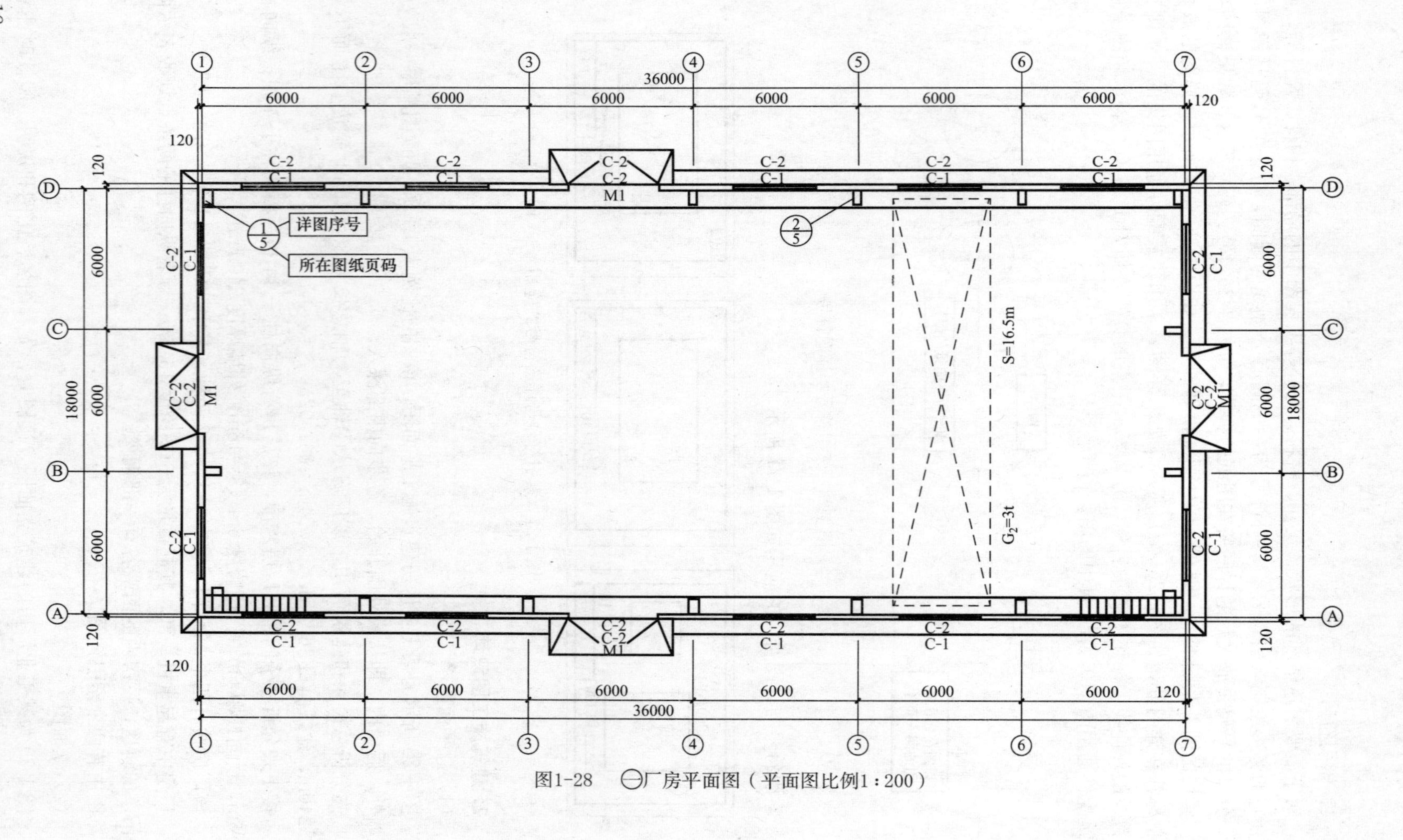

图1-28 一厂房平面图（平面图比例1:200）

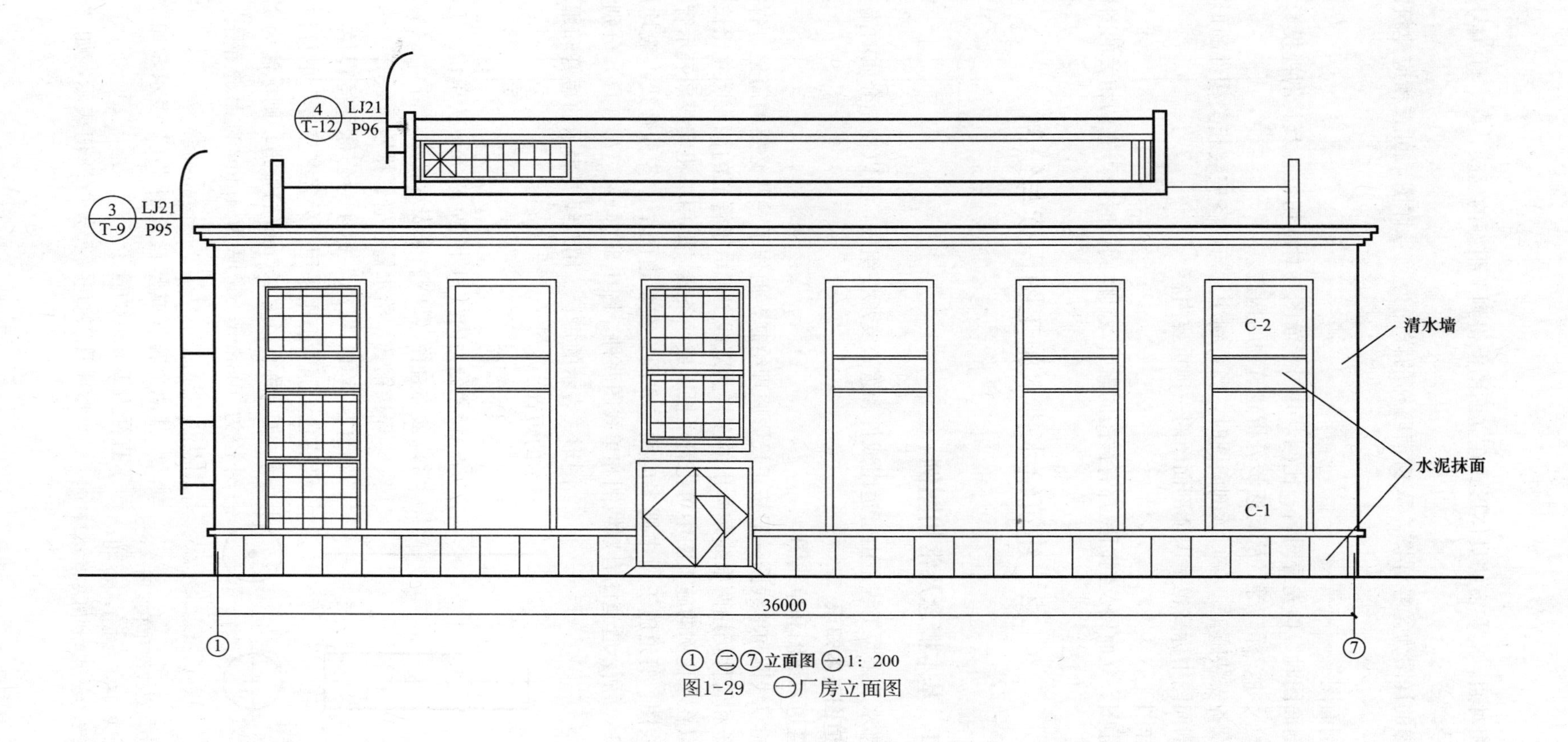

①—⑦立面图 1：200

图1-29 厂房立面图

与平面图相对照，门和窗的具体形式在立面图上得到了很好的反映，③、④编号为各个详图的索引号。

消防梯的详图为③号详图，天窗消防梯的详图为④号详图，可查相应建筑配件通用图集。

（3）剖面图

阅读剖面图时，首先看图名、比例，并与平面图核对剖切位置及其剖视投影。接下来看其标注的尺寸、标高等，从而逐步分析建筑物的构造。

对于设备安装施工，在阅读剖面图时，要特别注意与设备安装相关构件的形状、尺寸等要素。剖面图中标高也是识读剖面图的一项重要内容。

（4）详图

在平面图、立面图及剖面图都有详图的索引，具体阅读时，可查阅相关的图样。

1.2 建筑给水排水施工图识读与绘制

1.2.1 基本概念及常用图例

给水排水及采暖工程是由管道组成件和管道支承件组成，用以控制介质的流动。

1. 管道图基本知识

（1）管道双线图和单线图

管道的双线图和单线图一般按正投影原理绘制，但作了一些必要的简化，省去管子壁厚，而管子和管件仍用两根线条画出的图样为双线图；由于管道的截面尺寸比长度尺寸小得多，所以在小比例的施工图中可把管子投影成一条线，即用单粗实线来表示管子，这种图样称单线图，管道施工图中则多应用单线图。在管道图中，各种管线一般均用实线表示，如图 1-30 所示管道图有双线图和单线图两种，图 1-30（*a*）、（*b*）、（*c*）分别为用三视图形式表示的短管、用双线图表示的短管和用单线图表示的短管。

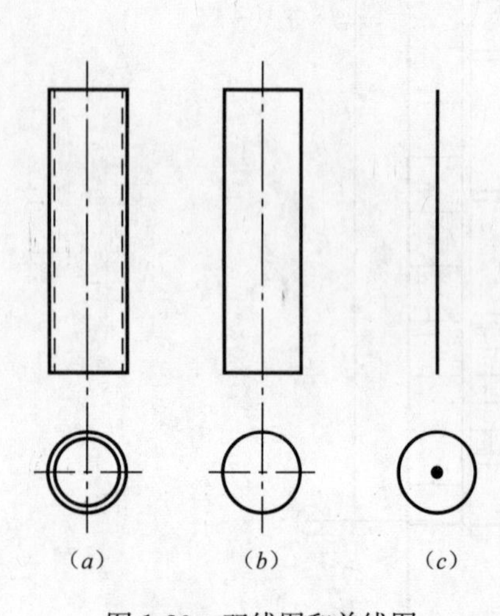

图 1-30　双线图和单线图
（*a*）用三视图形式表示的短管；（*b*）用双线图表示的短管；（*c*）用单线图表示的短管

（2）管径

管径分为内径和外径，以 mm 为单位。工程上，通常以公称直径（*DN*）来表示管道规格。

焊接钢管、给水铸铁管、排水铸铁管、热镀锌钢管及阀门，均以“*DN*”标注为公称直径管径，无缝钢管及有色金属管道则采用“外径×壁厚”的标注方式。

如公称直径为 100mm 的管道，则标注为“*DN*100”；外径为 108mm，壁厚为 4mm 的无缝钢管，标注为“*D*108×4”。

其他金属管或塑料管用“*d*”表示，如“*d*15”表示直径为 15mm 的管子。

圆形风管以直径符号“ϕ”值表示，如“ϕ200”表示直径为 200mm 的风管。

矩形风管（风道）以“A（长）×B（宽）”表示，如“200×300”表示截面尺寸为“200mm×300mm”的矩形风管。

管径有时也用英制尺寸表示，如“DN20”相当于公称直径为 3/4in.（英寸）的管子，“DN25”相当于公称直径为 1in（英寸）的管子等。

（3）标高

管道在建筑物内的安装高度用标高表示。施工中一般以建筑物底层室内地坪作基准（±0.000），比基准高时用正号表示，但也可不写正号；比基准低时必须用负号表示，标高的单位以米计算，但不需标注“m”。标高符号及标注示例如图 1-31 所示。标高符号尖端的水平线即为需要标注部位的引出线。

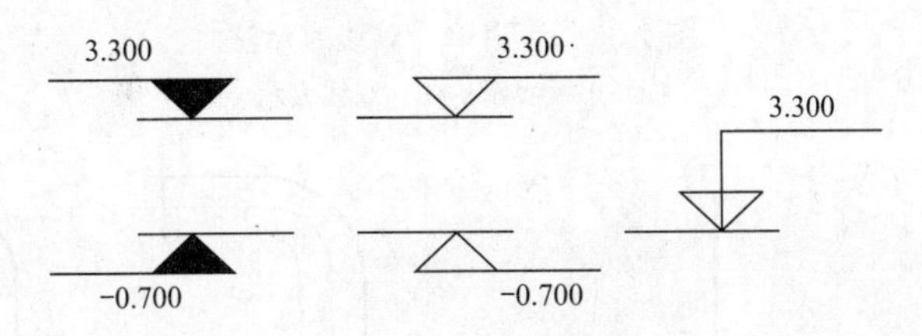

图 1-31　标高的图示

每个施工现场都有标高的基准点，施工中应明确标高的基准点，并以此作为标高的基准，室外管道的标高用基准点的相对标高表示。

中、小直径管道一般标注管道中心的标高，排水管等依靠介质的重力作用沿坡度下降方向流动的管道，通常标注管底的标高。大直径管道也较多地采用标注管底的标高。

（4）坡度和坡向

水平管道往往需要按照一定的坡度敷设。室外管道和室内干管的坡度一般为 2/1000～5/1000，室内有些管道的坡度差异较大，根据需要可在 3/1000～2/100 范围内变化。坡度常用“i”表示，如 i=0.005 或 i0.005 表示坡度为 5/1000，以此类推。坡向则用箭头标注在管道线条的旁边，箭头指向低的方向，坡度及坡向的表示方式如图 1-32 所示。

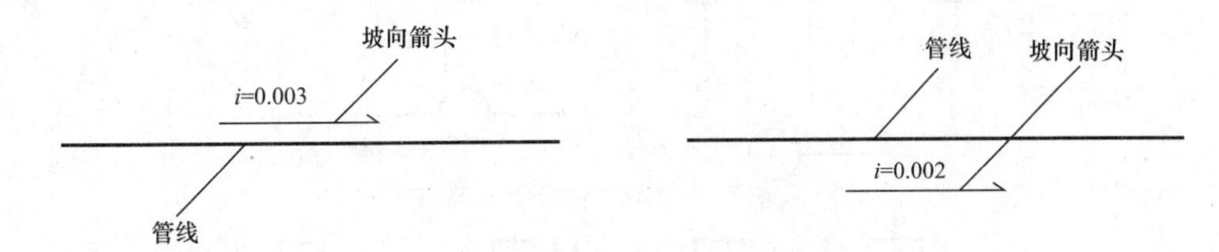

图 1-32　坡度及坡向的表示方式

（5）管道的图示

1）管道的单、双线表示方法

管道的单、双线表示方法如图 1-33 所示。若管道只画出其中一段时，一般应在管子中断处画出折断符号。

弯管的单、双线表示方法如图 1-34 所示。

三通的单、双线绘制法如图 1-35 所示。

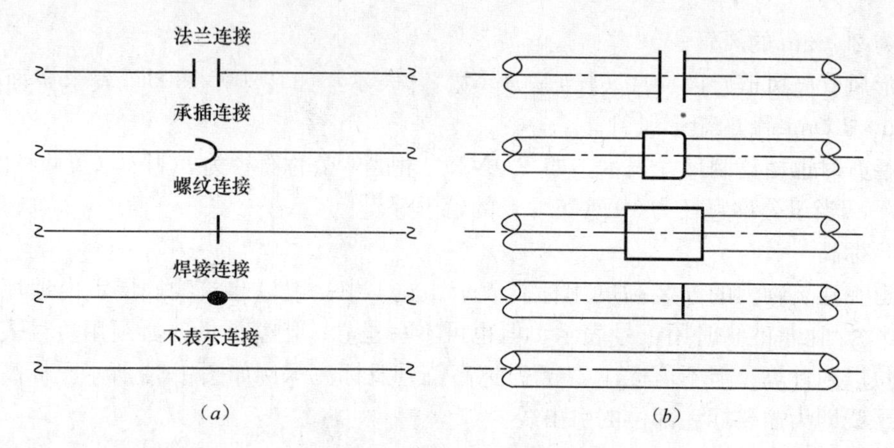

图 1-33　管道单、双线表示法

(*a*) 单线表示；(*b*) 双线表示

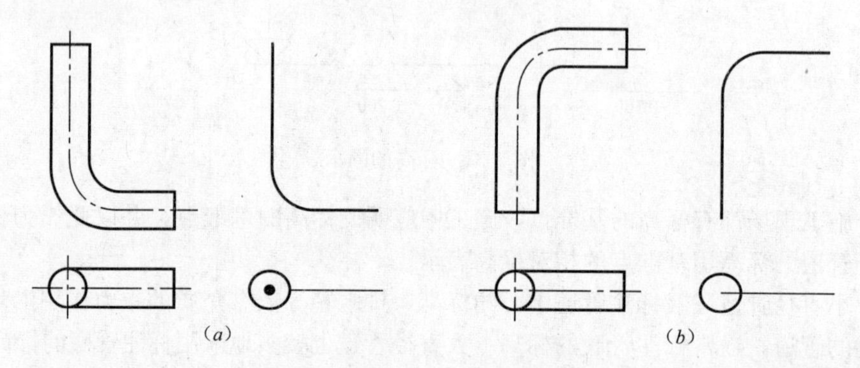

图 1-34　弯管的单、双线表示方法

(*a*) 下弯管表示；(*b*) 上弯管表示

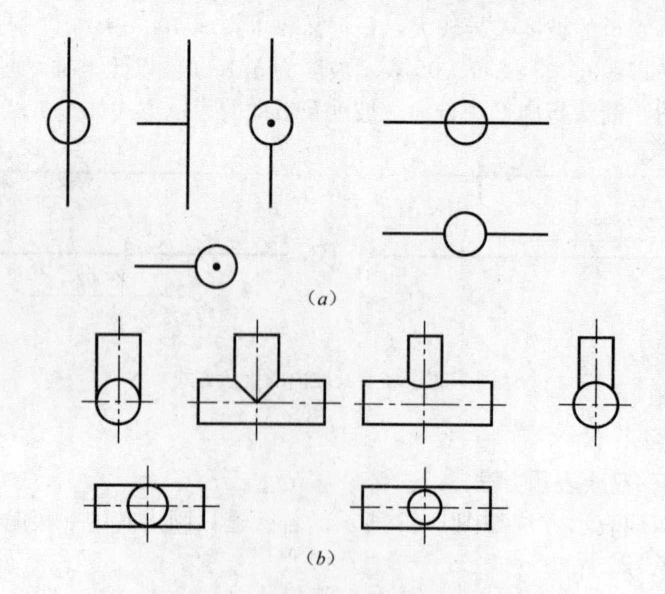

图 1-35　三通的单、双线表示方法

(*a*) 单线表示法；(*b*) 双线表示法

2）管线的积聚

直管积聚如图 1-34 所示，根据直线的积聚性，一根直管用双线表示时，积聚后的投影就是一个圆，用单线表示时，则为一个点，规定把后者画成一个圆心带点的小圆。

弯管积聚如图 1-34（*a*）所示，弯头向上弯时，在俯视图上直管积聚后的投影是一个圆，与直管相连的弯头在拐弯前的那段管子的投影也积聚成一个圆，并且同直管积聚的投影重合。

如果弯头向下弯，那么在俯视图上显示的仅仅是弯头的投影，它的直管虽然也积聚成圆，但被弯头的投影所遮挡，如图 1-34（*b*）所示。

用单线绘制时，如先看到立管端口，后看到横管时，一定要把立管画成一个带点的小圆，如图 1-34（*a*）所示。反之要把横管画成小圆，立管通过圆心，如图 1-34（*b*）所示。

弯头向里弯或向外弯的积聚情况与上面两种情形大致相同。

管线的积聚如图 1-36 所示，它是直管与阀门连接组成的管段的投影，从俯视图上看，好像仅仅是个阀门，并没有管子，其实是直管积聚成的小圆同阀门内径的投影重合了。

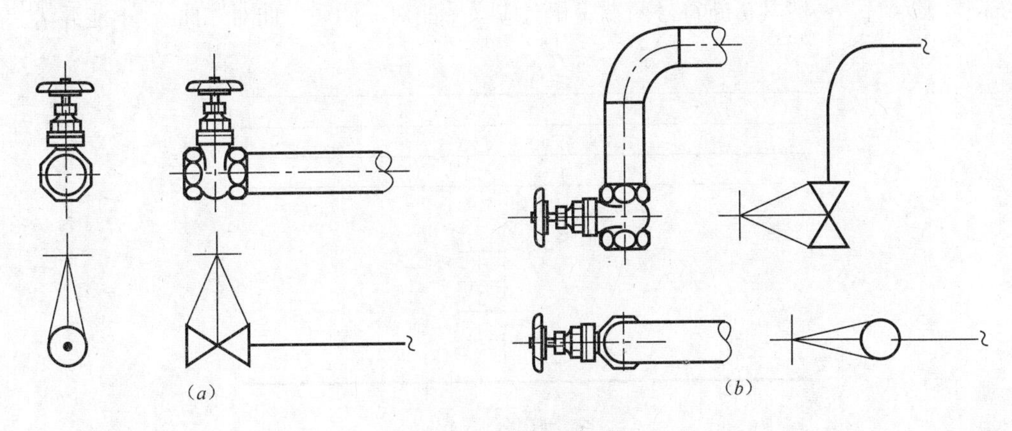

图 1-36　管线的积聚

3）管线的重叠

直径与长度均相同的两根（或多根）管子叠合在一起，则其投影完全重合。管线的重叠画法如图 1-37 所示。

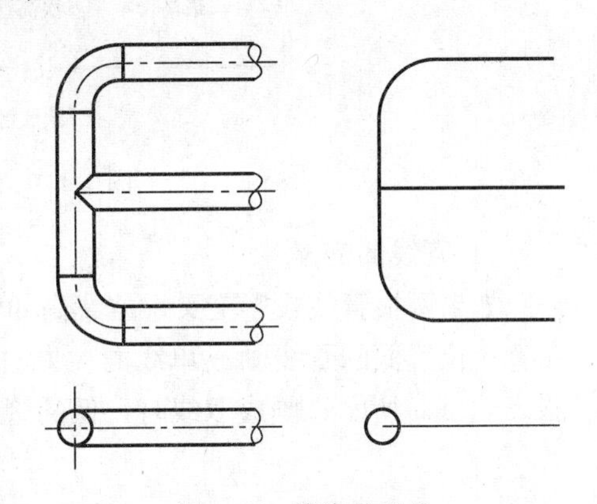
图 1-37　管线的重叠

管道重叠时，若需要表示位于下面或后面的管道时，采用折断显露法，即将上面或前面的管道断开，显现出下面的管道。

两根管线重叠的表示方法如图 1-38 所示，即当投影中出现两根管子重叠时，假想前面（或上面）一根已经被截断（用折断符号表示），这样便显露出后面（或下面）一根管线，从而把两根重叠管线表示清楚。

图 1-39 所示是弯管和直管重叠时的平面图，当弯管高于直管时，它的平面图如图 1-39（*a*）所示，画图时让弯管和直管稍微断开 3～4mm，以示区别弯、直两管不在同一个标高上。当直管高于弯管时，一般是用折断符号将直管折断，并显露出弯管。它的平面图如图 1-39（*b*）所示。

图 1-38　两根管线重叠表示方法

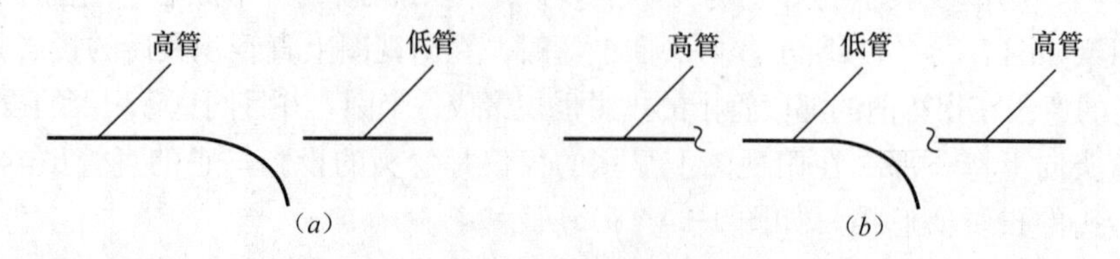

图 1-39　弯管和直管重叠时表示方法

多根管线重叠时的表示如图 1-40 所示，4 根管线重叠，通过平面图和立面图可以知道，1 号管线为最高管，4 号管线为最低管。在单线图中，折断符号的画法也有一定的规定，只有折断符号相对应的（如一曲对一曲，二曲对二曲）管道，才能理解为是一根管道；在用折断符号表示时，一般其折断符号两端应相对应（一曲对一曲，二曲对二曲），不能混淆。

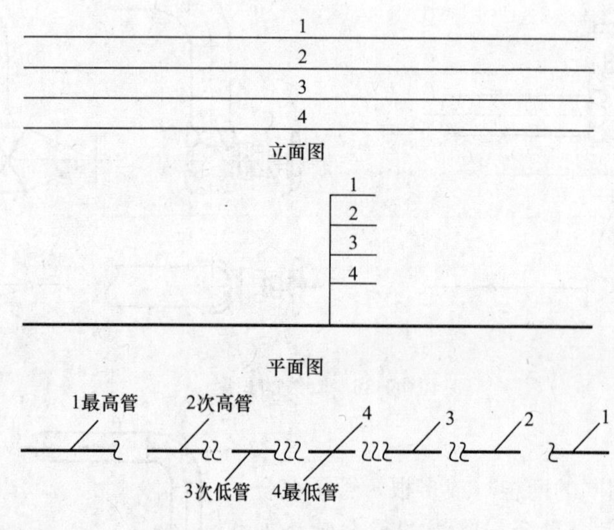

图 1-40　多根管线重叠时表示方法

4）管线的交叉

如果两根管线投影交叉，位置高的管线不论是用双线还是用单线表示，它都应该显示完整。位置低的管线画成单线时要断开表示，以此说明这两根管线不在同一标高上，如图 1-41（*a*）所示；画成双线时，低的管线用虚线（重叠部分）表示，如图 1-41（*b*）所示。

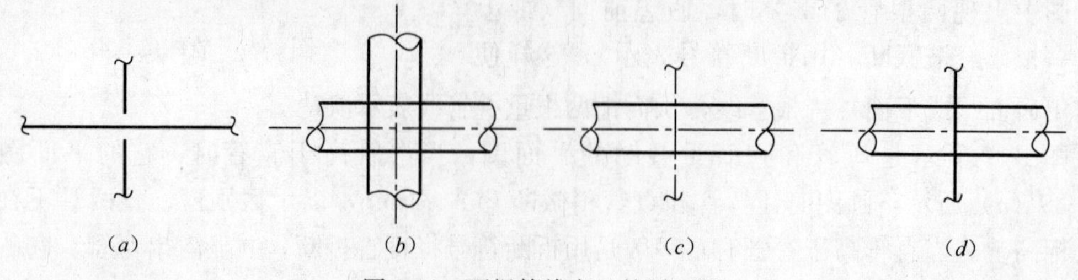

图 1-41　两根管线交叉的平面图

在单、双线绘制同时存在的平面图中，如果大管（双线）高于小管（单线），则小管与大管投影相交部分用虚线表示，如图 1-41（*c*）所示；如果小管高于大管时则不存在虚线，如图 1-41（*d*）所示。

（6）管架

管架是将管道安装并固定在建（构）筑物上的构件，管架对管道有承重、导向和固定作用。管架的位置和形式一般在平面图上用符号表示，在管架符号图上应注以管架代号，标明管架形式，如图 1-42 所示。

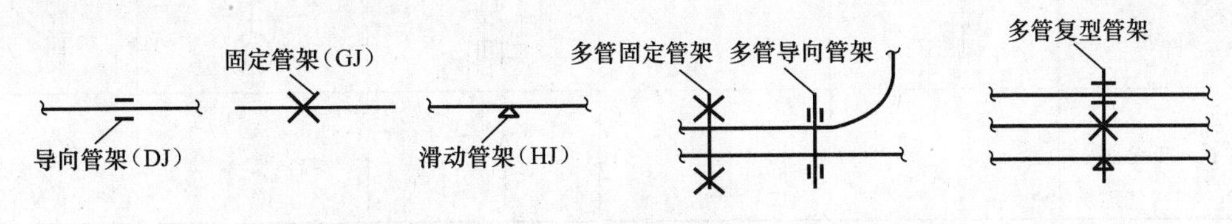

图 1-42　管架表示法

2. 管道、设备符号及图例

（1）工艺管道图中用各种不同线型及符号表示不同类型的管道，管道上的各种附件均用图例表示，常用给水排水管道及构配件图例如表 1-6 所示。

常用给水排水管道构配件图例符号　　表 1-6

序号	名称		图例	序号	名称	图例
1	管道	用于一张图内只有一种管道		9	多孔管	
		用汉语拼音字头表示管道类别	J（给水） W（污水）	10	延时阀自闭冲洗阀	
		用图例表示管道类别	J W	11	存水弯	
2	检查口			12	洗涤盆	
3	清扫口			13	污水池	
4	通气帽			14	自动喷洒头	
5	圆形地漏			15	座式大便器	
6	室内消防栓（双口）			16	淋浴喷头	
7	截止阀			17	矩形化粪池	HC
8	放水龙头			18	水表井（与流量计同）	

（2）管道图中常用阀门表示法如表 1-7 所示。

管道图中常用阀门表示法 **表 1-7**

名称	俯视	仰视	主视	侧视	轴测投影
截止阀	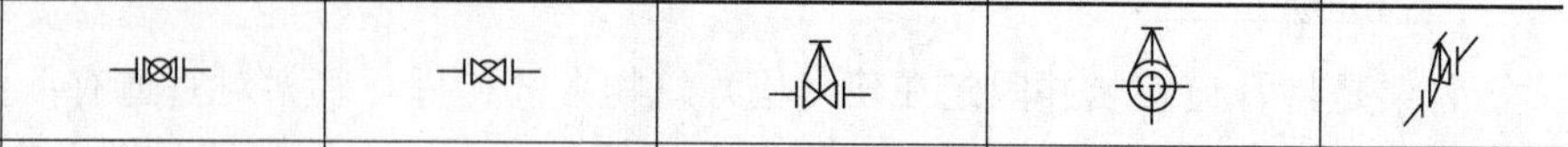				
闸阀	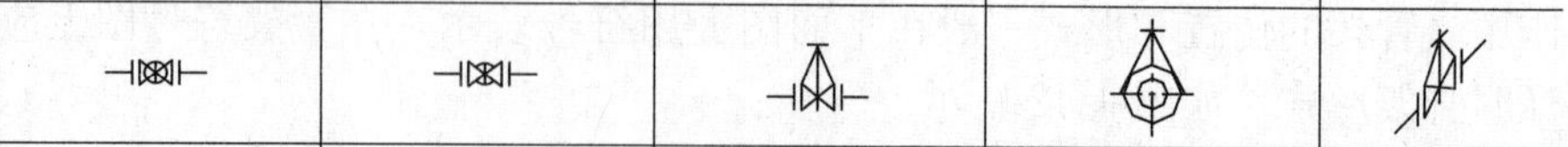				
蝶阀	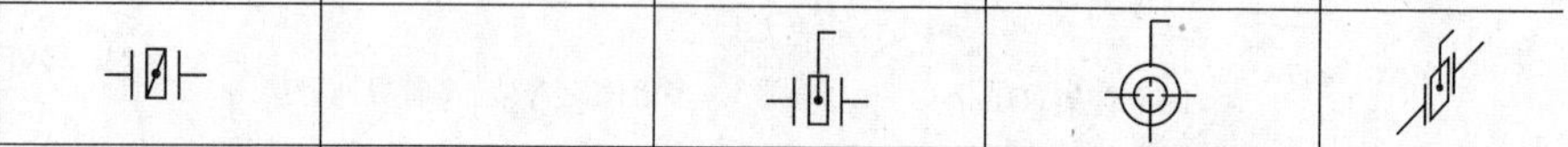				
弹簧式安全阀	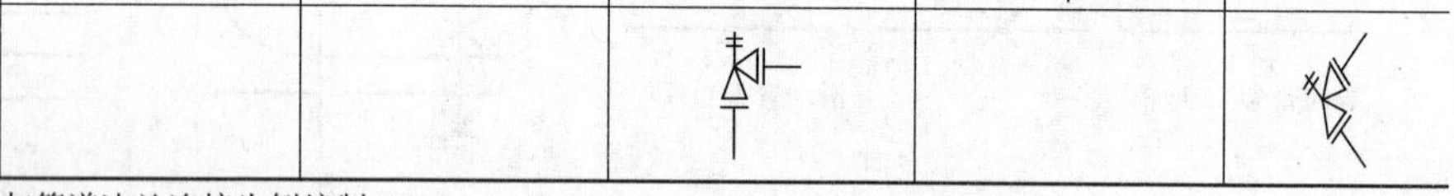				

注：本表以阀门与管道法兰连接为例编制。

（**3**）工艺管线常用图例见表 **1-8**。

工艺管线常用图例表 **表 1-8**

名称	图例符号	备注
外露管		表示介质流向
管线固定支架	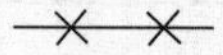	
保温管线	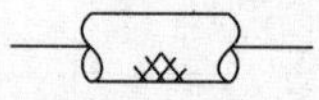	
带蒸汽伴热的保温管线	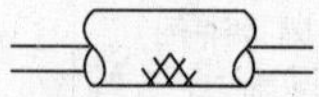	
法兰盖（盲板）		注明厚度
8 字盲板	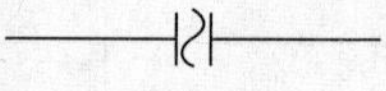	注明操作开或操作关
椭圆形封头	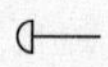	
过滤器	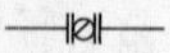	箭头表示介质流向
孔板	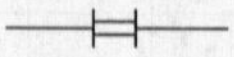	注明法兰间距
活接头	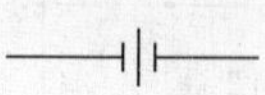	内外螺纹连接（需要焊死螺纹接口时应予注明）
快速接头		
方形补偿器	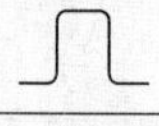	
波形补偿器		
闸阀	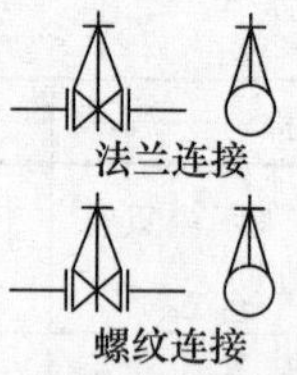 法兰连接 螺纹连接	应注明型号
截止闸	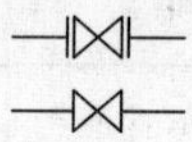	1. 应注明介质流向 2. 应注明型号
止回阀（单流阀）	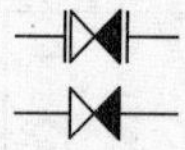	1. 应注明介质流向 2. 应注明型号
旋塞阀	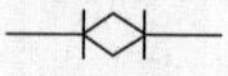	应注明型号
减压阀	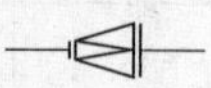	应注明型号
取样阀		
疏水阀		应注明型号
角式截止阀	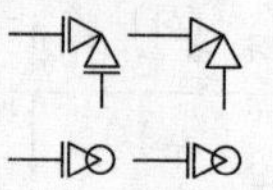	应注明型号
液动阀（气动阀）	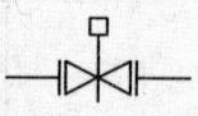	应注明型号

（4）工艺管道经常与相应的设备相连接，这些设备的代号及图例如表 1-9 所示。

工艺图中的设备代号与图例表 **表 1-9**

序号	设备类别	代号	图例
1	泵	B	（电动）离心泵 （汽轮机）离心泵 往复泵
2	反应器与转换器	F	固定床反应器 管式反应器 聚合釜
3	热换器	H	列管式换热器 带蒸发空间换热器 预热器（加热器） 热水器（热交换器） 套管式换热器 喷淋式冷却器
4	压缩机 鼓风机 驱动机	J	离心式鼓风机 罗茨鼓风机 轴流式鼓风机 多级往复式压缩机 汽轮机传动离心式压缩机
5	工业炉	L	箱式炉 圆筒炉
6	储槽和分离器	R	卧式槽 立式槽 除尘器 油分离器 锥顶罐 浮顶罐 湿式气柜 球罐

1.2.2 室内给水排水管道工程图

1. 给水排水系统概述

(1) 给水系统

给水系统分室外给水系统和室内给水系统，室外给水系统是将水由当地供水干管供至建筑物外的线路图，室内给水系统把室外给水管网的水输配到建筑物内各种用水设备处，给水系统图表示出建筑物内部管线的走向和分布。

(2) 排水系统

排水系统分室外排水系统和室内排水系统。室外排水系统把建筑物内排出的污（废）水、屋面雨水汇集至室外排水管道内；室内排水系统是将盥洗池、浴盆、污水池、大便池、小便池等卫生器具，通过连接卫生器具的横支管，以及承接来自各楼层横支管排出污水的立管，再通过承接立管排泄污水的横向排出管将污水排出室外。

2. 给水排水工程图识读方法

(1) 室外给水排水图的识读

室外给水排水图按平面图→管道纵横剖面图→管道节点图的顺序进行读图，读图时注意分清管径、管件和构筑物，以及它们间的相互位置关系、流向、坡度坡向、覆土等有关要求和构件的详细长度、标高等。

(2) 室内给水排水图的识读

室内给水排水系统一般都是通过平面图和系统图来表达，识读时应把平面图和系统图结合对照，整体了解室内给水排水管道工程。

给水平面图主要表示供水管线在室内的平面走向、管子规格，用水器具及设备、阀门、附件等。平面图上一般用实线（有时用点划线）表示给水管线，给水立管用符号“JL”表示，当给水立管超过一根时，一般采用编号加以区别，如 JL-1、JL-2 分别表示第一根给水立管和第二根给水立管。排水平面图主要表示室内排水管的走向、管径以及污水排出装置，如大便器、小便器、地漏等位置，平面图上一般用虚线表示排水管道，排水立管用符号“WL”表示，当排水立管超过一根时，也采用编号加以区别，如 WL-1、WL-3 分别表示第一根排水立管和第三根排水立管。

给水排水工程图的读图顺序为顺着水流的方向读图。给水工程图识读顺序：引入管→干管→立管→横管→支管→水龙头。排水工程图识图顺序：卫生器具→排水支管→排水横管→排水立管→排水干管→排出管。

1.3 建筑电气工程施工图识读与绘制

1.3.1 建筑电气工程施工图概述

现代房屋建筑中，都要安装许多电气设施和设备，如照明灯具、电源插座、电视、电话、消防控制装置、各种工业与民用的动力装置、控制设备与避雷装置等。每项电气工程或设施，都要经过专门的设计在图纸上表达出来。这些有关的图纸就是建筑电气施工图(也叫电气安装图)。它与建筑施工图、建筑结构施工图、给水排水施工图、暖通空调施工图组合在一起，就构成一套完整的施工图。

上述各种电气设施和设备在图中表达，主要有两个方面的内容：一是供电、配电线路的规格和敷设方式；二是各类电气设备及配件的选型、规格及安装方式。与建筑施工图不同的是，导线、各种电气设备及配件等在图纸中大多不是其投影，而是用国际规定的图例、符号及文字表示，按比例绘制在建筑物的各种投影图中（系统图除外）。

建筑电气施工图设计文件以单项工程为单位编制。文件由设计图样（包括图纸目录，设计说明，平、立、剖面图，系统图，安装详图等）、主要设备材料表及计算书等组成。

1. 图纸目录

图纸目录一般先列出新绘制的图纸，后列出本工程选用的标准图，最后列出重复使用图，内容有序号、图纸名称、编号、张数等。

2. 设计说明

电气施工图设计以图样为主，设计说明为辅。设计说明主要针对那些在图样上不易表达的或可以用文字统一说明的问题，如工程的土建概况，工程的设计范围，工程的类别、级别（防火、防雷、防爆及符合级别），电源概况，导线、照明、开关及插座选型，电气保安措施，自编图形符号，施工安装要求和注意事项等。

3. 平面图

电气照明平面图可表明进户点、配电箱、配电线路、灯具、开关及插座等的平面位置及安装要求。每层都应有平面图，但有标准层时，可以用一张标准的平面图来表示相同各层的平面布置。

在平面图上，可以表明以下几点：

(1) 进户点、进户线的位置及总配电箱、分配电箱的位置。表示配电箱的图例符号还可表明配电箱的安装方式是明装还是暗装，同时根据标注识别电源来路。

(2) 所有导线（进户线、干线、支线）的走向，导线根数，以及支线同路的划分，各条导线的敷设部位、敷设方式、导线规格型号、各回路的编号及导线穿管时所用管材管径都应标注在图纸上，但有时为了图面整洁，也可以在系统图或施工说明中统一表明。

电气照明图中的线路都是用单线来表示，在单线上打撇表示导线根数，如 2 根导线不打撇，3 根导线打 3 撇，超过 4 根导线在导线上只打 1 撇，再用阿拉伯数字表示导线根数。

(3) 灯具、灯具开关、插座、吊扇等设备的安装位置，灯具的型号、数量、安装容量、安装方式及悬挂高度。

常用的电气平面图有变配电所平面图、动力平面图、照明平面图、防雷平面图、接地平面图、弱电平面图等。

4. 系统图

电气照明系统图又称配电系统图，是表示电气工程的供电方式，电能输送，分配控制关系和设备运行情况的图纸。

系统图用单线绘制，虚线所框的范围为配电盘或配电箱。各配电盘、配电箱应标明其编号及所用的开关、熔断器等电器的型号、规格。配电干线及支线应用规定的文字符号标明导线的型号、截面、根数、敷设方式（如穿管敷设，还要标明管材和管径），对各支部应标出其回路编号、用电设备名称、设备容量及计算电流。

电气系统图有变配电系统图、动力系统图、照明系统图、弱电系统图等。电气系统图只表示电气回路中各元器件的连接关系，不表示元器件的具体情况、具体安装位置和具体接线方法。

大型工程的每个配电盘、配电箱应单独绘制其系统图。一般工程设计，可将几个系统图绘制到同一张图上，以便查阅。小型工程或较简单的设计，可将系统图和平面图绘制在同一张图上。

5. 安装详图

安装详图又称大样图，多以国家标准图集或各设计单位自编的图集作为选用的依据。仅对个别非标准工程项目，才进行安装详图设计。详图的比例一般较大，且一定要结合现场情况，结合设备、构件尺寸详细绘制。

6. 计算书

施工图设计阶段的计算书，只补充初步设计阶段时应进行计算而未进行计算的部分，修改因初步设计文件审查变更后，需重新进行计算的部分。

计算书经校审签字后，由设计单位作为技术文件归档，不外发。

7. 主要设备材料表及预算

电气材料表是把某一工程所需主要设备、元件、材料和有关数据列成表格，填注其名称、符号、型号、规格、数量、备注（生产厂家）等内容。一般置于图中某一位置，应与图联系来阅读。

1.3.2 电气设备控制电路图

电气原理图识读方法与步骤

阅读电气原理图之前，应仔细阅读设备说明书，了解电气控制系统的总体结构、电气设备及控制元件的分布状况及控制要求等内容。

（1）设备说明书

设备说明书一般由机械（包括液压部分）与电气两部分组成。通过阅读说明书了解设备的构造、主要技术指标、机械、液压气动部分的工作原理；明确电气传动方式，如电机、执行电器的数量、规格型号、安装位置、用途及控制要求；了解设备的使用方法，各操作手柄、开关旋钮、指示装置的布置以及在控制线路中的作用；明确与机械、液压部分直接关联的电器如行程开关、电磁阀、电磁离合器、传感器等的位置、工作状态及其在控制中的作用等。

（2）电气原理图

电气原理图由主电路、控制电路、辅助电路、保护及联锁环节和特殊控制电路等部分组成。分析电气原理图时，应与其他技术资料相结合，如各种电动机及执行元件的控制方式、位置及作用，各种与机械有关的位置开关、电器状态等。

（3）分析步骤

1）分析主电路

从主电路入手，根据每台电机和执行元件的控制要求分析各电动机和执行元件的控制内容，如电动机的启动、转向控制、调速、制动等基本控制环节。

2）分析控制电路

根据主电路中各电动机和执行元件的控制要求，找出控制电路中的每一个控制环节，将控制电路“化整为零”，按功能不同分成若干个局部控制线路进行分析。

3）分析辅助电路

辅助电路包括执行元件的工作状态显示、电源显示、参数测定、照明和故障报警等部分，辅助电路中很多部分是由控制电路中的元件来控制的，所以在分析辅助电路时，还应对照控制电路进行分析。

4）分析联锁与保护环节

对于有较高安全性、可靠性要求的生产装置，为满足其要求，除了应合理地选择拖动、控制方案外，在控制线路中还设置了一系列电气保护和必要的电气联锁。电气联锁与电气保护环节是识读电气原理图的一个重要内容。

5）综合分析

经过“化整为零”，逐步分析每一局部电路的工作原理及各部分之间的控制关系后，还必须用“集零为整”的方法，检查整个控制线路，防止遗漏，以达到清楚地理解原理图中每一个电气元件的作用、工作过程及主要参数的目的。

1.3.3 室内电气照明施工图

1. 常用电气原件、图例及符号

（1）常用电气元器件图例

室内电气照明施工图主要有照明系统图、照明平面图和施工说明等内容。电气施工图中各种电气元器件均用图例及符号表示，表1-10为常用电气元器件图例与符号。

常用电气元器件图例及符号 **表1-10**

序号	图例	名称	序号	图例	名称
1		白炽灯	11		声控开关
2		壁灯	12		电力配电箱（盘）
3		吸顶灯	13		照明配电箱（盘）
4		单管荧光灯	14		熔断器
5		暗装插座	15		电源引入线 三根导线
6	K	暗装空调三眼 插座、带开关	16	4 6	四根导线 六根导线
7	P	暗装排风扇插座	17		接地端子
8		明装单相二线插座	18		事故照明箱
9		暗装单极开关	19		管线引线符号
10		暗装二极开关	20	LD	漏电开关

(2) 常用导线的敷设方式及敷设部位符号

施工图中导线的敷设方式及敷设部位一般要用文字进行标注，文字符号见表 1-11，表中代号 E 表示明敷，C 表示暗敷。

导线敷设方式和敷设部位的文字符号表 **表 1-11**

序号	导线敷设方式和部位	文字符号	序号	导线敷设方式和部位	文字符号
1	用瓷瓶或瓷柱敷设	K	14	沿钢索敷设	SR
2	用塑料线槽敷设	PR	15	沿屋架或跨屋架敷设	BE
3	用钢线槽敷设	SR	16	沿柱或跨柱敷设	CLE
4	穿水煤气管敷设	RC	17	沿墙面敷设	WE
5	穿焊接钢管敷设	SC	18	沿顶棚面或顶板敷设	CE
6	穿电线管敷设	TC	19	在能进人的吊顶内敷设	ACE
7	穿聚氯乙烯硬质管敷设	PC	20	暗敷设在梁内	BC
8	穿聚氯乙烯半硬质管敷设	FPC	21	暗敷设在柱内	CLC
9	穿聚氯乙烯波纹管敷设	KPC	22	暗敷设在墙内	WC
10	用电缆线桥架敷设	CT	23	暗敷设在地面内	FC
11	用瓷夹敷设	PL	24	暗敷设在顶板内	CC
12	用塑料夹敷设	PCL	25	暗敷设在不能进人的吊顶内	ACC
13	穿金属软管敷设	CP			

线路标注的一般格式为：a—d(exf)—g—h。

式中 a——线路编号或功能符号；

d——导线型号，见表 1-12 和表 1-13；

e——导线根数；

f——导线截面积（mm^2）；

g——导线敷设方式的符号；

h——导线敷设部位的符号。

电缆型号表 **表 1-12**

类别	导体	绝缘	内护套	特征
电力电缆（省略不表示）	T：铜线（可省）	Z：油浸纸	Q：铅套	D：不滴油
K：控制电缆	L：铝线	X：天然橡胶	L：铝套	F：分相
P：信号电缆		(X) D：丁基橡胶	H：橡套	CY：充油
YT：电梯电缆		(X) E：乙丙橡胶	(H) P：非燃料	P：屏蔽
U：矿用电缆		V：聚氯乙烯	HF：氯丁胶	C：滤尘用或重型
Y：移动式软缆		Y：聚乙烯	V：聚氯乙烯护套	G：高压
H：市内电话缆		YJ：交联聚乙烯	Y：聚乙烯护套	
UZ：电钻电缆		E：乙丙胶	VF：复合物	
DC：电气化车辆用电缆			HD：耐寒橡胶	

电缆外护层代号表 **表 1-13**

第一个数字		第二个数字	
代号	铠装层类型	代号	外护层类型
0	无	0	无
1	钢带	1	纤维线包
2	双钢带	2	聚氯乙烯护套
3	细圆钢丝	3	聚乙烯护套
4	粗圆钢丝	4	—

注：电缆型号写在前面，后面的数字是外护层的含义；

如 ZLQ_{20} 型电缆表示铝芯，纸绝缘、铅包、裸双钢带铠装电缆；

VLV_{22} 型电缆表示铝聚氯乙烯绝缘、聚氯乙烯外套、双钢带铠装塑料电缆。

导线有裸导线和绝缘导线两种，裸导线有铜绞线、铝绞线和铜芯铝绞线，分别用 J、LJ 和 LGJ 表示；绝缘线有塑料导线和橡胶皮线，塑料线有 BV 型和 BLV 型，B 表示布线用导线，V 表示塑料绝缘，L 表示铝芯导线，没有 L 的为铜芯导线；橡胶绝缘导线有 BX、BLX、BXF、BLXF 等型号，X 表示橡胶绝缘，F 表示氯丁橡胶绝缘，其余符号表示与塑料线相同。

例如："3MFG-BLV-3×6＋1×2.5-PR-WE" 表示：第三号照明分干线（3MFG）；铝芯塑料绝缘导线（-BLV）；共有 4 根线，其中 3 根截面积为 $6mm^2$，1 根截面积为 $2.5mm^2$；配线方式为用塑料线槽敷设（PR）；敷设部位为沿墙面敷设（WE）。

（3）灯具的类型及安装方式代号

灯具的类型代号见表 1-14，灯具的安装方式代号见表 1-15。

灯具类型的代号表 **表 1-14**

灯具名称	文字符号	灯具名称	文字符号
普通吊灯	P	投光灯	T
壁灯	B	工厂一般灯具	G
花灯	H	荧光灯灯具	Y
吸顶灯	D	水晶底罩灯	J
柱灯	Z	防水防尘灯	F
卤钨探照灯	L	搪瓷伞罩灯	S

灯具安装方式的代号表 **表 1-15**

安装方式	文字符号	安装方式	文字符号
吊线式	CP	嵌入式	R
固定吊线式	CP1	顶棚上安装	CR
防水吊线式	CP2	墙壁上安装	WR
吊链式	Ch	台上安装	T
吊杆式	P	支架上安装	SP
壁装式	W	柱上安装	CL
吸顶或直附式	S	座装式	HM

2. 照明系统图

照明系统图主要包括照明装置在内的用电设施及其线路连接图，如所用的配电系统和容量分配情况，配电装置，导线型号，导线截面，敷设方式及穿管管径，开关与熔断器的规格型号等。

识读系统图的顺序一般按线路走向进行：电源经电缆线路或架空线路进入主配电箱或总配电箱，再从主配电箱经配电线路进入各分配电箱，最后由配电支路管线到用电设备。所以读图时从主配电箱、分配电箱直到用电设备，即从主电路、分电路直至用电器。

3. 照明平面图

照明平面图是表示建筑物内照明设备平面布置、线路走向的工程图，图上标明了电源实际进线的位置、规格、穿线管径、配电线路的走向，干支线中的编号、敷设方法，开关、单相插座、照明器具的位置、型号、规格等。一般照明线路走向：室外电源从建筑物某处进户后，经总配电箱和分配电箱，由干线、支线连接起来，通向各用电设备。其中干线是外线引入总配电箱及由总配电箱分配电箱的连接线，支线是从分配电箱引至各用电设备的导线。

1.4 采暖工程图识读

1.4.1 采暖工程图概述

采暖是把热源所产生的蒸汽或热水通过管道输送到建筑内，通过散热器散热，提高室内温度，以改善人们的生活或生产环境。即采暖工程是由外界给房屋供给热量，保证其室内环境达到一定温度的工程。采暖方式有分散式和集中式，采用集中式供暖系统的方式较为经济，故目前应用较广泛。集中式供暖系统，即由锅炉将热媒（蒸汽或热水）加热，经送热管道系统送至各房间的散热器，热媒通过散热器放热冷却后，再由回路管道系统送回锅炉，再次加热，往复循环，构成一个完整的系统装置。图 1-43 为机械循环热水供暖系统示意图。

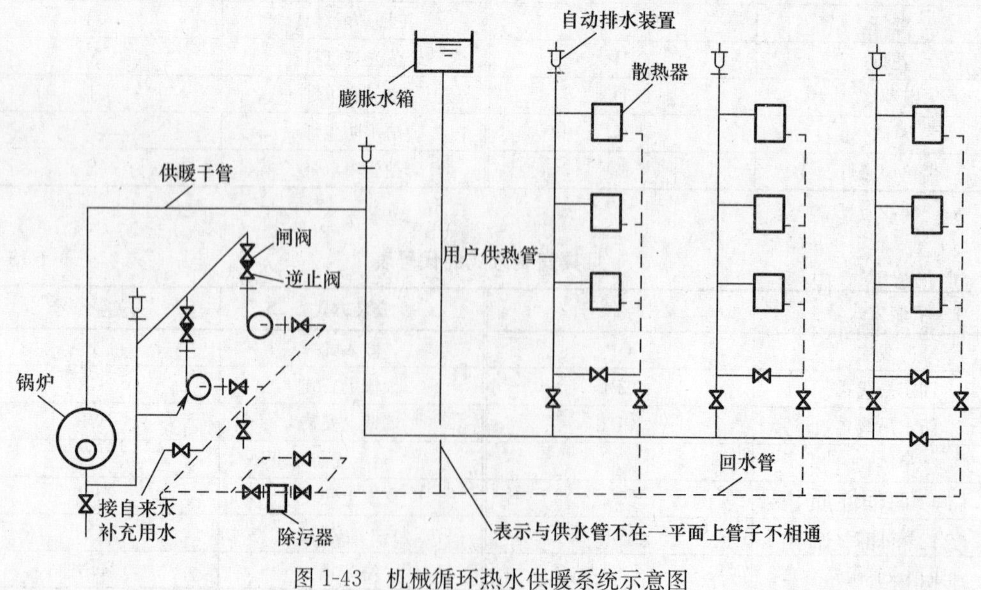

图 1-43　机械循环热水供暖系统示意图

采暖工程图可分为室内和室外两部分。室外部分表示一个区域的供暖管网，有总平面图、管道横剖面图、管道纵剖面图和详图。室内部分表示一栋建筑物内的供暖工程系统，有平面图、立面图和详图。

1.4.2 采暖工程图常用图例

采暖工程图常用图例表　　表 1-16

图例	说明	图例	说明
	采暖供水干管	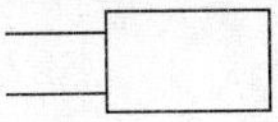	剖面、系统图中散热器
	采暖回水干管	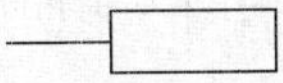	平面图中散热器
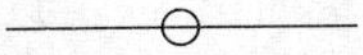	铅直自上而下通过本楼层的立管	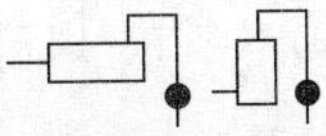	集气罐
	自本楼层引下的立管	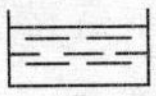	膨胀水箱
	横管拐弯向下		截止阀
 L_n	采暖供水立管编号	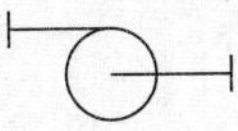	水泵
 R_n	采暖回水立管编号		锅炉
	丝堵	 0.003	坡度

1.5 通风与空调工程施工图识读

1.5.1 通风空调工程施工图的概述

通风空调工程施工图由基本图和详图及文字说明、主要设备材料清单等组成。基本图包括系统原理图、平面图、剖面图及系统轴测图。详图包括部件加工及安装图（分设计院设计和标准通用图集两种）。

1. 设计说明

设计说明中应包括以下内容：

(1) 工程性质、规模、服务对象及系统工作原理。

(2) 通风空调系统的工作方式；系列划分和组成以及系统总送风、排风量和各风口的送、排风量。

（3）通风空调系统的设计参数。如室外气象参数、室内温湿度、室内含尘浓度、换气次数以及空气状态参数等。

（4）施工质量要求和特殊的施工方法。

（5）保温、油漆等的施工要求。

2. 系统原理方框图

系统原理方框图是综合性的示意图；它将空气处理设备、通风管路、冷热源管路、自动调节及检测系统联结成一个整体，构成一个整体的通风空调系统。它表达了系统的工作原理及各环节的有机联系。这种图样一般通风空调系统不绘制，只是在比较复杂的通风空调工程才绘制。

3. 系统平面图

在通风空调系统中，平面图上表明风管、部件及设备在建筑物内的平面坐标位置。其中包括：

（1）风管、送、回（排）风口、风量调节阀、测孔等部件和设备的平面位置、与建筑物墙面的距离及各部位尺寸。

（2）送、回（排）风口的空气流动方向。

（3）通风空调设备的外形轮廓、规格型号及平面坐标位置。

4. 系统剖面图

剖面图上表明风管、部件及设备的立面位置及标高尺寸。在剖面图上可以看出风机、风管及部件、风帽的安装高度。

5. 系统轴测图

通风空调系统轴测图又称透视图。采用轴测投影原理绘制出的系统轴测图，可以完整而形象地把风管、部件及设备之间的相对位置及空间关系表示出来。系统轴测图上还注明风管、部件及设备的标高、各段风管的规格尺寸，送、排风口的形式和风量值。系统轴测图一般用单线表示。

识读系统图能帮助我们更好地了解和分析平面图和剖面图，更好地理解设计意图。

6. 详图

通风空调详图表明风管、部件及设备制作和安装的具体形式、方法和详细构造及加工尺寸。对于一般性的通风空调工程，通常都使用国家标准图册，只是对于一些有特殊要求的工程，则由设计部门根据工程的特殊情况设计施工详图。

7. 设备和材料清单

通风、空调施工图中的设备材料清单，是将工程中所选用的设备和材料列出规格、型号、数量，作为建设单位采购、订货的依据。

设备材料清单中所列设备、材料的规格、型号，往往满足不了编制预算的要求，如设备的规格、型号、重量等，需要查找有关产品样本或向订货单位了解情况。通风管道工程量必须按照图纸尺寸详细计算，材料清单上的数量只能作为参考。

8. 通风空调施工图常用图例

通风空调施工图上一般都编有图例表，把该工程所涉及到的通风、空调部件、设备等用图形符号编表列出并加以注解，对识读施工图提供方便。

1.5.2 通风空调工程施工图的组成

1. 图纸的组成

通风空调工程图一般由基本图和详图两部分组成。基本图包括平面图、剖面图和系统图。详图主要有通风设备安装图，部件制作大样图。另外，还有通风空调设备和材料明细表及施工说明。

（1）平面图：表明设备、管道的平面布置。包括风机、风管、风口、阀门等设备与部件的位置和建筑物墙面、柱子的距离及各部分尺寸，同时还应用符号注明进出口的空气流动方向。

（2）剖面图：表明管路、设备在垂直方向的布置及主要尺寸，应与平面图对照查看。

（3）系统图：表明风管在空间的交叉迂回情况及其通风管件的相对位置和方向，各段风管的管径、风机风口、阀门的型号等。

2. 通风空调工程施工图图例

通风空调工程施工图图例表 **表 1-17**

序号	名称	图例
1	送风管、新（进）风管	
2	回风管、排风管	
3	混凝土或砖砌风管	
4	异径风管	
5	天圆地方	
6	柔性风管	
7	风管检查孔	

续表

序号	名称	图例
8	风管测定孔	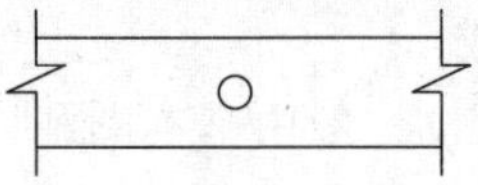
9	矩形三通	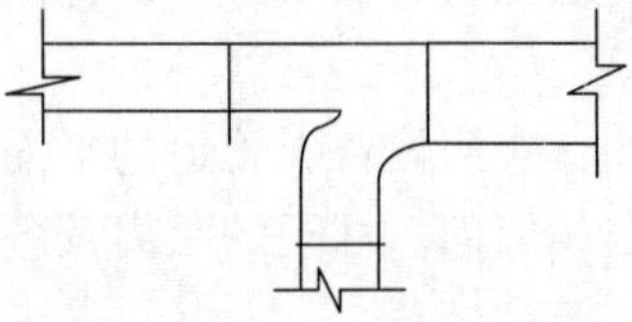
10	圆形三通	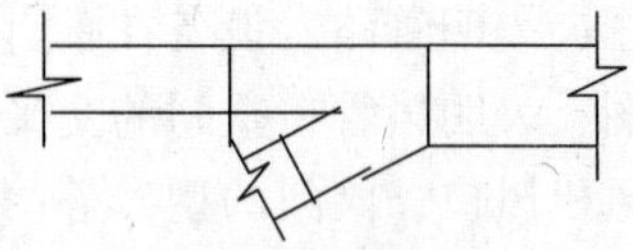
11	弯头	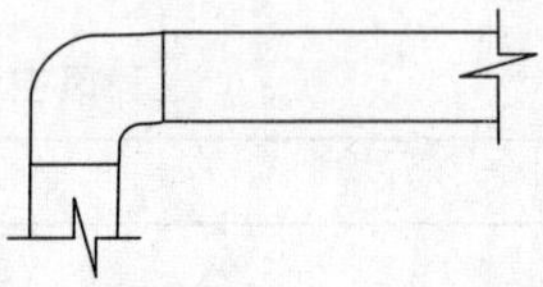
12	带导流片弯头	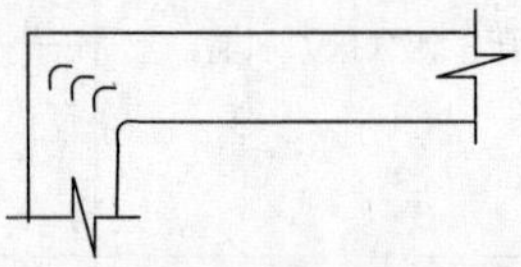
13	安全阀	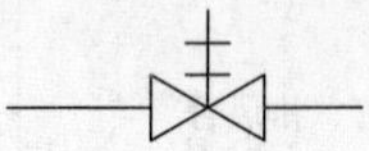
14	蝶阀	
15	手动排气阀	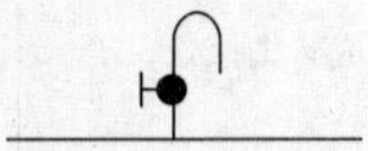
16	插板阀	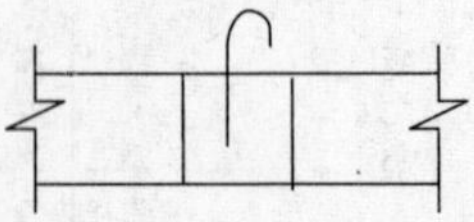
17	蝶阀	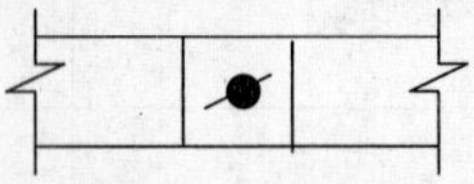
18	手动对开式多叶调节阀	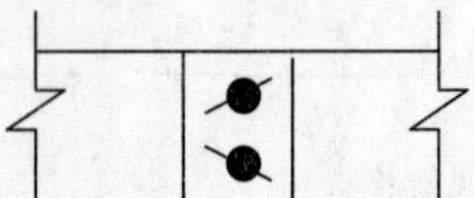

续表

序号	名称	图例
19	电动对开式多叶调节阀	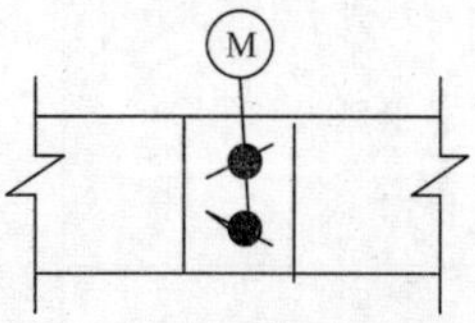 M
20	三通调节阀	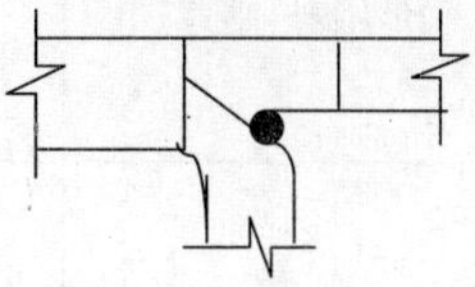
21	防火（调节阀）	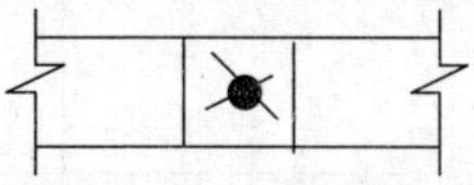
22	余压阀	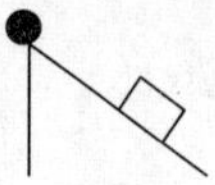
23	止回阀	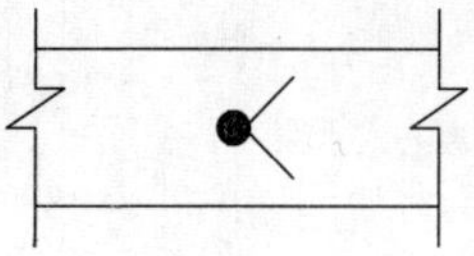
24	送风口	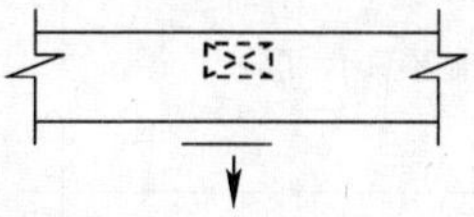
25	回风口	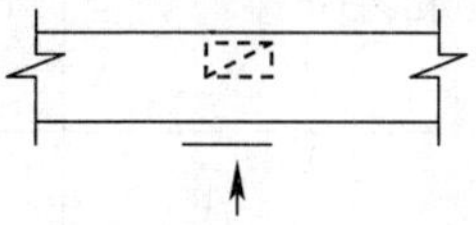
26	方形散流器	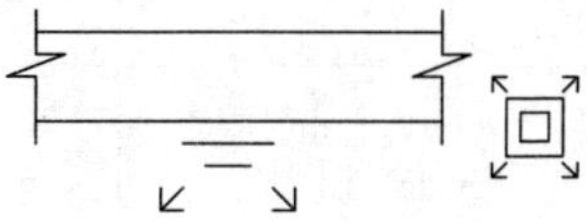
27	圆形散流器	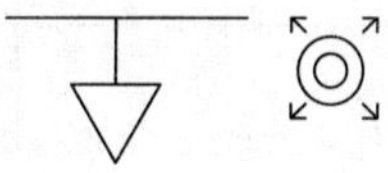
28	伞形风帽	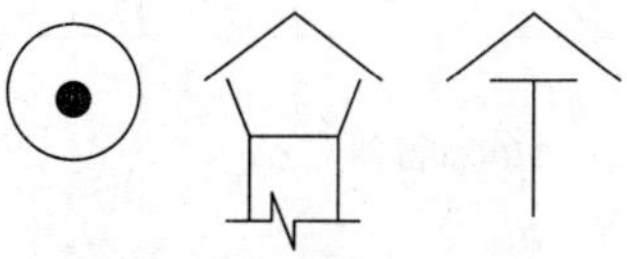

续表

序号	名称	图例
29	锥形风帽	
30	筒形风帽	
31	离心式通风机	M M
32	轴流式通风机	M
33	离心式水泵	M
34	制冷压缩机	
35	水冷机组	
36	空气过滤器	
37	空气加热器	
38	空气冷却器	
39	空气加湿器	

续表

序号	名称	图例
40	窗式空调器	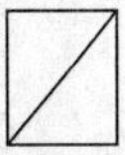
41	风机盘管	
42	消声器	
43	减振器	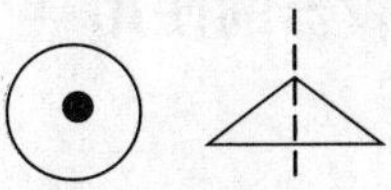
44	消声弯头	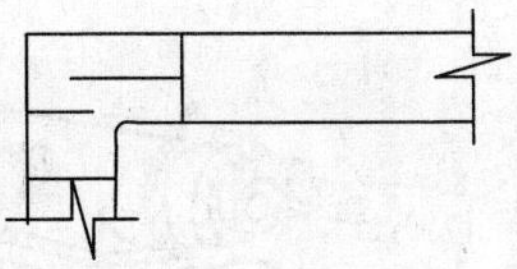
45	喷雾排管	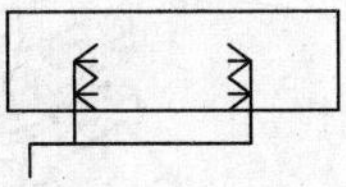
46	挡水板	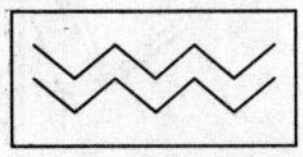
47	水过滤器	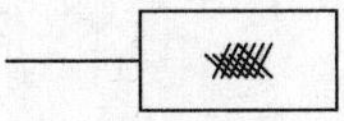
48	通风空调设备	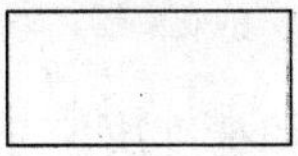

第 2 章　设备施工测量

2.1　测量基本工作

2.1.1　测量仪器的使用

1. 水准仪

水准仪的外形如图 2-1 所示，使用时将其固定在三脚架顶部的基座上。

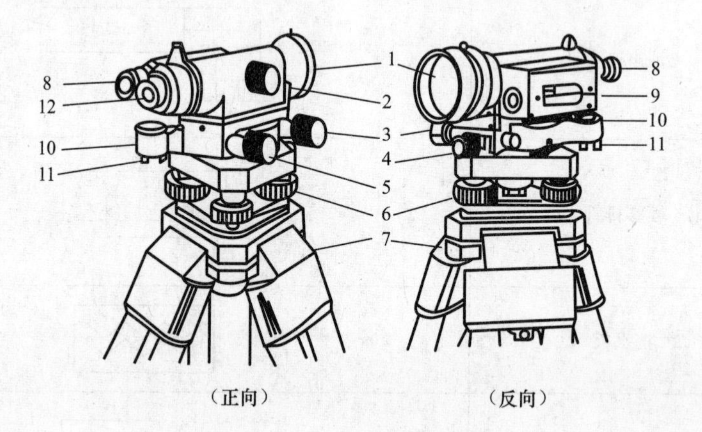

图 2-1　DS_3 型水准仪的构造

1—物镜；2—物镜对光螺旋；3—微动螺旋；4—制动螺旋；5—微倾螺旋；6—定平脚螺旋；7—三角支架；8—符合气泡观察器；9—管水准器；10—圆水准器；11—校正螺钉；12—目镜

其测量的正确性和精度决定于带有目镜、物镜的望远镜光轴的水平度。望远镜的构造示意如图 2-2 所示。

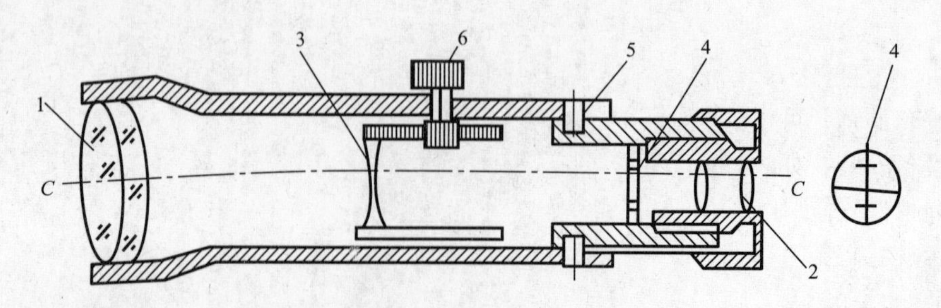

图 2-2　望远镜示意图

1—物镜；2—目镜；3—调焦透镜；4—十字丝分划线；5—连接螺钉；6—调焦螺旋

为了使望远镜的光轴保持良好的水平度，在水准仪上装有管水准器和圆水准器两种水准器。圆水准器通过调节基座上的脚螺旋使圆水准器气泡居中，达到光轴初平的目的，如图 2-3 所示。测量时，调节水准仪上的微倾螺旋，使管水准器的气泡镜像重合，如图 2-4 所示，则表示水准仪的光轴已达到预期的水平状况，可以测量读数了，但必须注意每次测量前均需对管水准器的状况进行检查，确保管水准器的气泡镜像重合。

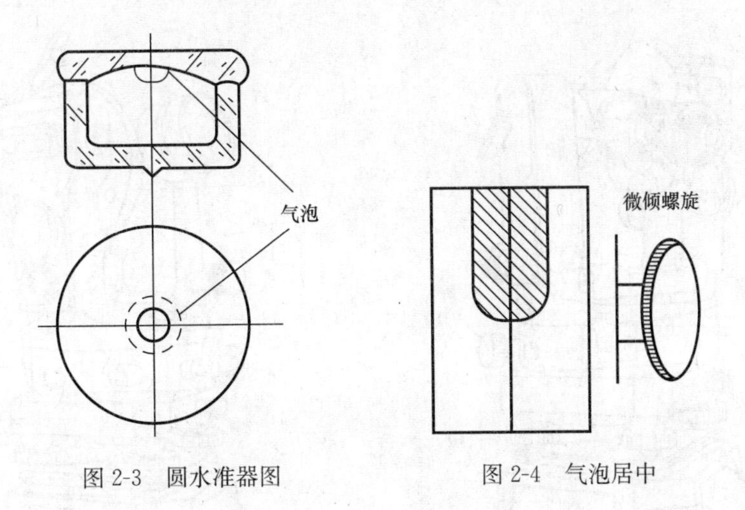

图 2-3　圆水准器图　　图 2-4　气泡居中

这种 DS 型微倾螺旋水准仪有 $DS_{0.5}$、DS_1、DS_3、DS_{10} 四种，下标数字表示每公里往返测高差中数的偶然误差值，分别不超过 0.5mm、1mm、3mm、10mm，安装工程中一般应用 DS_{10} 级水准仪已能满足要求。

2. 经纬仪

经纬仪固定在三脚架顶部的基座上，用来测量水平或垂直角度，因而其能在基座上做水平的转动，同时望远镜可绕横轴作垂直面的转动，如图 2-5 所示。

由于经纬仪能在三维方向转动，为了瞄准方便，提高瞄准效率，所以在垂直方向和水平方向都有控制精确度的制动螺旋和微动螺旋配合控制。同样可调节管水准器和圆水准器使经纬仪工作在正常状态。

3. 全站仪

全站仪是全站型电子速测仪的简称，其由光电测距仪、电子经纬仪和数据处理系统组成，是一种可以同时进行角度（水平角、竖直角）测量、距离（斜距、平距、高差）测量和数据处理，由机械、光学、电子三种元件组成。因为只需安置一次，仪器便可完成测站上的所有测量工作，所以称为全站仪。全站仪其构造包括数字/字母键盘、有内存的程序模块、配套的镜、可充电电池。全站仪在房屋建筑安装工程中基本无用武之地，多用于大型工业设备安装，如大型电站、大型炼化厂，大型钢铁厂等。

（1）仪器安置

仪器安置包括对中与整平，其方法与光学经纬仪相同。全站仪也配有光学对中器，有的还配有激光对中器，使用十分方便。仪器有双轴补偿器，整平后有气泡略有偏移，对观测并无影响。采用电子水准器的全站仪整平更方便、精确。

（2）开机和设置

开机后仪器进行自检，自检通过后，显示主菜单。测量工作中进行的一系列相关设置，全站仪除了厂家进行的固定设置外，主要包括以下内容：①各种观测量单位与小数点位数的设置，包括距离单位、角度单位及气象参数单位等；②指标差与视准差的存储；③测距仪常数的设置，包括加常数、乘常数以及棱镜常数设置；④标题信息、测站标题信息、观测信息。

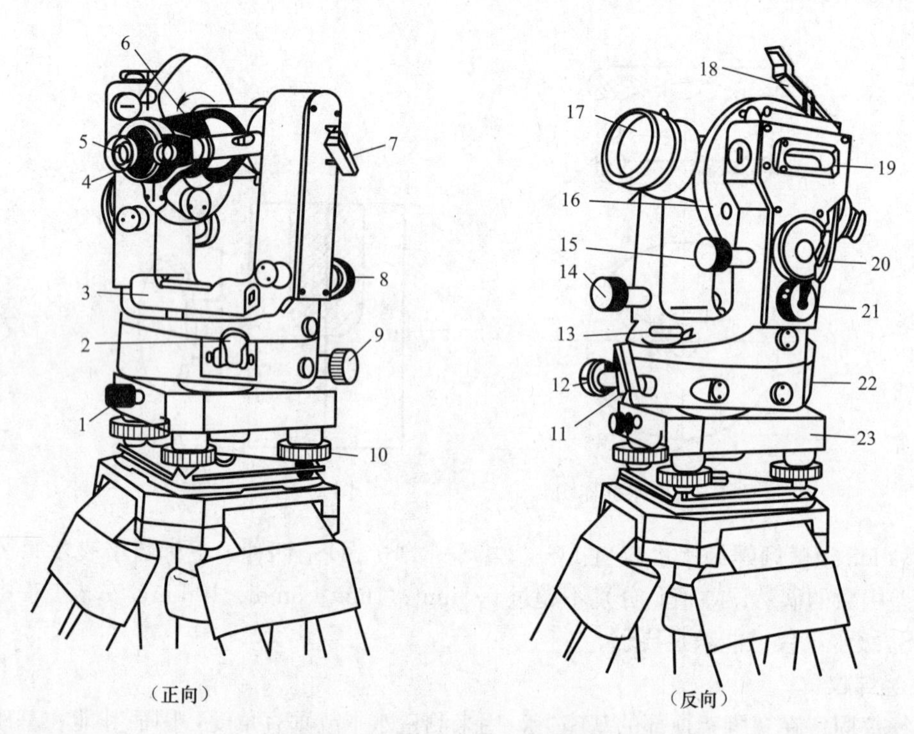

图 2-5　DJ_6 光学经纬仪的构造

1—轴座固定螺旋；2—复测扳钮；3—照准部管水准器；4—读数显微镜；5—目镜；6—对光螺旋；7—望远镜制动扳钮；8—望远镜微动螺旋；9—水平微动螺旋；10—脚螺旋；11—水平制动扳钮；12—水平微动螺旋；13—圆水准器；14—望远镜微动螺旋；15—竖直度盘管水准器微动螺旋；16—竖直度盘；17—物镜；18、20—反光镜；19—竖直度盘管水准器；21—测微轮；22—水平度盘；23—基座

根据实际测量作业的需要，如导线测量、交点放线、中线测量、断面测量、地形测量等不同作业建立相应的电子记录文件。主要包括建立标题信息、测站标题信息、观测信息等。标题信息内容包括测量信息、操作员、技术员、操作日期、仪器型号等。测站标题信息即仪器安置好后，应在气压或温度输入模式下设置当时的气压和温度。在输入测站点号后，可直接用数字键输入测站点的坐标，或者从存储卡中的数据文件直接调用。按相关键可对全站仪的水平角置零或输入一个已知值。观测信息内容包括附注、点号、反射镜高、水平角、竖直角、平距、高差等。

(3) 角度距离坐标测量

在标准测量状态下，角度测量模式、斜距测量模式、平距测量模式、坐标测量模式之间可相互转换，全站仪精确照准目标后，通过不同测量模式之间的切换，可得到所需要的观测值。

(4) 对边测量

对边测量的特点是不受地形限制，待测点间不需要通视就可测出待测点间的距离和高差。所以对边测量也称遥距测量。全站仪内置主要有两种功能：连接式和辐射式。工程测量中较常见的是连续式的对边测量。

当测量完第一个点时，全站仪显示出测站点到目标点的斜距、高差和平距。当再按一次测距键测第二个目标点，则显示出第一个被测点至第二个被测点的斜距、高差和平距。

(5) 全站仪使用的注意事项

使用全站仪前，应认真阅读仪器使用说明书。先对仪器有全面的了解，然后着重学习一些基本操作，如测角、测距、测坐标、数据存储、系统设置等。在此基础上再掌握其他如导线测量、放样等测量方法。另外，需要掌握存储卡、电池的使用，以及设备保存、运输、使用时的一些注意事项。

4. 红外线激光水平仪

(1) 红外线激光水平仪特点

1) 采用自动安平（重力摆-磁阻尼）方式，使用方便、可靠；

2) 采用半导体激光器，激光线条清晰明亮；

3) 可产生两条垂直线和一条水平线，带下对点；

4) 可 360°转动带微调机构，便于精确找准目标；

5) 可用于室内和室外；

6) 可带刻度盘，定位更准，操作更精确。

(2) 红外线激光水平仪的使用方法

1) 激光水平仪技术指标

一般的产品具备以下技术指标：水平精度、垂直精度、正交精度、下对点精度、自动安平范围、发射角度、激光波长、工作距离、激光射出功率、电源、连续工作时间、工作温度、重量。

2) 仪器的安置

将仪器安装在脚架上，或直接安置在一个稳固的平面上，大致整平仪器，水平仪上应该有一个自动校正系统（上面有水珠校正，水珠在圈子里就可以了）。不平的话，打开电源后，它会自动发出声音的，水平之后就没有声音了。仪器倾斜度过大，超出安平范围，激光管将自动关闭。

3) 仪器的开启

顺时针方向转动开关旋钮，打开仪器，仪器顶端绿色指示灯亮，同时发出激光束。传感器系统类产品无开关旋钮，直接按操作键盘上的 ON/OFF 键，以控制仪器电源开关。

选择红外线激光的类型，一般有单水平线模式、单垂直线模式、十字线模式、双垂线单水平线模式等。根据自身测量需要，选择好模式。

4) 仪器的测量

仪器打开并水平后，转动仪器，使激光束指向工作目标。调节微动旋钮，找准方位进行工作。工作结束，逆时针方向转动开关旋钮，关闭仪器。

5) 仪器使用注意事项

请勿长时间直视发光源，以免对眼睛产生伤害。不用请尽量关闭仪器，以保证其使用寿命。尽量轻拿轻放仪器，切勿摔碰。如光线较暗时，说明电量不足，尽快更换新电池。

2.1.2 水准、距离、角度测量的要点

1. 水准测量原理

水准测量原理是利用水准仪和水准标尺，根据水平视线原理测定两点高差的测量方法，测定待测点高程的方法有高差法和仪高法两种。

（1）高差法

采用水准仪和水准尺测定待测点与已知点之间的高差，通过计算得到待测点高程的方法。

（2）仪高法

采用水准仪和水准尺，只需计算一次水准仪的高程，就可以简单地测算几个前视点的高程。

当安置一次仪器，同时需要测出多个前视点的高程时，使用仪高法比较方便，所以在高程测量中仪高法被广泛地采用。

2. 基准线测量原理

基准线测量原理是利用经纬仪和检定钢尺，根据两点成一线原理测定基准线。测定待定点的方法有水平角测量和竖直角测量，这是确定地面点位的基本方法。每两个点位都可连成一条直线（或基准线）。

（1）保证量距精度的方法

返测丈量，当全段距离量完之后，尺端要调头，读数员互换，同法进行反测。往返丈量一次为一测回，一般应测量两测回以上。量距精度以两测回的差值与距离之比表示。

（2）安装基准线的设置

安装基准线一般都是直线，只要定出两个基准中心点，就构成一条基准线。平面安装基准线不少于纵横两条。

（3）安装标高基准点的设置

根据设备基础附近水准点，用水准仪测出的标记具体数值。相邻安装基准点高差应在 0.3mm 以内。

2.2 安装测量的知识

2.2.1 安装测设基本工作

1. 工程测量的程序

建筑安装或工业安装测量的基本程序：建立测量控制网→设置纵横中心线→设置标高基准点→设置沉降观测点→设置过程检测控制→实测记录。

2. 工程测量的方法

（1）平面控制测量

平面控制测量的目的是确认控制点的平面位置，并最终建立平面控制网，平面控制网建立的方法有三角测量法、导线测量法、三边测量法等。

如图 2-6 所示，*A*、*B*、*C*、*D*、*E*、*F* 组成互相邻接的三角形，观测所有三角形的内

角，并至少测量其中一条边长作为起算边，通过计算就可以获得它们之间的相对位置。这种三角形的顶点称为三角点，构成的网形称为三角网，这种测量方法称为三角测量。如图 2-7 所示的控制点 1、2、3…用折线连接起来，测量各边的长度和各转折角，通过计算同样可以获得它们之间的相对位置。这种控制点称为导线点，这种控制测量方法称为导线测量。导线测量法主要用于隐蔽地区、带状地区、城建区及地下工程等控制测量。

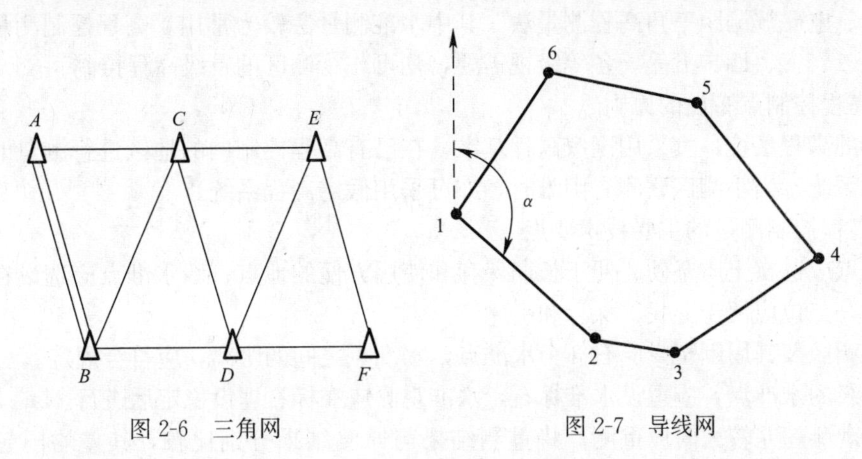

图 2-6　三角网　　图 2-7　导线网

依据《城市测量规范》CJJ/T 8—2011，城市平面控制网的等级划分见表 2-1。

城市平面控制网的等级关系　　**表 2-1**

控制范围	城市基本控制	小地区首级控制
三角（三边）网	二等、三等、四等	一级小三角、二级小三角
城市导线网	三等、四等	一级、二级、三级

1）平面控制网技术要求

平面控制网的坐标系统，应满足测区内投影长度变形值不大于 2.5cm/km。

三角测量的网（锁），各等级的首级控制网，宜布设不近似等边三角形的网（锁），其三角形的内角不应小于 30°。当受地形限制时，个别角可放宽，但不应小于 25°。

导线测量法的网，当导线平均边长较短时，应控制导线边数。导线宜布设成直射形状，相邻边长不宜相差过大；当导线网用作首级控制时，应布设成环形状，网内不同环节上的点不宜相距过近。

使用三边测量法时，各等级三边网的起始边至最远边之间的三角形个数不宜多于 10 个。各等级三边网的边长宜近似相等，其组成的各内角应符合规定。

应保证平面控制网的基本精度要求，使四等以下的各级平面控制网的最弱边边长中误差不大于 0.1mm。

2）常用测量仪器

平面控制测量的常用测量仪器有光学经纬仪和全站仪。

光学经纬仪的主要功能是测量纵、横轴线（中心线）以及垂直的控制测量等。机电工程建筑物建立平面控制网的测量以及厂房（车间）柱安装铅垂度的控制测量，用于测量纵、横向中心线，建立安装测量控制网并在安装全过程进行测量控制应使用光学经纬仪。

全站仪是一种采用红外线自动数字显示距离的测量仪器。主要应用于建筑工程平面控制网水平距离的测设、安装控制网的测设、建安过程中水平距离的测量等。

应当指出的是，所有测量仪器必须经过专门检测机构的检定且在检定合格有效期内方可投入使用，否则测量数据不具备法律效应。

（2）高程控制测量

高程控制测量的目的是确定各控制点的高程，并最终建立高程控制网。测量方法有水准测量法、电磁波测距三角高程测量法，其中水准测量法较为常用。高程控制测量等级依次划分为二、三、四、五等。各等级视需要，均可作为测区的首级高程控制。

1）高程控制点布设的原则

测区的高程系统，宜采用国家高程基准。在已有高程控制网的地区进行测量时，可沿用原高程系统。当小测区联测有困难时，亦可采用假定高程系统。

2）高程控制测量的主要技术要点

水准点应选在土质坚硬、便于长期保存和使用方便的地点；墙水准点应选设在稳定的建筑物上，点位应便于寻找、保存和引测。

一个测区及其周围至少应有 3 个水准点，水准点之间的距离，应符合规定。

各等级的水准点，应埋设水准标石，水准观测应在标石埋设稳定后进行。

两次观测超差较大时应重测。将重测结果与原测结果分别比较，其差均不超过限值时，可取三次结果的平均数。

设备安装测量时，最好使用一个水准点作为高程起算点。当厂房较大时，可以增设水准点，但其观测精度应提高。

3）高程控制测量常用的测量仪器

高程控制测量常用的测量仪器为 DS_3 光学水准仪。其主要应用于建筑工程测量控制网标高基准点的测设及厂房、大型设备基础沉降观察的测量，在设备安装工程项目施工中，用于连续生产线设备测量控制网标高基准点的测设及安装过程中对设备安装标高的控制测量。

标高测量主要分为绝对标高测量和相对标高测量两种。

绝对标高是指所测标高基准点、建（构）筑物及设备的标高相对于国家规定的±0.000标高基准点的高程。

相对标高是指建（构）筑物之间及设备之间的相对高程或相对于该区域设定的±0.000标高基准点的高程。

2.2.2 安装定位、抄平

1. 距离的测量

距离的测量有丈量法和视距法两种。

（1）丈量法

至少由二人合作，用钢制盘尺（20m、30m、50m 等）及辅助工具（测钎、花杆、标桩、色笔等）沿着既定线路，循序渐进，逐段测量长度，累加后得出距离的数值。通常到终点后应返测一次，将往返所测得的数据值两者取平均值。因房屋建筑安装工程所需测距离的场地大都地势平坦，测量时能保持盘尺拉紧呈水平状态，其所测得数值是比较正确可信的。

(2) 视距法

视距法所用仪器主要为水准仪和经纬仪，要利用仪器望远镜内十字丝分划面上的上、下两根断丝，它与横线平行且等距离，如图2-8所示。

只要用水准仪望远镜在站位处（甲）向塔尺处（乙）读取，视距丝 m、n 截取塔尺上的长度数值 l，根据光学原理，就可知甲、乙两点的水平距离 $L_{甲乙}=K_1$，K 通常为100。

水准仪用于平整场所的视距法测量距离，坡度较大场所用经纬仪作视距法测量水平距离，其数值要根据三角学，光学原理用另外的公式计算，且可计算出甲乙两点的高差。

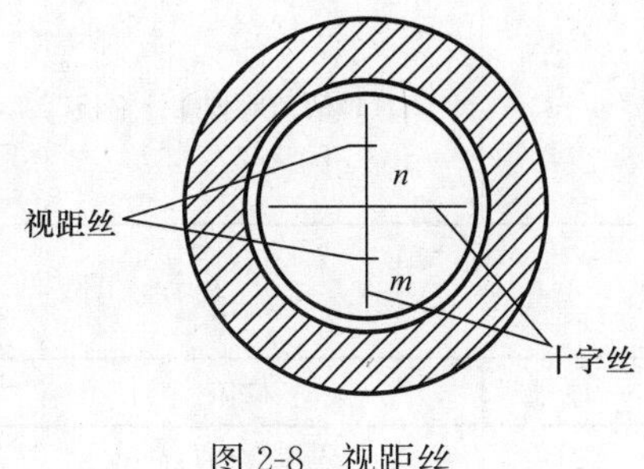

图2-8 视距丝

2. 基础放线

(1) 房屋建筑安装工程中设备基础的中心线放线，通常有单个设备基础放线和多个成排的并列基础放线两种情况。

(2) 单个设备基础放线，由土建工程施工单位提供建筑物的纵横轴线及标高参考点，依据设备安装图示中心线位置，用钢盘尺和墨斗尺弹出即可完成，再对基础标高进行复核。

(3) 多个成排的并列基础（如水泵房的多台水泵基础），除依据土建施工单位提供的建筑物纵横轴线及标高的参考点决定设备基础中心线位置外，为了使多台设备排列整齐，观感质量满足要求，可以使用经纬仪或其他准直仪定位，使各个单体设备的横向中心线处在同一条直线上。

(4) 平面位置安装基准线与基础实际轴线或与厂房墙（柱）的实际轴线、边缘线的距离，其允许偏差为±20mm，设备基础各部允许偏差见表2-2，基础检查过程中发现不合格的地方要加以处理，处理基础缺陷的通常做法见表2-3。

设备基础各部允许偏差 **表2-2**

序号	项目名称		允许偏差（mm）
1	基础坐标位置（纵、横轴线）		±20
2	基础各不同平面的标高		−20
3	基础上平面外形尺寸		±20
4	凸台上平面外形尺寸		−20
5	凹穴尺寸		+20
6	基础平面水平度（包括地坪上需安装设备的部分）	每米	5
		全长	10
7	基础垂直度偏差	每米	5
		全长	10
8	预埋地脚螺栓顶标高		+20
9	预埋地脚螺栓中心距（根、顶部两处测量）		±2
10	预留地脚螺栓孔中心位置		±10
11	预留地脚螺栓孔深度		+20

续表

序号	项目名称		允许偏差（mm）
12	预留地脚螺栓孔孔壁垂直度，每米		10
13	预埋活动地脚螺栓锚板	标高	+20
		中心位置	±5
		水平度（带槽的锚板），每米	5
		水平度（带螺纹孔的锚板），每米	2

设备常见缺陷及处理方法 **表 2-3**

序号	缺陷	处理方法
1	基础标高过高	用簪子铲低
2	基础标高过低	基础表面铲出麻面，用水冲洗干净后补灌混凝土
3	基础中心偏差过大	可考虑改变地脚螺栓位置来调整，若难以调整，则重新浇灌基础
4	预埋地脚螺栓位置偏差超标	个别偏差较小时，可将螺栓用气焊烤红后敲移到正确位置；偏差过大时，对较大的螺栓可在其周围凿到一定深度后割断，按要求尺寸搭接焊上一段，并采取加固补强措施
5	预埋基础螺栓孔偏差过大	扩大预留孔

第3章　设备安装工程材料

3.1　建筑给水管材及附件

3.1.1　给水管材的分类、规格、特性及应用

1. 钢管

（1）输送流体用无缝钢管

此类钢管由优质碳素钢10、20及低合金高强度结构钢Q295/Q345制造，有热轧和冷拔（冷轧）两种生产方法，每一种外径规格可以按需要生产多种壁厚。

（2）结构用无缝钢管

此类钢管可由优质碳素钢、低合金钢和合金钢管制造，适用于一般金属结构和机械结构，有热轧和冷拔（冷轧）两种生产方法，同一种外径规格可以按需要生产多种壁厚。

（3）石油裂化用无缝钢管

此类钢管适用于石油精炼厂的炉管、热交换器管和管道，钢管出厂前逐根进行水压试验。

（4）不锈钢无缝钢管

此类钢管有热轧和冷拔（冷轧）两种生产方法。

（5）低压流体输送用焊接钢管和镀锌焊接钢管

1）低压流体输送用焊接钢管

此类钢管适用于输送水、煤气、空气、油和采暖蒸汽等较低压力的流体。钢管按壁厚分为普通钢管和加厚钢管，钢管一般采用Q195、Q215A、Q235A制造，普通钢管应能承受2.5MPa的水压试验，加厚钢管应能承受3.0MPa的水压试验。

2）低压流体输送用镀锌焊接钢管

此类钢管适用于输送水、煤气、空气、油和采暖蒸汽等较低压力的流体。在安装工程中的给水、消防和热水供应管道中广泛采用。镀锌焊接钢管是由前述焊接钢管（俗称黑管）热浸镀锌而成，所以它的规格与焊接钢管相同。

（6）螺旋缝焊接钢管

此类钢管适用于大孔径空调水管道及石油天然气输送管道。螺旋缝焊接钢管的强度一般比直缝焊管高。

（7）涂塑钢管

涂塑钢管是以无缝或有缝钢管为基材，采取喷砂化学双重前处理、预热、内外涂装、固化、后处理等工艺制作而成的钢塑复合管。涂塑钢管既有钢管的高强度，又具有新型管材干净卫生、不污染水质的特点。

(8) 波纹金属软管

金属软管是采用不锈钢板卷焊热挤压成型后，再经热处理制成。波纹金属软管可实现温度补偿、消除机械位移、吸收振动、改变管道方向。

2. 有色金属管

有色金属管主要分为铜及铜合金管、铝及铝合金圆管、铅及铅锑合金管、钛及钛合金管、镍及镍铜合金管。机电工程最常见的有色金属管为铜及铜合金管。铜和铜合金管分为拉制管和挤制管，铜管一般采用焊接、扩口或压紧的方式与管接头连接。

3. 铸铁给水管

(1) 砂型离心铸铁管

此种管材按壁厚的不同，压力等级分为P级和G级，选用时应根据工作压力、埋设深度及其他条件进行验算。

(2) 连续铸铁管

连续铸铁管是用连续铸造法生产的灰铸铁管，其压力等级分为LA级、A级和B级三个等级。连续铸铁管与砂型铸铁管的外观区别是其插口端没有凸缘。

(3) 球墨铸铁给水管

球墨铸铁给水管是采用以滑入式梯式胶圈的T型接口连接，属于柔性接口，具有施工简便、劳动强度低和抗震性能好的特点。

4. 塑料管材

(1) 硬质聚氯乙烯（UPVC）管

以卫生级聚氯乙烯树脂为主要原料，经挤压或注塑制成。管材不会使自来水产生气味、味道和颜色，符合饮用水卫生标准，可用于输送生活用水。

(2) 氯化聚氯乙烯（CPVC）管

由聚氯乙烯（PVC）树脂氯化改性制得，是一种新型工程塑料，主要用于生产板材、棒材、管材输送热水及腐蚀性介质，并且可以用作工厂的热污水管、电镀溶液管道、热化学试剂输送管和氯碱厂的湿氯气输送管道。

(3) 聚乙烯（PE）管

由单体乙烯聚合而成，分为PE32、PE40、PE63、PE80、PE100五个等级，而用于燃气管和给水管的材料主要是PE80和PE100。可用于饮用水管道，化工、化纤、食品、林业、印染、制药、轻工、造纸、冶金等工业的料液输送管道，通信线路、电力电线保护套管。

(4) 交联聚乙烯（PE-X）管

交联聚乙烯（PE-X）管比聚乙烯（PE）管具有更好的耐热性、化学稳定性和持久性，同时又无毒无味，可广泛用于生活给水和低温热水系统中。

(5) 三型聚丙烯（PP-R）管

三型聚丙烯（PP-R）管道材质属于高分子量碳氢化合物，作为热水管道可在70℃以下长期使用，能满足建筑热水供应管道的要求，一般可不再保温。必须注意的是，PP-R材料刚性及抗冲击性能较差，在低温环境下应尤为注意保护；抗紫外线性能差，在阳光下容易老化，不适于在室外明装敷设；PP-R材料属于可燃性材料，必须注意防火。

(6) 聚丁烯（PB）管

聚丁烯（PB）管，是由聚丁烯、树脂添加适量助剂，经挤出成型的热塑性加热管。可用于直饮水工程用管、采暖用管材、太阳能住宅温水管、融雪用管、工业用管。

（7）工程塑料（ABS）管

工程塑料（ABS）管由热塑性丙烯腈丁二烯-苯乙烯三元共聚体粘料经注射、挤压成型加工制成，可用于给水排水管道、空调工程配管、海水输送管、电气配管、压缩空气配管、环保工程用管等。

5. 复合管

（1）铝塑复合管

铝塑复合管是以焊接铝管为中间层，内外均为聚乙烯塑料，采用专用热熔剂，通过挤出成型方法复合成一体的管材。按用途分类可分为：冷水用铝塑复合管（以 L 表示）、热水用铝塑复合管（以 R 表示）、燃气用铝塑复合管（以 Q 表示）、特种流体用铝塑复合管（以 T 表示）。

（2）钢塑复合管

钢塑复合管是以焊接钢管为中间层，内外层为聚乙（丙）烯塑料，采用专用热熔胶，通过挤出成型方法复合成一体的管材。产品根据用途不同分为冷水用复合管（L）、热水用复合管（R）、燃气用复合管（Q）、特种流体用复合管（T）、保护套管用复合管（B）。

3.1.2 给水附件的分类及特性

1. 配水附件

配水附件是指为各类卫生洁具或受水器分配或调节水流的各式水嘴（或阀件），是使用最为频繁的给水附件。

（1）旋启式水嘴：普遍用于洗涤盆、污水盆、盥洗槽等卫生器具的配水。

（2）旋塞式水嘴：手柄旋转 90°即完全开启，可在短时间内获得较大流量；由于启闭迅速容易产生水击，一般设在浴池、洗衣房、开水间等压力不大的给水设备上。

（3）混合水嘴：安装在洗面盆、浴盆等卫生器具上，通过控制冷、热水流量调节水温，作用相当于两个水嘴，使用时将手柄上下移动控制流量，左右偏转调节水温。

（4）延时自闭水嘴：主要用于酒店及商场等公共场所的洗手间，使用时将按钮下压，每次开启持续一定时间后，靠水压力及弹簧的增压而自动关闭水流。

（5）自动控制水嘴：自动控制水嘴根据光电效应、电容效应、电磁感应等原理，自动控制水嘴的启闭，常用于建筑装饰标准较高的盥洗、淋浴、饮水等的水流控制。

2. 控制附件

控制附件是指安装在给水管路上的各种阀门。阀门的作用是通过改变阀门内部通道截面积来控制管道内介质的流动参数。

（1）阀门分类

1）按作用和用途划分

截断阀：其作用是接通或截断管路中的介质，如闸阀、截止阀、球阀、旋塞阀、蝶阀和隔膜阀等。

止回阀：其作用是防止管路中介质倒流，又称单向阀或逆止阀，离心水泵吸水管的底阀也属此类。

安全阀：其作用是防止管路或装置中的介质压力超过规定数值，以起到安全保护作用。

调节阀：其作用是调节介质的压力和流量参数，如节流阀、减压阀，在实际使用过程中，截断类阀门也常用来起到一定的调节作用。

分流阀：其作用是分离、分配或混合介质，如疏水阀。

2）按压力划分

真空阀：指工作压力低于标准大气压的阀门。

低压阀：指公称压力等于小于 1.6MPa 的阀门。

中压阀：指公称压力为 2.5～6.4MPa 压力等级的阀门。

高压阀：指公称压力为 10～80MPa 的阀门。

超高压阀门：指公称压力等于大于 100MPa 的阀门。

3）按工作温度划分

高温阀门：指工作温度高于 450℃的阀门。

中温阀门：指工作温度高于 120℃而低于 450℃的阀门。

常温阀门：指工作温度为－40～120℃的阀门。

低温阀门：指工作温度为－40～－100℃的阀门。

超低温阀门：指工作温度为－100℃以下的阀门。

4）按驱动方式划分

手动阀门：指靠人力操纵手轮、手柄或链条来驱动的阀门。

动力驱动阀门：指可以利用各种动力源进行驱动的阀门，如电动阀、电磁阀、气动阀、液动阀等。

自动阀门：指无需外力驱动，而利用介质本身的能量来使阀门动作的阀门，如止回阀、安全阀、减压阀、疏水阀等。

（2）阀门形式

1）闸阀：用于截断或接通管路中的介质，最常见的形式是平行式闸阀和契式闸阀；根据阀门的连接方式，可分为内螺纹闸阀和法兰闸阀。

2）截止阀：截止阀的启闭件是塞形的阀瓣，这种类型的截止阀非常适合作为切断或调节以及节流用；根据阀门的连接方式，可分为内螺纹截止阀和法兰截止阀。

3）节流阀：是通过改变节流截面或节流长度以控制流体流量的阀门。节流阀按通道方式可分为直通式和角式两种。

4）止回阀：又称单向阀或逆止阀，其作用是防止管路中的介质倒流。止回阀按结构和连接方式划分，可分为内螺纹升降式止回阀、法兰旋启式止回阀和法兰升降式止回阀三种。

5）旋塞阀：是关闭件或柱塞形的旋转阀，通过旋转 90°使阀塞上的通道口与阀体上的通道口相同或分开，实现开启或关闭的一种阀门。旋塞阀最适于作为切断和接通介质以及分流使用，通常也能用于带悬浮颗粒的介质。根据阀门的连接方式，还可分为内螺纹旋塞阀和法兰旋塞阀。

6）球阀：球阀具有旋转 90°的动作，旋塞体为球体，有圆形通孔或通道通过其轴线。球阀在管路中主要用来做切断、分配和改变介质的流动方向，球阀最适宜做开关、切断阀使用。根据阀门的连接方式，还可分为内螺纹球阀和法兰球阀。

7）蝶阀：蝶阀是结构简单的调节阀，同时也可用于低压管道介质的开关控制。蝶阀适用于发生炉、煤气、天然气、液化石油气、城市煤气、冷热空气、化工冶炼和发电环保等工程系统中输送各种腐蚀性、非腐蚀性流体介质的管道上，用于调节和截断介质的流动。

8）隔膜阀：隔膜阀是一种特殊形式的阀门，其启闭件是用柔软的橡胶或塑料制成的隔膜，把阀体和内腔与阀盖内腔隔开。隔膜阀能控制多种工作介质，尤其适合带有化学腐蚀性或悬浮颗粒地介质。按驱动方式可分为手动、电动和气动三种。

9）安全阀：安全阀是一种安全保护用阀，属于自动阀类，主要用于锅炉、压力容器和管道上，控制压力不超过规定值，对人身安全和设备运行起重要保护作用；根据阀门的连接方式，可分为外螺纹弹簧安全阀和法兰弹簧安全阀。

10）疏水阀：疏水阀的基本作用是将蒸汽系统中的凝结水、空气和二氧化碳气体尽快排出；同时最大限度地自动防止蒸汽的泄露，分为机械型、热静力型、热动力型。

11）减压阀：减压阀是通过调节，将进口压力减至某一需要的出口压力，并依靠介质本身的能量，使出口压力自动保持稳定的阀门。按结构形式可分为薄膜式、弹簧薄膜式、活塞式、杠杆式和波纹管式。

12）其他阀类

① 电磁阀

ZCLF 型电磁阀：主要用于水、气体及低黏度油类等介质。

ZDF 型多功能电磁阀：适用于水、气、油、氟利昂等黏度较低、对铜不腐蚀的气体和液体介质，在管路中起控制调节作用。

小型不锈钢电磁阀：适用于空气、煤气、蒸汽、水、油类、氟利昂及一些酸碱性介质。

全不锈钢电磁阀（ZBSF 系列）：适用于腐蚀性液体和气体。

② 自动排气阀：一种安装于系统最高点，用来释放供热系统和供水管道中产生的气穴的阀门，广泛用于分水器、暖气片、地板采暖、空调和供水系统。

③ 水位控制阀

浮球阀：安装在水箱或水池中，能自动控制水位。

水位控制阀：具有按设定水位自动开启和关闭的特点，特别适合于无人看管等间歇供水的场合使用。

3.2 建筑排水管材及附件

3.2.1 排水管材的分类、规格、特性及应用

1. 金属管

常用的金属管有钢管和铸铁管。金属管适用于特殊地段，当排水管道承受高压或对渗漏有特别要求的部位才采用，如排水泵站的进出水管、管道穿越铁路时；铸铁管具有良好的挠曲性、伸缩性，能适应较大的轴向位移和横向由挠变形，适用于高层建筑室内排水管，对地震区尤为合适。

2. 陶土管和石棉水泥管

陶土管具有水流阻力小、不透水、耐磨损、耐腐蚀的优点，缺点是管节较短、施工不方便、质脆易碎，抗压、抗弯、抗拉强度低。石棉水泥管具有强度大、表面光滑、不透水、重量轻、管节长、抗腐蚀性强、易于加工的优点，缺点是质脆不耐磨。因此，陶土管和石棉水泥管大多数情况下只用于排除酸性废水或用作管外有侵蚀性地下水的污水管道。

3. 混凝土管和钢筋混凝土管

混凝土管和钢筋混凝土管主要缺点是管节较短、接头多、施工复杂、抗渗漏性差、抗腐蚀性较差，不宜输送酸性、碱性较强的工业废水；但因便于就地取材、制造方便、可制成无压管、低压管、预应力管等，所以在排水管道系统中得到普遍应用。

4. 塑料管

塑料管种类繁多，目前我国民用及一般工业建筑的新型塑料排水管材主要有硬聚氯乙烯（U-PVC）塑料排水管、双壁波纹管、环形肋管、螺旋肋管等塑料管材。其中应用最广泛的是硬聚氯乙烯（U-PVC）塑料排水管，其最大缺点是工作时噪声大，现常见的新产品有芯层发泡 U-PVC 管、螺旋内壁 U-PVC 管等，减噪效果明显，可用于对隔声要求比较高的室内排水系统。

5. 玻璃钢夹砂管

玻璃钢加砂管道主要是在排水领域、污水领域、非开挖更新管道领域中应用广泛。

3.2.2 排水附件的分类及特性

1. 卫生器具排水附件

主要包括清扫口、地漏、存水弯（S 弯和 P 弯）、雨水斗等。

（1）清扫口

清扫口装在排水横管上，管道被堵时打开清扫口，可以疏通管道，相当于管道尽头的堵头。连接 2 个及以上大便器或 3 个及以上卫生器具的污水横管及水流转角小于 135°的污水横干管应设置清扫口。

（2）地漏

地漏主要有铸铁、PVC、锌合金、陶瓷、铸铝、不锈钢、黄铜、铜合金等材质，安装地漏前，必须检查其水封深度不得低于 50mm，水封深度小于 50mm 的地漏不得使用。

（3）存水弯（S 弯和 P 弯）

存水弯（S 弯和 P 弯）指的是卫生器具内部或器具排水管段上设置的一种内有水封的配件。卫生器具本身带有存水弯的就不必再设存水弯。

（4）雨水斗

一般有铸铁和钢制两种，也有非金属雨水斗。其中用于虹吸排水的虹吸式雨水斗一般由反漩涡顶盖、格栅片、底座和底座支架组成。

2. 检查口

室内排水立管应隔层设置检查口，在底层和有卫生器具的顶层必须设置，检查口间距不大于 10m；当雨水立管采用高密度 HDPE 管时，检查口最大间距不宜大于 30m。

3. 伸缩节

排水塑料管必须按设计要求设伸缩节，如设计无要求时，伸缩节的间距不得大于4m。

4. 防火套管或阻火圈

防火套管，又名耐高温套管、硅橡胶玻璃纤维套管，采用高纯度无碱玻璃纤维编制成管，再在管外壁涂覆有机硅胶经硫化处理而成。硫化后可在－65℃～260℃温度范围内长期使用并保持其柔软弹性性能。

阻火圈是由金属材料制作外壳，内填充阻燃膨胀芯材，套在硬聚氯乙烯管道外壁，固定在楼板或墙体部位，火灾发生时芯材受热迅速膨胀，挤压UPVC管道，在较短时间内封堵管道穿洞口，阻止火势沿洞口蔓延。

室内排水塑料立管明设时，在立管穿越楼层处应采取防止火灾贯穿的措施，设置防火套管或阻火圈。

3.3 卫生器具

3.3.1 便溺用卫生器具

1. 作用

厕所或卫生间中的便溺用卫生器具，主要作用是收集和排除粪便污水。

2. 类型

我国常用的大便器有坐式、蹲式和大便槽式三种类型。

3. 大便器

大便器按其构造形式分盘形和漏斗形。按冲洗的水力原理，大便器分冲洗式和虹吸式两种。冲洗式大便器是利用冲洗设备具有的水头冲洗，而虹吸式大便器是借冲洗水头和虹吸作用冲洗。常见的坐便器有以下几种。

(1) 冲落式坐便器：利用存水弯水面在冲洗时迅速升高水头来实现排污，所以水面窄，水在冲洗时发出较大的噪声；其优点是价格便宜和冲水量少。这种大便器一般用于要求不高的公共厕所。

(2) 虹吸式坐便器：便器内的存水弯是一个较高的虹吸管，虹吸管的断面略小于盆内出水口断面，当便器内水位迅速升高到虹吸顶并充满虹吸管时，便产生虹吸作用，将污物吸走。这种便器的优点是噪声小，比较卫生、干净，缺点是用水量较大。这种便器一般用于普通住宅和建筑标准不高的旅馆等公共卫生间。

(3) 喷射式虹吸坐便器：它与虹吸式坐便器一样，利用存水弯建立的虹吸作用将污物吸走。便器底部正对排出口设有一个喷射孔，冲洗水不仅从便器的四周出水孔冲出，还从底部出水口喷出，直接推动污物，这样能更快更有力地产生虹吸作用，并有降低冲洗噪声作用。另一特点是便器的存水面大，干燥面小，是一种低噪声、最卫生的便器。这种便器一般用于高级住宅和建筑标准较高的卫生间里。

(4) 旋涡式虹吸坐便器：特点是把水箱与便器结合成一体，并把水箱浅水口位置降到便器水封面以下，并借助右侧的水道使冲洗水进入便器时在水封面下成切线方向冲出，形成旋涡，有消除冲洗噪声和推动污物进入虹吸管的作用。水箱配件也采取稳压消声设计，所以进水噪声低，对进水压力适用范围大。另外由于水箱与便器连成一体，因此体型大、整体感强、造型新颖，是一种结构先进、功能好、款式新、噪声低的高档坐便器。

4. 小便器

小便器分为壁挂式、落地式和小便槽三种。

3.3.2 盥洗、沐浴用卫生器具

1. 洗脸盆

洗脸盆分为台上盆、台下盆、立柱盆、挂盆、碗盆等。

2. 盥洗槽

盥洗槽设在公共建筑、集体宿舍、旅馆等的盥洗室里，有长条形和圆形两种。

3. 浴盆

浴盆一般设在宾馆、高级住宅、医院的卫生间及公共浴室内。

4. 淋浴器

淋浴器有成品也有现场组装的。

3.3.3 洗涤用卫生器具

根据用途分为洗涤盆、化验盆、污水盆等。

3.3.4 常见卫生器具的表示

常见卫生器具的表示见表 3-1 所示。

卫生设备图例 表 3-1

序号	名称	图例	序号	名称	图例
1	立式洗脸盆		7	带沥水板洗涤盆	
2	台式洗脸盆		8	盥洗槽	
3	挂式洗脸盆		9	污水池	
4	浴盆		10	妇女净身盆	
5	化验盆、洗涤盆		11	立式小便器	
6	厨房洗涤盆		12	壁挂式小便器	

续表

序号	名称	图例	序号	名称	图例
13	蹲式大便器	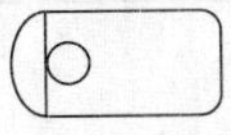	15	小便槽	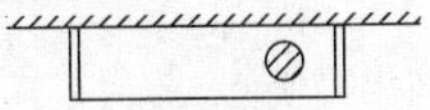
14	坐式大便器	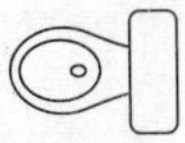	16	淋浴喷头	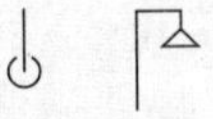

3.4 电线、电缆及电线导管

3.4.1 绝缘导线

1. 绝缘电线的分类

绝缘电线用于电气设备、照明装置、电工仪表、输配电线路的连接等。它一般是由导线的导电线芯、绝缘层和保护层组成。

绝缘电线按绝缘材料可分为聚氯乙烯绝缘、聚乙烯绝缘、交联聚乙烯绝缘、橡胶绝缘和丁腈聚氯乙烯复合物绝缘等，绝缘层的作用是防止漏电。电磁线也是一种绝缘线，它的绝缘层是涂漆或包缠纤维如丝包、玻璃丝及纸等。

绝缘导线按工作类型可分为普通型、防火阻燃型、屏蔽型及补偿型等。

导线芯按使用要求的软硬又分为硬线、软线和特软线等结构类型。

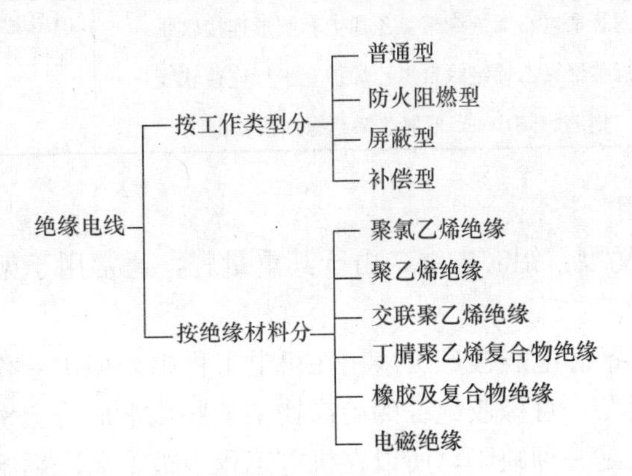

2. 绝缘电线的表示方法

绝缘电线的表示方法如表 3-2 所示。

3. 绝缘电线的型号、名称及用途

绝缘电线的型号、名称及用途如表 3-3 所示。

绝缘符号表示方法 **表 3-2**

符号	绝缘材料	符号	绝缘材料
X	橡胶绝缘	VV	聚氯乙烯绝缘聚氯乙烯护套
XF	氯丁橡胶绝缘	Y	聚乙烯绝缘
V	聚氯乙烯绝缘	YJ	交联聚乙烯绝缘

绝缘电线的型号、名称及用途 **表 3-3**

型号	名称	用途
BX	铜芯橡胶绝缘电线	适用于交流额定电压500V及以下或直流电压1000V及以下的电气设备及照明装置用
BXF	铜芯氯丁橡胶绝缘电线	
BLX	铝芯橡胶绝缘电线	
BLXF	铝芯氯丁橡胶绝缘电线	
BXR	铜芯橡胶绝缘电线	
BXS	铜芯橡胶绝缘棉纱编织双绞软线	
BV	铜芯聚氯乙烯绝缘电线	适用于各种交流、直流电气装置、电工仪器、仪表、电讯设备、动力及照明线路固定敷设用
BLV	铝芯聚氯乙烯绝缘电线	
BVR	铜芯聚氯乙烯绝缘软线	
BVV	铜芯聚氯乙烯绝缘聚氯乙烯护套线（简称铜芯护套线）	
BLVV	铝芯聚氯乙烯绝缘聚氯乙烯护套线（简称铝芯护套线）	
BVVB	铜芯聚氯乙烯绝缘及护套平行线	
BLVVB	铝芯聚氯乙烯绝缘及护套平行线	
BV-105	铜芯耐热105℃聚氯乙烯绝缘电线	
RV	铜芯聚氯乙烯绝缘连接软线	适用于额定电压450/750V交流、直流电气、电工仪表、家用电气、小型电动工具、动力及照明装置的连接用
RVB	铜芯聚氯乙烯绝缘平行软线	
RVS	铜芯聚氯乙烯绝缘绞型软线	
RVV	铜芯聚氯乙烯绝缘聚氯乙烯护套圆形连接软线	
RVVB	铜芯聚氯乙烯绝缘聚氯乙烯护套平行连接软线	
BVR-105	铜芯耐热105℃聚氯乙烯绝缘连接软电线	

4. 绝缘电线的应用

（1）BLX型、BLV型：铝芯电线，由于其重量轻，通常用于架空线路尤其是长距离输电线路。

（2）BX、BV型：铜芯电线被广泛采用在机电工程中，但由于橡胶绝缘电线生产工艺比聚氯乙烯绝缘电线复杂，且橡胶绝缘的绝缘物中某些化学成分会对铜产生化学作用，虽然这种作用轻微，但仍是一种缺陷，所以在机电工程中被聚氯乙烯绝缘电线基本替代。

（3）RV型：铜芯软线主要采用在需柔性连接的可动部位。

（4）BVV型：多芯的平形或圆形塑料护套，可用在电气设备内配线，较多地出现在家用电器内的固定接线，但型号不是常规线路用的BVV硬线，而是RVV，为铜芯塑料绝缘塑料护套多芯软线。

3.4.2 电力电缆

1. 电力电缆表示方法

电力电缆的型号通常用大写的汉语拼音字母来表示、电缆绝缘和内外保护层用拼音字母加数字组合来表示，电力电缆的表示方法如表3-4表示。

电力电缆表示方法 　　　表 3-4

类别、用途	导体	绝缘种类	内护层	其他特征
电力电缆（省略不表示） K—控制电缆 P—信号电缆 Y移动式软电缆 R—软线 X—橡胶电缆 H—市内电话电缆	T—铜 （一般省略） L—铝线	Z—纸绝缘 X—天然橡胶 （X）D—丁基橡胶 （X）E—乙柄橡胶 V—聚氯乙烯 Y聚乙烯 YJ—交联聚乙烯	Q—铅护套 L—铝护套 H—橡胶（护套） F—氯丁胶（护套） V—聚氯乙烯护套 Y—聚乙烯护套	D—不滴流 F—分相 P—屏蔽 CY—充油

注：在电缆型号前加上拼音字母 ZR—表示阻燃系列，NH—表示耐火系列。

2. 电力电缆分类

电力电缆一般按照其绝缘类型分为聚氯乙烯绝缘电力电缆、交联聚乙烯绝缘电力电缆、橡胶绝缘电力电缆、充油及油浸纸绝缘电力电缆；按工作类型和性质可分为一般普通电力电缆、架空用电力电缆、矿山井下用电力电缆、海底用电力电缆、防（耐）火阻燃型电力电缆等类型。

3. 电力电缆使用环境

（1）塑料绝缘电力电缆

1）用途及特点

用于固定敷设交流 50Hz、额定电压 1000V 及以下输配电线路，制造工艺简单，没有敷设高差限制，可以在很大范围内代替油浸纸绝缘电缆和不滴流浸渍纸绝缘电缆。主要优点是重量轻、弯曲性能好、机械强度较高、接头制作简便、耐油、耐酸碱和有机溶剂腐蚀、不延燃、具有内铠装结构，使钢带和钢丝免受腐蚀、价格较便宜、安装维护简单方便。缺点是绝缘易老化、柔软性不及橡胶绝缘电缆。

2）性能及使用条件

① 成品电缆应经受 3500V/5min 的耐压试验；

② 最小绝缘电阻常数 K＝0.037；

③ 电缆线芯应满足《电缆的导体》GB/T 3956 标准要求；

④ 塑料绝缘及护套电力常用型号、名称及使用条件如表 3-5 所示。

塑料绝缘电力电缆常用型号、名称及使用条件 　　　表 3-5

型号		名称	使用条件
铜芯	铝芯		
VV VV	VYV VLY	聚氯乙烯绝缘聚氯乙烯护套电力电缆 聚氯乙烯绝缘聚乙烯护套电力电缆	适用于室内外敷设，但不承受机械外力作用的场合，可经受一定的敷设牵引
VV22 VV23	VLV22 VLV23	聚氯乙烯绝缘钢带铠装聚氯乙烯护套电力电缆 聚氯乙烯绝缘钢带铠装聚乙烯护套电力电缆	适用于埋地敷设，能承受机械外力作用，但不能承受大的拉力
VV32 VV33	VLV32 VLV33	聚氯乙烯绝缘细钢丝铠装聚氯乙烯护套电力电缆 聚氯乙烯绝缘细钢丝铠装聚乙烯护套电力电缆	适用于水中或高落差地区，能承受机械外力作用和相当的拉力
VV42 VV43	VLV42 VLV43	聚氯乙烯绝缘粗钢丝铠装聚氯乙烯护套电力电缆 聚氯乙烯绝缘粗钢丝铠装聚乙烯护套电力电缆	承受大拉力的竖井及海底

(2) 耐火、阻燃电力电缆

1) 用途及特点

耐火、阻燃电力电缆适用于有较高防火安全要求的场所，如高层建筑、油田、电厂和化工厂、重要工矿企业及与防火安全消防救生有关的地方，其特点是可在长时间的燃烧过程中或燃烧后仍能够保证线路的正常运行，从而保证消防灭火设施的正常运行。

2) 技术性能及使用条件

① 耐火电缆比普通电缆外径大15%～20%；

② 耐火电缆产品的电气、物理性能与普通电缆同类型产品相同；

③ 耐火电缆的载流量与同类产品相同；

④ 耐火试验采用《电缆在火焰条件下的燃烧试验》GB/T 18380进行；

⑤ 耐火、阻燃电力电缆常用型号、名称及使用条件见表3-6所示。

耐火、阻燃电力电缆常用型号、名称及使用条件 表3-6

型号		名称	使用条件
铜芯	铝芯		
ZR-VV	ZR-VLV	阻燃聚氯乙烯绝缘聚氯乙烯护套电力电缆	允许长期工作温度≤70℃
$ZR\text{-}VV_{22}$	$ZR\text{-}VLV_{22}$	阻燃聚氯乙烯绝缘钢带铠装及护套电力电缆	
$ZR\text{-}VV_{32}$	$ZR\text{-}VLV_{32}$	阻燃聚氯乙烯绝缘细钢丝铠装及护套电力电缆	

(3) 橡胶绝缘电力电缆

1) 用途及特点

普通橡胶绝缘电力电缆适用于额定电压6kV及以下交流输配电线路、大型工矿企业内部接线、电源线及临时性电力线路上的低压配电系统中。橡胶绝缘电力电缆弯曲性能较好，能够在严寒气候下敷设，特别适用于水平高差大和垂直敷设的场合。该电缆不仅适用于固定敷设的线路，可以用于定期移动的固定敷设线路。橡胶绝缘橡胶护套软电缆还能用于连接连续移动的电气设备。但橡胶绝缘电缆的缺点是耐热性差，允许运行温度较低，易受机械损伤，普通橡胶电缆遇到油类或其他化学物时易变质损坏。

2) 橡胶绝缘电力电缆型号、名称及适用范围

橡胶绝缘电力电缆型号、名称及适用范围如表3-7所示。

橡胶绝缘电力电缆常用型号、名称及适用范围 表3-7

型号	名称	适用范围
铜芯		主要用途
YQ (W)	轻型橡套软电缆	各种电动工具和移动设备，重型能承受较大的机械外力
YZ (W)	中型橡套软电缆	
YC (W)	重型橡套软电缆	
YH	天然橡胶护套电焊机电缆	电焊机用二次侧接线
YHF	橡胶绝缘及护套电焊机电缆	
YB	移动扁形橡套电缆	起重、行车、机械和井下配套
YBF	不延燃移动扁形橡套电缆	

续表

型号	名称	适用范围
铜芯		主要用途
UY UYP UC UCP	矿用移动橡套软电缆 矿用移动屏蔽橡套软电缆 采煤机用橡套软电缆 采煤机用屏蔽橡套软电缆	适用于矿山井下及地面各种移动电器设备、采煤设备的连接用
UG-6kV UGF-6kV	天然橡胶护套电缆 氯丁橡胶护套电缆	适用于额定电压为6kV及以下移动配电装置，矿山采掘机器、起重运输机械用

注：1. "W"派生电缆具有耐气候性和一定的耐油性，适宜于在户外或接触油污的场所使用，执行标准《额定电压450/750及以下橡胶绝缘电缆》GB 5013和《额定电压450/750V及以下橡皮绝缘软线和软电缆》JB 8735.1～.3；
2. 橡套电缆长期允许工作温度不超过65℃，执行标准《矿用橡套软电缆》GB 12972；
3. 橡套电缆需经受交流50Hz、2000V、5min电压试验。

3.4.3 电线导管

1. 电线导管分类

(1) 电气导管按材质可分为金属导管和非金属导管两类，金属导管主要指钢导管，非金属导管主要指塑料管。

(2) 导管按刚度分类可分为刚性导管、柔性导管、可挠性导管三类。

(3) 导管按通用程度分类可分为专用导管和非专用导管两类，前者仅在电气工程中应用，后者在其他工程中也有采用。

1) 专用金属导管主要指薄壁电线管、紧定式金属电线管（JDG管）、扣压式金属电线管（KBG管）、可挠金属电线管四种。

2) 非专用金属导管主要指无缝钢管、焊接钢管、镀锌钢管三种。

(4) 塑料管（PVC电线管）可分为轻型、中型、重型三种。

2. 电线导管选用

电管的管材、管径应严格按设计要求选用。材料进场时，查验材料质量证明文件齐全有效、管材实物检查应外观完好、无开裂、凹扁等情况。

电气套管主要用在电管穿外墙、防火、防爆分区等处，一般采用镀锌钢管作套管。

塑料电线管（PVC电线管）及附件应采用燃烧性能为B1级的难燃产品，其氧指数不应低于32，在建筑施工中宜采用中型以上导管。塑料电线管通常用于混凝土及墙内的非消防、非人防电气配管施工。

3.5 照明灯具、开关及插座

3.5.1 照明灯具

1. 照明灯具的基本术语

(1) 光线：光是电磁波辐射到人的眼睛，经视觉神经转换为光线，即能被肉眼看见的那部分光谱。

（2）光通量：光源发射并被人的眼睛接受能量的总和即为光通量。

（3）发光强度：发光强度简称光强，指可见光在某一特定方向角内所放射的强度。

（4）照度：光照强度是指单位面积上所接受可见光的能量，简称照度。

（5）色温：色温是表示光源光谱质量最通用的指标，色温值越高，表示冷感越强；色温越低，暖感越强、越柔和。

（6）显色性：光源对于物体颜色呈现的程度称为显色性，通常叫做“显色指数”（Ra）。

（7）灯具效率：也叫光输出系数，是灯具输出的光通量与灯具内光源输出的光通量之间的比例。

（8）光源效率：是指每一瓦电力所发出的光量，其数值越高表示光源的效率越高。

（9）亮度：是指光源在某一方向上的单位投影面在单位立体角中反射光的数量。

（10）眩光：视野内有亮度极高的物体或强烈的亮度对比，则可以造成视觉不舒适，此种现象称为眩光。

（11）功率因数：电路中有用功率与实际功率之间的比值。功率因数低，则电流中的谐波含量越高，对电网产生污染，破坏电网的平衡度，无功损耗亦增加。

（12）平均寿命：通常也称作额定寿命，是指点亮批量灯完好率为50%的小时数。

（13）光束角：射灯发射光的空间分布，以中心最强，向四周逐渐减弱到中心光强50%强度的圆锥角为光束角。

（14）三基色：红、绿、蓝（稀土元素在紫外线照射下呈现的三种颜色）。

（15）频闪效应：电感式荧光灯随电压电流周期性变化，其光通量也周期性地产生强弱变化，使人产生不舒适的感觉，此现象称为频闪效应。

2. 常见照明灯具的分类及用途

（1）按安装方式分为：嵌入式、移动式和固定式三种。

（2）按用途方式分为：民用灯具、建筑灯具、工矿灯具、投光照明灯具、公共场所灯具、嵌入式灯具、船用荧光灯照明灯具、道路照明灯具、汽车、摩托车和飞机照明灯具、特种车辆标志照明灯具、电影电视舞台照明灯具、防爆灯具、水下照明灯具等。

（3）按光源分为：热辐射光源、气体放电光源、场致发光光源，分类如下所示：

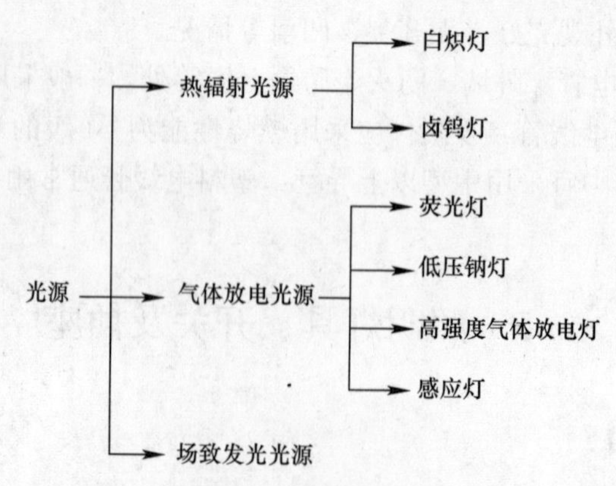

1）白炽灯：使用通电的方式加热玻璃泡壳内的灯丝，导致灯丝产生热辐射而发光，常用于住宅基本照明及装饰照明，具有安装容易、立即启动、成本低廉等优点。

2）卤钨灯：卤钨灯是在白炽灯泡中充入微量卤化物，通过卤钨蒸发再生循环，来提高发光效率、延长使用寿命。卤钨灯广泛用于机动车照明、投射系统、特种聚光灯、低价泛光照明、舞台及演播室照明及其他需要在紧凑、方便、性能良好上超过非卤素白炽灯的场合。

3）荧光灯：荧光灯又称日光灯，是应用最广泛的气体放电光源。它是靠汞蒸汽电离形成气体放电，导致管壁的荧光物质发光。荧光灯的性能主要取决于灯管的几何尺寸即长度和直径、填充气体的种类和压强、涂敷荧光灯粉及制造工艺。

4）低压钠灯：光效最高，但仅辐射单色黄光，这种灯照明情况下不可能分辨各种颜色。主要应用于道路照明、安全照明及类似场合下的室外应用。

5）高强度气体放电灯（HID）：包括高压汞灯（HPMV）、高压钠灯（HPS）、金属卤化物灯（M-H）。

6）感应灯：新型无极气体放电灯，是通过高频场耦合获得所需要的能量，由变压器的次级线圈就能产生有效的放电。

7）场致发光照明：包括多种类型的发光面板和发光二极管，主要应用于标志牌及指示器，高亮度发光二极管可用于汽车尾灯及自行车闪烁尾灯，具有低电流消耗的优点。

（4）按灯具形式分为：壁灯、吊灯、吸顶灯、台灯、落地灯、射灯、筒灯、吊扇灯等。

1）壁灯：壁灯又称墙灯，主要装设在墙壁、建筑支柱及其他立面上。

2）吊灯：吊灯是用线杆、链或管等将灯具悬挂在顶棚上以作整体照明的灯具。

3）吸顶灯：吸顶灯是直接固定在顶棚上的灯具，作为室内一般照明用。

4）台灯：台灯又称桌灯或室内移动型灯具，多以白炽灯和荧光灯为光源。

5）落地灯：落地灯也是室内移动型灯具之一，又称座地灯或立灯，按照明功能可分为高杆落地灯和矮脚落地灯，它是一种局部自由照明灯具，多以白炽灯为光源。

6）射灯：射灯也称投光灯或探照灯，是一种局部照明灯具。射灯的尺寸一般都比较小。结构上，射灯都有活动接头，以便能够随意调节灯具的方位与投光角度。

7）吊扇灯：可作为照明灯具，同时具有电风扇的作用，一机两用，美观且节省空间。风扇的电机通常可以正向或反向转动，三挡调速。

3. 常见照明灯具的类型代号

灯具类型代号由产品类型名称中表达灯具特征的两个汉语拼音首字母组成，常见灯具类型代号如表 3-8 所示。

灯具类型代号 **表 3-8**

代号	灯具类型	代号	灯具类型
YJ	应急照明灯具	TF	通风式灯具
TY	庭院用的可移式灯具	ST	手提灯
ET	儿童感兴趣的可移式灯具	WT	舞台灯、电视、电影及摄像场所（室内外）用灯具
DL	道路与街路照明灯具	YH	医院和康复大楼诊所用灯具
TG	投光灯具	XW	限制表面温度灯具
YC	游泳池和类似场所用灯具	WD	钨丝灯用特低电压照明系统
DC	灯串	FZ	非专业用照相和电影用灯具
GD	固定式通用灯具	DM	地面嵌入式灯具
KY	可移式通用灯具	SZ	水族箱灯具
QR	嵌入式灯具	CT	插头安装式灯具

3.5.2 开关

1. 常见开关的分类

按照用途分类：波动开关、波段开关、录放开关、电源开关、预选开关、限位开关、控制开关、转换开关、隔离开关、行程开关、墙壁开关、智能防火开关等。

按照结构分类：微动开关、船型开关、钮子开关、拨动开关、按钮开关、按键开关、薄膜开关、点开关。

按照接触类型分类：开关按接触类型可分为 a 型触点、b 型触点和 c 型触点三种。

按照开关数分类：单控开关、双控开关、多控开关、调光开关、调速开关、防溅盒、门铃开关、感应开关、触摸开关、遥控开关、智能开关、插卡取电开关、浴霸专用开关。

按照操作方式分类：拉线式开关、板把式开关、翘板式开关。

按照联数分类：单联开关、双联开关、三联开关等。

按照安装方式分类：明装开关、暗装开关。

2. 常见开关的种类及用途

(1) 开关种类：触点开关、延时开关、轻触开关、光电开关等。

(2) 单联开关、双联开关、三联开关：指一个开关面板上有一、二、三个开关按键。

(3) 单控开关：又称单极开关、单联开关，表示一个开关按键只能控制一个用电器或一组用电器。

(4) 双控开关：指有两个开关可同时控制一盏灯（可以在不同的地方控制开关同一盏灯，比如卧室进门一个，床头一个，同时控制卧室灯），为卧室常用。

(5) 单极开关：指只分合一根导线的开关，即一次能控制的线路数，“极”即常说的正负极，即火线和零线。

(6) 开关的性能参数：额定电压、额定电流、绝缘电阻、接触电阻、耐压值、寿命。

3. 开关的安装要求

(1) 连接开关的竖直管内的导线数量

1)“联”数加一：如双联开关有三根线。

2)“极”数翻倍：如单极开关有两根线，双极需四根线。

(2) 开关明装

1) 将木台固定在墙上，固定木台用的螺丝长度约为木台厚度的 2～2.5 倍，然后再在木台上安装开关或插座。

2) 相邻开关应尽量采用一种形式配置，特别是开关柄，其接通和断开电源的位置应一致。扳把开关一般装成开关往上扳是电路接通，往下扳是电路切断。

(3) 开关暗装

先将开关盒按图纸要求位置埋在墙内，盒口面应与墙的粉刷层平面一致，待穿完导线后，接好导线，将开关用螺栓固定在盒内，盖上盖板即可。

(4) 拉线开关一般应距地 2～3m 或距顶棚 0.2m，距门框水平距离为 0.15～0.2m，且拉线的出口应向下。

(5) 其他各种开关一般距地为 1.4m，特殊情况由设计确定，距门柜水平距离 0.5～0.2m。

(6) 成排安装的开关高度应一致，高低差不大于 0.5mm，拉线开关相邻间距一般不小于 20mm。

(7) 同一建筑物内的照明开关方向应统一，例如向上关断、向下导通，且操作灵活，接触可靠。

(8) 安装在同一建筑物、构筑物内的开关，宜采用同一系列的产品。

(9) 开关安装的位置应便于操作，开关边缘距门框的距离宜为 0.15～0.2m，扳把开关距地面高度宜为 1.3m，拉线开关距地面高度宜为 2～3m，且拉线出口宜垂直向下。

(10) 并列安装的相同型号开关距地面高度应一致，高度差不宜大于 1mm，同一室内安装的插座高度差不宜大于 5mm，并列安装的拉线开关的相邻间距不宜小于 20mm。

3.5.3 插座

1. 常见插座的分类

按照相数分为：单相插座（二孔、三孔）和三相插座（四孔 3L+1N）。

按照孔数分为：二、三、五、七孔等。

按照安装方式分为：明装和暗装。

按照电流分为：15A 以下和 30A 以上。

按照结构和用途的不同主要分为：移动式电源插座、嵌入式墙壁电源插座、机柜电源插座、桌面电源插座、智能电源插座、功能性电源插座、工业用电源插座、电源组电源插座等。

按规格尺寸分：86 型、118 型、120 型。86 型插座是正方形，一般是五孔插座，或多功能五孔插座或一开带五孔插座；118 型插座是横向长方形，一般分为：一位、二位、三位、四位插座；120 型插座是纵向长方形。

2. 常见插座的种类及用途

三孔插座：2200W 以下电器及 1.2P 以下空调可以使用。

三孔带开关：插座可以给普通电器，以及 1.2P 以下空调可以使用。开关可用来控制插座电源。

三孔加开关：1.5P～2.5P 空调使用。开关可用来控制插座电源。

四孔插座：可以接两个二头的插头。

多功能五孔插座：面板上有三孔插座及二孔插座，其中三孔插座可以接两头插头也可以接三头插头以及外国进口电器插头。

五孔加开关：开关可以独立当开关使用也可以用来控制插座。

三相四线插座：25A 插座，用来接中央空调。

双电脑插座：面板上有两个电脑接口。

一位音响插座：又叫两孔音箱插座，一个头接进线，另一个头接出线。

二位音响插座：又叫四孔音箱插座，一个头接进线，另一个头接出线。

串接式电视插座：该产品是一分支器和普通终端式电视插座的组合，用作有线电视系统输出口，具有安装方便、电缆用线少等优点，适用于有线电视工程的用户终端。

宽频电视插座：该产品适用于家庭、酒店、办公场所的普通电视和宽带电视信号传输，使用频率范围 5～1000MHz，输入输出阻抗为 75Ω。适合高清的数字电视使用，还可以连接电脑使用。该产品采用锌合金压铸外壳配垫片电容焊接封装，具有良好的防电磁泄漏和防雷击功能。

双路电视插座：可以接两个电视信号线。

电脑插座：又称信息插座、网络插座、宽带插座。

白板：用来封闭不用的接线盒。

3. 插座的安装要求

(1) 当交流、直流或不同电压等级的插座安装在同一场所时，应有明显的区别，且必须选择不同结构、不同规格和不能互换的插座，其配套的插头，应按交流、直流或不同电压等级区别使用。

(2) 对于单相两孔插座，面对插座的右孔或上孔应与相结连接，左孔或下孔应与中性导体 (N) 连接；对于单相三孔插座，面对插座的右孔应与相结连接，左孔应与中性导体 (N) 连接。

(3) 单相三孔、三相四孔及三相五孔插座的保护接地导体 (PE) 应接在上孔；插座的保护接地导体端子不得与中性导体端子连接；同一场所的三相插座，其接线的相序应一致。

(4) 保护接地导体 (PE) 在插座之间不得串联连接。

(5) 相结与中性导体 (N) 不应利用插座本体的接线端子转接供电。

(6) 暗装的插座盒或开关盒应与饰面平齐，盒内干净整洁，元锈蚀，绝缘导线不得裸露在装饰层内；面板应紧贴饰面、四周无缝隙、安装牢固，表面光滑、无碎裂、划伤，装饰帽（板）齐全。

(7) 插座安装高度应符合设计要求，同一室内相同规格并列安装的插座高度宜一致。

(8) 地面插座应紧贴饰面，盖板应固定牢固、密封良好。

第 4 章　设备安装工程力学

4.1　力的基本性质

4.1.1　力的概念

1. 力的定义

力是物体相互间的机械作用，其作用结果使物体的形状和运动状态发生改变。

2. 力的三要素

力的大小、方向、作用点（线）。

3. 力的表示法

力是矢量，用数学上的矢量记号来表示。

4. 力的单位

在国际单位制中，力的单位是牛顿（N）。

1N＝1 公斤・米/秒^2（$kg \cdot m/s^2$）。

4.1.2　力的基本性质

1. 二力平衡公理

要使物体在两个力作用下维持平衡状态，必须也只须这两个力大小相等、方向相反、沿同一直线作用。

二力构件—不计自重只在两点受力而处于平衡的构件，与构件形状无关。

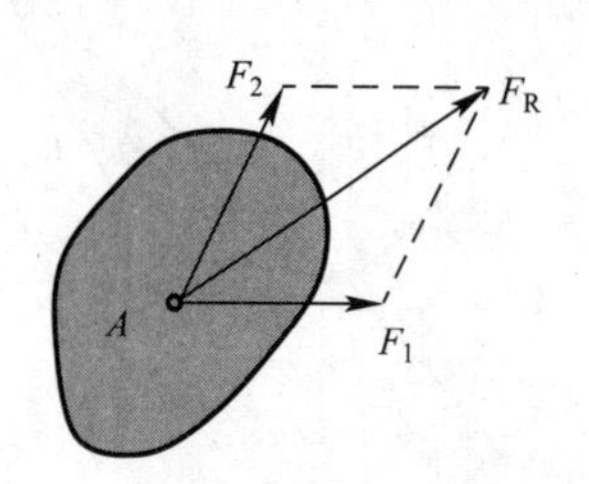

2. 力平行四边形公理

作用于物体上任一点的两个力可合成为作用于同一点的一个力，即合力。合力的矢由原两力的矢为邻边而作出的力平行四边形的对角矢来表示。

矢量表达式：$F_R = F_1 + F_2$　　(4-1)

3. 加减平衡力系公理

可以在作用于物体的任何一个力系上加上或去掉几个互成平衡的力，而不改变原力系对物体的作用。

4. 作用和反作用公理

任何两个物体相互作用的力，总是大小相等，作用线相同，但指向相反，并同时分别作用于这两个物体上。

4.2 力矩和力偶的性质

力矩和力偶是工程力学中两个重要的基本概念。力矩既体现了力对物体作用的转动效果，也综合反映了力的三要素（力的大小、方向及作用点）之特征；力偶是由等值、方向相反、不共线的二平行力组成的力系，它对物体仅产生转动效果。

4.2.1 力矩

工程实际中，存在着大量绕固定点或固定轴转动的问题。如变速机构的操作杆，可绕球形铰链转动；用扳手拧螺栓，扳手可绕螺栓中心线转动等。当力作用在这些物体上时，物体可产生绕某点或某轴的转动效应。为了度量力对物体作用的转动效应，在实践中，建立了力对点之矩、力对轴之矩的概念，即力矩是度量力对物体转动作用的物理量。力对点之矩、力对轴之矩统称为力矩。

1. 力对点的矩

力对点的矩是度量力使物体绕其支点（或矩心）转动效果的物理量。力对点的矩以矢量表示，简称为力矩矢。设力 F 作用于刚体上的 A 点，如图 5-1 所示，用 r 表示空间任意点 O 到 A 点的矢径。

于是，力 F 对 O 点的力矩定义为矢径 r 与力矢 F 的矢量积，记为 M_O（F）。即

$$M_O(F) = r \times F \tag{4-2}$$

式中点 O 称作力矩中心，简称矩心。显然，这个力 F 使刚体绕 O 点转动效果的强弱取决于：①力矩的大小；②力矩的转向；③力和矢径所组成平面的方位，即为力矩矢的三要素。因此，力矩是一个矢量，矢量的模（即矢量的大小）为

$$|M_O(F)| = |r \times F| = rF\sin\alpha = Fh = 2\Delta OAB \tag{4-3}$$

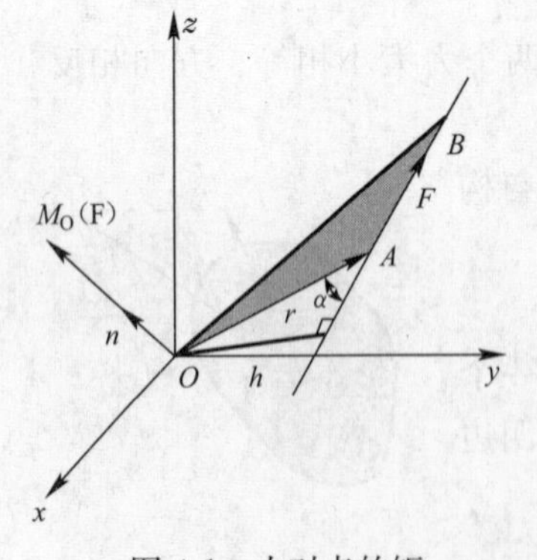

图 4-1 力对点的矩

矢量的方向与三角形 OAB 的法线 n 一致，按右手螺旋法则来确定：以右手的四指由矢径的方向转至力的方向，则大拇指所指的方向即为力矩矢的方向。

必须指出，当矩心的位置改变时，力矩矢 M_O（F）的大小与方向也随之改变，所以，力矩矢是一个定位矢量，其始端必定在矩心上。力矩的单位为 N·m 或 kN·m。如图 4-1 所示，令 i、j、k 为直角坐标系中各坐标轴的单位矢量，则力 F、矢径 r 的解析式分别为：

$$F = F_x i + F_y j + F_z k \tag{4-4}$$

$$r = xi + yi + zk \tag{4-5}$$

则力 F 对点 O 矩矢的解析式为：

$$M_O(F) = r \times F = \begin{vmatrix} i & j & k \\ x & y & z \\ F_x & F_y & F_z \end{vmatrix} = (yF_z - zF_y)i + (zF_x - xF_z)j + (xF_y - yF_x)k \tag{4-6}$$

在平面情况下，由于 $F_z=0$，$z=0$，而且只需力矩的大小和转向即可确定力矩对刚体的转动效果。因此，平面问题中力对点的矩是代数量。通常规定：力使刚体绕矩心逆时针转为正，顺时针转为负，于是有：

$$M_O(F)=\pm F_h \tag{4-7}$$

其中 h 是 F 到矩心 O 的垂直距离（图 4-1），称为力臂。

2. 力对轴的矩

在图 4-2 中，力 F 作用在物体的 A 点上，促使该物体绕 Z 轴由静止开始转动。经验表明，力 F 在 z 轴方向的分力 F_z 不能使物体绕 z 轴转动，转动效应只与力 F 在 Oxy 平面上的投影 F_{xy} 和其至 z 轴的距离 h 有关。从而，可用二者的乘积来度量这个转动效应。注意到它有两种转向，于是，可以给出力对轴之矩的定义如下：力对轴之矩是代数量，它的大小等于力在垂直于轴的平面上的投影与此投影至轴的距离的乘积，它的正负号则由右手螺旋规则来确定。或从 z 轴正向看，逆时针方向转动为正，顺时针方向转动为负。由图 4-2 看出，力 F 对 z 轴之矩可由三角形 OAB 面积的两倍表示，即

$$M_z(F)=M_O(F_{xy})=\pm F_{xy}h=\pm 2\Delta OAB \tag{4-8}$$

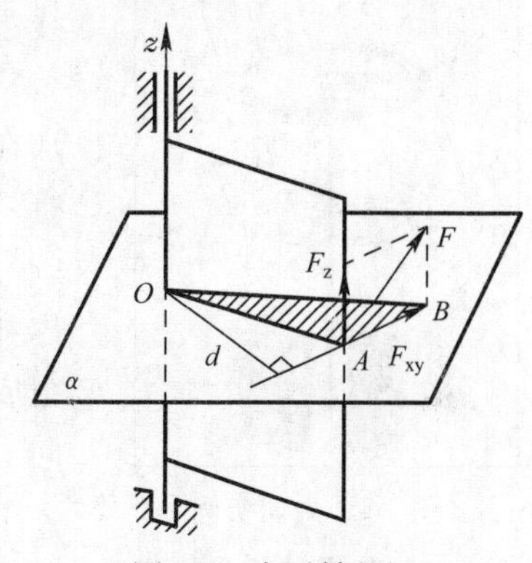

图 4-2　力对轴的矩

由此看出，当与轴相交（$h=0$）或与轴平行（$F_{xy}=0$）（力与轴在同一平面内），力对该轴的矩为零。如力对轴之矩的形式图 4-3 所示。

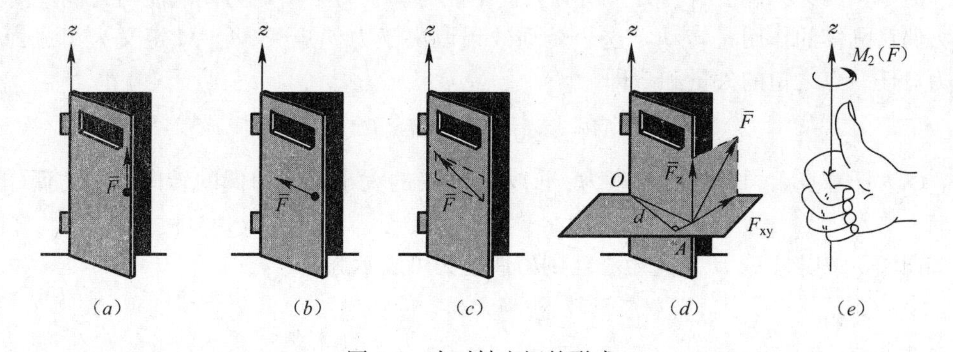

图 4-3　力对轴之矩的形式

3. 合力矩定理

若力系存在合力，合力对某一点之矩，等于力系中所有力对同一点之矩的矢量和，此即合力矩定理。

$$M_O(F)=\sum_{i=1}^{n} M_O(F_i) \tag{4-9}$$

其中

$$F=\sum F_i \tag{4-10}$$

需要指出的是，对于力对轴之矩，合力矩定理则为：合力对某一轴之矩，等于力系中所有力对同一轴之矩的代数和，即

$$M_{Ox}(F)=\sum_{i=1}^{n}M_{Ox}(F_i)M_{Oy}(F)=\sum_{i=1}^{n}M_{Oy}(F_i)M_{Oy}(F)=\sum_{i=1}^{n}M_{Oz}(F_i)\}\tag{4-11}$$

4.2.2 力偶基础理论

大小相等、方向相反、作用线互相平行但不重合的两个力所组成的力系，称为力偶。力偶是一种最基本的力系，也是一种特殊力系。

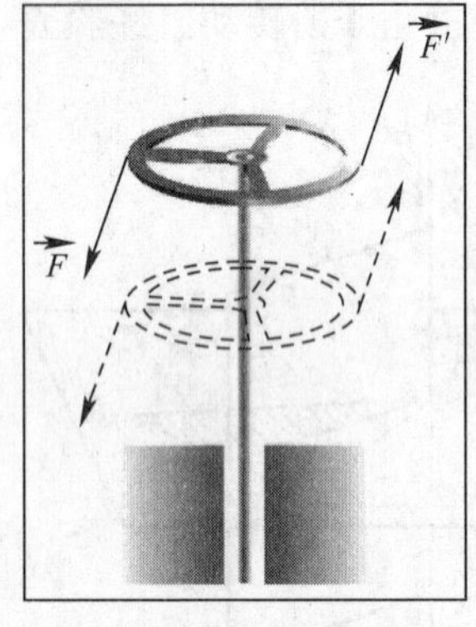

图 4-4 力偶实例

力偶中两个力所组成的平面称为力偶作用面，两个力作用线之间的垂直距离称为力偶臂。

工程中力偶的实例是很多的，例如，驾驶汽车时，双手施加在方向盘上的两个力，若大小相等、方向相反、作用线互相平行，则二者组成一力偶。这一力偶通过传动机构，使前轮转向。

图 4-4 所示为拧开螺杆手柄的示意。加载手柄上的两个力 $\vec{F'}$ 和 $\vec{F}$，方向相反、作用线互相平行，如果大小相等，则二者组成一力偶。这一力偶通过手柄，施加在螺杆上，使螺杆逐渐向上拧开。

由两个或者两个以上的力偶所组成的力系，称为力偶系。

1. 力偶的性质

性质 1. 力偶没有合力。

力偶虽然是由两个力所组成的力系，但这种力系没有合力。这是因为力偶中两个力的矢量和为零。因为力偶没有合力，所有力偶不能与单个力平衡，力偶只能与力偶平衡。

力偶对刚体的作用是转动，这个转动效果取决于力偶矩矢 M。M 定义为组成力偶的两个力对任一点之矩的矢量和，即

$$M=M_O(F)+M_O(F')\tag{4-12}$$

其中，O 为任意点。力偶的三要素为：①力偶矩矢的大小；②力偶的转向；③力偶作用面的方向。

如图 4-5 中以 A 或 B 点为矩心，则力偶矩矢可表示为：

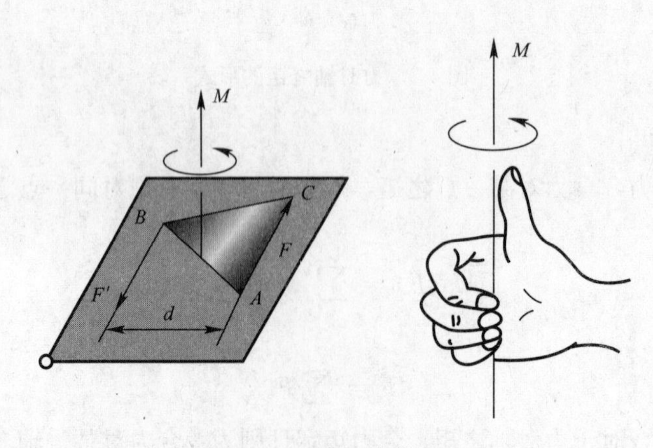

图 4-5 A 或 B 点的矩心

$$M = \overrightarrow{AB} \times F' \tag{4-13}$$

$$M = \overrightarrow{BA} \times F \tag{4-14}$$

其中，M 称为力偶矩矢量。不难看出，力偶矩矢量只有大小和方向，与力矩中心 O 点无关，故为自由矢。

性质 2. 只要保持力偶矩矢量不变，力偶可在其作用面内任意移动和转动，也可以连同其作用面一起、沿着力偶矩矢量作用线方向平行移动，而不会改变力偶对刚体的作用效应。

性质 3. 只要保持力偶矩矢量不变，可以同时改变组成力偶的力和力偶臂的大小，而不会改变力偶对刚体的作用效应。

2. 力偶的等效定理

作用于刚体上的二力偶，若其力偶矩矢相等，此二力偶彼此等效。

事实上，力偶对刚体的作用效果仅取决于力偶矩的大小和转向，与力偶矩矢在空间的位置无关。所以当二力偶矩相等时，显然彼此等效。

只要保持力偶矩矢不变，力偶可在其作用面内任意移动和转动，或同时改变力偶中力和力偶臂的长短，或在平面内移动，都不改变力偶对同一刚体的作用。

3. 力偶系的合成

作用于刚体上的一群力偶，称作力偶系。刚体上作用有一力偶系，其力偶矩矢分别为 M_1，M_2，…，M_n。由于对刚体而言，力偶矩矢为自由矢量，因此对于力偶系中每个力偶矩矢，总可以平移至空间某一点。从而形成一共点矢量系，对该共点矢量系利用矢量的平行四边形法则，两两合成，最终得一矢量，此即该力偶系的合力偶矩矢，用矢量式表示为：

$$M = M_1 + M_2 + \cdots + M_n = \sum_{i=1}^{n} M_i \tag{4-15}$$

此即，力偶系可合成为一个力偶，合成的力偶其矩为各力偶矩矢的矢量和。

若以 M_x、M_y、M_z 表示合力偶矩矢 M 在 x、y、z 轴上的投影，以 i、j、k 表示沿坐标轴的单位矢量，则合力偶矩矢的解析式为：

$$M = M_{xi} + M_{yj} + M_{zk} \tag{4-16}$$

式中

$$\left.\begin{aligned} M_x &= \sum M_{ix} \\ M_z &= \sum M_{kz} \end{aligned}\right\} \tag{4-17}$$

合力偶矩矢的大小为：

$$M = \sqrt{M_x^2 + M_y^2 + M_z^2} \tag{4-18}$$

在平面情况下，因各力偶矩矢共线，所以合力偶矩即为各力偶矩的代数和。即为：

$$M = \sum M_i \tag{4-19}$$

其符号通常规定：力偶矩使刚体绕逆时针转动为正，反之为负。

由合成结果得知，若刚体在力偶系的作用下平衡，则 $M=0$；反之，若 $M=0$，则刚体一定平衡。可见，力偶系平衡的充要条件是各力偶矩矢的矢量和等于零。

对于平面问题，平面力偶系平衡的充要条件是各力偶矩的代数和为零。

4.3 基本变形与组合变形

4.3.1 杆件的内力分析

杆件的基本变形是材料力学中最基本的问题。

弹性体在荷载作用下发生变形，其上各点发生相对运动，从而产生相互作用力，杆件内部这种阻止变形发展的抗力就是内力。计算杆件横截面上内力常采用截面法。即沿所研究的截面把物体分离成两部分，选择其中一部分为研究对象；绘制研究对象的受力图（包括作用在研究对象上的荷载和约束力，以及所研究的截面上的待定内力）。

1. 平面荷载作用的情形

所谓平面荷载是指所有外力（包括约束力）的作用线或外力偶的作用面都同处于某一平面内，例如图 4-6（*a*）所示的杆件。截面 *C* 上的内力如图 4-6（*b*）所示。

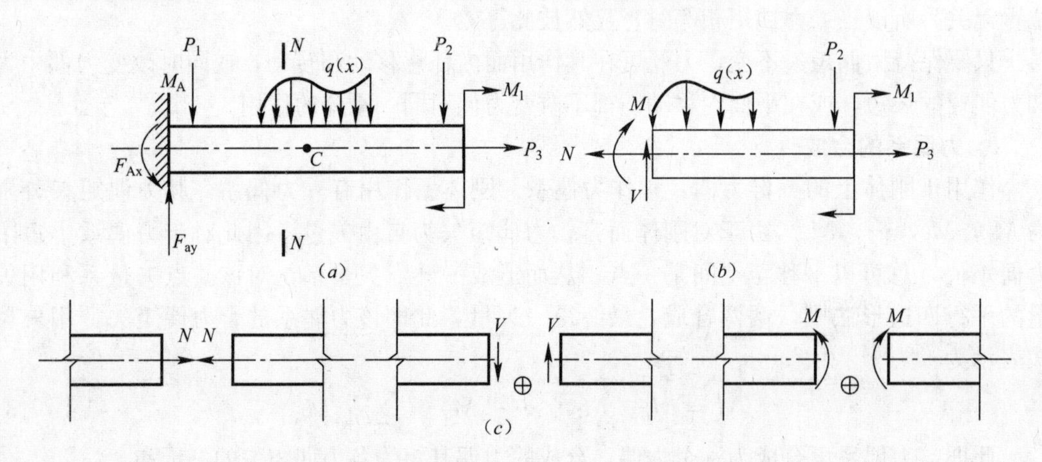

图 4-6 平面荷载作用下杆件横截面上的内力分量

称为轴力 *N*，它将使杆件产生轴向变形（伸长或缩短）。

称为剪力 *V*，它将使杆件产生剪切变形。

称为弯矩 *M*，它将使杆件产生弯曲变形。

为了保证杆件同一截面处左、右两侧截面上具有相同的正负号，不能只考虑内力分量的方向，而且要看它作用在哪一侧截面上。于是，上述 3 个内力的正负号规定如下：

轴力 *N*——使杆件受拉伸长者为正（背离截面）；受压缩短者为负（指向截面）。

轴力 *V*——与截面外法线矢顺时针旋转 90°的方向一致者为正；反之为负。

弯矩 *M*——使杆件下侧纤维受拉伸长者为正；反之为负。

图 4-6（*c*）所示为 *N*、*V*、*M* 的正方向。

2. 扭转力偶作用的情形

所谓扭转力偶，是指力偶作用面为轴的横截面，它使杠轴产生扭转变形。如图 4-7（*a*）所示。M_c称为扭矩，它将使杆件产生绕杠轴转动的扭转变形。扭矩的正负号判定采用右手螺旋法则：用右手大拇指指向研究截面的外法线方向，四指弯曲转动方向为扭矩的正方向；反之为负，如图 4-7（b）所示。

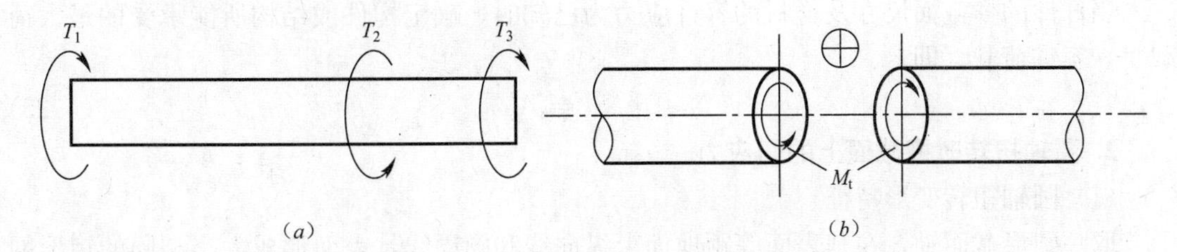

图 4-7　扭转力偶作用下杆件截面上的内力

4.3.2　杆件横截面上的应力分析

截面上一点处单位面积内的分布内力称为该点处的应力，与截面正交的应力称为正应力，用符号 σ 表示；与截面相切的应力称为切应力，用符号 τ 表示。

1. 轴力拉（压）杆横截面上的应力

（1）轴力拉（压）杆横截面上的应力

一面积为 A 的横截面上，若有轴力 N，应力在横截面上均匀分布，则截面上各点的正应力均为：

$$\sigma=\frac{N}{A} \tag{4-20}$$

应力的正负号随 N 的正负号而定。因此，拉应力是正号的正应力，压应力是负号的负应力。

（2）拉压杆的强度计算

构件的强度计算，主要指在能够由力学分析算出构件截面上的应力的前提下，根据一定的计算准则来校核受力构件中工作应力是否超过容许的范围。容许应力法的计算准则：

$$\sigma_{\max}=\left(\frac{N}{A}\right)_{\max}\leqslant[\sigma] \tag{4-21}$$

式中的 $\sigma_{\max}$ 是构成横截面上的正应力的最大值，可以是杆件中的最大拉应力，也可以是最大压应力。最大应力所在的截面称为危险截面。式中的［σ］称为材料的容许应力，是用材料所能承受的应力的极限值除以安全系数确定。

$$[\sigma]=\frac{\sigma_y}{n_y}\quad（对塑性材料） \tag{4-22}$$

$$[\sigma]=\frac{\sigma_b}{n_b}\quad（对脆性材料） \tag{4-23}$$

根据不同的工程要求可以进行以下几方面的计算：

1）强度校核

当外力、杆件横截面尺寸以及材料的容许应力均为已知时，验证危险点的应力是否满足强度条件。

2）截面设计

当外力及材料的容许应力为已知时，根据强度条件设计构件横截面尺寸。即

$$A\geqslant\frac{N}{[\sigma]} \tag{4-24}$$

3）确定容许荷载

当杆件的横截面尺寸及材料的容许应力为已知时，确定构件或结构所能承受的最大荷载——容许荷载。即

$$N \leqslant [N] = A[\sigma] \tag{4-25}$$

2. 圆轴扭转时横截面上的切应力

（1）圆轴扭转变形特征

取一圆形截面轴，在其表面等距地面上纵向线和圆周线，表面形成大小相同的矩形网格。在圆轴两端横截面内施加一对等值反向的力偶。从试验中观察到，各圆周线的形状、大小及间距不变，仅绕轴作相对转动。

如果认为轴内变形与表面变形相似，那么可以得出下列结论：

1）圆轴受扭后，其横截面保持平面，并发生刚性转动；

2）变形后，相邻横截面间的距离不变，则横截面上没有正应力。

（2）剪切胡克定律

扭转试验表明，当切应力不超过材料的剪切比例极限 τ_p 时，对于大多数各向同性材料，切应力与切应变之间存在线性关系，有

$$\tau = G\gamma \tag{4-26}$$

上式即为剪切胡克定律。G 称为剪切模量，又称为剪切弹性模量。

还应指出，材料的弹性模量 E、剪切弹性模量 G 和泊松比 ν 三者之间存在如下关系：

$$G = \frac{E}{z(1+\gamma)} \tag{4-27}$$

（3）切应力

圆轴扭转最大切应力 τ_{max} 的计算公式：

$$\tau_{max} = \frac{M_t}{W_t} \tag{4-28}$$

式中，W_t 称为抗扭截面系数，它是一个只与横截面尺寸有关的几何量。

（4）圆轴扭转的强度条件

为了保证受扭轴在工作时不致因强度不足而被破坏，轴内的最大切应力不得超过材料的容许切应力［τ］，即

$$\tau_{max} = \frac{M_{tmax}}{W_t} \leqslant [\tau] \tag{4-29}$$

此式为圆截面轴的扭转强度条件。式中［τ］为材料的容许切应力。对于塑性材料轴采用扭转屈服极限 τ_y；对于脆性材料轴采用扭转强度极限 τ_b 作为扭转极限应力，统一采用 τ_f 表示，将其除以安全系数 n，即得材料扭转的容许切应力 $[\tau]_f = \tau/n$。

3. 弯曲应力

在分析梁所受内力的基础上，为了解决梁的强度设计和强度校核，还必须进一步研究梁在横截面上的应力分布及计算方法。在一般情况下，梁横截面上的内力有弯矩和剪力。因此，横截面上必然会有正应力和切应力存在。

（1）弯曲正应力

根据纯弯曲（横截面上没有剪力）的实验结果，作出如下假设：

1）平面假定。杆件的横截面在受力变形前后均为平面，并且仍与变形后的梁轴线垂直。

2）纵向纤维间无挤压。即认为横截面上各点均处于单向应力状态。

梁在变形过程中，梁上边纵向纤维缩短，下边纵向纤维伸长，而梁的变形沿梁高度是连续的。因此，梁中必有一层纵向层既不伸长，也不缩短，这层纤维称为中性层。中性层与横截面的交线称为中性轴。平面弯曲的弯曲变形，实际上可以看作是各个截面绕中性轴旋转的结果。

当截面上的正应力不超过一定的极限（材料的比例极限），应力和应变成正比。

$$\sigma = E \cdot \frac{y}{\rho} \tag{4-30}$$

式中 σ——截面上的正应力；

E——材料的弹性模量；

y——距中性轴的距离；

ρ——中性层曲率半径。

纯弯曲时的横截面上的正应力计算公式：

$$\sigma = \frac{M}{I_z} \cdot \mathrm{y} \tag{4-31}$$

式中 I_z——整个截面对中性轴的惯性矩。

3）面积矩、惯性矩和惯性积

① 面积矩

平面图形对某一轴的面积矩 S，等于此图形中各微面积与其到该轴距离的乘积的代数和，也等于此图形的面积与此图形的形心到该轴距离的乘积。

a. 某图形对某轴的面积矩若等于零，则该轴必通过图形的形心；

b. 某图形对于通过形心的轴的面积矩恒等于零；

c. 某图形形心在对称轴上，凡是平面图形具有两根或两根以上对称轴，则形心 C 必在对称轴的交点上。

② 惯性矩和惯性积

惯性矩是反映截面抗弯特性的一个量。惯性矩恒为正值，单位是［长度］^{4}。

如果两个正交坐标轴之一为图形的对称轴，则图形对这对坐标轴的惯性积为零。

在所有互相平行的轴中，平面图形对形心轴的惯性矩最小。

主惯性轴——凡是使图形惯性积等于零的一对正交坐标轴；

主惯性矩——图形对主惯性轴的惯性矩；

形心主惯性轴——通过图形形心的主惯性轴，简称形心主轴；

形心主惯性矩——图形对形心主轴的惯性矩。

4）正应力公式的应用

对于细长的实心截面杆件，整个截面上的最大正应力在距中性轴最远的点，即 $y_{\max}$处。

$$\sigma_{\max} = \frac{M}{I_z} \cdot y_{\max} = \frac{M}{W_z} \tag{4-32}$$

式中 W_z——抗弯截面抵抗矩或抗弯截面模量。

(2) 弯曲切应力

横梁弯曲时，梁横截面上既有弯矩，又有剪力，因而截面上既有正应力也有切应力。

1）矩形截面梁

对矩形截面梁切应力方向及切应力沿截面宽度的变化作两个假设。

① 截面上各点的切应力与截面上的剪力 V 具有相同的方向，即切应力与截面侧边平行。

② 切应力 τ 沿截面宽度均匀分布。

$$\tau=\tau'=\frac{VS'_z}{bI_z} \tag{4-33}$$

式中 V——截面上的剪力；

S'_z——横截面上需求切应力处的水平线以下（或以上）部分的面积对中性轴的面积矩；

b——需求切应力处的截面宽度；

I_z——全截面对中性轴的惯性矩。

切应力沿横截面高度的分布。

矩形截面切应力沿高度的分布规律由面积矩 S'_z 确定。

$$\tau=\frac{VS'_z}{bI_z}=\frac{V\dfrac{b}{z}\left(\dfrac{h^2}{4}-y^2\right)}{b\dfrac{bh^3}{12}}=\frac{6V}{bh^3}\left(\frac{h^2}{4}-y^2\right) \tag{4-34}$$

矩形截面切应力沿截面高度按二次抛物线规律变化，最大切应力在截面的中性轴（$y=0$）上。

$$\tau_{\max}=\frac{6V}{bh^3}\cdot\frac{h^2}{4}=\frac{3V}{2A} \tag{4-35}$$

2）工字形截面梁

工字形截面腹板的切应力

$$\tau=\frac{VS'_z}{bI_z} \tag{4-36}$$

工字形截面翼缘上的水平切应力

$$\tau=\frac{VS'_z}{dI_z} \tag{4-37}$$

式中 S'_z——所求切应力作用层 ab 与截面边缘之间的面积对中性轴 z 的面积矩，$S'_z=\left(\dfrac{h}{2}-\dfrac{t}{2}\right)t$；

t——翼缘的厚度。

工字形截面横截面上的切应力流

根据切应力成对定理，若杆件表面无切应力作用，则薄壁截面上的切应力作用线必平行于截面周边的切线方向，并形成切应力流。

3）圆形截面梁

圆形截面梁横截面上各点的切应力在 y 方向的分量 τ_y 为：

$$\tau_y=\frac{4V}{3A}\left[1-\left(\frac{2_y}{d}\right)^2\right] \tag{4-38}$$

在中性轴上各点，切应力取最大值

$$\tau_{\max}=\frac{4V}{3A} \tag{4-39}$$

（3）梁的强度条件

一般情况下，梁的变形属于横力弯曲变形。对于等截面梁，最大正应力在最大弯矩截面上距中性轴最远的点处；最大切应力是发生在最大剪力所在截面的中性轴上。要保证梁能正常工作，就必须使梁上这两种应力都应满足强度条件。

1）梁的正应力强度条件

梁中最大正应力发生在最大弯矩所在截面上距中性轴最远的边缘点上，这些点的切应力为零，即它们处于单向应力状态。这时梁的强度条件为：

$$\sigma_{\max}=\frac{M_{\max}}{W}\leqslant[\sigma] \tag{4-40}$$

对于抗拉、抗压性能不同的材料，应该对抗拉和抗压分别建立强度条件。

$$\sigma_{t\max}=\frac{M_{\max}}{W}\leqslant[\sigma_{t}] \tag{4-41}$$

和

$$|\sigma_{c}|_{\max}=\frac{|M_{c}|_{\max}}{W}\leqslant[\sigma_{c}] \tag{4-42}$$

由正应力强度条件可解决三方面问题：

① 正应力强度校核

$$\sigma_{\max}=\frac{M_{\max}}{W_{z}}\leqslant[\sigma] \tag{4-43}$$

② 选择截面

$$W_{z}\geqslant\frac{M_{\max}}{[\sigma]} \tag{4-44}$$

③ 确定容许荷载

$$M_{\max}\leqslant[\sigma]W_{z} \tag{4-45}$$

2）梁的切应力强度条件

等截面梁上的最大切应力发生在梁中最大剪力 $V_{\max}$ 所在截面的中性轴上，这些点的正应力为零，即它们处于纯剪应力状态。这时梁的强度条件为：

$$\tau_{\max}=\frac{V_{\max}S'_{z\max}}{bI_{z}}\leqslant[\tau] \tag{4-46}$$

由切应力强度条件可解决三方面的问题：

① 切应力强度校核

$$\tau_{\max}=\frac{VS'_{z}}{bI_{z}}\leqslant[\tau] \tag{4-47}$$

② 选择截面

$$\frac{bI_{z}}{S'_{z}}\geqslant\frac{V}{[\tau]} \tag{4-48}$$

③ 确定容许荷载

$$V\leqslant\frac{bI_{z}}{S'_{z}}[\tau] \tag{4-49}$$

4.3.3 基本变形的变形分布

1. 拉压杆的变形

(1) 线应变

拉压杆的线变形与变形前的长度之比，即轴向变形杆件单位长度的线变量称为轴向线应变，简称线应变，以符号 ε 表示。

若在长度为 l 的范围产生均匀变形 (ε=常数)，则有：

$$\Delta l = \frac{Nl}{EA} \tag{4-50}$$

(2) 泊松比

拉（压）杆横截面上任一直线段的应变称为横向应变，以 ε'表示。

实验表明，当拉（压）杆发生纵向应变 ε，同时必发生横向应变 ε'。横向应变 ε'与线应变 ε 二者的关系可表达为：

$$\varepsilon' = -\nu\varepsilon(\sigma) \leqslant \sigma_{p} \tag{4-51}$$

比例常数 ν 称为泊松比，其值随材料而异，由材料试验确定。理论研究表明：任何各向同性的弹性材料只有两个独立的弹性常数。

2. 扭转变形和刚度条件

轴的扭转刚度条件，通常是限制扭转角沿杆长的变化率 $\theta=M_{t}/(GI_{p})$ 的最大值 θ_{max}，使它不超过某一规定的允许值 $[\theta]$，即扭轴的刚度条件为：

$$\theta_{max} \leqslant [\theta] \tag{4-52}$$

式中的 $[\theta]$ 称为单位长度的允许扭转角，其常用单位是°/m（度/米）。对于一般传动轴，$[\theta]=0.5\sim1°/m$；对于精密机器和仪表轴，$[\theta]=0.15°\sim0.3°/m$。

$$\frac{M_{tmax}}{GI_{p}} \times \frac{180}{\pi} \leqslant [\theta] \tag{4-53}$$

利用刚度条件，可以对扭轴作刚度校核，截面选择和确定容许外力偶矩。

3. 弯曲变形

(1) 概念

梁在平面弯曲时，其轴线将在形心主惯性平面内弯曲成一条平面曲线。这条曲线称为梁的挠曲线。

梁在弯曲变形后，其横截面的位移包括三部分：

挠度 v——横截面形心处的铅垂位移；约定向下的位移为正。

转角 θ——横截面相对于变形前的位置绕中性轴转过的角度；约定顺时针转向的转角为正。

水平位移 μ——横截面形心沿水平方向的位移。

在变形小的情形下，θ 和 v 通常不考虑。

故存在下述关系：

$$\theta = \theta_{1} \approx \tan\theta_{1} = v' \tag{4-54}$$

(2) 利用叠加原理计算弯曲变形

叠加原理（力的独立作用原理）：当荷载所引起的效应为荷载的线性函数时，则多个荷载同时作用所引起的某一效应等于每个荷载单独作用时所引起的该效应的代数和。

4.3.4 组合变形分析

在实际工程中，往往一个杆件同时存在多种的基本变形，在杆件设计计算时均需要同时考虑。由两种或两种以上基本变形组合的情况，统称为组合变形。

本节重点介绍工程中较常遇到的几种组合变形情况。

1. 斜弯曲

当横向外力的作用面通过截面弯心的连线时，杆件只产生弯曲变形，不产生扭转变形；否则，杆件既产生弯曲变形又产生扭转变形。

平面弯曲：横向力作用平面通过梁横截面弯心连线，且与横截面形心主惯性轴所在纵面重合或平行，梁的挠曲线为位于形心主惯性平面内的一条平面曲线，如图 4-8（*a*）所示。

斜弯曲：横向力作用平面通过梁横截面弯心连线，且与横截面形心主惯性轴斜交，如图 4-8（*b*）所示。

斜弯曲的变形也可按叠加原理计算。一般情况下，任意截面的总挠度，将是在两个形心主惯性轴所在纵面内的挠度 υ 和 ω 的矢量和，即

$$\left.\begin{aligned}\delta &= \sqrt{\upsilon^2+\omega^2}\\ \tan\beta &= \frac{\omega}{\upsilon}\end{aligned}\right\} \tag{4-55}$$

式中 υ、ω 分别为形心主惯性轴 y、z 方向的挠度，β 为总挠度方向与 y 轴的夹角。

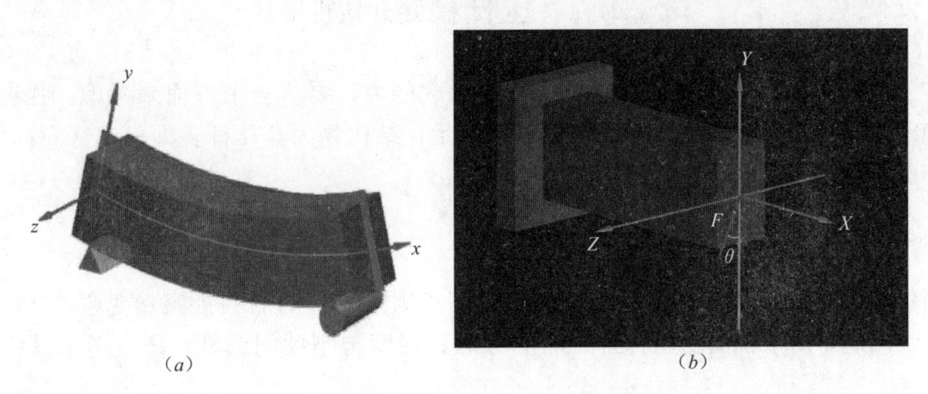

图 4-8 平面弯曲与斜弯曲

（*a*）平面弯曲；（*b*）斜弯曲

2. 拉伸（压缩）与弯曲

轴向拉伸（压缩）与弯曲的组合变形，也是工程中经常遇到的情况。轴向拉伸（压缩）时横截面上的正应力均匀分布，平面弯曲时横截面上的正应力是线性分布的。根据叠加原理，拉伸（压缩）与弯曲组合变形时横截面上任一点的正应力为上述两项应力的代数和，如图 4-9 所示。

3. 偏心拉伸（压缩）

偏心拉伸（压缩）是指直杆受到与轴线平行的外力作用，而外力作用线不通过截面形

心的情况。将偏心压力向截面形心按静力等效原则平移，计算弯曲变形。

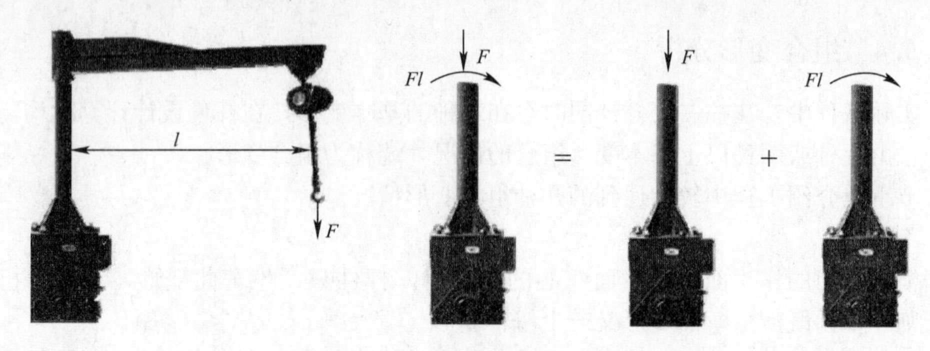

图 4-9 拉伸（压缩）与弯曲变形组合

4. 截面核心

工程中的受压构件常常采用混凝土、砖砌体或料石砌体，这些材料的抗拉强度远低于抗压强度，在偏心压力作用下，如果截面上出现拉应力，就不利于发挥构件的抗压强度，也容易发生危险。为了避免在偏心压力作用下构件截面出现拉应力，应将压力的作用位置控制在某个范围内，通常把这个范围称为截面核心。

5. 弯曲与扭转

工程中有些杆件（如各类传动轴）在荷载作用下会同时发生弯曲变形和扭转变形，简称弯扭组合。

4.4 压杆稳定问题

在工程中，衡量结构物是否具有足够的承载能力，要从三个方面来考虑：强度、刚度、稳定性。在工程中，由于对稳定性认识不足，结构物因其压杆丧失稳定（简称失稳）而破坏的实例很多。

4.4.1 概述

当作用在细长杆上的轴向压力达到或超过一定限度时，杆件可能突然变弯，即产生失稳现象。因此，对于轴向受压杆件，除应考虑其强度与刚度问题外，还应考虑其稳定性问题。

1. 弹性压杆的稳定性

稳定性——构件在外力作用下，保持其原有平衡状态的能力，如图 4-10 所示。

图 4-10（*a*）微小扰动就能使小球远离原来的平衡位置，故叫不稳定平衡；图 4-10（*b*）微小扰动使小球离开原来的平衡位置，但扰动撤销后小球回复到平衡位置。

2. 压杆临界力

事实上，同一杆件其直线位置的平衡状态是否稳定，视所受轴向压力 F 的大小是否超过一个仅与杆的材料、尺寸和支承方式有关的临界值 F_{cr} 而定。这个取决于杆件本身的定值 F_{cr}，称为压杆的临界力或临界荷载。设轴向压力 F 从零逐渐增大，则杆件在直线位置的平衡状态表现为：

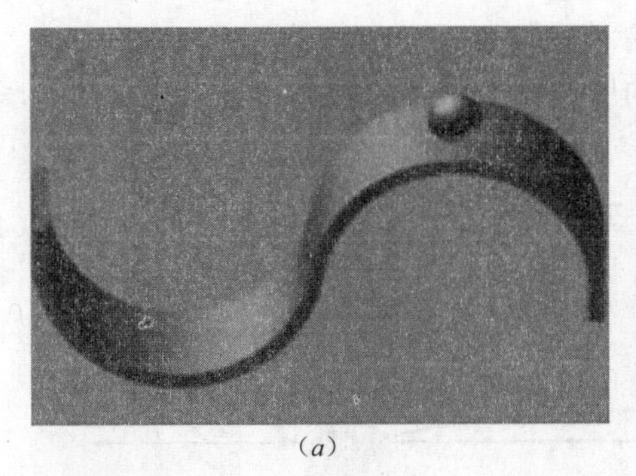

(*a*)

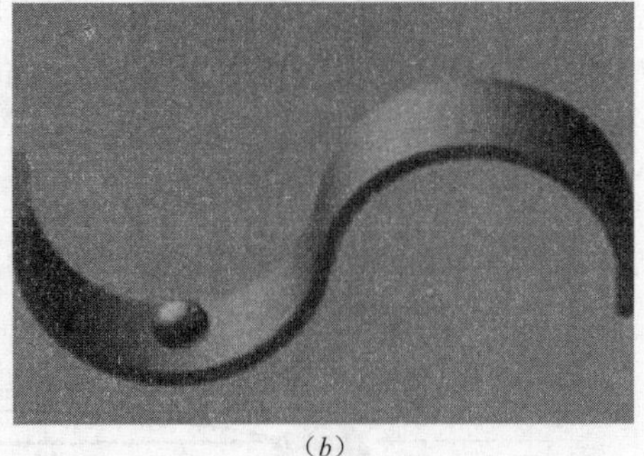

(*b*)

图 4-10　平衡状态

(*a*) 不稳定平衡；(*b*) 稳定平衡

1）当 $F<F_{cr}$，稳定的平衡状态，如图 4-11 (*a*) 所示；

2）当 $F=F_{cr}$，临界的平衡状态，如图 4-11 (*b*) 所示；

3）当 $F>F_{cr}$，不稳定的平衡状态，如图 4-11 (*c*) 所示。

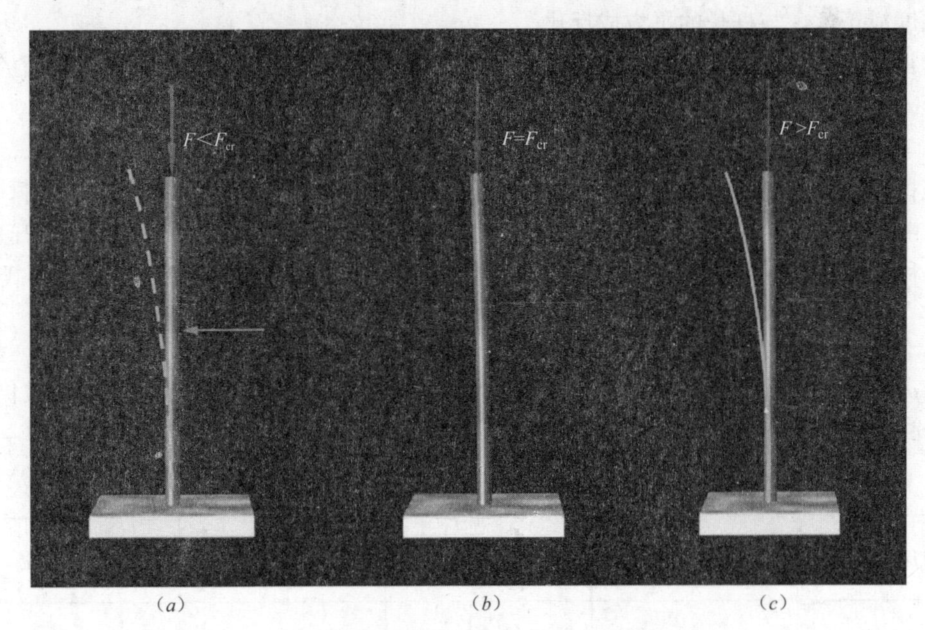

(*a*)　(*b*)　(*c*)

图 4-11　杆件在直线位置的平衡状态

(*a*) 压力小于临界力；(*b*) 压力等于临界力；(*c*) 压力大于临界力

当 $F=F_{cr}$时，压杆既可在直线位置平衡，又可在干扰下微弯曲线位置平衡，这种两可性是弹性体系临界平衡的重要特点。压杆丧失直线状态的平衡，过渡到曲线状态的平衡，称为丧失稳定，简称失稳，也称为屈曲。

4.4.2　两端铰支细长压杆的欧拉临界力

1. 两端铰支细长压杆的临界荷载

只有当轴向压力 F 等于临界载荷 F_{cr}时，压杆才可能在微弯状态保持平衡。因此，使压杆在微弯状态保持平衡的最小轴向压力即压杆的临界荷载。现以两端铰支细长压杆为例，说明确定临界荷载的方法，如图 4-12 所示。

使压杆在微弯状态下保持平衡的最小轴向压力即为压杆的临界荷载，两端铰支压杆的临界荷载为：

$$F_{cr} = \frac{\pi^2 EI}{l^2} \tag{4-56}$$

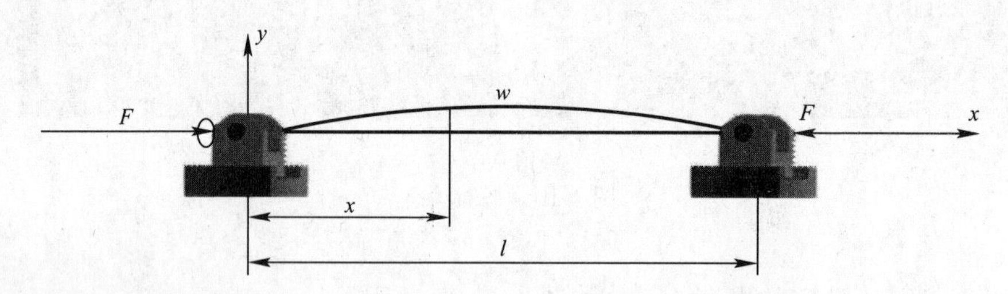

图 4-12　压杆在轴向压力作用下处于微弯平衡状态

上式通常称为欧拉公式。由该式可以看出，两端铰支细长压杆的临界载荷与杆的截面抗弯刚度成正比，与杆长的平方成反比。

值得注意的是，如果压杆两端为球形铰支，则式中的惯性矩 I 应为压杆横截面的最小惯性矩。

2. 其他细长压杆的临界荷载

压杆的支承方式多种多样，除上述两端铰支压杆外，还存在其他方式支承的压杆，例如一端自由、另一端固定的压杆，一端铰支、另一端固定的压杆，以及两端均固定的压杆等。上述几种压杆的临界荷载公式基本相似，为应用方便，将上述各公式统一写成如下形式：

$$F_{cr} = \frac{\pi^2 EI}{(\mu l)^2} \tag{4-57}$$

式中，μ 称为长度系数，代表支承方式对临界荷载的影响，μl 称为相等长度，上式仍称为欧拉公式。各类支承方式的压杆的临界应力计算见表 4-1。

各类支承方式的压杆的临界应力计算　　表 4-1

支座情况	一端自由 一端固定	两端铰支	一端铰支 一端固定	两端固定
简图	F_{cr}, l	F_{cr}, l, F_{cr}	F_{cr}, l, $0.7l$	F_{cr}, l, $0.5l$, $0.25l$
μ	2	1	0.7	0.5
临界压力	$F_{cr}=\frac{\pi^2 EI}{(2l)^2}$	$F_{cr}=\frac{\pi^2 EI}{(l)^2}$	$F_{cr}=\frac{\pi^2 EI}{(0.7l)^2}$	$F_{cr}=\frac{\pi^2 EI}{(0.5l)^2}$

4.4.3 中柔度杆的临界应力

1. 临界应力与柔度

压杆处于临界状态时横截面上的平均应力，称为压杆的临界应力，并用σ_{cr}表示。则细长压杆的临界应力为：

$$\sigma_{cr}=\frac{P_{cr}}{A}=\frac{\pi^2 E}{(\mu l)^2}\frac{I}{A} \tag{4-58}$$

在上式中，比值 I/A 仅与截面的形状及尺寸有关，将其用 i^2 表示，即：

$$i=\sqrt{\frac{I}{A}} \tag{4-59}$$

上述几何量 i 称为截面的惯性半径，令

$$\lambda=\frac{\mu l}{i} \tag{4-60}$$

则细长压杆的临界应力为：

$$\sigma_{cr}=\frac{\pi^2 E}{\lambda^2} \tag{4-61}$$

上式称为欧拉临界应力公式。式中的λ为一无量纲量，称为柔度或长细比，它综合反映了压杆的长度（l）、支持方式（μ）与截面几何性质（i）对临界应力的影响。该式表明，细长压杆的临界应力，与柔度的平方成反比，柔度愈大，临界应力愈低。

2. 欧拉公式的适用范围

欧拉公式是根据挠曲轴微分方程建立的，而该方程仅适用于杆内应力不超过比例极限σ_p 的情况，因此，欧拉公式的适用范围为：

$$\sigma_{cr}=\frac{\pi^2 E}{\lambda^2}\leqslant\sigma_p \tag{4-62}$$

或

$$\lambda\geqslant\pi\sqrt{\frac{E}{\sigma_p}} \tag{4-63}$$

若令

$$\lambda_p=\pi\sqrt{\frac{E}{\sigma_p}} \tag{4-64}$$

即仅当$\lambda\geqslant\lambda_p$时，欧拉公式才是正确的。由上式可知，$\lambda_p$之值仅与材料的弹性模量 E 及比例极限 σ_p 有关，故 λ_p 之值仅随材料而异。以低碳钢 A3 为例，其弹性模量 $E=200$GPa，比例极限 $\sigma_p=196$MPa，代入上式可得：

$$\lambda_p=\pi\sqrt{\frac{200\times10^3}{196}}\approx100 \tag{4-65}$$

柔度$\lambda\geqslant\lambda_p$的压杆，称为大柔度杆或长柱。因此，欧拉公式仅适用于大柔度杆。前面经常提到的所谓细长杆，实际上即大柔度杆。

3. 中柔度杆的临界应力

压杆的柔度愈小，其稳定性愈好，愈不容易失稳。试验表明，当压杆的柔度小于一定数值λ_0，强度问题又成为主要问题。这时，压杆的承压能力 F^0 由其抗压强度决定。例如

对于由塑性材料制成的压杆，其承压能力即为：

$$F^0 = A\sigma_0 \tag{4-66}$$

柔度 $\lambda < \lambda_0$ 的压杆，称为小柔度杆或短柱。

柔度介于 λ_0 与 λ_p 之间的压杆，称为中柔度杆或中柱，其临界应力高于材料的比例极限。

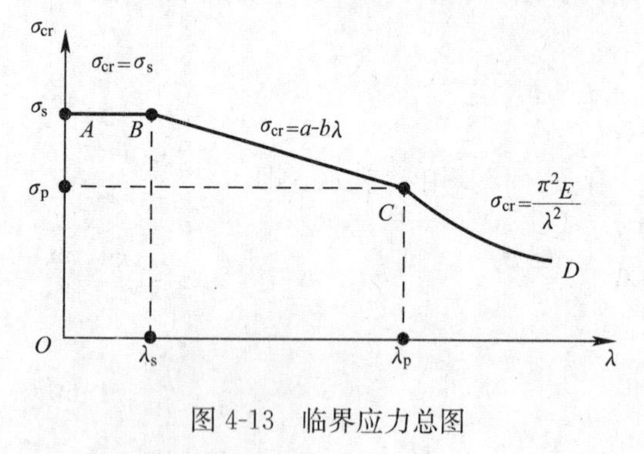

图 4-13　临界应力总图

综上所述，根据压杆的柔度可将其分为三类，并分别按不同方式确定其极限应力。$\lambda_0 \geqslant \lambda_p$ 的压杆属于细长杆或大柔度杆，按欧拉公式计算其临界应力；$\lambda_0 \leqslant \lambda < \lambda_p$ 的压杆，属于中柔度杆，可按经验公式计算其临界应力；$\lambda < \lambda_0$ 的压杆属于小柔度杆，应按强度问题处理。在上述三种情况下，临界应力（或极限应力）随柔度变化的曲线如图 4-13 所示，称为临界应力总图。

4. 压杆稳定条件

由以上分析可知，为了保证压杆在轴向压力 F 作用下不致失稳，必须满足下述条件：

$$F \leqslant \frac{F_{cr}}{n_{st}} = [F_{st}] \tag{4-67}$$

式中　n_{st}为稳定安全系统；$[F_{st}]$ 为稳定许用压力。该式也称为压杆的稳定条件。

将上式中的 F 与 F_{cr}同除以压杆的横截面面积 A，得：

$$\sigma \leqslant \frac{\sigma_{cr}}{n_{st}} = [\sigma_{st}] \tag{4-68}$$

式中　$[\sigma_{st}]$ 为稳定许用应力。则该式为用应力表示的压杆稳定条件。

4.5　流体的概念和物理性质

4.5.1　流体的概念

流体力学是研究流体的平衡和流体的机械运动规律及其在工程实际中应用的一门学科。流体力学研究的对象是流体，包括液体和气体。

流体最基本的特征是它具有流动性，也就是说流体在一个微小剪切力作用下，就能够连续不断地发生变形，即发生流动，只有在外力停止作用后，变形才能停止，这正是流体不同于固体最基本的特征。固体则不同，固体能维持它固有的形状，它可以承受一定的拉力、压力和剪切力。液体由于具有流动性，因此没有一定的形状，会随容器的形状而变。液体具有自由表面，不能承受拉力，静止时不能承受剪切力，气体不能承受拉力，静止时不能承受剪切力，具有明显的压缩性，因此也不具有一定的体积，可以充满整个容器。

流体作为物质的一种基本形态，必须遵循自然界一切物质运动的普遍规律，如牛顿的力学定律、质量守恒定律和能量守恒定律等有关物体宏观机械运动的一般规律。所以，流体力学中的基本定理实质上都是这些普遍规律在流体力学中的具体体现和应用。例如，空气动力学、水动力学都是流体力学的一个分支。

4.5.2 流体的主要物理性质

外因是变化的条件，内因是变化的依据。流体在外力作用下是处于相对平衡还是作机械运动是由流体本身的物理力学性质决定的，因此，流体的物理力学性质是我们研究流体相对平衡和机械运动的基本出发点，在流体力学中，有关流体的主要物理力学性质有以下几个方面。

1. 惯性

惯性是物体保持原来运动状态不变的性质。物体运动状态的任何改变，都必须克服惯性作用。一切物体都具有惯性，惯性的大小只与质量有关，与其他因素无关。质量越大，惯性越大，运动状态越难以改变。一个物体反抗改变原有运动状态而作用于其他物体上的反作用力称为惯性力。设物体质量为 m，加速度为 a，则惯性力 F 的数值为

$$F=-ma \tag{4-69}$$

负号表示惯性力的方向与物体加速度的方向相反。

流体单位体积内所具有的质量称为密度，以 ρ 表示。对于均质流体，若其体积为 V，质量为 m，则

$$\rho=\frac{m}{v} \tag{4-70}$$

流体的密度随温度和压强的变化而变化。在一个标准大气压下，不同温度下水和空气的密度值不一样。实验表明，液体的密度随温度和压强的变化甚微，在绝大多数实际工程流体力学问题中，可近似认为液体的密度为一常数。计算时，一般采用水的密度值为 $1000kg/m^3$。

2. 万有引力特性

物体之间具有相互吸引的性质，这个吸引力称为万有引力。在流体运动中，一般只需考虑地球对流体的引力，这个引力就是重力，用重量 G 表示。设物体的质量为 m，重力加速度为 g，则重量

$$G=mg \tag{4-71}$$

3. 黏性

由于流体具有流动性，在静止时不能承受剪切力以抵抗剪切变形，但在运动状态下，流体内部质点间或流层间因相对运动而产生内摩擦力以抵抗剪切变形，这种性质叫作黏性。内摩擦力又称为黏滞力。流体的黏性是流体中发生机械能损失的根源，是流体的一个非常重要的性质。

运动液体的内摩擦力由分子内聚力和分子间的动量交换产生。液体分子间的内聚力随温度增高而减小，分子的动量交换则随温度升高而增大，但是，液体分子的动量交换对液体黏性的影响不大。所以，液体的温度增高时黏性减小。

气体的黏性则主要由分子间的动量交换产生，温度增高时，动量交换加剧。因此，气体的黏性随温度增高而增大。

由牛顿在1686年首先提出的，并经后人加以验证的流体内摩擦定律可表述为：处于相对运动的两层相邻流体之间的内摩擦力，其大小与流体的物理性质有关，并与流速梯度

和流层的接触面积成正比，而与接触面上的压力无关。

牛顿内摩擦定律只适用于一般液体，而对某些特殊液体是不适用的。我们将满足牛顿内摩擦定律的流体称为牛顿流体，如水、酒精和空气等均为牛顿流体。而将不符合牛顿内摩擦定律的流体称为非牛顿流体，如油漆、泥浆、浓淀粉糊等。本教材中，我们仅限于研究牛顿流体。

4. 压缩性和膨胀性

流体的压缩性是指流体受压，体积缩小，密度加大，除去外力后能恢复原状的性质。

流体的膨胀性是指流体受热，体积膨胀，密度减小，温度改变后能恢复原状的性质。

液体和气体虽然都是流体，但它们的压缩性和膨胀性大不一样，下面分别介绍。

（1）液体的压缩性和膨胀性

液体的压缩性以体积压缩系数 β 度量。若压缩前液体的体积为 V，压强增加 Δp 之后，体积减小 $-\Delta V$，则其体积应变为 $\frac{-\Delta V}{V}$。则体积压缩系数定义为：

$$\beta=-\frac{\frac{\Delta V}{V}}{\Delta p} \tag{4-72}$$

β 越大，表明液体越容易压缩。因液体的体积随压强增大而减小，ΔV 与 Δp 的符号相反，故有一负号，而 β 则可保持为正值。

体积弹性系数（弹性模量）K 是体积压缩系数的倒数，即

$$K=\frac{1}{\beta} \tag{4-73}$$

不同种类的液体具有不同的 β 值和 K 值。同一种液体，β 值和 K 值随温度和压强略有变化。

水的压缩性很小，当压强在 1～100 个大气压范围内，$\beta=0.52\times10^{-9}\mathrm{m}^2/N$，即，每增加一个大气压，水体积相对压缩量只有 $\frac{1}{20000}$。工程上一般都忽略水的压缩性，视水的密度和容重为常数。但在某些特殊情况下，如讨论管道中的水击问题时，由于压强变化很大，则要考虑水的压缩性。

水的膨胀性也很小，每增加 1℃水温，体积相对膨胀率小于 $\frac{1}{1000}$，因此，在温度变化不大的情况下，一般不考虑水的膨胀性。

忽略其压缩性的液体称为不可压缩液体，这又是一种简化分析模型，称为“不可压缩液体模型”。

（2）气体的压缩性和膨胀性

气体具有显著的压缩性和膨胀性。在温度不过低（热力学温度不低于 253K）、压强不过高（压强不超过 20MPa）时，常用气体（如空气、氮气、氧气、二氧化碳等）的密度、压强和温度三者之间的关系，视为符合理想气体状态方程，即

$$\frac{p}{\rho}=RT \tag{4-74}$$

式中 p 为气体的绝对压强（Pa）；ρ 为气体密度（$\mathrm{kg/m^3}$）；T 为气体的热力学温度（K）；

R 为气体常数，在标准状态下，$R=\frac{8314}{n}$ [J/(kg·K)]，n 为气体的相对分子质量。空气的气体常数为 287J/(kg·K)。

最后应指出，对于低速气流，其速度远小于音速，密度变化不大，通常可以忽略压缩性的影响，按不可压缩流体来处理，其结果也是足够精确的。

5. 表面张力特性

(1) 液体的表面张力

在液体的自由表面上，由于分子间引力作用的结果，产生了极其微小的拉力，这种拉力称为表面张力。气体由于分子的扩散作用，不存在自由表面，也就不存在表面张力。所以，表面张力是液体的特有性质。表面张力只发生在液体和气体、固体或者和另一种不相混合的液体的界面上。

表面张力现象是日常生活中经常遇到的一种自然现象，如水面可以高出碗口不外溢，钢针可以水平地浮在液面上不下沉等都是表面张力作用的结果。表面张力的作用，使液体表面好像是一张均匀受力的弹性薄膜，有尽量缩小的趋势，从而使得液体的表面积最小。例如一滴液体，如果没有别的力影响的话，它总是使得自己变成一个球形，因为球形的表面积最小。

(2) 毛细管现象

直径很小两端开口的细管竖直插入液体中，由于表面张力的作用，管中的液面会发生上升或下降的现象，称为毛细管现象。

为什么细管中的液面有时会上升，有时会下降呢？这可以从液体分子和管壁分子间相互不同的作用加以说明。把液体分子间的吸引力称为内聚力，液体分子和固体壁面分子间的吸引力称为附着力。当玻璃细管插入水中时，由于水的内聚力小于水同玻璃间的附着力，水将玻璃湿润，并沿着壁面向上延伸，使液面向上弯曲成凹面，再由于表面张力作用，使液面有所上升，直到上升的水柱重量和表面张力的垂直分量相平衡为止。液面上升或下降的高度与管径成反比，即玻璃管内径越小，毛细管现象引起的误差越大。因此，通常要求测压管的内径不小于 10mm，以减小误差。

4.6 流体机械能的特性

根据流体的物理性质，在流体处于相对静止、质点之间无相对运动的条件下，黏性将不起作用，流体内部不存在切应力，流体质点之间只存在正应力。实际上，由于流体不能承受拉应力，流体质点之间的作用是通过压应力的形式来体现的。在流体静力学中，将流体内的压应力称为静压强。因此，根据力学平衡条件研究压强的空间分布规律，确定各种承压面上静压强产生的总压力，是流体静力学的主要任务。

处于流动状态的流体内部的压强称为流体动压强。在很多情况下，流体动压强的分布规律与流体静压强相同或相近。因此，流体静力学也是研究流体运动规律的基础。

流体静压强有两个基本特性。

1. 静压强的垂向性

流体静压强总是沿着作用面的内法线方向。选取位于流体内部的曲面 ab [图 4-14

(a)]，考察曲面 ab 下方的流体受到的作用力。设 n 表示曲面 ab 在 C 点的单位内法线矢量（指向流体内部），根据静压强的垂向性，压强 p 的方向应当与 n 的指向一致。实际上，能够根据静止流体的性质来证明静压强的垂向性。假定静压强 p 的方向不在作用面 ab 的内法线矢量方向上，则 p 能够分解成切向分量 τ 与法向分量 P_n [图 4-14 (b)]。根据流体的性质，在切应力 τ 的作用下，流体将产生流动，违背了静止流体的假定。所以，必有 $\tau=0$，p 必须与作用面垂直。又因为流体不能承受拉应力，静压强 p 只能沿着指向作用面的方向。

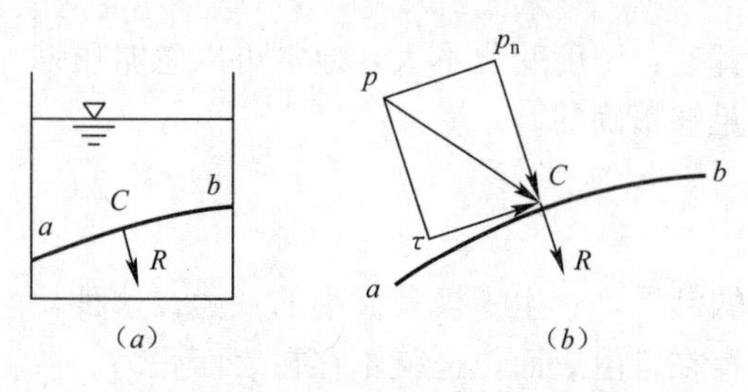

图 4-14　流体静压强的垂向性

2. 静压强的各向等值性

某一固定点上流体静压强的大小与作用面的方位无关，即同一点上各个方向的流体静压强大小相等。这一特性与弹性体的应力状态截然不同，因根据材料力学的分析，在弹性体内某一点的应力状态一般与方位有关。实际上，静止流体中不存在切应力的事实是产生这一差别的根本原因。

4.7　流体运动的概念、特征及分类

流体动力学研究流体机械运动的基本规律，即流体运动要素与引起运动的动力要素——作用力之间的关系。其基本任务是根据物理学与理论力学中的动量守恒和能量守恒定律，建立流体运动的动力学方程。以描述流动要素（流速等运动要素和压强等动力要素）的空间分布与时间变化。

流体动力学发展至今已包含了较为丰富的内容：根据黏性作用的大小，分为理想流体动力学与黏性流体动力学；根据压缩性又分为可压缩性流体动力学与不可压缩流体动力学；根据流动要素的时间、空间变化等特征，研究以时间、空间脉动为固有特征的紊流流动规律已经成为流体动力学的一个重要分支。严格而论，多数实际流体是有黏性的、可压缩的，其流动要素随时间、空间作脉动变化，而且在三维空间内发展变化。实践证明，从解决实际工程问题的角度看，实际流体常常能够由较简单的力学模型来描述，例如，不可压缩流体模型适合于一般的液流运动和流速不很高的气流运动；一维流动模型适合于某一方向上的运动趋势占主动的流动；采用研究实际流动的运动要素时间平均量的方法来避免流动因素的固有脉动所产生的困扰；通过首先对理想流体模型的研究，然后再进行修正，研究黏性作用不可忽视的实际流体的运动。

本节主要讨论实际流体的能量方程和动量方程。

4.7.1　实际流体的能量方程

实际流体具有黏性，流动过程因质点之间相对运动而产生内摩擦力，质点之间的这种相互摩擦作用使流体的机械能转化为热能的形式而耗散。一般地，流体系统的机械能向热能的转化过程是不可逆的，流体的机械能会沿程减少，表现为机械能损失。

(1) 元流的伯努利方程

将元流中（或流线上）单位重力流体在过流断面 1-1 与 2-2 之间的机械能损失称为元流的水头损失，以 h'_w 表示。假设流动满足下列条件：

1）流体不可压缩、密度为常量；

2）流动是恒定的；

3）质量力为重力；

4）沿流线积分。

能够通过对理想流体的伯努利方程进行修正的方法，来建立实际流体元流的能量方程。根据能量守恒原理，1-1 断面上的机械能应当等于 2-2 断面上的机械能与水头损失之和，因此有：

$$\frac{U_1^2}{2g}+\frac{p_1}{g\rho}+z_1=\frac{U_2^2}{2g}+\frac{p_2}{g\rho}+Z_2+h'_w \tag{4-75}$$

这就是实际流体元流的伯努力方程，其中水头损失 $h_w>0$ 是具有长度的量纲。

(2) 总流的能量方程

在解决实际问题时，常常需要了解总流流动要素的沿程变化情况。可以通过在过流断面上将元流积分，建立总流的能量方程。实际流体的恒定总流的能量方程如下：

$$Z_1+\frac{p_1}{g\rho}+\frac{a_1V_1^2}{2g}=Z_2+\frac{P_2}{g\rho}+\frac{a_2V_2^2}{2g}+h_w \tag{4-76}$$

h_w 为总流的水头损失。一般地，影响 h_w 的因素较为复杂，除了与流速的大小、过流断面的尺寸及形状有关外，还与流道固体边壁的粗糙程度等因素有关。

若由

$$H_0=z+\frac{p}{g\rho}+\frac{aV^2}{2g} \tag{4-77}$$

表示单位重力流体的机械能，则能量方程能够表示成较为简洁的形式：

$$H_{01}=H_{02}+h_w \tag{4-78}$$

实际流体总流的能量方程是工程流体力学中最常用的基本方程之一。应该熟练掌握其应用条件：

1）流动是恒定的；

2）流动的密度是常数；

3）质量力中只有重力；

4）在所选取的两个过流断面上，流动是均匀流或渐变流（两断面间可以是急变流）；

5）两个过流断面间除了水头损失外，无其他机械能的输入或输出；

6）两个过流断面间无流量的输入或输出，即总流的流量沿程不变。

在解决实际问题时，上述 6 个条件中的条件 1)～3) 常常是可以满足的。当上述条件 5) 不能满足，即两个过流断面之间存在其他机械能的输入或输出时（如管道上设有水轮机或水泵等流体机械），应当将能量方程修改成：

$$\Delta H+H_{01}=H_{01}+h_w \tag{4-79}$$

其中 ΔH 表示流体机械输入给单位重力流体的机械能（机械能输出时 ΔH 为负）。

4.7.2 实际流体的动量方程

解决实际工程问题时，常常需要确定流体与流道固定边界的相互作用力。为了确定固体边界上的压强与切应力分布，一般需要求解复杂的连续方程与运动微积分方程。然而，实际问题往往只要求了解总作用力的大小与方向，而不需要知道固体边界上作用力的分布形式，更不需要了解流动区域内部的运动状态。此时，求解复杂的运动微分方程既没有必要，又十分困难，而总流的动量方程却为此提供了十分简便的途径。

$$\rho Q(\beta_2 V_2 - \beta_1 V_1) = F \tag{4-80}$$

这就是不可压缩流体恒定总流的动量方程。它表示两控制断面之间的恒定总流在单位时间内流出该段的动量与流入该段的动量之差等于该段总流所受质量力与所有表面力的合力。

动量方程既能用于理想流体又能用于实际流体，而且适合于任何质量力场作用下的流动。即使控制断面内的流动是非恒定的（如两断面间装有水泵），只要该流段内的流体总动量不随时间而变，动量方程仍然是成立的。此外，在应用动量方程时，应当注意以下几点：

（1）适当选取控制断面位置，必须使控制断面上的流动满足均匀流或渐变流条件。

（2）在计算外力的合力时，应计入作用在控制断面之间的总流控制体的所有表面上的表面力（包括控制断面上的压力和固体边壁上的压力，控制断面上的切应力一般可以忽略不计），以及总流控制体所受的所有质量力。

（3）实际计算时一般采用动量方程坐标轴的分量形式，应当注意动量和外力的合力各分量的正、负号。而且根据具体条件适当选取坐标轴的方向，能够简化计算。

4.7.3 流量与流速

1. 流量

垂直于元流或总流的断面称为过水断面，对于气体流动，则称为过流断面。单位时间内通过过水断面（过流断面）的流体的数量，称为流量。流体的数量如果以体积度量，称为体积流量；流体的数量如果以质量度量，称为质量流量。对于液体流动问题，工程上一般采用体积流量，简称流量，实验室中常采用重量流量；对于气体流动问题，则采用质量流量。

2. 平均流速

由于液体的黏性及液流边界的影响，总流过水断面上各点的流速是不相同的，即过水断面上流速分布是不均匀的。为了表示过水断面上流速的平均情况，可根据积分中值定理引入断面平均流速 V，得到断面平均流速的定义式：

$$V = \frac{Q}{A} \tag{4-81}$$

其中，Q、A 分别表示单位时间通过的流体流量 Q、截面面积 A。

4.7.4 流体流动阻力的影响因素

1. 流体流动阻力产生的原因

实际流体具有黏性，贴近固体壁面的流体质点会黏附在壁面上固定不动，从而引起流速沿横向的变化梯度，相邻两层流体之间会产生摩擦切应力。流速较低的流层通过摩擦切应力作用使流速较高的流层受到阻力作用，即摩擦阻力。在流动过程中，摩擦阻力会做功，将流体的部分机械能转化为热能而散失，即产生能量损失。实际流体总流能量方程中的水头损失 h_w，便体现了流体中的这种摩擦阻力作用产生的能量损失。为了应用实际流体能量方程来解决实际问题，必须确定流体能量损失的大小。

流动阻力与水头损失的大小取决于流道的形状，因为在不同的流动边界作用下流场内部的流动结构与流体黏性所起的作用均有差别。为了方便地分析一维流动，能够根据流动边界形状的不同，将流动阻力与水头损失分为两种类型：沿程阻力与沿程水头损失、局部阻力与局部水头损失。

在长直管道或长直明渠中，流动为均匀流或渐变流，流动阻力中只包括与流程的长短有关的摩擦阻力，称其为沿程阻力。流体为克服沿程阻力而产生的水头损失称为沿程水头损失或简称沿程损失。

在流道发生突变的局部区域，流动属于变化较剧烈的急变流，流动结构急剧调整，流速大小、方向迅速改变，往往伴有流动分离与旋涡运动，流体内部摩擦作用增大。称这种流动急剧调整产生的流动阻力为局部阻力，流体为克服局部阻力而产生的水头损失称为局部水头损失或简称局部损失。局部损失的大小主要与流道的形状有关。在实际情况下，大多急变流产生的部位会产生局部水头损失。

将水头损失分成沿程损失与局部损失的方法能够简化水头损失计算。方便于对水头损失变化规律的研究。在计算一段流道的总水头损失时，能够将整段流道分段来考虑。先计算每段的沿程损失或局部损失，然后将所有的沿程损失相加，所有的局部损失相加，两者之和即为总水头损失。

2. 流体流动类型

(1) 层流与紊流的概念

实际流体黏性的存在，一方面使流层间产生摩擦阻力；另一方面使流体的运动具有截然不同的两种运动状态，即层流流态和紊流流态。处于层流流态的流体，质点呈有条不紊、互不掺混的层状运动形式；而处于紊流流态的流体，质点的运动形式以杂乱无章、相互掺混与涡体旋转为特征。

(2) 流态的判别——雷诺数

由于层流与紊流流态的流动结构与能量损失规律不同，在计算水头损失时首先要判断流态的类型。将流态发生转换时的圆管过流断面的平均流速称为临界流速。将紊流流态向层流流态转换的临界速度 V_c 称为下临界流速，由层流流态向紊流流态转换的临界流速 V_c' 称为上临界流速。

实验发现，临界流速的大小与管径 d 以及流态的运动黏度 v 有关，即：

$$V_c = R_{ec}\frac{v}{d},\quad V_c' = R_{ec}'\frac{v}{d} \tag{4-82}$$

其中 R_{ec} 与 R_{ec}' 是无量纲常数，称 R_{ec} 为下临界雷诺数，R_{ec}' 为上临界雷诺数。

通过对各种流体与不同管径的实验，发现 R_{ec} 是一个常数：

$$R_{ec} = 2000 \tag{4-83}$$

即下临界雷诺数不随流体性质、管径或流速大小而变。然而，上临界雷诺数一般不是

常数，因为流动由层流流态向紊流流态的转变取决于流动所受到的外界扰动程度。一般地，

$$R'_{ec}=12000\sim40000 \tag{4-84}$$

为了判别圆管流动的流态类型，定义无量纲参数：

$$R_e=\frac{Vd}{v} \tag{4-85}$$

其中 V 表示实际发生的断面平均流速，称 R_e 为雷诺数。从理论角度来看，当层流的 $R_e>R_{ec}$时，尽管层流开始处于不稳定状态，但如果没有外界扰动，层流流态仍可以继续维持下去，直至 $R_e=R'_{ec}$。然而上临界雷诺数 R'_{ec}依赖于外界扰动的程度，而且在实际流动中扰动总是存在的，因此用 R'_{ec}来判别流态是没有什么实际意义的。在工程实际中，通常采用下临界雷诺数 R_{ec}作为流态判别的标准：

层流流态：$R_e\leqslant R_{ec}=2000$ (4-86)

紊流流态：$R_e>R_{ec}=2000$ (4-87)

4.8 均匀流沿程水头损失的计算公式

4.8.1 形成均匀流的条件

均匀流是沿流程各个过水断面上的流速分布及其他各水力要素都保持不变的流动，并且流线是相互平行的直线。

对于圆管有压流动，若管道是管径及管材均沿程不变的长直管，则形成均匀流。

对于明渠流动（指具有自由液面的流动），若渠道断面的形状、尺寸、壁面粗糙情况以及渠道的底坡都沿程不变，且在长、直、顺坡（即渠底高程沿流程下降）渠道中的恒定流，则形成均匀流。

4.8.2 沿程水头损失的计算公式

在工程实际中计算液流的沿程水头损失常采用下列经验公式：

$$h_f=\lambda\frac{l}{4R}\frac{v^2}{2g} \tag{4-88}$$

式中 h_f 为沿程水头损失，λ 为沿程阻力系数，R 是水力半径，l 为两过水断面之间的距离。

式中水力半径 R 是过水断面面积 ω 与湿周 x 之比，即 $R=\frac{\omega}{x}$，湿周 x 是指过水断面上固体边界与液体接触部分的周长。

圆管层流的沿程阻力系数为：

$$\lambda=\frac{64}{Re} \tag{4-89}$$

式中 Re 为实际管流的雷诺数。

上式称为达西公式，它是计算沿程水头损失的通用公式，即该式适用于任何流动形态的液流。

对于有压圆管流动，因为 $R=\frac{d}{4}$，代入上式，则可得有压圆管流的沿程水头损失计算公式为：

$$h_{\mathrm{f}}=\lambda\frac{l}{d}\frac{v^{2}}{2g} \tag{4-90}$$

4.8.3 局部水头损失

在产生局部水头损失的流段上，流态一般为紊流粗糙。局部障碍的形状繁多，水力现象极其复杂，因此，在各种局部水头损失的计算中只有少数局部水头损失可以通过理论分析得出计算公式，其余都有试验测定。

在工程问题的水力计算中，通常把局部水头损失表示为以下通用公式：

$$h_{\mathrm{j}}=\zeta\frac{v^{2}}{2g} \tag{4-91}$$

由于局部障碍不同，局部阻力系数 ζ 值不同。用不同的流速水头计算 h_{j}，则 ζ 也不同。

4.8.4 管路的总阻力损失

管路的总阻力损失 h_{w} 为流体流经直管的阻力损失与各局部阻力损失之和。

$$h_{\mathrm{w}}=\sum h_{\mathrm{f}}+\sum h_{\mathrm{j}} \tag{4-92}$$

4.8.5 管路的经济流速

管网内各管段的管径是根据流量 Q 及流速 V 两者来决定的，在流量 Q 一定的条件下，不同的流速对应不同的管径，$Q=\omega\cdot v=\frac{\pi d^{2}}{4}\cdot v$，则 $d=\sqrt{\frac{4Q}{\pi v}}=1.13\sqrt{\frac{Q}{V}}$。如果流速大，则管径小，管道造价低，但因流速大，而造成的水头损失大，从而需要增加水塔高度及抽水费用。反之，采用较大管径可使流速减小，降低了运转费用，却又增加了管材用量，管道造价高。所以选用管径同整个工程的经济性和运转费用等有关。目前给水工程上采用的办法是通过综合考虑各种因素的影响对每一种管径定出一定的流速，使得供水的总成本最小。这种流速称为经济流速 v_{e}。综合实际设计经验及技术经济资料，对于中、小直径的给水管道：

当直径 D=100～400mm，采用 v_{e}=0.6～1.0m/s；当直径 D>400mm，采用 v_{e}=1.0～1.4m/s。

以上规定供参考，但是要注意 v_{e} 是因时因地而变动的。

第5章　建筑设备基础

本章简要介绍电工学和建筑设备工程的基础知识，为学员后续学习相关专业知识打下基础。

5.1　电工学基础

本节主要内容为电工学的基础知识，通过学习掌握直流电路、交流电路的基本概念、基本规律和基本分析方法，了解晶体二级和三级管的基本结构及应用，了解变压器和三相交流异步电动机的基本结构和工作原理，为进一步学习电气专业知识打下必要的基础。

5.1.1　欧姆定律和基尔霍夫定律

1. 电路的基本知识

（1）电路的组成

电路是提供电流流通的路径，其作用是实现电能的传输和转换。电路通常由电源、负载和中间环节等组成。电源是将其他形式的能转换成电能的设备，如发电机、蓄电池等；负载是将电能转换成其他形式的能的装置，如电灯、电动机等；中间环节用来连接电源和负载，起到能量传输和控制及保护电路的作用，如导线、开关和保护设备等。电路有通路、开路和短路三种状态。通路状态下闭合回路有电流流过，又分为轻载、满载和超载三种状态；开路又称断路，开路状态下闭合回路没有电流流过；短路状态是电源未经负载直接由导线构成通路，此时电流比正常工作时的电流大很多。

（2）电路连接的基本方式

1）串联，将电路元件（如电阻、电容、电感等）逐个顺次首尾相连接。将各用电器串联起来组成的电路叫串联电路。串联电路的特点：电流只有一条通路，开关控制整个电路的通断，各用电器之间相互影响。串联电路中通过各用电器的电流都相等，即：$I=I_1=I_2$；串联电路两端的总电压等于各用电器两端电压之和，即：$U=U_1+U_2$；串联电路中的总电阻等于各用电器电阻的总和，即：$R=R_1+R_2$。

2）并联，就是电路中的各用电器并列地接到电路的两点间。并联电路的特点：电路有若干条通路；干路开关控制所有的用电器，支路开关控制所在支路的用电器；各用电器相互无影响。并联电路中各支路的电压都相等，并且等于电源电压。即：$U=U_1=U_2$；并联电路中的干路电流（或说总电流）等于各支路电流之和，即：$I=I_1+I_2$；并联电路中的总电阻的倒数等于各支路电阻的倒数和，即：$1/R=1/R_1+1/R_2$。

3）混联，就是电路中既有并联又有串联。

2. 欧姆定律

欧姆定律是电学的基本实验定律之一，是指在同一电路中，通过某一导体的电流跟这段导体两端的电压成正比，跟这段导体的电阻成反比。

欧姆定律可用式（5-1）表示：

$$I = \frac{U}{R} \tag{5-1}$$

由上式可见，当所加电压 U 一定时，电阻 R 愈大，则电流 I 愈小。

在国际单位制中，I（电流）的单位是安培（A），U（电压）的单位是伏特（V），R（电阻）的单位是欧姆（Ω）。

欧姆定律适用于纯电阻电路、金属导电和电解液导电，在气体导电和半导体元件中不适用。欧姆定律成立时，以导体两端电压为横坐标，导体中的电流 I 为纵坐标，所做出的曲线，称为伏安特性曲线。这是一条通过坐标原点的直线，它的斜率为电阻的倒数。具有这种性质的电器元件叫线性元件，其电阻叫线性电阻或欧姆电阻。

欧姆定律不成立时，伏安特性曲线不是过原点的直线，而是不同形状的曲线。把具有这种性质的电器元件，叫作非线性元件。

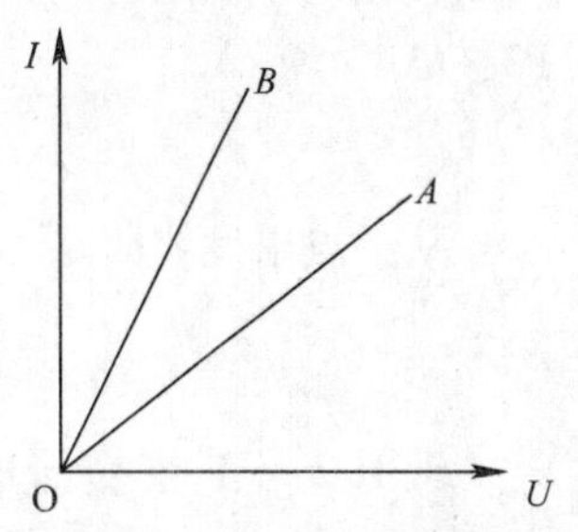

图 5-1　导体 A、B 的伏安特性曲线

3. 基尔霍夫定律

电路中的每一分支称为支路，如图 5-2 中，BAF、BCD、BE 等都是支路，一条支路流过一个电流，称为支路电流，在一条支路中电流处处相等。电路中两条以上的支路的连接点，称为节点，如图 5-2 中的 B、E 都是节点。电路中任一闭合路径，称为回路，例如，图 5-2 中 ABEFA、BCDEB、ABCDEFA 等都是回路。其内部不包含任何支路的回路，称为网孔，如图 5-2 中 ABEFA、BCDEB。网孔一定是回路，但回路不一定是网孔，如图 5-2 中 ABCDEFA 是回路但不是网孔。

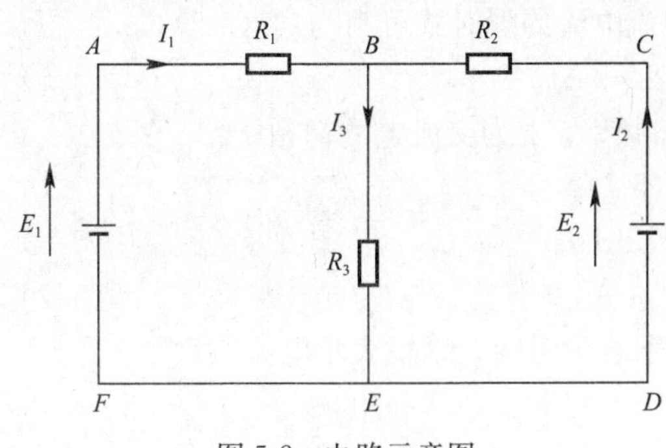

图 5-2　电路示意图

基尔霍夫定律是电路中电压和电流所遵循的基本规律，是分析和计算较为复杂电路的基础，包括基尔霍夫电流定律和基尔霍夫电压定律。基尔霍夫电流定律应用于节点，电压定律应用于回路。

（1）基尔霍夫第一定律—基尔霍夫电流定律

基尔霍夫第一定律又称节点电流定律，简称为 KCL，是电流的连续性在集总参数电路上的体现，其物理背景是电荷守恒公理。基尔霍夫电流定律是确定电路中任意节点处各支路电流之间关系的定律，因此又称为节点电流定律。基尔霍夫电流定律表明：

所有进入某节点的电流的总和等于所有离开这节点的电流的总和。

或者描述为：假设进入某节点的电流为正值，离开这节点的电流为负值，则所有涉及这节点的电流的代数和等于零。

以方程表达，对于电路的任意节点满足式（5-2）：

$$\sum I_i = \sum I_0 \tag{5-2}$$

在图 5-2 中，对节点 B 有此定律。

（2）基尔霍夫第二定律——基尔霍夫电压定律

基尔霍夫第二定律又称为回路电压定律，简称为 KVL，是用来确定回路中各段电压间关系的。如果从回路中任意一点出发，以顺时针方向或逆时针方向沿回路循行一周，则在这个方向上的电位降之和应该等于电位升之和。回到原来的出发点时，该点的电位是不会发生变化的。此即电路中任意一点的瞬时电位具有单值性的结果。

在任何一个闭合回路中，各段电阻上的电压降的代数和等于电动势的代数和，即式（5-3）：

$$\sum IR = \sum E \tag{5-3}$$

从一点出发绕回路一周回到该点时，各段电压的代数和恒等于零，即式（5-4）：

$$\sum U = 0 \tag{5-4}$$

5.1.2 正弦交流电的三要素及有效值

交流电是指大小和方向随时间作周期性变化的电流、电压或电动势。而大小和方向随时间按正弦规律变化的交流电，则称为正弦交流电，简称交流电，也称为正弦量。它被广泛应用于现代生产和日常生活中。

1. 正弦交流电的基本概念

所谓交流电，是指大小和方向随时间作周期性变化的电流、电压和电动势。

正弦交流电可用三角函数式或波形图来表示。其中三角函数式表达了它每一瞬时的取值，称为瞬时值表达式，简称瞬时式。如正弦交流电流的瞬时式可写为式（5-5）：

$$i(t) = I_{\mathrm{m}}\sin(\omega t + \varphi) \tag{5-5}$$

式中 I_{m} 为交流电的最大值，ω 为交流电的角频率，φ 为交流电的初相。

同理，电压和电动势分别为式（5-6）和式（5-7）：

$$\mu(t) = U_{\mathrm{m}}\sin(\omega t + \varphi) \tag{5-6}$$

$$e(t) = E_{\mathrm{m}}\sin(\omega t + \varphi) \tag{5-7}$$

正弦交流电的波形图如图 5-3 所示。图中横轴表示时间，纵轴表示电流值大小。

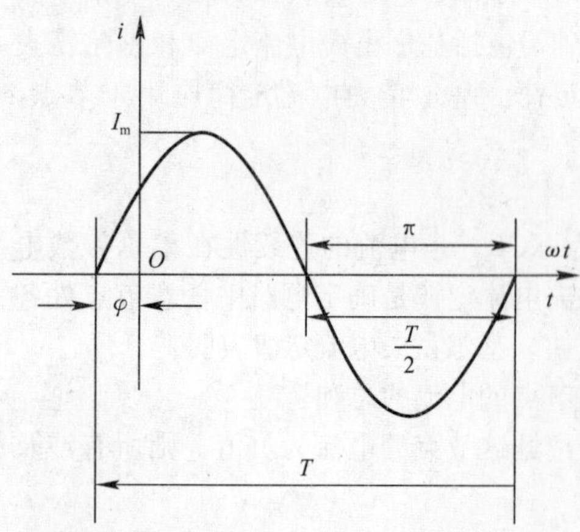

图 5-3 表示正弦交流电的波形图

（1）周期、频率和角频率

1）周期

正弦交流电变化一周所需的时间，称为周期，用 T 表示。周期的单位是 s（秒）。

2）频率

交流电在 1s 内变化的次数，称为频率，用 f 表示。频率的单位是 Hz（赫［兹］）。

3）角频率

交流电在 1s 内变化的电角度，称为角频率，用 ω 表示。角频率的单位是 rad/s。

周期、频率和角频率三者内在的联系可用式（5-8）表示：

$$\omega = \frac{2\pi}{T} = 2\pi f \tag{5-8}$$

（2）瞬时值、最大值和有效值

1）瞬时值

交流电在变化过程中，每一时刻的值都不同。任意时刻正弦交流电的数值，称为瞬时值。瞬时值是时间的函数，瞬时值规定用小写字母表示。

2）最大值

交流电在变化中出现的最大瞬时值，称为最大值。最大值规定用大写字母加脚标 m 表示。

（3）相位和相位差

1）相位

正弦交变电动势 $e=E_m\sin(\omega t+\varphi)$ 的瞬时值随着电角度（$\omega t+\varphi$）而变化。电角度（$\omega t+\varphi$）叫做正弦交流电的相位。

2）初相

对于相位，当 $t=0$ 时，为初相角。

3）相位差

两个同频率的正弦交流电的相位之差叫相位差。

例如，已知 $i_1=I_{1m}\sin(\omega t+\varphi_1)$，$i_2=I_{2m}\sin(\omega t+\varphi_2)$，则 i_1 和 i_2 的相位差为式（5-9）：

$$\Delta\varphi = (\omega t+\varphi_1)-(\omega t+\varphi_2) = \varphi_1-\varphi_2 \tag{5-9}$$

这表明两个同频率的正弦交流电的相位差等于初相之差。

若两个同频率的正弦交流电的相位差 $\varphi_1-\varphi_2>0$，称"i_1 超前于 i_2"；若 $\varphi_1-\varphi_2<0$，称"i_1 滞后于 i_2"；若 $\varphi_1-\varphi_2=0$，称"i_1 和 i_2 同相位"；相位差 $\varphi_1-\varphi_2=\pm180°$，则称"$i_1$ 和 i_2 反相位"。在比较两个正弦交流电之间的相位时，两正弦量一定要同频率才有意义。

2. 正弦交流电的三要素

最大值、频率（角频率或周期）和初相角称为正弦交流电的三要素。它们描述了正弦交流电的大小、变化快慢和起始状态。

3. 正弦交流电的有效值

正弦交流电的瞬时值是随时间变化的，计量时用正弦交流电的有效值来表示。

有效值是根据电流热效应来规定的，让一个交流电流和一个直流电流分别通过阻值相同的电阻，如果在相同时间内产生的热量相等，那么就把这一直流电的数值叫做这一交流电的有效值。交流电表的指示值和交流电器上标示的电流、电压数值一般都是有效值。正弦交流电流最大值是有效值的$\sqrt{2}$倍。对正弦交流电动势和电压亦有同样的关系，见式（5-10）、式（5-11）和式（5-12）：

$$I_m = \sqrt{2}I \tag{5-10}$$

$$U_m = \sqrt{2}U \tag{5-11}$$

$$E_m = \sqrt{2}E \tag{5-12}$$

我国工业和民用交流电源电压的有效值为 220V、频率为 50Hz，因而通常将这一交流电压简称为工频电压。

5.1.3 电流、电压、电功率的概念

电阻元件、电感元件和电容元件都是构成电路模型的理想元件，前者是耗能元件，后两者是储能元件。在直流稳态电路中，电感元件可视为短路，电容元件可视为开路，只讨论电阻对电路的阻碍作用。但在正弦交流电路中，这三种元件将显现它们各自不同的电路特性，因此，在对交流电路进行分析计算时，必须同时考虑电阻 R、电感 L、电容 C 三个参数的影响。由电阻、电感、电容单一参数电路元件组成的正弦交流电路是最简单的交流电路。

1. 电阻电路

只具有电阻的交流电路称为纯电阻电路。

(1) 交流电路中的电阻元件

电阻就是表征导体对电流呈现阻碍作用的电路参数。对于金属导体，可用式 (5-13) 计算：

$$R = \rho L/S \tag{5-13}$$

其中，L 为长度 (m)，S 为线截面面积 (mm^2)，ρ 为电阻率 ($\Omega mm^2/m$)。

(2) 电阻电流与电压的关系

如图 5-4 (*a*) 所示，设加在电阻两端的正弦电压为 $u_R = U_{Rm}\sin\omega t$，实验证明，交流电流与电压的瞬时值仍符合欧姆定律，即式 (5-14)：

$$i = \frac{u_R}{R} = \frac{U_{Rm}}{R}\sin\omega t = I_m\sin\omega t \tag{5-14}$$

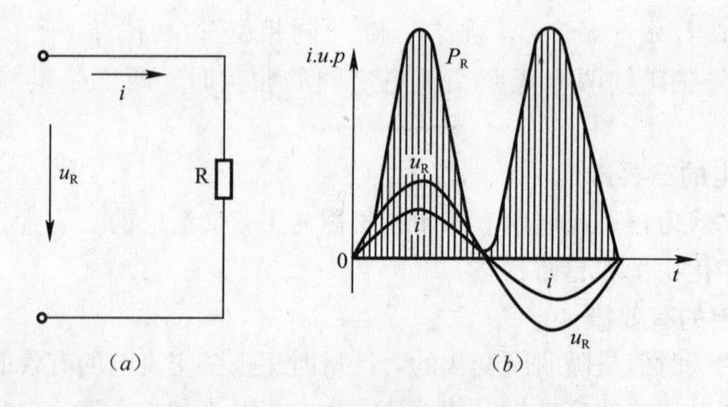

图 5-4 负载为电阻的电路与波形图

可见在电阻元件中，电流 i 与电压 u_R 是同频率、同相位的正弦量，如图 5-4 (*b*) 所示。用有效值表示，则有式 (5-15) 或式 (5-16)：

$$I = \frac{U_R}{R} \tag{5-15}$$

$$U_R = IR \tag{5-16}$$

(3) 功率

在交流电路中，电压和电流是不断变化的，我们把电压瞬时值 u 和电流瞬时值 i 的乘积称为瞬时功率，用 p_R 表示，即式 (5-17)：

$$p_{\mathrm{R}} = u_{\mathrm{R}} i = U_{\mathrm{Rm}} I_{\mathrm{m}} \sin^2 \omega t = 2U_{\mathrm{R}} I \sin^2 \omega t = U_{\mathrm{R}} I - U_{\mathrm{R}} I \cos 2\omega t \tag{5-17}$$

瞬时功率的变化曲线如图 5-4（*b*）所示，由于电流与电压同相位，所以瞬时功率总是正值（或为零），表明电阻总是在消耗功率。为反映电阻所消耗功率的大小，用平均功率来表示瞬时功率在一个周期内的平均值，称为有功功率，用 P_{R} 表示，即式（5-18）：

$$P_{\mathrm{R}} = \frac{1}{T}\int_0^T p_{\mathrm{R}} \mathrm{d}t = U_{\mathrm{R}} I = I^2 R = U_{\mathrm{R}}^2 / R \tag{5-18}$$

2. 电感电路

只具有电感的交流电路称为纯电感电路。忽略了电阻且不带铁芯的电感线圈组成的交流电路可近似看成纯电感电路。

（1）感抗

1）感抗的概念

反映电感对交流电流阻碍作用程度的电路参数叫做电感电抗，简称感抗，用 $\mathrm{X_L}$ 表示。

对直流电而言，频率为零，则感抗等于零；电感线圈可视为短路，相当于一根导线的作用。

2）感抗的因素

纯电感电路中通过正弦交流电流时，呈现的感抗为式（5-19）所示：

$$X_{\mathrm{L}} = 2\pi f L \tag{5-19}$$

式中，L 是线圈的自感系数，简称自感或电感，电感的单位是亨［利］（H）或简写为亨（H）。

线性电感，又称为空心电感，线圈中不含有导磁介质，电感 L 是一常数，与外加电压或通电电流无关。

非线性电感，线圈中含有导磁介质，电感 L 不是常数，是与外加电压或通电电流有关的量，例如铁芯电感。

3）电感线圈在电路中的作用

在电路中，低频扼流圈的作用为“通直流、阻交流”；高频扼流圈的作用为“通低频、阻高频”。

（2）电感电流与电压的关系

如图 5-5（*a*）所示电路，设电流 i 与电感元件两端感应电压 u_{L} 参考方向一致，且设 $i=\sqrt{2} I \sin\omega t$，则根据电感的定义有式（5-20）：

$$u_{\mathrm{L}} = L\frac{\mathrm{d}i}{\mathrm{d}t} = \sqrt{2} I\omega L \cos\omega t = \sqrt{2} I\omega L \sin\left(\omega t + \frac{\pi}{2}\right) \tag{5-20}$$

可以看出，u_L 和 i 是同频率的正弦函数，两者互相正交，且 u_L 超前 i 90°，如图 5-5（*b*）所示。

可以证明，电感元件中电流与电压有效值之间的关系为式（5-21）或式（5-22）所示：

$$U_{\mathrm{L}} = \omega L I \tag{5-21}$$

$$I = \frac{U_{\mathrm{L}}}{\omega L} \tag{5-22}$$

其中，ωL 称为感抗，单位为欧姆。用 X_L 表示，即式（5-23）：

$$X_{\mathrm{L}} = \omega L = 2\pi f L \tag{5-23}$$

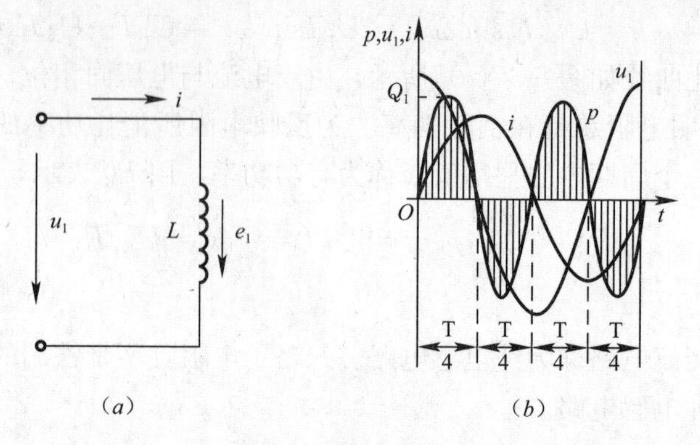

图 5-5　负载为电感的电路与波形图

所以电感元件中电流及两端电压有效值关系可以写成式（5-24）：

$$I=\frac{U_L}{X_L} \tag{5-24}$$

当电流的频率越高，感抗越大，其对电流的阻碍作用也越强，所以高频电流不易通过电感元件，但对直流电，$X_L=0$，电感元件相当于短路，可见电感元件有“通直阻交”的性质，在电工和电子技术中有广泛的应用。例如高频扼流圈就是利用感抗随频率增高而增大的特性制成的，被用在整流后的滤波器上。

（3）电路的功率

电感电流的瞬时功率为式（5-25）：

$$p_L=u_Li=2U_LI\sin\left(\omega t+\frac{\pi}{2}\right)\sin\omega t=U_LI\sin2\omega t \tag{5-25}$$

在一个周期内的平均功率为式（5-26）：

$$P_L=\frac{1}{T}\int_0^T p_L\,dt=\frac{1}{T}\int_0^T U_LI\sin2\omega t\,dt=0 \tag{5-26}$$

即平均功率等于零。但瞬时功率并不恒为零，而是时正时负，如式（5-26）所示，说明电感元件本身并不消耗电能，而是与电源之间进行能量交换。为了反映交换规模的大小，把瞬时功率的最大值称为无功功率，单位是乏 var，用符号 Q 表示，电感元件无功功率的表达式为式（5-27）：

$$Q_L=U_LI=I^2X_L=\frac{U_L^2}{X_L} \tag{5-27}$$

3. 电容电路

只含有电容元件的交流电路叫做纯电容电路，如只含有电容器的电路。

（1）容抗

1）容抗的概念

反映电容对交流电流阻碍作用程度的电路参数叫做电容电抗，简称容抗，用 XC 表示。容抗按式（5-28）计算：

$$X_C=1/(2\pi fc)=1/(\omega C) \tag{5-28}$$

式中，C 是电容器的电容量，简称电容，电容的单位是法［拉］（FL）或简写为法（F；F 是交流电的频率。

2）电容在电路中的作用

在电路中，隔直电容器的作用为“通交流、隔直流”；高频旁路电容器的作用为“通高频、阻低频”，将高频电流成分滤除。

（2）电容电流与电压的关系

如图 5-6（a）所示电路，设 $u_C=\sqrt{2}U_C\sin\omega t$，取电容元件电流 i 与电压 u_C 参考方向一致，则根据电容的定义有式（5-29）：

$$i=C\frac{\mathrm{d}u_C}{\mathrm{d}t}=\sqrt{2}\omega CU_C\sin\left(\omega t+\frac{\pi}{2}\right) \tag{5-29}$$

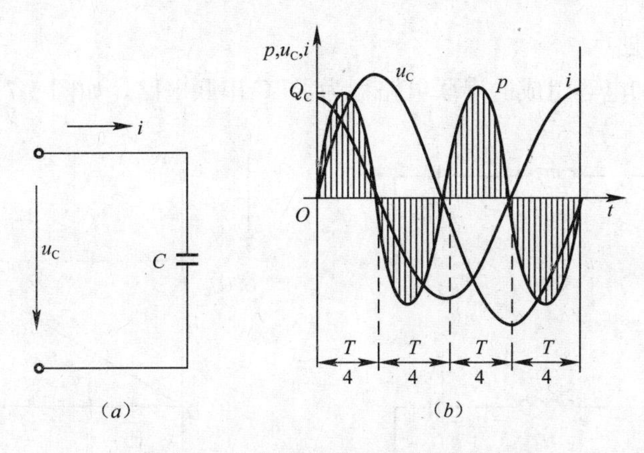

图 5-6　负载为电容的电路与波形图

可以看出，i 和 u_C 是同频率的正弦函数，两者互相正交，且 i 超前 $u_C 90°$，如图 5-6（b）所示。可以证明，电容元件电流与电压有效值的关系为式（5-30）或式（5-31）：

$$I=\omega CU_C=\frac{U_C}{\dfrac{1}{\omega C}} \tag{5-30}$$

$$U_C=\frac{I}{\omega C} \tag{5-31}$$

其中$\dfrac{1}{\omega C}$称为容抗，用 X_C 表示，单位为欧姆，即式（5-32）：

$$X_C=\frac{1}{\omega C}=\frac{1}{2\pi fC} \tag{5-32}$$

所以电容元件中电流及两端电压有效值关系可以写成式（5-33）：

$$I=\frac{U_C}{X_C} \tag{5-33}$$

当 $\omega=0$ 时，$X_C\to\infty$，即对于直流稳态来说电容元件相当于开路。当 $\omega\to\infty$时，$X_C\to 0$，即对于极高频率的电路来说，电容元件相当于短路，因此在电子线路中常用电容 C 来隔离直流或作高频旁通电路。

（3）电路的功率

电感电流的瞬时功率为式（5-34）：

$$p_L=u_Ci=2U_CI\sin\omega t\sin\left(\omega t+\frac{\pi}{2}\right)=U_CI\sin 2\omega t \tag{5-34}$$

在一个周期内的平均功率为式（5-35）：

$$P_{\mathrm{C}}=\frac{1}{T}\int_{0}^{T}p_{\mathrm{C}}\mathrm{d}t=\frac{1}{T}\int_{0}^{T}U_{\mathrm{C}}I\sin2\omega t\,\mathrm{d}t=0 \tag{5-35}$$

即电容元件和电感元件一样，本身并不消耗电能，只与电源间进行能量交换，其无功功率的表达式为式（5-36）：

$$Q_{\mathrm{C}}=U_{\mathrm{C}}I=I^{2}X_{\mathrm{C}}=\frac{U_{\mathrm{C}}^{2}}{X_{\mathrm{C}}} \tag{5-36}$$

5.1.4 RLC电路及功率因数的概念

1. RLC 串联电路

由电阻、电感和电容组成的串联电路称为 RLC 串联电路，如图 5-7 所示。

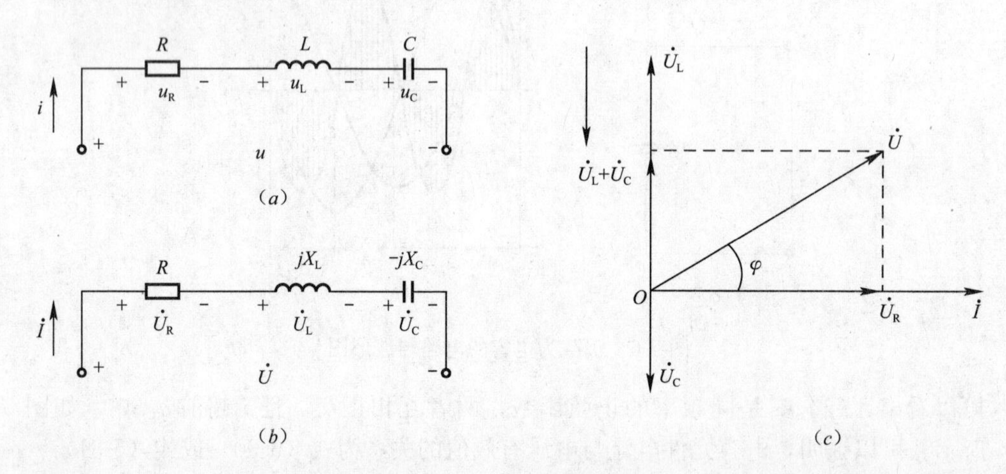

图 5-7 RLC 串联回路图

(*a*) RLC 串联回路电压电流瞬时值标注图；(*b*) RLC 串联回路电流电压有效值标注图；(*c*) RLC 串联回路相量的表示图

(1) 阻抗

电路元件对交流电的阻碍作用称为阻抗。图 5-7 的电路的阻抗为式（5-37）：

$$\mathrm{Z}=\mathrm{R}+\mathrm{j}(X_{\mathrm{L}}+X_{\mathrm{C}}) \tag{5-37}$$

$X=X_L+X_C$ 的正负决定阻抗角 φ 的正负，而阻抗角 φ 的正负反映了总电压与电流的相位关系。因此，可以根据阻抗角 φ 为正、为负、为零的 3 种情况，将电路分为 3 种性质。

1）感性电路

当 $X>0$ 时，即 $X_L>X_C$，$\varphi>0$，$U_L>U_C$，总电压 u 比电流 i 超前 ϕ，表明电感的作用大于电容的作用，阻抗是电感性的，称为感性电路；

2）容性电路

当 $X<0$ 时，即 $X_L<X_C$，$\varphi<0$，$U_L<U_C$，总电压 u 比电流 i 滞后 $|\phi|$，电抗是电容性的，称为容性电路；

3）电阻性电路

当 $X=0$ 时，即 $X_L=X_C$，$\varphi=0$，$U_L=U_C$，总电压 u 与电流 i 同相，表明电感的作用

等于电容的作用，达到平衡，电路阻抗是电阻性的，称为电阻性电路。当电路处于这种状态时，又叫做谐振状态。

（2）电压、电流和阻抗三者之间的关系

电压有效值等于电流与阻抗的乘积。在交流电路中各元件上的电压可以比总电压大，这是交流电路与直流电路特性的不同之处。

（3）频率

电路中的电压与电流同频率。

（4）功率

RLC 电路中的功率有视在功率、有功功率和无功功率三种。

1）视在功率

视在功率（S）又称表观功率，在交流电路中，平均功率一般不等于电压与电流有效值的乘积，如将两者的有效值相乘，则得出所谓视在功率。单位为伏安（VA）或千伏安（kVA）。其值为电路两端电压与电流的乘积，它表示电源提供的总功率，反映了交流电源容量的大小。

2）有功功率

有功功率（P）等于电阻两端电压与电流的乘积，也等于视在功率×功率因数。

3）无功功率

为建立交变磁场和感应磁通而需要的电功率称为无功功率（Q），无功功率单位为乏（var）。

三种功率之间的关系用式（5-38）表示：

$$S=\sqrt{P^2+Q^2} \tag{5-38}$$

2. 电路谐振

在具有电阻 R、电感 L 和电容 C 元件的交流电路中，电路两端的电压与其中电流位相一般是不同的。当电路元件（L 或 C）的参数或电源频率，可以使它们位相相同，整个电路呈现为纯电阻性，电路达到这种状态称为谐振。在谐振状态下，电路的总阻抗达到极值或近似达到极值。按电路连接的不同，有串联谐振和并联谐振两种。

（1）串联谐振

电路中电阻、电感和电容元器件串联产生的谐振称为串联谐振。电感和电容元件串联组成的一端口网络如图 5-8 所示，当感抗等于容抗电路处于谐振状态。

图 5-8 电路的等效阻抗为 $Z=R+j(X_L-X_C)$ 是电源频率的函数。当该网络发生谐振时，其端口电压与电流同相位，即式（5-39）：

$$\omega L-1/\omega C=0 \tag{5-39}$$

得到谐振角频率 $\omega_0=1/\sqrt{LC}$。

定义谐振时的感抗 ωL 或容抗 $1/\omega C$ 为特性阻抗 ρ，特性阻抗 ρ 与电阻 R 的比值为品质因数 Q，即式（5-40）：

$$Q=\rho/R=\omega_0 L/R=\sqrt{L/C}/R \tag{5-40}$$

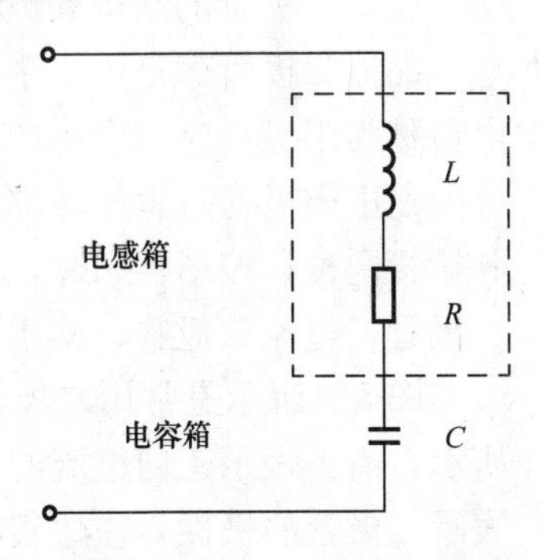

图 5-8　R、L、C 串联电路图

串联谐振特点：电流与电压同相位，电路呈电阻性；阻

抗最小，电流最大；电感电压与电容电压大小相等，相位相反，电阻电压等于总电压；电感电压与电容电压有可能大大超过总电压。故串联谐振又称电压谐振。

(2) 并联谐振

谐振条件：并联谐振电路的谐振条件和谐振频率与串联谐振相同。

并联谐振特点：电流与电压同相位，电路呈电阻性；阻抗最大，电流最小；电感电流与电容电流大小相等，相位相反；电感电流或电容电流有可能大大超过总电流。故并联谐振又称电流谐振。

供电系统中不允许电路发生谐振，以免产生高压引起设备损坏或造成人身伤亡等。

3. 功率因数

直流电路的功率等于电流与电压的乘积，但交流电路则不然。在计算交流电路的平均功率时还要考虑电压与电流间的相位差 φ，即 $P=UI\cos\varphi$。$\cos\varphi$ 是电路的功率因数。电压与电流间的相位差或电路的功率因数决定于电路（负载）的参数。只有在电阻负载（例如白炽灯、电阻炉等）的情况下，电压和电流才同相，其功率因数为 1。对其他负载来说，其功率因数均介于 0 与 1 之间。

(1) 提高功率因数的意义

1) 使电源设备得到充分利用

负载的功率因数越高，发电机发出的有功功率就越大，电源的利用率就越高。

2) 降低线路损耗和线路压降

要求输送的有功功率一定时，功率因数越低，线路的电流就越大。电流越大，线路的电压和功率损耗越大，输电效率也就越低。

(2) 提高功率因数的方法

电力系统的大多数负载是感性负载（例如电动机、变压器等），这类负载的功率因数较低。为了提高电力系统的功率因数，常在负载两端并联电容器，叫并联补偿。感性负载和电容器并联后，线路上的总电流比未补偿时减小，总电流和电源电压之间的相角也减小了，这就提高了线路的功率因数。此外，还要以提高用电设备本身功率因数，尽量使设备在满载情况下工作，或者使用调相发电机来提高整个电网的功率因素。

5.1.5 晶体二极管、三极管的基本结构和应用

1. 晶体二极管

(1) 二极管的结构和类型

晶体二极管就是由一个 PN 结加上相应的电极引线及管壳封装而成的。由 P 区引出的电极称为阳极，N 区引出的电极称为阴极。因为 PN 结的单向导电性，二极管导通时电流方向是由阳极通过管子内部流向阴极。二极管的种类很多，按材料来分，最常用的有硅管和锗管两种；按结构来分，有点接触型，面接触型和硅平面型 3 种；按用途来分，有普通二极管、整流二极管、稳压二极管等多种。

图 5-9 所示是常用二极管的符号、结构及外形的示意图。二极管的符号如图 5-9 (*a*) 所示。箭头表示正向电流的方向。一般在二极管的管壳表面标有这个符号或色点、色圈来表示二极管的极性，左边实心箭头的符号是工程上常用的符号，右边的符号为新规定的符号。从工艺结构来看，点接触型二极管（一般为锗管）如图 5-9 (*b*) 所示，其特点是结面

积小，因此结电容小，允许通过的电流也小，适用高频电路的检波或小电流的整流，也可用作数字电路里的开关元件；面接触型二极管（一般为硅管）如图 5-9（*c*）所示，其特点是 PN 结面积大，允许通过的电流较大，适用于低频整流。硅平面型二极管如图 5-10（*d*）所示，PN 结面积大的可用于大功率整流。

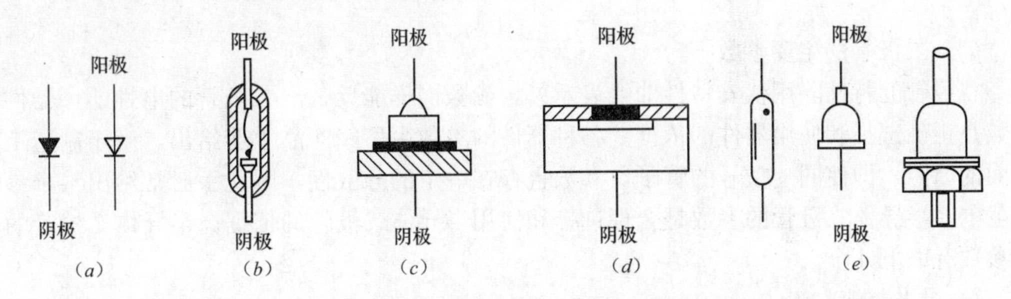

图 5-9 常用二极管的符号、结构和外形示意图

（*a*）符号；（*b*）点接触型；（*c*）面接触型；（*d*）硅平面型；（*e*）外形示意图

（2）二极管的伏安特性

二极管的伏安特性是指半导体二极管两端电压 U 和流过的电流 I 之间的关系。二极管的伏安特性曲线如图 5-10 所示。

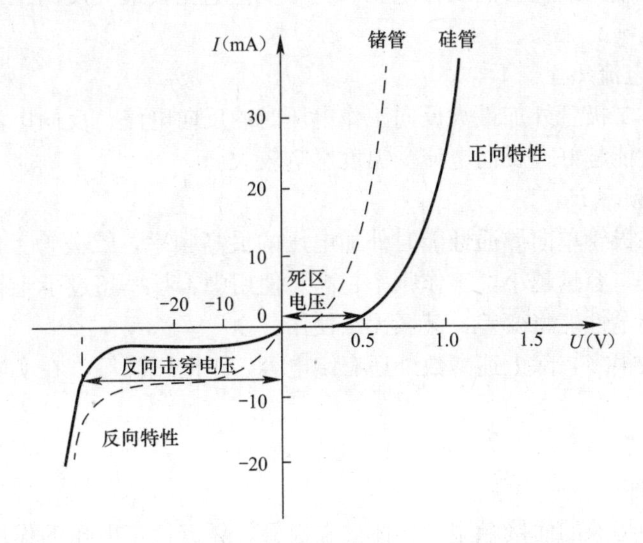

图 5-10 半导体二极管的伏安特性曲线

1）正向特性

在外加正向电压较小时，外电场不足以克服内电场对多数载流子扩散运动所造成的阻力，电路中的正向电流几乎为零，这个范围称为死区，相应的电压称为死区电压。锗管死区电压约为 0.1V，硅管死区电压约为 0.5V。当外加正向电压超过死区电压时，电流随电压增加而快速上升，半导体二极管处于导通状态。锗管的正向导通压降为 0.2～0.3V，硅管的正向导通压降为 0.6～0.7V。

2）反向特性

在反向电压作用下，少数载流子漂移形成的反向电流很小，在反向电压不超过某一范围时，反向电流基本恒定，通常称之为反向饱和电流。在同样的温度下，硅管的反向电流比锗管小，硅管为 1μA 至几十 μA，锗管可达几百 μA，此时半导体二极管处于截止状态。当反向电压继续增加到某一电压时，反向电流剧增，半导体二极管失去了单向导电性，称为反向击穿，该电压称为反向击穿电压。半导体二极管正常工作时，不允许出现这种情况。

（3）二极管的主要参数

二极管的特性除用伏安特性曲线表示外，参数同样能反映出二极管的电性能，器件的参数是正确选择和使用器件的依据。各种器件的参数由厂家产品手册给出，由于制造工艺方面的原因，即使同一型号的管子，参数也存在一定的分散性，因此手册常给出某个参数的范围。半导体二极管的参数是合理选择和使用半导体二极管的依据。半导体二极管的主要参数有以下几个。

1）最大整流电流 I_{FM}

它是指半导体二极管长期使用时允许流过的最大正向平均电流。使用时工作电流不能超过最大整流电流，否则二极管会过热烧坏。

2）最大反向工作电压 U_{RM}

它是指半导体二极管使用时允许承受的最大反向电压，使用时半导体二极管的实际反向电压不能超过规定的最大反向工作电压。为了安全起见，最大反向工作电压为击穿电压的一半左右。

3）最大反向电流 I_{RM}

它是指半导体二极管外加最大反向工作电压时的反向电流。反向电流越小，半导体二极管的单向导电性能越好；反向电流受温度影响较大。

4）最高工作频率 F_M

它是指保持二极管单向导通性能时外加电压的最高频率，二极管工作频率与 PN 结的极间电容大小有关，容量越小，工作频率越高。使用中若频率超过了半导体二极管的最高工作频率，单向导电性能将变差，甚至无法使用。

二极管的参数很多，除上述参数外还有结电容、正向压降等，在实际应用时，可查阅半导体器件手册。

（4）特殊二极管

1）稳压二极管

稳压管是一种特殊的面接触型半导体硅二极管，具有稳定电压的作用。稳压管与普通二极管的主要区别在于，稳压管是工作在 PN 结的反向击穿状态。通过在制造过程中的工艺措施和使用时限制反向电流的大小，能保证稳压管在反向击穿状态下不会因过热而损坏。稳压管的伏安特性曲线及符号如图 5-10 所示。从稳压管的反向特性曲线可以看出，当反向电压较小时，反向电流几乎为零，当反向电压增高到击穿电压（也是稳压管的工作电压）时，反向电流（稳压管的工作电流）会急剧增加，稳压管反向击穿。在特性曲线 AB 段，当在较大范围内变化时，稳压管两端电压基本不变，具有恒压特性，利用这一特性可以起到稳定电压的作用。

稳压管正常工作的条件有两条：一是工作在反向击穿状态；二是稳压管中的电流要在稳定电流和最大允许电流之间。当稳压管正偏时，它相当于一个普通二极管。

2）发光二极管

发光二极管是一种将电能直接转换成光能的半导体固体显示器件，简称 LED（Light Emitting Diode）。和普通二极管相似，发光二极管也是由一个 PN 结构成。发光二极管的 PN 结封装在透明塑料壳内，外形有方形、矩形和圆形等。发光二极管的符号如图 5-11 所示。它的伏安特性和普通二极管相似，死区电压为 0.9～1.1V，正向工作电压为 1.5～2.5V，工作电流为 5～15mA。反向击穿电压较低，一般小于 10V。

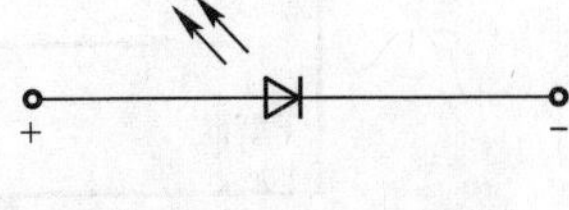

图 5-11　发光二极管

3）光电二极管

光电二极管又称光敏二极管。它的管壳上备有一个玻璃窗口，以便于接受光照。其特点是，当光线照射于它的 PN 结时，可以成对地产生自由电子和空穴，使半导体中少数载流子的浓度提高。这些载流子在一定的反向偏置电压作用下可以产生漂移电流，使反向电流增加。因此它的反向电流随光照强度的增加而线性增加，这时光电二极管等效于一个恒流源。当无光照时，光电二极管的伏安特性与普通二极管一样。光电二极管的等效电路如图 5-12（*a*）所示，图 5-12（*b*）所示为光电二极管的符号。

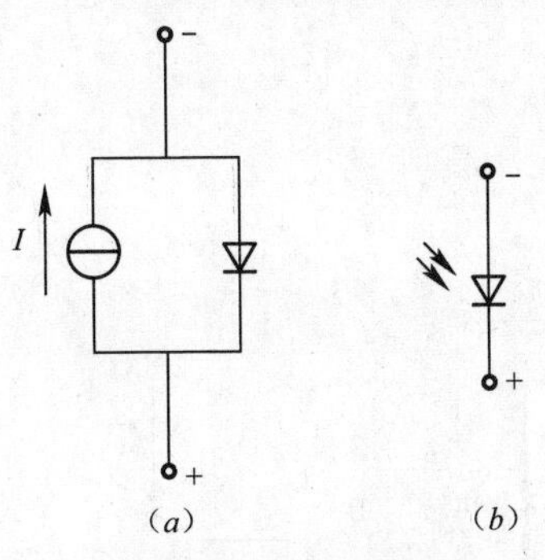

图 5-12　光电二极管
（*a*）光电二极管的等效电路；
（*b*）光电二极管的符号

2. 晶体三极管

晶体三极管是组成放大电路的主要元件，是最重要的一种半导体器件，常用的一些半导体三极管外形如图 5-13 所示。

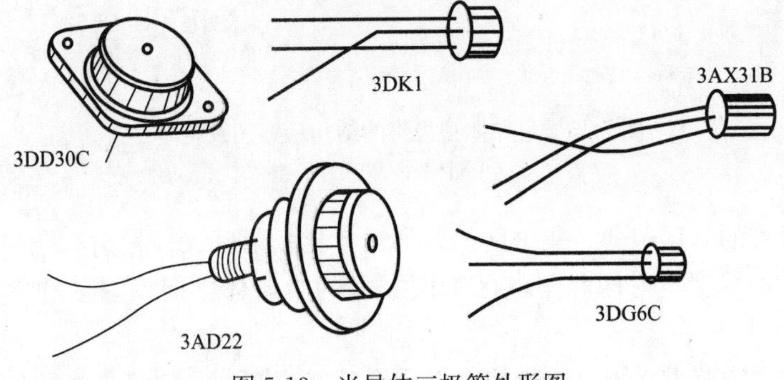

图 5-13　半导体三极管外形图

（1）三极管的基本结构

最常见的三极管结构有平面型和合金型两类，如图 5-14 所示。图 5-14（*a*）所示为平面型（主要是硅管），图 5-14（*b*）所示为合金型（主要为锗管）。

不论是平面型还是合金型的半导体三极管，内部都由 PNP 或 NPN 这 3 层半导体材料构成，因此又把半导体三极管分为 PNP 型和 NPN 型两类，图 5-15 所示为半导体三极管的结构示意图及符号。半导体三极管有 3 个区、两个 PN 结和 3 个电极。3 个区分别为发射区、基区、集电区。基区与发射区之间的 PN 结称为发射结，基区与集电区之间的 PN 结称为集电结。从基区、发射区和集电区各引出一个电极，基区引出的是基极（B），发射区引出的是发射极（E），集电区引出的是集电极（C）。

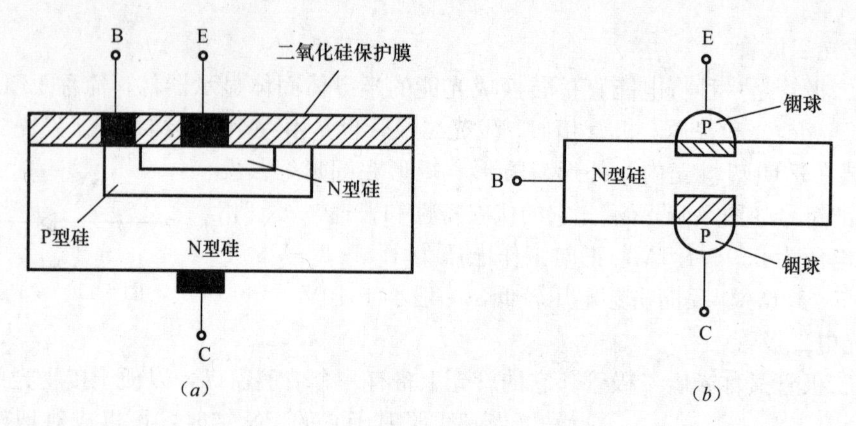

图 5-14　半导体三极管的基本结构

(a) 平面型；(b) 合金型

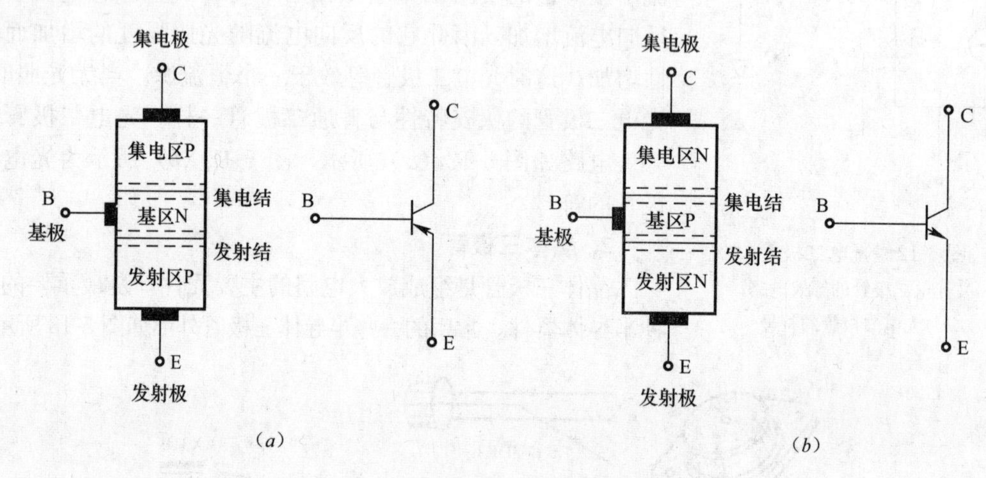

图 5-15　半导体三极管的结构示意图及符号

(a) PNP 型；(b) NPN 型

半导体三极管的基区很薄，集电区的几何尺寸比发射区大；发射区杂质浓度最高，基区杂质浓度最低；尽管发射区和集电区为同类型的半导体，但发射区和集电区不能互换使用。

PNP 型和 NPN 型半导体三极管的工作原理基本相同，不同之处在于使用时电源连接极性不同，电流方向相反。

半导体三极管根据基片的材料不同，可以分为锗管和硅管两大类，目前国内生产的硅管多为 NPN 型（3D 系列），锗管多为 PNP 型（3A 系列）；根据频率特性可以分为高频管和低频管；根据功率大小可以分为大功率管、中功率管和小功率管等。实际应用中采用 NPN 型半导体三极管较多，下面以 NPN 型半导体三极管为例进行讨论，其结论对于 PNP 型半导体三极管同样适用。

(2) 晶体三极管的输出特性曲线

基极电流 I_b 一定时，三极管输出电压 U_{ce} 与输出电流 I_c 之间的关系曲线，如图 5-16 所示。图中的每条曲线表示当固定一个 I_b 值时，调节 R_c 所测得的不同 U_{ec} 下的 I_c 值。根据输出特性曲线，三极管的工作状态分为三个区域。截止状态：基极电流为零，集电极和发射极之间相当于开关的断开状态。放大状态：三极管的发射结正向偏置，集电结反向偏置，三极管具有电流放大作用。饱和导通状态：集电极和发射极之间相当于开关的导通状态。

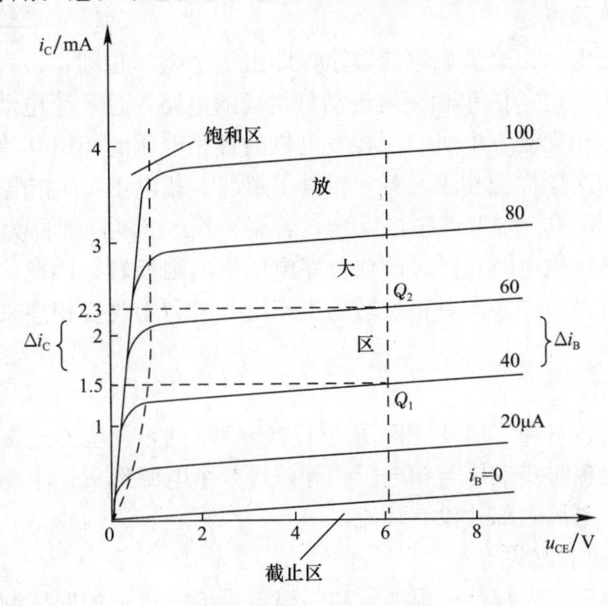

图 5-16　晶体三极管的输出特性曲线

（3）三极管的电流分配和放大作用

NPN 上面介绍了三极管具有电流放大用的内部条件。为实现晶体三极管的电流放大作用还必须具有一定的外部条件，这就是要给三极管的发射结加上正向电压，集电结加上反向电压。如图 5-17 所示，E_B 为基极电源，与基极电阻 R_B 及三极管的基极 B、发射极 E 组成基极-发射极回路（称作输入回路），E_b 使发射结正偏，E_c 为集电极电源，与集电极电阻 R_c 及三极管的集电极 C、发射极 E 组成集电极—发射极回路（称作输出回路），E_c 使集电结反偏。图中，发射极 E 是输入输出回路的公共端，因此称这种接法为共发射极放大电路，改变可变电阻 R_B，测基极电流 I_B，集电极电流 I_C 和发射结电流 I_E 的测试结果见表 5-1。

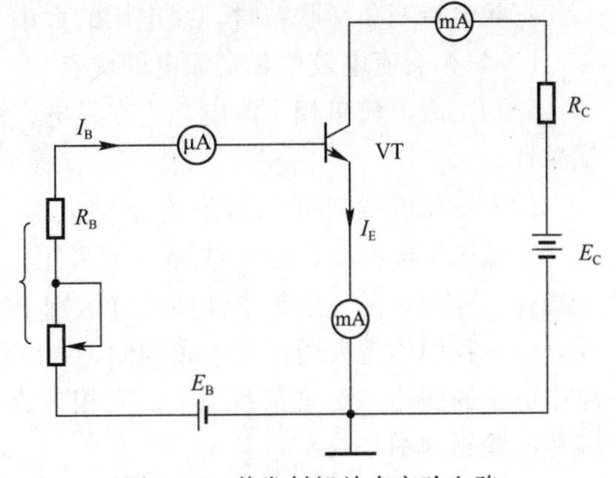

图 5-17　共发射极放大实验电路

三极管电流测试数据　　　　**表 5-1**

I_B（μA）	0	20	40	60	80	100
I_C（mA）	0.005	0.99	2.08	3.17	4.26	5.40
I_E（mA）	0.005	1.001	2.12	3.23	4.34	5.50

结果表明，微小的基极电流变化，可以控制比之大数十倍至数百倍的集电极电流的变化，这就是三极管的电流放大作用。$\bar{\beta}$、β 分别称为三极管的直流、交流电流放大系数。

5.1.6 变压器和三相交流异步电动机的基本结构和工作原理

1. 三相交流电路的联接方法

(1) 三相交流电路概述

三相交流电路是由三相交流供电的电路，即由三个频率相同、最大值（或有效值）相等，在相位上互差120°电角的单相交流电动势组成的电路，这三个电动势称为三相对称电动势。最常用的是三相交流发电机。三相发电机的各相电压的相位互差120°。它们之间各相电压超前或滞后的次序称为相序。若a相电压超前b相电压，b相电压又超前c相电压，这样的相序是a-b-c相序，称为正序；反之，若是c-b-a相序，则称为负序（又称逆序）。三相电动机在正序电压供电时正转，改成负序电压供电则反转。因此，使用三相电源时必须注意它的相序。但是，许多需要正反转的生产设备可利用改变相序来实现三相电动机正反转控制。

1) 三相电源连接方式

常用的有星形连接（即Y形）和三角形连接（即△形）。星形连接有一个公共点，称为中性点；三角形连接时线电压与相电压相等，且3个电源形成一个回路，只有三相电源对称且连接正确时，电源内部才没有环流。

2) 三相电源的输电方式

三相五线制，由三根火线、一根地线和一根零线组成；三相四线制，由三根火线和一根地线组成，通常在低压配电系统中采用；由三根火线所组成的输电方式称三相三线制。

3) 三相电源星形联结时的电压关系

三相电源星形联结时，线电压是相电压的倍。

4) 三相电源三角形联结时的电压关系

三相电源三角形联结时，线电压的大小与相电压的大小相等。

5) 三相交流电较单相交流电的优点

三相交流电较单相交流电，它在发电、输配电以及电能转换为机械能方面都有明显的优越性。

(2) 三相四线制-电源星形连接

在低压配电网中，输电线路一般采用三相四线制，其中三条线路分别代表A、B、C三相，不分裂，另一条是中性线N（区别于零线，在进入用户的单相输电线路中，有两条线，一条我们称为火线，另一条我们称为零线，零线正常情况下要通过电流以构成单相线路中电流的回路，而三相系统中，三相自成回路，正常情况下中性线是无电流的），故称三相四线制（图5-18）。

在380V低压配电网中，为了从380V线间电压中获得220V相间电压而设N线，有的场合也可以用来进行零序电流检测，以及三相供电平衡的监控。标准、规范的导线颜色：A相用黄色，B相用绿色，C相用红色，N线用蓝色，PE线用黄绿双色。

三相五线制是指A、B、C、N和PE线，其中，PE线是保护地线，也叫安全线，是专门用于接到诸如设备外壳等保证用电安全。PE线在供电变压器侧和N线接到一起，但进入用户侧后绝不能当作零线使用，否则，容易发生触电事故。现在民用住宅供电已经规定要使用三相五线制。

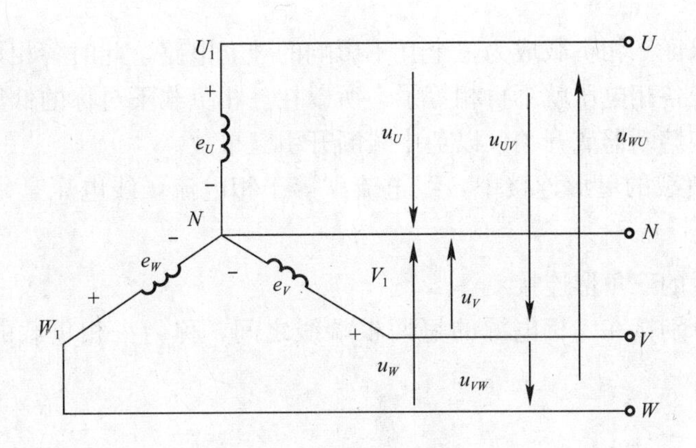

图 5-18　三相四线制电路

中性线是三相电路的公共回线。中性线能保证三相负载成为三个互不影响的独立回路；不论各相负载是否平衡，各相负载均可承受对称的相电压：无论哪一相发生故障，都可保证其他两相正常工作。中性线如果断开，就相当于中性点与负载中性点之间的阻抗为无限大，这时中性点位移最大，此时用电功率多的相，负载实际承受的电压低于额定相电压；用电功率少的相，负载实际承受的电压高于额定电压。因此，中性线要安装牢固，不允许在中性线上装开关和保险丝，防止断路。

不论 N 线还是 PE 线，在用户侧都要采用重复接地，以提高可靠性。但是，重复接地只是重复接地，它只能在接地点或靠近接地的位置接到一起，但绝不表明可以在任意位置特别是户内可以接到一起。

（3）三相负载的星形连接

通常把各相负载相同的三相负载称为对称三相负载，如三相电动机、三相电炉等。如果各相负载不同，称为不对称的三相负载，如三相照明电路中的负载。

根据不同要求，三相负载既可作星形（即 Y 形）连接，也可做三角形（即△形）联接。

把三相负载分别接在三相电源的一根端线和中线之间的接法，称为三相负载的星形连接，如图 5-19 所示。

对于三相电路中的每一相来说，就是一单相电路，所以各相电流与电压间的相位关系及数量关系都与单相电路的原理相同。在对称三相电压作用下，流过对称三相负载中每相负载的电流应相等。

三相对称负载作星形连接时的中线电流为零。此时取消中线也不影响三相电路的工作，三相四线制就变成三相三线制。通常在高压输电时，一般都采用三相三线制输电。

当负载不对称时，这时中线电流不为零。但通常中线电流比相电流小得多，所以中线的截面积可小些。当中线存在时，它能

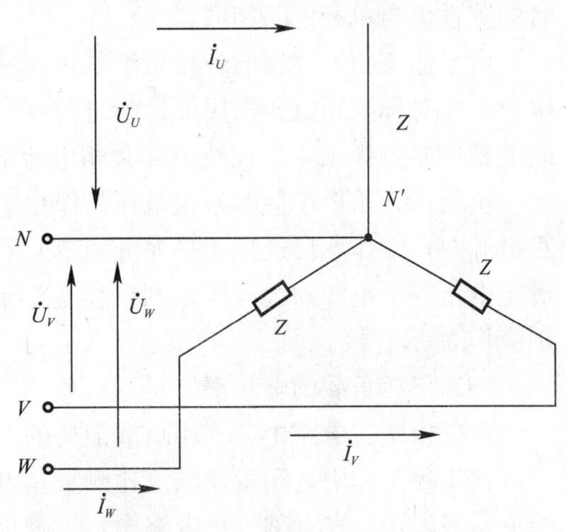

图 5-19　三相负载星形连接

平衡各相电压，保证三相负载成为三个互不影响的独立电路，此时各相负载电压对称。但是当中线断开后，各相电压就不再相等了。所以在三相负载不对称的低压供电系统中，不允许在中线上安装熔断器或开关，以免中线断开引起事故。

在对称三相负载的星形连接中，线电流就等于相电流，线电压是每相负载相电压的$\sqrt{3}$倍。

（4）三相负载的三角形连接

把三相负载分别接在三相电源的每两根端线之间，称为三相负载的三角形连接，如图 5-20 所示。

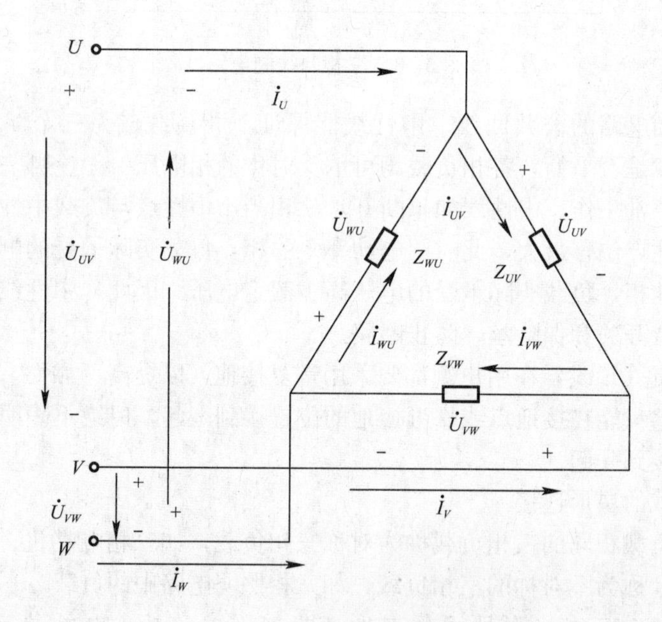

图 5-20　负载三角形连接

对于三角形连接的每相负载来说，也是单相交流电路，所以各相电流、电压和阻抗三者的关系仍与单相电路相同。

由于作三角形连接的各相负载是接在两根端线之间，因此负载的相电压就是电源的线电压。在对称三相电压作用下，流过对称三相负载中每相负载的电流应相等，而各相电流间的相位差仍为 120°，而线电流是相电流的倍。

负载作三角形连接时的相电压是作星形联接时的相电压的倍。因此，三相负载接到三相电源中，应作△形连接还是 Y 形连接，要根据三相负载的额定电压而定。若各相负载的额定电压等于电源的线电压，则应作△形连接；若各相负载的额定电压是电源线电压的，则应作 Y 形连接。

（5）三相负载的电功率

在三相交流电路中，三相负载消耗的总电功率为各相负载消耗功率之和。

在实际工作中，测量线电流比测量相电流要方便些，三相功率的计算式常用线电流和线电压来表示。在对称三相电路中，三相负载的有功功率是线电压、线电流和功率因数三者乘积的倍。视在功率是线电压和线电流乘积的倍。

2. 变压器的基本结构和工作原理

(1) 基本结构

以工程中常用的三相油浸式电力变压器为例说明。三相油浸式电力变压器主要由铁芯、绕组及其他部件组成。

1) 铁芯

铁芯构成变压器的磁路和固定绕组及其他部件的骨架。为了减小铁损，铁芯大多采用薄硅钢片叠装而成。国产三相油浸式电力变压器大多采用心式结构。

2) 绕组

绕组是变压器的电路部分，原绕组吸取电源的能量，副绕组向负载提供电能。变压器的绕组由包有绝缘材料的扁导线或圆导线绕成，有铜导线和铝导线两种。按照高、低压绕组之间的安排方式，变压器的绕组有同芯式和交叠式两种基本形式。

3) 其他部件

① 油箱：变压器的器身放置在灌有高绝缘强度、高燃点变压器油的油箱内。变压器运行时产生的热量，通过变压器油在油箱内发生对流，将热量传送至油箱壁及壁上的散热器，再利用周围的空气或冷却水达到散热的目的。

② 储油柜：又称为油枕，设置在油箱上方，通过连通管与油箱连通，起到保护变压器油的作用。

③ 气体继电器：又称为瓦斯继电器，设置在油箱与储油柜的连通管道中，对变压器的短路、过载、漏油等故障起到保护的作用。

④ 安全气道：又称为防爆管，设置在较大容量变压器油箱顶上的一个钢质长筒，下筒口与油箱连通，上筒口以玻璃板封口。当变压器内部发生严重故障时，避免油箱受力变形或爆炸。

⑤ 绝缘套管：绝缘套管是装置在变压器油箱盖上面的绝缘套管，以确保变压器的引出线与油箱绝缘。

⑥ 分接开关：分接开关装置在变压器油箱盖上面，通过调节分接开关来改变原绕组的匝数，从而使副绕组的输出电压可以调节。分接开关有无载分接开关和有载分接开关两种。

(2) 工作原理

变压器是依据电磁感应原理工作的如图 5-21 所示。单相变压器是由一个闭合的铁芯和套在其上的两个绕组构成。这两个绕组彼此绝缘，同心套在一个铁芯柱上，但是为了分析问题的方便，将这两个绕组分别画在两个不同的铁芯柱上。与电源相连的称为原绕组(或称初级绕组、一次绕组)，与负载相连的称为副绕组（或称次级绕组、二次绕组)，原、副绕组的匝数分别为 N_1 和 N_2，当原绕组接上交流电压时，原绕组中便有电流通过。原绕组的磁通势产生的磁通绝大部分通过铁芯而闭合，从而在原、副绕组中感应出电动势 e_1、e_2。

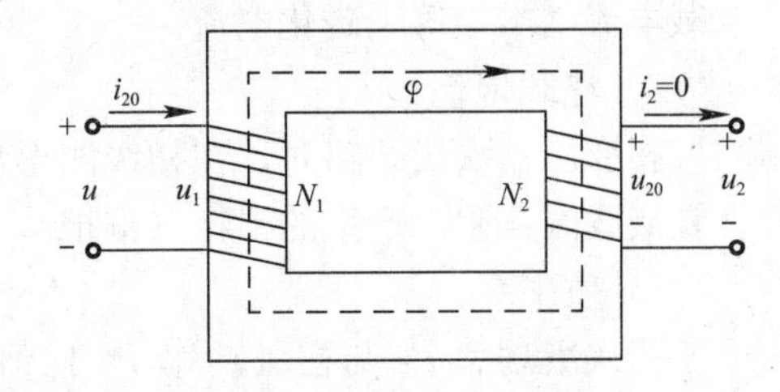

图 5-21　变压器工作原理

若略去漏磁通的影响，不考虑绕组电阻上的压降，则有原、副边的电动势和电压分别相等。且原、副绕组上的电压的比值等于两者的匝数比，

比值 K 称为变压器的变比。

综上所述，变压器是利用电磁感应原理，将原绕组吸收的电能传送给副绕组所连接的负载，实现能量的传送；使匝数不同的原、副绕组中分别感应出大小不等的电动势，实现电压等级变换。

(3) 变压器的分类

变压器是一种静止的电气设备，利用电磁感应原理将一种形态（电压、电流、相数）的交流电能转换成另一种形态的交流电能。变压器可以按照用途、绕组数目、相数、冷却方式和调压方式分类。

1) 按用途分类

主要有电力变压器、调压变压器、仪用互感器和供特殊电源用的变压器（如整流变压器、电炉变压器）。

2) 按绕组数目分类

主要有双绕组变压器、三绕组变压器、多绕组变压器和自耦变压器。

3) 按相数分类

主要有单相变压器、三相变压器和多相变压器。

4) 按冷却方式分类

主要有干式变压器、充气式变压器和油浸式变压器。

5) 按调压方式分类

主要有无载调压变压器、有载调压变压器和自动调压变压器。

(4) 变压器的特性参数

1) 工作频率

变压器铁芯损耗与频率关系很大，故应根据使用频率来设计和使用，这种频率称工作频率。

2) 额定功率

在规定的频率和电压下，变压器能长期工作，而不超过规定温升的输出功率。

3) 额定电压

指在变压器的线圈上所允许施加的电压，工作时不得大于规定值。

4) 电压比

指变压器初级电压和次级电压的比值，有空载电压比和负载电压比的区别。

5) 空载电流

变压器次级开路时，初级仍有一定的电流，这部分电流称为空载电流。空载电流由磁化电流（产生磁通）和铁损电流（由铁芯损耗引起）组成。对于50Hz电源变压器而言，空载电流基本上等于磁化电流。

6) 空载损耗

指变压器次级开路时，在初级测得功率损耗。主要损耗是铁芯损耗，其次是空载电流在初级线圈铜阻上产生的损耗（铜损），这部分损耗很小。

7) 效率

指次级功率 P_2 与初级功率 P_1 比值的百分比。通常变压器的额定功率愈大，效率就愈高。

8）绝缘电阻

表示变压器各线圈之间、各线圈与铁芯之间的绝缘性能。绝缘电阻的高低与所使用的绝缘材料的性能、温度高低和潮湿程度有关。

（5）变压器的额定值和运行特性

变压器的油箱表面都镶嵌有铭牌，铭牌上标明了变压器的型号、额定数据及其他一些数据。

1）变压器的型号

按照国家标准规定，变压器的型号由汉语拼音字母和几位数字组成，表明变压器的系列和规格。

2）变压器的额定值

① 额定容量：指变压器的额定视在功率，单位为 VA 或 kVA。

② 额定电压：指保证变压器原绕组安全的外加电压最大值，单位为 V 或 kV。对三相变压器，额定电压指线电压值。

③ 额定电流：指变压器原、副绕组允许长期通过的最大电流值，单位为 A。对三相变压器，额定电流指线电流值。

④ 额定频率：我国工业的供用电频率标准规定为 50Hz。

除了上述特性参数以外，变压器的铭牌上还标明效率、温升等额定值以及短路电压或短路阻抗百分值、连接组别、使用条件、冷却方式、重量、尺寸等。

3）运行特性

变压器的运行特性主要指外特性和效率特性。

当变压器的一次绕组电压和负载功率因数一定时，二次电压随负载电流变化的曲线称为变压器的外特性。对于电阻性和感性负载来说，外特性曲线是稍向下倾斜的，而且功率因数越低，下降得越快。

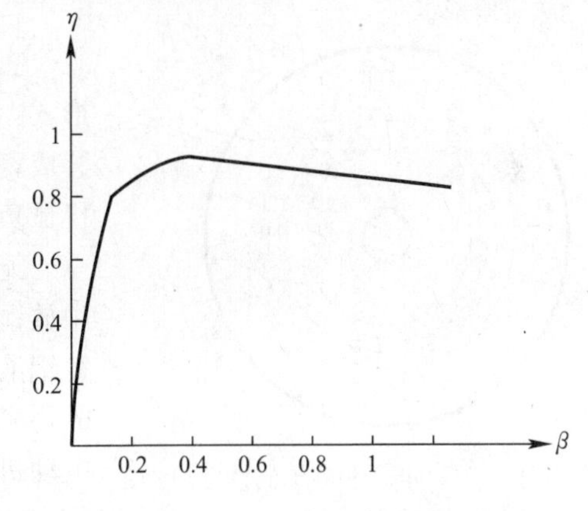

图 5-22　变压器工作特性

变压器的效率特性是指变压器的传输效率与负载电流的关系，如图 5-22 所示。图中 β 是负载电流与额定电流的比值，称为负载系数。变压器的效率总是小于 1，变压器的效率与负载有关。空载时，效率 $\eta=0$，随着负载增大，开始时效率 η 也增大，但后来因铜损增加很快，在不到额定负载时出现 η 的最大值，其后开始下降。

3. 三相交流异步电动机的基本结构和工作原理

电动机的作用是将电能转换为机械能。现代各种生产机械都广泛应用电动机来驱动。电动机可分为交流电动机和直流电动机两大类。交流电动机又分为异步电动机（或称感应电动机）和同步电动机。直流电动机按照励磁方式的不同分为他励、并励、串励和复励四种。

同步电动机主要应用于功率较大、不需调速、长期工作的各种生产机械，如压缩机、水泵、通风机等。单相异步电动机常用于功率不大的电动工具和某些家用电器中。除上述动力用电动机外，在自动控制系统和计算装置中还用到各种控制电机。

(1) 三相异步电动机的基本结构

三相异步电动机分成两个基本部分：定子（固定部分）和转子（旋转部分）。图 5-23 所示的是三相异步电动机的构造。

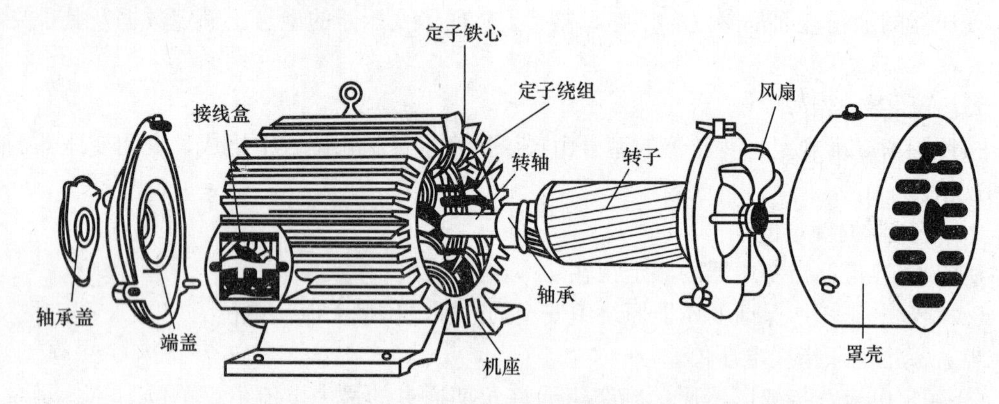

图 5-23 三相异步电动机的构造

三相异步电动机的定子由机座和装在机座内的圆筒形铁心以及其中的三相定子绕组组成。机座是用铸铁或铸钢制成的，铁心是由互相绝缘的硅钢片叠成的。铁心的内圆周表面冲有槽（图 5-23），用以放置对称三相绕组 U_1U_2，V_1V_2，W_1W_2，有的接成星形，有的接成三角形。

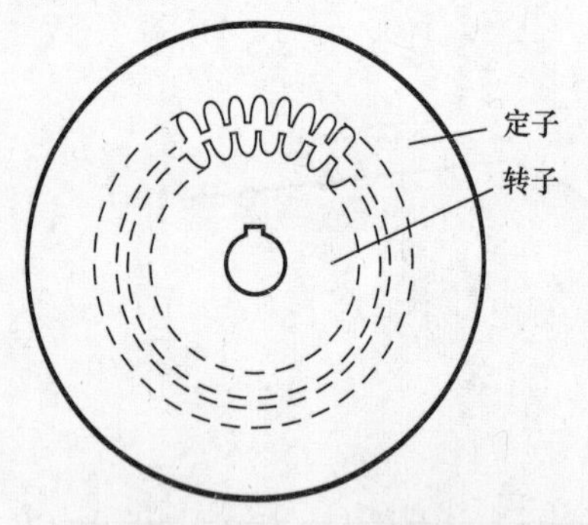

图 5-24 定子和转子的铁心片

三相异步电动机的转子根据构造上的不同分为两种形式：笼型和绕线型。转子铁心是圆柱状，也用硅钢片叠成，表面冲有槽（图 5-24）。铁心装在转轴上，轴上加机械负载。

笼型的转子绕组做成鼠笼状，就是在转子铁心的槽中放铜条，其两端用端环连接（图 5-25）。或者在槽中浇铸铝液，铸成一鼠笼（图 5-26），这样便可以用比较便宜的铝来代替铜，同时制造也快。因此，目前中小型笼型电动机的转子很多是铸铝的。笼型异步电动机的“鼠笼”是它的构造特点，易于识别。

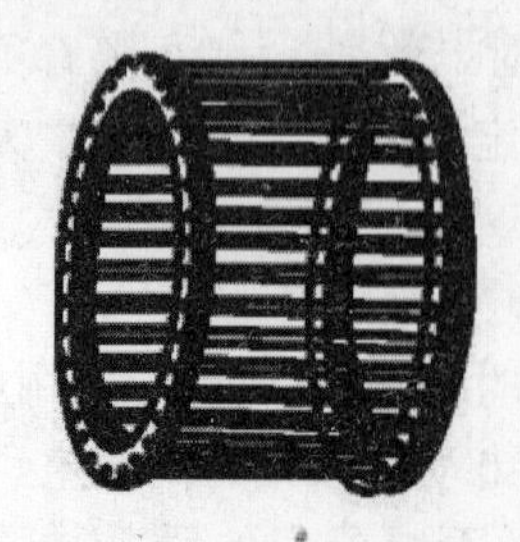

图 5-25 笼型转子

绕线型异步电动机的构造如图 5-27 所示，它的转子绕组同定子绕组一样，也是三相的，作星形联接。它每相的始端连接在三个铜制的滑环上，滑环固定在转轴上。环与环，环与转轴都互相绝缘。在环上用弹簧压着碳质电刷。起动电阻和调速电阻是借助于电刷同滑环和转子绕组连接的，通常就是根据绕线型异步电动机具有三个滑环的构造特点来辨认它的。

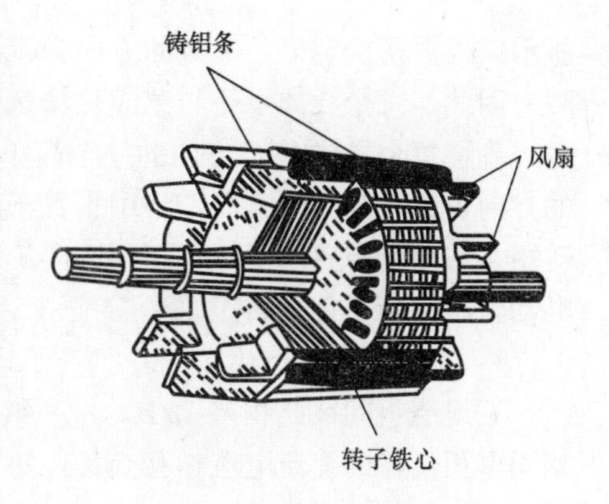

图 5-26 铸铝的笼型转子

笼型与绕线型只是在转子的构造上不同，它们的工作原理是一样的。笼型电动机由于构造简单，价格低廉，工作可靠，使用方便，就成为生产上应用得最广泛的一种电动机。

(2) 三相异步电动机的工作原理

三相异步电动机是利用定子绕组中三相交流电产生的旋转磁场和转子绕组内的感生电流相互作用工作的。

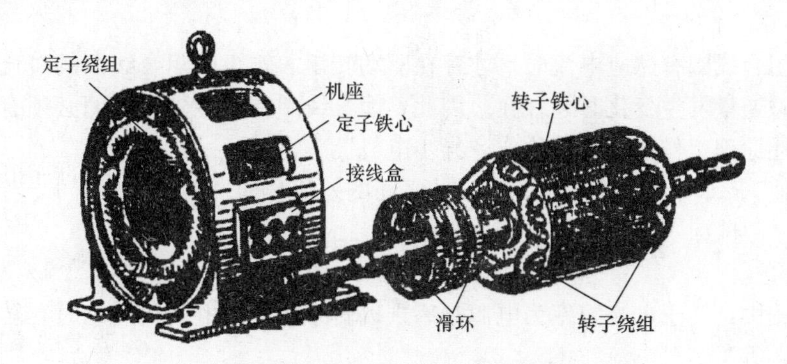

图 5-27 绕线型异步电动机的构造

当电动机的三相定子绕组（各相差 120°的电角度），通入三相对称交流电后，将产生一个旋转磁场，该旋转磁场切割转子绕组，从而在转子绕组中产生感应电流（转子绕组是闭合通路），载流的转子导体在定子旋转磁场作用下将产生电磁力，从而在电机转轴上形成电磁转矩，驱动电动机旋转，并且电机旋转方向与旋转磁场方向相同。

当导体在磁场内切割磁力线时，在导体内产生感应电流，“感应电机”的名称由此而来。

感应电流和磁场的联合作用向电机转子施加驱动力。

让闭合线圈 ABCD 在磁场 B 内围绕轴 xy 旋转。如果沿顺时针方向转动磁场，闭合线圈经受可变磁通量，产生感应电动势，该电动势会产生感应电流（法拉第定律），如图 5-28

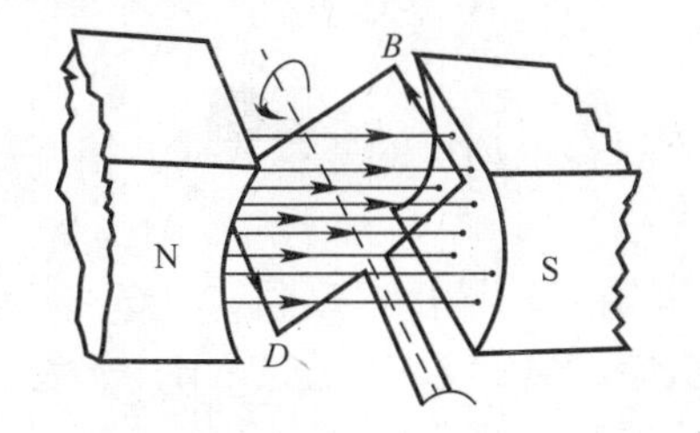

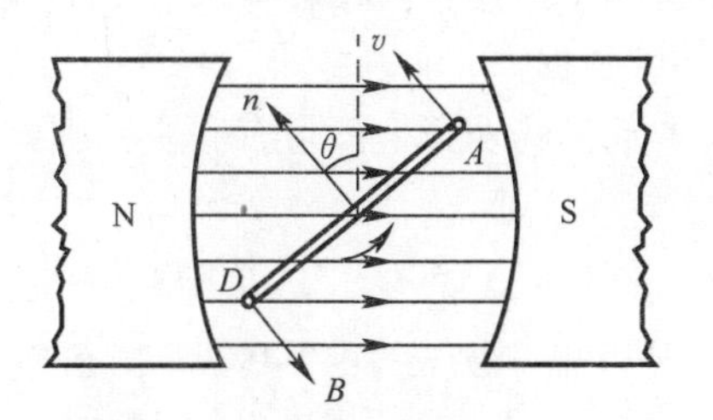

图 5-28 法拉第定律

所示。根据楞次定律，电流的方向为：感应电流产生的效果总是要阻碍引起感应电流的原因。因此，每个导体承受与感应磁场运动方向相反的洛仑兹力 F。

确定每个导体力 F 方向的一个简单的方法是采用右手三手指定则将拇指置于感应磁场的方向，食指为力的方向，将中指置于感应电流的方向。这样一来，闭合线圈承受一定的转矩，从而沿与感应子磁场相同方向旋转，该磁场称为旋转磁场。闭合线圈旋转所产生的电动转矩平衡了负载转矩。

1）旋转磁场的产生

三组绕组间彼此相差 120°，每一组绕组都由三相交流电源中的一相供电，绕组与具有相同电相位移的交流电流相互交叉，每组产生一个交流正弦波磁场。此磁场总是沿相同的轴，当绕组的电流位于峰值时，磁场也位于峰值。每组绕组产生的磁场是两个磁场以相反方向旋转的结果，这两个磁场值都是恒定的，相当于峰值磁场的一半。此磁场在供电期内完成旋转，其速度取决于电源频率（f）和磁极对数（P）。这称作“同步转速”。

2）转差率

只有当闭合线圈有感应电流时，才存在驱动转矩。转矩由闭合线圈的电流确定，且只有当环内的磁通量发生变化时才存在。因此，闭合线圈和旋转磁场之间必须有速度差。因而，遵照上述原理工作的电机被称作“异步电机”。

同步转速（n_s）和闭合线圈速度（n）之间的差值称作“转差”，用同步转速的百分比表示，见式（5-41）：

$$s=[(n_s-n)/n_s]\times 100\% \tag{5-41}$$

运行过程中，转子电流频率为电源频率乘以转差率。当电动机启动时，转子电流频率处于最大值，等于定子电流频率。

转子电流频率随着电机转速的增加而逐步降低。处于恒稳态的转差率与电机负载有关系。它受电源电压的影响，如果负载较低，则转差率较小，如果电机供电电压低于额定值，则转差率增大。

同步转速三相异步电动机的同步转速与电源频率成正比，与定子的对数成反比，见式（5-42）。

$$n_s=60f/P \tag{5-42}$$

式中　n_s——同步转速（r/min）；

f——频率（Hz）；

P——磁极对数。

若要改变电动机的旋转方向，则改变电源的相序便可实现，即将通入到电机的三相电压接到电机端子中任意两相就行。

3）铭牌数据

每台电动机的外壳上都附有一块铭牌，上面有这台电动机的基本数据。铭牌数据的含义如下：

型号：例如“Y160L-4”，其中：Y——表示（笼型）异步电动机；160——表示机座中心高为 160mm；L——表示长机座（S 表示短机座，M 表示中机座）；4——表示 4 极电动机。

额定电压：指电动机定子绕组应加的线电压有效值，即电动机的额定电压。

额定频率：指电动机所用交流电源的频率，我国电力系统规定为50Hz。

额定功率：指在额定电压、额定频率下满载运行时电动机轴上输出的机械功率，即额定功率。

额定电流：指电动机在额定运行（即在额定电压、额定频率下输出额定功率）时定子绕组的线电流有效值，即额定电流。

接法：指电动机在额定电压下，三相定子绕组应采用的连接方法（三角形连接和星形连接）。

绝缘等级：按电动机所用绝缘材料允许的最高温度来分级的。目前一般电动机采用较多的是E级绝缘和B级绝缘。

（3）三相异步电动机启动方法的选择和比较

三相异步电动机常用的启动方法有：直接启动、降压启动、软启动、变频器启动。下面分别介绍各种启动方法的优点和选择。

1）直接启动

直接启动的优点是所需设备少，启动方式简单，操纵控制方便，维护简单，而且比较经济。电动机直接启动的电流是正常运行电流的5～7倍，理论上来说，只要向电动机提供足够大的启动电流都可以直接启动。这一要求对于小容量的电动机容易实现，所以小容量的电动机绝大部分都是直接启动的，不需要降压启动。对于大容量的电动机来说，一方面是提供电源的线路和变压器容量很难满足电动机直接启动的条件；另一方面强大的启动电流冲击电网和电动机，影响电动机的使用寿命，对电网不利，所以大容量的电动机和不能直接启动的电动机都要采用降压启动。直接启动一般用于小功率电动机的启动，从节约电能的角度考虑，大于11kW的电动机不宜用此方法。

2）降压启动

降压启动又分为：Y-△降压启动、延边三角形启动、转子串电阻启动、用自耦变压器降压启动。

① Y-△降压启动

定子绕组为△连接的电动机，启动时接成Y，速度接近额定转速时转为△运行，采用这种方式启动时，每相定子绕组降低到电源电压的58%，启动电流为直接启动时的33%，启动转矩为直接启动时的33%。启动电流小，启动转矩小。

Y-△降压启动的优点是不需要添置启动设备，有启动开关或交流接触器等控制设备就可以实现，缺点是只能用于△连接的电动机，大型异步电机不能重载启动。

② 延边三角形启动

延边三角形启动方法就是在启动时使定子绕组的一部分作三角形连接，另一部分作星形连接，从启动时定子绕组连接的图形来看（图5-29），就好像将一个三角形延长了一样，因此，称为延边三角形。

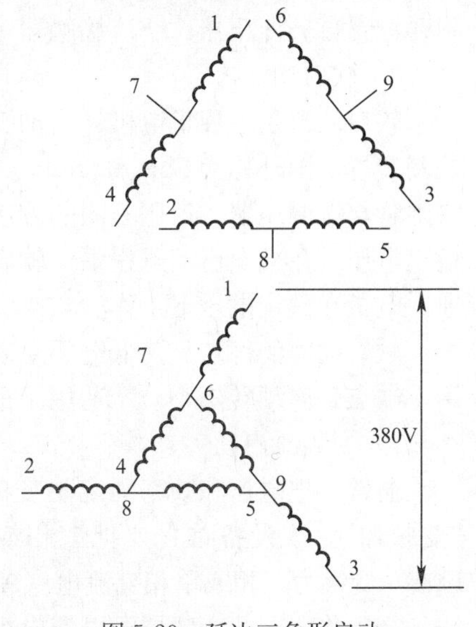

图5-29 延边三角形启动

这种启动法启动时将定子绕组接成延边三角形，启动完了绕组换接成图示的三角形。由于这种启动方法对电动机定子绕组的出线有特殊要求，所以用得比较少。

它的优点：既保持了Y-△降压启动结构简单、价格低廉的特点，又保持了较大的启动转矩。但延边三角形启动电动机制成后，抽头不能随意变动，从而限制了延边三角形启动方法的应用。

这些启动方式都属于有级减压启动，存在明显缺点，即启动过程中出现二次冲击电流。

③ 转子串电阻启动

在这种启动方式中，由于电阻是常数，将启动电阻分为几级，在启动过程中逐级切除，可以获取较平滑的启动过程。要想获得更加平稳的启动特性，必须增加启动级数，这就会使设备复杂化。采用了在转子上串频敏变阻器的启动方法，可以使启动更加平稳。

频敏变阻器启动原理是：电动机定子绕组接通电源电动机开始启动时，由于串接了频敏变阻器，电动机转子转速很低，启动电流很小，故转子频率较高，f2≈f1，频敏变阻器的铁损很大，随着转速的提升，转子电流频率逐渐降低，电感的阻抗随之减小。这就相当于启动过程中电阻的无级切除。当转速上升到接近于稳定值时，频敏电阻器短接，启动过程结束。

转子串电阻或频敏变阻器虽然启动性能好，可以重载启动，但只适合于价格昂贵、结构复杂的绕线式三相异步电动机，所以只是在启动控制、速度控制要求高的各种升降机、输送机、行车等行业使用。

④ 用自耦变压器降压启动

采用自耦变压器降压启动，电动机的启动电流及启动转矩与其端电压的平方成比例降低，因此，在启动电流相同的情况下能获得较大的启动转矩。如启动电压降至额定电压的65%，其启动电流为全压启动电流的42%，启动转矩为全压启动转矩的42%。

自耦变压器降压启动的优点是可以直接人工操作控制，也可以用交流接触器自动控制，经久耐用，维护成本低，适合所有的空载、轻载启动异步电动机使用，在生产实践中得到广泛应用。缺点是人工操作要配置比较贵的自耦变压器箱（自耦补偿器箱），自动控制要配置自耦变压器、交流接触器等启动设备和元件。

3）软启动

软启动器是一种集电机软启动、软停车、轻载节能和多种保护功能于一体的新颖电机控制装置，国外称为Soft Starter。它的主要构成是串接于电源与被控电机之间的三相反并联闸管交流调压器。运用不同的方法，改变晶闸管的触发角，就可调节晶闸管调压电路的输出电压。在整个启动过程中，软启动器的输出是一个平滑的升压过程，直到晶闸管全导通，电机在额定电压下工作。

软启动器的优点是降低电压启动，启动电流小，适合所有的空载、轻载异步电动机使用；缺点是启动转矩小，不适用于重载启动的大型电机。

4）变频器启动

通常，把电压和频率固定不变的交流电变换为电压或频率可变的交流电的装置称作“变频器”。该设备首先要把三相或单相交流电变换为直流电（DC）。然后再把直流电（DC）变换为三相或单相交流电（AC）。变频器同时改变输出频率与电压，使电机运行曲线平行下移。因此变频器可以使电机以较小的启动电流，获得较大的启动转矩，即变频器可以启动重载负荷。

变频器具有调压、调频、稳压、调速等基本功能，应用了现代的科学技术，价格昂贵但性能良好，内部结构复杂但使用简单，因此不只是用于启动电动机，而且广泛应用到各个领域，不同种类的功率、外形、体积、用途等都有。随着技术的发展，成本的降低，变频器将会得到更广泛的应用。

5.2 建筑设备工程的基本知识

本节主要内容为建筑设备工程的基础知识，通过学习掌握建筑给排水系统、建筑电气工程、采暖系统、通风与空调系统的分类、应用及常用器材的选用等，了解自动喷水灭火系统和智能化工程系统的分类、应用及常用器材的选用等，为进一步学习建筑设备工程施工的相关知识打下必要的基础。

5.2.1 建筑给水排水系统的分类、应用及常用器材选用

1. 建筑给水排水系统的分类

给水排水工程由给水工程和排水工程两大部分组成。

给水工程分为建筑内部给水和室外给水两部分。它的任务是从水源取水，按照用户对水质的要求进行处理，以得到符合要求的水质和水压，将水输送到用户区，并向用户供水，满足人们生产和生活的需要。排水工程也分为建筑内部排水和室外排水两部分。它的任务是将污、废水等收集起来并及时输送至适当地点，妥善处理后排放或再利用。

（1）室外给水工程

室外给水工程是指向民用和工业生产部门提供用水而建造的构筑物和输配水管网等设施，一般包括取水构筑物、水处理构筑物、泵站、输水管渠和管网及调节构筑物。

（2）室外排水工程

室外排水工程是指把室内排出的生活污水、生产废水及雨水和冰雪融化水等，按一定系统组织起来，经过处理，达到排放标准后再排入天然水体。室外排水系统一般包括排水设备、检查井、管渠、水泵站、无水处理构筑物及除害设施等。

（3）室内给水工程

室内给水系统的任务是在满足各用水点对水量、水压和水质的要求下，将城镇给水管网或自备水源给水管网的水引入室内，经配水管送至生活、生产和消防用水设备。按用途可划分为：生活给水系统、生产给水系统和消防给水系统，见表5-2所示。

室内给水系统的划分 表5-2

序号	系统名称	用途说明
1	生活给水系统	供生活饮用及洗涤、冲刷等用水。要求水质必须严格符合国家规定的饮用水质标准
2	生产给水系统	供生产设备所需用水（包括产品本身用水、生产洗涤用水及设备冷却用水等）。生产用水对水质、水量、水压以及安全方面的要求由于工艺不同，差异很大
3	消防给水系统	供消防设备用水，扑灭火灾时向消火栓及自动喷水灭火系统供水（包括湿式、干式、预作用、雨淋、水幕等自动喷水灭火给水系统供水）。消防用水对水质要求不高，但必须按建筑防火规范保证有足够的水量和水压

上述三种给水系统，实际并不一定需要单独设置，按水质、水压、水温及室外给水系统情况，考虑技术、经济和安全条件，可以相互组成不同的共用系统。如生活、生产、消防共用给水系统；生活、消防共用给水系统；生活、生产共用给水系统；生产、消防共用给水系统。

（4）室内排水工程

室内排水系统是将建筑内部人们在日常生活和工业生产中使用过的水以及屋面上的雨水、雪水加以收集，及时排放到室外。按系统接纳的污、废水类型不同，室内排水系统可分为生活排水系统、工业废水排水系统、雨水排水系统。

生活排水系统可分为两个（生活污水排水系统和生活废水排水系统）或多个排水系统（粪便污水排水系统，厨房油烟污水排水系统和生活废水排水系统）。

工业废水排水系统可分为生产污水排水系统和生产废水排水系统两类。

（5）建筑中水系统

所谓“中水”，是相对于“上水（给水）”和“下水”（排水）而言的。建筑中水系统是指用于冲厕、绿化、洗车等将建筑内的冷却水、沐浴排水、盥洗排水，洗衣排水经过物理、化学处理，用于厕所冲洗便器、绿化、洗车、道路浇洒、空调冷却及水景等的供水系统。

中水水质的基本要求如下：

1）卫生上安全可靠：无有害物质，其主要衡量指标是大肠菌群指数、细菌总数、余氯量、悬浮物量、生化需氧量及化学需氧量。

2）外观上无使人不快的感觉：其主要衡量指标有浊度、色度、臭气、表面活性剂和油脂等。

3）不引起设备、管道等的严重腐蚀、结垢和不造成维护管理困难：其主要衡量指标pH 值、硬度、蒸发残留物、溶解性物质等。

2. 建筑给排水系统的应用

（1）室内给水系统的组成

室内给水系统一般由下列主要部分组成，如图 5-30 所示。

1）引入管

对一幢单独建筑物而言，引入管是室外给水管网与室内管网之间的联络管段，也称进户管。对于一个工厂、一个建筑群体、一个学校区而言，引入管是指总进水管。

2）水表节点

水表节点是指引入管上装设的水表及其前后设置的闸门、泄水装置等总称。闸门用以关闭管网，以便修理和拆换水表；泄水装置为检修时放空管网、检测水表精度及测定进户点压力值。为了保证水表的计量准确，在翼轮式水表与闸门间应有 8～10 倍水表直径的直线段，以使水表前水流平稳。

3）管道系统

管道系统是指室内给水水平或垂直干管、立管、横支管等。

4）给水附件

给水附件指管路上的闸阀、止回阀及各式配水龙头等。

5）升压和贮水设备

在室外给水管网压力不足或室内对安全供水、水压稳定有要求时，需设置各种附属设备，如水箱、水泵、气压装置、水池等升压和贮水设备。

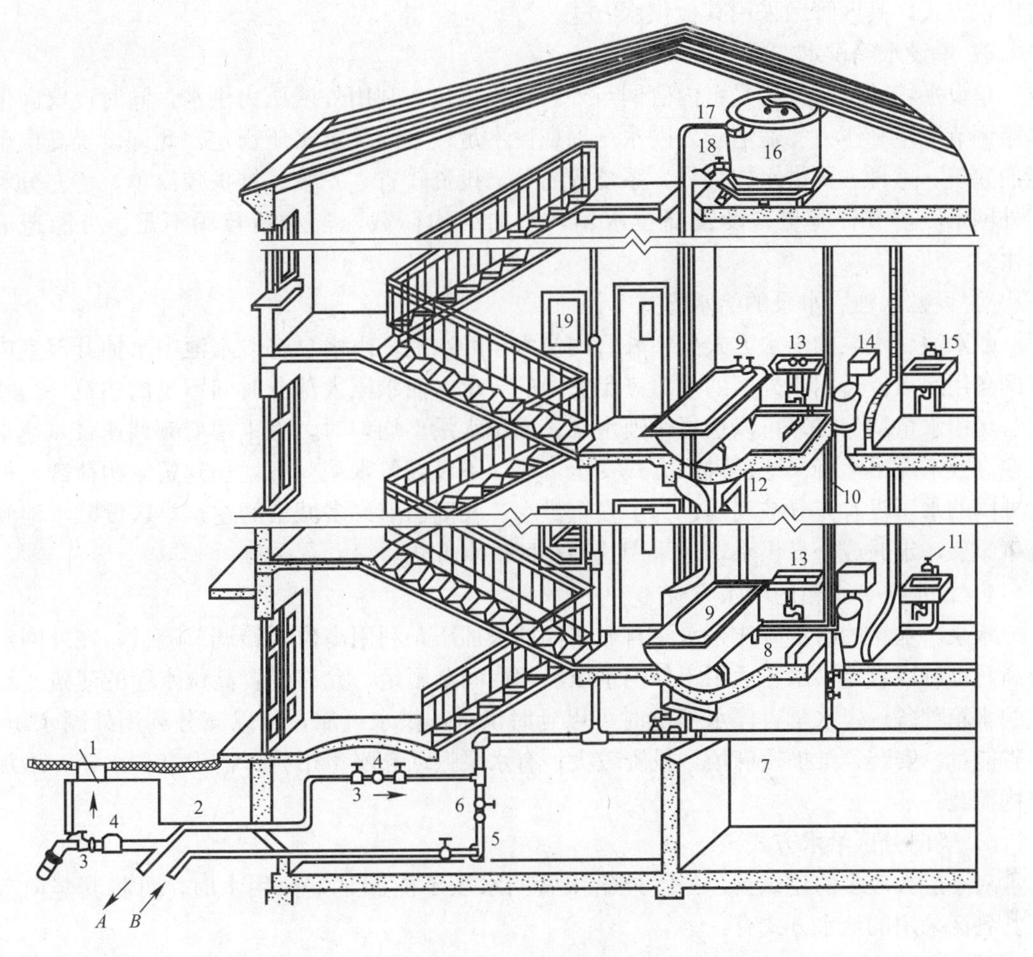

图 5-30 建筑内部给水系统

1—阀门井；2—引入管；3—闸阀；4—水表；5—水泵；6—止回阀；7—干管；8—支管；9—浴盆；10—立管；11—水龙头；12—淋浴器；13—洗脸盆；14—大便池；15—洗涤盆；16—水箱；17—进水管；18—出水管；19—消火栓；A—入储水池；B—来自储水池

(2) 室内给水系统的给水方式

室内给水系统采用何种供水方式通常是取决于建筑物的性质、建筑物的重要程度、建筑物的高度、对用水量水压及水质的要求和用水时间等需求而定的，再根据本地区具备的条件选择出较为合理而经济的给水方式。

常用给水方式有：

1) 直接给水方式

直接给水方式是室内给水管网直接与外部给水管网连接，利用外网水压供水。适用于外网水压、水量能经常满足用水要求，室内给水无特殊要求的单层和多层建筑。这种给水方式的特点是供水较可靠，系统简单，投资省，安装、维护简单，可以充分利用外网水压，节省能量。但是内部无贮水设备，外网停水时内部立即断水。当室外给水管网水质、水量、水压均能满足建筑物内部用水要求时，应首先考虑采用这种给水方式。当外管网的水压不能满足整个建筑物的用水要求时，室内管网可采用分区供水方式，低区管网采用直接供水方式，高区管网采用其他供水方式。

2）单设水箱供水方式

单设水箱的供水方式是室内管网与外网直接连接，利用外网压力供水，同时设置高位水箱调节流量和压力。适用于外网水压周期性不足，室内要求水压稳定，允许设置高位水箱的建筑。这种方式供水较可靠，系统较简单，投资较省，安装、维护较简单，可充分利用外网水压，节省能量。设置高位水箱，增加结构荷载，若水箱容积不足，可能造成停水。

3）设贮水池、水泵的给水方式

贮水池、水泵的给水方式是室外管网供水至贮水池，由水泵将贮水池中水抽升至室内管网各用水点。适用于外网的水量满足室内的要求，而水压大部分时间不足的建筑。当室内一天用水量均匀时，可以选择恒速水泵；当用水量不均匀时，宜采用变频调速泵，使水泵在高效工况下运行。这种供水方式安全可靠，不设高位水箱，不增加建筑结构荷载。但是外网的水压没有充分被利用。为了安全供水，我国当前许多城市的建筑小区设贮水池和集中泵房，定时或全日供水，也采用这种小区供水方式。

4）设水泵、水箱的给水方式

水泵、水箱的给水方式是水泵自贮水池抽水加压，利用高位水箱调节流量，在外网水压高时也可以直接供水。适用于外网水压经常或间断不足，允许设置高位水箱的建筑。设置的水箱贮备一定水量，停水停电时可以延时供水，供水可靠，可以充分利用外网水压，节省能量。安装、维护较麻烦，投资较大；有水泵振动和噪声干扰；需设高位水箱，增加结构荷载。

5）竖向分区给水方式

对于层数较多的建筑物，当室外给水管网水压不能满足室内用水时，可将其竖向分区。各区采用的给水方式有：

① 低区直接给水、低区设贮水池、水泵、水箱的供水方式是低区与外网直连，利用外网水压直接供水，低区利用水泵提升，水箱调节流量。适用于外网水压经常不足且不允许直接抽水，允许设置高位水箱的建筑。在外网水压季节性不足供低区用水有困难时，可将高低区管道连通，并设阀门平时隔断，在水压低时打开阀门由水箱供低区用水。水池、水箱贮备一定的水量，停水、停电时高区可以延时供水，供水可靠。可利用部分外网水压，能量消耗较少。安装维护较麻烦，投资较大，有水泵振动、噪声干扰。

② 分区并联给水方式分区设置水箱和水泵，水泵集中布置（一般设在地下室内）。适用于允许分区设置水箱的各类高层建筑，广泛采用。各区独立运行互不干扰，供水可靠，水泵集中布置便于维护管理，能源消耗较小。管材耗用较多，水泵型号较多，投资较高，水箱占用建筑上层使用面积。水泵宜采用相同型号不同级数的多级水泵，在可能条件下，低区应利用外网水压直接供水。

③ 并联直接给水方式分区设置变速水泵或多台并联水泵，从贮水池中抽水。根据用水的水量或水压，调节水泵转速或运行台数。适用于各种类型的高层建筑。这种给水方式供水较可靠，设备布置集中，便于维护管理，不占用建筑上层使用面积，能量消耗较少。水泵型号、数量较多，投资较高，需设置水泵控制调节装置。

④ 气压水罐并联给水方式各区均采用水泵自贮水池抽水加压，利用气压水罐调节水压和控制水泵运行。适用于不宜设置高位水箱的建筑。气压水罐给水方式的优点是水质卫生条件好，给水压力可以在一定范围内调节。但是气压水罐的调节贮量较小，水泵启动频繁，水泵在变压下工作，平均效率低、能耗大、运行费用高，水压变化幅度较大，对建筑物给水配件的使用带来不利的影响。

⑤ 分区串联给水方式分区设置水箱和水泵，水泵分散布置，自下区水箱抽水供上区使用。适用于允许分区设置水箱和水泵的高层建筑（如高层工业建筑）。这种给水方式的总管线较短，投资较省，能量消耗较小。但是供水独立性较差，上区受下区限制；水泵分散设置，管理维护不便；水泵设在建筑物楼层，由于振动产生噪声干扰大；水泵、水箱均设在楼层，占用建筑物使用面积。

⑥ 分区水箱减压给水方式分区设置水箱，水泵统一加压，利用水箱减压，上区供下区用水。适用于允许分区设置水箱，电力供应充足，电价较低的各类高层建筑。这种给水方式的水泵数目少、维护管理方便；各分区减压水箱容积小，少占建筑面积。下区供水受上区限制，能量消耗较大。屋顶的水箱容积大，增加了建筑物的荷载。在可能的条件下，下层应利用外网水压直接供水，中间水箱进水管上最好安装减压阀，以防浮球阀损坏和减缓水锤作用。

⑦ 分区减压阀减压给水方式中水泵统一加压，仅在顶层设置水箱，下区供水利用减压阀减压。适用于电力供应充足，电价较低的各类高层建筑。这种方式的设备、管材较少，投资省，设备布置集中，便于维护管理，不占用建筑上层使用面积。下区供水压力损耗较大，能量消耗较大。根据建筑物形式，减压阀可有各种设置方式，如输水管减压、配水立管减压、配水干管减压、配水支管减压等。

(3) 室内排水系统的组成

室内排水系统如图 5-31 所示。

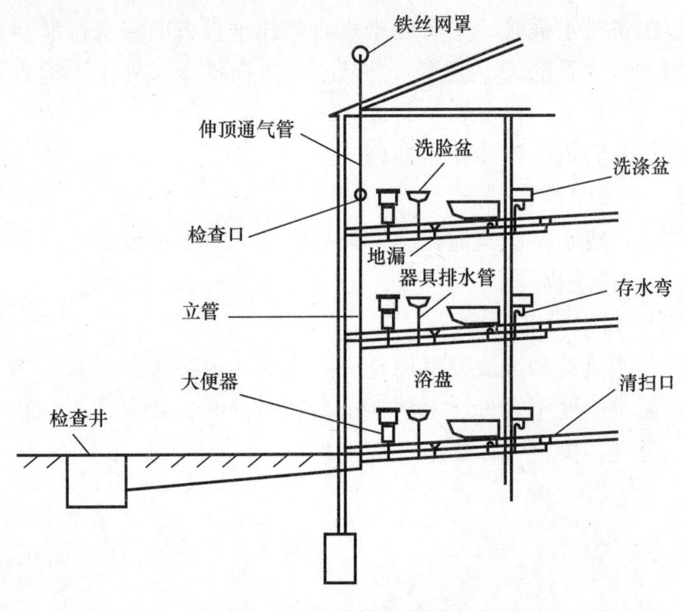

图 5-31　建筑物内部排水系统

1）污水和废水收集器具

用来满足日常生活和生产过程中各种卫生要求，收集和排除污废水的设备。

包括：便溺器具；盥洗、沐浴器具；洗涤器具和地漏等。

2）水封装置

设置在污水、废水收集器具的排水口下方处或器具本身构造设置有水封装置。水封装置利用静水压力抵抗排水管内的气压变化原理，来阻挡排水管道中的臭气和其他有害、易燃气体及虫类进入室内造成危害。水封高度一般在 50～100mm 之间。水封底部应设清通口。

安设在器具排水口下方的水封装置是管式存水弯，一般有 P 型和 S 型，如图 5-32 所示。

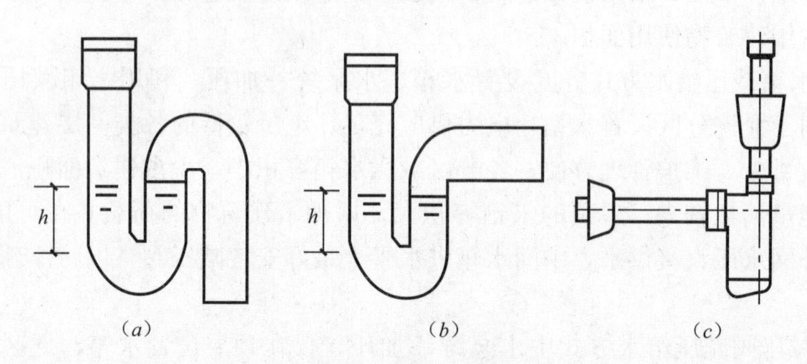

图 5-32 水封装置的类型

(*a*) S 型；(*b*) P 型；(*c*) 洗脸盆专用水封

3）排水管道

器具排水管：连接卫生器具与后续管道排水横支管的短管。

排水横支管：汇集各器具排水管的来水，并作水平方向输送至排水立管的管道，应有一定的坡度。

排水立管：收集各排水横管、支管的来水，并作垂直方向将水排泄至排出管。

排出管：收集排水立管的污、废水，并从水平方向排至室外污水检查井的管段。

4）清通设备

疏通建筑内部排水管道，保障排水通畅。

5）提升设备

在地下建筑物的污废水不能自流排至室外检查井的时候设置提升设备。

6）污水局部处理构筑物

① 化粪池和生活污水局部处理

化粪池是一种利用沉淀和厌氧发酵原理去除生活污水中悬浮性有机物的最初级处理构筑物。优点是结构简单、便于管理、不消耗动力和造价低。缺点是有机物去除率低，出水呈酸性，有恶臭，臭气污染空气，影响环境卫生。

② 隔油井

③ 降温池

7）通气管

设置排气管就是能向排水管内补充空气，使水流畅通，减少排水管内的气压变化幅度，防止卫生器具水封被破坏，并能将管内臭气排到大气中去。

一般楼层不高，卫生器具不多的建筑物，可仅设置伸顶通气管，为防止异物落入立管，通气管顶端应装设网罩或伞形通气帽。

对于层数较多或卫生器具较多的建筑物，必须设置专用通气管。

（4）室内排水系统的排水方式

室内排水系统的基本要求有：

1）系统能迅速通畅地将污废水排到室外；

2）排水管道系统气压稳定，有毒有害气体不进入室内，保持室内环境卫生；

3）管线布置合理，简短顺直，工程价低。

根据污废水在排放过程中的关系，有污废水合流制和分流制之分。

合流制结构简单，投资低，占据室内空间小，使用运行费用高，对环境污染大。分流制与合流制相反。具体根据城市排水体制和本建筑污废水分布情况等选择。

3. 建筑给排水系统的常用器材选用

一般民用建筑给排水设备主要有给水泵，恒压供水装置，水处理设备（软水），水箱，热交换设备，排污泵、滤油池、化粪池等。

（1）水泵

水泵是输送液体或使液体增压的机械。它将原动机的机械能或其他外部能量传送给液体，使液体能量增加，主要用来输送液体包括水、油、酸碱液、乳化液、悬乳液和液态金属等，也可输送液体、气体混合物以及含悬浮固体物的液体。

1）水泵的技术参数

衡量水泵性能的技术参数有流量、吸程、扬程、轴功率、水功率、效率等；

① 流量 Q

流量是泵在单位时间内输送出去的液体量。

体积流量用 Q 表示，单位是：m^3/s，m^3/h，1/s 等。

质量流量用 Qm 表示，单位是：t/h，kg/s 等。

质量流量和体积流量的关系为式（5-43）：

$$Qm = \rho \cdot Q \tag{5-43}$$

式中　ρ—液体的密度（kg/m^3，t/m^3），常温清水 $\rho=1000kg/m^3$。

② 扬程 H

扬程是水泵所抽送的单位重量液体从泵进口处（泵进口法兰）到泵出口处（泵出口法兰）能量的增值。也就是一牛顿液体通过泵获得的有效能量。其单位是 N·m/N=m，即泵抽送液体的液柱高度，习惯简称为米。

③ 转速 n

转速是泵轴单位时间的转数，用符号 n 表示，单位是 r/min。

④ 汽蚀余量

汽蚀余量又叫净正吸头，是表示汽蚀性能的主要参数。汽蚀余量国内曾用 Δh 表示。

⑤ 功率和效率

水泵的功率通常是指输入功率，即原动机传支泵轴上的功率，故又称为轴功率，用 P 表示；

泵的有效功率又称输出功率，用 Pe 表示。它是单位时间内从泵中输送出去的液体在泵中获得的有效能量。

因为扬程是指泵输出的单位重液体从泵中所获得的有效能量，所以，扬程和质量流量及重力加速度的乘积，就是单位时间内从泵中输出的液体所获得的有效能量，即泵的有效功率，见式（5-44）：

$$Pe = \rho g Q H(\mathrm{W}) = \gamma Q H(\mathrm{W}) \tag{5-44}$$

式中 ρ——泵输送液体的密度（kg/m^3）；

γ——泵输送液体的重度（N/m^3）；

Q——泵的流量（m^3/s）；

H——泵的扬程（m）；

g——重力加速度（m/s^3）。

轴功率 P 和有效功率 Pe 之差为泵内的损失功率，其大小用泵的效率来计量。泵的效率为有效功率和轴功率之比，用 η 表示。

2）水泵的分类

水泵根据不同的工作原理可分为容积水泵、叶片泵等类型。容积泵是利用其工作室容积的变化来传递能量；叶片泵是利用回转叶片与水的相互作用来传递能量，有离心泵、轴流泵和混流泵等类型。

① 离心泵

离心泵的工作原理：水泵开动前，先将泵和进水管灌满水，水泵运转后，在叶轮高速旋转而产生的离心力的作用下，叶轮流道里的水被甩向四周，压入蜗壳，叶轮入口形成真空，水池的水在外界大气压力下沿吸水管被吸入补充了这个空间。继而吸入的水又被叶轮甩出经蜗壳而进入出水管。由此可见，若离心泵叶轮不断旋转，则可连续吸水、压水，水便可源源不断地从低处扬到高处或远方。综上所述，离心泵是由于在叶轮的高速旋转所产生的离心力的作用下，将水提向高处的，故称离心泵。

离心泵的一般特点：水沿离心泵的流经方向是沿叶轮的轴向吸入，垂直于轴向流出，即进出水流方向互成 90°。由于离心泵靠叶轮进口形成真空吸水，因此在起动前必须向泵内和吸水管内灌注引水，或用真空泵抽气，以排出空气形成真空，而且泵壳和吸水管路必须严格密封，不得漏气，否则形不成真空，也就吸不上水来。由于叶轮进口不可能形成绝对真空，因此离心泵吸水高度不能超过 10m，加上水流经吸水管路带来的沿程损失，实际允许安装高度（水泵轴线距吸入水面的高度）远小于 10m。如安装过高，则不吸水；此外，由于山区比平原大气压力低，因此同一台水泵在山区，特别是在高山区安装时，其安装高度应降低，否则也不能吸上水来。

② 轴流泵

轴流泵的工作原理：轴流泵与离心泵的工作原理不同，它主要是利用叶轮的高速旋转所产生的推力提水。轴流泵叶片旋转时对水所产生的升力，可把水从下方推到上方。轴流泵的叶片一般浸没在被吸水源的水池中。由于叶轮高速旋转，在叶片产生的升力作用下，连续不断的将水向上推压，使水沿出水管流出。叶轮不断的旋转，水也就被连续压送到高处。

轴流泵的一般特点：水在轴流泵的流经方向是沿叶轮的轴向吸入、轴向流出，因此称轴流泵。扬程低（1～13m）、流量大、效益高，适于平原、湖区、河区排灌。起动前不需灌水，操作简单。

③ 混流泵

混流泵的工作原理：由于混流泵的叶轮形状介于离心泵叶轮和轴流泵叶轮之间，因此，混流泵的工作原理既有离心力又有升力，靠两者的综合作用，水则以与轴组成一定角度流出叶轮，通过蜗壳室和管路把水提向高处。

混流泵的一般特点：混流泵与离心泵相比，扬程较低，流量较大，与轴流泵相比，扬程较高，流量较低。适用于平原、湖区排灌。水沿混流泵的流经方向与叶轮轴成一定角度而吸入和流出的，故又称斜流泵。

（2）水箱

水箱按材质分为玻璃钢水箱、不锈钢水箱、不锈钢内胆玻璃钢水箱、海水玻璃钢水箱、搪瓷水箱、镀锌钢板水箱六种。水箱一般配有 HYFI 远传液位电动阀、水位监控系统和自动清洗系统以及自洁消毒器，水箱的溢流管与水箱的排水管阀后连接并设防虫网，水箱应有高低不同的两个通气管（设防虫网），水箱设内外爬梯；水箱一般有进水管、出水管（生活出水管、消防出水管）、溢流管、排水管，水箱按照功能不同分为生活水箱、消防水箱、生产水箱、人防水箱、家用水塔五种，严格意义上厕所冲洗水箱和汽车水箱不属于水箱。

水箱通常配备以下附件：

1）进水管

水箱进水管一般从侧壁接入，也可以从底部或顶部接入。当水箱利用管网压力进水时，其进水管出口处应设浮球阀或液压阀。浮球阀一般不少于 2 个。浮球阀直径与进水管直径相同，每个浮球阀前应装有检修阀门。

2）出水管

水箱出水管可从侧壁或底部接出。从侧壁接出的出水管内底或从底部接出时的出水管口顶面，应高出水箱底 50 mm，出水管口应设置闸阀。

水箱的进、出水管宜分别设置，当进、出水管为同一条管道时，应在出水管上装设止回阀。当需要加装止回阀时，应采取阻力较小的旋启式止回阀代替升降式止回阀，且标高应低于水箱最低水位 1m 以上。生活与消防合用一个水箱时，消防出水管上的止回阀应低于生活出水虹吸管的管顶（低于此管顶时，生活虹吸管的真空被破坏，只保证消防出水管有水流出）至少 2m，使其具备一定的压力推动止回阀。当火灾发生时，消防贮备水量才能真正发挥作用。

3）溢流管

水箱溢流管可从侧壁或底部接出，其管径血按排泄水箱最大入流量确定，并宜比进水管大 1-2 号。溢流管上不得安装阀门。溢流管不得与排水系统直接连接，必须采用间接排水，溢流管上应有防正尘土、昆虫、蚊蝇等进入的措施，如设置水封、滤网等。

4）泄水管

水箱泄水管应自底部最低处接出。消防和生活用水箱上装有闸阀（不应装截止阀），可与溢流管相接，但不得与排水系统直接连接。泄水管管径在无特殊要求下，管径一般采用 DN50。

5）通气管

供生活饮用水的水箱应设有密封箱盖，箱盖上应设有检修人孔和通气管。通气管可伸至室内或室外，但不得伸到有害气体的地方，管口应有防止灰尘、昆虫和蚊蝇进入的滤网，一般应将管口朝下设置。通气管上不得装设阀门、水封等妨碍通气的装置。通气管不得与排水系统和通风道连接。通气管一般采用DN50的管径。

6）液位计

一般应在水箱侧壁上安装玻璃液位计，用于就地指示水位。在一个液位计长度不够时，可上下安装2个或多个液位计。相邻2个液位计的重叠部分，不宜少于70mm。若在水箱未装液位信号计时，可设信号管给出溢水信号。信号管一般自水箱侧壁接出，其设置高度应使其管内底与溢流管底或喇叭口溢流水面平齐。管径一般采用DN15信号管可接至经常有人值班房间内的洗脸盆、洗涤盆等处。若水箱液位与水泵连锁，则在水箱侧壁或顶盖上安装液位继电器或信号器，常用的液位继电器或信号器有浮球式、杆式、电容式与浮平式等。

水泵压力进水的水箱的高低电挂水位均应考虑保持一定的安全容积，停泵瞬时的最高电控水位应低于溢流水位100 mm，而开泵瞬时的最低电控水位应高于设计最低水位20mm，以免由于误差而造成溢流或放空。

7）水箱盖、内外爬梯

5.2.2 建筑电气工程的分类、组成及常用器材选用

1. 建筑电气工程的分类

电气工程可分为工业电气工程和建筑电气工程。

工业电气工程可分为变压器、配电装置、母线、控制和保护设备及低压电器安装工程，以及蓄电池、电机、防雷接地装置、电气线缆、照明器具安装工程和电气装置调整试验工程等。

建筑电气工程可分为室外电气、变（配）电室、供电干线、电气动力、电气照明、备用和不间断电源、防雷接地装置以及其他建筑电气安装工程。

2. 建筑电气工程的组成

建筑电气工程由电气装置、布线系统、用电设备电气部分组成。

（1）电气装置部分

电气装置主要指：变配电所及分配电所的设备和就地分散的动力、照明配电箱。

例如：干式电力变压器、成套高压低压配电柜、控制操动用直流柜（带蓄电池）、备用不间断电源柜、照明配电箱、动力配电箱（柜）、功率因数电容补偿柜以及备用柴油发电机组等。

其特征是：由独立功能的电气元器件的组合，额定电压大多为10kV或380V/220V，仅在控制系统中电压有24V或12V。

（2）布线系统部分

布线系统组成：电线、电缆和母线；固定部件（电线、电缆和母线用）、保护（电线、电缆和母线用）部件的组合。

（3）用电设备电气部分

用电设备电气部分组成：主要是指与其他建筑设备配套电力驱动、电加热、电照明等直接消耗电能并转换成其他能的部分。

例如：电动机和电加热器及其启动控制设备、照明装饰灯具和开关插座、通信影视和智能化工程等的专供或变换电源以及环保除尘和厨房除油烟等特殊直流电源等。

3. 建筑电气工程的常用器材

机电工程常用的电气设备有电动机、变压器、高压电器及成套装置、低压电器及成套装置、电工测量仪器仪表等。主要的性能是从电网受电，变压，向负载供电，将电能转换为机械能。

（1）电动机

电动机分为直流电动机、交流同步电动机和交流异步电动机。

直流电动机常用于拖动对调速要求较高的生产机械。它具有较大的启动转矩和良好的启动、制动性能，以及易于在较宽范围内实现平滑调速的特点；其缺点是结构复杂，价格高。

交流同步电动机常用于拖动恒速运转的大、中型低速机械。它具有转速恒定及功率因数可调的特点，同步电动机的调速系统随着电力电子技术的发展而发展；其缺点是结构较复杂，价格较贵、启动麻烦。

交流异步电动机是现代生产和生活中使用最广泛的一种电动机。它具有结构简单、制造容易、价格低廉、运行可靠、维护方便、坚固耐用等一系列优点；其缺点是与直流电动机相比，其启动性和调速性能较差；与同步电动机相比，其功率因数不高，在运行时必须向电网吸收滞后的无功功率，对电网运行不利。但随着科学技术的不断进步，异步电动机调速技术的发展较快，在电网功率因数方面，也可以采用其他办法进行补偿。

（2）变压器

变压器是输送交流电时所使用的一种变换电压和变换电流的设备。根据变换电压的不同，有升压变压器和降压变压器。根据冷却方式可分为干式、油浸式。除了电力变压器外，根据变压器的用途，还有供给特种电源用的变压器，如电炉变压器、整流变压器、电焊变压器以及其他各种变压器。

变压器的功能主要有：电压变换、电流变换、阻抗变换、隔离、稳压（磁饱和变压器）等。变压器的性能由多种参数决定，主要由变压器线圈的绕组匝数、连接组别方式、外部接线方式及外接元器件来决定。

（3）高压电器及成套装置

高压电器是指交流电压1.0kV、直流电压1.5kV以上的电器。高压成套装置是指由一个或多个高压开关设备和相关的控制、测量、信号、保护等设备，以及所有内部的电气、机械的相互连接与结构部件完全组合好的一种组合体。

高压电器及成套装置的性能由其在电路中所起的作用来决定，主要有通断、保护、控制和调节四大性能。

常用高压电器设备包括：高压断路器、高压接触器、高压隔离开关、高压负荷开关、高压熔断器、高压互感器、高压电容器、高压绝缘子及套管、高压成套设备等。

1）高压熔断器

熔断器（FU）是最为简单和常用的保护电器，它是在通过的电流超过规定值并经过一定的时间后熔体（熔丝或熔片）熔化而分断电流、断开电路，在电路中起到过载（过负荷）和短路保护。

在输配电系统中，对容量小且不太重要的负荷，广泛采用高压熔断器作为高压输配电线路、电力变压器、电压互感器和电力电容器等电气设备的短路和过负荷保护。户内广泛采用RN系列的高压管式限流熔断器，户外则广泛使用RW4、RW10F等型号的高压跌开式熔断器或RW10-35型的高压限流熔断器。

RN系列户内高压管式熔断器有RN1、RN2、RN3、RN4、RN5及RN6等。主要用于3～35kV配电系统中作短路保护和过负荷保护。

RN型熔断器的灭弧能力很强，能在短路后不到半个周期即短路电流未达到冲击电流值时就能完全熄灭电弧、切断短路电流。具有这种特性的熔断器称为“限流”式熔断器。

RW系列跌开式熔断器，又称跌落式熔断器，被广泛用于环境正常的户外场所，作高压线路和设备的短路保护用。它串接在线路中，可利用绝缘钩棒（俗称“令克棒”）直接操作熔管（含熔体）的分、合，此功能相当于“隔离开关”。

2）高压隔离开关

高压隔离开关（QS）的主要功能是隔离高压电源，以保证对其他电器设备及线路的安全检修及人身安全。

隔离开关的结构特点是断开后具有明显可见的断开间隙，且断开间隙的绝缘及相间绝缘都是足够可靠的。

隔离开关没有灭弧装置，所以不容许带负荷操作。但可容许通断一定的小电流，如励磁电流不超过2A的35kV、1000kVA及以下的空载变压器电路和电容电流不超过5A的10kV及以下、长5km的空载输电线路以及电压互感器和避雷器回路等。

高压隔离开关按安装地点，分为户内式和户外式两大类；按有无接地开关可分为不接地、单接地、双接地三类。

10kV高压隔离开关型号较多，常用的有GN8、GN19、GN24、GN28、GN30等户内式系列。

户外高压隔离开关常用的有GW4、GW5等系列。

带有接地开关的隔离开关称接地隔离开关，是用来进行电气设备的短接、联锁和隔离，一般是用来将退出运行的电气设备和成套设备部分接地和短接。

3）高压负荷开关

高压负荷开关（QL）具有简单的灭弧装置，能通断一定的负荷电流和过负荷电流，但是不能用它来断开短路电流，它常与熔断器一起使用，具有分断短路电流的能力。高压负荷开关大多还具有隔离高压电源，保证其后的电气设备和线路安全检修的功能，因为它断开后通常有明显的断开间隙，与高压隔离开关一样，所以这种负荷开关有“功率隔离开关”之称。

高压负荷开关根据所采用的灭弧介质不同可分为：产气式、压气式、油浸式、真空式和六氟化硫（SF6）等；按安装场所分户内式和户外式两种。

4）高压断路器

高压断路器（QF）是高压输配电线路中最为重要的电气设备。高压断路器具有完善的灭弧装置，不仅能通断正常的负荷电流和过负荷电流，而且能通断一定的短路电流，并能在保护装置作用下，自动跳闸，切断短路电流。

高压断路器按其采用的灭弧介质分为：油断路器、六氟化硫（SF6）断路器、真空断路器、压缩空气断路器和磁吹断路器等。按使用场合分为户内型和户外型。按开断时间分为高速（＜0.08s）、中速（0.08～0.12s）和低速（＞0.12s），现采用高速比较多。

油断路器按油量大小又分为少油和多油两类。少油断路器的油量少，只作灭弧介质用。少油断路器因其成本低，结构简单，依然应用于不需要频繁操作及要求不高的各级高压电网中，但压缩空气断路器和多油断路器已基本淘汰。

真空断路器目前应用较广，高压真空断路器是利用“真空”作为绝缘和灭弧介质，具有无爆炸、低噪声、体积小、重量轻、寿命长、电磨损少、结构简单、无污染、可靠性高、维修方便等优点，因此，虽然价格较贵，仍在要求频繁操作和高速开断的场合，尤其是安全要求较高的工矿企业、住宅区、商业区等被广泛采用。

SF6 断路器具有下列优点：断流能力强，灭弧速度快，电绝缘性能好，检修周期长，适用于需频繁操作及有易燃易爆炸危险的场所；然而，SF6 断路器的要求加工精度高，密封性能要求严，价格相对昂贵。

5）高压成套装置

高压成套装置按主要设备的安装方式分为固定式和移开式（手车式）；按开关柜隔室的构成形式分为铠装式、间隔式、箱型、半封闭型等；根据一次电路安装的主要元器件和用途分为断路器柜、负荷开关柜、高压电容器柜、电能计量柜、高压环网柜、熔断器柜、电压互感器柜、隔离开关柜、避雷器柜等。

高压开关柜在结构设计上要求具有“五防”功能。所谓“五防”是指防止误操作断路器，防止带负荷拉合隔离开关（防止带负荷推拉小车），防止带电挂接地线（防止带电合接地开关），防止带接地线（接地开关处于接地位置时）送电，防止误入带电间隔。

（4）低压电器及成套装置

我国规定低压电器是指在交流电压 50V～1.0kV（含 1.0kV）、直流电压 120V～1.5kV（含 1.5kV）的电路中起通断、保护、控制或调节作用的电器产品。低压成套装置是指由一个或多个低压开关设备和相关的控制、测量、信号、保护等设备，以及所有内部的电气、机械的相互连接与结构部件完全组合好的一种组合体。

低压电器及成套装置的性能由其在电路中所起的作用来决定，主要有通断、保护、控制和调节四大性能。

常用低压电器设备包括：刀开关及熔断器、低压断路器、交流接触器、控制器与主令电器、电阻器与变阻器、低压互感器、防爆电器、低压成套设备等。

1）低压刀开关

低压刀开关（QK）是一种最普通的低压开关电器，适用于交流 50Hz、额定电压 380V，直流 440V、额定电流 1500A 及以下的配电系统中，作不频繁手动接通和分断电路或作隔离电源以保证安全检修之用。

2）刀熔开关

刀熔开关（QKF 或 FU-QK）又称熔断器式刀开关，是一种由低压刀开关和低压熔断器组合而成的低压电器，通常是把刀开关的闸刀换成熔断器的熔管。它具有刀开关和熔断器的双重功能。因为其结构的紧凑简化，又能对线路实行控制和保护的双重功能，被广泛地应用于低压配电网络中。

3）负荷开关

负荷开关（QL）是由带灭弧装置的刀开关与熔断器串联而成，外装封闭式铁壳或开启式胶盖的开关电器，又称“开关熔断器组”。低压负荷开关具有带灭弧罩的刀开关和熔断器的双重功能，既可带负荷操作，也能进行短路保护，但一般不能频繁操作，短路熔断后需重新更换熔体才能恢复正常供电。

4）低压断路器

低压断路器（QF），俗称低压自动开关、自动空气开关或空气开关等，它是低压供配电系统中最主要的电器元件。它不仅能带负荷通断电路，而且能在短路、过负荷、欠压或失压的情况下自动跳闸，断开故障电路。

5）低压电器成套装置

低压成套配电装置包括低压配电屏（柜）和配电箱，它们是按一定的线路方案将有关的低压一、二次设备组装在一起的一种成套配电装置，在低压配电系统中作控制、保护和计量之用。

低压配电屏（柜）按其结构形式分为固定式、抽屉式和混合式。

低压配电箱有动力配电箱和照明配电箱等。

（5）电工测量仪器仪表

电工测量仪器仪表分为指示仪表和比较仪表。

指示仪表能够直读被测量的大小和单位的仪表。指示仪表的分类很多，有按准确等级分、按使用环境分、按外壳防护性能分、按仪表防御外界磁场或电场影响的性能分、按读数装置分、按工作原理分、按使用方法分。常见的分类方法有：按工作原理分为磁电系、电磁系、电动系、感应系、静电系等；按使用方式分为安装式、便携式。

比较仪器是指把被测量与度量器进行比较后确定被测量的仪器。

电工测量仪器仪表的性能由被测量对象来决定，其测量的对象不同，性能有所区别。测量对象包括电流、电压、功率、频率、相位、电能、电阻、电容、电感等电参数，以及磁场强度、磁通、磁感应强度、磁滞、涡流损耗、磁导率等参数。随着技术的进步，以集成电路为核心的数字式仪表、以微处理器为核心的智能测量仪表已经获得了高速的发展和应用。这些仪表不仅具有常规仪表的测量和显示功能，而且通常都带有参数设置、界面切换、数据通信等性能。

5.2.3 采暖系统的分类、组成及常用器材选用

冬季，室外温度低于室内温度，房间内的热量通过围护结构（墙、门、窗、地面、屋顶等）不断向外散失，为使室内保持所需的温度，就必须向室内供给相应的热量，这种供给热量的技术，叫采暖。为了使建筑物达到采暖的目的，改善人们的生活和工作条件及满足生产工艺、科学实验的要求而设置的系统，称为采暖系统。采暖系统用人工方法向室内供给热量，使室内保持一定的温度，以创造适宜的生活条件或工作条件的技术。

采暖系统的基本工作原理：低温热媒在热源中被加热，吸收热量后，变为高温热媒（高温水或蒸汽），经输送管道送往室内，通过散热设备放出热量，使室内的温度升高；散热后温度降低，变成低温热媒（低温水），再通过回收管道返回热源，进行循环使用。如

此不断循环，从而不断将热量从热源送到室内，以补充室内的热量损耗，使室内保持一定的温度。

1. 采暖系统的分类

采暖系统的分类方法有很多，通常有以下几种：

（1）按热媒种类的不同，分为热水采暖系统、蒸汽采暖系统、热风采暖系统。

1）热水采暖系统

热水采暖所采用的热媒是热水（低于100℃）或高温热水（110～130℃）。它是目前最广泛使用的一种采暖系统。

热水采暖系统的优点为：其室温比较稳定，卫生条件好；可集中调节水温，便于根据室外温度变化情况调节散热量；系统使用的寿命长，一般可使用25年。

热水采暖系统的缺点为：采用低温热水作为热媒时，管材与散热器的耗散较多，初期投资较大；当建筑物较高时，系统的静水压力大，散热器容易产生超压现象；水的热惰性大，房间升温、降温速度较慢；热水排放不彻底时，容易发生冻裂事故。

热水采暖系统的分类：

① 按系统循环动力的不同，可分为自然循环（重力循环）系统和机械循环系统。

自然循环热水采暖系统是靠供回水温差，使水的密度变化而产生重力差，以此重力差作为循环动力进行采暖，称为自然（重力）循环热水采暖系统，见图5-33。

当系统充满水后，水在锅炉（或家庭用特制带水套炉灶）内被加热，温度上升而密度减小，水即向上流动。经散热器散热后，水温降低密度增加，流向炉体，使系统内部由于密度变化而产生重力变化，水靠此重力差而产生自然流动，并不断循环。

靠系统的重力差达到采暖目的是有限的，为了加大重力循环能力，可在安装时使散热器与锅炉的垂直距离加大。为了减少管路系统的阻力损失，管径不宜过小，连接散热器组数不宜过多，系统应紧凑，尽量少拐弯，膨胀水箱（补水箱）应接在供水干管的最高点处。

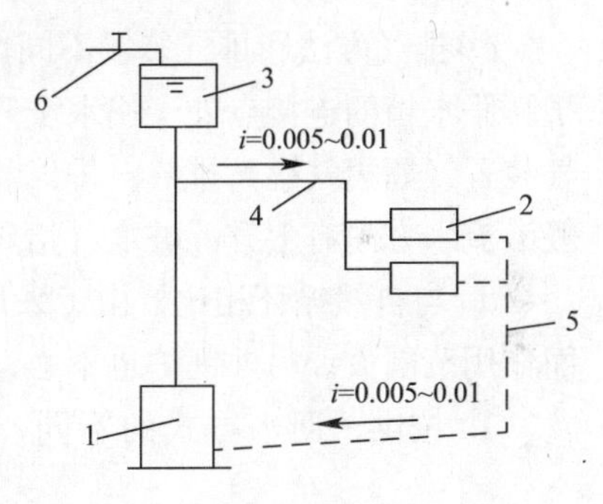

图5-33　自然循环热水采暖系统原理图

1—热水锅炉；2—散热器；3—膨胀水箱；4—供水管；5—回水管；6—补水管

自然循环热水供暖系统是最早采用的一种热水供暖方式，已有约200年的历史，至今仍在应用。它的主要优点是系统简单，不消耗电能；水流速小，无噪声；运行操作和维护管理方便。缺点是作用压力小，管径较大，作用范围受到限制（作用半径不宜超过50m），只适用于没有集中供热热源、对供热质量有特殊要求的小型建筑物中；水加热缓慢；为增大作用压力，往往要建地下锅炉房。当系统较大，采用自然循环满足不了或不经济时，就应采用机械循环。

机械循环热水供暖系统与重力循环热水供暖系统的主要差别是在系统中设置了循环水泵，靠水泵的机械能，使水在系统中强制循环。在机械循环系坑中，设置了循环水泵，增加了系统的经常运行电费和维修工作量；但由于水泵所产生的作用压力很大，因而供暖范围可以扩大，机械循环热水供暖系统不仅可用于单幢建筑物中，也可用于多幢建筑物，甚至发展为区域热水供暖系统。机械循环热水供暖系统成为应用最广泛的一种供暖系统。

图 5-34 是一个简单的机械循环热水供暖系统示意图。与自然循环热水供暖系统相比，机械循环系统的组成和工作原理均有所不同，二者的主要区别如下：

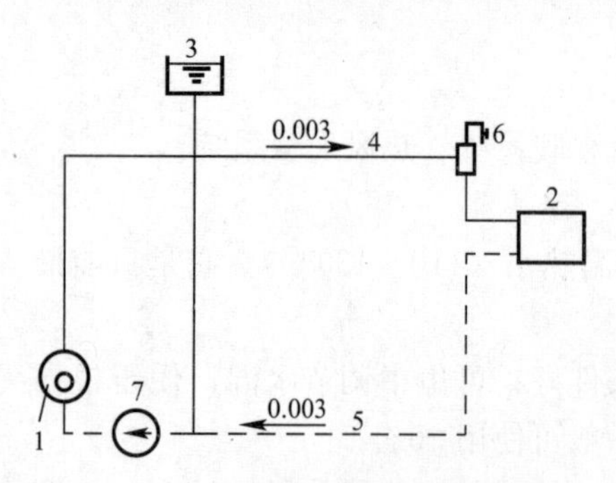

图 5-34 机械循环热水供暖系统原理图
1—热水锅炉；2—散热器；3—膨胀水箱；4—供水干管；5—回水干管；6—集气罐；7—水泵

a. 循环动力不同。机械循环以水泵为循环动力，水在水泵的作用下强制流动。循环水泵一般设在锅炉进口前的回水总管上。这样，可使水泵处于系统水温较低的回水条件下可靠的工作。

b. 膨胀水箱连接点不同。机械循环膨胀水箱不是连接在供水总立管上，而是连接在回水干管水泵吸水口一侧。由于膨胀水箱及膨胀管中的水不参与循环，因此膨胀管与回水管连接处的水压保持恒定，与水泵是否运转无关。该连接点也称定压点。由于膨胀水箱的安装高度高于系统任意一点，这种连接就可以保证系统无论在运行或停止时，系统内任意一点的压力都超过大气压，从而保证系统内不会出现负压，避免热水汽化或吸入空气等现象的出现。由此可见，膨胀水箱在机械循环热水供暖系统中不仅承担容纳水受热膨胀多余的容积，而且还起到定压，保证系统内任意一点不出现负压的作用。

c. 排气方法和排气装置不同。自然循环一般可通过膨胀水箱排除空气，但机械循环由于膨胀水箱的连接点处于回水干管上，一般不易利用膨胀水箱排气，而需要通过专用的排气装置（如集气罐）排气。排气装置一般设在系统最高点。为利于排气，供水水平干管一般沿流水方向有上升的坡度（抬头走），坡度值为 0.003。

d. 与自然循环相比，由于采用了水泵为动力，可采用较高的水流速，因而管径较小，而作用范围大。另外锅炉也不必设在比底层散热器低的位置。

② 按供、回水方式的不同，热水供暖系统可分为单管系统（图 5-35）和双管系统

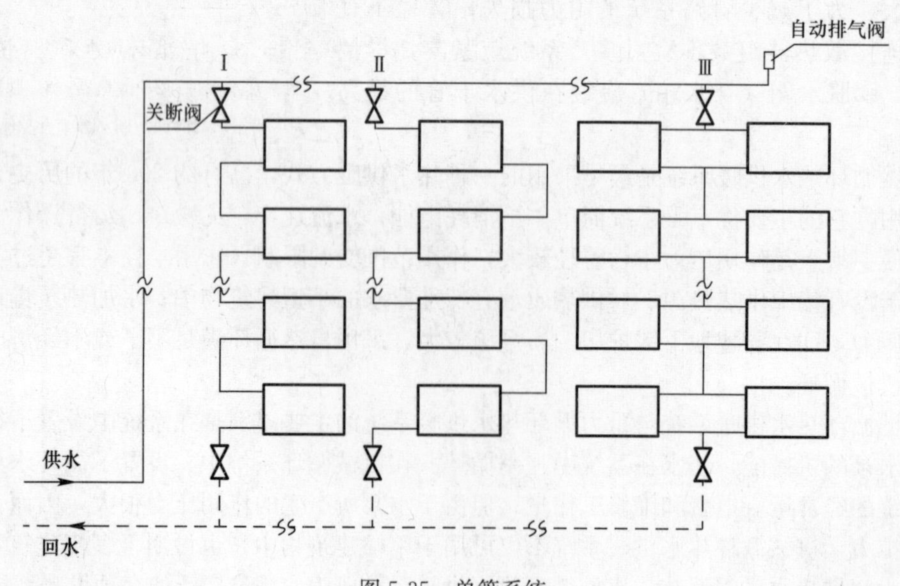

图 5-35 单管系统

（图 5-36）。在高层建筑热水供暖系统中，多采用单、双管混合式系统形式。

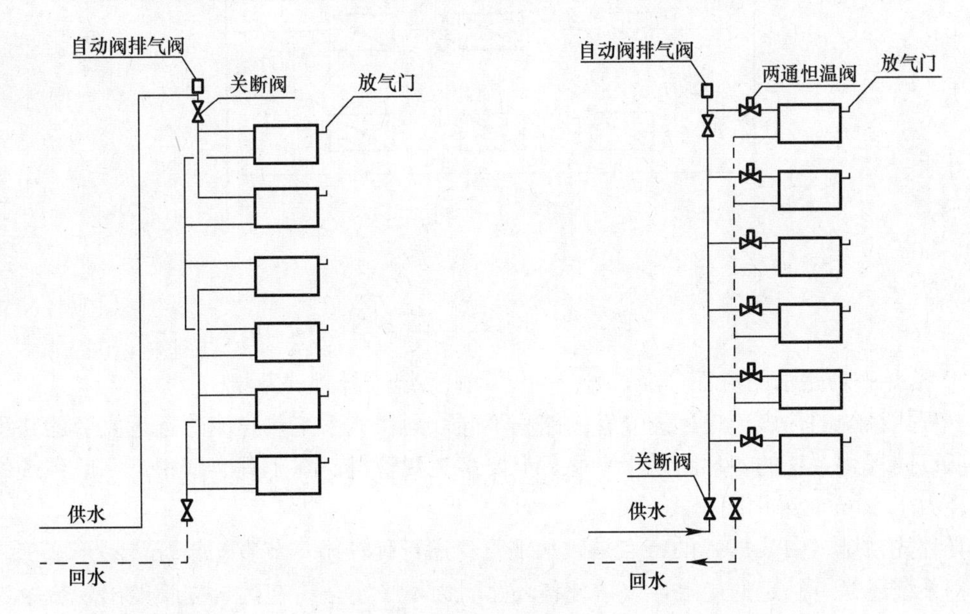

图 5-36　双管系统

③ 按管道敷设方式的不同，热水供暖系统可分为垂直式系统和水平式系统。

垂直式指将垂直位置相同的各个散热器用立管进行连接的方式，见图 5-37。它按散热器与立管的连接方式又可分为单管系统和双管系统两种；按供、回水干管的布置位置和供水方向的不同也可分为上供下回、下供下回和下供上回等几种方式。

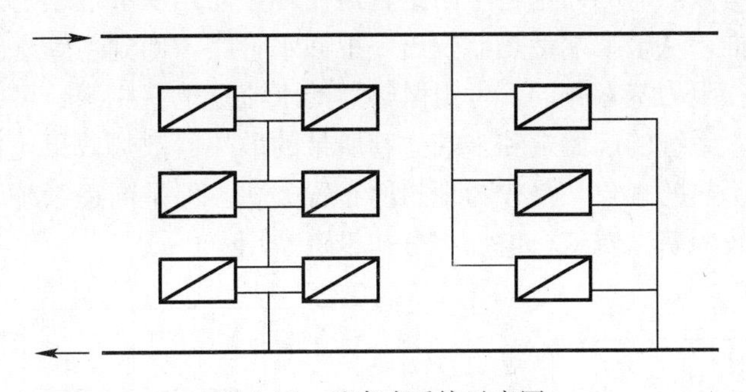

图 5-37　垂直式系统示意图

水平式指将同一水平位置（同一楼层）的各个散热器用一根水平管道进行连接的方式，见图 5-38。它可分为顺序式和跨越式两种方式。顺序式的优点是结构较简单，造价低，但各散热器不能单独调节；跨越式中各散热器可独立调节，但造价较高，且传热系数较低。

水平式系统与垂直式系统相比具有如下优点：构造简单，经济性好。管路简单，无穿过各楼层的立管，施工方便。水平管可以敷设在顶棚或地沟内，便于隐蔽。便于进行分层管理和调节。但水平式系统的排气方式要比垂直式系统复杂些，它需要在散热器上设置冷风阀分散排气，或在同层散热器上串接一根空气管集中排气。

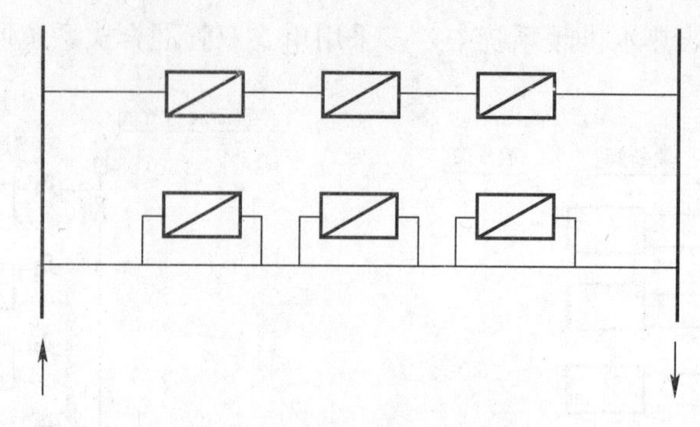

图 5-38　水平式系统示意图

④ 按并联环路水的流程分类，可分为同程式系统与异程式系统。

异程式系统的热媒流过远近立管的路程不同，同程式系统热媒流过远近立管的路程相同。所以同程式系统的各环路易于平衡，但要多耗费管材。在工程实践中，一般系统的作用半径大于 50m 时采用同程式系统。

异程式系统（图 5-39）的特点是回水干管管道行程较短，节省初投资，易于施工。然而这种系统还是有一定的局限性，系统各环路阻力不平衡，易在远近立管处出现流量失调而引起水平方向冷热不均，也就是每组散热器的水流量不同，前端散热器的回水因为离主管道比较近，回的比较快，而后端回水就较慢，可能造成远端暖气不热或不够热的现象，需要通过选择管径和设调节阀门等措施来降低其不平衡率，不然会出现较为严重的不平衡现象。一般在采暖供热要求标准较高的建筑物宜采用同程式采暖系统。

同程式系统（图 5-40）和异程式系统在系统布管上有所不同，简单的说，叫做先供后回，就是前端第一组散热器的回水暂不向主管道循环，而是往下继续走连接下一组散热器的回水管，依次类推，从最末端散热器拉出一根回水管路，回到主管道路的回水管上，系统各环路消耗的沿程阻力基本相同，每组散热器的水流量也就相同，可以说是一种水利系统平衡最佳的方式，系统的起始端和末端立管所带的散热器散热效果比较接近，一般不会出现首端过热末端不热的现象，是较为理想的布置方式。但是同程系统增加了回水干管的长度，在施工时，较为费工费料，增加部分初投资费用。

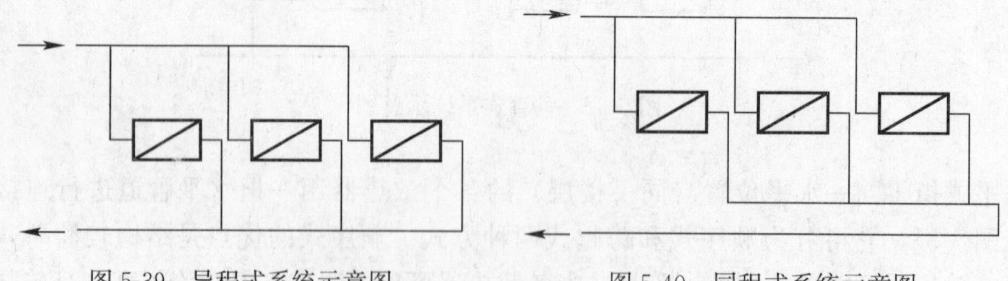

图 5-39　异程式系统示意图　　图 5-40　同程式系统示意图

⑤ 按热媒温度的不同，热水供暖系统可分为低温供暖系统（供水温度 $t<100$℃）和高温供暖系统（供水温度 $t\geqslant100$℃）。各个国家对高温水和低温水的界限，都有自己的规定。在我国，习惯认为，低于或等于 100℃的热水，称为“低温水”；超过 100℃的水，称为“高温水”。室内热水供暖系统大多采用低温水供暖，设计供回水温度采用 95℃/70℃，高温水供暖宜在生产厂房中使用。

2）蒸汽采暖系统

蒸汽采暖系统的热媒为蒸汽的集中热水供应系统，高温蒸汽经供暖管道输送至用户点，通过散热装置向室内供暖。

按照供气压力的大小，蒸汽供暖系统分为两大类：

① 供气的表压力（高于大气压的压力）等于或低于 70kPa，属于低压蒸汽供暖系统；

② 供气的表压力（高于大气压的压力）高于 70kPa，属于高压蒸汽供暖系统。

供气压力降低时，蒸汽的饱和温度也降低，凝结水的二次气化量少，运行较可靠，卫生条件也得以改善。在民用建筑中，蒸汽供暖系统的压力也尽可能低。

3）热风采暖系统

热风系统是将空气加热到适当温度（35～50℃）后，直接送入房间，与房间空气混合，是房间温度升高以达到供暖目的。

热风采暖系统由热源、空气换热器、风机和送风管道组成，由热源提供的热量加热空气换热器，用风机强迫温室内的部分空气流过换热器，当空气被加热后进入温室内进行流动，如此不断循环，加热整个温室内的空气。

热风采暖系统具有热惰性小、升温快、室内温度分布均匀、温度梯度小、设备简单和投资省等优点，因而适用于耗热比较大的高大空间建筑和间歇采暖的建筑。当由于防火防爆和卫生要求，必须采用全新风时或能与机械送风合并时，或利用循环空气采暖技术经济合理时，均应采用热风采暖。

（2）根据供热范围划分，一般可分为局部供暖系统、集中供暖系统和区域供暖系统。

局部供暖系统指热源供暖管道和散热设备都在供暖房间内，如火炉、电暖气和燃气供暖等。这种供暖系统的作用范围很小，不适合城市供暖的要求，在农村比较适宜。

区域供暖系统是对数群建筑（一般为一个小区）的集中供暖。这种供暖系统作用范围大，比较节能、对环境污染小，建筑集中地区的供暖服务（一般为城镇地区）是城镇供暖系统发展的方向。

集中供暖系统是由一个或多个热源通过供热管道向城市（或城镇）内或其中某一地区的多个用户供暖。

2. 采暖系统的组成

采暖系统由热源、热媒输送管道、散热设备及辅助设备组成，见图 5-41。

热源：制取具有压力、温度等参数的蒸汽或热水的设备，即生产热能的部分，常见的有锅炉和热电站等。

热媒输送管道：把热量从热源输送到热用户的管道系统。包括：供热及回水、冷凝水管道。

散热设备：把热量传送给室内空气的设备。如：散热片（器）、暖风机等。

辅助设备：为保证供暖设备正常工作而安装的辅助设备。如：膨胀水箱，集、分水器，除污器，冷凝水收集器，减压器，疏水器，过滤器和循环水泵等。

3. 采暖系统的常用器材

（1）散热器

散热器是通过热媒把热源的热量传递给室内的一种散热设备。通过散热器的散热，使室内的得失热量达到平衡，从而维持房间需要的空气温度，达到供暖的目的。

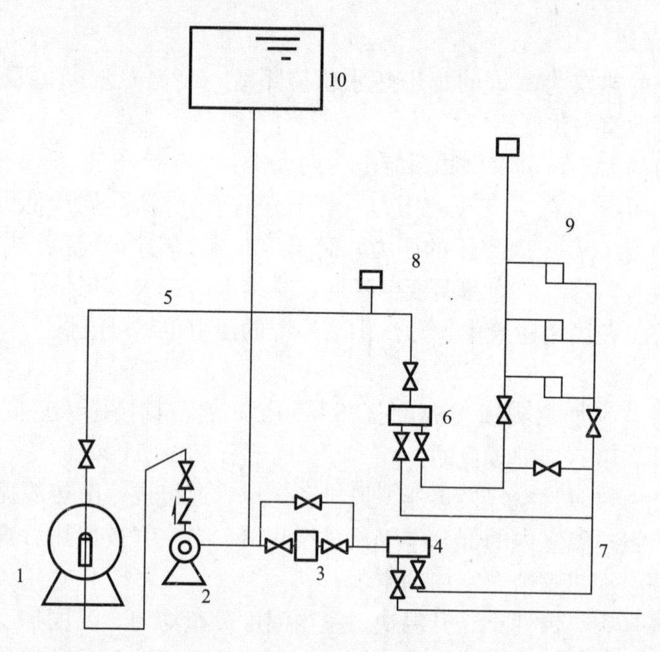

图 5-41 采暖系统的组成

1—热水锅炉；2—循环水泵；3—除污器；4—集水器；5—供热水管；
6—分水器；7—回水管；8—排气阀；9—散热片；10—膨胀水箱

散热器内热媒是通过散热器壁面将携带的热量传给房间的，也就是散热器的内表面一侧是热媒（如热水、蒸气）、外表面一侧是室内空气。当热媒的温度高于室内空气时，热媒所携带的热量就会传递给室内空气。

散热器按照其加工制作材质不同，分为铸铁型、钢制型和其他材质散热器。

散热器按其结构形式不同，分为管型、柱型、翼型和板型等。

散热器按其传热方式不同，分为对流型（对流换热占总散热量的60%以上）和敷设型（辐射换热占 50%以上）。

（2）暖风机

暖风机是由通风机、电动机及空气加热器组合而成的联合机组。在飞机作用下，空气由吸风口进入机组，经空气加热器加热后，从送风口送至室内，以维持室内需要的温度。

暖风机分为轴流式与离心式两种，常称为小型暖风机和大型暖风机。根据其结构特点及适用的热媒不同，又可分为蒸气暖风机、热水暖风机，蒸气、热水两用暖风机以及冷、热水两用暖风机等。

（3）风机盘管

风机盘管是作为采暖加热的装置，可以用来加热室内空气，加热部分或全部室外新风。

（4）热水采暖系统的附属设备

1）排气装置

主要有集气罐、自动排气阀和冷气阀等几种。

2）除污器

用来截留、过滤管道中的杂质和污物，保证系统内水质洁净，减少阻力，防止堵塞调压板及管路。

3）热量表

进行热量测量与计算，并作为计费结算的计量仪器称为热量表。

4）膨胀水箱

膨胀水箱上连有膨胀管、溢流管、信号管、排水管及循环管等管路。主要用来容纳膨胀水、排气和定压。一般都将膨胀水箱设在系统的最高点，通常都接在循环水泵吸水口附近的回水干管上。

膨胀水箱是一个钢板焊制的容器，有各种大小不同的规格。膨胀水箱上通常接有以下管道，见图 5-42。

① 膨胀管：将系统中水因加热膨胀所增加的体积转入膨胀水箱（和回水干道相连接）。

② 溢流管：用于排出水箱内超过规定水位的多余的水。

③ 信号管：用于监督水箱内的水位。

④ 循环管：在水箱和膨胀管可能发生冻结时，用来使水循环（在水箱的底部中央位置，和回水干道相连接）。

⑤ 排污管：用于排污。

⑥ 补水阀：与箱体内的浮球相连，水位低于设定值则通阀门补充水。

为安全起见，膨胀管、循环管、溢流管上不允许加装任何阀门，而排水管和信号管上应设置阀门。

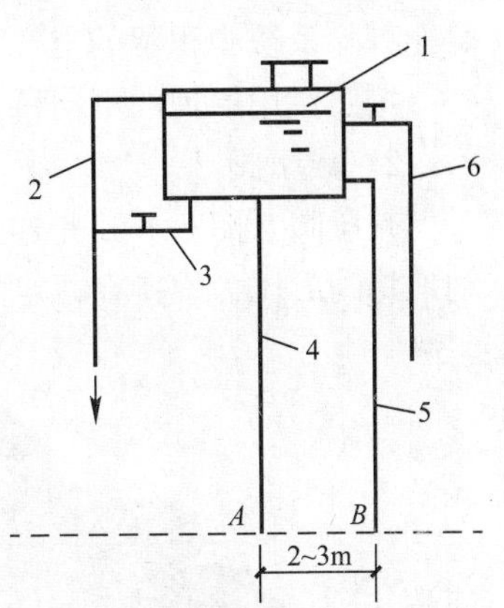

图 5-42　膨胀水箱连接管图

1—膨胀水箱；2—溢流管；3—排污管；4—膨胀管；5—循环管；6—补水管

5）散热器温控阀

是一种自动控制散热器热量的设备，它由两部分组成。一部分为阀体部分，另一部分为感温元件控制部分。其控温范围在 13～28℃。

6）分（集）水（汽）缸

在热源的供热热水管道分支多于两根时一般需要在供水管道上设置分水缸，在回水管道上设置集水缸，相对于蒸气管道则设置分汽缸，具有稳定压力，平缓并均匀分配水流的作用。

7）Y形过滤器

Y型过滤器（图 5-43）又名除污器、过滤阀，是输送介质的管道系统不可缺少的一种装置，Y 型过滤器通常安装在减压阀、泄压阀、定水位阀或其他设备的进口端，其作用是过滤介质中的机械杂质，可以对污水中的铁锈、沙粒、液体中少量固体颗粒等进行过滤以保护设备管道上的配件免受磨损和堵塞，可保护设备的正常工作。当流体进入置有一定规格滤网的滤筒后，其杂质被阻挡，而清洁的滤液则由过滤器出口排出，当需要清洗时，只要将可拆卸的滤筒取出，处理后重新装入即可，因此，使用维护极为方便。

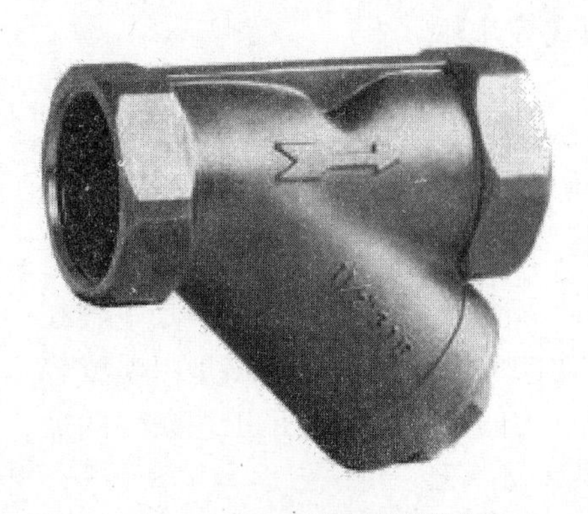

图 5-43　Y 型过滤器实物图

8）锁闭阀

是随着建筑采暖系统分户改造工程与分户采暖工程的实施而出现的，其主要作用是关闭功能，是必要时采取强制措施的手段。

（5）蒸气采暖系统的附属设备

1）疏水器

疏水器（图5-44）是一个自动的阀门，当蒸汽变成冷凝液的时候，温度也随之降低，疏水器中的受热元件收缩，将针型阀门打开进行排凝，在此过程中，随着冷凝液的流动，不可避免的将蒸汽带出，但蒸汽会加热疏水器中的受热元件使之膨胀，将阀门关闭。

蒸气疏水器的作用是自动阻止蒸气逸漏，并且迅速排除用热设备及管道中的凝水，同时能排除系统中积留的空气和其他不凝型气体。

按照作用原理的不同科分为机械型疏水器、热静力型疏水器和热动力型疏水器。

2）减压阀

减压阀（图5-45）是通过调节阀孔大小，对蒸气进行节流而达到减压的目的，并能自动地将阀后压力维持在一定的范围内。

图5-44　疏水器实物图

图5-45　减压阀实物图

从流体力学的观点看，减压阀是一个局部阻力可以变化的节流元件，即通过改变节流面积，使流速及流体的动能改变，造成不同的压力损失，从而达到减压的目的。然后依靠控制与调节系统的调节，使阀后压力的波动与弹簧力相平衡，使阀后压力在一定的误差范围内保持恒定。

目前经常采用的减压阀有活塞式、波纹管式和薄膜式等几种。

3）二次蒸发箱

其作用时将室内各用气设备排除冷凝水，在交底压力下分离出一部分二次蒸汽，并将低压的二次蒸汽输送到热用户利用。

（6）换热器

换热器是将热流体的部分热量传递给冷流体的设备，又称热交换器。换热器是一种在不同温度的两种或两种以上流体间实现物料之间热量传递的节能设备，是使热量由温度较高的流体传递给温度较低的流体，使流体温度达到流程规定的指标，以满足工艺条件的需要，同时也是提高能源利用率的主要设备之一。

换热器主要用于热电厂及锅炉房中加热热网水和锅炉给水，在热水站和用户热力点处，加热供暖和热水供应用户系统的循环水和上水。

按参与热交换的介质可分为汽-水换热器和水-水换热器，按换热器的热交换方式可分为表面式热交换器和混合式热交换器。

(7) 补偿器

补偿器也叫膨胀节，或伸缩节。是为了防止供热管道升温时，由于热伸长或温度应力而引起的管道变形或破坏，需要在管道上设置补偿器，以吸收管道的热伸长，从而减小管壁的应力和作用在阀件或支架上的作用力。常用的补偿器有管道的自然补偿器、方形补偿器、波纹管补偿器（图 5-46）、套筒补偿器、球形补偿器和旋转补偿器等。

图 5-46 波纹管补偿器实物图

5.2.4 通风与空调系统的分类、应用及常用器材选用

通风与空调系统是通风系统和空调系统的组合。通风与空调系统可以创造良好的空气环境条件（如：温度、湿度、空气流速、洁净度等），对保障人们的身体健康、提高劳动生产率、保证产品质量是必不可少的。

1. 通风系统的分类和组成

通风是借助换气稀释或通风排除等手段，控制空气污染物的传播与危害，实现室内外空气环境质量保障的一种建筑环境控制技术。通风系统就是实现通风这一功能，包括进风口、排风口、送风管道、风机、降温及采暖、过滤器、控制系统以及其他附属设备在内的一整套装置。

(1) 通风系统的分类

通风的主要目的是为了置换室内的空气，改善室内空气品质，是以建筑物内的污染物为主要控制对象的。

1) 按换气方法不同可分为排风和送风。排风是在局部地点或整个房间把不符合卫生标准的污染空气直接或经过处理后排至室外；送风是把新鲜或经过处理的空气送入室内。

2) 按空气流动的动力划分

自然通风：利用室外冷空气和室内热空气密度的不同以及建筑物迎风面（正压）和风压不同而进行通风换气的方式，称为自然通风。自然通风系统见图 5-47。

机械通风：利用通风机提供的动力，借助通风管网，强制地进行室内外空气交换的通风方式，称为机械通风。

混合通风：用全面送风和局部排风或全面排风和局部送风混合起来的通风形式。

在实际工程中，各种通风方式是联合使用的，选用哪一种通风方式，应根据卫生要求、建筑生产工艺特点以及经济适用等因数来决定。

3) 按通风系统的作用范围划分

全面通风：全面通风是对整个房间进行换气，用送入室内的新鲜空气把整个房间里的有害浓度稀释至卫生标准允许浓度以下，同时把室内被污染的空气直接或经过净化处理后排放到室外大气中去。

局部通风：将污浊的空气或有害气体直接从产生的地方抽出，防止扩散到整个室内，或者将新鲜的空气送到某个局部范围，改善局部范围的空气状况，称为局部通风。局部机械排风系统见图 5-48。

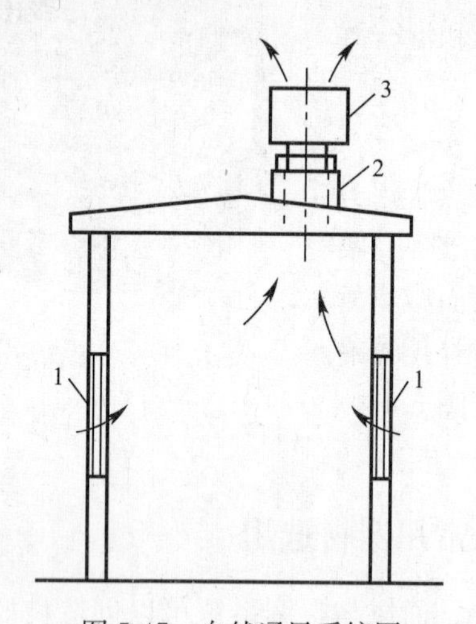

图 5-47　自然通风系统图

1—窗；2—防雨罩；3—筒形风帽

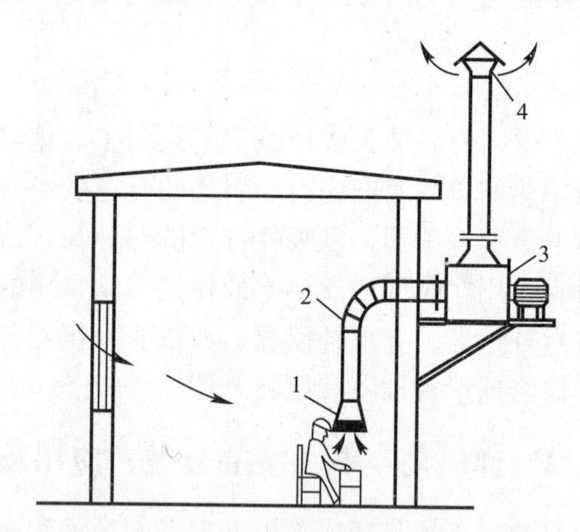

图 5-48　局部机械排风系统

1—排风罩；2—风管；3—风机；4—伞形风帽

（2）通风系统的组成

通风系统的组成一般包括：进气处理设备，如空气过滤器、热湿处理设备和空气净化设备等；送风机或排风机；风道系统，如风管、阀部件、送排风口、排气罩等；排气处理设备，如除尘器、有害物体净化设备、风帽等。

1）机械送风系统的组成

机械送风系统组成见图 5-49。

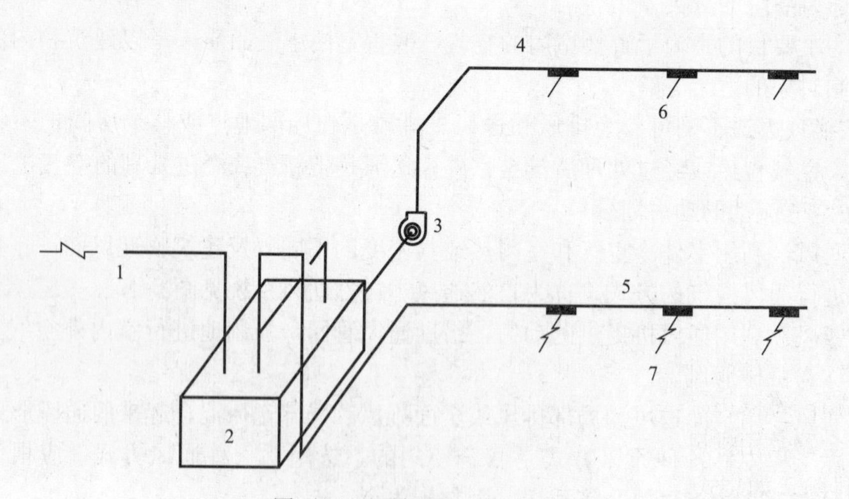

图 5-49　机械送风系统组成图

1—新风口；2—空气处理室；3—通风机；4—送风管；5—回风管；6—送风口；7—吸风口

① 新风口：新鲜空气入口；

② 空气处理室：对空气中的悬浮物、有害气体进行过滤、排除等处理；

③ 通风机：将处理后的空气送入管网内；

④ 送风管：将通风机送来的空气送到各个房间，管道上安装有调节阀、送风口、防火阀、检查孔等部件；

⑤ 回风管：将被污染空气吸入管道内送回空气处理室。管道上安装有回风口、防火阀等部件；

⑥ 送（出）风口：将处理后的空气均匀送入房间；

⑦ 吸（回、排）风口：将房间内被污染空气吸入回风管道，送回空气处理室处理；

⑧ 管道配件（管件）：弯头、三通、四通、异径管、法兰盘、导流片等；

管道部件：各种风口、风阀、消声器、排气罩、风帽、检查孔、测定孔和风管支架、吊架、托架等。

2）机械排风系统组成

机械排风系统组成见图 5-50。

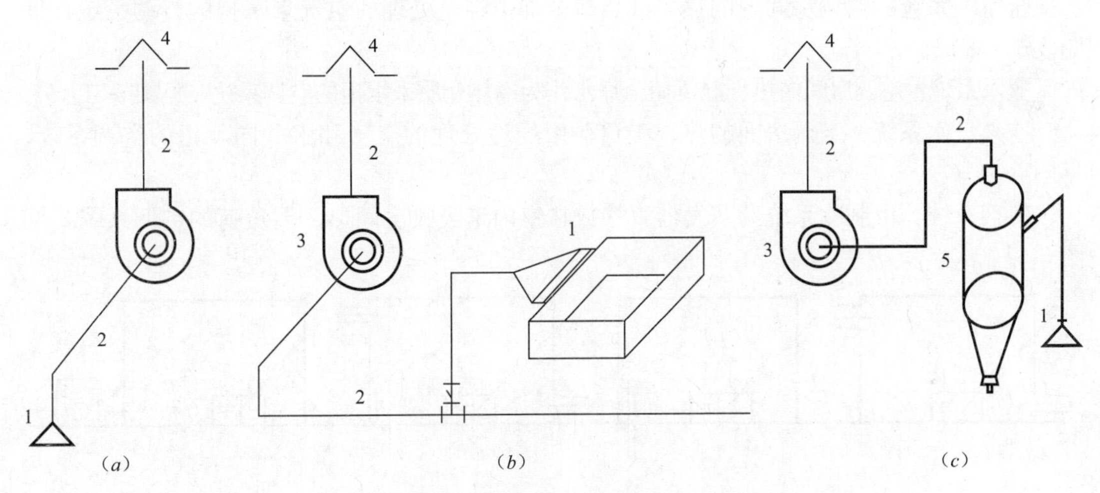

图 5-50　机械排风系统组成图

(a) 排风系统；(b) 侧吸罩排风系统；(c) 除尘系统

1—排风口（侧吸罩）；2—排风管；3—排风机；4—风帽；5—除尘器

① 吸风口：将被污染空气吸入排风管内。有吸风口、吸气罩等部件。

② 排风管：输送被污染空气的管道。

③ 排风机：排风机是将被污染的空气用机械能量从排气管中排出。

④ 风帽：将被污染空气排入大气中，防止空气倒灌及防止雨灌入的部件。

⑤ 除尘器：用排风机的吸力将带有灰尘及有害尘粒的被污染空气吸入除尘器中，将尘粒集中排除。如袋式除尘器、旋风除尘器、滤尘器等。

⑥ 其他管件和部件等：各种风阀、吸气罩、风帽、检查孔、测定孔和风管支架、吊架、托架等。

2. 空调系统的分类和组成

用人为的方法处理室内空气的温度、湿度、洁净度和气流速度的系统。可使某些场所获得具有一定温度、湿度和空气质量的空气，以满足使用者及生产过程的要求和改善劳动卫生和室内气候条件。

(1) 空调系统的分类

1) 按空气处理的集中程度分类

集中式空调系统：将各种空气处理设备和风机都集中设置在一个专用的机房里，对空气进行集中处理，然后由送风系统将处理好的空气送至各个空调房间中去。适用于面积大，房间集中，热湿负荷接近的场合。

半集中式空调系统：除有集中的空气处理室外，在各空调房间内还设有二次处理设备，对来自集中处理室的空气进一步补充处理。适用于对空气精度有较高要求的场合。

分散式空调系统：把空气处理设备、风机、自动控制系统及冷、热源等统统组装在一起的空调机组，直接放在空调房间内就地处理空气的一种局部空调方式。适用于面积小，房间分散，热湿负荷相差较大的场所。

2) 按负担室内热湿负荷所用的介质分类

全空气系统：空调房间内的热、湿负荷全部由经过处理的空气来承担的空调系统，见图 5-51 (*a*)。

全水系统：空调房间内热、湿负荷全靠水作为冷热介质来承担的空调系统，见图 5-51 (*b*)。

空气—水系统：空调房间的热、湿负荷由经过处理的空气和水共同承担的空调系统，见图 5-51 (*c*)。

冷剂系统：由制冷系统的蒸发器直接放在室内来吸收房间热、湿负荷的空调系统，见图 5-51 (*d*)。

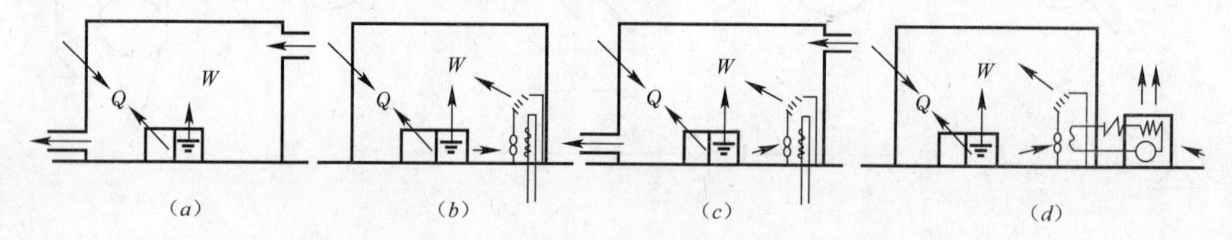

图 5-51 按承担室内负荷的介质分类的空调系统

(*a*) 全空气系统；(*b*) 全水系统；(*c*) 空气—水系统；(*d*) 制冷剂系统

3) 按被处理空气的来源分类

封闭式空调系统处理的空气全部取自空调房间本身，没有室外新鲜空气补充到系统中来，全部是室内的空气在系统中周而复始地循环。因此，空调房间与空气处理设备由风管连成了一个封闭的循环环路，如图 5-52 (*a*) 所示。

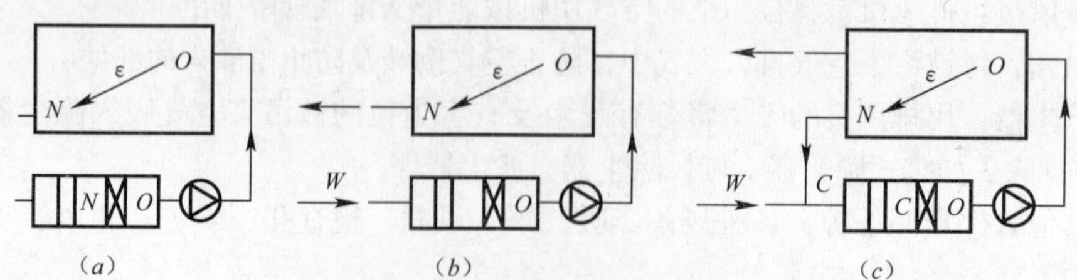

图 5-52 按空气的来源分类的空调系统

(*a*) 封闭式；(*b*) 直流式；(*c*) 混合式

直流式系统处理的空气全部取自室外，即室外的空气经过处理达到送风状态点后送入各空调房间，送入的空气在空调房间内吸热吸湿后全部排出室外，如图 5-52 (*b*) 所示。

因为封闭式系统没有新风，不能满足空调房间的卫生要求，而直流式系统消耗的能量大且不经济，所以封闭式系统和直流式系统只能在特定的情况下才能使用。对大多数有一定卫生要求的场合，往往采用混合式系统。混合式系统综合了封闭式系统和直流式系统的优点，既能满足空调房间的卫生要求，又比较经济合理，故在工程实际中被广泛应用。图 5-52（*c*）即为混合式系统。

4）按服务对象不同分类

舒适性空调系统，指为室内人员创造舒适健康环境的空调系统。舒适健康的环境令人精神愉快，精力充沛，工作、学习效率提高，有益于身心健康。

工艺性空调系统指为生产工艺过程或设备运行创造必要环境条件的空调系统，工作人员的舒适要求有条件时可兼顾。

（2）空调系统的组成

一个完整的集中式空调系统由以下几部分组成。

1）冷源及热源

常用热源一般包括热水、蒸汽锅炉、电锅炉、热泵机组、电加热器串联等。空调冷源包括天然冷源及人工冷源，天然冷源利用自然界的冰、低温深井水等来制冷。目前常用的冷源设备包括电动压缩式和溴化锂吸收式制冷机组两大类。空调冷热源的附属设备包括冷却塔、水泵、换热装置、蓄热蓄冷装置、软化水装置、集分水器、净化装置、过滤装置、定压稳压装置等。

2）空气处理部分

是对空气进行加热或冷却，加湿或除湿、空气净化处理等功能的设备。主要包括组合式空调机组、新风机组、风机盘管、空气热回收装置、变风量末端装置、单元式空调机等。组合式空调机组一般由新回风混合段、过滤段、冷却段、加热段、加湿段、送风段等组成。风机盘管主要由风机、换热盘管和过滤装置等组成。变风量末端装置目前国内常采用串联与并联风机动力型和单风管节流型几种类型。

3）空气输送部分

空气输送部分主要包括送风机、回风机（系统较小时不用设置）、风管系统和必要的风量调节装置。送风系统的作用是不断将空气处理设备处理好的空气有效地输送到各空调房间；回风系统的作用是不断地排出室内回风，实现室内的通风换气，保证室内空气品质。

4）空气分配部分

空气分配部分主要包括设置在不同位置的送风口和回风口，其作用是合理地组织空调房间的空气流动，保证空调房间内工作区（一般是 2m 以下的空间）的空气温度和相对湿度均匀一致，空气流速不致过大，以免对室内的工作人员和生产形成不良的影响。

5）控制、调节装置

包括压力传感器、温度传感器、温湿度传感器、空气质量传感器、流量传感器，执行器等。

3. 通风与空调系统的常用器材

通风与空调系统的主要设备有：

冷热源设备。如锅炉、冷水机组、热泵机组等；

空气处理设备。分空气集中处理设备：组合式空调机级、新风机组等；末端空气处理设备：风机盘管；

通风设备。如排风机、回风机等；

空调水系统设备。如冷冻水泵、冷却水泵、冷却塔等；

风系统及水系统调节控制设备。如各种阀门等。

（1）风机

风机按气体在旋转叶轮内部流动方向分为离心式、轴流式、混流式；按照结构形式分为单级风机、多级风机；按照排气压强的不同分为通风机、鼓风机、压气机。

风机的性能参数主要有流量（又称为风量）、风压、功率、效率、转速、比转速。

（2）风阀

通风空调系统中的风阀主要用于启动风机，关闭风道、风口，调节管道内空气量，平衡阻力等。调节阀安装于风机出口的风道、主干风道、分支风道上或空气分布器之前等位置。通风空调工程中根据调节阀的作用不同，有多叶调节阀、防火阀、蝶阀、止回阀、矩形风管三通调节阀、密闭式斜插板阀和启动阀等。

（3）风口

风口是通风系统的重要部件，其作用是按照一定的流速，将一定数量的空气送到用气的场所，或从排气点排出。通风（空调）工程中使用最广泛的是铝合金风口，表面经氧化处理，具有良好的防腐、防水性能。

目前常用的风口有格栅风口、地板回风口、条缝型风口、百叶风口（固定百叶风口、活动百叶风口）和散流器。

按具体功能可将风口分为新风口、排风口、送风口、回风口等。新风口将室外清洁空气吸入管网内；排风口将室内或管网内空气排到室外；回风口将室内空气吸入管网内；送风口将管网内空气送入室内。

（4）除尘器

除尘器的种类很多，一般根据主要除尘机理的不同可分为重力、惯性、离心、过滤、洗涤、静电等六大类；根据气体净化程度的不同可分为粗净化、中净化、细净化与超净化等四类；根据除尘器的除尘效率和阻力可分为高效、中效、粗效和高阻、中阻、低阻等几类。

（5）消声器

消声器是一种能阻止噪声传播，同时允许气流顺利通过的装置。在通风空调系统中，消声器一般安装在风机出口水平总风管上，用以降低风机产生的空气动力噪声。也有将消声器安装在各个送风口前的弯头内，用来阻止或降低噪声由风管内向空调房间传播。消声器的结构及种类很多，常用的消声器有阻抗复合式消声器、管式消声器、微孔板式消声器、片式消声器、折板式消声器，以及消声弯头等。

（6）空气幕

利用条形空气分布器喷出一定速度和温度的幕状气流，借以封闭大门、门厅、通道、门洞、柜台等，减少或隔绝外界气流的侵入，以维持室内或某一工作区域的环境条件，同事还可以阻挡粉尘、有害气体及昆虫的进入。空气幕的隔热、隔冷、隔尘、隔虫特性不仅可以维护室内环境而且还可以节约建筑能耗。

空气幕可由空气处理设备、风机、风管系统及空气分布器组成。空气幕按照空气分布器的安装位置可以分为上送式、侧送式和下送式三种；按送风气流的加热状态分为非加热空气幕和热空气幕。

(7) 空气热湿处理设备

空气热湿处理设备主要是对空气进行加热、加湿、冷却、除湿等处理。

1) 喷水室

在空调系统中应用喷水室的主要优点在于能够实现对空气加湿、减湿、加热、冷却多种处理过程，并具有一定的空气净化能力。喷水室有卧式和立式、单级和双极、低速和高速之分。其供水方式有使用深井水和使用冷冻水等不同形式。

2) 表面式换热器

表面式换热器包括空气加热器和表面式冷却器两大类。空气加热器是用热水或蒸汽作热媒，或用电加热；表面式冷却器用冷水或者蒸发的制冷剂作冷媒，因此表面式冷却器又分为水冷式和直接蒸发式两类。

(8) 空调冷热源

空调系统常用的冷源有冷水机组、蓄冷设备等，常用的热源有锅炉、换热器、热泵等。

空调系统中应用最广泛的制冷机有压缩式（活塞式、离心式、螺杆式、涡旋式等）和吸收式两种。

(9) 空调器

空调器又称空调机、空调机组等，是一种能将空气吸入、处理、送出的装置。根据用途、安装场所、构造不同，可分为窗式空调器、墙上式空调器、落地式空调器和吊顶式空调器等；从构造上又可分为整体式空调机组、分体式空调器和组合式空调机组。

1) 窗式空调器

窗式空调器式可以安装在窗上或窗台下预留孔洞内的一种小型空调机组。根据组成结构不同，有降温、供暖和恒温等多种功能。

2) 风机盘管

风机盘管是空调系统的一种末端装置，由风机、盘管以及电动机、空气过滤器、室温调节装置和箱体等组成。风机盘管广泛应用于宾馆、办公楼、医院、商住、科研机构。风机将室内空气或室外混合空气通过表冷器进行冷却或加热后送入室内，使室内气温降低或升高，以满足人们的舒适性要求。其形式有立式和卧式两种，安装方式有落地式安装、吊顶安装和墙壁安装。

3) 变风量末端装置

变风量空调系统是通过改变送风量也可调节送风温度来控制某一空调区域温度的一种空调系统。该系统是通过变风量末端装置调节送入房间的风量，并相应调节空调机的风量来适应该系统的风量需求。变风量末端装置由室内温度传感器、电动风阀、控制用 DDC 板、风速传感器等部件构成。

(10) 组合式空调机组

组合式空调机组是由各种空气处理功能段组装而成的一种空气处理设备。适用于阻力大于 100Pa 的空调系统。机组空气处理功能段有：空气混合、均流、过滤、冷却、一次和二次加热、去湿、加湿、送风机、回风机、喷水、消声、热回收等单元体。

按结构型式分类，可分为卧式、立式和吊顶式；按用途特征分类，可分为通用机组、新风机组、净化机组和专用机组（如屋顶机组、地铁用机组和计算机房专用机组等等）；还可以按规格分类，机组的基本规格可用额定风量表示。

（11）消声静压箱

静压箱安装在风机出口或空气分布器前，内贴消声材料，起到消声、稳定气流和均匀分配气流的作用。

（12）冷却塔

冷却塔是在塔内使空气和水进行热质交换而降低冷却水温度的设备。冷却水自塔顶从上向下喷淋成水滴，形成水膜，而空气在塔体内由下向上或一侧进入塔体向上排出，水与空气的热交换越好，水温降低得就越多。空调用冷却塔常见的有逆流式（塔内空气和冷却水逆向流动）和横流式（塔内空气和冷却水垂直流动）两种。

5.2.5 自动喷水灭火系统的分类、应用及常用器材选用

消防工程可分为火灾自动报警系统、消防给水系统、消火栓系统、自动喷水灭火系统、水喷雾灭火系统、细水雾灭火系统、气体灭火系统、泡沫灭火系统、干粉灭火系统工程，及防排烟系统、防火门窗、防火卷帘、钢结构防火保护、防火封堵设施安装工程，以及消防系统调试工程和其他建筑消防设施工程。

自动喷水灭火系统就是装有喷头或喷嘴的管网系统。它利用火灾发生时产生的光、热及压力信号传感而自动启动，将水或以水为主的灭火剂喷向着火区域，扑灭火灾或控制火灾蔓延。自动喷水灭火系统是由加压送水设备、报警阀、管网、喷头及火灾探测系统等组成。

自动喷水灭火系统，根据被保护建筑物的性质和火灾发生、发展特性的不同，可以有许多不同的系统形式。通常根据系统中所使用的喷头形式的不同，分为闭式自动喷水灭火系统和开式自动喷水灭火系统两大类。闭式自动喷水灭火系统采用闭式喷头，它是一种常闭喷头，喷头的感温、闭锁装置只有在预定的温度环境下，才会脱落，开启喷头。因此，在发生火灾时，这种喷水灭火系统只有处于火焰之中或临近火源的喷头才会开启灭火。开式自动喷水灭火系统采用的是开式喷头，开式喷头不带感温、闭锁装置，处于常开状态。发生火灾时，火灾所处的系统保护区域内的所有开式喷头一起出水灭火。

闭式自动喷水灭火系统包括湿式系统、干式系统、预作用系统和重复启闭预作用系统。开式自动喷水灭火系统包括雨淋灭火系统、水幕灭火系统。其中使用最多的是湿式灭火系统，占70%。下面简单介绍一下以上几种类型灭火系统的特征及使用范围。

（1）湿式自动喷水灭火系统

该系统由湿式报警阀、闭式喷头和管网组成。在报警阀的上下管道中，经常充满有压水。湿式自动喷水灭火系统必须安装在全年不结冰及不会出现过热危险的房间（温度不低于4℃和不高于70℃的场所），该系统的灭火成功率比其他灭火系统高。湿式系统应用最为广泛。

（2）干式自动喷水灭火系统

该系统由干式报警阀、闭式喷头、管道和充气设备组成。在报警阀的上部管道中充装有压气体。该系统适用于安装在有冰冻危险和由于过热致使管道中的水可能汽化的房间内

(温度低于4℃或高于70℃的场所)。对于存在可燃物或燃烧速度比较快的建筑物，不宜采用该灭火系统。

(3) 预作用喷水灭火系统

该系统是由火灾探测系统和管网中充装有压或无压气体的闭式喷头组成的喷水灭火系统（管道内平时无水)。该系统在报警系统报警后（喷头还未开启）管道就充水，等喷头开启时已成湿式系统，不影响喷头开启后及时喷水。该系统一般用于不允许出现水渍的重要建筑物内。如：宾馆、重要档案、资料、图书及珍贵文物储藏室。

预作用系统同时具备了干式喷水灭火系统和湿式喷水灭火系统的特点，而且还克服了干式喷水灭火系统控火灭火率低，湿式系统易产生水渍的缺陷。因此，预作用系统可以用于干式系统、湿式系统和干湿式系统所能使用的任何场所，而且还能用于一些这三个系统都不适宜的场所。

(4) 重复启闭预作用系统

能在扑灭火灾后自动关阀、复燃时再次开阀喷水的预作用系统。适用于灭火后必须及时停止喷水的场所。

目前这种系统有两种形式：一种是喷头具有自动重复启闭的功能，另一种是系统通过烟、温感传感器控制系统的控制阀来实现系统的重复启闭功能。

重复启闭预作用自动喷水灭火系统功能优于以往所有的喷水灭火系统，其使用范围不受控制。系统在灭火后能自动关闭，节省消防用水，最重要的是能将由于灭火而造成的水渍损失减轻到最低限度。火灾后喷头的替换，可以在不关闭系统，系统仍处于工作状态的情况下马上进行，平时喷头或管网的损坏也不会造成水渍破坏。系统断电时，能自动切换转用备用电池操作，如果电池在恢复供电前用完，电磁阀开启，系统转为湿式系统形式工作。重复启闭预作用自动喷水灭火系统造价较高，一般只用在特殊场合。

(5) 雨淋灭火系统

该系统由火灾探测系统和管道平时不充水的开式喷头喷水灭火系统组成。一般安装在发生火灾时火势猛、蔓延速度快的场所，如工业建筑、礼花厂、舞台等可燃物较多的场所。

(6) 水幕系统

该系统由水幕喷头、管道和控制阀组成。

水幕系统是自动喷水灭火系统中唯一的一种不以灭火为主要目的的系统。水幕系统可安装在舞台口、门窗、孔洞用来阻火、隔断火源，使火灾不致通过这些通道蔓延。水幕系统还可以配合防火卷帘、防火幕等一起使用，用来冷却这些防火隔断物，以增强它们的耐火性能。水幕系统还可作为防火分区的手段，在建筑面积超过防火分区的规定要求，而工艺要求又不允许设防火隔断物时，可采用水幕系统来代替防火隔断设施。

2. 自动喷水灭火系统的常用器材

以下以实际工程中应用最为广泛的湿式自动喷水灭火系统为例，说明其各主要部件的功能。

湿式自动喷水灭火系统由闭式洒水头、水流指示器、湿式报警阀组以及管道和供水设施等组成，管道内始终充满水并保持一定的压力，如图5-53所示。

发生火灾时，火焰产生的热与烟使喷头感温或感烟元件启动，喷头喷水灭火。同时，系统中的水流指示器向消防室报警，并显示失火地点。报警阀的压力开关也向消防室报警，并启动消防水泵。水力警铃也同时发出声音报警。

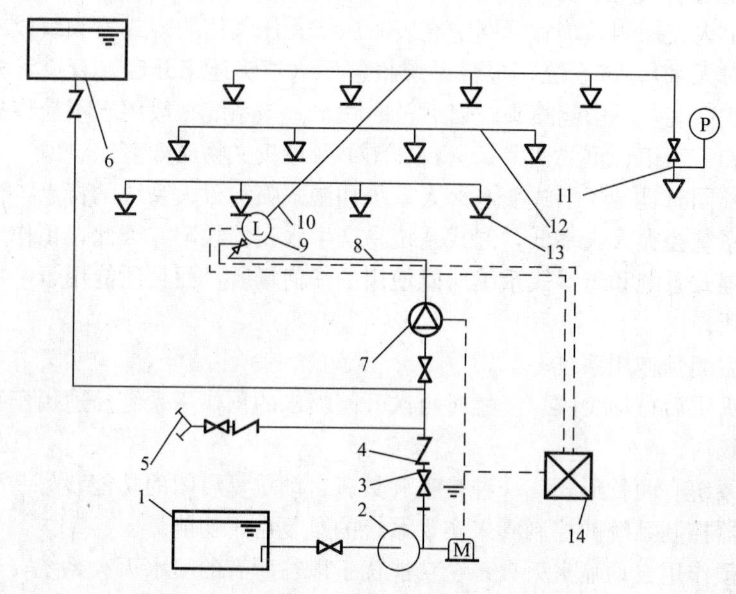

图 5-53 湿式自动喷水灭火系统示意图

1—水池；2—水泵；3—闸阀；4—止回阀；5—水泵接合器；6—消防水箱；7—湿式报警阀组；8—配水干管；9—水流指示器；10—配水管；11—末端试水装置；12—配水支管；13—闭式洒水喷头；14—报警控制器；P—压力表；M—驱动电机；L—水流开关

(1) 水流指示器

通常安装在系统各分区的配水干管或配水管的始端，可将水流动信号转换为电信号，用以显示火警发生的区域。浆片式水流指示器只适用于湿式系统，且应水平安装。其作用在于，当喷头开启喷水灭火或者管道发生泄漏故障时，有水流通过装有水流指示器的管道，则将输出信号送至报警控制器或控制中心，可以显示喷头喷水的区域，起辅助报警使用。

(2) 水力警铃

水力警铃是一种水力驱动机械装置，主要用于湿式系统，利用水流的冲击力发出声响的报警装置，安装在湿式报警阀的报警管路上。当自动喷水灭火系统启动灭火时，消防用水的流量等于或大于一个喷头的流量时，压力水流延报警支管进入水力警铃驱动叶轮，带动铃锤敲击铃盖，发出报警声响。与报警阀的连接管道应采用镀锌钢管，长度不大于 6m，管径为 15mm，大于 6m，管径为 20mm，但最大长度不应大于 20m。水力警铃不得安装在受雨淋、暴晒的场所，以免影响其性能。

(3) 压力开关

当报警阀启动时，一部分压力水通过报警支管进入压力开关，当达到压力开关的额定工作压力后，压力开关内的机构动作，发出电信号至控制器，同时直接启动喷淋泵。压力开关安装在延迟器的出口处。压力开关垂直安装于延迟器和水力警铃之间的管道上。在水力警铃报警的同时，依靠警铃管内水压的升高自动接通电触点，完成电动警铃报警，向消防控制室传送电信号或启动消防水泵。压力开关有时还安装在其他有水压的管网或系统终端、控制接触器、启动系统的消防水泵上。

(4) 延迟器

主要用于湿式喷水灭火系统，安装在湿式报警阀与水力警铃（或压力开关）之间，其作用是防止发生误报警。延迟器下端为进水口，与报警阀报警口连接相通；上端为出水口，接水力警铃。延迟器实际上是一个罐式容器，当湿式报警阀因水锤或水源压力波动其阀瓣被冲开时，水流会由报警支管进入延迟器，但这样的波动时间短，进入延迟器的水量少，压力水会很快由延迟器底部泄水孔排出而不进入水力警铃，因而能有效防止误报警。只有当水连续通过湿式报警阀，使其完全开启时，水才能很快充满延迟器，并由顶部流向水力警铃，发出报警。报警阀报警口压力水从延迟器进口流入至出口流出所需的时间为延时时间，水流停止后，残留在延迟器中的水由泄水接头排出。

(5) 火灾探测器

火灾探测器是自动喷水灭火系统的重要组成部分，一般布置在房间和走廊的天花板下，每若干面积设一个，其功能是及早探测火灾并通过电气自动控制进行报警。探测器种类：定温式、差温式、复合式及离子式。目前常用的有感烟、感温探测器。感烟探测器是利用火灾发生地点的烟雾浓度进行探测；感温探测器是通过火灾引起的温升进行探测。

以上属于报警控制装置，在系统中担负着探测火情、发出警报、启动系统和对系统工作状态监控的作用。

(6) 洒水喷头

在自动喷水灭火系统中，洒水喷头担负着探测火灾、启动系统和喷水灭火的任务，它是系统中的关键组件。洒水喷头有多种不同形式的分类。

① 按有无释放机构分类为闭式和开式的分类。

② 按喷头流量系数分类，包括 $K=55$、80、115 等，其中 $K=80$ 的称为标准喷头。

③ 按安装方式分类，有下垂型、直立型、普通型和边墙型喷头。

(7) 湿式报警阀

湿式报警阀是自动喷水灭火系统中接通或切断水源，并启动报警器的装置。湿式报警阀的构造如图 5-54 所示。

整个阀体被阀瓣分成上、下两腔。上腔（系统侧）与系统管网相通，下腔（供水侧）与水源端相连。在阀体中配有阀座，阀座上有多个小孔，平时这些小孔被阀瓣盖住密封。当下腔压力大于上腔压力且达到一定数值时，阀瓣迅速开启，当上下腔压力平衡时，阀瓣能自动复位。为了防止系统侧管路漏水（不大于 15L/min）或供水压力波动使上下腔压力差过大，致使阀瓣有时开启而造成误报警，在该阀设有平衡管路。当发生这种现象时，平衡阀打开补水，平衡上下腔压力，从而避免了误报警。

报警阀的公称通径一般为 50、65、80、100、125、150、200mm 七种。

(8) 阀门限位器

是一种行程开关也称信号阀，通常配置在干管的总控制闸阀上和通径大的支管闸阀上，用于监测闸阀的开启状态，一旦部分或全部关闭时，即向系统的报警控制器发出报警信号。

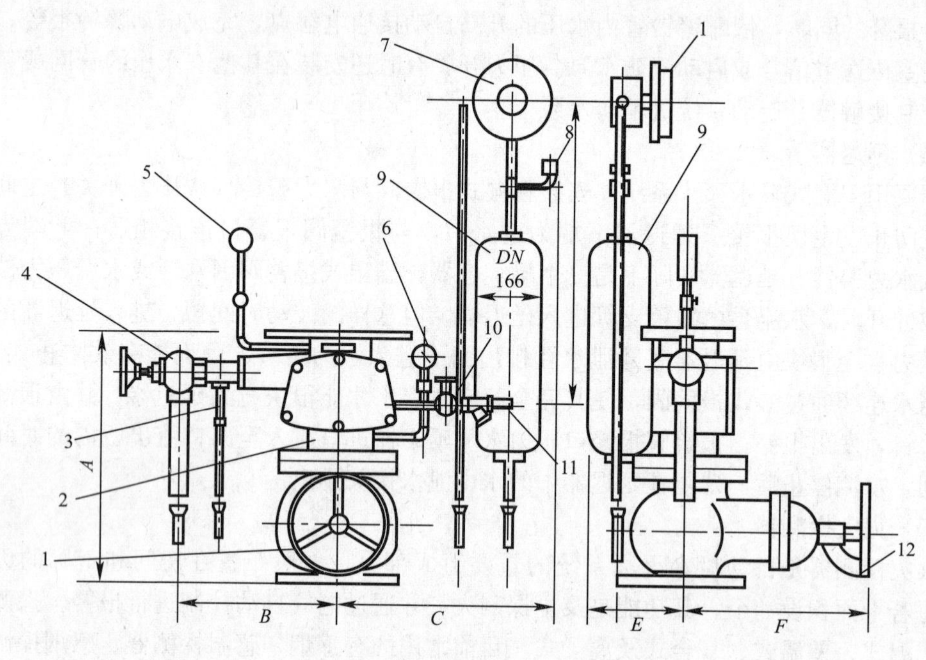

图 5-54　湿式报警阀结构示意图

1—控制阀；2—报警阀；3—试警铃阀；4—放水阀；5、6—压力表；7—水力警铃；8—压力开关；9—延迟器；10—警铃管阀门；11—滤网；12—软锁

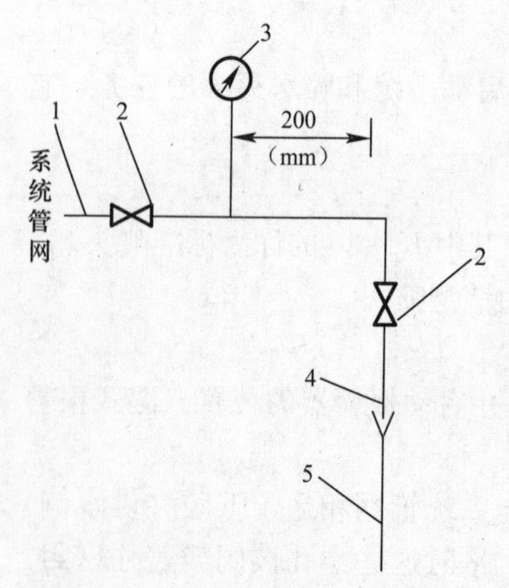

图 5-55　末端试水装置示意图

1—与系统连接管道；2—控制阀；3—压力表；4—标准放水口；5—排水管道

（9）末端试水装置

末端试水装置由试水阀、压力表以及试水接头组成，如图 5-55 所示。试水接头出水口的流量系数应等于同楼层或防火分区内的喷头最小流量系数。末端试水装置的出水应采取孔口出流的方式排入排水管道。每个报警阀组控制的最不利点喷头处，应设末端试水装置，其他防火分区、楼层的最不利点喷头处，均应设直径为 25mm 的试水阀，用于动作试验。

5.2.6　智能化工程系统的分类及常用器材的选用

建筑智能化工程是新兴的安装工程，是在人们对办公条件和居住环境提出更高要求的期望中应运而生的，是以计算机技术、控制技术、通信技术、网络技术等与建筑技术和建筑设备技术有机结合而构成的，为高效、节能、环保、舒适而服务于建筑物预期功能创造了条件。

国家标准《智能建筑设计标准》GB/T 50314—2015 对智能建筑定义为“以建筑物为平台，兼备信息设施系统、信息化应用系统、建筑设备管理系统、公共安全系统等，集结构、系统、服务、管理及其优化组合为一体，向人们提供安全、高效、便捷、节能、环保、健康的建筑环境”。

1. 智能化系统的分类

建筑智能化工程可分为智能化集成系统工程、信息设施系统工程、信息化应用系统工程、设备管理系统工程、公共安全系统工程以及机房和环境工程。

智能化集成系统工程可分为智能化系统信息共享平台建设安装工程和信息化应用功能实施安装工程。

信息设施系统工程可分为电话交换系统、信息网络系统、综合布线系统、室内移动通信覆盖系统、卫星通信系统、有线电视及卫星电视接收系统、广播系统、会议系统、信息导引和发布系统以及时钟系统安装工程。

信息化应用系统工程可分为工作业务应用系统、物业运营管理系统、公共服务管理系统、公众信息服务系统、智能卡应用系统以及信息网络安全管理系统安装工程。

设备管理系统工程可分为热力管理系统、制冷管理系统、空调管理系统、给水排水管理系统、电力管理系统、照明控制管理系统以及电梯检测、监视和控制管理系统安装工程。

公共安全系统工程可分为安全技术防范系统安全工程和应急联动系统安装工程。

机房工程可分为信息中心设备机房、数字程控交换机系统设备机房、通信系统总配线设备机房、消防监控中心机房、安防监控中心机房、智能化系统设备总控室、通信接入系统设备机房、有线电视前端设备机房、弱电间以及应急指挥中心的安装工程。

环境工程可分为环境监测、绿化、音乐喷泉等安装工程。

2. 智能化系统的构成及常用器材

依据《智能建筑工程质量验收规范》GB 50339—2013 规定，智能建筑分部工程分为通信网络系统、信息网络系统、建筑设备监控系统、火灾自动报警及消防联动系统、安全防范系统、综合布线系统、智能化集成系统、电源与接地、环境和住宅（小区）智能化等 10 个子分部工程；子分部工程又分为若干分项工程（子系统）。

一般来讲，智能建筑通常由以下 3 个子系统构成：楼宇自动化系统（BAS，又称建筑设备监控系统）、通信自动化系统（CAS）和办公自动化系统（OAS），见图 5-56。具有这 3 个系统的通常称为“3A”智能建筑。

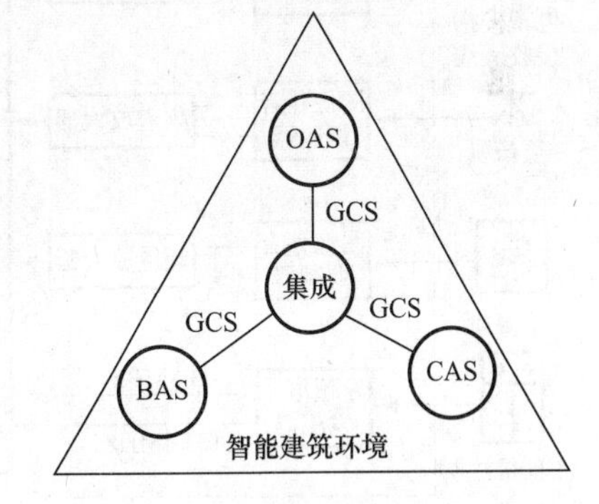

图 5-56 智能建筑的构成示意图

建筑智能化系统按工程实体分为硬件和软件两大部分。

硬件部分主要是指：各类探测（传感）器、控制器、计算机、显示器、记录仪、执行机构、信息数据线缆、声光音响元器件和电源供电装置等。

软件部分是指：各类计算机软件、系统参数的计算设定值、完成各种控制功能要求的数学模型的建立等。

1）通信网络系统（CNS）

通信网络系统是建筑物内或建筑群间语音、数据、图像传输的设施，也是与外部联络通信的重要手段。系统要确保信息畅通、资源共享。本系统应包括通信系统、卫星数字电视及有线电视系统、公共广播及紧急广播系统等各子系统及相关设施。其中通信系统包括电话交换系统、会议电视系统及接入网设备。现对几个系统作一下简略介绍。

① 通信系统

通信系统主要包括用户交换设备、通信线路及用户终端（电话机、传真机等）三大部分。其中，电话通信系统结构见图 5-57。

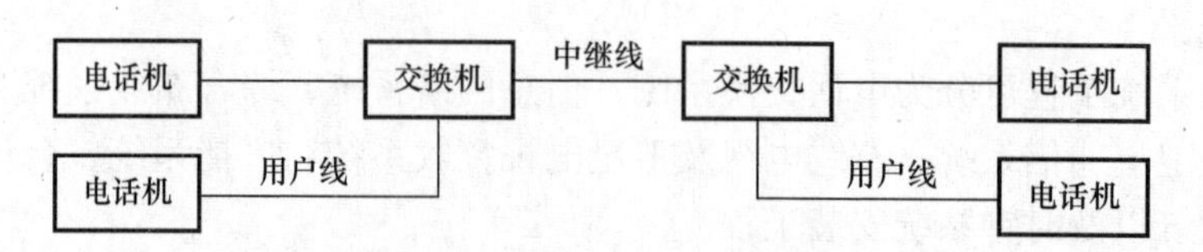

图 5-57　电话通信系统结构图

② 卫星数字电视及有线电视系统

卫星数字电视及有线电视系统主要包括信号源装置、前端设备、干线传输系统和用户分配网络。其中，闭路电视系统原理见图 5-58。

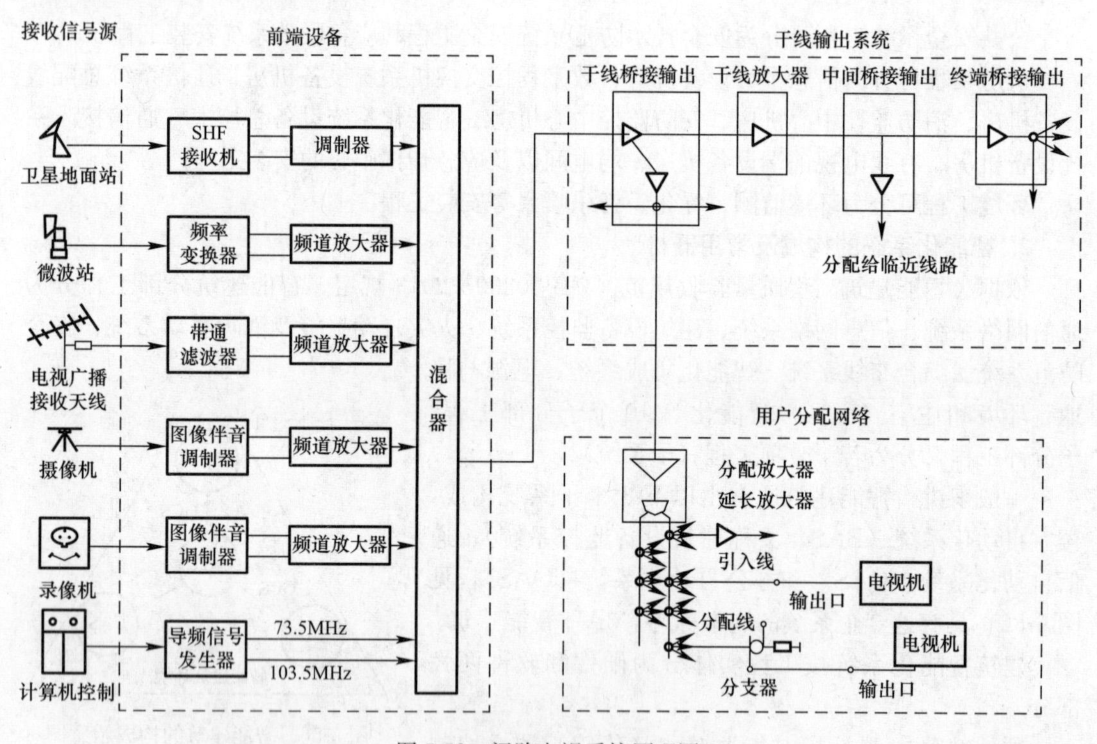

图 5-58　闭路电视系统原理图

③ 公共广播及紧急广播系统

公共广播及紧急广播系统主要设备包括音源设备、声处理设备、扩音设备和放音设备等构成。其中，扩音系统结构见图 5-59。

2）信息网络系统（INS）

利用各种手段组成网络状态的传递体系，以高效、优质地传送如语音、文字、图形图像等诸多的信息载体，进行交流应用，使之满足人们各种客观的需要。

信息网络系统包括计算机网络、应用软件及网络安全等。

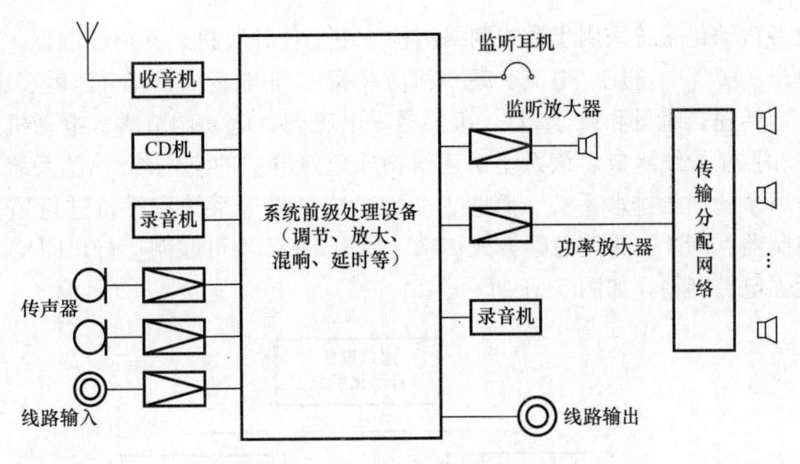

图 5-59　扩音系统结构图

① 计算机网络系统（局域网 LAN）

计算机网络系统是应用计算机技术、通信技术、多媒体技术、信息技术等先进技术及路由器、防火墙、核心层交换机、负载平衡器、服务器、汇聚层交换机、接入交换机、无线 AP、无线网卡及用户终端等构成的计算机网络平台，见图 5-60。

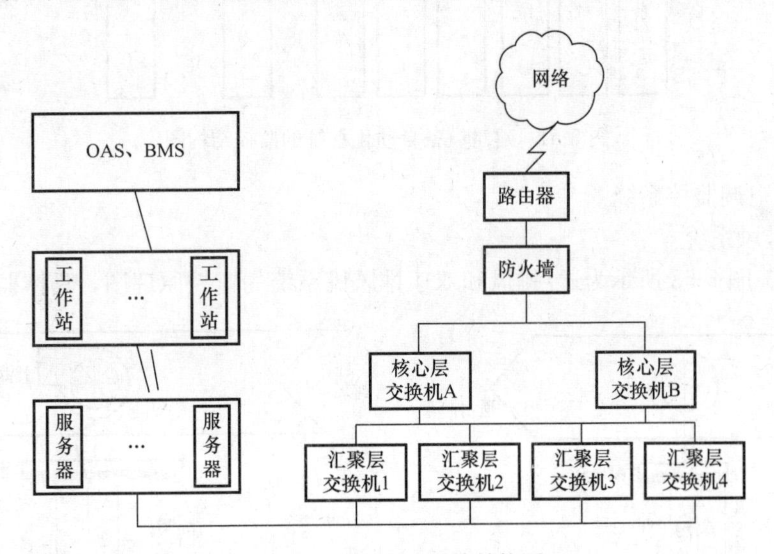

图 5-60　信息网络系统结构图

② 应用软件

建筑智能化工程的软件应包括办公自动化软件、物业管理软件和系统集成等应用软件。

3）建筑设备监控系统（BAS）

建筑设备监控系统，又称为楼宇自动化系统，是指对本工程中建筑所属各类设备的运行、安全状况、能源使用状况及节能等实现综合自动监测、控制与管理的综合系统。应做到运行安全、可靠、节省能源、节省人力。系统监控的目的是使被控对象运行安全可靠、经济有效、实现优化运行。

建筑设备自动化系统采用集散式网络结构，由上位计算机、网络控制器、现场控制器（DDC）、电量传感器（电压、电流、频率和功率等）、非电量传感器（温度、压力、液位、湿度、位移、转速、流量和风速等）、执行器（电磁阀、电动调节阀、电动机构等）以及相关的信号和控制管线组成。该系统对建筑物或建筑群内的空调冷/热源系统、空调水系统及空调通风系统、给排水系统、照明、变配电、电梯等系统和设备进行监视及节能控制，现场控制器（DDC）采用总线方式传输，所有DDC均可联网运行，DDC控制箱的电源引自就近强电控制箱，如图5-61所示。

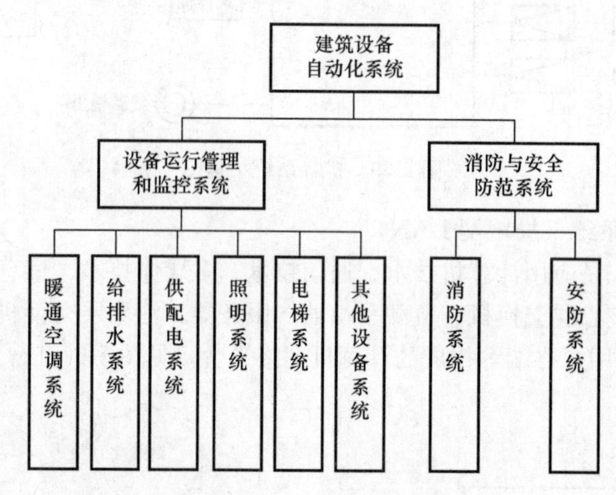

图5-61　建筑设备自动化系统的监控结构图

① 暖通空调监控系统

a. 送/排风系统

图5-62、图5-63所示为送/排风和双速排风机系统的监控原理图，具体监控内容包括

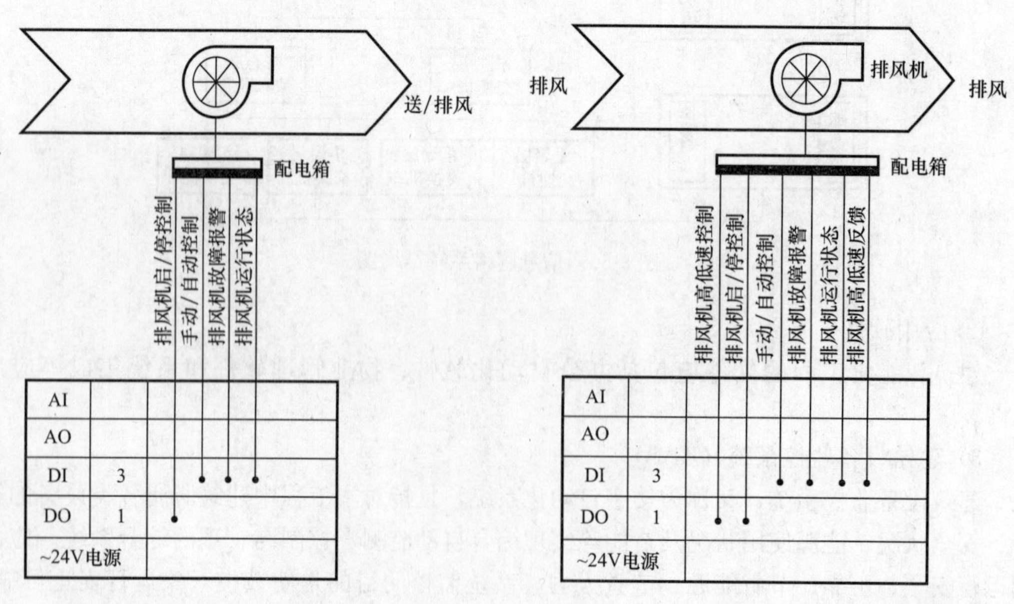

图5-62　送/排风系统的监控原理图　　图5-63　双速排风系统的监控原理图

按设定时间自动控制送/排风机的起停；监视送/排风机的运行状态；监视送/排风机的故障报警；监测送排风机的手/自动转换开关状态；风机压差检测信号；对平时/消防共用的双速排风，平时按送排风机设备自动控制，火灾则由消防联动控制，该系统不起作用。

b. 空调机组

如图 5-64 所示为空调机组的监控原理图，具体监控内容包括送/回风机启/停控制、状态显示、故障报警和手/自动转换开关状态以及风机压差检测信号；送风温湿度测量；过滤器淤塞报警和低温报警；根据送风温度调节冷水阀、热水阀开度；对带加湿功能的空调机组进行加湿控制；回风温湿度测量；新风、回风、排风阀门调节；风机、风门、调节阀之间的联锁控制。

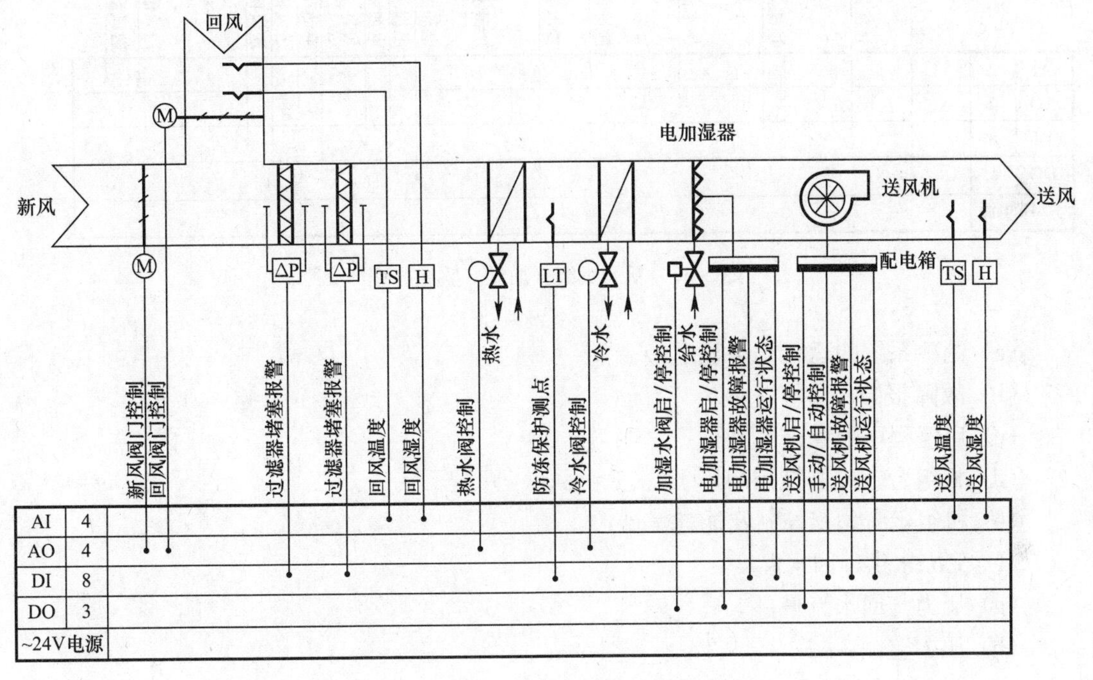

图 5-64 空调机组（加湿）监控原理图

c. 新风机组

如图 5-65 所示为新风机组的监控原理图，具体监控内容包括送风机启/停控制、状态显示、故障报警和手/自动转换开关状态以及风机压差检测信号；送风温湿度测量；过滤器淤塞报警和低温报警；根据送风温度调节冷水阀、热水阀开度；对带加湿功能的新风机组进行加湿控制；回风温湿度测量；新风、回风、排风机阀门调节；风机、风门、调节阀之间的联锁控制。

d. 冷水机房控制

按照空调专业的工艺要求，对冷水机组、冷冻泵、冷却泵、冷却塔、阀门等进行自动监控，使设备的动作实现自动、手动功能，符合顺序起停的要求，监测设备的运行状态，实现故障报警。根据当地的气候情况，按照空调设计参数对设备运行参数进行设定，冷水机房监控系统实现信号上传，但建筑设备管理系统对其只监不控。

冷水机房监控系统上传信号主要包括：

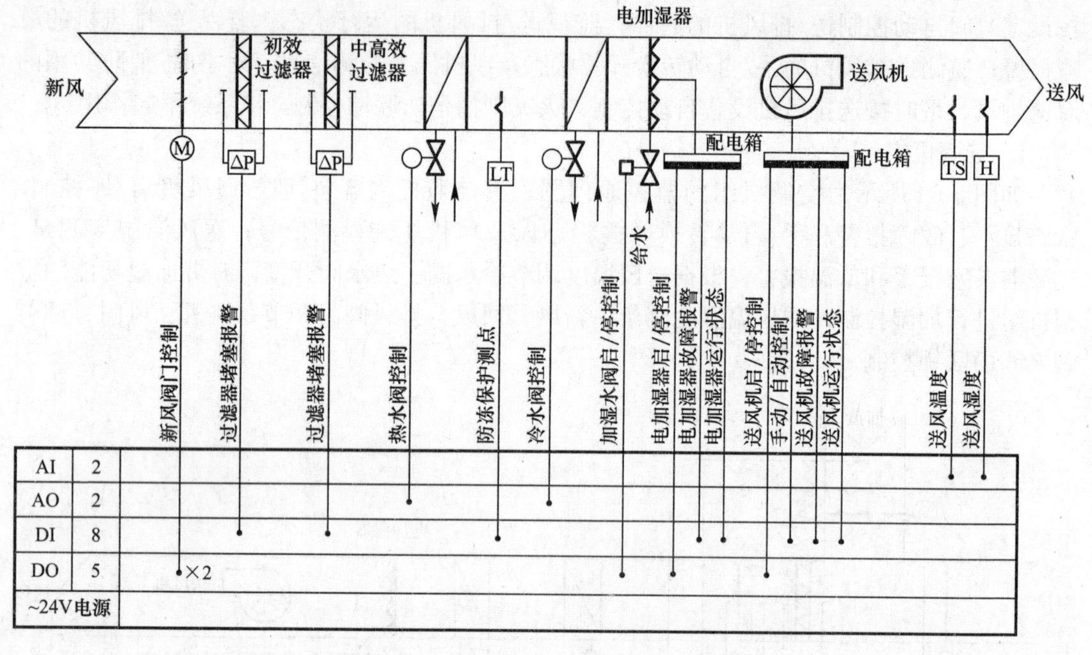

图 5-65 新风机组（加湿）监控原理图

(a) 制冷系统的运行状态显示；

(b) 故障报警；

(c) 启停程序配置；

(d) 机组台数或群控控制；

(e) 机组运行均衡控制及能耗累计；

(f) 冷冻水供、回水温度；

(g) 压力与回水流量；

(h) 压力监测；

(i) 冷冻和冷却泵及冷却塔风机的状态显示；

(j) 过载报警；

(k) 冷冻和冷却水进出、口温度监测等。

② 给水排水监控系统

a. 生活给水控制

图 5-66 所示是给水系统的监控原理图，其具体功能包括：

(a) 监测水池的超高/超低液位状态，并及时报警；

(b) 监测生活水泵的运行状态、故障报警、提示定时维修；

(c) 自动控制变频器的电源、故障及管网压力状态的及时报警。

b. 排水控制

图 5-67 所示为排水系统的监控原理图，其具体功能包括：

(a) 监测集水池的溢流液位报警；

(b) 监测污水泵的运行状态、故障报警，提示定时维修。

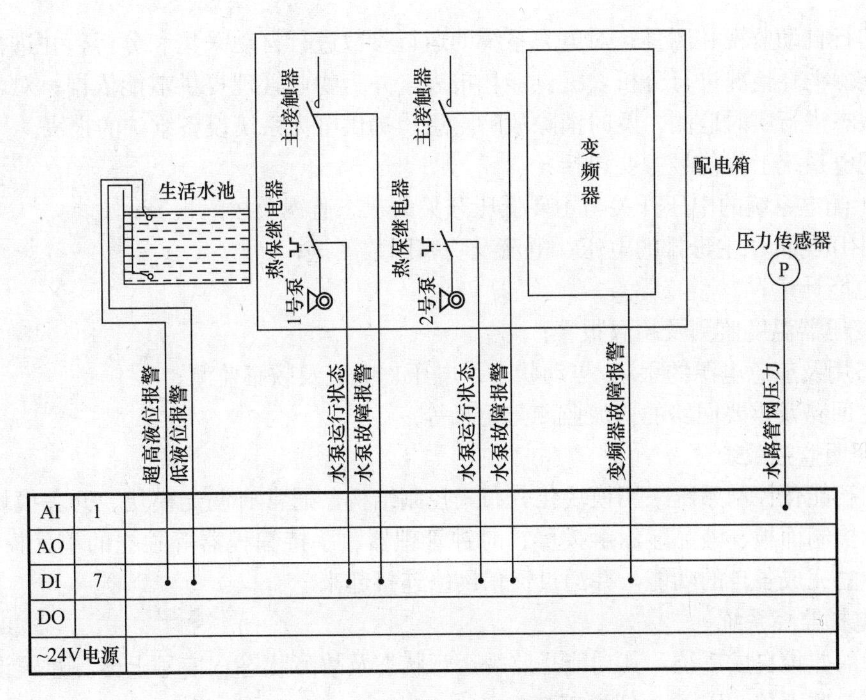

图 5-66　生活变频水泵监控原理图

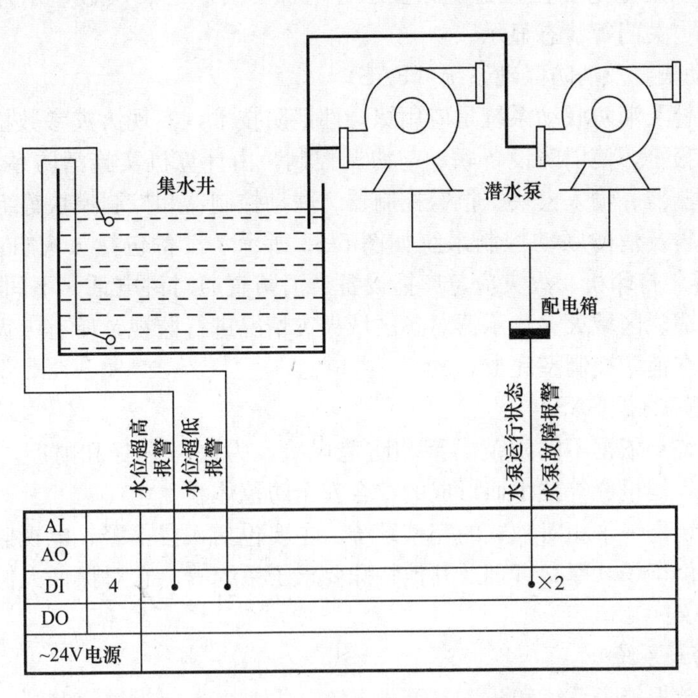

图 5-67　潜水泵及集水井监控原理图

③ 变配电监控系统

变配电监控系统的功能是信号上传，建筑设备管理系统对其只监不控，其主要功能是：对中压配电系统实行自动监测、控制和测量；对低压配电系统及变压器、发电机等电力设备实行自动监视和测量；对电力系统的运行参数进行自动采集和分析，并进行集中管理；对能源消耗情况进行分析，提供能耗报表，并为物业管理提供节能依据；对电力系统的运行状态进行实时监测，及时消除故障隐患；提供电力系统设备维护的报表。

变配电系统上传信号主要包括：

a. 供配电系统的中压开关与主要低压开关的状态监视及故障报警；

b. 中压与低压主母排的电压、电流及功率因数测量；

c. 电能计量；

d. 变压器温度监测及超温报警；

e. 备用及应急电源的手动/自动状态、电压、电流及频率监测；

f. 主回路及重要回路的谐波监测与记录等。

④ 照明监控系统

照明智能化控制系统采用模块化分布式控制结构，通常有调光模块、开关模块、智能传感器、控制面板、液晶显示触摸屏、时钟管理器、手持编程器等独立的单元模块组成，各模块独立完成各自的功能，并通过通信网络连接起来。

⑤ 电梯监控系统

电梯的监控自成系统，其功能是监视运行状态及故障状态、信号上传。建筑设备管理系统对其只监不控，BAS 预留通信接口。

在消防控制室设置电梯监控盘，除显示各电梯运行状态、层数显示外，还应设置正常、故障、开门、关门等状态显示。

4）火灾自动报警及消防联动系统（FAS）

火灾自动报警及消防联动系统是应用综合性消防技术，实现火灾参数检测、火灾信息处理、进行自动报警，使消防设备联动与协调控制，由计算机实施消防系统的全面管理。该系统由火灾探测器、输入模块、报警控制器、联动控制器和控制模块等组成。

火灾自动报警及消防联动控制系统如图 5-68 所示，设备包括火灾自动报警控制器、CRT 图形显示屏、打印机、火灾应急广播设备、消防直通对讲电话、不间断电源（UPS）及备用电源等组成。区域火灾显示器对各区域火灾情况进行监视，所有火灾报警控制及火灾广播系统，均在消防控制室完成。

5）安全防范系统（SAS）

安全防范系统是依据不同防范类型和防范风险，为保障人身和财产，运用计算机通信、电视监控及入侵报警等技术而形成的综合安全防范体系。

安全防范系统是一个相对独立的完整系统。主要包括入侵报警、电视监控、出入口控制、电子巡更、停车场（库）管理及其他特殊要求子系统等。它对保证人们的人身和财产安全具有重要意义。

① 入侵报警子系统

包括周界防越报警子系统和防盗报警子系统，主要由入侵报警探测器、报警装置、中央报警控制器等组成，以防止非法入侵，如图 5-69 所示。

② 电视监控子系统

该系统由摄像、传输、显示装置组成，并可记录存贮，包括模拟式和数字式两类，如图 5-70 所示。

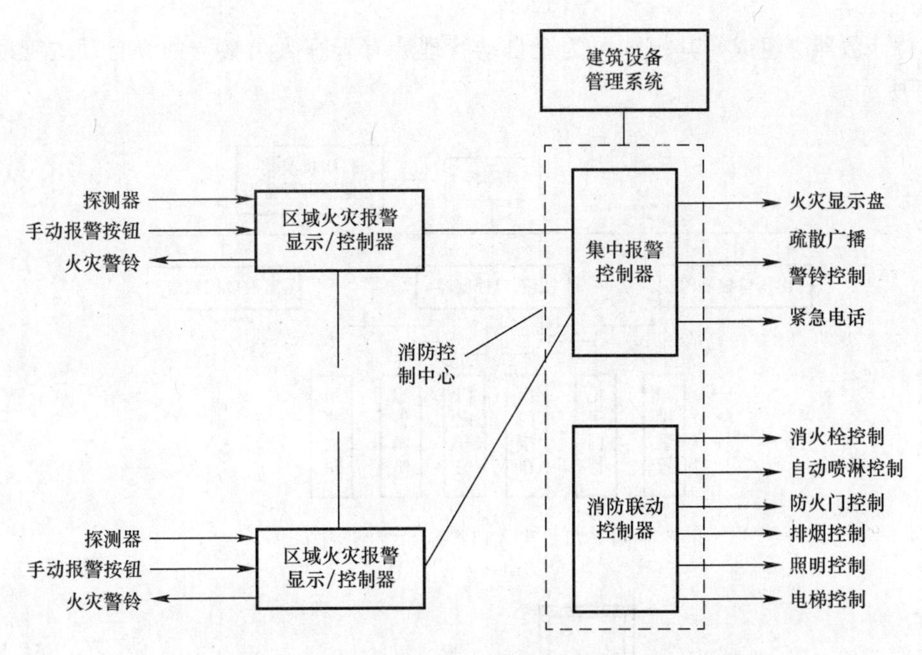

图 5-68　火灾自动报警及消防报警系统的结构框图

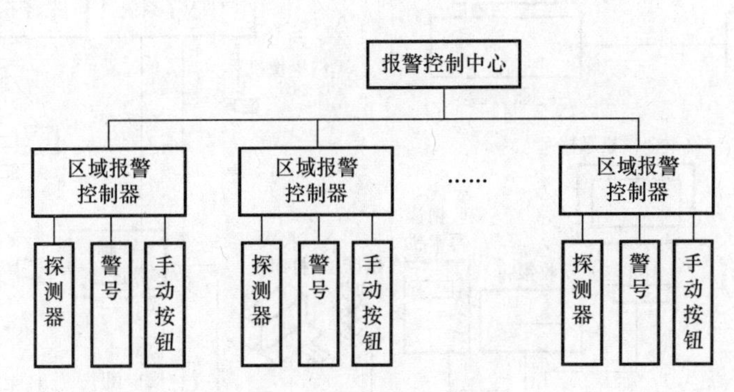

图 5-69　入侵报警系统结构图

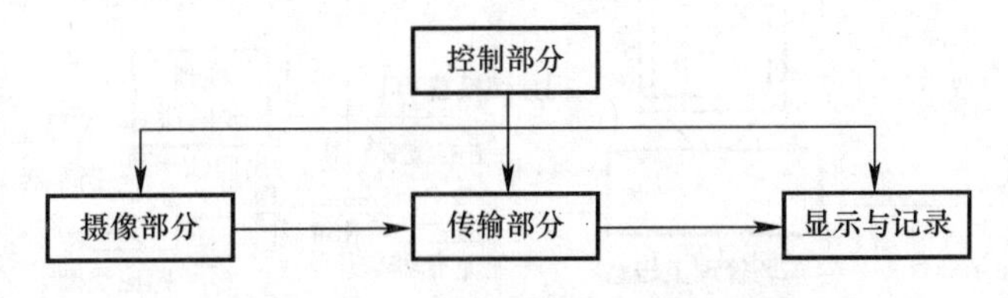

图 5-70　电视监控系统的功能关系图

③ 出入口控制子系统

又称门禁子系统，主要又对讲门机和电控锁组成。对讲门机有普通的和可视的两类，电控锁有钥匙电控锁、磁卡电控锁、IC 卡电控锁、密码电控锁和指纹电控锁等，如图 5-71 所示。

④ 停车场管理子系统

以计算机为核心，由感应器、读卡器、出票机、自动闸门机、控制器、收费机、显示器、车位计数器等组成，其模式可为全自动管理或有管理人员参与的半自动式管理，如图 5-72 所示。

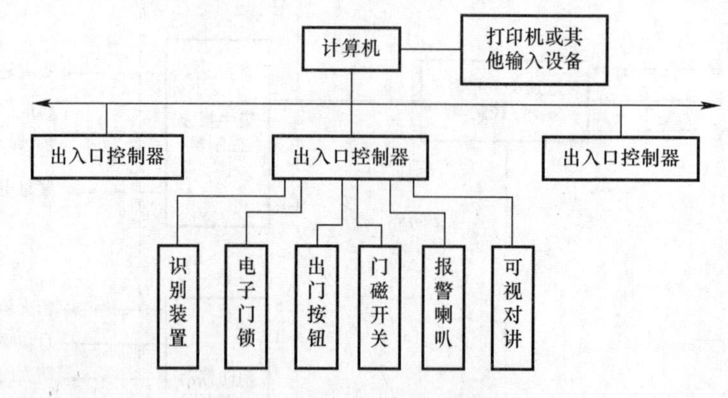

图 5-71　出入口控制系统结构图

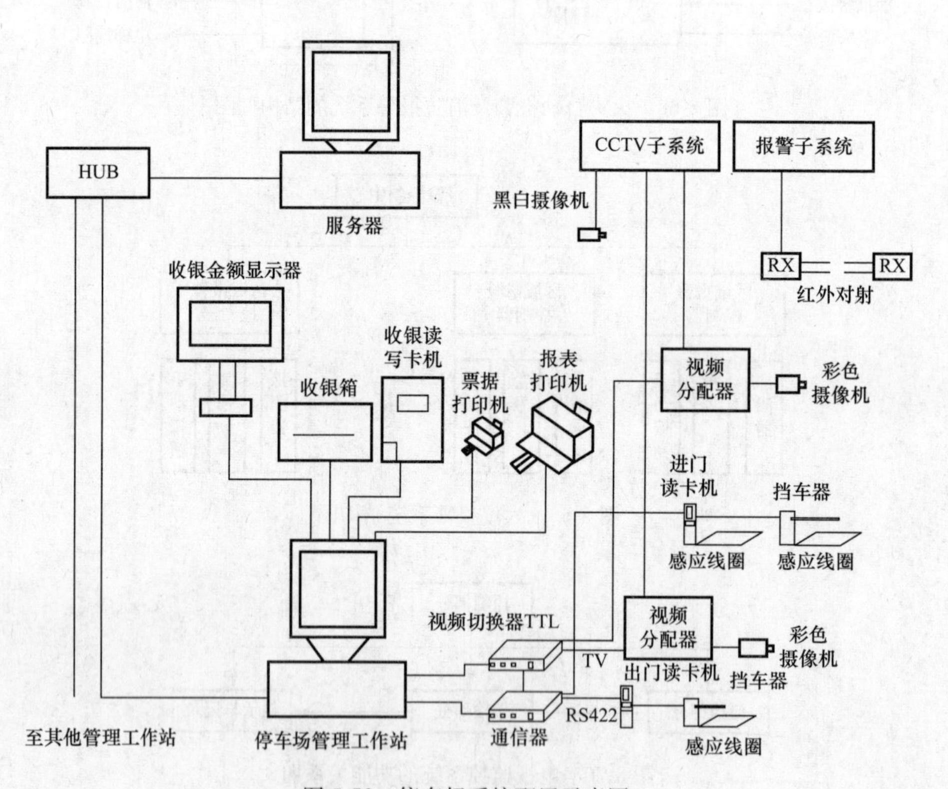

图 5-72　停车场系统配置示意图

⑤ 电子巡更子系统

有采用模块化信息钮和信息采集棒的离线式巡更子系统，还有利用门禁系统、入侵报警系统的在线式巡更系统。

6）综合布线系统（GCS）

综合布线是一种模块化、在建筑内或建筑群之间的信息传输通道，它灵活性极高，既能使语言、数据、图像设备和信息交换设备与其他信息管理系统彼此相连，也能使这些设备与外部通信网络相连接。它包括工作区子系统（信息插座）、水平布线子系统（四对双绞线或光纤）、垂直干线子系统（大对数电缆、光纤）、管理子系统（配线架、服务器、光纤连接器等）、进线间子系统（交接箱）、设备间子系统和建筑群子系统（线缆、光缆）等7个系统组成，如图5-73所示。

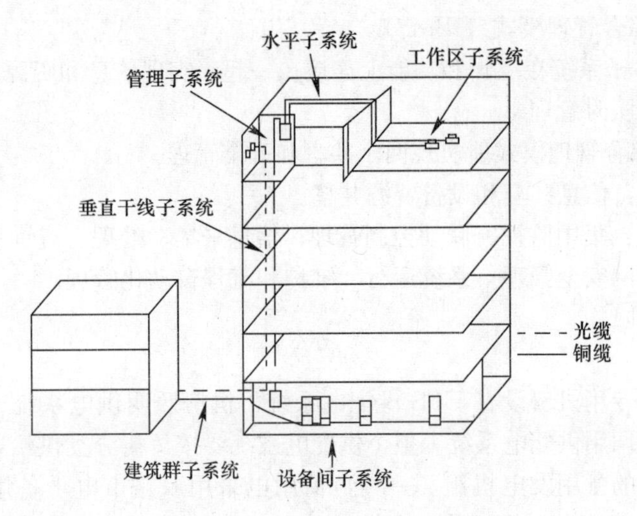

图5-73　结构化综合布线系统图

7）智能化系统集成系统（ISI）

系统集成就是将多个系统放在一起，并使它们形成一个整体，以满足用户为目的，以计算机网络为基础，各子系统间可以进行信息的交换和资源的共享；各子系统间具有互操作性，以实现智能化系统为总体目标；具有开放性，并且不依赖于任何一个厂商的产品。这样形成的一个中央监控系统对大厦的安防、消防、各类机电设备、照明、电梯等进行监视与控制，既提高了管理和服务效率，节省人工成本，又采用了同一操作系统及计算机平台和统一的监控与管理界面，实现全局的事件和事物处理，同时进一步降低运行和维护费用，使物业管理现代化，如图5-74所示。

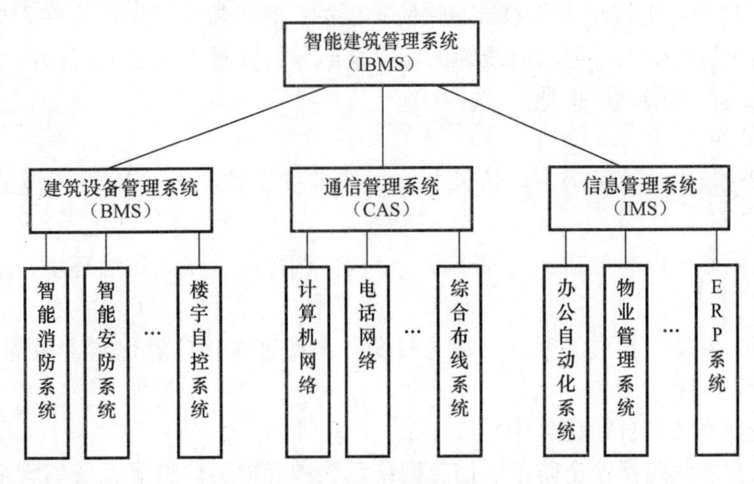

图5-74　建筑物智能化集成系统图

智能化系统集成主要有以下两种模式：

① 建筑设备管理模式（BMS）

通过接口和协议把各子系统集成在 BMS 管理平台上，实现 BMS 信息管理和联动控制。也可以以 BMS 为基础，把消防、安防、停车场管理等系统集成在 BMS 中进行管理。

② 智能建筑综合管理模式（IBMS）

a. 将建筑物各子系统在逻辑和功能上连接在一起，实现信息和资源共享，实现对各子系统的实时监控和实时管理。

b. 智能建筑综合管理模式能实现两个共享和五个管理。

(a）两个共享：信息共享和设备资源共享。

(b）五个管理：集中监视、联动控制管理；信息采集、处理、查询和建立数据库的管理；决策管理；专网安全管理；系统运行、维护和流程自动化管理。

8）电源与接地

① 电源

智能化工程的专用机房设有 UPS 供配电系统、机房照明供电系统、辅助电源供变电系统和机房精密空调用供配电系统。整个供配电系统要按负荷分类供给，辅助电源是指对一类用电负荷供电的备用发电机组。一类负荷用电采用双路市电＋备用发电机组＋双路 UPS 方式供电。二类负荷采用双路市电供电。

智能化系统的供电装置和设备包括：

a. 正常工作状态下的供电设备，包括建筑物内各智能化系统交、直流供电，以及供电传输、操作、保护和改善电能质量的全部设备和装置；

b. 应急工作状态下的供电设备，包括建筑物内各智能化系统配备的应急发电机组、各智能化子系统备用蓄电池组、充电设备和不间断供电设备等。

② 接地

接地包括防雷及接地系统的工程实施、系统检测和竣工验收。

a. 机房接地采用联合接地体共同接地，接地电阻值小于 1Ω，用等电位接地法。

b. 机房内吊顶、墙面、防静电地板组成六面屏蔽网，形成 LPZ2 防雷区。

c. 引入机房的各类线缆采用双层金属防护层的，其外层金属防护层在入口处外侧就近接地；若采用单层屏蔽电缆或屏蔽线缆的应穿金属导管或敷设在金属线槽内引入机房，金属导管、金属线槽两端就近接地。

9）环境检测

包括智能建筑内计算机房、通信控制室、监控室及重要办公区域环境的系统检测和验收。

环境的检测验收内容包括：空间环境、室内空调环境、视觉照明环境、室内噪声及室内电磁环境。

室内噪声、温度、相对湿度、风速、照度、一氧化碳和二氧化碳含量等参数检测时，检测值应符合设计要求。

10）住宅（小区）智能化（CI）

住宅小区智能化包括安全防范、信息网络系统和管理与监控子系统三大功能模块，并通过综合布线子系统将这三大功能模块连为一个系统，如图 5-75 所示。

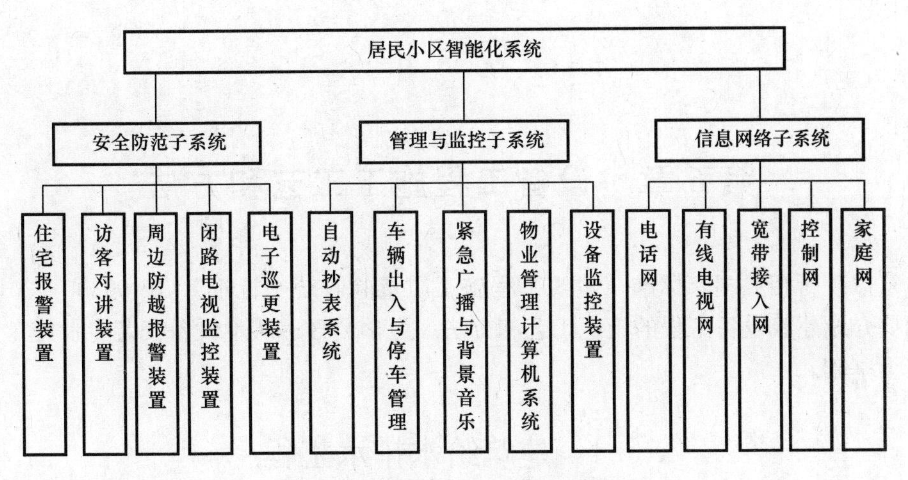

图 5-75　智能小区的基本功能框图

第6章　设备工程施工工艺和方法

本章以现行相关国家标准《建筑工程施工质量验收统一标准》GB 50300—2013为依据，简要介绍建筑设备工程的施工工艺和方法。为学员日后从事设备安装专业施工员岗位工作打下基础。

6.1　建筑给水排水工程

本节主要内容为给水管道安装、排水管道安装、卫生器具安装、室内消防管道及设备安装、管道设备的防腐与保温工程的施工工艺和方法。

6.1.1　给水管道、排水管道安装工程施工工艺

1. 室内给水管道及附件安装

（1）室内给水系统安装要求

1）给水管道的布置原则

① 力求经济合理，满足最佳水力条件。

a. 给水管道布置力求短而直。

b. 室内给水管网宜采用支状布置，单向供水。

c. 为充分利用室外给水管网中的水压，给水引入管宜布设在用水量最大处或不允许间断供水处。

d. 室内给水干管宜靠近用水量最大处或不允许间断供水处。

② 满足美观要求，便于维修及安装。

a. 管道应尽量沿墙、梁、柱直线敷设。

b. 对美观要求较高的建筑物，给水管道可在管槽、管井、管沟及吊顶内暗设。

c. 为便于检修，管道井应每层设检修设施，每两层应有横向隔断，检修门宜开向走廊。暗设在顶棚或管槽内的管道，在阀门处应留有检修门。管道井当需要进行检修时，其通道宽度不宜小于0.6m。

d. 室内管道安装位置应有足够的空间以利拆换附件。

e. 给水引入管应有不小于0.3%的坡度坡向室外给水管网或坡向阀门井、水表井，以便检修时排放存水。

③ 保证生产及使用的安全性。

a. 给水管道的位置不得妨碍生产操作、交通运输和建筑物的使用。管道不得布置在遇水会引起燃烧、爆炸或损坏的原料、产品和设备上面，并应避免在生产设备上面通过。

b. 给水管道不得敷设在烟道、风道内；生活给水管道不得敷设在排水沟内，管道不宜穿过橱窗、壁柜、木装修，并不得穿过大便槽和小便槽。当给水立管距小便槽端部小于

及等于 0.5m 时，应采用建筑隔断措施。

c. 给水引入管与室内排出管外壁的水平距离不宜小于 1.0m。给水引入管过墙：在基础下通过，留洞；穿基础预留洞口，洞口尺寸（d+200）×（d+200）mm，如图 6-1 所示。

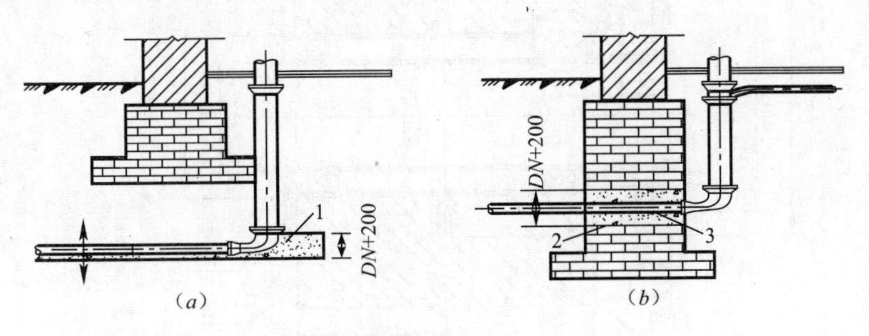

图 6-1 引入管进入建筑物

（a）从浅基础下通过；（b）穿基础

1—C15 混凝土支柱；2—黏土；3—M5 水泥砂浆封口

d. 建筑物内给水管与排水管之间的最小净距，平行埋设时应为 0.5m；交叉埋设时应为 0.15m，且给水管宜在排水管的上面。

e. 需要泄空的给水管道，其横管宜有 0.2%～0.5%的坡度坡向泄水装置。

f. 室内给水管道不应穿越变配电房、电梯机房、通信机房、大中型计算机房、计算机网络中心、音像库房等遇水会损坏设备和引发事故的房间，并应避免在设备上方通过。

2）给水管道敷设要求

① 给水横干管宜敷设在地下室、技术层、吊顶或管沟内，立管可敷设在管道井内。生活给水管道暗设时，应便于安装和检修。塑料给水管道室内宜暗设，明设时立管应布置在不宜受撞击处，如不能避免时，应在管外加保护措施。

② 塑料给水管道不得布置在灶台上边缘，塑料给水立管明设距灶边不得小于 0.4m，距燃气热水器边缘不得小于 0.2m，达不到此要求必须有保护措施。塑料热水管道不得与水加热器或热水炉直接连接，应有不小于 0.4m 的过渡段。

③ 给水管道穿过承重墙或基础处应预留洞口，且管顶上部净空不得小于建筑物的沉降量，一般不小于 0.1m。

给水管道穿越地下室或地下构筑物外墙时，应采用防水套管。对有严格防水要求的建筑物，应采用柔性防水套管，如图 6-2、图 6-3 所示；刚性防水套管如图 6-4～图 6-6 所示。

④ 给水管道穿楼板时宜预留孔洞，避免在施工安装时凿打楼板面。孔洞尺寸一般宜较通过的管径大 50～100mm，管道通过楼板段需设套管。

⑤ 给水管道不宜穿过伸缩缝、沉降缝和抗震缝，管道必须穿过结构伸缩缝、抗震缝及沉降缝敷设时，可选取下列保护措施：

a. 在墙体两侧采取柔性连接（图 6-7）。

b. 在管道或保温层外皮上、下部留有不小于 150mm 的净空。

c. 在穿墙处做成方形补偿器，水平安装（图 6-8）。

d. 活动支架法，将沉降缝两侧的支架做成能使管道垂直位移而不能水平横向位移，以适应沉降缝的伸缩应力。

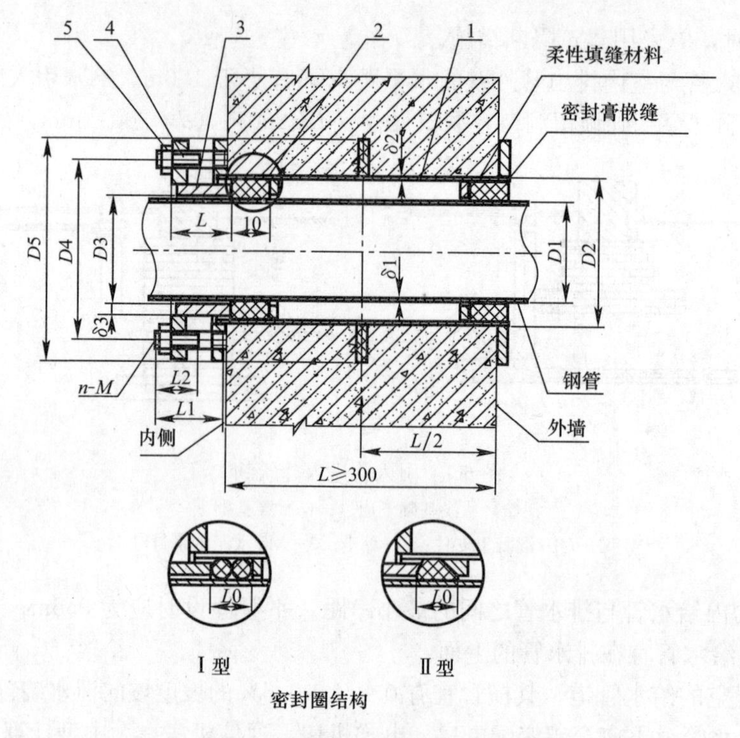

图 6-2 柔性防水套管（A 型）

1—套管；2—密封圈Ⅰ型、Ⅱ型；3—法兰压盖；4—螺柱；5—螺母

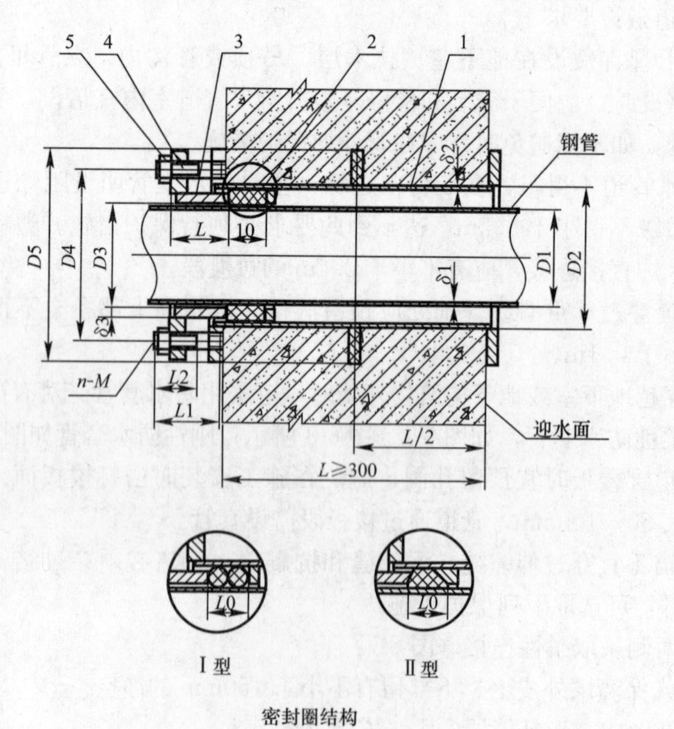

图 6-3 柔性防水套管（B 型）

1—套管；2—密封圈Ⅰ型、Ⅱ型；3—法兰压盖；4—螺柱；5—螺母

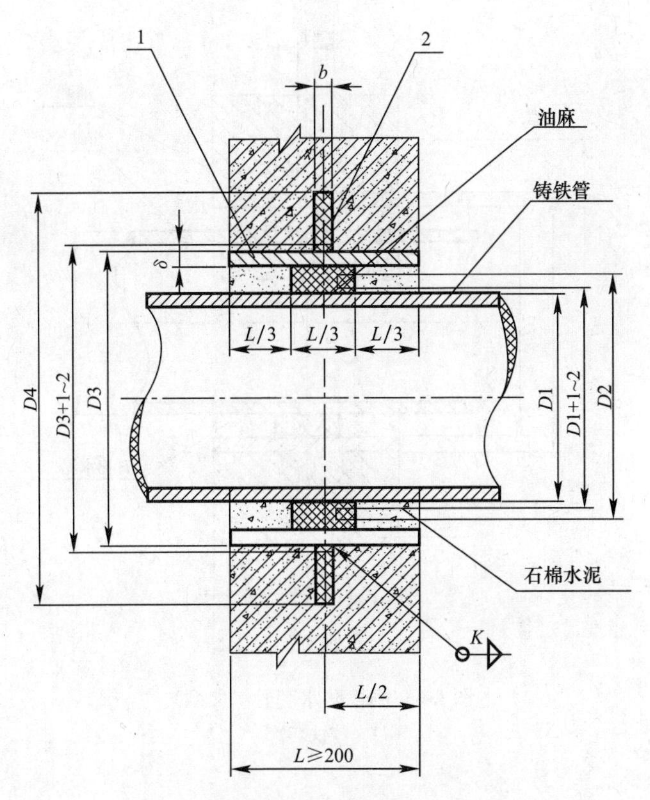

图 6-4　刚性防水套管（A 型）

1—钢制套管；2—翼环

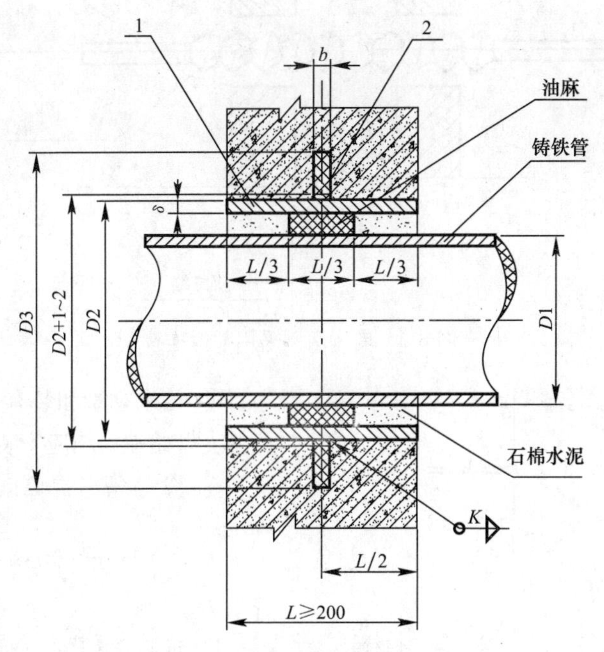

图 6-5　刚性防水套管（B 型）

1—钢制套管；2—翼环

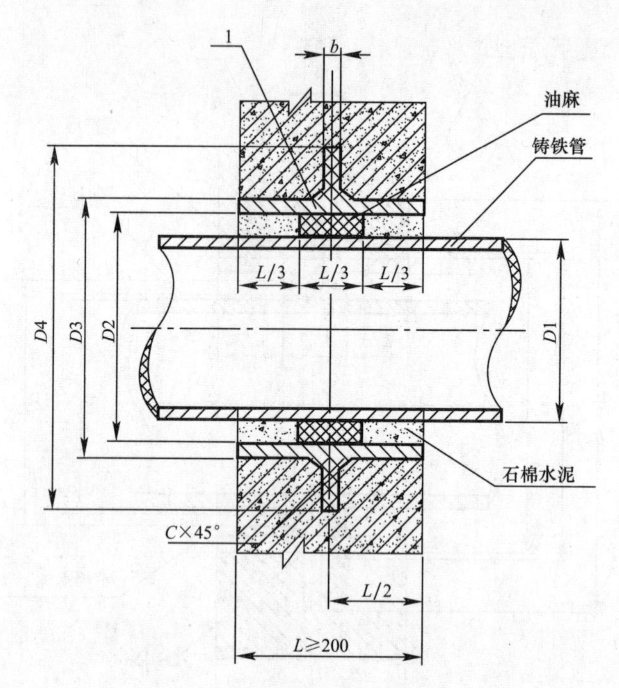

图 6-6 刚性防水套管（C 型）

1—铸铁套管

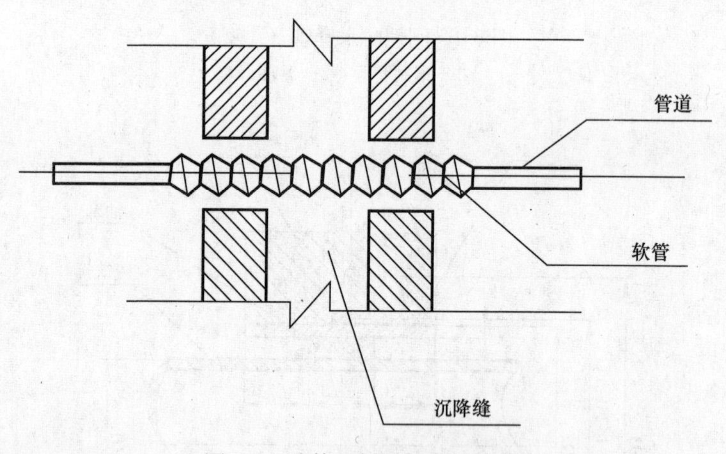

图 6-7 墙体两侧采用柔性连接

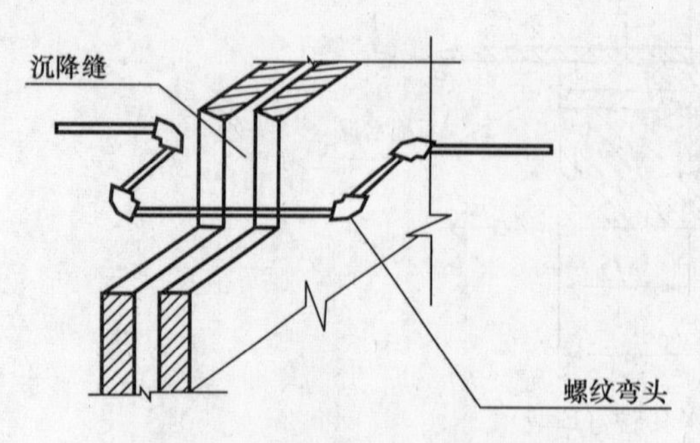

图 6-8 在穿墙处水平安装示意图

⑥ 给水立管和装有 3 个或 3 个以上配水点的支管始端，均应安装可拆卸的连接件。

⑦ 冷、热水管道同时安装应符合下列规定：

a. 上、下平行安装时热水管应在冷水管上方。

b. 垂直平行安装时热水管应在冷水管左侧。

⑧ 明装支管沿墙敷设时，管外皮距墙面应有 20～30mm 的距离。

⑨ 管与管及与建筑物构件之间的最小净距详见表 6-1。

管与管及与建筑物构件之间的最小净距 **表 6-1**

名称	最小净距
水平干管	1. 与排水管道的水平净距一般不小于 500mm 2. 与其他管道的净距不小于 100mm 3. 与墙、地沟壁的净距不小于 80～100mm 4. 与柱、梁、设备的净距不小于 50mm 5. 与排水管的交叉垂直净距不小于 100mm
立管	不同管径下的距离要求如下： 1. 当 $DN \leqslant 32$，至墙的净距不小于 25mm 2. 当 $DN32 \sim DN50$，至墙面的净距不小于 35mm 3. 当 $DN70 \sim DN100$，至墙面的净距不小于 50mm 4. 当 $DN125 \sim DN150$，至墙面的净距不小于 65mm
支管	与墙面净距一般为 20～25mm

（2）室内给水管道施工工艺流程

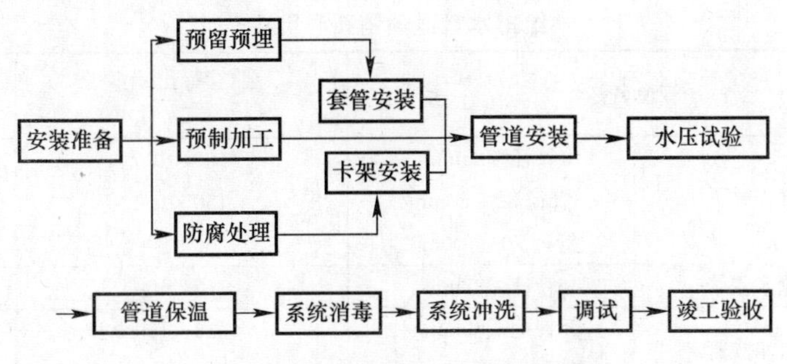

图 6-9 室内管道安装工艺流程图

（3）管道安装前的准备

1）材料、设备要求

① 建筑给水所使用的主要材料、成品、半成品、配件、器具和设备必须具有有效的中文质量合格证明文件，规格、型号及性能检测报告应符合国家技术标准或设计要求。各类管材应有产品材质证明文件。各系统设备和阀门等附件、绝热、保温材料等应有产品质量合格证及相关检测报告。主要设备、器具、新材料、新设备还应附有完整的安装、使用说明书。对于国家及地方规定的特定设备及材料还应附有相应资质检测单位提供的检测报告。

② 所有材料、成品、半成品、配件、器具和设备进场时应对品种、规格、外观等进行验收，包装应完好，表面无划痕及外力冲击破损，无腐蚀，并经监理工程师核查确认。

③ 各种联结管件不得有砂眼、裂纹、破损、划伤、偏扣、乱扣、丝扣不全和角度不准等现象。

④ 各种阀门的外观要规矩、无损伤，阀杆不得弯曲，阀体严密性好，阀门安装前，应作强度和严密性试验。

⑤ 其他材料例如：石棉橡胶垫、油麻、线麻、水泥、电焊条等辅材，质量都必须符

合设计及相应产品标准的要求和规定。

2）安装准备

① 认真熟悉施工图纸，参看有关专业施工图和建筑装修图，核对各种管道标高、坐标是否有交叉，管道排列所占用空间是否合理。管道较多或管路复杂的空间、设备机房等部位应与相关专业进行器具、设备、管道综合排布的细部设计。

② 根据施工方案决定的施工方法和技术交底的具体措施，按照设计图纸、检查、核对预留孔洞位置、尺寸大小等是否正确，将管道坐标、标高位置划线定位。

③ 施工或审图过程中发现问题必须及时与设计人员和有关人员研究解决，办好变更洽商记录。

④ 经预先排列各部位尺寸都能达到设计、技术交底及综合布置的要求后，方可下料。

3）配合土建预留孔洞和预埋件

室内给水管道安装不可能与土建主体结构工程施工同步进行，因此在管道安装前要配合土建进行预留孔洞和预埋件的施工。

给水管道安装前需要预留的孔洞主要是管道穿墙和穿楼板孔洞及穿墙、穿楼板套管的安装。一般混凝土结构上的预留孔洞，由设计在结构图上给出尺寸大小；其他结构上的孔洞，当设计无规定时应按表 6-2 规定预留。

给排水管道预留孔洞尺寸 **表 6-2**

项次	管道名称		明管留孔尺寸（长×宽）（mm）	暗管墙槽尺寸（宽×深）（mm）
1	给水立管	管径≤25mm	100×100	130×130
		管径 32～50mm	150×150	150×130
		管径 70～100mm	200×200	200×200
2	两根给水立管	管径≤32mm	150×100	200×130
3	一根排水立管	管径≤50mm	150×150	200×130
		管径≤70～100mm	200×200	250×200
4	一根给水立管和一根排水立管在一起	管径≤50mm	200×150	200×130
		管径≤70～100mm	250×200	250×200
5	两根给水立管和一根排水立管在一起	管径≤50mm	200×150	200×130
		管径≤70～100mm	250×200	250×200
6	给水支管	管径≤25mm	100×100	60×60
		管径≤32～40mm	150×130	150×100
7	排水支管	管径≤80mm	250×200	
		管径≤100mm	300×250	
8	排水主干管	管径≤80mm	300×250	
		管径≤100～125mm	350×300	
9	给水引入管	管径≤100mm	300×300	
10	排水排出管穿基础	管径≤80mm	300×300	
		管径≤100～150mm	（管径+300）×（管径+200）	

注：1. 给水引入管，管顶上部净空一般不小于 100mm；
2. 排水排出管，管顶上部净空一般不小于 150mm。

给水管道安装前的预埋件包括管道支架的预埋件和管道穿过地下室外墙或构筑物的墙

壁、楼板处的预埋防水套管的形式和规格也应由给水排水标准图或设计施工图给出，由施工单位技术人员按工艺标准组织施工。

（4）管道安装技术

1）给水铝塑复合管安装

① 一般要求

铝塑复合管的连接方式采用卡套式连接。其连接件是由具有阳螺纹和倒牙管芯的主体、锁紧螺母及金属紧箍环组成。

a. 公称外径 *De* 不大于 25mm 的管道，安装时应先将管盘卷展开、调直。

b. 管道安装应使用管材生产厂家配套管件及专用工具进行施工，截断管材应使用专用管剪或管子割刀。

c. 管道连接宜采用卡套式连接，卡套连接应按下列程序进行：

（a）管道截断后，应检查管口，如发现有毛刺、不平整或端面不垂直管轴线时应修正。

（b）使用专用刮刀将管口处的聚乙烯内层削坡口，坡角为 20°～30°，深度为 1.0～1.5mm，且应用清洁的纸或布将坡口残屑擦干净。

（c）用整圆器将管口整圆。将锁紧螺帽、C 型紧箍环套在管上，用力将管芯插入管内，至管口达管芯根部。

（d）将 C 型紧箍环移至距管口 0.5～1.5mm 处，再将锁紧螺帽与管道本体拧紧。

d. 直埋敷设管道的管槽，宜配合土建施工时预留，管槽的底和壁应平整，无凸出尖锐物。管槽宽度宜比管道公称外径大 40～50mm，管槽深度宜比管道公称外径大 20～25mm。管道安装后，应用管卡将管道固定牢固。

② 管道支架

a. 管卡与管道表面应为面接触，管卡的宽度宜为管道公称外径的 1/2，收紧管卡时不得损坏管壁；滑动管卡可允许管道轴向滑动，但不允许管道产生横向位移，管道不得从管卡中弹出；管道上的各种阀门，应固定牢靠，不应将阀门自重和操作力矩传递给管道。

b. 管道支架最大间距，见表 6-3。

铝塑复合管管道最大支承间距 **表 6-3**

公称外径 *De*（mm）	立管间距（mm）	横管间距（mm）	公称外径 *De*（mm）	立管间距（mm）	横管间距（mm）
12	500	400	40	1300	1000
14	600	400	50	1600	1200
16	700	500	63	1800	1400
18	800	500	75	2000	1600
20	900	600	90	2200	1800
25	1000	700	110	2400	2000
32	1100	800			

2）钢塑复合管道安装

① 一般要求

a. 管道穿越楼板、屋面、水箱（池）壁（底），应预留孔洞或预埋套管，并应符合下列要求：

(a) 预留孔洞尺寸应为管道外径加 40mm。

(b) 管道在室内暗敷设，墙体内需开管槽时，管槽宽度和深度应为管道外径加 30mm；且管槽的坡度应为管道坡度。

b. 埋地、嵌墙暗敷设的管道，应在水压试验合格后再进行隐蔽工程验收。

c. 切割管道宜采用锯床不得采用砂轮机切割。当采用盘锯切割时，其转速不得大于 800r/min；当采用手工切割时，其锯面应垂直于管轴心。

② 钢塑复合管螺纹连接

a. 套丝应符合下列要求：套丝应采用自动套丝机；套丝机应采用润滑油润滑；圆锥形管螺纹应符合现行国家标准《55°密封管螺纹　第 1 部分：圆柱内螺纹与圆锥外螺纹》GB/T 7306.1—2000、《55°密封管螺纹　第 2 部分：圆锥内螺纹与圆锥外螺纹》GB/T 7301.1—2000 的要求，并采用标准螺纹规检验。

(a) 钢塑复合管套丝应采用自动套丝机。

(b) 套丝机应使用润滑油润滑。

(c) 圆锥形管螺纹应符合现行国家标准的要求，并应采用标准螺纹规检验。

b. 管端清理

(a) 用细锉将金属管端的毛边修光。

(b) 使用棉丝和毛刷清除管端和螺纹内的油、水和金属切屑。

(c) 衬塑管应采用专用绞刀，将衬塑层厚度 1/2 倒角，倒角坡度宜为 10°～15°。

(d) 涂塑管应用削刀削成内倒角。

c. 管端、管螺纹清理加工后，应进行防腐、密封处理，宜采用防锈密封胶和聚四氟乙烯生料带缠绕螺纹，同时应用色笔在管壁上标记拧入深度。

d. 不得采用非衬塑可锻铸铁管件。

e. 管子与配件连接前，应检查衬塑可锻铸铁管件内橡胶密封圈或厌氧密封胶。然后将配件用手捻上管端丝扣，在确认管件接口已插入衬（涂）塑钢管后，用管子钳进行管子与配件的连接，注意不得逆向旋转。

f. 管子与配件连接后，外露螺纹部分及所有钳痕和表面损伤的部位应涂防锈密封胶。

g. 用厌氧密封胶密封的管接头，养护期不得少于 24h，期间不得进行试压。

③ 钢塑复合管沟槽连接

a. 沟槽连接方式可适用于公称直径不小于 65mm 的涂（衬）塑钢管的连接。

b. 沟槽式管接头应符合国家现行的有关产品标准。

c. 沟槽式管接头的工作压力应与管道工作压力相匹配。

d. 用于输送热水的沟槽式管接头应采用耐温型橡胶密封圈。用于饮用纯净水的管道的橡胶材质应符合现行国家标准《生活饮用水输配水设备及防护材料的安全性评价标准》GB/T 17219 的要求。

e. 对于衬塑复合钢管，当采用现场加工沟槽并进行管道安装时，应优先采用成品沟槽式涂塑管件。

f. 连接管段的长度应是管段两端口净长度减去 6～8mm 断料，每个连接口之间应有 3～4mm 间隙并用钢印编号。

g. 当采用机械截管，截面应垂直轴心，允许偏差为：管径不大于 100mm 时，偏差不大于 1mm；管径大于 125mm 时，偏差不大于 1.5mm。

h. 管外壁端面应用机械加工 1/2 壁厚的圆角。

i. 应用专用滚槽机压槽，压槽时管段应保持水平，钢管与滚槽机正面 90°。压槽时应持续渐进，槽深应符合表 6-4 的规定，并应用标准量规测量槽的全周深度。如沟槽过浅，应调整压槽机后再行加工。沟槽过深，则应作废品处理。

沟槽标准深度及公差（mm） **表 6-4**

管径	沟槽深度	公差
65～80	2.20	+0.3
100～150	2.20	+0.3
200～250	2.50	+0.3
300	3.0	+0.5

j. 与橡胶密封圈接触的管外端应平整光滑，不得有划伤橡胶圈或影响密封的毛刺。

涂塑复合钢管的沟槽连接方式，宜用于现场测量、工厂预涂塑加工、现场安装。

(a) 管段在涂塑前应压制标准沟槽。

(b) 管段涂塑除涂内、外壁外，还应涂管口端和管端外壁与橡胶密封圈接触部位。

沟槽式卡箍接头安装程序见表 6-5 内的图例。

沟槽式卡箍管件安装图 **表 6-5**

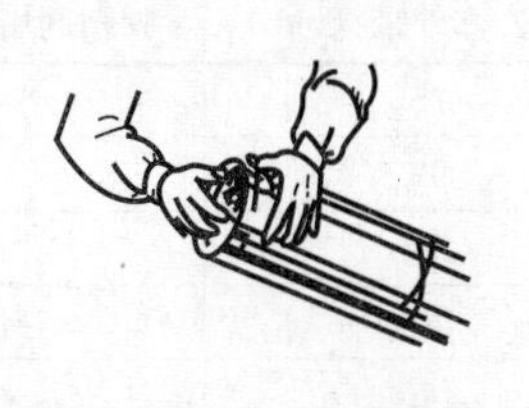	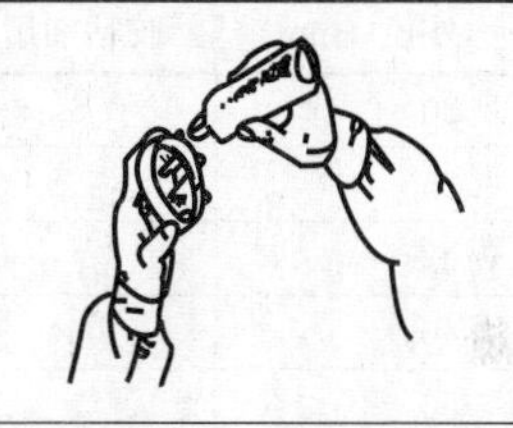
1. 安装检查沟槽是否符合标准，去掉管子和密封圈上的毛刺、铁锈、油污等杂质	2. 在管子端部和橡胶圈上涂上润滑剂
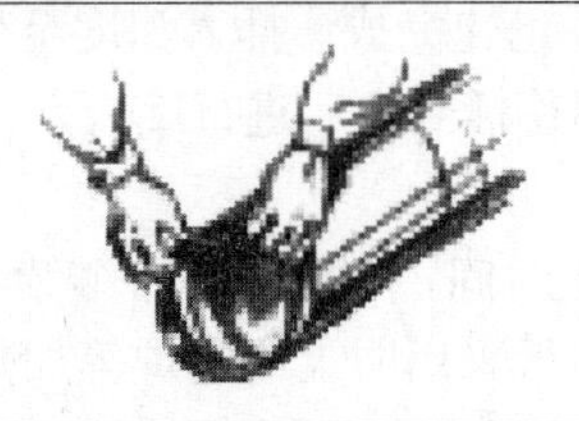	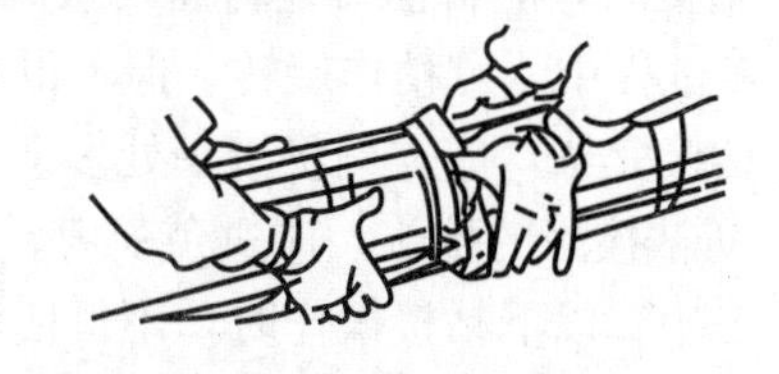
3. 将密封橡胶垫圈套入一根钢管的密封部位	4. 将另一根加工好的沟槽的钢管靠拢，将橡胶圈套入管端，使橡胶圈刚好位于两根管子的密封部位
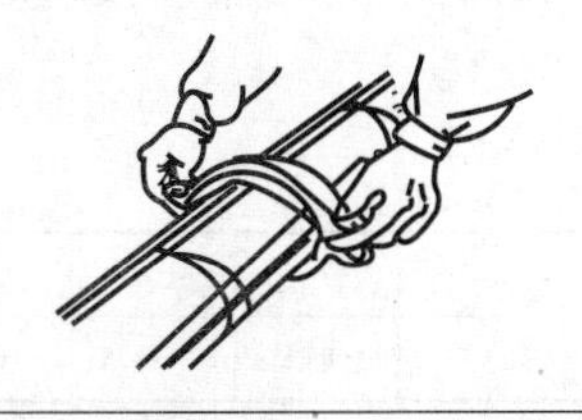	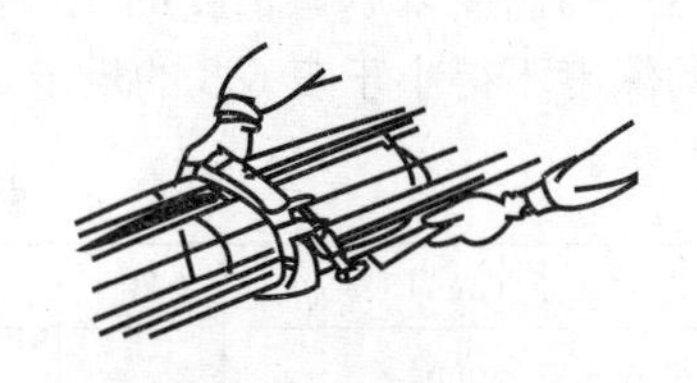
5. 确认管卡已经卡住管子	6. 拧紧螺栓，安装完成

④ 管道支架

a. 支承设置时注意横管的任何两个接头之间均应有支承，支承点不得设置在接头上。

b. 管道最大支承间距应不大于表 6-6 规定的最小值。

管道最大支承间距 **表 6-6**

管径（mm）	最大支承间距（m）
65～100	3.5
125～200	4.2
250～315	5.0

3）给水硬聚氯乙烯管道安装

① 一般要求

a. 管道粘接不宜在湿度很大的环境下进行，操作场所应远离火源、防止撞击和阳光直射。

b. 涂抹胶粘剂应使用鬃刷或尼龙刷。用于擦揩承插口的干布不得带有油腻及污垢。

c. 在涂抹胶粘剂之前，应先用干布将承、插口处粘接表面擦净。若粘接表面有油污，可用干布蘸清洁剂将其擦净。粘接表面不得沾有尘埃、水迹及油污。

d. 涂抹胶粘剂时，应先涂承口，后涂插口。涂抹承口时，应由里向外。胶粘剂应涂抹均匀，并适量。每个胶粘剂用量参考表 6-7。表中数值为插口和承口两表面的使用量。

胶粘剂用量表 **表 6-7**

序号	管材公称外径（mm）	胶粘剂用量（g/接口）	序号	管材公称外径（mm）	胶粘剂用量（g/接口）
1	20	0.40	7	75	4.10
2	25	0.58	8	90	5.73
3	32	0.88	9	110	8.34
4	40	1.31	10	125	10.75
5	50	1.94	11	140	13.37
6	63	2.97	12	160	17.28

e. 粘接时，应将插口轻轻插入承口中，对准轴线，迅速完成。插入深度至少应超过标记。插接过程中，可稍作旋转，但不得超过 1/4 圈，不得插到底后进行旋转。

f. 粘接完毕，应立刻将接头处多余的胶粘剂擦干净。

g. 初粘接好的接头，应避免受力，须静置固化一定时间，牢固后方可继续安装。

h. 在 0℃以下粘接操作时，不得使胶粘剂结冻，不得采用明火或电炉等加热装置加热胶粘剂。

i. 给水硬聚氯乙烯管道配管时，应对承插口的配合程度进行检验。将承插口进行试插，自然试插深度以承口长度的 1/2～2/3 为宜，并作出标记。采用粘接接口时，管端插入承口的深度不得小于表 6-8 的规定。

管端插入承口的深度 **表 6-8**

公称直径（mm）	20	25	32	40	50	75	100	125	140
插入深度（mm）	16	19	22	26	31	44	61	69	75

j. 塑料管道粘接承口尺寸见图 6-10、表 6-9 所示。

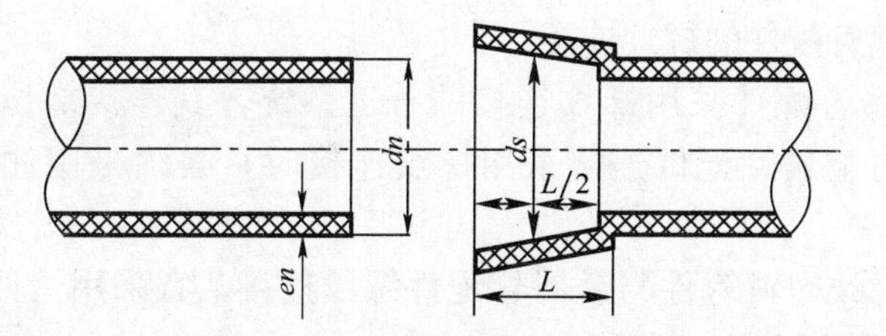

图 6-10　塑料管粘接连接承插口

粘接承口尺寸　　**表 6-9**

公称外径（mm）	最小深度（mm）	中部平均内径（ds，mm）	
		最小	最大
20	16.0	20.1	20.3
25	18.5	25.1	25.3
32	22.0	32.1	32.3
40	26.0	40.1	40.3
50	31.0	50.1	50.3
63	37.5	63.1	63.3
75	43.5	75.1	75.3
90	51.0	90.1	90.3
110	61.0	110.1	110.4

② 橡胶圈柔性连接

a. 清理干净承插口工作面，由上表划出插入长度标记线。

b. 正确安装橡胶圈，不得装反或扭曲。

c. 把润滑剂均匀涂于承口处、橡胶圈和管插口端外表面，严禁用黄油及其他油类作润滑剂以防腐蚀胶圈。

d. 将连接管道的插口对准承口，使用拉力工具，将管在平直状态下一次插入至标线。若插入阻力过大，应及时检查橡胶圈是否正常。用塞尺沿管材周围检查安装情况是否正常。

e. 橡胶圈连接见图 6-11，管长 6m 的管道伸缩量见 6-10 所示。

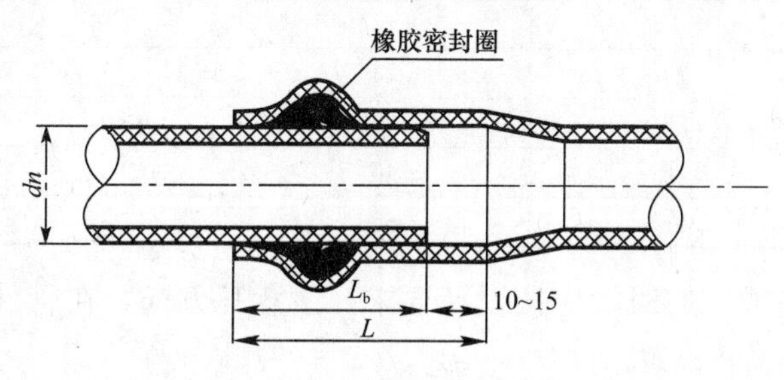

图 6-11　橡胶圈柔性连接

管长 6m 的管道伸缩量　　**表 6-10**

施工时最低环境温度（℃）	设计最大温差（℃）	伸缩量（mm）
15	25	10.5
10	30	12.6
5	35	14.7

③ 塑料管与金属管配件的螺纹连接

a. 塑料管与金属管配件采用螺纹连接的管道系统，其连接部位管道的管径不得大于63mm。塑料管与金属管配件连接采用螺纹连接时，必须采用注射成型的螺纹塑料管件。

b. 注射成型的螺纹塑料管件与金属管配件螺纹连接，宜采用聚四氟乙烯生料带作为密封填充物，不宜使用厚白漆、麻丝。

4）给水聚丙烯PP-11R管道安装

① 一般要求

a. 同种材质的给水聚丙烯管材与管件应采用热熔连接或电熔连接，安装时应采用配套的专用热熔工具。

b. 给水聚丙烯管道与金属管道、阀门及配水管件连接时，应采用带金属嵌件的聚丙烯过渡管件，该管件与聚丙烯管应采用热熔连接，与金属管及配件应采用丝扣或法兰连接。

c. 暗敷在地坪面层下或墙体内的管道，不得采用丝扣或法兰连接。

② 管道热熔连接

a. 接通热熔专用工具电源，待其达到设定工作温度后，方可操作。

b. 管道切割应使用专用的管剪或管道切割机，管道切割后的断面应去除毛边和毛刺，管道的截面必须垂直于管轴线。

c. 熔接时，管材和管件的连接部位必须清洁、干燥、无油。

d. 管道热熔时，应量出热熔的深度，并做好标记，热熔深度可按表6-11的规定。在环境温度小于5℃时，加热时间应延长50%。

热熔连接技术要求 **表6-11**

公称外径（mm）	热熔深度（mm）	加热时间（s）	加工时间（s）	冷却时间（min）
20	14	5	4	3
25	16	7	4	3
32	20	8	4	4
40	21	12	6	4
50	22.5	18	6	5
63	24	24	6	6
75	26	30	10	8
90	32	40	10	8
110	38.5	50	15	10

e. 安装熔接弯头或三通时，应按设计要求，注意其方向，在管件和管材的直线方向上，用辅助标志，明确其位置。

f. 连接时，把管端插入加热套内，插到所标志的深度，同时把管件推到加热头上达到规定标志处。

g. 达到加热时间后，立即把管材与管件从加热套与加热头上同时取下，迅速无旋转地直线均匀插入到所标深度，使接头处形成均匀凸缘。

h. 在规定的加工时间内，刚熔好的接头还可校正，但严禁旋转，管道连接见图6-12所示。

③ 管道电熔连接

a. 电熔连接主要用于大口径管道或安装困难场合。应保持电熔管件与管材的熔合部位不受潮。

b. 电熔承插连接管材的连接端应切割垂直，并应用洁净棉布擦净管材和管件连接面上的污物，标出插入深度，刮净其表面。

c. 调直两面对应的连接件，使其处于同一轴线上。

d. 电熔连接机具与电熔管件的导线连接应正确。检查通电加热的电压，加热时间应符合电熔连接机具与电熔管件生产厂家的有关规定。

e. 在电熔连接时，在熔合及冷却过程中，不得移动、转动电熔管件和熔合的管道，不得在连接件上施加任何压力。

f. 电熔连接的标准加热时间应由生产厂家提供，并应根据环境温度的不同而加以调整。电熔连接的加热时间与环境温度的关系可参考表 6-12 的规定。若电熔机具有自动补偿功能，则不需调整加热时间。电熔连接见图 6-13。

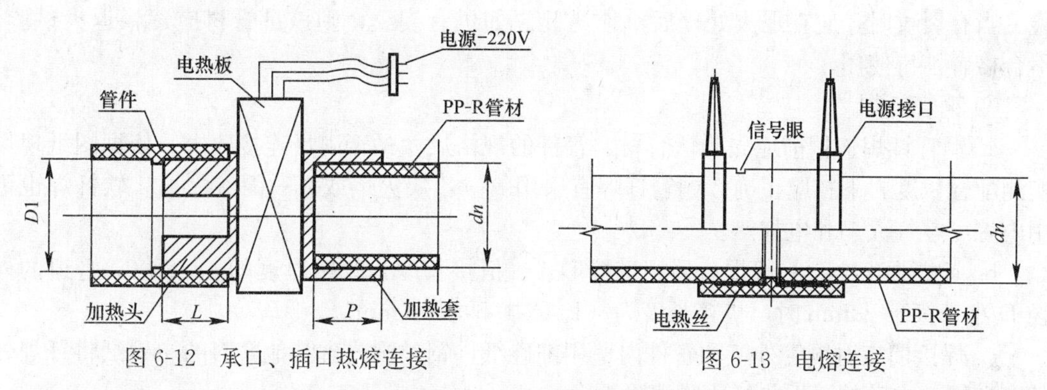

图 6-12　承口、插口热熔连接　　　图 6-13　电熔连接

g. 电熔过程中，当信号眼内熔体有凸出沿口现象，通电加热完成。

电熔连接的加热时间与环境温度的关系　　表 6-12

环境温度 T（℃）	修正值	环境温度 T（℃）	修正值
−10	T+12%T	+30	T−4%T
0	T+8%T	+40	T−8%T
+10	T+4%T	+50	T−12%T
+20	标准加热时间 T		

5）给水铜管管道安装

① 一般要求

a. 铜管管道安装前应检查铜管的外观质量和外径、壁厚尺寸。有明显伤痕的管道不得使用，变形管口应采用专用工具整圆。受污染的管材其内外污垢和杂物应清理干净。

b. 管道切割可采用手动或机械切割，不得采用氧气乙炔火焰切割，切割时，应防止操作不当使管子变形，管子切口的端面应与管子轴线垂直，切口处的毛刺等应清理干净。管道坡口加工应采用锉刀或坡口机，不得采用氧气乙炔火焰切割加工。夹持铜管用的台虎钳钳口两侧应垫以木板衬垫。切割采用切管器或用每 10mm 不少于 13 齿的钢锯和电锯、砂轮切割机等设备。切割的管子断面应垂直平整，且应去除管口内外毛刺并整圆。

c. 预制管道时应测量正确的实际管道长度在地面预制后，再进行安装。有条件的应尽量用铜管直接弯制的弯头。多根管道平行时，弯曲部位应一致，使管道整齐美观。

d. 管径不大于 25mm 的半硬态铜管可采用专用工具冷弯；管径大于 25mm 的铜管转弯时宜使用弯头。

e. 采用铜管加工补偿器时，应先将补偿器预制成形后再进行安装。采用定型产品套筒式或波纹管式补偿器时，也宜将其与相邻管子预制成管段后再进行安装，特别是选用不锈钢等异种材料需与铜管钎焊连接的补偿器时，一般应将补偿器与铜管先预制成管段后，再进行安装。敷设管道所需的支吊架，应按施工图标明的形式和数量进行加工预制。

f. 铜管连接可采用专用接头或焊接，当管径小于 22mm 时宜采用承插式或套管焊接，承口应沿介质流向安装；当管径大于等于 22mm 时宜采用对口焊接。

g. 管道支撑件宜采用铜合金制品，当采用钢件支架时，管道与支架之间应设软性隔垫，隔垫不得对管道产生腐蚀。

h. 采用胀口或翻边连接的管材，施工前应每批抽 1%且不少于两根作胀口或翻边试验。当有裂纹时，应在退火处理后重作试验。如仍有裂纹，则该批管材应逐根退火试验，不合格者不得使用。

② 铜管钎焊

a. 铜管钎焊连接前应先确认管材、管件的规格尺寸是否满足连接要求。依据图纸现场实测配管长度，下料应正确。铜管钎焊宜采用氧—乙炔火焰或氧—丙烷火焰。软钎焊也可用丙烷—空气火焰和电加热。

b. 钎焊强度小，一般焊口采用搭接形式。搭接长度为管壁厚度的 6～8 倍，管道的外径 D 小于等于 28mm 时，搭接长度为（1.2～1.5）D（mm）。

c. 焊接前应对铜管外壁和管件内壁用细砂纸，钢丝刷或含其他磨料的布砂纸将钎焊处外壁和管道内壁的污垢与氧化膜清除干净。

d. 硬钎焊可用各种规格铜管与管件的连接，钎料宜选用含磷的脱氧元素的铜基无银、低银钎料。铜管硬钎焊可不添加钎焊剂，但与铜合金管件钎焊时，应添加钎焊机。

e. 软钎焊可用与管径不大于 DN25 的铜管与管件的连接，钎料可选用无铅锡基、无铅锡银钎料。焊接时应添加钎焊剂，但不得使用含氨钎焊剂。

f. 钎焊时应根据工件大小选用合适的火焰功率，对接头处铜管与承口实施均匀加热，达到钎焊温度时即向接头处添加钎料，并继续加热，钎焊时钎料填满焊缝后应立即停止加热，保持自然冷却。

g. 焊接过程中，焊嘴应根据管径大小选用得当，焊接处及焊条应加热均匀。不得出现过热现象，焊料渗满焊缝后应立即停止加热，并保持静止，自然冷却。

h. 铜管与铜合金管件或铜合金管件与铜合金管件间焊接时，应在铜合金管件焊接处使用助焊剂，并在焊接完后，清除管道外壁的残余熔剂。

i. 覆塑铜管焊接时应将钎焊接头处的铜管覆塑层剥离，剥出长度不小于 200mm 裸铜管，并在两端连接点缠绕湿布冷却，钎焊完成后复原覆塑层。

j. 钎焊后的管件，必须在 8h 内进行清洗，除去残留的熔剂和熔渣。常用煮沸的含 10%～15%的明矾水溶液或含 10%柠檬酸水溶液涂刷接头处，然后用水冲擦干净。

焊接安装时应尽量避免倒立焊。钎焊铜管承、插口规格尺寸见表 6-13。

钎焊铜管承、插口规格尺寸　　表 6-13

<table>
<tr><th rowspan="2">公称直径 DN</th><th rowspan="2">铜管外径 De</th><th rowspan="2">插口外径</th><th rowspan="2">承口内径</th><th rowspan="2">承口长度</th><th rowspan="2">插口长度</th><th colspan="3">最小管壁</th></tr>
<tr><th>1.0MPa</th><th>1.6MPa</th><th>2.5MPa</th></tr>
<tr><td>6</td><td>8</td><td>8±0.03</td><td>8+0.05</td><td rowspan="2">7</td><td rowspan="2">9</td><td colspan="3" rowspan="5">0.75</td></tr>
<tr><td>8</td><td>10</td><td>10±0.03</td><td>10+0.05</td></tr>
<tr><td>10</td><td>12</td><td>12±0.03</td><td>12+0.05</td><td>9</td><td>11</td></tr>
<tr><td>15</td><td>15</td><td>15±0.03</td><td>15+0.05</td><td>11</td><td>13</td></tr>
<tr><td>20</td><td>22</td><td>22±0.04</td><td>22+0.06</td><td>15</td><td>17</td></tr>
<tr><td>25</td><td>28</td><td>28±0.04</td><td>28+0.08</td><td>17</td><td>19</td><td rowspan="5">1.0</td><td rowspan="2">1.0</td><td rowspan="2">—</td></tr>
<tr><td>32</td><td>35</td><td>35±0.05</td><td>35+0.08</td><td>20</td><td>22</td></tr>
<tr><td>40</td><td>42</td><td>42±0.05</td><td>42+0.12</td><td>22</td><td>24</td><td rowspan="2">1.5</td><td rowspan="2">—</td></tr>
<tr><td>50</td><td>54</td><td>54±0.05</td><td>54+0.15</td><td>25</td><td>27</td></tr>
<tr><td>65</td><td>67</td><td>67±0.06</td><td>67+0.15</td><td>28</td><td>30</td><td>2.0</td><td>—</td></tr>
<tr><td>80</td><td>85</td><td>85±0.06</td><td>85+0.23</td><td>32</td><td>34</td><td>1.5</td><td>2.5</td><td></td></tr>
<tr><td>100</td><td>108</td><td>108±0.06</td><td>108+0.25</td><td>36</td><td>38</td><td>2.0</td><td>3.0</td><td>3.5</td></tr>
<tr><td>125</td><td>133</td><td>133±0.10</td><td>133+0.28</td><td>38</td><td>41</td><td>2.5</td><td>3.5</td><td>4.0</td></tr>
<tr><td>150</td><td>159</td><td>159±0.18</td><td>159+0.28</td><td>42</td><td>45</td><td>3.0</td><td>4.0</td><td>4.5</td></tr>
<tr><td>200</td><td>219</td><td>219±0.30</td><td>219+0.30</td><td>45</td><td>48</td><td>4.0</td><td>5.0</td><td>6.0</td></tr>
<tr><td>250</td><td>267</td><td>273±0.25</td><td>273+0.30</td><td>48</td><td>51</td><td>4.0</td><td>5.0</td><td>6.0</td></tr>
</table>

钎焊时应根据工件大小适用合适的火焰功率，对接头处铜管与承口实施均匀加热，达到钎焊温度时即向接头处添加钎料，并继续加热，钎焊时钎料填满焊缝后立即停止加热，保持自然冷却。钎焊完成后，应将接头处残留钎焊剂和反应物用干布擦拭干净。

③ 铜管卡套连接

a. 对管径不大于 *DN*50、需拆卸的铜管可采用卡套连接。

b. 管口断面垂直平整，且应使用专用工具将其整圆或扩口。

c. 应使用活络扳手或专用扳手，严禁使用管钳旋紧螺母。

d. 连接部位宜采用二次装配，第二次装配时，拧紧螺母应从力矩激增点后再将螺母旋转 1/4 圈。

e. 一次完成卡套连接时，拧紧螺母应从力矩激增点起再旋转 1～1.25 圈，使卡套刃口切入管子，但不可旋得过紧。

f. 卡套连接铜管的规格尺寸详见表 6-14。

卡套连接铜管的规格尺寸（mm）　　表 6-14

公称直径 DN	铜管外径 De	承口内径		铜管壁厚	螺纹最小长度
		最大	最小		
15	15	15.30	15.10	1.2	8.0
20	22	22.30	22.10	1.5	9.0
25	28	28.30	28.10	1.6	12.0
32	35	35.30	35.10	1.8	12.0
40	42	42.30	42.10	2.0	12.0
50	54	54.30	54.10	2.3	15.0

④ 铜管卡压连接

a. 管径不大于 $DN50$ 的铜管可采用卡压连接，采用专用的与管径相匹配的连接管件和卡压机具。

b. 管口断面应垂直平整，且管口无毛刺。

c. 在铜管插入管件的过程中，管件内密封圈不得扭曲变形。管材插入管件到底后，应轻轻转动管子，使管材与管件的结合段保持同轴后再卡压。

d. 压接时，卡钳端面应与管件轴线垂直，达到规定卡压压力后应保持 1～2s，方可松开卡钳卡压。

e. 卡压连接应采用硬态铜管，卡压连接铜管规格尺寸见表 6-15。

卡压连接铜管的规格尺寸（mm） **表 6-15**

公称直径 DN	铜管外径 De	承口内径		铜管壁厚
		最大	最小	
15	15	15.20	15.35	0.7
20	22	22.20	22.35	0.9
25	28	28.25	28.40	0.9
32	35	35.30	35.50	1.2
40	42	42.30	42.50	1.2
50	54	54.30	54.50	1.2

⑤ 铜管法兰连接

a. 法兰连接时，松套法兰规格应满足规定。垫片可采用耐温夹布橡胶板或铜垫片，紧固件应采用镀锌螺栓，对称旋紧。

b. 铜及铜合金管道上采用的法兰根据承受压力的不同，可选用不同形式的法兰连接。法兰连接的形式一般有翻边活套法兰、平焊法兰和对焊法兰等，具体选用应按设计要求。

c. 一般管道压力在 2.5MPa 以内采用光滑面铸铜法兰连接。法兰及螺栓材料牌号应根据国家颁布的有关标准选用。

d. 与铜管及铜合金管道连接的铜法兰宜采用焊接，焊接方法和质量要求应与钢管道的焊接一致。当设计无明确规定时，铜及铜合金管道法兰连接中的垫片一般可采用橡胶石棉垫或铜垫片，也可以根据输送介质的温度和压力选择其他材质的垫片。

e. 法兰外缘的圆柱面上应打出材料牌号、公称压力和公称通径的印记。

f. 管道采用活套法兰连接时，有两种结构：一种是管子翻边（图 6-14），另一种是管端焊接焊环。焊环的材质与管材相同。

g. 铜及铜合金管翻边模具有内模及外模。内模是一圆锥形的钢模，其外径应与翻边管子内径相等或略小。外模是两片长颈法兰，见图 6-15。

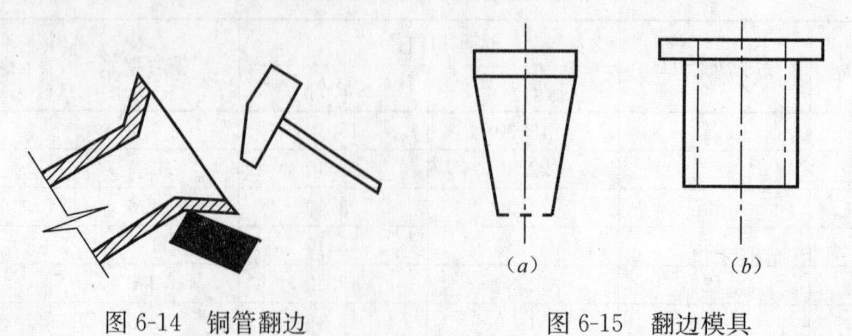

图 6-14 铜管翻边

图 6-15 翻边模具

h. 为了消除翻边部分材料的内应力，在管子翻边前，先量出管端翻边宽度（表 6-16），然后划好线。将这段长度用气焊嘴加热至再结晶温度以上，一般为 450℃左右。然后自然冷却或浇水急冷。待管端冷却后，将内外模套上并固定在工作平台上，用手锤敲击翻边或使用压力机。全部翻转后再敲光锉平，即完成翻边操作。

铜管翻边宽度（mm）　　**表 6-16**

公称直径（*DN*）	15	20	25	32	40	50	65	80	100	125	150	200	250
翻边宽度	11	13	16	18	18	18	18	18	18	20	20	20	24

i. 铜管翻边连接应保持两管同轴，公称直径≤50mm，其偏差≤1mm；公称直径>50mm，其偏差≤2mm。

⑥ 铜管沟槽连接

a. 管径不小于 *DN*50 的铜管可采用沟槽连接。

b. 当沟槽连接件为非铜材质时，其接触面应采取必要的防腐措施。

c. 铜管槽口尺寸见表 6-17。

铜管槽口尺寸（mm）　　**表 6-17**

<table>
<tr><th>公称直径 DN</th><th>铜管外径 De</th><th>铜管壁厚</th><th>槽宽</th><th>槽深</th></tr>
<tr><td>50</td><td>54</td><td rowspan="3">14.5</td><td rowspan="6">9.5</td><td rowspan="6">2.2</td></tr>
<tr><td>65</td><td>67</td></tr>
<tr><td>80</td><td>85</td></tr>
<tr><td>100</td><td>108</td><td rowspan="3">16.0</td></tr>
<tr><td>125</td><td>133</td></tr>
<tr><td>150</td><td>159</td></tr>
<tr><td>200</td><td>219</td><td rowspan="3">19.0</td><td rowspan="3">13.0</td><td rowspan="2">2.5</td></tr>
<tr><td>250</td><td>267</td></tr>
<tr><td>300</td><td>325</td><td>3.3</td></tr>
</table>

⑦ 管道配件与附件连接

黄铜配件与附件螺纹连接时，宜采用聚四氟乙烯生料带，应先用手拧入 2～3 扣，再用扳手一次拧紧，不得倒回，装紧后应留有 2～3 扣螺纹。

6）不锈钢给水管道施工技术

① 一般要求

a. 给水不锈钢管道与其他材料的管材、管件和附件相连接时，应采取防止电化学腐蚀的措施。

b. 暗埋敷设的不锈钢管，其外壁采取防腐蚀措施。

c. 在引入管、折角进户管件、支管、接出和仪表接口处，应采用螺纹转换接头或法兰连接。

d. 当热水水平干管与支管连接，水平干管与立管连接，立管与每层热水支管连接时，应采取在管道伸缩时相互不受影响的措施。

e. 给水不锈钢管明敷时，应采取防止结露的措施，当嵌墙敷设时，公称直径不大于 20mm 的热水配水支管，可采用覆塑薄壁不锈钢水管，公称直径大于 20mm 的热水管应采取保温措施，保温材料应采用不腐蚀不锈钢管的材料。

② 不锈钢管卡压连接

a. 卡压式管件连接：根据施工要求考虑接头本体插入长度决定管子的切割长度，管子的插入长度按表 6-18 选用。

不锈钢管活动插接长度 **表 6-18**

公称直径	DN10	DN15	DN20	DN25	DN32	DN40	DN50	DN65
插入长度（mm）	18	21	24	24	39	47	52	64

b. 管子切断前必须确认没有损伤和变形，使用产生毛刺和切屑较少的旋转式管子切割器垂直于管的轴心线切断，切割时不能用力过大以防止管子失圆。切断后应清除管端的毛刺和切屑，粘附在管子内外的垃圾和异物用棉丝或纱布等擦干净，否则会导致插入接头本体时密封圈损坏不能完全结合而引起泄漏。锉刀和除毛刺器一定要用不锈钢专用，如果曾在其他材料上使用过，可能会沾染上锈蚀。

c. 用画线器在管子上标记，确保管子插入尺寸符合要求。

d. 将管子笔直地慢慢地插入接头本体，确保标记到接头端面在 2mm 以内。插入前要确认密封圈安装在 U 型位置上。如插入过紧可在管子上沾点水，不得使用油脂润滑，以免油脂使密封圈变性失效。

e. 卡压连接

（a）管道的连接采用专用管件，先按插入长度表在管端划线作标记，用力将管子插入管件到划线处。

（b）将专用卡压工具的凹槽与管件环形凸槽贴合，确认钳口与管子垂直后，开始作业，缓慢提升卡压机的压力至 35～40MPa，压至卡压工具上，当下钳口闭合时，完成卡压连接。

（c）卡压完成后应缓慢卸压，以防压力表被打坏。要确认卡压钳口凹槽安置在接头本体圆弧突出部位，卡压时应按住卡压工具，直到解除压力，卡压处若有松弛现象，可在原卡压处重新卡压一次。

（d）带螺纹的管件应先锁紧螺纹后再卡压，以免造成卡压好的接头因拧螺纹而松脱。

（e）配管弯曲时，应在直管部位修正，不可在管件部位矫正，否则可能引起卡压处松弛造成泄漏。对 *DN*65～*DN*100 用环模，然后再次加压到位，见表 6-19。

不锈钢管卡压压力 **表 6-19**

公称通径	卡压压力
*DN*15～*DN*25	40MPa
*DN*32～*DN*50	50MPa
*DN*65～*DN*100	60MPa

f. 卡压检查：卡压完成后检查划线处与接头端部的距离，若 *DN*15～*DN*25 距离超过 3mm，*DN*32～*DN*50 距离超过 4mm，则属于不合格，需切除后重新施工。卡压处使用六角量规测量，能够完全卡入六角量规的判定为合格。若有松弛现象，可在原位重新卡压，直至用六角量规测量合格。二次卡压仍达不到卡规测量要求，应检查卡压钳口是否磨损，

有问题及时与供货商联系。一般情况下卡压机连续使用三个月或卡压 5000 次就送供货商检验保养。

g. 采用 EPDM 或 CIIR 橡胶圈，放入管件端部 U 型槽内时，不得使用任何润滑剂。

③ 不锈钢压缩式管件的安装

a. 断管，用砂轮切割机将配管切断，切口应垂直，且把切口内外毛刺修净。

b. 将管件端口部分螺母拧开，并把螺母套在配管上。用专用工具（胀形器）将配管内胀成山形台凸缘或外边加一档圈。

c. 将硅胶密封圈放入管件端口内，将事先套入螺母的配管插入管件内。

d. 手拧螺母，并用扳手拧紧，完成配管与管件一个部分的连接。

e. 配管胀形前，先将需连接的管件端口部分螺母拧开，并把他套在配管上。

f. 胀形器按不同管径附有模具，公称直径 15～20mm 用卡箍式（外加一档圈），公称直径 25～50mm 用胀箍式（内胀成一个山形台），装卸合模时借助木槌轻击。

g. 配管胀形过程凭借胀形器专用模具自动定位，上下拉动摇杆至手感力约 30～50kg，配管卡箍或胀箍位置应满足表 6-20 的规定。

管子胀形位置基准值（mm） **表 6-20**

公称直径 DN	15	20	25	32	40	50
胀形位置外径 ϕ	16.85	22.85	28.85	37.70	42.80	53.80

h. 硅胶密封圈应平放在管件端口内，严禁使用润滑油。把胀形后的配管插入管件时，切忌损坏密封圈或改变其平整状态。

i. 不锈钢压缩式管件承口尺寸的规格应符合图 6-16 和表 6-21 的规定。

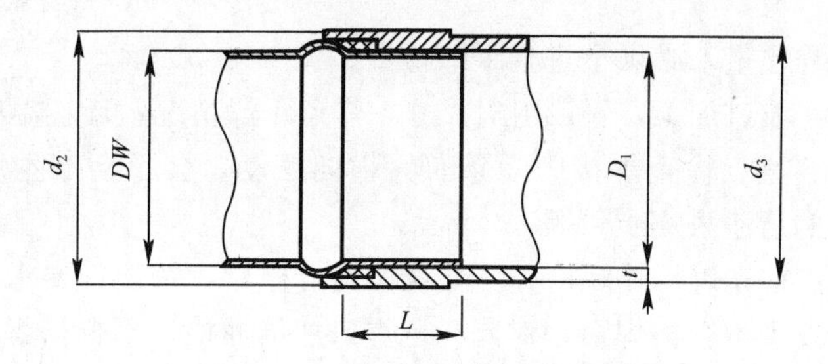

图 6-16 不锈钢压缩式管件承口

不锈钢压缩式管件承口尺寸（mm） **表 6-21**

公称直径 DN	管外径 Dw	承口内径 D_1	螺纹尺寸 d_2	承口外径 d_3	壁厚 t	承口长度 L
15	14	$14^{+0.07}_{+0.02}$	G1/2	18.4	2.2	10
20	20	$20^{+0.09}_{+0.02}$	G3/4	24	2	10
25	26	$26^{+0.104}_{+0.02}$	G1	30	2	12
32	35	$35^{+0.15}_{+0.05}$	G11/4	38.6	1.8	12
40	40	$40^{+0.15}_{+0.05}$	G11/2	44.4	2.2	14
50	50	$50^{+0.15}_{+0.05}$	G2	56.2	3.1	14

j. 不锈钢压缩式管材与管材连接见图 6-17。

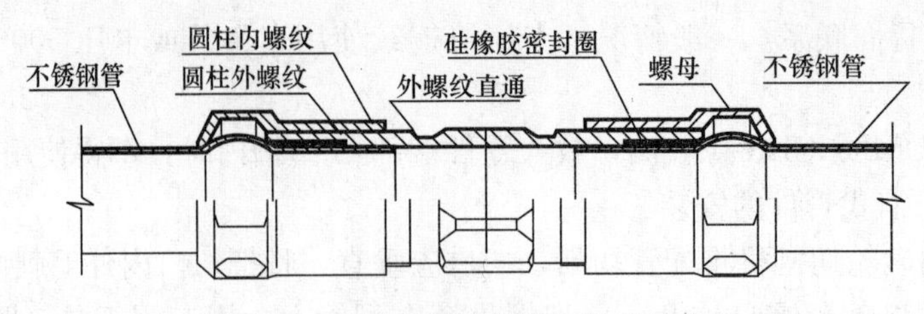

图 6-17 不锈钢压缩式管件与管材连接

④ 不锈钢管焊接

a. 不锈钢管道焊接可分为承插搭接焊和对接焊两种。影响手工氩弧焊焊接质量的主要因素有：喷嘴孔径、气体流量、喷嘴至工件的距离、钨极伸出长度、焊接速度、焊枪和焊丝与工件间的角度等。喷嘴孔径范围一般为 $\phi 5 \sim 20$mm，喷嘴孔径越大，保护范围越大；但喷嘴孔径过大，氩气耗量大，焊接成本高，而且影响焊工的视线和操作。对接氩弧焊管材与管材连接见图 6-18。

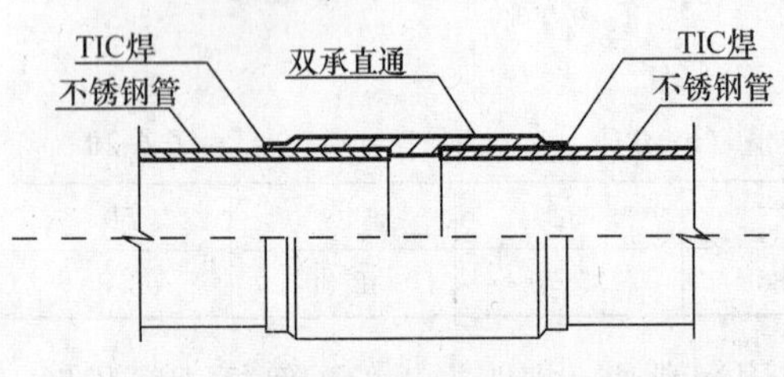

图 6-18 不锈钢氩弧焊管件与管材连接

b. 氩气流量范围在 5～25L/min，流量的选择应与喷嘴相匹配，气流过低，喷出气体的挺度差，影响保护效果；气流过大，喷出气流会变成紊流，卷进空气，也会影响保护效果。焊接时不仅往焊枪内充氩气，还要在焊前往管子内充满氩气，使焊缝内外均与空气不接触。管道尾端的封闭焊口必须用水溶纸代替挡板封闭管口（焊后挡板不能取出，纸在管道水压试验时水溶化）。

c. 焊接检验

为保证焊接工程质量，必须全过程跟踪检查。

（a）焊前检查：坡口加工，管口组对尺寸，焊条干燥情况，环境温度等。

（b）中间检查：重点检查焊接中运条有无横向摆动，会不会产生层间温度过高的情况，每层焊缝焊完的清渣去瘤质量等。

（c）焊后检查：首先进行外观检查。外观检查合格后，按设计要求的比例对焊口进行无损检测抽查。若发现不合格焊口，对同标记焊口加倍抽检。不合格焊口，必须返修或割掉重焊，同一焊缝返修不能超过两次，焊后再次检查。必须及时真实填写检验记录，测试报告。

⑤ 不锈钢管法兰式连接

a. 被连接的管道分别装上一个带槽环的法兰盘，对两根管材端口进行 90°翻边工艺处理，翻边后的端口平面打磨，应垂直平整，无毛刺，无凹凸、变形，管口需要专用工具整圆，应无微裂纹，厚薄均匀，宽度相同。

b. 将两侧已装好 O 形密封圈的金属密封环，嵌入带槽环的法兰盘内。用螺栓将法兰盘孔连接，对称拧紧螺栓组件。拧紧过程中，沿轴向推动两根管材的各翻边平面，均匀压缩两侧 O 形密封圈，使接头密封。

⑥ 不锈钢管卡箍法兰式连接

a. 左右两法兰片分别与需要连接的两管材端口，用氩弧焊焊接，焊角尺寸不小于管壁厚度。

b. 左右两法兰片间衬密封垫，用卡箍卡住两法兰片，然后紧定螺钉紧固。

c. 不锈钢卡箍法兰式管道连接见图 6-19。

⑦ 不锈钢管沟槽连接

a. 不锈钢管沟槽连接时，先将被连接的管材端部用专业厂提供的滚槽机加工出沟槽。对接时将两片卡箍件卡入沟槽内，用力矩扳手对称拧紧卡箍上的螺栓，起密封和紧固作用。

b. 不锈钢沟槽式管道连接见图 6-20。

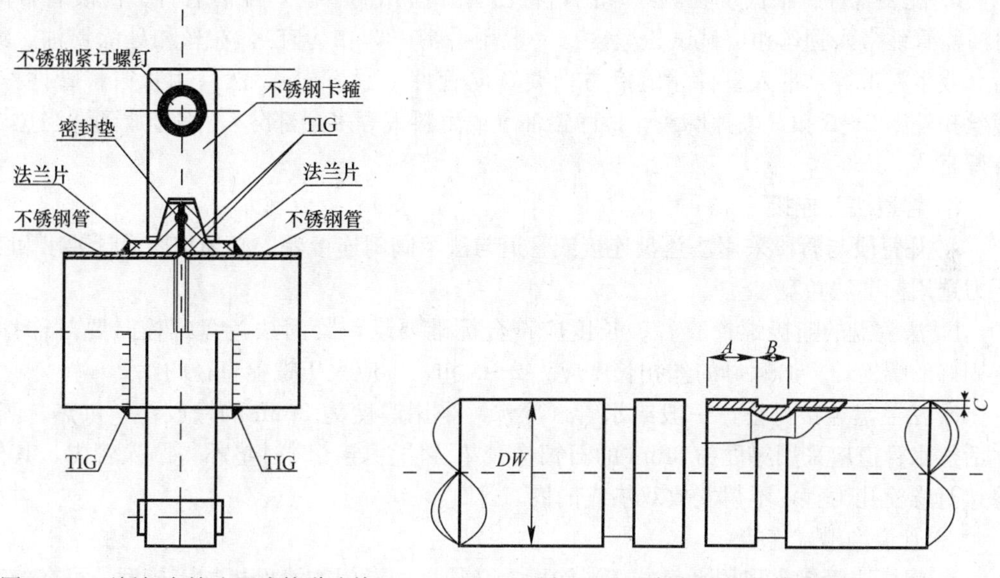

图 6-19　不锈钢卡箍法兰式管道连接　　　　图 6-20　不锈钢沟槽式管道连接

⑧ 阀门与不锈钢管道连接

不锈钢管道与阀门、水表、水嘴等的连接采用转换接头，严禁在薄壁不锈钢水管上套丝。安装完毕的干管，不得有明显的起伏、弯曲等现象，管外壁无损伤。

⑨ 不锈钢管道严禁与碳钢接触，当采用碳钢支架式，其与管道间应使用橡胶垫隔开。

⑩ 不锈钢水管道的消毒冲洗

饮用水不锈钢管道在试压合格后宜采用 0.03%高锰酸钾消毒液灌满管道进行消毒，应将消毒液倒入管道中静置 24h，排空后再用饮用水冲洗。冲洗前应对系统内的仪表加以保护，并将有碍冲洗的节流阀、止回阀等管道附件拆除和妥善保管，待冲洗后复位。饮用水水质应达到《生活饮用水卫生标准》GB 5749 的要求。

7）给水碳钢管道安装

① 管道螺纹连接

螺纹连接管道安装后的管螺纹根部应有 2～3 扣的外露螺纹，多余的麻丝等填料应清理干净并作防腐处理。

a. 套丝：将断好的管材，按管径尺寸分次套制丝扣，一般以管径 15～32mm 者套二次，40～50mm 者套三次，70mm 以上者套 3～4 次为宜。

(a) 用套丝机套丝，将管材夹在套丝机卡盘上，留出适当长度将卡盘夹紧，对准板套号码，上好板牙，按管径对好刻度的适当位置，紧住固定板机，将润滑剂管对准丝头，开机推板，待丝扣套到适当长度，轻轻松板机。

（b）用手工套丝板套丝，先松开固定板机，把套丝板板盘退到零度，按顺序号上好板牙，把板盘对准所需刻度，拧紧固定板机，将管材放在台虎钳压力钳内，留出适当长度卡紧，将套丝板轻轻套入管材，使其松紧适度，而后两手推套丝板，带上 2～3 扣，再站到侧面扳转套丝板，用力要均匀，待丝扣即将套成时，轻轻松开板机，开机退板，保持丝扣应有锥度。

b. 配装管件：根据现场测绘草图，将已套好丝扣的管材，配装管件。配装管件时应将所需管件带入管丝扣，试试松紧度（一般用手带入 3 扣为宜），在丝扣处涂铅油、缠麻后（或生料带等）带入管件（缠麻方向要顺向管件上紧方向），然后用管钳将管件拧紧，使丝扣外露 2～3 扣，去掉麻头，擦净铅油（或生料带等多余部分），编号放到适当位置等待调直。

② 管道法兰连接

a. 凡管段与管段采用法兰盘连接或管道与法兰阀门连接者，必须按照设计要求和工作压力选用标准法兰盘。

b. 法兰盘的连接螺栓直径、长度应符合标准要求，紧固法兰盘螺栓时要对称拧紧，紧固好的螺栓，突出螺母的丝扣长度应为 2～3 扣，不应大于螺栓直径的 1/2。

c. 法兰盘连接衬垫，一般给水管（冷水）采用厚度为 3mm 的橡胶垫，供热、蒸汽、生活热水管道应采用厚度为 3mm 的石棉橡胶垫。法兰连接时衬垫不得凸入管内，其外边缘接近螺栓孔为宜，不得安放双垫或偏垫。

③ 管道沟槽式连接

a. 沟槽式管接头采用平口端环形沟槽，必须采用专门的滚槽机加工成型。可在施工现场按配管长度进行沟槽加工。

b. 沟槽式三通、沟槽式四通等管件连接。沟槽式三通、沟槽式四通、机械三通、机械四通等管件必须采用标准规格产品，支管接头采用专门的开孔机，当支管的管径不符合标准规格时，可在接出管上采用异径管等转换支管管径。

c. 沟槽式管接头、沟槽式管件、附件在装卸、运输、堆放时，应小心轻放，严禁抛、摔、滚、拖和剧烈撞击。严禁与有腐蚀和有害于橡胶的物质接触，避免雨水淋袭。橡胶密封圈应放置在卡箍内一起贮运和存放，不得另行分包。紧固件应于卡箍件螺栓孔松套相连。

d. 管材切割应按配管图先标定管子外径，其外径误差和壁厚误差应在允许公差范围内。

e. 管道切割应采用机械方法。切口表面应平整，无裂缝、凹凸、缩口、熔渣、氧化物，并打磨光滑。当管端沟槽加工部位的管口不圆整时应整圆，壁厚应均匀，表面的污物、油漆、铁锈、碎屑等应予清除。

f. 用滚槽机加工沟槽时应按下列步骤进行：

（a）将切割合格的管子架设在滚槽机上或滚槽机尾架上。

（b）在管子上用水平仪量测，使其处于水平位置。

（c）将管子端面与沟槽机止推面贴紧，使管轴线与滚槽机止推面垂直。

（d）启动滚槽机，滚压环行沟槽。

（e）停机，用游标卡尺量测沟槽的深度和宽度，在确认沟槽尺寸符合要求后，滚槽机卸荷，取出管子。

（f）在滚槽机滚压沟槽过程中，严禁管子出现纵向位移和角位移。

g. 滚槽机滚压成型的沟槽应符合下列要求：

（a）管端至沟槽段的表面应平整，无凹凸，无滚痕。

（b）沟槽圆心应与管壁同心，沟槽宽度和深度符合要求。

（c）用滚槽机对管材加工成型的沟槽，不得损坏管子的镀锌层及内壁各种涂层和内衬层。

h. 在管道上开孔应按下列步骤进行：

（a）将开孔机固定在管道预定开孔的部位，开孔的中心线和钻头中心线必须对准管道中轴线。

（b）启动电机转动钻头，转动手轮使钻头缓慢向下钻孔，并适时、适量地向钻头添加润滑剂直至钻头在管道上钻完孔洞。

（c）开孔完毕后，摇回手轮，使开孔机的钻头复位。

（d）撤除开孔机后，清除开孔部位的钻落金属和残渣，并将孔洞打磨光滑。

（e）开孔直径不小于支管外径。

i. 沟槽式接头安装步骤：

（a）用游标卡尺检查管材、管件的沟槽是否符合规定。

（b）在橡胶密封圈上涂抹润滑剂，并检查橡胶密封圈是否有损伤。润滑剂可采用肥皂水或洗洁剂，不得采用油润滑剂。

（c）连接时先将橡胶密封圈安装在接口中间部位，可将橡胶密封圈先套在一侧管端，定位后再套在一侧管端，定位后再套上另一侧管端，校直管道中轴线。

（d）在橡胶密封圈的外侧安装卡箍件，必须将卡箍件内缘嵌固在沟槽内，并将其固定在沟槽中心部位。

（e）压紧卡箍件至端面闭合后，即刻安装紧固件，应均匀交替拧紧螺栓。

（f）在安装卡箍件过程中，必须目测检查橡胶密封圈，防止起皱。

（g）安装完毕后，检查并确认卡箍件内缘全圆周嵌固在沟槽内。

j. 支管接头安装应按下列步骤进行：

（a）在已开孔洞的管道上安装机械三通或机械四通时，卡箍件上连接支管的管中心必须与管道上孔洞的中心对准。

（b）安装后机械三通、机械四通内的橡胶密封圈，必须与管道上的孔洞同心，间隙均匀。

（c）压紧支管卡箍件至两端面闭合，即刻安装紧固件，应均匀交替拧紧螺栓。

（d）在安装支管卡箍件过程中，必须目测检查橡胶密封圈，防止起皱。

8）给水铸铁管道安装

① 石棉水泥接口

a. 一般用线麻（大麻）在5%的65号或75号熬热普通石油沥青和95%的汽油的混合液里浸透，晾干后即成油麻，捻口用的油麻填料必须清洁。

b. 将4级以上石棉在平板上把纤维打松，挑净混在其中的杂物，将32.5级硅酸盐水泥（捻口用水泥强度不低于32.5MPa即可），给水管道以石棉：水泥以3：7之比掺合在一起搅合，搅好后，用时加上其混合总重量的10%～12%的水（加水量在气温较高或风较大时选较大值），一般采用喷水的方法，即把水喷洒在混合物表面，然后用手着实揉搓，当抓起被湿润的石棉水泥成团，一触即又松散时，说明加水适量，调合即用。由于石棉水泥的初凝期短，加水搅拌均匀后立即使用，如超过4h则不可用。

c. 操作时，先清洗管口，用钢丝刷刷净，管口缝隙用楔铁临时支撑找匀。

d. 铸铁管承插捻口连接的对口间隙应不小于3mm。

e. 铸铁管沿直线敷设，承插捻口的环形间隙应符合规定；沿曲线敷设，每个接口允许有2°转角。

f. 将油麻搓成环形间隙的1.5倍直径的麻辫，其长度搓拧后为管外径周长加上100mm。从接口的下方开始向上塞进缝隙里，沿着接口向上收紧，边收边用麻凿打入承口，应相压打两圈，再从下向上依次打实打紧。当锤击发出金属声，捻凿被弹打好，被打实的油麻深度应占总深度1/3（2～3圈，注意两圈麻接头错开）。

g. 麻口全打完达到标准后合灰打口，将调好的石棉水泥均匀地铺在盘内，将拌好的灰从下至上塞入已打紧的油麻承口内，塞满后，用不同规格的捻凿及手锤将填料捣实。分层打紧打实，每层要打至锤击时发出金属的清脆声，灰面呈黑色，手感有回弹力，方可填料打下一层，每层厚约10mm，一直打击至凹入承口边缘深度不大于2mm，深浅一致，表面用捻凿连打几下灰面再不凹下即可，大管径承插口铸铁管接口时，由两个人左右同时进行操作。

h. 接口捻完后，用湿泥抹在接口外面，春秋季每天浇两次水，夏季用湿草袋盖在接口上，每天浇四次水，初冬季在接口上抹湿泥覆土保湿，敞口的管线两端用草袋塞严。

i. 水泥捻口的给水铸铁管，在安装地点有侵蚀性的地下水时，应在接口处涂抹沥青防腐层。

② 膨胀水泥接口

a. 拌合填料：以0.2～0.5mm清洗晒干的砂和硅酸盐水泥为拌合料，按砂：水泥：水=1：1：0.28～0.32（重量比）的配合比拌合而成，拌好后的砂浆和石棉水泥的湿度相似，拌好的灰浆在1h内用完。冬期施工时，须用80℃左右热水拌合。

b. 操作：按照石棉水泥接口标准要求填塞油麻。再将调好的砂浆一次塞满在已填好油麻的承插间隙内，一面塞入填料，一面用灰凿分层捣实，可不用手锤。表面捣出有稀浆为止，如不能和承口相平，则再填充后找平。一天内不得受到大的碰撞。

c. 养护：接口完毕后，2h内不准在接口上浇水，直接用湿泥封口，上留检查口浇水，烈日直射时，用草袋覆盖住。冬季可覆土保湿，定期浇水。夏天不少于2d，冬天不少于3d，也可用管内充水进行养护，充水压力不超过200kPa。

③ 青铅接口

一般用于工业厂房室内铸铁给水管敷设，设计有特殊要求或室外铸铁给水管紧急抢修，管道连接急于通水的情况下可采用青铅接口。

a. 按石棉水泥接口的操作要求，打紧油麻。

b. 将承插口的外部用密封卡或包有黏性泥浆的麻绳，将口密封，上部留出浇铅口。

c. 将铅锭截成几块，然后投入铅锅内加热熔化，铅熔至紫红色（500℃左右）时，用加热的铅勺（防止铅在灌口时冷却）除去液面的杂质，盛起铅液浇入承插口内，灌铅时要慢慢倒入，使管内气体逸出，至高出灌口为止，一次浇完，以保证接口的严密性。对于大管径管道灌铅速度可适当加快，防止熔铅中途凝固。

d. 铅浇入后，立即将泥浆或密封卡拆除。

e. 管径在 350mm 以下的用手钎子（捻凿）一人打，管径在 400mm 以上的，用带把钎子两人同时从两边打。从管的下方打起，至上方结束。上面的铅头不可剁掉，只能用铅塞刀边打紧边挤掉。第一遍用剁子，然后用小号塞刀开始打。逐渐增大塞刀号，打实打紧打平，打光为止。

f. 化铅与浇铅口时，如遇水会发生爆炸（又称放炮）伤人，可在接口内灌入少量机油（或蜡），则可以防止放炮。

④ 承插铸铁给水管橡胶圈接口

a. 胶圈形体应完整，表面光滑，粗细均匀，无气泡，无重皮。用手扭曲、拉、折表面和断面不得有裂纹、凹凸及海绵状等缺陷，尺寸偏差应小于 1mm，将承口工作面清理干净。

b. 安放胶圈，胶圈擦拭干净，扭曲，然后放入承口内的圈槽里，使胶圈均匀严整地紧贴承口内壁，如有隆起或扭曲现象，必须调平。

c. 画安装线：对于装入的合格管，清除内部及插口工作面的粘附物，根据要插入的深度，沿管子插口外表面画出安装线，安装面应与管轴相垂直。

d. 涂润滑剂：向管子插口工作面和胶圈内表面刷水擦上肥皂。

e. 将被安装的管子插口端锥面插入胶圈内，稍微顶紧后，找正将管子垫稳。

f. 安装安管器：一般采用钢箍或钢丝绳，先捆住管子。安管器有电动、液压汽动，出力在 50kN 以下，最大不超过 100kN。

g. 插入：管子经调整对正后，缓慢启动安管器，使管子沿圆周均匀地进入并随时检查胶圈不得被卷入，直至承口端与插口端的安装线齐平为止。

h. 橡胶圈接口的管道，每个接口的最大偏转角不得超过如下规定：$DN \leqslant 200$mm 时，允许偏转角度最大为 5°；200mm$< DN \leqslant 350$mm 时，为 4°；$DN=400$mm 时，为 3°。

i. 检查接口、插入深度、胶圈位置（不得离位或扭曲），如有问题时必须拔出重新安装。

j. 采用橡胶圈接口的埋地给水管道，在土壤或地下水对橡胶有腐蚀的地段，在回填土前应用沥青胶泥、沥青麻丝或沥青锯末等材料封闭橡胶圈接口。

（5）给水管道支架安装

根据管道支架的结构形式，一般将支架分为吊架、托架和卡架。

1）支架安装前的准备工作

① 管道支架安装前，首先应按设计要求定出支架位置，再按管道标高，把同一水平直管段两点间的距离和坡度的大小，算出两点间的高差。然后在两点间拉直线，按照支架的间距，在墙上或柱子上画出每个支架的位置。

② 如已在墙上预留埋设支架的孔洞，或在钢筋混凝土构件上预埋了焊接支架的钢板，应检查预留孔洞或预埋钢板的标高及位置是否符合要求。

2）常用支、吊架的安装方法

① 墙上有预留孔洞的，可将支架横梁埋入墙内。埋设前应清除洞内的碎砖及灰尘，并用水将洞浇湿。填塞用 M5 水泥砂浆，要填得密实饱满。

② 钢筋混凝土构件上的支架，可在浇筑时在各支架的位置预埋钢板，然后将支架横梁焊接在预埋钢板上。

③ 在没有预留预埋和预埋钢板的砖墙或混凝土构件上，可以用射钉或膨胀螺栓安装

支架。

④ 沿柱敷设的管道，可采用抱柱式支架。

⑤ 室内给排水管道支架安装的几种形式 6-21 所示。

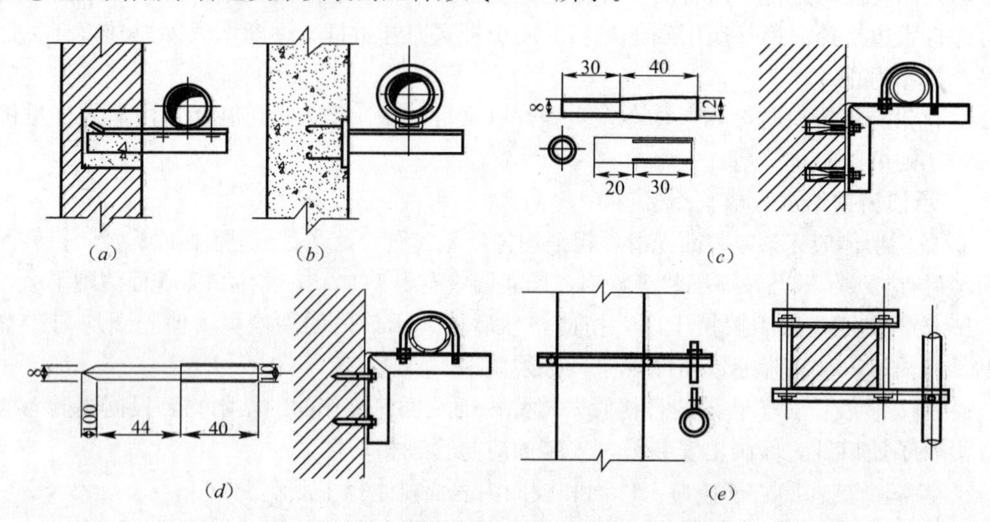

图 6-21　室内给水排水管道支架常用安装形式

(*a*) 栽培法安装支架；(*b*) 预埋钢板法；(*c*) 膨胀螺栓法；(*d*) 射钉法；(*e*) 抱柱法

⑥ 型钢支、吊架根据全国通用图集《室内管道支架及吊架》03S402 选用，管道的吊架由吊架根部、吊杆及管卡三个部分组成，可根据工程需要组合选用。

⑦ 吊架根部：根据安装方法，常用的吊架根部有下面几种类型：

a. 穿吊型：吊架安装在楼板上，吊杆贯穿楼板。使用时必须在楼板面施工前钻孔安装，如图 6-22 所示。

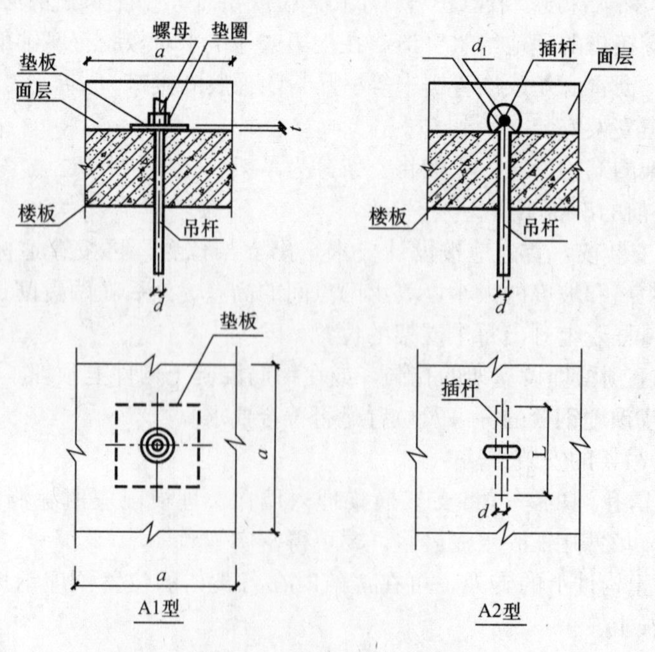

图 6-22　穿吊型吊架根部

b. 锚固型：吊架根部用膨胀螺栓锚固在楼板或梁上，如图 6-23 所示。

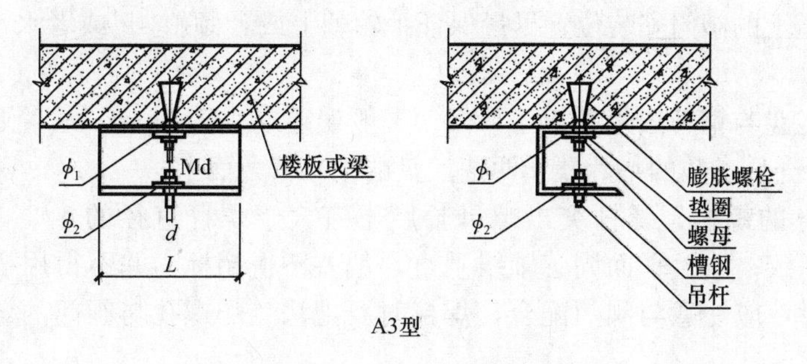

图 6-23　锚固型吊架根部

c. 焊接型：吊架根部焊接在梁侧预埋钢板或钢结构型钢上。

（6）给水管道附件安装

1）一般要求

① 所有材料使用前应作好产品标识，注明产品名称、规格、型号、批号、数量、生产日期和检验代码等，并确保材料具有可追溯性。

② 水表的规格应符合设计要求，热水系统选用符合温度要求的热水表。表壳铸造规矩，无砂眼、裂纹，表玻璃无损坏，铅封完整，有出厂合格证。

③ 阀门的规格型号应符合设计要求，热水系统阀门符合温度要求。阀体铸造规矩，表面光洁，无裂纹，开关灵活，关闭严密，填料密封完好无渗漏，手轮无损坏，有出厂合格证。

④ 试验合格的阀门，应及时排尽内部积水，并吹干；密封面上应涂防锈油，关闭阀门，封闭出入口，作出明显的标记，并应按规定格式填写“阀门试验记录”。

2）水表安装要求

① 水表应安装在便于检修和读数，不受暴晒、冻结、污染和机械损伤的地方。

② 螺翼式水表的上游侧，应保证长度为 8～10 倍水表公称直径的直管段，其他类型水表前后直线管端的长度，应小于 300mm 或符合产品标准规定的要求。

③ 注意水表安装方向，务须使进水方向与表上标志方向一致。旋翼式水表和垂直螺翼式水表应水平安装，水平螺翼式和容积式水表可根据实际情况确定水平、倾斜或垂直安装；垂直安装时，水流方向必须自下而上。

④ 对于生活、生产、消防合一的给水系统，如只有一条引入管时，应绕水表安装旁通管。

⑤ 水表前后和旁通管上均安装检修阀门，水表与水表后阀门间装设泄水装置。为减少水头损失并保证表前管内水流的直线流动，表前检修阀门宜采用闸阀。住宅中的分户水表，其表后检修阀及专用泄水装置可不设。

⑥ 当水表可能发生反转、影响计量和损坏水表时，应在水表后设止回阀。

⑦ 明装在室内的分户水表，表外壳距墙不得大于 30mm。

⑧ 水表下方设置表托架宜采用 25mm×25mm×3mm 的角钢制作，牢固、形式合理。

3）阀门安装

① 选用的法兰盘的厚度、螺栓孔数、水线加工、有关直径等几何尺寸要符合管道工

作压力的相应要求。

② 水平管道上的阀门安装位置尽量保证手轮朝上或者倾斜 45°或者水平安装，不得朝下安装。

③ 阀门法兰盘与钢管法兰盘相互平行，一般误差应小于 2mm，法兰要垂直于管道中心线，选择适合介质参数的垫片置于两法兰盘的中心密合面上。

④ 连接法兰的螺栓、螺杆突出螺母长度不宜大于螺杆直径的 1/2。螺栓同法兰配套，安装方向一致；法兰平面同管轴线垂直，偏差不得超标，并不得用扭螺栓的方法调整。焊接法兰时，应注意与阀门配合，焊接时要把法兰的螺孔与阀门的螺孔先对好，然后焊接。

⑤ 安装阀门时注意介质的流向，水流指示器、止回阀、减压阀及截止阀等阀门不允许反装。阀体上标识箭头，应与介质流动方向一致。

⑥ 螺纹式阀门，要保持螺纹完整，按介质不同涂以密封填料物，拧紧后螺纹要有 3 扣的预留量，以保证阀体不致拧变形或损坏。紧靠阀门的出口端装有活结，以便拆修。安装完毕后，把多余的填料清理干净。

⑦ 过滤器：安装时要将清扫部位朝下，并要便于拆卸。

⑧ 明杆阀门不能安装在潮湿的地下室，以防阀杆锈蚀。

⑨ 较重的阀门吊装时，不允许将钢丝绳拴在阀杆手轮及其他传动杆件和零件上，而应拴在阀体上。

⑩ 塑料给水管道中，阀门可以采用配套产品，其阀门型号、承压能力必须满足设计要求，符合《生活饮用水标准》GB 5749 的要求，必要时阀门两端应设置固定支架，以免使得阀门扭矩作用在管道上。

2. 室内排水管道及附件安装

（1）管道布置和安装技术要求

① 卫生器具的布置和敷设原则

a. 卫生器具布置要根据卫生间和公共厕所的平面尺寸，选用适当的卫生器具类型和尺寸进行。

b. 现在常用的卫生间排水管线方案主要有 4 种：穿板下排式、后排式、卫生间下沉式和卫生间垫高式。

② 室内排水立管的布置和敷设

a. 排水立管可在厨卫间的墙边或墙角处明装，也可沿外墙室外明装或布置在管道井内暗装。

b. 立管宜靠近杂质最多、最脏和排水量最大的卫生器具设置，应减少不必要的转折和弯曲，尽量作直线连接。

c. 不得穿过卧室、病房等对卫生、安静要求较高的房间，也不宜靠近与卧室相邻的内墙；立管宜靠近外墙，以减少埋地管长度，便于清通和维修。

d. 立管应设检查口，其间距不大于 10m，但底层和最高层必须设置。

e. 检查口中心距地面为 1.0m，并高于该层最高卫生器具上边缘 0.15m。

f. 塑料立管明设时，在立管穿越楼层处应采取防止火灾贯穿的措施，设置防火套管或阻火圈。

③ 室内排水横支管道的布置和敷设原则

a. 排水横支管不宜太长，尽量少转弯，一根支管连接的卫生器具不宜太多。

b. 横支管不得穿过沉降缝、伸缩缝、烟道、风道，必须穿过时采取相应的技术措施。

c. 悬吊横支管不得布置在起居室、食堂及厨房的主副食操作和烹调处的上方，也不能布置在食品储藏间、大厅、图书馆和某些对卫生有特殊要求的车间或房间内，更不能布置在遇水会引起燃烧、爆炸或损坏原料、产品和设备的上方。

d. 当横支管悬吊在楼板下，并接有 2 个及 2 个以上大便器或 3 个及 3 个以上卫生器具时，横支管顶端应升至地面设清扫口；排水管道的横管与横管、横管与立管的连接，宜采用 45°斜三（四）通或 90°斜三（四）通。

④ 横干管及排出管的布置与敷设原则

a. 横干管可敷设在设备层、吊顶层中，底层地坪下或地下室的顶棚下等地方，排出管一般敷设在底层地坪下或地下室的屋顶下。

b. 为了保证水流畅通，排水横干管应尽量少转弯。

c. 横干管与排出管之间，排出管与其同一检查井的室外排水管之间的水流方向的夹角不得小于 90°。

d. 当跌落差大于 0.3m 时，可不受角度的限制。

e. 排出管与室外排水管连接时，其管顶标高不得低于室外排水管管顶标高。

f. 排水管穿越承重墙或基础处应预留孔洞，且管顶上部净空高度不得小于房屋的沉降量，不小于 0.15m。

g. 排出管穿过地下室外墙或地下构筑物的墙壁时，应采取防水措施。

⑤ 通气管系统的布置与敷设原则

a. 生活污水管道或散发有害气体的生产污水管道，均应设置通气管。

b. 通气立管不得接纳污水、废水和雨水，通气管不得与风道或烟道连接。

c. 通气管应高出屋面 0.3m 以上且必须大于该地区最大降雪厚度，屋顶如有人停留，应大于 2.0m。

d. 通气管出口 4m 以内有门、窗时，通气管应高出门窗顶 0.6m 或引向无门窗的一侧；通气管顶端应设风帽或网罩。

e. 对卫生、安静要求高的建筑物的生活污水管道宜设器具通气管，器具通气管应设在存水弯出口端。

f. 环形通气管宜从两个卫生器具间接出并与排水立管呈垂直或 45°上升连接。

g. 在与通气立管相接时，应在卫生器具上边缘 0.15m 以上的地方连接，且应有 1%的坡度坡向排水支管或存水弯。

（2）排水管道安装

① 一般要求

a. 金属排水管道上的吊钩或卡箍应固定在承重结构上。固定件间距：横管不大于 2m；立管不大于 3m。楼层高度小于或等于 4m，立管可安装 1 个固定件。立管底部的弯管处应设支墩或采取固定措施。

b. 用于室内排水的水平管道与水平管道、水平管道与立管的连接，应采用 45°三通或 45°四通和 90°斜三通或 90°斜四通。立管与排出管端部的连接，应采用两个 45°弯头或曲率半径不小于 4 倍管径的 90°弯头。

c. 在生活污水管道上设置的检查口或清扫口，当设计无要求时应符合下列规定：

(a) 在立管上每隔一层设置一个检查口，但在最底层和有卫生器具的最高层必须设置。如为两层建筑时，可仅在底层设置立管检查口；如有乙字弯管时，则在该层乙字弯管上部设置检查口。检查口中心高度距操作地面一般为 1m，允许偏差±20mm；检查口的朝向应便于检修。暗装立管，在检查口处应安装检修门。

(b) 如排水支管设在吊顶，应在每层立管上均装立管检查口，以便作灌水试验。

(c) 在连接 2 个或 2 个以上大便器或 3 个及 3 个以上卫生器具的污水横管上应设置清扫口。当污水管在楼板下悬吊敷设时，可将清扫口设在上一层楼地面上，污水管起点的清扫口与管道相垂直的墙面距离不得小于 200mm；若污水管起点设置堵头代替清扫口时，与墙面距离不得小于 400mm。

d. 通向室外的排水管，穿过墙壁或基础必须下返时，应采用顺水三通和 45°弯头连接，并应在垂直管段顶部设置清扫口。

e. 由室内通向室外排水检查井的排水管，井内引入管应高于排出管或两管顶相平，并有不小于 90°的水流转角，如跌落差大于 300mm 可不受角度限制。

f. 排水通气管不得与风道或烟道相连，且应符合下列规定：

(a) 通气管应高出屋面 300mm，但必须大于最大积雪厚度。

(b) 在通气管出口 4m 以内有门、窗时，通气管应高出门、窗顶 600mm 或引向无门窗一侧。

(c) 经常有人停留的平屋顶上，通气管应高出屋面 2m，并应根据防雷要求设置防雷装置。

(d) 屋顶有隔热层应从隔热层板面算起。

g. 未经消毒处理的医院含菌污水管道，不得与其他排水管道直接连接。

h. 饮食业工艺设备引出的排水管及饮用水水箱的溢流管，不得与污水管道直接连接，并应留出不小于 100mm 的隔断空间。

i. 钢支架开孔直径≤M12 的不得使用电气焊开孔、扩孔。螺纹孔径≥M12 管道支架，如需气焊开孔时应对开孔处进行处理。支架孔眼及支架边缘应光滑平整，孔径不得超过穿孔螺栓或圆钢直径 4mm。

j. 穿墙套管的长度不得小于墙厚，管道穿楼板无需设置套管。

k. 污水横管的直线管段较长时，为便于疏通防止堵塞，按规定设置检查口或清扫口。

l. 地漏表面应比地面低 5mm 左右，安装地漏前，必须检查其水封深度不得低于 50mm，水封深度小于 50mm 的地漏不得使用。

m. 室内排水管道防结露隔热措施：为防止夏季排水管表面结露，设置在楼板下、吊顶内及管道结露影响使用要求的生活污水排水横管，应按设计要求做好防结露措施，保温材料和厚度应符合设计规定。

n. 隐蔽或埋地的排水管道在隐蔽前必须做灌水试验。

② 排水铸铁管道安装

a. 承插式柔性接口铸铁管连接

(a) 承插式柔性接口排水铸铁管宜在有下列情况时采用：

a) 要求管道系统接口具有较大的轴向转角和伸缩变形能力；

b）对管道接口安装误差的要求相对较低时；

c）对管道的稳定性要求较高时。

（b）柔性接口铸铁管的紧固件材质应为热镀锌碳素钢。当埋地敷设时，其接口紧固件应为不锈钢材质或采取相应防腐措施。

（c）安装前应将铸铁直管及管件内外表面粘结的污垢、杂物和承口、插口、法兰压盖结合面上的泥沙等附着物清除干净。用手锤轻轻敲击管材，确认无裂缝后才可以使用，法兰密封圈质量合格。

（d）插入过程中，插入管的轴线与承口管的轴线应在同一直线上，在插口端先套法兰压盖，再套入橡胶密封圈，橡胶密封圈右侧边缘与安装线对齐。将法兰压盖套入插口端，再套入橡胶密封圈。

（e）将直管或管件插口端插入承口，并使插口端部与承口内底留有 5mm 的安装间隙。在插入过程中，应尽量保证插入管的轴线与承口管的轴线在同一直线上。

（f）校准直管或管件位置，使橡胶密封圈均匀紧贴在承口倒角上，用支（吊）架初步固定管道。

（g）将法兰压盖与承口法兰螺孔对正，紧固连接螺栓。紧固螺栓时应注意使橡胶密封圈均匀受力。三耳压盖螺栓应三个角同步进行，逐个逐次拧紧；四耳、六耳、八耳压盖螺栓应按对角线方向依次逐步拧紧。拧紧应分多次交替进行，使橡胶圈均匀受力，不得一次拧完。

（h）法兰连接螺栓长度合适，紧固后外露丝扣为螺栓直径的 1/2。螺栓布置朝向一致，螺栓安装前要抹黄油。螺栓紧固时要用力均匀，防止密封垫偏斜或将螺栓紧裂。

（i）铸铁直管须切割时，其切口断面应与直管轴线相垂直，并将切口处打磨光滑。建筑排水柔性接口法兰承插式铸铁管与塑料管或钢管连接时，如两者外径相等，应采用柔性接口；如两者外径不等，可采用刚性接口。

b. 卡箍式铸铁管连接

（a）安装前，必须将管材、管件内部的砂泥杂物清除干净，并用手锤轻轻敲击管材，确认无裂缝后才可以使用。

（b）连接时，取出卡箍内橡胶密封套。卡箍为整圆不锈钢套环时，可将卡箍先套在接口一端的管材管件上。

（c）在接口相邻管端的一端套上橡胶密封圈封套，使管口达到并紧贴在橡胶密封圈套中间肋的侧边上。将橡胶密封套的另一端向外翻转。

（d）将连接管的管端固定，并紧贴在橡胶密封套中间肋的另侧边上，再将橡胶密封套翻回套在连接管的管端上。

（e）安装卡箍前应将橡胶密封套擦拭干净。当卡箍产品要求在橡胶密封套上涂抹润滑剂时，可按产品要求涂抹。润滑剂应由卡箍生产厂配套提供。

（f）在拧紧卡箍上的紧固螺栓前应分多次交替进行，使橡胶密封套均匀紧贴在管端外壁上。

c. 管道支（吊）架

（a）建筑排水柔性接口铸铁管安装，其上部管道重量不应传递给下部管道。立管重量应由支架承受，横管重量应由支（吊）架承受。

(b) 建筑排水柔性接口铸铁管立管应采用管卡在柱上或墙体等承重结构部位锚固。

(c) 管道支（吊）架设置位置应正确，埋设应牢固。管卡或吊卡与管道接触应紧密，并不得损伤管道外表面。管道支吊架可按给水管道支架选用。其固定件间距：横管不大于2m，立管不大于3m（楼层高度小于等于4m时，立管可安装一个固定件）；立管底部的弯管处应设支墩或其他固定措施。对于高层建筑，排水铸铁管的立管应每隔1～2层设置落地式型钢卡架。

(d) 管道支（吊）架应为金属件，并做防腐处理，有条件时宜由直管、管件生产厂配套供应。

(e) 排水立管应每层设支架固定，支架间距不宜大于1.5m，但层高小于或等于3m时可只设一个立管支架。法兰承插式接口立管管卡应设在承口下方，且与接口间的净距不宜大于300mm。

(f) 排水横管每3m管长应设两个支（吊）架，支（吊）架应靠近接口部位设置（法兰承插式接口应设在承口一侧），且与接口间的净距不宜大于300mm。排水横管支（吊）架与接入立管或水平管中心线的距离宜为300～500mm。排水横管在平面转弯时，弯头处应增设支（吊）架。排水横管起端和终端应采用防晃支架或防晃吊架固定。当横干管长度较长时，为防止管道水平位移，横干管直线段防晃支架或防晃吊架的设置间距不应大于12m。

③ 硬聚乙烯排水管道安装

a. 硬聚氯乙烯排水管道安装前应对其管材、管件等材料进行检验。管材、管件应有产品合格证，管材应标有规格、生产厂名和执行的标准号；在管件上应有明显的商标和规格；包装上应标有批号、数量、生产日期和检验代号。胶粘剂应有生产厂名、生产日期和有效日期，并具有出厂合格证和说明书。

b. 管道的坡度必须符合设计或国家规范的要求，坡度值见表6-22。

生活污水塑料管道坡度值 **表6-22**

项次	管径（mm）	标准坡度（‰）	最小坡度（‰）
1	50	25	12
2	75	15	8
3	110	12	6
4	125	10	5
5	160	7	4

c. 排水塑料管道支、吊架间距应符合表6-23的规定。

排水塑料管道支架最大间距（m） **表6-23**

管径（mm）	50	75	110	125	160
立管	1.2	1.5	2.0	2.0	2.0
横管	0.5	0.75	1.10	1.30	1.60

d. 排水塑料管必须按设计要求及位置装设伸缩节，如设计无要求时，伸缩节的间距不得大于4m。排水横管上的伸缩节位置必须装设固定支架。

e. 立管伸缩节设置位置应靠近水流汇合管件处，并应符合下列规定：

（a）立管穿越楼层处为固定支承且排水支管在楼板之上接入时，伸缩节应设置于水流汇合管件之下。

（b）立管穿越楼层处为固定支承且排水支管在楼板之下接入时，伸缩节应设置于水流汇合管件之上。

（c）立管穿越楼层处为不固定支承时，伸缩节应设置于水流汇合管件之上或之下。

f. 塑料排水（雨水）管道伸缩节应符合设计要求，设计无要求时应符合以下规定：

（a）当层高小于或等于 4m 时，污水立管和通气管应每层设一个伸缩节。

（b）污水横支管、横干管、通气管、环形通气管和汇合通气管上无汇合管件的直线管段大于 2m 时，应设伸缩节，伸缩节之间的最大距离不得大于 4m。高层建筑中明设排水塑料管应按设计要求设置阻火圈或防火套管。

（c）伸缩节设置位置应靠近水流汇合管件。立管和横管应按设计要求设置伸缩节。横管伸缩节应采用弹性橡胶密封圈管件；当管径大于或等于 160mm 时，横干管宜采用弹性橡胶密封圈连接形式。当设计对伸缩量无规定时，管端插入伸缩节处预留的间隙应为：

夏季，5～10mm；冬季 15～20mm。

g. 结合通气管当采用 H 管时可隔层设置，H 管与通气立管的连接点应高出卫生器具上边缘 0.15m。当生活污水立管与生活废水立管合用一根通气立管，且采用 H 管为连接管件时，H 管可错层分别与生活污水立管和废水立管间隔连接，但最低生活污水横支管连接点以下应装设结合通气管。

h. 立管管件承口外侧与墙饰面的距离宜为 20～50mm。

i. 管道的配管及坡口应符合下列规定：

（a）锯管长度应根据实测并结合各连接件的尺寸逐段确定。

（b）锯管工具宜选用细齿锯、割管机等机具。端面应平整并垂直于轴线；应清除端面毛刺，管口端面处不得裂痕、凹陷。

（c）插口处可用中号板锉锉成 15°～30°坡口。坡口厚度宜为管壁厚度的 1/3～1/2。坡口完成后应将残屑清除干净。

j. 塑料管与铸铁管连接时，宜采用专用配件。当采用水泥捻口连接时，应先将塑料管插入承口部分的外侧，用砂纸打毛或涂刷胶粘剂后滚粘干燥的粗黄砂；插入后应用油麻丝填嵌均匀，用水泥捻口。塑料管与钢管、排水栓连接时应采用专用配件。

k. 管道穿越楼层处的施工应符合下列规定：

（a）管道穿越楼板处为固定支承点时，管道安装结束应配合土建进行支模，并应采用 C20 细石混凝土分二次浇捣密实。浇筑结束后，结合找平层或面层施工，在管道周围应筑成厚度不小于 20mm，宽度不小于 30mm 的阻水圈。

（b）管道穿越楼板处为非固定支承时，应加装金属或塑料套管，套管内径可比穿越管外径大 10～20mm，套管高出地面不得小于 50mm。

（c）高层建筑内明敷管道，当设计要求采取防止火灾贯穿措施时，应符合下列规定：

a）立管管径大于或等于 110mm 时，在楼板贯穿部位应设置阻火圈或长度不小于 500mm 的防火套管。

b）管径大于或等于 110mm 的横支管与暗设立管相连时，墙体贯穿部位应设置阻火圈或长度不小于 300mm 的防火套管，且防火套管的明露部分长度不宜小于 200mm。

3. 室外给水管道安装

（1）一般规定

1）本内容适用于民用、公用建筑群的场区室外给水管网安装工程。

2）严格根据设计要求选择管材。

3）架空或地沟内管道敷设时其管道安装要求执行室内给水管道的要求，塑料管道不得露天架空安装。

4）管道应敷设在当地冰冻线以下，如确实需要高于冰冻线敷设的，须有可靠的保温措施。绿化带人行道的管道埋深不低于 0.8m，道路范围内的管道埋深不低于 1.2m，管道穿越道路及墙体时须安装钢套管。

5）塑料管道上的阀门、水表等附件均应单独设置支墩。

6）管道不得直接敷设在冻土和未经处理的松土上。

7）当地下水位较高或雨期进行管道施工时，沟槽内应有可靠的降水、排水措施，防止因基层土的扰动而影响土的持力层。

（2）给水铸铁管安装

1）管道安装程序

安装准备→排管→下管→挖工作坑→对口、接口及养护→井室砌筑→管道试压→管道冲洗→回填土。

2）管道安装要点

① 确定施工方法和施工程序并进行施工前的安全检查。

② 沟槽开挖后进行槽底处理时，即可将管道运至沟边，沿沟排管。布管不得影响机械的通行，当管道排布完成后再对管沟进行一次综合检查，当管道标高、槽底回填合格后方可进行下管工作。

③ 根据每节管道的重量及现场环境的影响，选择机械下管或人工下管。

④ 管道下沟后开始对口工作，对口前应用钢丝刷、绵纱布等仔细将承口内腔和插口端外表面的泥沙及其他异物清理干净，不得含有泥沙、油污及其他异物。

⑤ 管道对口完毕后，即在承口下挖打口工作坑，如图 6-24 所示。

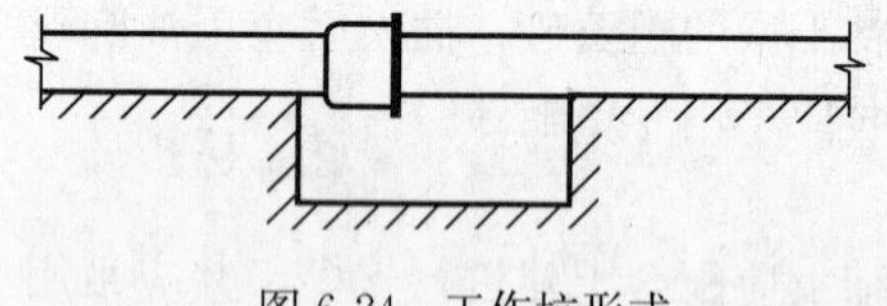

图 6-24　工作坑形式

工作坑以满足打口条件即可，也可参照规范要求。

⑥ 铸铁管承接口的对口间隙应不小于 3mm，最大间隙需符合表 6-24 的要求。

铸铁管承插口的对口最大间隙（mm）　　**表 6-24**

管径（mm）	沿直线敷设	沿曲线敷设
75	4	5
100～250	5	7～13
300～500	6	14～22

铸铁管承插口的环形间隙应满足表 6-25 的要求。

铸铁管承插口的环形间隙　　　　表 6-25

管径（mm）	环形间隙（mm）	允许偏差（mm）
80～200	10	+3 −2
250～450	11	+4
500～900	12	−2

⑦ 承插式铸铁管的接口形式分为刚性接口（图 6-25）和柔性接口（图 6-26）。

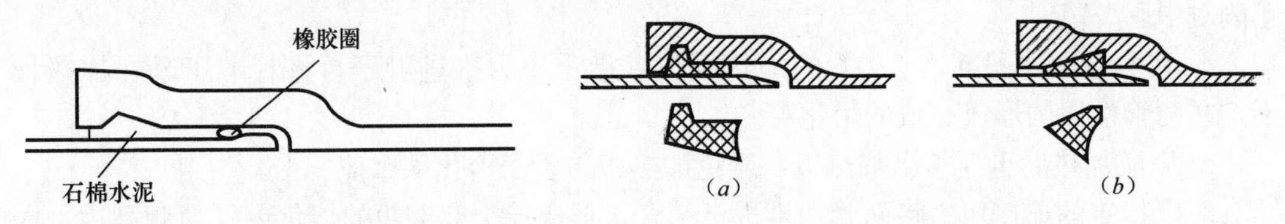

图 6-25　刚性接口形式

图 6-26　柔性接口形式

(*a*) 梯唇形；(*b*) 楔形

刚性接口由嵌缝材料和密封材料两部分组成，柔性接口采用专用橡胶圈密封。

(3) 硬聚氯乙烯室外给水管安装

1）管道安装一般规定

① 下管前，管沟应清理完毕且验收合格，设计或规范要求的砂石垫层施工完毕后方可下管。

② 下管前应检查管材、管件、胶圈是否有损伤，若有缺陷不得使用。

③ 在管道安装期间，须防止石块或其他坚硬物体坠入管沟，以免管道受损。

④ 管道在水平或垂直转弯、管道变径、三通、阀门等处均应设置支墩。

2）管道接口形式及操作方法参见本章硬聚氯乙烯管道连接部分。

(4) 铝塑复合管安装

1）管道调直：铝塑管 $DN\leqslant32$mm 时一般成卷供应，可用手粗略调直后靠在顺直的角钢内用橡胶锤锤打找直。

2）管子切割：管道切割可采用专用剪刀，也可采用钢锯或盘锯，然后用整圆扩孔器将管口整圆。

3）管道制弯：$DN\leqslant32$mm 的管道弯曲时先将弯管弹簧塞进管内到弯曲部位，然后均匀加力弯曲，弯曲成型后抽出弹簧。由于铝塑复合管中的铝管材质的最小延伸率为 20%，因此弯管半径不能小于所弯管段圆弧外径的 5 倍；$DN\geqslant40$mm 的管道弯曲时宜采用专用弯管器，否则容易使所弯管段圆弧外侧的外层和铝管出现过度的拉伸从而出现塑性拉伸裂纹，影响管子的使用性能。

4）管道连接参见本章铝塑复合管管道连接部分。

(5) 聚乙烯管（PE 管）安装

1）热熔连接

① 热熔对接施工要求

a. 将待连接管材置于焊机夹具上并夹紧。

b. 清洁管材待连接端并铣削连接面。

c. 校直两对接件，使其错位量不大于壁厚的10%。

d. 放入加热板加热，加热完毕，取出加热板。

e. 迅速接合两加热面，升压至熔接压力并保压冷却。

② 热熔对接施工步骤及方法

a. 清理管端。

b. 将管子夹紧在熔焊设备上，使用双面修整机具修整两个焊接接头端面。

c. 取出修整机具，通过推进器使两管端相接触，检查两表面的一致性，严格保证管端正确对中。

d. 在两端面之间插入210℃的加热板，以指定压力推进管子，将管端压紧在加热板上，在两管端周围形成一致的熔化束。

e. 完成加热后迅速移出加热板，避免加热板与管子熔化端摩擦。

f. 以指定的连接压力将两管端推进至结合，形成一个双翻边的熔化束（两侧翻边、内外翻边的环状凸起），熔焊接头冷却至少30min。

加热板的温度由焊机自动控制在预先设定的范围内。如果控制设施失控，加热板温度过高，会造成溶化端面的PE材料失去活性，相互间不能熔合。

2）电熔焊接

① 清理管子接头内外表面及端面，清理长度要大于插入管件的长度。

② 管子接头外表面（熔合面）用专用工具刨掉薄薄的一层，保证接头外表面的老化层和污染层彻底被除去。

③ 将处理好的两个管接头插入管件。

④ 将焊接设备连到管件的电极上，启动焊接设备，输入焊接加热时间。开始焊接至焊机在设定时间停止加热。

⑤ 焊接接头冷却期间严禁移动管子。

（6）衬塑钢管安装

衬塑钢管继承了钢管和塑料管各自的优点，广泛应用于给水系统。连接方式有沟槽（卡箍）连接和丝扣连接，施工工艺类似钢管的沟槽连接与丝扣连接。

1）管道沟槽连接

① 用切管机将钢管按需要的长度切割，用水平仪检查切口断面，确保切口断面与管道中轴线垂直。切口如果有毛刺，应用砂轮机打磨光滑。

② 将需要加工沟槽的钢管架设在滚槽机和滚槽机尾架上，用水平尺抄平，使管道处于水平位置。

③ 将钢管加工端断面紧贴滚槽机，使钢管中轴线与滚轮面垂直。

④ 缓缓压下千斤顶，使上压轮贴紧管材管道，开动滚槽机，徐徐压下千斤顶，使上压轮均匀滚压钢管至预定沟槽深度为止，压槽不得损坏管道内衬塑层。

⑤ 停机后用游标卡尺检查沟槽深度和宽度，确认符合标准要求后，将千斤顶卸荷，取出钢管。

⑥ 将橡胶密封圈套在一根钢管端部，将另一根端部周边已涂抹润滑剂（非油性）的钢管插入橡胶密封圈，转动橡胶密封圈，使其位于接口中间部位。

⑦ 在橡胶密封圈外侧安装上下卡箍，并将卡箍凸边送进沟槽内，把紧螺栓即完成。

2）螺纹连接方法参见本章钢塑复合管管道连接部分。

（7）管道附件的安装

1）阀门安装

① 阀门在搬运和吊装时，不得使阀杆及法兰螺栓孔成为吊点，应将吊点放在阀体上。

② 室外埋地管道上的阀门应阀杆垂直向上的安装于阀门井内，以便于维修操作。

③ 管道法兰与阀门法兰不得加力对正，阀门安装前应使管道上的两片法兰端面相互平行及同心。把紧螺栓时应十字交叉进行，以免加力不均导致密封不严。

④ 安装止回阀、截止阀等阀门时须使水流方向与阀体上的箭头方向一致。

⑤ 大口径阀门及阀门组须设置独立的支墩。

2）室外水表安装

① 安装时进水方向必须与水表上的箭头方向一致。

② 为避免紊流现象影响水表的计量准确性，表前阀门与水表的安装距离应大于 8～10 倍管径。

③ 大口径水表前后应设置伸缩节。

④ 水表阀门组应设置单独的支墩见图 6-27。

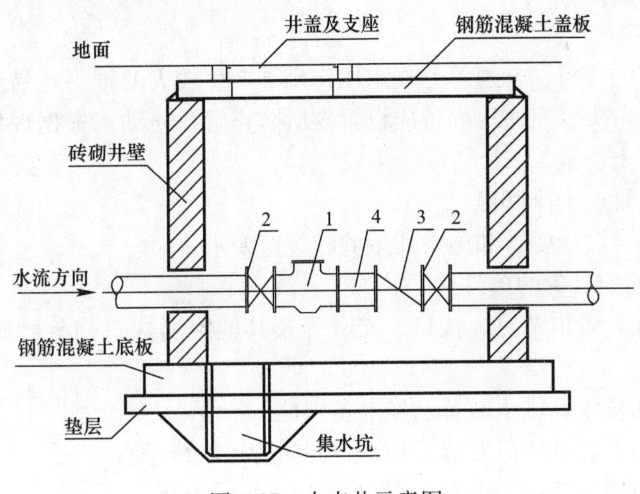

图 6-27　水表井示意图

1—水表；2—阀门；3—止回阀；4—伸缩接头

（8）附属构筑物的施工

给水管道附属构筑物包括阀门井、消火栓及消防水泵结合器井、水表井和支墩等构筑物。井室的砌筑应符合设计要求或设计指定的标准图集的施工要求。

1）一般要求

① 各类井室的井底基础和管道基础应同时浇筑。

② 砌筑井室时，用水冲净、湿润基础后方可铺浆砌筑，砌筑砌块必须做到满铺满挤，上下搭砌，砌块间灰缝厚度为 10mm 左右。

③ 砌筑圆筒形井室时，应随时检测直径尺寸，当需要收口时若四面收进，每次收进不得大于 30mm，若三面收进，则每次收进不得大于 50mm。

④ 井室内壁应用原浆勾缝，有抹面要求时内壁抹面应分层压实，外壁用砂浆搓缝并应挤压密实。

⑤ 各类井室的井盖须符合设计要求，有明显的标志，且各类井盖不得混用。

⑥ 设在车行道下的井室必须使用重型井盖，人行道下的井室采用轻型井盖，井盖表面与道路相平；绿化带上的井盖可采用轻型井盖，井盖上表面高出地平 50mm，井口周围设置 2%的水泥砂浆护坡。

⑦ 重型铸铁井盖不得直接安装在井室的砖墙上，应安装在厚度不小于 80mm 的混凝土垫圈上。

2）阀门井砌筑要点

① 井室砌筑前应进行红砖淋水工作，使砌筑时红砖吸水率不小于 35%。

② 阀门井应在管道和阀门安装完成后开始砌筑，其尺寸应按照设计或设计指定的图集施工，阀门的法兰不得砌在井外或井壁内，为便于维修，阀门的法兰外缘一般距井壁 250mm。

③ 砌筑时应随时检测直径尺寸，注意井筒的表面平整。

④ 井内爬梯应与井盖口边位置一致，铁爬梯安装后，在砌筑砂浆及混凝土未达到规定抗压强度前不得踩踏。

3）支墩

由于给水管道的弯头、三通等处在水压作用下产生较大的推力，易致使承插口松动而漏水，因而当管道弯头、三通等部位应设置支墩防止管口松动。根据现场实际情况支墩一般采用砖砌或混凝土浇筑。

（9）室外给水管道水压试压

管道试压应符合设计要求和施工质量验收规范要求。

1）管道试压前应具备的条件

① 水压试验前，管道节点、接口、支墩等及其他附属构筑物等已施工完毕并且符合设计要求。

② 落实管道的排气、排水装置已经准备到位。

③ 试压应做后背，试压后背墙必须平直并与管道轴线垂直。

④ 管道试验长度不超过 1km，一般以 500～600m 为宜。

⑤ 水压试验装置如图 6-28 所示，管道试压前，向试压管道充水，充水时水自管道低端流入，并打开排气阀，当充水至排出的水流中不带气泡且水流连续时，关闭排气阀，停止充水。试压管道充水浸泡的时间一般是钢管不少于 24h，塑料管不少于 48h。

2）管道试压方法

管线试压首先应做好各项安全技术措施。试验用的临时加固措施应经检查确认安全可靠，并作好标识。试验用压力表应在检定合格期内，精度不低于 1.5 级，量程是被测压力的 1.5～2 倍，试压系统中的压力表不得少于 2 块。管道试验压力为工作压力的 1.5 倍，但不得小于 0.6MPa。如遇泄漏，不得带压修理，缺陷消除后，应重新试压。

① 钢管、铸铁管试压，在试验压力下 10min 内压力降不得大于 0.05MPa，然后降至工作压力检查，压力保持不变，不渗漏为合格。

② 塑料管、铝塑复合管试压，在试验压力下稳压 1h，压力降不大于 0.05MPa，然后

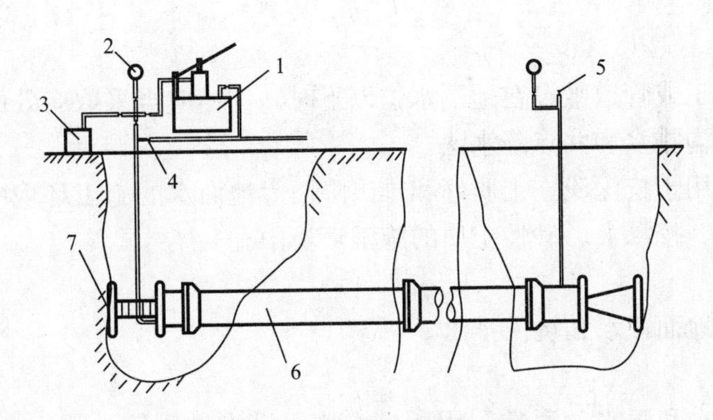

图 6-28 水压试验装置

1—手摇泵；2—压力泵；3—量水箱；4—注水管；5—排水管；6—试验管段；7—后背

降至工作压力进行检查，压力降保持不变，不渗漏为合格。

③ PE 管道试压应分 2～3 次升至试验压力，然后每隔 3min 记录一次管道剩余压力，记录 30min，若 30min 内管道试验压力有上升趋势时则水压试验合格；如剩余压力没有上升趋势，则应当再持续观察 60min，在整个 90min 中压力降不大于 0.02MPa，则水压试验合格。

(10) 室外给水管道冲洗

管道试压合格后应进行通水冲洗和消毒，以使管道输送的水质能够符合《生活饮用水卫生标准》GB 5749 的有关规定。

1) 管道冲洗

管道冲洗分为消毒前冲洗和消毒后冲洗。消毒前冲洗是对管道内的杂质进行清洗；消毒后清洗是对管道内的余氯进行清洗，使水中余氯能够达到卫生指标要求的规定值。

① 冲洗管道的水流速不小于 1.0m/s，冲洗应连续进行，直至出水洁净度与冲洗进水相同。

② 一次冲洗管道长度不宜超过 1000m，以防止冲洗前蓄积的杂物在管道内移动困难。

③ 放水路线不得影响交通及附近建筑物的安全。

④ 安装放水口的管上应装有阀门、排气管和放水取样龙头，放水管的截面不应小于进水管截面的 1/2。

⑤ 冲洗时先打开出水阀门，再开来水阀门。注意冲洗管段，特别是出水口的工作情况，做好排气工作，并派专人监护放水路线，有问题及时处理。

2) 管道消毒

生活饮用水管道，冲洗完毕后，管内应存水 24h 以上再化验。如水质化验达不到要求标准，应用漂白粉溶液注入管道浸泡消毒，然后再冲洗，经水质部门检验合格后交付验收。

4. 室外排水管道安装

(1) 管道开槽法施工

排水管道一般包括污废水管道、雨水管道。管道所用材质、接口形式、基础类型、施工方法及验收标准均不相同。开槽法施工包括土方开挖、管沟排水、管道基础施工、管道施工、构筑物砌筑和土方回填等分项工程。

1）施工排水

当管道雨期施工或管道敷设在地下水位以下时，沟槽应当采取有效的降低地下水位的方法，一般采用明沟排水和井点降水法。

明沟排水法适用于挖深浅、土质好和排出降雨等地面水的施工环境中；井点井水适用于地下水位比较高、挖深大、砂性土质的施工环境中。

① 明沟排水

明沟排水包括地面截水和坑内排水。

a. 地面截水

用于排除地表水和雨水，通常利用所挖沟槽土沿沟槽侧筑 0.5～0.8m 高的土堤，地面截水应尽量利用天然排水沟道，当需要挖排水沟排水时，应注意已有构筑物的安全。

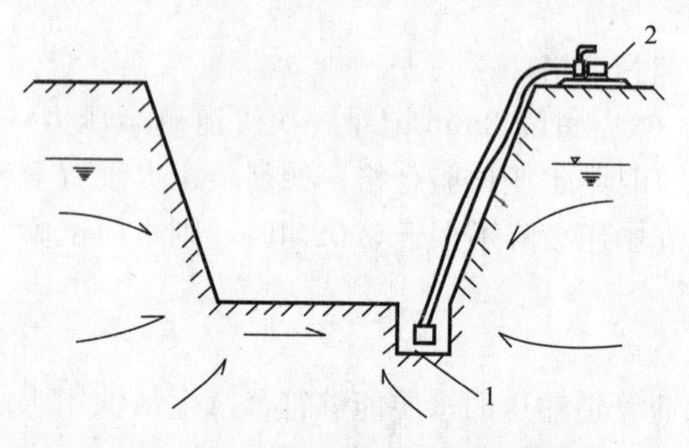

图 6-29 坑内排水示意图

b. 坑内排水

当沟槽开挖过程中遇到地下水时，在沟底随同挖方一起设置积水坑，并沿沟底开挖排水沟，使水流入积水坑内，然后用水泵抽出坑外，见图 6-29。

明沟排水一般先挖积水坑，再挖沟槽，以便干槽施工。

进入积水坑的排水沟尺寸一般不小于 0.3m×0.3m，按 1%～5%的坡度坡向积水坑，积水坑应设在沟槽的同一侧。根据地下水量的大小和水泵的排水能力，一般每隔 50～100m 设置一个。积水坑的直径（或边长）不小于 0.7m，积水坑底应低于槽底 1～2m。坑壁应用木板、铁笼、混凝土滤水管等简易支撑加固。坑底应铺设 30cm 左右碎石或粗砂滤水层，以免抽水时将泥沙抽出，并防止坑底的土被搅动。

② 井点降水

井点降水就是在沟槽开挖前预先埋设一定数量的滤水管，利用真空原理，不断抽出地下水，以达到降低水位的目的。在管道铺设完成前抽水工作不能间断，当管道铺设完成后再停止抽水拆除井点设备，恢复地貌。

2）排水管道基础

管道基础的作用是分散较为集中的管道荷载，减少管道对单位面积上地基的作用力，同时减少土方对管壁的作用力。

排水管道的基础包括平基和管座，管座包角度数一般分为三种，即 90°、120°、180°管道基础，如图 6-30 所示。

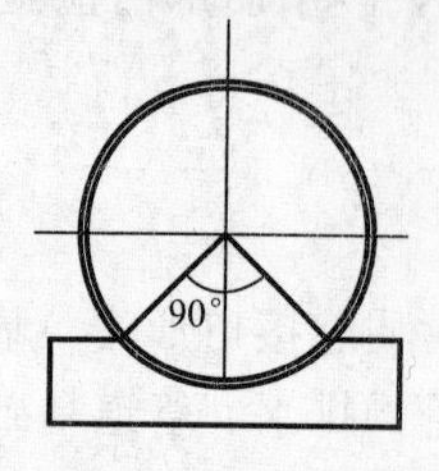

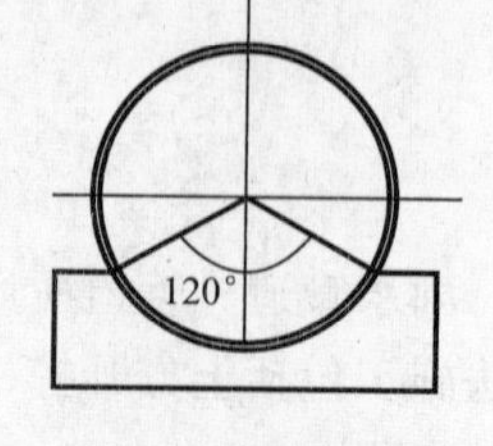

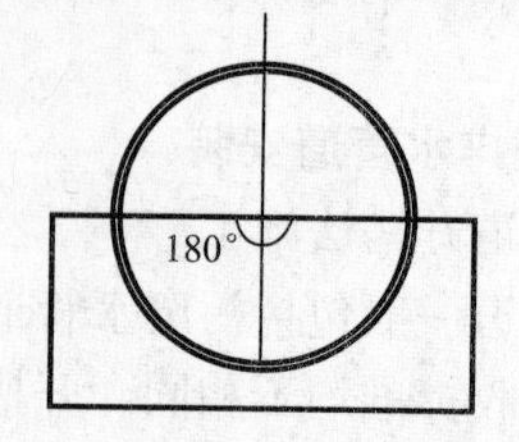

图 6-30 管道基础

管道基础的施工需符合设计或设计指定的标准图集的要求。

3）下管与稳管

① 下管

为保证管道安装质量及施工安全，安装前应按规范要求对管道及管沟、基础、机械设备等做如下检查和准备：

a. 需检查管子是否符合规范要求，塑料管材内壁应光滑，管身不得有裂缝，管口不得有破损、裂口、变形等缺陷；混凝土管内外表面应无空鼓、露筋、裂纹、缺边等缺陷。

b. 管沟标高、坐标、中心线、坡度等符合图纸设计要求，检查井是否根据图纸要求与管沟一起开挖。

c. 检查管道平基和检查井基础是否满足设计要求。

d. 管道施工所需机械及临时设施是否完好，人员组织是否到位且有统一指挥。

e. 采用沟边布管法，管道承口方向迎着水流方向排布，以减少沟内管道运输量，安装应由下游向上游进行。

f. 根据所安装管道直径和工程量选择合适的下管方法。

② 稳管

稳管是管道对中、对高程、对接口间隙和坡度等的操作。

a. 管道接口、对中按下述程序进行：将管道用手扳葫芦吊起，一人使用撬棍将被吊起的管道与已安装的管道对接，当接口合拢时，管材两侧的手扳葫芦应同步落下，使管道就位。

b. 为防止已经就位的管道轴线位移，需采用灌满黄沙的编织袋或砌块稳固在管道两侧。

c. 管道对口间隙应符合表 6-26、表 6-27 的要求。

钢筋混凝土管口间的纵向间隙　　表 6-26

管材种类	接口形式	管内径（mm）		总线间隙（mm）
钢筋混凝土管	平口、企口	500～600	1.0～5.0	
		≥700	7.0～15	
	承插接口	600～3000	5.0～1.5	

预应力钢筒混凝土管口间最大轴线间隙　　表 6-27

管内径（mm）	内衬式管（衬筒管）		埋置式管（埋筒管）	
	单胶圈（mm）	双胶圈（mm）	单胶圈（mm）	双胶圈（mm）
600～1400	15	—	—	—
1200～1400	—	25	—	—
1200～4000	—	—	25	25

d. 管道接口的允许转角应符合表 6-28、表 6-29、表 6-30 的要求。

预（自）应力混凝土管沿曲线安装接口允许转角　　表 6-28

管材种类	管内径（mm）		允许转角（°）
预应力混凝土管	500～700	1.5	
	800～1400	1.0	
	1600～3000	0.5	
自应力混凝土管	500～800		1.5

预应力钢筒混凝土管沿曲线安装接口的最大允许转角　　表 6-29

管材种类	管内径（mm）		允许平面转角（°）
预应力钢筒混凝土管	600～1000	1.5	
	1200～2000	1.0	
	2200～4000	0.5	

玻璃钢管沿曲线安装接口允许转角　　表 6-30

管内径（mm）	允许转角（°）	
	承插式接口	套筒式接口
400～500	1.5	3.0
500～1000	1.0	2.0
1000～1800	1.0	1.0
1800 以上	0.5	0.5

4）排水管道接口

排水管道种类较多，接口形式多样，应根据设计采用的管材和接口形式确定施工方法。接口形式大致分为刚性、柔性、粘接和电热熔接口等形式。

① 钢筋混凝土管

a. 钢丝网水泥砂浆抹带接口

接口形式见图 6-31 所示。

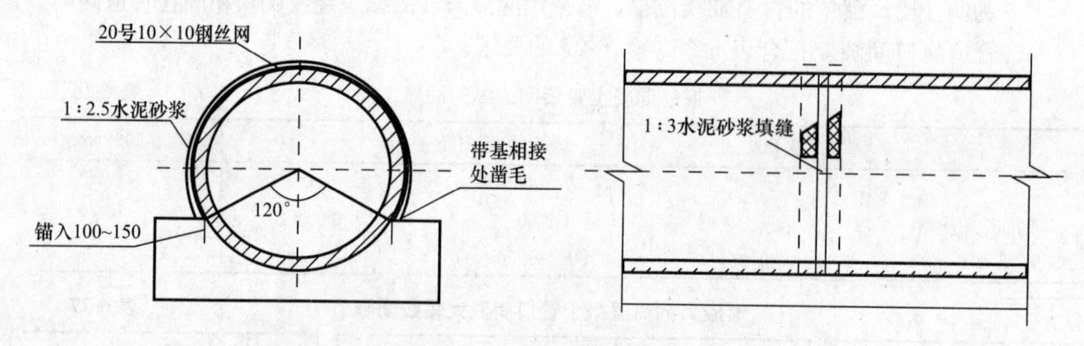

图 6-31　钢丝网水泥砂浆抹口

（a）抹带前将管口凿毛，将宽度为 100mm 的铁丝网以管口为中线平分于管口两侧。

（b）在浇注管道混凝土基础时将铁丝网插入混凝土基础 100～150mm 深。

（c）按照图集要求抹带厚度分两次成型后养护。

b. 橡胶圈接口

接口形式见图 6-32 所示。

（a）接口前先检查橡胶圈是否配套完好，确认橡胶圈安放深度符合要求。

（b）接口时，先将承口的内壁清理干净，并在承口内壁及插口橡胶圈上涂润滑剂，然后将承插口端面的中心轴线对齐。

（c）接口合拢后，用捯链拉动管道，使橡胶密封圈正确就位，不扭曲、不脱落。

② UPVC 排水管粘接

接口形式见图 6-33。

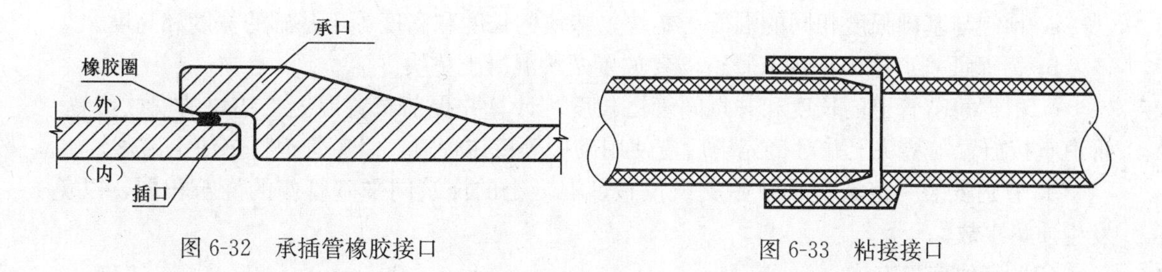

图 6-32　承插管橡胶接口　　　　图 6-33　粘接接口

a. 粘接不宜在湿度较大和5℃以下的环境中进行，操作环境应远离火源，防撞击。

b. 粘接前应将接口打毛，并将管口清理干净，不得含有污渍。

c. 用毛刷涂胶粘剂，先涂抹承口后涂抹插口，随即用力垂直插入，插入粘接时将插口稍作转动，以利于胶粘剂分布均匀。

d. 约30～60s即可粘接牢固。粘接牢固后立即将溢出的胶粘剂擦拭干净。

③ HDPE 排水管电熔连接

a. 连接前将两根管调整一定的高度后保持一定的水平，顶着管子的两端，尽量使接口处接触严密。

b. 用布擦净管道接口处的外侧的泥土、水等。

c. 将电热熔焊接带的中心放在连接部位后包紧（有电源接头的在内层）。

d. 用紧固带扣紧电热熔焊连接带，使之完全贴合，并用100mm宽的胶条填实。

e. 连接电熔焊连接带两边的电源接头后，设定电熔机的加热电流与加热时间后即可进行焊接。

f. 通电熔接时要特别注意的是连接电缆线不能受力，以防短路。通电完成后，取走电熔接设备，让管的连接处自然冷却。自然冷却期间，保留夹紧带和支撑环，不得移动管道。待表面温度低于60℃时，方可以拆除夹紧带。

5）管道铺设

排水管道铺设方法有平基敷管法和垫块敷管法。

① 平基敷管法

适用于地基土质不良、雨期和管径大于700mm的情况下使用。

a. 沟槽开挖验收合格后，根据所敷设管道管径不同，确定平基宽度后，沿沟槽设置模板，所支设的模板应便于二次浇筑时的模板搭接。

b. 管道平基浇筑的高程不得高于设计高程。

c. 混凝土基础浇筑后应注意维护保养，在混凝土强度达到设计强度的50%或抗压强度不小于5MPa时方可下管。

d. 下管前平基础表面应清洁，管道铺设后应立刻进行管座的混凝土浇筑工作，混凝土的浇筑应在管道两侧同时进行，以免混凝土将铺设的管道挤偏。

e. 振捣时，振捣棒应沿平基和模板拖曳行走，不得碰触管身。

f. 管座浇筑角度需满足设计要求，其振捣面应密实，不得有蜂窝、疏松等缺陷。

② 垫块敷管法

适用于土质好、大口径管道和工期紧张的情况下使用，优点是平基与管座同时浇筑，整体性好，有利于保证管道安装质量。

a. 预制与基础强度相同的混凝土垫块，垫块的长度和高度等于基础的宽度和高度。

b. 为保证管道稳固，每节管道需要放置两块混凝土垫块。

c. 根据每节管道的长度和井点间管道长度，计算并提前布置混凝土垫块的安放位置，管道直接放置与垫块上并对接完毕后应使用砌块等稳住管道，以免管道自垫块上滚落。

d. 管道安装一定数量后开始支设模板，混凝土的浇筑同平基管座的浇筑相同，以免发生质量事故。

（2）其他施工方法

非开挖施工技术又称为水平定向钻进管道铺设技术，是指在不开挖地表的情况下探测、检查、修复、更换和铺设各种地下公用设施的任何一种技术和方法。

与传统的挖槽施工法相比，它不影响交通，不破坏周围环境；施工周期短，综合造价低。

1）盾构顶管施工法；

2）直接顶进法；

3）定向钻管道施工法。

（3）附属构筑物的施工

1）检查井、雨水口的砌筑

① 常用检查井及雨水口

检查井分为圆形井、矩形井、扇形井、跌水井、闸槽井和沉泥井。

雨水口分为平箅式雨水口和立箅式雨水口两种。

圆形井适用于 D200～1000mm 的雨污水管道，分为直筒井和收口井两种。

矩形井适用于 D800～2000mm 的雨水，D800～1500mm 的污水管道的三通井、四通井以及分直线井。

扇形井适用于上下游管道角度为 90°、120°、135°、150°的转弯井。

管道跌水水头大于 2m 的必须设置跌水井，跌水水头为 1～2m 的宜设跌水井，跌水井有竖管式、竖槽式和阶梯式三种，管道转弯处不宜设置跌水井。

雨水口井圈表面高程应比该处道路路面低 30mm（立箅式雨水口立箅下沿高程应比该处道路路面低 50mm），并与附近路面接顺。当道路为土路时，应在雨水口四周浇筑混凝土路面。

雨水口管及雨水口连接管的敷设、接口、回填等应与雨水管相同，管口与井内墙平。

检查井及雨水口的施工需满足设计及设计指定图集的要求。

② 井室砌筑要点

a. 井底基础与管道基础应同时浇筑。

b. 砖砌检查井应随砌随检查尺寸，收口时每次收进不大于 30mm，三面收进时每次不大于 50mm。

c. 检查井的流槽宜在井壁砌至管顶以上时砌筑。污水管道流槽高度应与所安管道的管顶平，雨水管道流槽应达到所安管道管径的一半。

d. 检查井预留支管应随砌随稳。

e. 管道进入检查井的部位应砌拱砖。

f. 检查井及雨水井砌筑完毕后应及时浇筑井圈，以便安装井盖。

g. 井室内壁及导流槽应作抹面压光处理。

2）化粪池的砌筑

化粪池的容积、结构尺寸、砌筑材料等均应符合设计或设计指定图集的要求。

砌筑化粪池所用的材料应有产品的合格证书、产品性能检测报告。块材、水泥、钢筋、外加剂等应有材料主要性能的进场复验报告。

① 砖砌式化粪池底均应采用厚度不小于100mm，强度不低于C25的混凝土作底板，无地下水的使用素混凝土，有地下水的采用钢筋混凝土。

② 砌筑用机砖及嵌缝抹面砂浆须符合设计要求，严禁使用干砖或含水饱和的砖；抹面砂浆必须是防水砂浆，厚度不得低于20mm，且应作压光处理。

③ 化粪池进出水口标高要符合设计要求，其允许偏差不得大于±15mm。

④ 大容积化粪池砌筑时在墙体中间部位应设置圈梁，以利于结构的稳定性。

⑤ 化粪池顶盖板应使用钢筋混凝土盖板。

6.1.2 卫生器具安装工程施工工艺

1. 施工准备

（1）所有与卫生器具连接的管道强度严密性试验、排水管道灌水试验均已完毕，并已办好预检和隐检手续。墙地面装修、隔断均已基本完成，有防水要求的房间均已做好防水。

（2）卫生器具型号已确定，各管道甩口确认无误。根据设计要求和土建确定的基准线，确定好卫生器具的位置、标高。施工现场清理干净，无杂物，且已安好门窗，可以锁闭。

（3）浴盆的稳装应待土建做完防水层及保护层后配合土建进行施工。

（4）蹲式大便器应在其台阶砌筑前安装；坐式大便器应在其台阶地面完成后安装；台式洗脸盆应在台面安装完成，台面上各安装孔洞均已开好，外形规矩，坐标、标高、尺寸等经检查无误后安装。

（5）其他卫生器具安装应待室内装修基本完成后再进行稳装。

2. 施工工艺

（1）卫生器具安装通用要求

1）卫生器具的安装应采用预埋螺栓或膨胀螺栓安装固定。

2）卫生器具安装高度如无设计要求应符合规定。

3）卫生器具的支、托架必须防腐良好，安装平整、牢固，与器具接触紧密、平稳。

4）卫生器具安装的允许偏差应符合表6-31、表6-32的规定。

5）卫生器具安装参照产品说明及相关图集。

6）所有与卫生器具连接的给水管道强度试验、排水管道灌水试验均已完毕，办好预检或隐检手续。

（2）洗脸（手）盆安装

1）支柱式洗脸盆安装：按照排水管口中心画出竖线，将支柱立好，将脸盆放在支柱上，使脸盆中心对准竖线，找平后画好脸盆固定孔眼位置。同时将支柱在地面位置做好印记。按墙上印记打出$\phi 10 \times 80$mm的孔洞，栽好固定螺栓；将地面支柱印记内放好白灰膏，稳好支柱及脸盆，将固定螺栓加胶皮垫、眼圈、带上螺母拧至松紧适度；再次将脸盆面找平，支柱找直。将支柱与脸盆接触处及支柱与地面接触处用白水泥勾缝抹光。

卫生器具的安装高度　　表 6-31

项次	卫生器具名称			卫生器具安装高度（mm）		备注
				居住和公共建筑	幼儿园	
1	污水盆（池）	架空式		800	800	
		落地式		500	500	
2	洗涤盆（池）			800	800	自地面至器具上边缘
3	洗脸盆、洗手盆（有塞、无塞）			800	500	
4	盥洗槽			800	500	
5	浴盆			≯520		
6	蹲式大便器	高水箱		1800	1800	自台阶面至高水箱底
		低水箱		900	900	自台阶面至低水箱底
7	坐式大便器	高水箱		1800	1800	自地面至高水箱底
		低水箱	外露排水管式	510		自地面至低水箱底
			虹吸喷射式	470	370	
8	小便器	挂式		600	450	自地面至下边缘
9	小便槽			200	150	自地面至台阶面
10	大便槽冲洗水箱			≮2000		自台阶面至水箱底
11	妇女卫生盆			360		自地面至器具上边缘
12	化验盆			800		自地面至器具上边缘

卫生器具安装的允许偏差和检验方法　　表 6-32

项次	项目		允许偏差（mm）	检验方法
1	坐标	单独器具	10	拉线、吊线和尺量检查
		成排器具	5	
2	标高	单独器具	±15	
		成排器具	±10	
3	器具水平度		2	用水平尺和尺量检查
4	器具垂直度		3	吊线和尺量检查

2）台上盆安装：将脸盆放置在依据脸盆尺寸预制的脸盆台面上，保证脸盆边缘能与台面严密接触，且接触部位能有效保证承受脸盆水满的重量。脸盆安装好后在脸盆边缘与上台面接触部位的接缝处使用防水性能较好的硅酸铜密封胶或玻璃胶进行抹缝处理，宽度均匀、光滑、严密连续，宜为白色或透明的，保证缝隙处理美观。

3）台下盆安装：依据脸盆尺寸、台面高度及脸盆自带固定支架形式，使用膨胀螺栓固定住脸盆支架。在脸盆支架的高度微调螺栓与脸盆间垫入橡胶垫，利用微调螺栓调整脸盆高度，使脸盆伤口与台面下平面严密接触。洗脸盆安装好后在脸盆边缘与台面下平面接触部位的内接缝处使用防水性能好的硅酸铜密封胶进行抹缝处理，宽度均匀、光滑、严密连续宜为白色或透明的，保证缝隙处理美观。

（3）净身盆安装

1）净身盆配件安装完以后，应接通临时水试验无渗漏后方可进行稳装。

2）将排水预留管口周围清理干净，将临时管堵取下，检查有无杂物，将净身盆排水三通下口管道装好。

3）将净身盆排水管插入预留排水管口内，将净身盆稳平找正。净身盆尾部距墙尺寸一致。将净身盆固定螺栓孔及底座画好印记，移开净身盆。

4）将固定螺栓孔印记画好十字线，剔成ϕ20×60mm孔眼，将螺栓插入洞内栽好，再将净身盆孔眼对准螺栓放好，与原印记吻合后再将净身盆下垫好白灰膏，排水管套上护口盘。净身盆稳牢、找平、找正。固定螺栓上加胶垫、眼圈，拧紧螺母。清除余灰，擦拭干净。将护口盘内加满油灰与地面按实。净身盆底座与地面有缝隙之处，嵌入白水泥浆补齐、抹光。

（4）蹲便器安装

1）首先，将胶皮碗套在蹲便器进水口上，要套正、套实，胶皮碗大小两头用成品喉箍紧固（或用14号的铜丝分别绑两道，严禁压接在一条线上，铜丝拧紧要错位90°左右）。

2）将预留排水口周围清扫干净，把临时管堵取下，同时检查管内有无杂物。找出排水管口的中心线，并画在墙上，用水平尺（或线坠）找好竖线。

3）将下水管承口内抹上油灰，蹲便器位置下铺垫白灰膏，然后将蹲便器排水口插入排水管承口内稳好。同时用水平尺放在蹲便器上沿，纵横双向找平、找正。使蹲便器进水口对准墙上中心线，同时蹲便器两侧用砖砌好抹光，将蹲便器排水口与排水管承口接触处的油灰压实、抹光，最后将蹲便器的排水口用临时堵头封好。

4）稳装多联蹲便器时，应先检查排水管口的标高、甩口距墙的尺寸是否一致，找出标准地面标高，向上测量蹲便器需要的高度，用小线找平，找好墙面距离，然后按上述方法逐个进行稳装。

5）高水箱稳装：应在蹲便器稳装之后进行。首先检查蹲便器的中心与墙面中心线是否一致，如有错位应及时进行调整，以蹲便器不扭斜为准。确定水箱出水口的中心位置，向上测量出规定高度。同时结合高水箱固定孔与给水孔的距离找出固定螺栓高度位置，在墙上划好十字线，剔成ϕ30×100mm深的孔眼，用水冲净孔眼内的杂物，将燕尾螺栓插入洞内用水泥捻牢。将装好配件的高水箱挂在固定螺栓上，加胶垫、眼圈，带好螺母拧至松紧适度。

6）多联高水箱应按上述做法先挂两端的水箱，然后拉线找平、找直，再稳装中间水箱。

7）远传脚踏式冲洗阀安装：将冲洗弯管固定在台钻卡盘上，在与蹲便器连接的直管上打D8孔，孔应打在安装冲洗阀的一侧；将冲洗阀上的锁母和胶圈卸下，分别套在冲洗管直管段上，将弯管的下端插入胶皮碗内20～50mm，用喉箍卡牢。再将上端插入冲洗阀内，推上胶圈，调直校正，将螺母拧至松紧适度。将D6铜管两端分别与冲洗阀、控制器连接；将另一根一头带胶套的D6的铜管其带螺纹锁母的一端与控制器连接，另一端插入冲洗管打好孔内，然后推上胶圈，插入深度控制在5mm左右。螺纹连接处应缠生料带，紧锁母时应先垫上棉布再用扳手紧固，以免损伤管子表面。脚踏钮控制器距后墙500mm，距蹲便器排水管中350mm。

8）延时自闭冲洗阀安装：根据冲洗阀至胶皮碗的距离，断好90°弯的冲洗管，使两端合适。将冲洗阀锁母和胶圈卸下，分别套在冲洗管直管段上，将弯管的下端插入胶皮碗内40～50mm，用喉箍卡牢。将上端插入冲洗阀内，推上胶圈，调直找正，将锁母拧至松紧适度。扳把式冲洗阀的扳手应朝向右侧，按钮式冲洗阀按钮应朝向正面。

（5）坐便器安装

1）将坐便器预留排水管口周围清理干净，取下临时管堵，检查管内有无杂物。

2）将坐便器出水口对准预留排水口放平找正，在坐便器两侧固定螺栓眼处画好印记后，移开坐便器，将印记画好十字线。

3）在十字线中心处剔 $\phi20\times60$mm 的孔洞，把 $\phi10$mm 螺栓插入孔洞内用水泥栽牢，将坐便器试稳装，使固定螺栓与坐便器吻合，移开坐便器。将坐便器排水口及排水管口周围抹上油灰后将坐便器对准螺栓放平、找正，螺栓上套好胶皮垫，带上眼圈、螺母拧至松紧适度。

4）坐便器无进水螺母的可采用胶皮碗的连接方法。

5）背水箱安装：对准坐便器尾部中心，在墙上画好垂直线和水平线。根据水箱背面固定孔眼的距离，在水平线上画好十字线剔 $\phi30\times70$mm 深的孔洞，把带有燕尾的镀锌螺栓（规格 $\phi10\times100$mm）插入孔洞内，用水泥栽牢。将背水箱挂在螺栓上放平、找正。与坐便器中心对正，螺栓上套好胶皮垫，带上眼圈、螺母拧至松紧适度。

（6）小便器安装

1）挂式小便器安装：首先，对准给水管中心画一条垂线，由地坪向上量出规定的高度画一水平线。根据产品规格尺寸，由中心向两侧固定孔眼的距离，在横线上画好十字线，再画出上、下孔眼的位置；将孔眼位置剔成 $\phi10\times60$mm 的孔眼，栽入 $\phi6$mm 螺栓。托起小便器挂在螺栓上。把胶垫、眼圈套入螺栓，将螺母拧至松紧适度。将小便器与墙面的缝隙嵌入白水泥浆补齐、抹光。

2）立式小便器安装：立式小便器安装前应检查给、排水预留管口是否在一条垂线上，间距是否一致。符合要求后按照管口找出中心线；将下水管周围清理干净，取下临时管堵，抹好油灰，在立式小便器下铺垫水泥、白灰膏的混合灰（比例为 1：5）。将立式小便器稳装找平、找正。立式小便器与墙面、地面缝隙嵌入白水泥浆抹平、抹光。

（7）隐蔽式自动感应出水冲洗阀安装

1）根据设计图纸及施工图集在所要设置的墙体上标出安装位置及盒体尺寸。

2）依据墙体材质及做法的不同进行电磁阀盒的安装固定。对于砌筑墙体应采用剔凿的方式；对于轻钢龙骨隔墙则使用螺栓或铆钉将盒体固定在预留的轻钢龙骨上。

3）将电磁阀的进水管与预留的给水管进行连接安装。

4）将电磁阀的出水口与出水管进行连接，并连接电源线（电源供电）及控制线（感应龙头）。

5）将感应面板安装到位，应采用吸盘进行操作，以免损坏面板。

6）对于感应龙头将电磁阀控制线连接到龙头的感应器上。

7）明装自动感应出水阀安装：将电磁阀与外保护盒盒体进行固定安装；用短管将给水管预留口与电磁阀进水口连接固定。安装后应保持盒体周正；用出水冲洗短管连接电磁阀出水口及卫生器具冲洗口，并连接电源线或者安放电池。

（8）浴盆安装

1）浴盆稳装前应将浴盆内表面擦拭干净，同时检查瓷面是否完好。带腿的浴盆先将腿部的螺丝卸下，将锁母插入浴盆底卧槽内，把腿扣在浴盆上带好螺母拧紧找平。浴盆如砌砖腿时，应配合土建施工把砖腿按标高砌好。将浴盆稳于砖台上，找平、找正。浴盆与砖腿缝隙处用1∶3水泥砂浆填充抹平。

2）有饰面的浴盆，应留有通向浴盆排水口的检修门。

浴盆排水安装：将浴盆排水三通套在排水横管上，缠好油盘根绳，插入三通中，拧紧锁母。三通下口装好铜管，插入排水预留管口内（铜管下端扳边）。将排水口圆盘下加胶垫、油灰，插入浴盆排水孔眼，外面再套胶垫、眼圈，丝扣处涂铅油、缠麻。将溢水立管下端套上锁母，缠上油盘根绳，插入三通上口对准浴盆溢水孔，带上锁母。溢水管弯头处加1mm厚的胶垫、油灰，将浴盆堵螺栓穿过溢水孔花盘，上入弯头“一”字丝扣上，无松动即可。再将三通上口锁母拧至松紧适度。浴盆排水三通出口和排水管接口处缠绕油盘根绳捻实，再用油灰封闭。

混合水嘴安装：将冷、热水管口找平、找正。把混合水嘴转向对丝抹铅油、缠麻丝，带好护口盘，用自制扳手插入转向对丝内，分别拧入冷、热水预留管口，校好尺寸，找平、找正。使护口盘紧贴墙面。然后将混合水嘴对正转向对丝，加垫后拧紧锁母找平、找正。用扳手拧至松紧适度。

水嘴安装：先将冷、热水预留管口用短管找平、找正。如暗装管道进墙较深者，应先量出短管尺寸，套好短管，使冷、热水嘴安完后距墙一致。将水嘴拧紧找正，除净外露麻丝。有饰面的浴盆，应留有通向浴盆排水口的检修门。

（9）淋浴器安装

1）暗装管道先将冷、热水预留管口加试管找平、找正。量好短管尺寸，断管、套丝、涂铅油、缠麻，将弯头上好。明装管道按规定标高煨好“Ⅱ”弯（俗称元宝弯），上好管箍。

2）淋浴器锁母外丝丝头处抹油、缠麻。用自制扳手卡住内筋，上入弯头或管箍内。再将淋浴器对准锁母外丝，将锁母拧紧。将固定圆盘上的孔眼找平、找正。画出标记，卸淋浴器，将印记剔成$\phi10\times40$mm孔眼，栽好铅皮卷。再将锁母外丝口加垫抹油，将淋浴器对准锁母外丝口，用扳手拧至松紧适度。再将固定圆盘与墙面靠严，孔眼平正，用木螺丝固定在墙上。

3）将淋浴器上部铜管预装在三通口上，使立管垂直，固定圆盘与墙面贴实，孔眼平正，画出孔眼标记，栽入铅皮卷，锁母外加垫抹油，将锁母拧至松紧适度。将固定圆盘采用木螺丝固定在墙面上。

4）浴盆软管淋浴器挂钩的安装高度，如设计无要求，应距地面1.8m。

（10）小便槽安装

小便槽冲洗管应采用镀锌管或硬质塑料管。冲洗孔应斜向下方安装，冲洗水流与墙面成45°角。镀锌钢管钻孔后应进行二次镀锌。

（11）排水栓和地漏的安装

排水栓和地漏安装应平正、牢固，低于排水表面，周边无渗漏。地漏水封高度不得小于50mm。

（12）卫生器具交工前应作满水和通水试验，进行调试

1）检查卫生器具的外观，如果被污染或损伤，应清理干净或重新安装，达到要求为止。

2）卫生器具的满水试验可结合排水管道满水试验一同进行，也可单独将卫生器具的排水口堵住，盛满水进行检查，各连接件不渗不漏为合格。

3）给卫生器具放水，检查水位超过溢流孔时，水流能否顺利溢出；当打开排水口，排水应该迅速排出。关闭水嘴后应能立即关住水流，龙头四周不得有水渗出。否则应拆下修理后再重新试验。

4）检查冲洗器具时，先检查水箱浮球装置的灵敏度和可靠程度，应经多次试验无误后方可。检查冲洗阀冲洗水量是否合适，如果不合适，应调节螺钉位置达到要求为止。连体坐便水箱内的浮球容易脱落，造成关闭不严而长流水，调试时应缠好填料将浮球拧紧。冲洗阀内的虹吸小孔容易堵塞，从而造成冲洗后无法关闭，遇此情况，应拆下来进行清洗，达到合格为止。

5）通水试验给、排水畅通为合格。

6.1.3 室内消防管道及设备安装工程施工工艺

1. 消火栓系统安装

建筑物室内消火栓系统组成：水枪、水龙带、消火栓、消防管道、消防水箱、消防水泵接合器、稳压设备等。系统组件功能参见表 6-33 所示。

消火栓系统组件功能一览表　　表 6-33

序号	材料、设备类型图	名称	功能介绍	备注
1	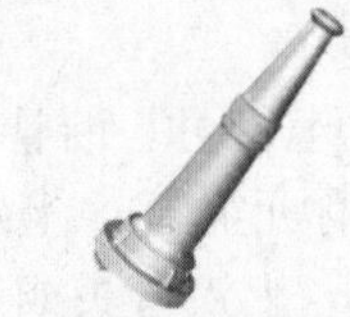	水枪	消防水枪是灭火的射水工具，用其与水带连接会喷射密集充实的水流	
2		水龙带	通常长度 25m 以内，工作压力≥0.8MPa，可与消防栓箱、消防车（泵）等配套输水	
3		消火栓	室内消火栓是带有控制阀门的接口，通常安装在消火栓箱内，与消防水带和水枪等器材配套使用	
4		消防水箱	用于储存扑灭初期火灾用水，应储存 10min 的消防用水量	
5		水泵接合器	当室内消防泵发生故障或遇大火室内消防用水不足时，供消防车从室外消火栓取水，通过水泵接合器将水送到室内消防给水管网用于灭火	
6		稳压设备	包含稳压泵、稳压罐和控制柜等设备，用于稳定系统水压，保证喷头或者消火栓的出水能达到要求	

(1) 安装准备

1) 技术准备

① 认真熟悉图纸，根据施工方案、安全技术交底的具体措施选用材料、测量尺寸、绘制草图、预制加工。

② 核对有关专业图纸，核对消火栓设置方式、箱体外框规格尺寸和栓阀单栓或双栓情况，查看各种管道的坐标、标高是否有交叉或排列位置不当，及时与设计人员研究解决，办理洽商手续。

③ 检查预埋件和预留洞是否准确。对于暗装或半暗装消火栓，在土建主体施工过程中，要配合土建做好消火栓的预留洞工作。留洞的位置和标高应符合设计要求，留洞的大小不仅要满足箱体的外框尺寸，还要留出从消火栓箱侧面或底部连接支管所需要的安装尺寸。

④ 安排合理的施工顺序，避免工种交叉作业干扰，影响施工。

2) 作业条件

① 主体结构已验收，现场已清理干净。施工现场及施工用的水、电等应满足施工要求，并能保证连续施工。

② 管道安装所需要的基准线应测定并标明，如吊顶标高、地面标高、内隔墙位置线等。安装管道所需要的操作架应由专业人员搭设完毕。

③ 设备平面布置图、系统图、安装图等施工图及有关技术文件应齐全。

④ 设计单位应向施工单位进行技术交底。

⑤ 系统组件、管件及其他设备、材料，应能保证正常施工。

⑥ 检查管道支架、预留孔洞的位置、尺寸是否正确。

(2) 安装要求

1) 消防管道安装

消火栓系统管材通常采用热镀锌钢管，管径≤$DN80$ 规格时采用螺纹丝扣连接方式，≥$DN100$ 规格时采用沟槽卡箍连接方式。消防管道安装前，应与其他专业配合，对每层、每个管井中的各专业管线，进行优化设计，确保管道安装符合设计和施工规范要求，并且管线排布美观合理。

① 消防管道安装技术要求，参见表 6-34。

消防管道安装技术要求一览表 **表 6-34**

序号	工作内容	要　求
1	一般管道安装	1. 各种管道安装前都要将管口及管内管外清理干净； 2. 按照图纸设计和规范要求进行沟槽和丝扣连接； 3. 安装有坡度要求的喷水管道时，按照管线图中，管子坡度的要求，挂线找坡，确定其下料尺寸，坡向安装正确。管道按标准坡度安装好后要及时固定； 4. 暗装于管井、吊顶内等隐蔽部位的各种管道，在隐蔽前，应作强度和严密性试验；合格后方准进入下道工序施工； 5. 对管道穿越建筑伸缩缝的部位均要设置柔性装置
2	与阀门、设备连接的管道安装	1. 管道与阀门、设备连接时，采用短管先进行法兰连接，再安装到位，然后再与系统管道连接； 2. 设备安装完毕后进行配管安装。管道不能与设备强行组合连接，并且管道重量不能附加在设备上，设备的进、出水管要设置支架。进水管变径处用偏心大小头，采用管顶平接。泵进、出口设可曲挠性接头，以达到减振要求

续表

序号	工作内容	要　求
3	管道试压	管道安装完毕后，要进行系统试压。试压前要进行全面检查，每个安装件、固定支架等是否安装到位。管道有压时，不得转动卡箍件。系统在试压过程中，当出现渗漏时要停止试压，首先要放空管网中的试压介质，然后再消除缺陷。当缺陷消除后，重新试压。管道试压值、稳压时间、试压合格标准应按现行有关标准和设计说明执行

② 管道的连接安装

DN＜100mm 的热镀锌钢管采用丝接方式安装，管道丝扣连接程序见图 6-34 所示。

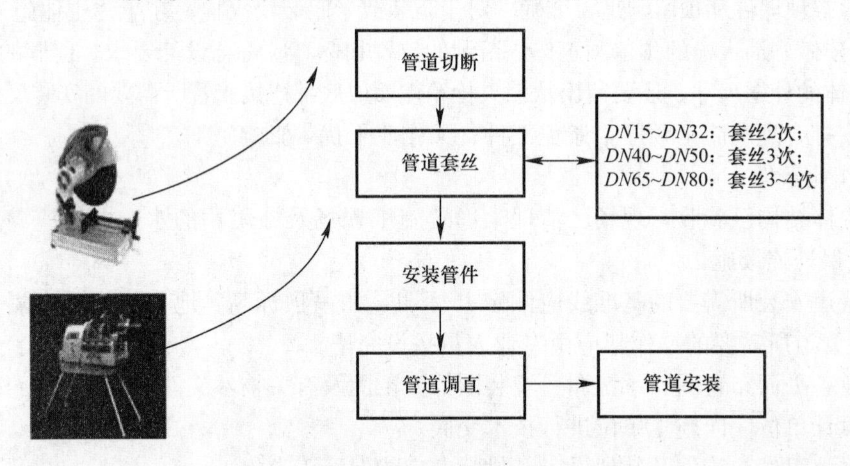

图 6-34　管道丝扣连接

管道套丝采用电动套丝机，套丝后要及时清理管道内碎屑、灰尘；垫料采用油麻密封或防锈密封胶加聚四乙烯生料带。螺纹标准见表 6-35 所示。

标准旋入螺纹扣数及标准紧固扭矩表　　**表 6-35**

序号	公称直径（mm）	旋入		扭矩（N·m）	管钳规格（mm）×施加压力（kN）
		长度（mm）	螺纹扣数		
1	15	11	6.0～6.5	40	350×0.15
2	20	13	6.5～7.0	60	350×0.25
3	25	15	6.0～6.5	100	450×0.30
4	32	17	7.0～7.5	120	450×0.35
5	40	18	7.0～7.5	150	600×0.30
6	50	20	9.0～9.5	200	600×0.40
7	65	23	10.0～10.5	250	900×0.35

DN≥100mm 的热镀锌钢管采用沟槽式卡箍连接，其施工过程见表 6-36 所示。

***DN*≥100mm 的热镀锌钢管采用沟槽式卡箍连接的施工过程**　　**表 6-36**

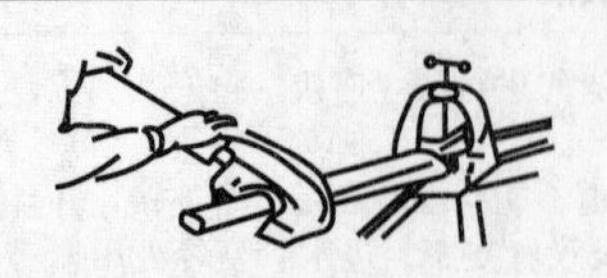	
1. 按照安装所需的尺寸截断管道	2. 把管子断口上的毛刺、杂质去掉

续表

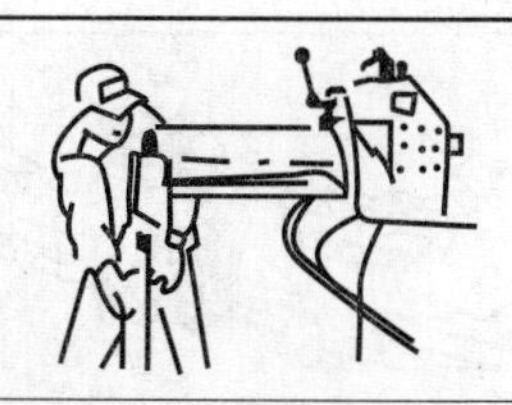	
3. 把压槽机固定稳定，检查机器运转情况。管子放入滚槽机和滚轮支架之间，管子长度超过 0.5m，要有能调整高度的支撑尾架，支撑尾架固定稳定、防止摆动，使管子垂直于压槽机的驱动轮挡板平面并靠紧，使管子和压槽机平台同处一个水平；或者用水平仪调整滚槽机支撑尾架管子使之水平	4. 检查压槽机使用的驱压轮和两个下滚轮（驱动轮）。小的上压轮和小的下滚轮用于 ϕ88.9～168 管子；大的上压轮和大的下滚轮用 ϕ219（含）以上管外径。下压手动液压泵使滚轮顶到管子外壁
	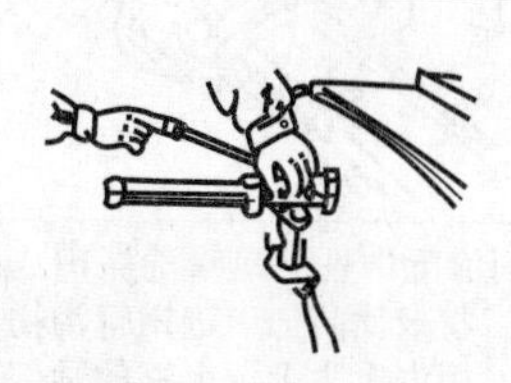
5. 旋转定位螺母，调整好压轮行程，将对应管径塞尺塞入标尺确定滚槽深度	6. 压槽时先把液压泵上的卸压手柄顺时针拧紧，再操作液压手柄使上滚轮压住钢管
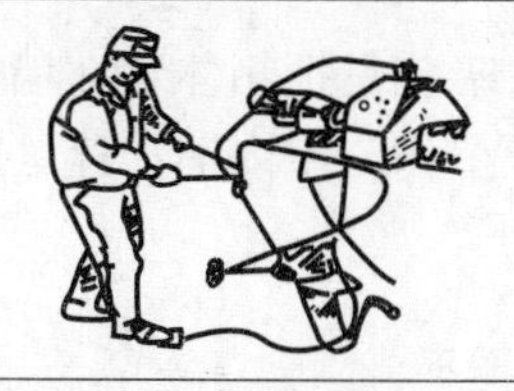	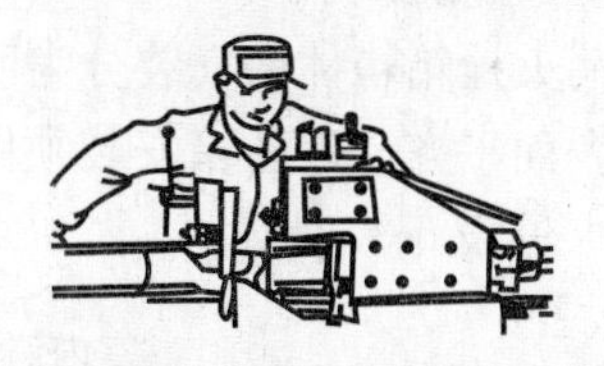
7. 打开滚槽机开关，同时操动手压泵手柄均匀缓慢下压	8. 每压一次手柄行程不超过 0.2mm，钢管转动一周。一直压到压槽机上限位螺母到位为止，再转动两周以上，保证壁厚均匀，关闭开关、松开卸压螺母，上滚轮自动升起
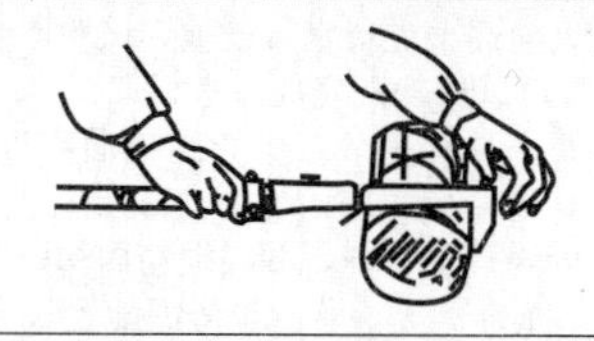	
9. 检查管子的沟槽尺寸。如不符合规定，再微调，进行第二次压槽时，再一次检查沟槽尺寸，以达到规定的标准尺寸	10. 检查管子断面与管子轴线是否垂直，最大误差不超过 2mm，去掉断口残留物，磨平管口，确保密封面无损伤
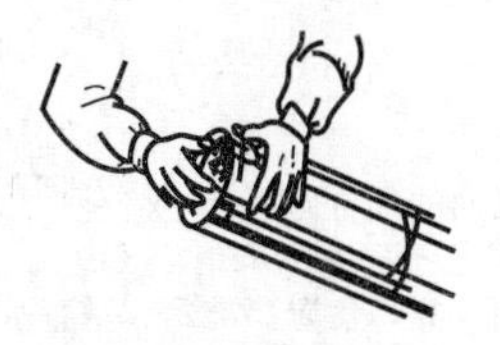	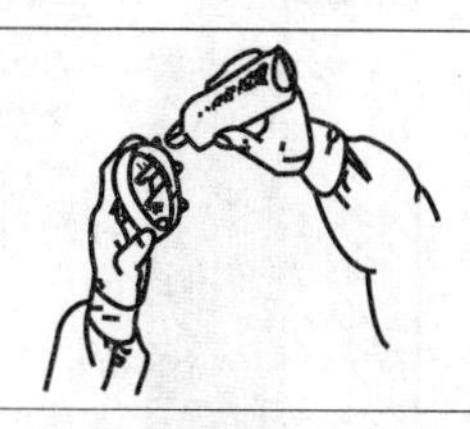
11. 检查沟槽是否符合标准，去掉管子和密封圈上的毛刺、铁锈、油污等杂质。检查卡箍的规格和胶圈的规格标识是否一致	12. 在管子端部和橡胶圈上涂上润滑剂

续表

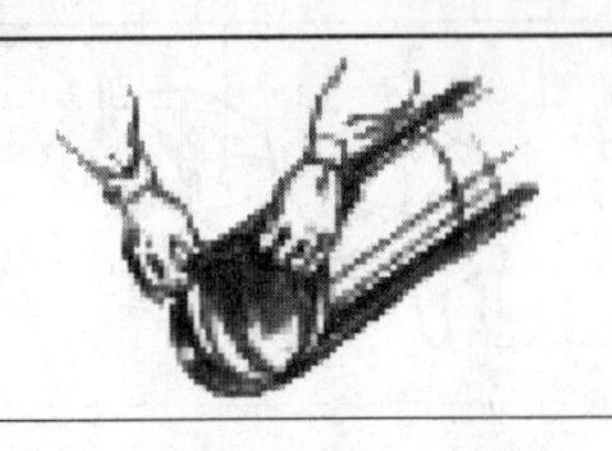	
13. 将密封橡胶垫圈套入一根钢管的密封部位	14. 将向另一根加工好的沟槽的钢管靠拢对齐，将橡胶圈套入管端。移动调好胶圈位置，使胶圈与两侧钢管的沟槽距离相等，橡胶圈刚好位于两根管子的密封部位
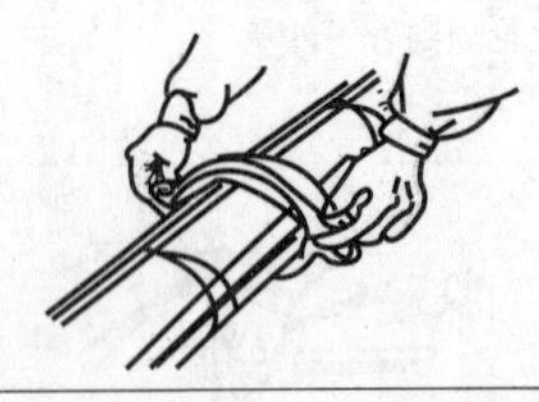	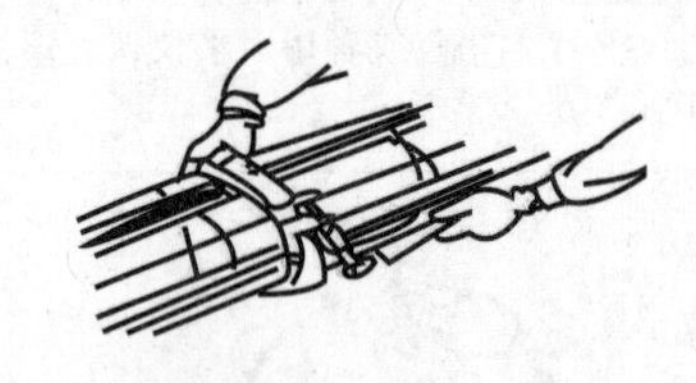
15. 胶圈外表面涂上中性肥皂水洗涤剂或硅油。上下卡箍扣在胶圈上，将卡箍凸边卡进钢管沟槽内，确认管卡已经卡住管子，用力压紧上下卡箍的耳部，使上下卡箍靠紧穿入螺栓。螺栓的根部椭圆颈进入卡箍的圆孔	16. 用扳手均匀轮换同步进行拧紧螺母，确认卡箍凸边全圆周卡进沟槽内，拧紧螺栓，最后检查上下卡表面是否靠紧，不存在间隙为止，安装完成

2）消火栓箱安装

室内消火栓箱箱体的安装分为明装和暗装两种形式。暗装是把箱体装在墙壁内，箱表面与墙体表面平齐。消防箱安装须做好与装饰工程的配合工作，室内消火栓（箱）的型式及安装要求见表 6-37 所示。

室内消火栓（箱）的型式及安装要求　　表 6-37

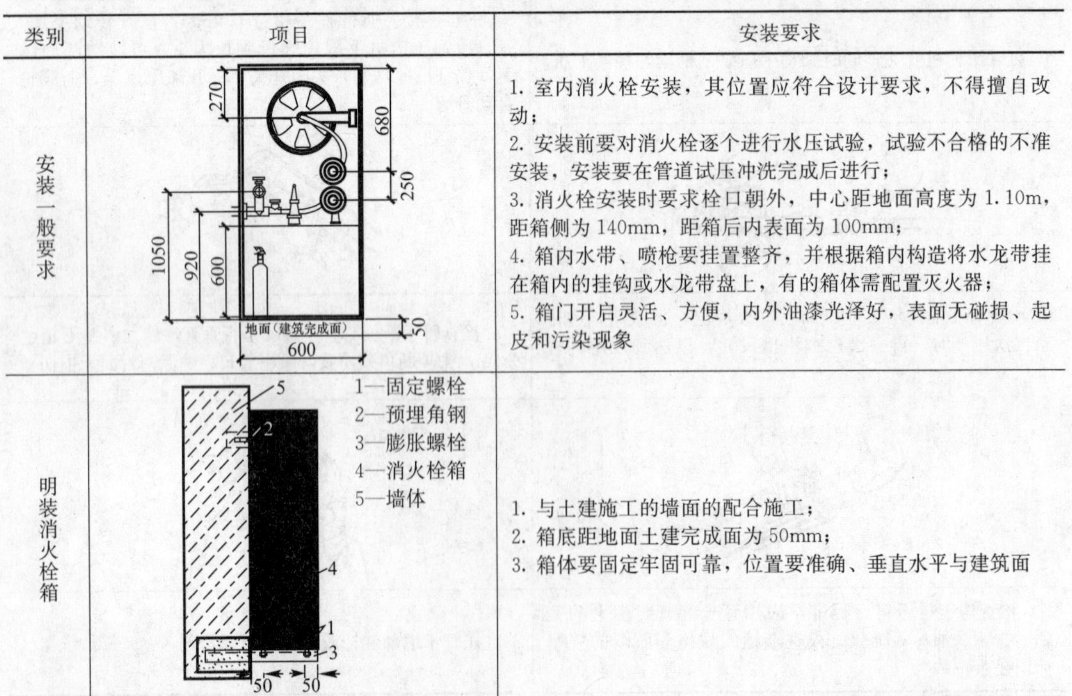

类别	项目	安装要求
安装一般要求		1. 室内消火栓安装，其位置应符合设计要求，不得擅自改动； 2. 安装前要对消火栓逐个进行水压试验，试验不合格的不准安装，安装要在管道试压冲洗完成后进行； 3. 消火栓安装时要求栓口朝外，中心距地面高度为 1.10m，距箱侧为 140mm，距箱后内表面为 100mm； 4. 箱内水带、喷枪要挂置整齐，并根据箱内构造将水龙带挂在箱内的挂钩或水龙带盘上，有的箱体需配置灭火器； 5. 箱门开启灵活、方便，内外油漆光泽好，表面无碰损、起皮和污染现象
明装消火栓箱		1. 与土建施工的墙面的配合施工； 2. 箱底距地面土建完成面为 50mm； 3. 箱体要固定牢固可靠，位置要准确、垂直水平与建筑面

续表

类别	项目	安装要求
暗装消火栓箱	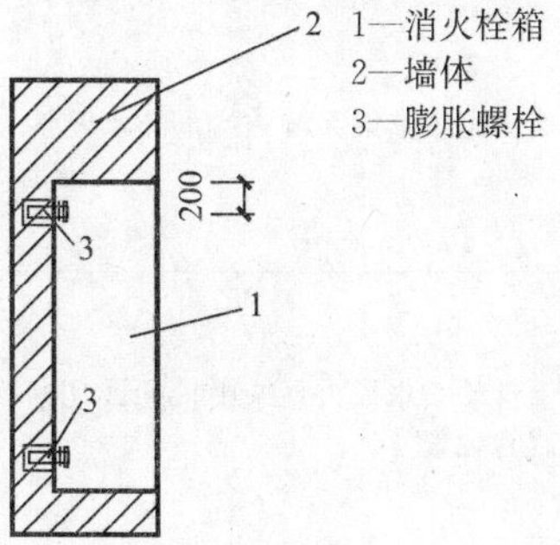 1—消火栓箱 2—墙体 3—膨胀螺栓 200	要预先留出洞口，洞口比箱体外形1020mm，待墙面抹底灰前将箱体装好，要找正装平，为了控制好出墙尺寸，箱子安装前，土建要配合在箱子安装处两边贴饼，安装单位依次为控制基线安装消火栓箱子。箱子安装要确保位置准确，四周用水泥砂浆填塞牢固，并经有关人员核对无误后，方可开始抹灰。箱表面与墙体表面平齐

3）消火栓配件安装

① 在交工前进行，消防水龙带应折好放在挂架、托盘、支架上或采用双头盘带的方式卷实，盘紧放在箱内。

② 安装消火栓水龙带，水龙带与水枪和快速接头绑扎好后，应根据箱内构造将水龙带挂放在箱内的挂钉、托盘或支架上。消防水龙带与水枪的连接，一般采用卡箍，并在里侧绑扎两道14号钢丝。消防水枪要竖放在箱体内侧，自救式水枪和软管应放在挂卡上或放在箱底部。

③ 设有电控按钮时，应注意与电气专业配合施工。

（3）消火栓试射试验

1）消火栓系统干、立、支管道的水压试验按设计要求进行。当设计无要求时，消火栓系统试验宜符合试验压力，稳压2h管道及各节点无渗漏的要求。

2）将屋顶检查试验用消火栓箱打开，取下消防水龙带接好栓口和水枪，打开消火栓阀门，拉到平屋顶上，按下消防泵启动按钮，水平向上倾角30°～45°试射，测量射出的密集水柱长度并做好记录；在首层（按同样步骤）将两支水枪拉到要测试的房间或部位，按水平向上倾角试射。观察其能否两股水栓（密集、不散花）同时到达，并做好记录。

3）消火栓（箱）位置设置应符合消防验收要求，标志明显，消火栓水带取用方便，消火栓开启灵活无渗漏。开启消火栓系统最高点与最低点消火栓，进行消火栓试验，当消火栓栓口喷水时，信号能及时传送到消防中心并启动系统水泵，消火栓栓口压力不大于0.5MPa，水枪的充实水柱应符合设计及验收规范要求，且按下消防按钮后消防水泵准确动作。

2. 自动喷淋灭火系统安装

自动喷淋灭火系统根据洒水喷头的常开、闭形式和管网充水与否可分为：湿式自动喷水灭火系统、干式自动喷水灭火系统、预作用喷水灭火系统、雨淋喷水灭火系统、水幕系统。

常见的自动喷淋灭火系统组成主要包括有：洒水喷头、报警阀、水流指示器、信号阀、水泵接合器、末端试水装置、消防管道、增压设备等。各系统组件的功能可参见表6-38所示。

系统组件的功能一览表　　表 6-38

序号	材料、设备类型图	名称	功能介绍
1		水喷头	水喷头用于喷淋系统末端的喷水设备
2		湿式报警阀	用于自动喷水灭火系统中接通或切断水源，并启动报警器的装置
3		水流指示器	安装在主供水管或横干水管上，给出某一分区域小区域水流动的电信号，此电信号可送到电控箱，也可用于启动消防水泵的控制开关
4		信号蝶阀	用于自动喷水灭火系统主干管及分支管上实现截流监控，能灵敏地显示水源启用状态并在控制室得到准确信号
5		地上式消防水泵接合器	当室内消防泵发生故障或遇大火室内消防用水不足时，供消防车从室外消火栓取水，通过水泵接合器将水送到室内消防给水管网用于灭火
6	末端试水装置示意图 1—截止阀；2—压力表； 3—试水接头；4—排水漏斗； 5—最不利点处喷头	末端试水装置	安装在系统管网或分区管网的末端，检验系统启动、报警及联动等功能的装置

（1）喷头安装

1）喷头类型

消防洒水喷头是在热的作用下，按预定的温度范围自行启动，或根据火灾信号由控制设备启动，并按设计的洒水形状和流量，进行洒水灭火的一种喷头。其主要类型划分见表 6-39 所示。

喷头类型划分一览表 表 6-39

序号	划分类别	种类
1	结构形式	闭式、开式
2	热敏感元件	玻璃球、易熔元件
3	安装方式和洒水形状分类	直立型、下垂型、普通型、边墙型、吊顶型
4	特殊类型	干式洒水喷头、自动启闭洒水喷头

2）喷头布置

① 喷头溅水盘与吊顶、楼板、屋面板的距离：除吊顶型喷头及吊顶下安装的喷头外，直立型、下垂型标准喷头，其溅水盘与顶板的距离，不应小于 75mm，且不应大于 150mm。

② 喷头与隔断的距离：直立型、下垂型喷头与不到顶隔墙的水平距离，不得大于喷头溅水盘与不到顶隔墙顶面垂直距离的 2 倍。

3）安装要求

① 喷头安装应在管道系统试压合格并冲洗干净后进行，安装前已按建筑装修图确定位置，吊顶龙骨安装完毕按吊顶材料厚度确定喷头的标高。封吊顶时按喷头预留口位置在吊顶板上开孔。喷头安装在系统管网试压、冲洗合格，油漆管道完后进行。核查各甩口位置准确，甩口中心成排成线。安装在易受机械损伤处的喷头，应加设喷头防护罩。

② 喷头管径一律为 25mm，末端用 25mm×15mm 的异径管箍连接喷头，管箍口应与吊顶装修平齐，可采用拉网格线的方式下料、安装。支管末端的弯头处 100mm 以内应加卡件固定，防止喷头与吊顶接触不牢，上下错动。支管安装完毕，管箍口须用丝堵拧紧封堵严密，准备系统试压。

③ 安装喷头使用专用扳手（灯叉形）安装喷头，严禁使喷头的框架和溅水盘受力。安装中发现框架或溅水盘变形的喷头应立即用相同喷头更换。喷头安装时，不能对喷头进行拆装、改动，严禁给喷头加任何装饰性涂层。填料宜采用聚四氟乙烯生料带，喷头的两翼方向应成排统一安装，走廊单排的喷头两翼应横向安装。护口盘要贴紧吊顶，人员能触及的部位应安装喷头防护罩。

④ 吊顶上的喷头须在顶棚安装前安装，并做好隐蔽记录，特别是装修时要做好成品保护。吊顶下喷头须等顶棚施工完毕后方可安装，安装时注意型号使用正确。

⑤ 吊顶下的喷头须配有可调式镀铬黄铜盖板，安装高度低于 2.1m 时，加保护套。当有的框架、溅水盘产生变形，应采用规格、型号相同的喷头更换。

⑥ 支吊架的位置以不妨碍喷头喷洒效果为原则。一般吊架距喷头应大于 300mm，对圆钢吊架可以小到 70mm，与末端喷头之间的距离不大于 750mm。

⑦ 为防止喷头喷水时管道产生大幅度晃动，干管、立管、支管末端均应加防晃固定支架。干管或分层干管可设在直管段中间，距主管及末端不宜超过 12m。管道改变方向时，应增设防晃支架。防晃支架应能承受管道、零件、阀门及管内水的总量和 50%水平方向推动力而不损坏或产生永久变形。立管要设两个方向的防晃固定支架。

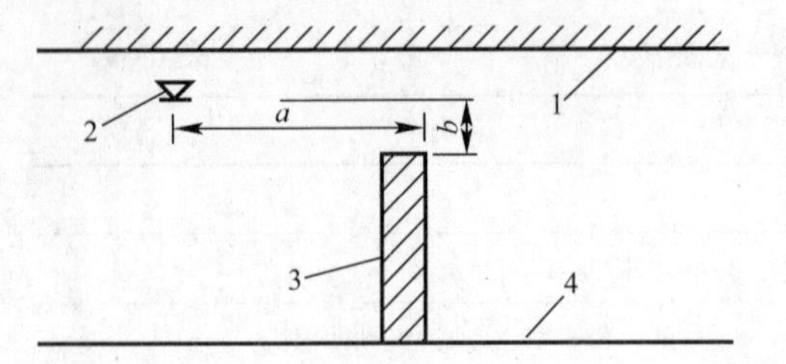

图 6-35　喷头与隔断障碍物的距离
1—天花板或屋顶；2—喷头；3—障碍物；4—地面

⑧ 当喷头溅水盘高于附近梁底或高于宽度小于 1.2m 的通风管道、排管、桥架腹面时，喷头溅水盘高于梁底、通风管道、排管、桥架腹面的最大垂直距离。

⑨ 当梁、通风管道、排管、桥架宽度大于 1.2m 时，增设的喷头应安装在其腹面以下部位。当喷头安装在不到顶的隔断附近时，喷头与隔断的水平距离和最小垂直距离应符合表 6-40、表 6-41 的规定，如图 6-35 所示。

喷头与隔断的水平距离和最小垂直距离（直立与下垂喷头）　表 6-40

喷头与隔断的水平距离 a（mm）	喷头与隔断的最小垂直距离 b（mm）	喷头与隔断的水平距离 a（mm）	喷头与隔断的最小垂直距离 b（mm）
$a<150$	80	$450\leqslant a<600$	320
$150\leqslant a<300$	150	$600\leqslant a<750$	390
$300\leqslant a<450$	240	$a\geqslant 750$	460

喷头与隔断的水平距离和最小垂直距离（大水滴喷头）　表 6-41

喷头与隔断的水平距离 a（mm）	喷头与隔断的最小垂直距离 b（mm）	喷头与隔断的水平距离 a（mm）	喷头与隔断的最小垂直距离 b（mm）
$a<150$	40	$450\leqslant a<600$	130
$150\leqslant a<300$	80	$600\leqslant a<750$	140
$300\leqslant a<450$	100	$750\leqslant a<900$	150

（2）组件安装

① 报警阀组安装

a. 报警阀应有商标、规格、型号及永久性标志，水力警铃的铃锤转动灵活，无阻滞现象。

b. 报警阀处地面应有排水措施，环境温度不应低于 5℃。报警阀组应设在明显、易于操作的位置，距地高度宜为 1m 左右。

c. 报警阀组应按产品说明书和设计要求安装，控制阀应有启闭指示装置，阀门处于常开状态。

d. 报警阀组安装前应逐个进行渗漏试验，试验压力为工作压力的 2 倍，试验时间 5min，阀瓣处应无渗漏。报警阀组的安装应先安装水源控制阀、报警阀，然后再进行报警阀组辅助管道的连接。

e. 水源控制阀、报警阀与配水干管的连接，应使水流方向一致。

f. 水力警铃应安装在相对空旷的地方。报警阀、水力警铃排水应按照设计要求排放到指定地点。

② 水流指示器安装

a. 水流指示器应有清晰的铭牌、安全操作指示标志和产品说明书；还应有水流方向的永久性标志。除报警阀组控制的喷头只保护不超过防火分区面积的同层场所外，每个防火分区、每个楼层均应设水流指示器。仓库内顶板下喷头与货架内喷头应分别设置水流指示器。

b. 水流指示器一般安在每层的水平分支干管或某区域的分支干管上。水流指示器应安装在水平管道上侧，倾斜度不宜过长，其动作方向应和水流方向一致；安装后的水流指示器桨片、膜片应动作灵活，不应与管壁发生碰擦。

c. 水流指示器的规格、型号应符合设计要求，应在系统试压、冲洗合格后进行安装。

d. 水流指示器前后应保持有5倍安装管径的直线段，安装时注意水流方向与指示器的箭头一致。

e. 国内产品可直接安装在丝扣三通上，进口产品可在干管开口，用定型卡箍紧固。水流指示器适用于50～150mm的管道安装。

③ 水泵接合器安装

a. 水泵接合器规格应根据设计选定，其安装位置应有明显的标志，阀门位置应便于操作，接合器附近不得有障碍物。

b. 安全阀应按系统工作压力定压，防止消防车加压过高破坏室内管网及部件，接合器应安装泄水阀。

④ 报警阀配件安装

a. 报警阀配件交工前进行安装，延迟器安装在闭式喷头自动喷水灭火系统上，是防止误报警的设施。可按说明书及组装图安装，应装在报警阀与水力警铃之间的信号管上。水力警铃安装在报警阀附近。与报警阀连接的管道应采用镀锌钢管。

b. 排气阀的安装应在管网系统试压、冲洗合格后进行，排气阀应安装在配水干管顶部、配水管的末端，且应确保无渗漏。

c. 信号阀应安装在水流指示器前的管道上，与水流指示器之间的距离不应少于300mm。末端试水装置安装在系统管网末端或分区管网末端。

⑤ 信号阀安装

信号阀应安装在水流指示器前的管道上，与水流指示器之间的距离不应小于300mm。

⑥ 末端试水装置

a. 每个报警阀组控制的最不利点喷头处，应设末端试水装置，其他防火分区、楼层的最不利点喷头处，均应设直径为25mm的试水阀。

b. 末端试水装置应由试水阀、压力表以及试水接头组成。试水接头出水口的流量系数，应等同于同楼层或防火分区内的最小流量系数喷头。末端试水装置出水，应采取孔口出流的方式排入排水管道。

（3）通水调试

管道系统强度及严密性试验可分层、分区、分段进行。埋地、吊顶内、保温等暗装管道在隐蔽前应做好单项水压试验。管道系统安装完后进行综合水压试验。

① 系统试压和冲洗

管网安装完毕后，对其进行强度试验、严密性试验和冲洗。强度试验和严密性试验用水进行。试压用的压力表不少于二只，精度不低于1.5级，量程为试验压力值的1.5～2倍。对不能参与试压的设备、仪表、阀门及附件加以隔离或拆除；加设的临时盲板要具有突出于法兰的边牙，且做明显标志。系统试压过程中出现泄漏时，要停止试压，并放空管网中的试验介质，消除缺陷后再试。

② 系统调试

a. 准备工作

系统调试应在其施工完成后进行，且具备下列条件：消防水池、消防水箱已储备设计要求的水量；系统供电正常；气压给水设备的水位、气压符合设计要求；灭火系统管网内已充满水；阀门均无泄漏；配套的火灾自动报警系统处于正常工作状态。

调试内容包括：水源测试，消防水泵调试，稳压泵调试，报警阀调试等，排水装置设计和联动试验。

b. 调试要求

（a）水源测试：

按设计要求核实消防水箱的容积、设置高度及消防储水不作他用的技术措施；按设计要求核实水泵接合器的数量和供水能力。

（b）消防水泵调试要求：

以自动或手动方式启动消防水泵时，消防水泵应在30s内投入正常运行；以备用电源切换方式或备用泵切换启动消防水泵时，消防水泵应在30s内投入正常运行。

（c）稳压泵调试要求：

当达到设计启动条件时，稳压泵应立即启动；当达到系统设计压力时，稳压泵应自动停止运行；当消防主泵启动时，稳压泵应停止运行。

（d）报警阀调试要求：

湿式报警阀调试：在试水装置处放水，当湿式报警阀进口水压大于0.14MPa、放水流量大于1L/s时，报警阀应及时启动；带延迟器的水力警铃应在5～90s内发出报警铃声，不带延迟器的水力警铃应在15s内发出报警铃声；压力开关应及时动作，并反馈信号。

干式报警阀调试：开启系统试验阀，报警阀的启动时间、启动点压力、水流到试验装置出口所需时间，均应符合设计要求。

雨淋阀调试：自动和手动方式启动的雨淋阀，应在15s之内启动；公称直径大于200mm的雨淋阀调试时，应在60s之内启动。雨淋阀调试时，当报警水压为0.05MPa，水力警铃应发出报警铃声。

（e）排水装置调试要求：

系统调试过程中，系统中排出的水应通过排水设施能及时全部排走。

（f）联动调试要求：

湿式系统的联动试验：启动1只喷头或以0.94～1.5L/s的流量从末端试水装置处放水时，水流指示器、报警阀、压力开关、水力警铃和消防水泵等应及时动作，并发出相应的信号。

预作用系统、雨淋系统、水幕系统的联动试验：可采用专用测试仪表或其他方式，对火灾自动报警系统的各种探测器输入模拟火灾信号，火灾自动报警控制器应发出声光报警信号并启动自动喷水灭火系统；采用传动管启动的雨淋系统、水幕系统联动试验时，启动1只喷头，雨淋阀打开，压力开关动作，水泵启动。

干式系统的联动试验：启动1只喷头或模拟1只喷头的排气量排气，报警阀应及时启动，压力开关、水力警铃动作并发出相应信号。

3. 高压细水雾灭火系统

高压细水雾灭火系统由高压泵组、补水增压装置、供水管网、区域控制阀组、高压细水雾喷头及火灾探测报警系统等组成，能在火灾发生时向保护对象，或所在空间喷放细水雾并扑灭、抑制及控制火灾的自动灭火系统。它是利用纯水作为灭火介质，采用特殊的高压喷头在特定的压力下工作，将水流分解成细小水滴进行灭火的一种固定式灭火系统。该灭火系统具有高效、经济、适用范围广等特点，目前已经成为替代传统灭火系统的重要技术，具有广泛的应用前景。

（1）工作原理

高压细水雾灭火系统在准工作状态下，从泵组出口至区域控制阀组前的管网内维持一定的压力。当管网压力低于稳压泵的设定启动压力时，稳压泵启动，使系统管网维持在稳定压力范围之间；当发生火灾时，火灾探测报警系统就会打开区域控制阀组，管网压力下降，当压力低于稳压泵的设定启动压力时，稳压泵启动，稳压泵运行时间超过 10 秒后压力仍达不到所定数值时，高压主泵启动，稳压泵会停止运行，高压水流通过细水雾喷头雾化后喷放灭火。

（2）性能特点

与水喷淋灭火系统比较：

1）用水量大大降低。通常而言常规水喷雾用水量是水喷淋的 70%～90%，而细水雾灭火系统的用水量通常为常规水喷雾的 20%以下；

2）降低了火灾损失和水渍损失。对于水喷淋系统，很多情况下由于使用大量水进行火灾扑救造成的水渍损失还要高于火灾损失；

3）减少了火灾区域热量的传播。由于细水雾的阻隔热辐射作用，有效控制火灾蔓延；

4）电气绝缘性能更好，可以有效扑救带电设备火灾；

5）能够有效扑救低闪点的液体火灾。

与气体灭火系统比较：

1）细水雾对人体无害，对环境无影响，适用于有人的场所；

2）细水雾具有很好的冷却作用，可以有效避免高温造成的结构变形，且灭火后不会复燃；

3）细水雾系统的水源更容易获取，灭火的可持续能力强；

4）可以有效降低火灾中的烟气含量及毒性。

（3）材料要求

1）高压细水雾灭火系统管材通常采用不锈钢无缝钢管，管道采用氩弧焊焊接或卡套连接方式，其材质、性能及安装要求应符合现行国家有关标准。

2）细水雾喷头、雨淋阀组等必须采用经国家消防产品质量监督检测中心检测，并符合现行的有关国家标准的产品。其中水雾喷头的选型应符合下列要求：扑救电气火灾应选用离心雾化型水雾喷头；腐蚀性环境应选用防腐型水雾喷头；粉尘场所设置的水雾喷头应有防尘罩。

3）控制阀、储水容器、储气容器、集流管等细水喷雾灭火系统的关键部件不但要操作灵活，而且应具有一定耐压强度和严密性能，特别是对于组合分配系统尤为重要。因此在安装前应对这些部件逐一进行试验。

6.1.4 管道、设备的防腐与保温工程施工工艺

1. 防腐工程

机电安装工程中使用的钢材大部分是黑色金属材料，这些材料长期暴露在自然空气中，或是在潮湿的空气环境中，因化学或电化学反应容易锈蚀而引起系统泄露，既浪费资源，又影响生产。为了延长系统使用年限，除了正常选材外，采取有效的防腐措施是十分必要的。

防腐的方法很多，如采取金属镀层、金属钝化、电化学保护、衬里及涂料工艺等。在机电安装工程管道和设备的防腐方法中，采用最多的是涂料工艺。对于明装的管道和设备，一般采用油漆涂料，对于地下管道，一般采用沥青类涂料。

（1）除锈

为了保证管道、部件、支吊架的防腐质量，在涂刷油漆前必须对管道、部件和支吊架等金属材料进行表面处理，清除掉附着在上面的铁锈、油污、灰尘、污物等，使其表面光滑、清洁。

1）钢材表面锈蚀等级和除锈等级

根据《涂覆涂料前钢材表面处理　表面清洁度的目视评定第1部分：未涂覆过的钢材表面和全面清除原有涂层后的钢材表面的锈蚀等级和处理等级》GB/T 8923.1—2011，钢材表面的四个锈蚀等级分别以A、B、C和D表示。

A——全面地覆盖着氧化皮而几乎没有铁锈的钢材表面；

B——已发生锈蚀，并且部分氧化皮已经剥落的钢材表面；

C——氧化皮已因锈蚀而剥落，或者可以刮除，并且有少量点蚀的钢材表面；

D——氧化皮已因锈蚀而全面剥离，并且已普遍发生点蚀的钢材表面。

对于喷射或抛射除锈过的钢材表面，有四个除锈等级。

① Sa1——轻度的喷射或抛射除锈：

钢材表面应无可见的油脂和污垢，并且没有附着不牢的氧化皮、铁锈和油漆涂层等附着物；

② Sa2——彻底的喷射或抛射除锈：

钢材表面应无可见的油脂和污垢，并且氧化皮、铁锈和油漆涂层等附着物已基本清除，其残留物应是牢固附着的；

③ Sa2.5——非常彻底的喷射或抛射除锈：

钢材表面应无可见的油脂、污垢、氧化皮、铁锈和油漆涂层等附着物，任何残留的痕迹应仅是点状或条纹状的轻微色斑；

④ Sa3——使钢材表观洁净的喷射或抛射除锈：

钢材表面应无可见的油脂、污垢，氧化皮铁锈和油漆涂层等附着物，该表面应显示均匀的金属色泽。

对于手工和动力工具除锈过的钢材表面，分为两个除锈等级。

① St2——彻底的手工和动力工具除锈：

钢材表面应无可见的油脂和污垢，并且没有附着不牢的氧化皮、铁锈和油漆涂层等附

着物；

② St3——非常彻底的手工和动力工具除锈：

钢材表面应无可见的油脂和污垢，并且没有附着不牢的氧化皮、铁锈和油漆涂层等附着物。除锈应比 St2 更为彻底，底材显露部分的表面应具有金属光泽。

2）常用除锈的方法

常用除锈的方法有：手工除锈、动力工具除锈、喷砂（抛丸）除锈、火焰除锈和化学除锈。

① 手工除锈

手工除锈常用的工具有钢丝刷、砂布、刮刀、手锤等。

② 动力工具除锈

用电机驱动的旋转式或冲击式的除锈设备进行除锈，效率较手工除锈高，但不适用于形状复杂的工件。

③ 喷砂（抛丸）除锈

利用压缩空气将石英砂（钢丸）喷射到管道、设备内、外壁以及构件表面，利用沙粒（钢丸）反复撞击，除掉表面的锈蚀、氧化皮等。

④ 火焰除锈

火焰除锈主要工艺是先将基体表面锈层铲掉，再用火焰烘烤或加热，并配合使用动力钢丝刷清理加热表面。此种方法适用于除掉旧的防腐层（漆膜）或带有油浸过的金属表面工程，不适用于薄壁的金属设备、管道，也不能使用于退火钢和可淬硬钢除锈。

⑤ 化学除锈

又称酸洗，是使用酸性溶液于管道设备表面金属氧化物进行化学反应，使其溶解在酸溶液中。

（2）管道及设备刷油

1）常用的油漆及选用

常用的油漆及油漆的选用如表 6-42、表 6-43 所列。

常用油漆 **表 6-42**

序号	名称	使用范围
1	锌黄防锈漆	金属表面底漆，防海洋性空气及海水腐蚀
2	铁红防锈漆	黑色金属表面底漆或面漆
3	混合红丹防锈漆	黑色金属底漆
4	铁红醇酸底漆	高温黑色金属
5	环氧铁红底漆	黑色金属表面漆，防锈耐水性好
6	铝粉漆	采暖系统，金属零件
7	耐酸漆	金属表面防酸腐蚀
8	耐碱漆	金属表面防碱腐蚀
9	耐热铝粉漆	300℃以下部件
10	耐热烟囱漆	高温烟囱表面，已有耐 1000℃产品
11	防锈富锌底漆	镀锌金属表面修补或高腐蚀环境

油漆选用 **表 6-43**

管道种类	表面温度(℃)	序号	油漆种类	
			底漆面漆	
不保温的管道	≤60	1	铝粉环氧防腐底漆	环氧防腐漆
		2	无机富锌底漆	环氧防腐漆
		3	环氧沥青底漆	环氧沥青防腐漆
		4	乙烯磷化底漆＋过氯乙烯底漆	过氯乙烯防腐漆
		5	铁红醇酸底漆	醇醛防腐漆
		6	红丹醇醛底漆	醇醛耐酸漆
	60～250	7	氯磺化聚乙烯底漆	氯磺化聚乙烯磁漆
		8	无机富锌底漆	环氧耐热磁漆、清漆
		9	环氯耐热底漆	环氧耐热磁漆、清漆
保温管道	保温	10	铁红酚醛防锈漆	
	保冷	11	石油沥青	
		12	沥青底漆	

2）涂刷油漆

常用的管道和设备表面涂漆方法有：手工涂刷、空气喷涂和高压喷涂等。

① 刷漆的施工程序

一般分为刷底漆或防锈漆、刷面漆两个步骤。

管道、部件（部件指自制的容器、阀件等）及支架的防腐刷油施工，应按设计要求进行，当设计无要求时，按下列要求进行：

a. 明装：安装前必须先刷一道底漆（防锈漆），待交工前再刷两道面漆。如有保温和防结露要求时应刷两道防锈漆，不刷面漆。

b. 暗装：安装前必须先刷两道防锈漆，第二道防锈漆必须在第一道防锈漆干透后再刷。

c. 薄钢板风管的油漆如设计无要求可按表 6-44 规定执行。

薄钢板油漆 **表 6-44**

序号	风管内输送气体	油漆类别		油漆遍数
1	不含有灰尘且温度不高于 70℃的空气	内表面涂防锈底漆	2	
		外表面涂防锈底漆	1	
		外表面涂面漆	2	
2	不含有灰尘且温度高于 70℃的空气	内外表面涂耐热漆		2
3	含腐蚀性介质的空气	内表面涂耐酸底漆	≥2	
		外表面涂耐酸底漆	≥2	

② 油漆施工流程

设备、管道及支架清理、除锈→设备、管道及支架刷防锈漆→设备、管道及支架安装→设备、管道及支架刷面漆→验收记录。

③ 油漆施工作业条件

a. 油漆作业环境应清洁，并有防火、防冻、防雨的措施，不应在低温（≤5℃）潮湿的环境下作业。

b. 油漆作业时，附近不得有电、气焊作业施工。

c. 防锈漆涂刷应在设备、管道及支架清理、去污、除锈完成后进行。

d. 面漆涂刷应在设备、管道及支架涂刷的防锈漆干透后进行；并且漆膜光滑，无脱落、结疤、漆流痕方可进行，如有上述缺陷，应处理后再进行面漆涂刷。

④ 对油漆材质的要求

a. 油漆、涂料都是有效期的，如超过，其性能会发生变化，因此应在有效期内使用，不得使用过期、不合格伪劣产品。

b. 油漆、涂料应具备产品合格证及性能检测报告或厂家的质量证明书。

c. 涂刷在同一部位的底漆和面漆的化学性能要相同，否则涂刷前应做溶性试验；漆的深、浅色调要一致。

⑤ 油漆施工的一般要求

a. 去污除锈：为了使油漆能起防腐作用，除了耐腐蚀外，还要求油漆和管道（设备、支架）表面附着力好。一般管道（设备、支架）表面总有各种杂物，如灰尘、污垢（包括油脂）、锈斑（氧化皮）等，它们会影响油漆和钢材的附着力，且易脱落。如铁锈没有除尽，涂完油漆后，在漆膜下的钢构件会继续生锈。为了增强油漆和钢材的附着力和防腐效果，所以在喷涂底漆前要清除管道（设备、支架）的灰尘、污垢、锈斑，并且表面要干燥。

b. 油漆在低温时黏度增大，喷涂时会薄厚不均匀，因此油漆要在环境温度高于5℃时作业。

c. 油漆在潮湿环境下（相对湿度大于85%）喷涂，由于金属表面聚集一定量水汽，漆膜附着力差且产生气孔。因此，油漆喷涂要在相对湿度小于85%时作业。

d. 涂刷的漆膜要均匀，无堆积、皱纹、掺杂、流痕、气泡、混色等缺陷。

e. 喷、涂的漆不得污染其他部件，漆膜不得遮盖各种标志和影响活动部件的使用功能。

f. 明装管道、支、吊、托架的面漆，其光泽、色调应与相关区域部位一致。

（3）埋地管道防腐

埋地管道腐蚀是由土壤的酸性、碱性、潮湿、空气渗透以及地下杂散电流的作用等所引起的，其中主要是电化学作用。目前埋地管道通常采用的防腐蚀的方法主要是涂刷环氧煤沥青涂料。

为适应不同腐蚀环境对防腐层的要求，环氧煤沥青防腐层分为普通级、加强级和特加强级三个等级。其结构为一层底漆和多层面漆，面漆之间可加玻璃丝布增强。防腐层的等级和结构见表6-45。

防腐层等级和结构 **表6-45**

等级	结　构	干膜厚度（mm）
普通级	底漆-面漆-面漆-面漆	≥0.3
加强级	底漆-面漆-面漆、玻璃布、面漆-面漆	≥0.4
特加强级	底漆-面漆-面漆、玻璃布、面漆-面漆、玻璃布、面漆-面漆	≥0.6

环氧煤沥青是甲、乙双组分涂料，由底漆的甲组分和乙组分（固化剂）以及面漆的甲组分和乙组分（固化剂）组成，并和相应的稀释剂配合使用。底漆、面漆、固化剂和稀释

剂应由同一厂家生产。

采用玻璃布做加强基布时，宜选用经纬密度为 10×10 根/cm^2、厚度为 0.1～0.12mm、中碱（碱量不超过 12%）、无捻、平纹、两端封边、带芯轴的玻璃布卷。

施工要求如下：

1）钢管表面预处理后，应尽快涂底漆。

2）钢管外防腐层采用玻璃布时做加强基布时，在底漆表干后，对高于表面 2mm 的焊缝两侧，应抹腻子使之形成平滑的过渡面。腻子由配好固化剂的面漆加滑石粉调匀制成。

3）底漆或腻子表干后、固化前涂第一道面漆。

4）对普通级防腐，每道面漆实干后、固化前涂刷下一道面漆，直到规定厚度。

5）对加强级防腐层，第一道面漆实干后、固化前涂第二道面漆，随即缠绕玻璃布。玻璃布要拉紧，表面平整、无皱褶和鼓包，压边宽度为 20～25mm，布头搭接长度为 100～150mm。玻璃布缠绕后即涂第三道面漆，要求漆量饱满，玻璃布所有网眼应灌满涂料。第三道面漆实干后，涂第四道面漆。

6）对于特加强级防腐层，待第三道面漆实干后，涂第四道面漆，并立即缠绕第二层玻璃布、涂第五道面漆。

7）涂敷好的防腐层，宜静置自然固化。当需要加温固化时，防腐层加热温度不宜超过 80℃，并应缓慢平稳升温，避免稀释剂急剧蒸发产生针孔。

8）防腐层施工完成后应进行外观检验、厚度检验、粘结力检验和绝缘性能检验等质量检验。

2. 绝热工程

（1）绝热层安装

1）绝热层的种类

机电工程中使用的绝热材料一般有：

① 板材：岩棉板、铝箔岩棉板，超细玻璃棉毡、铝箔超细玻璃棉板，自熄性聚苯乙烯泡沫塑料、聚氨酯泡沫塑料，橡塑板，铝镁质隔热板等。

② 管壳制品：岩棉、矿渣棉、玻璃棉、硬聚氨酯泡沫塑料管壳、铝箔超细玻璃棉管壳、橡塑管壳、聚苯乙烯泡沫塑料管壳、预制瓦块（泡沫混凝土、珍珠岩、蛭石、石棉瓦）等。

③ 卷材：聚苯乙烯泡沫塑料、岩棉、橡塑等。

④ 防潮层：玻璃丝布、聚乙烯薄膜、夹筋铝箔（兼保护层）等。

⑤ 保护层：铅丝网、玻璃丝布、铝皮、镀锌铁皮、铝箔纸等。

⑥ 其他材料：铝箔胶带、石棉灰、胶粘剂、防火涂料、保温钉等。

2）绝热工程的施工条件

① 建筑物已封顶并做好屋面防水处理。

② 风管完成系统漏风测试合格。

③ 设备、水管道强度试验或气密试验合格。特殊情况下管道的绝热施工（保温、保冷）允许在未做强度试验或气密试验前进行，但焊缝处不得施工，并在焊缝两侧各留出一段绝热距离（300mm 左右），并要在绝热断开的端面做封闭处理；留出部位的绝热待管道强度试验或气密试验合格后再施工。

④ 绝热部位周围其他专业工种基本施工完毕（特殊情况除外）。

⑤ 管道和立式设备，按规定设置的固定架、支撑环、支吊架全部安装完毕。

⑥ 管道及设备的防腐作业完毕，涂层的漆膜保护完好；如有损坏，对其部位应补做防腐，并经检查验收合格。

⑦ 设备、管道及部件安装完毕，并完成上述自检、隐检以及设备安装检验合格，并报监理检验签字。

⑧ 绝热材料进场并检验合格。

⑨ 在室外施工的绝热工程，防雨设施齐全有效。

3）绝热工程施工技术要求

① 风管绝热层施工

a. 一般材料保温工艺流程见图 6-36。

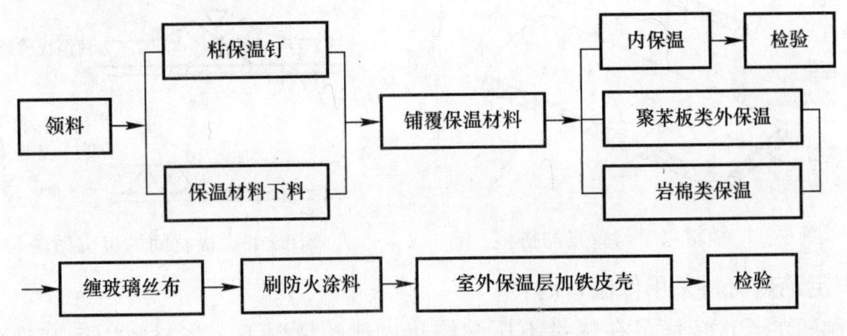

图 6-36　保温材料施工工艺流程

b. 橡塑保温工艺流程：领料→下料→刷胶水→粘贴→接头处贴胶带→检验。

c. 风管表层上的灰尘、油垢、水汽擦拭干净方可粘贴、焊接保温钉或涂抹胶粘剂。

d. 绝热材料与风管、部件的表面要紧密接合。

e. 风管穿室内隔墙时，绝热材料要连续通过。穿防火墙时，穿墙套管内要用不燃材料封堵严密，其做法如图 6-37 所示。

f. 绝热层材料接缝及端部要密封处理。

(a) 风管绝热材料采用卷材（玻璃棉）时，要把接缝放在侧面，从侧面开始横向铺放。铺放要平直，水平面和垂直面间要绷紧，转角处不得松懈。接缝要贴胶带或密封处理，如图 6-38 所示。

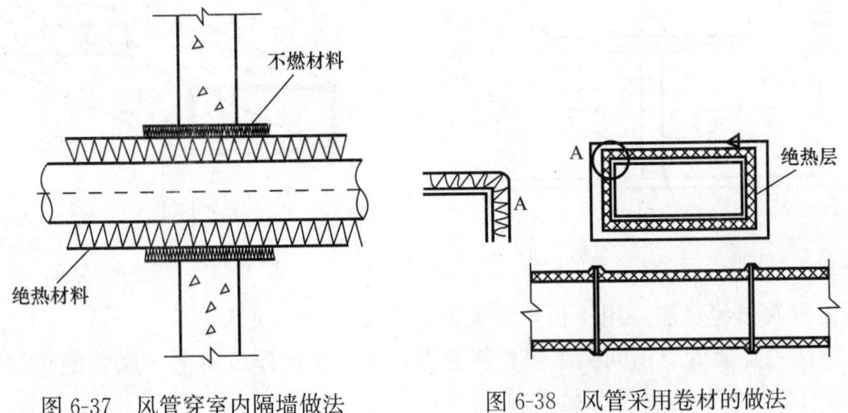

图 6-37　风管穿室内隔墙做法　　图 6-38　风管采用卷材的做法

（b）风管绝热材料采用板材（玻璃棉或岩棉）时，按现场实际测量下料，绝热材料下料要准确，切割面要平齐；裁料时，要使水平面与垂直面的搭接处以短边顶在长边上，如图 6-39 所示。

（c）板材铺覆时应尽量减少通缝，纵、横向接缝要错开。

（d）板材拼接使用时，小块材料要尽量铺覆在上面，拼接缝要紧密，板材下料的尺寸要大于丈量尺寸 5～10mm，以使间隙最小。板材之间的接头做法如图 6-40 所示，板材之间的接缝处一定要粘贴胶带或用其他密封方法处理，胶带的宽度大于等于 50mm。

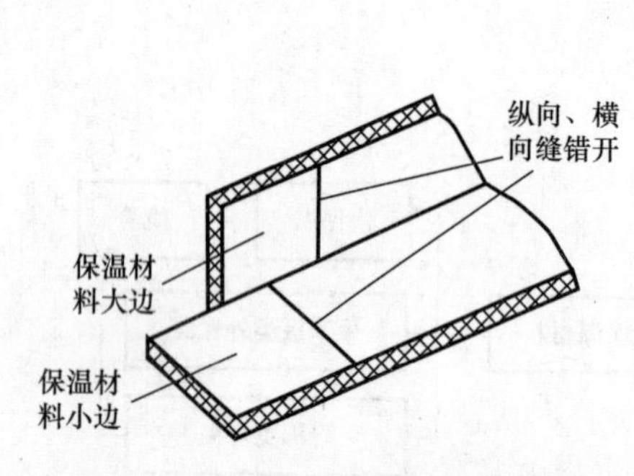

图 6-39　板材水平与垂直的拼接

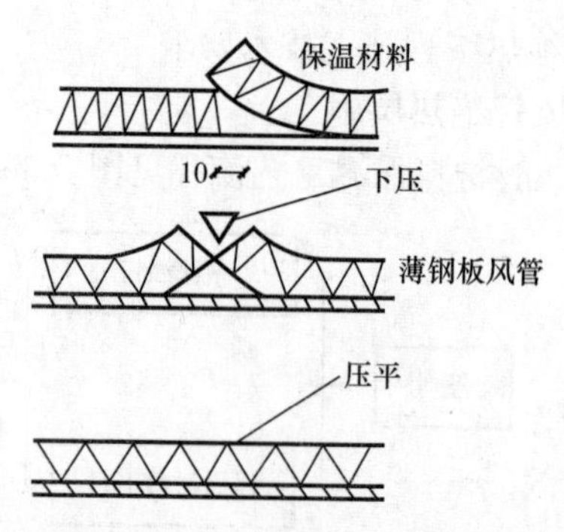

图 6-40　板材间的接头做法

（e）固定绝热材料采用保温钉时：

a）保温钉的长度应满足在尽量不压缩绝热材料的情况下，将材料固定在适当的位置上（图 6-41）。

b）保温钉采用粘接时，保温胶要分别涂在保温钉和管壁的粘结面上，稍后将其粘结，待保温钉粘结干透并确保粘接牢固后，再铺覆保温材料。

c）保温钉采用螺柱焊焊接时，风管里面应无变形，镀锌钢板焊接处的镀锌层不受影响；保温棉表面要平整、清洁。焊钉有一体式或分体式、压板有杯形、楔形。焊接时要注意保温钉杆上绝缘套要在根部和压板紧贴。

d）保温钉要均匀分布，保温钉的间距控制在 250～300mm，排列要美观有序。一般风管或设备的顶面每平方米不少于 8 个，侧面不少于 10 个，底面不少于 16 个，如图 6-42 所示。

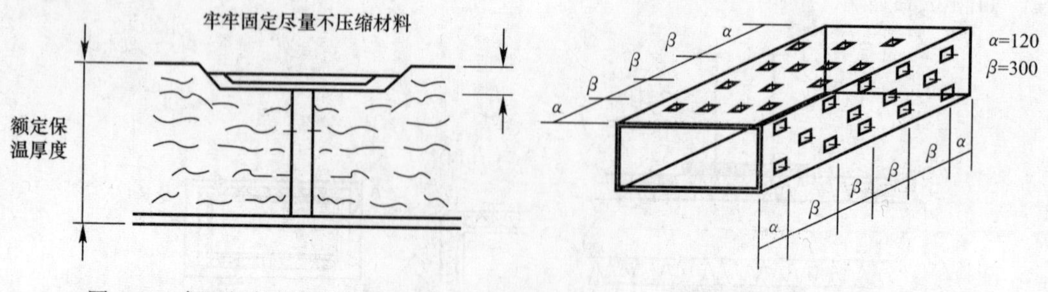

图 6-41　保温钉与绝热材料的固定

图 6-42　保温钉的分布

e）保温钉穿过绝热层，用压板压紧无间隙，如图 6-43 所示。

f）风管法兰连接处要用同类绝热材料补保，其补保的厚度不低于风管绝热材料的 0.8 倍，在接缝内要用碎料塞满没有缝隙。

g）圆形风管弯头保温，应将绝热材料根据管径割成45°斜角对拼，或将材料按虾米腰弯头下料对拼，如图6-44所示。

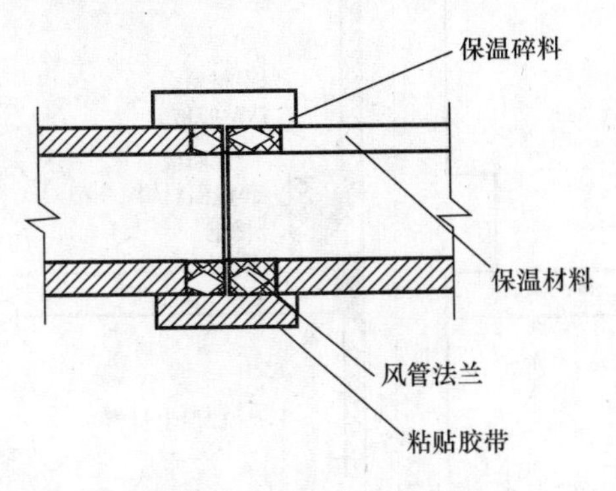

图6-43　风管法兰部位的保温

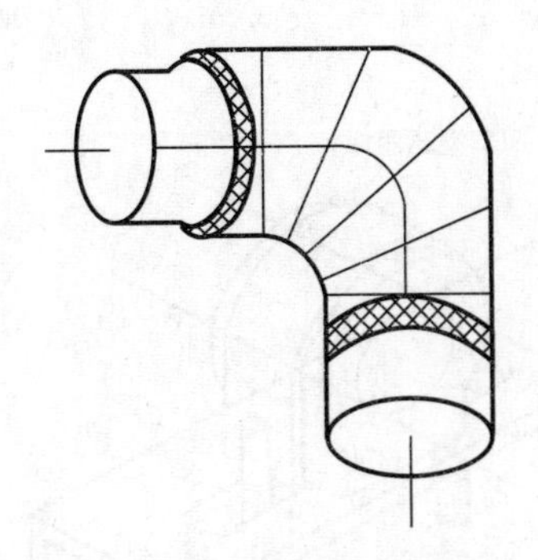

图6-44　圆形风管弯头的保温

h）风管绝热遇到支吊时，支吊架要放在绝热层外面，中间垫坚实的材料（通常采用经过防火、防腐处理的50mm硬质方木，长度为风管的宽度加两个绝热层的厚度，风管与横担之间垫方木和吊架横担之间要固定）以避免绝热材料和横担角钢直接接触破损，产生冷桥，如图6-45所示。

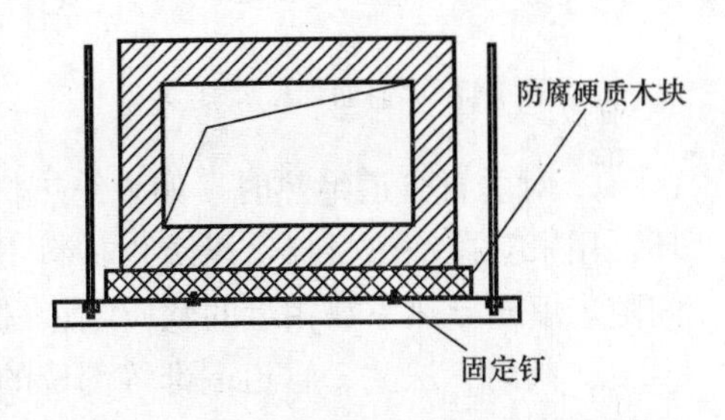

图6-45　风管绝热层与支、吊架接触形式

i）风管用板材（阻燃聚苯乙烯板、岩棉板等）做绝热材料时：在风管上均匀涂胶粘剂，将剪裁好的板材铺放好后，在四角做好铁包角，用打包带箍紧，或采用保温钉固定。

② 水管道绝热层施工

a. 水管道采用玻璃棉、岩棉、聚氨酯、聚乙烯、橡塑等管壳做绝热层材料时，胶粘剂（绝热胶）涂抹要均匀，要分别涂在管壁和管壳粘接面上，稍后再将其管壳覆盖。除粘结外，根据情况可再用16号镀锌钢丝将其捆紧，钢丝间距一般为300mm，每根管壳绑扎不少于两处，捆扎要松紧适度。

b. 水平管道绝热管壳纵向接缝应在侧面，垂直管道一般是自下而上施工，其管壳纵横接缝要错开。

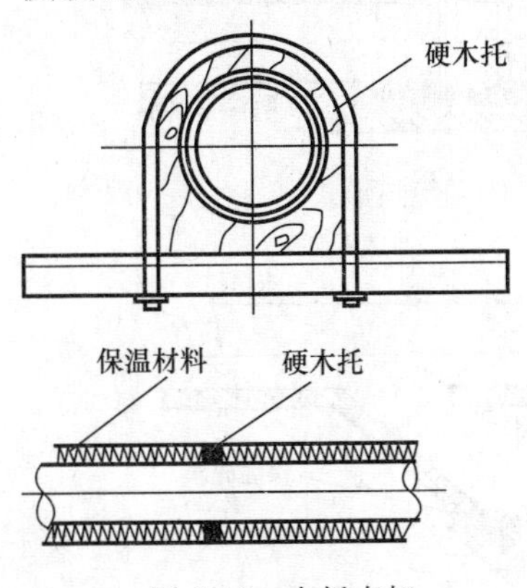

图6-46　木托支架

c. 水管道在支吊架上的绝热处理：

（a）在支吊架处要加和保温材料厚度相同，并经防火、防腐处理的硬木木托，木托的宽度一般为30～50mm，其安装方式如6-46所示。

（b）采用聚氨酯发泡成型的“速丽保”代替木托，其支架的形式如图6-47所示。

d. 水管道垂直穿过楼板固定支座时，上下层楼板间的绝热管壳不连续断开。固定支座部分采用可拆卸式绝热结构，绝热材料与支座、管道和钢套管的间隙要用碎绝热材料塞严；接缝要用胶带密封，其做法如图6-48所示。

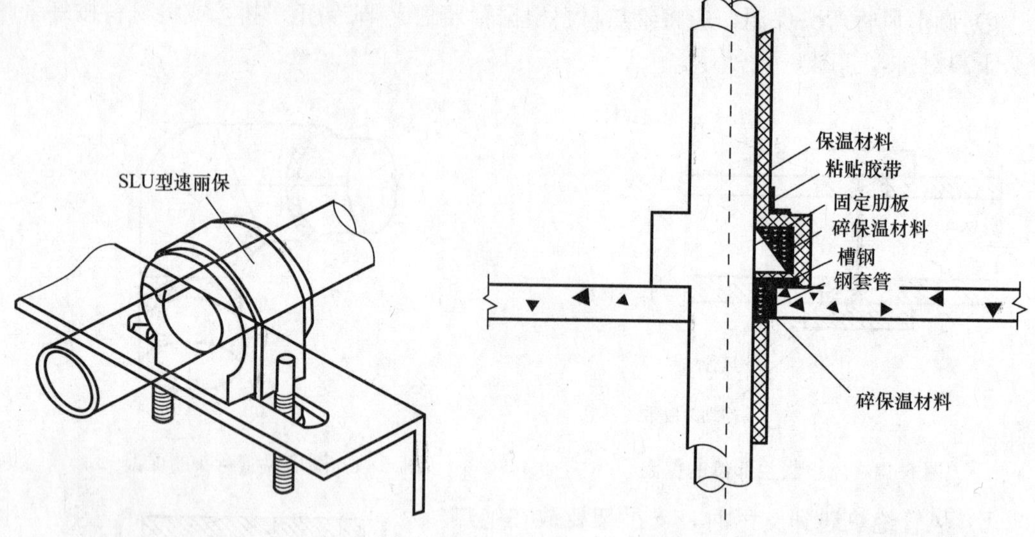

图 6-47 “速丽保”管托支架　　图 6-48 水管垂直穿过楼板固定支架绝热结构

e. 对垂直管道绝热时，如果绝热材料不直接粘接在管道上，应隔一定间距设保温支撑环，用来支撑绝热材料，以防止材料下坠。支撑环一般间距为 3m，环下要留 25mm 左右间隙，填充导热系数相近的软质绝热材料，其结构形式如图 6-49 所示。

f. 阀门、法兰、管道端部等部位的绝热一般采用可拆卸式结构，以便维修和更换，其绝热结构形式如图 6-50～图 6-52 所示。

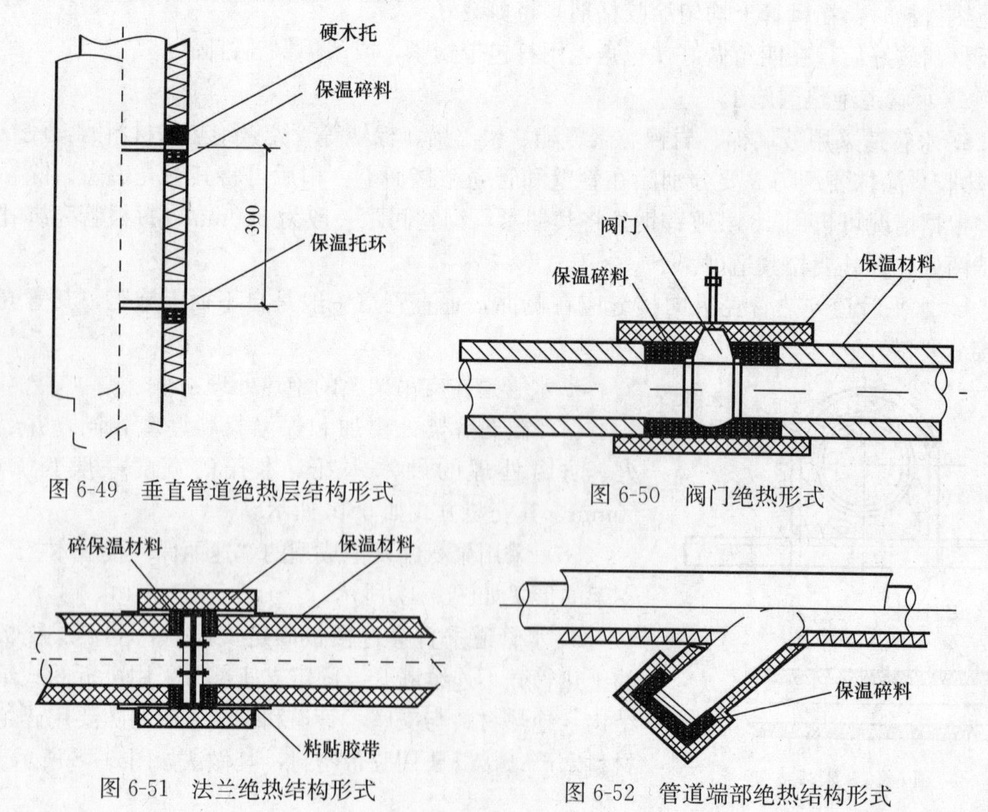

图 6-49 垂直管道绝热层结构形式　　图 6-50 阀门绝热形式

图 6-51 法兰绝热结构形式　　图 6-52 管道端部绝热结构形式

g. 水管道弯头、三通处绝热要将材料根据管径割成45°斜角，对拼成90°角或将绝热材料按虾米弯头下料对拼。

h. 三通处的绝热一般先做主干管后做支管。主干管和开口处的间隙要用碎绝热材料塞严并密封，如图6-53所示。

i. 管道绝热层采用硬质绝热材料（瓦块、管壳），瓦块厚度允许偏差1mm，瓦块拼接时接缝要错开，其间隙用石棉灰填补。在绝热瓦块外用16号镀锌钢丝将瓦块捆紧，钢丝间距一般为200mm，每块瓦绑扎不少于两处。弯头处要在两端留伸缩缝，内填石棉绳。管壳外用16号镀锌钢丝将管壳捆紧，每根管壳绑扎不少于两处。弯头绝热时，如没有异形管壳应按弯头的外形尺寸将管壳切割成虾米腰状的小块进行拼接，每节捆扎一道；捆扎钢丝时应将钢丝嵌入绝热层，应紧靠绝热层，如图6-54所示。

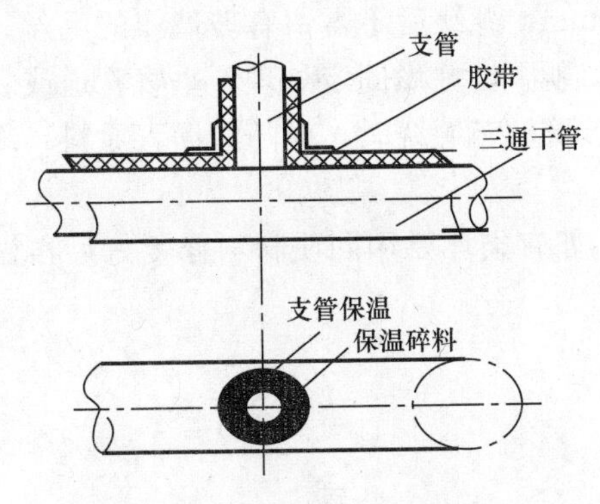

图6-53　三通处的绝热形式

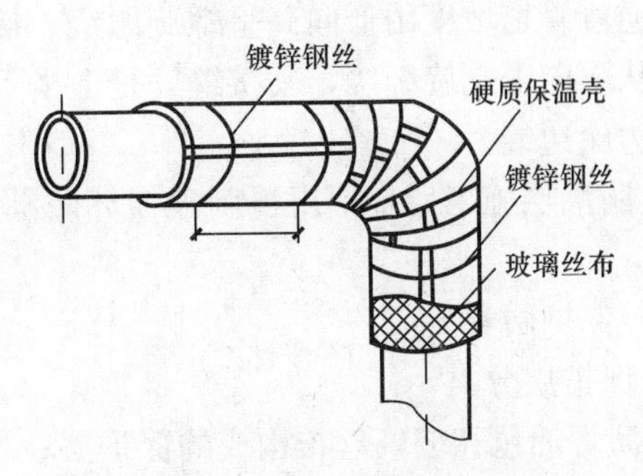

图6-54　管道绝热采用硬质材料时的绝热结构

③ 设备绝热层施工

a. 设备绝热采用板材：剪裁下料时，切割面要平整，尺寸要准确。保温时单层纵缝要错开，双层（或多层）内层要错缝，外层的纵、横缝要和内层缝错开并覆盖。绝热板按顺序铺覆，材料要连续，残缺部分要填满，不得留有间隙。采用卷材时要按设备的表面形状剪裁下料，不同形状的部位不得连续铺覆。

b. 绝热材料的固定方法：

（a）涂胶粘剂；

（b）粘胶钉或焊钩钉（采用焊接时可在设备封头处加支撑环）；

（c）根据需要加打抱箍带。

c. 设备绝热采用成型硬质预制块时，预制块粘结（做法同上）或砂浆砌筑，预制块的间隙要用导热系数相近的软质保温材料填充或勾缝。

（2）防潮层安装

保冷工程当采用通孔性的保温材料时必须设置防潮层，防潮层施工质量的好坏，关系到保冷效果和保冷结构的寿命。防潮层施工前要检查基体（隔热层）有无损坏、材料接缝处是否处理严密、表面是否平整（采用硬质绝热材料时，基层表面不要有凸出面尖角和凹坑）。

目前防潮层材料有两种，一种是以沥青为主的防潮材料，另一种是以聚乙烯薄膜作防潮材料。

以沥青为主体材料的防潮层有两种结构和施工方法。一种是用沥青或沥青玛蹄脂粘沥青油毡，一种是以玻璃丝布做胎料，两面涂沥青或沥青玛蹄脂。沥青油毡因过分卷折，易断裂，只能用于平面及大直径管道的防潮。而玻璃丝布能用于任意形状的粘贴，故应用范围更广泛。

以聚乙烯薄膜作防潮层是直接将薄膜用胶粘剂粘贴在保温层表面，施工方便。

1）防潮层材料要紧密粘在隔热层上，封闭要完整良好，不得有虚贴、气泡、褶皱、裂缝等缺陷。

2）用油毡作防潮层时，油毡和基体、油毡和油毡之间要用与油毡相同的石油沥青涂料粘贴。

3）用玻璃丝布、沥青涂料作防潮层时，要先在基层表面涂3mm厚沥青涂料，然后再搭接螺旋缠绕玻璃布，玻璃布搭接宽度为30～50mm，缠绕后不得留有玻璃布的毛丝。水平管道逆着管道坡度由低向高呈螺旋缠绕，接缝口朝下，并做固定处理。垂直管道或立式设备应从下向上螺旋缠绕，其接缝处是上搭下；玻璃丝布缠绕时，应随涂沥青涂料（冷玛蹄脂）边涂边缠。

4）防潮层施工后，不得再刺破损坏防潮层，如有损坏要用同质材料修复好后再做保护层。

（3）保护层安装

1）保护层分类

① 沥青油毡和玻璃丝布构成的保护层；

② 单独用玻璃丝布缠包的保护层；

③ 石棉石膏、石棉水泥等保护层；

④ 金属薄板保护层，在机电安装工程中大多采用这种方法。

2）保护层施工的技术要求

① 保护层施工不得伤害保温（防潮）层。

② 用涂抹法施工的保护层配料准确，厚度均匀，表面平整光滑，无明显裂痕。

③ 用玻璃布、塑料布作保护层应搭接均匀，松紧适当。

④ 用油毡作保护层，搭接处应顺水流方向，并以沥青粘接，间断捆扎牢固，不得有脱壳现象。

⑤ 室外管道（风管）用金属薄板作保护层时，连接缝应顺水流方向，以防渗漏。

3）金属薄板保护层工艺技术要求

① 保护层采用铝板或镀锌钢板做保护壳时，要采用咬口连接，不准使用螺钉固定金属外壳，以免破坏防潮层。

② 金属薄板要按管道或设备实际尺寸下料，薄板要根据弧度用滚圆机滚圆，用压边机压边，安装时壳体要紧贴面层；立式设备或垂直管道应自下而上逐段安装，水平管道应逆坡由低向高逐段安装，搭接口朝向与管道坡度一致，每段的纵向缝应错开，壳体表面应平整美观，其保护层的结构如图6-55所示。

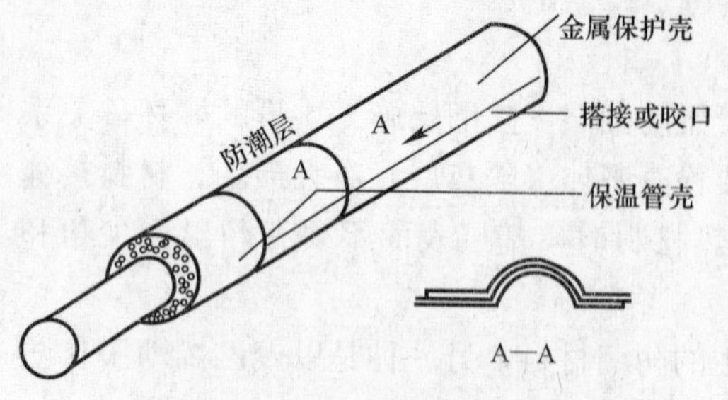

图6-55　金属薄钢板保护层的结构

③ 铝板或镀锌钢板的接缝可用拉铆钉铆固，固定铝板时可加铝板垫条，接缝也可用半圆头自攻螺钉紧固。对于有防潮层的保护壳，其接缝处应采用不损伤防潮层的紧固方法。

④ 弯头处铝板或镀锌钢板做成虾米腰搭接，搭接口朝向排水方向。

⑤ 设备封头要将金属板加工成瓜皮形，接缝采用咬口连接。

6.2 建筑通风与空调工程

本节主要内容为建筑通风与空调工程、净化空调系统的施工工艺和方法。

6.2.1 通风与空调工程风管系统施工工艺

1. 风管制作

(1) 金属风管制作

金属风管主要包括以镀锌钢板、普通钢板、不锈钢板和铝板等为板材加工的风管。

1) 镀锌钢板风管

镀锌钢板风管在通风管道中应用广泛，几乎可以应用于所有通风与空调系统。

① 基础知识

a. 风管系统按压力划分为三个类别，见表 6-46。

b. 板材要求

普通钢板的表面应平整光滑，厚度应均匀，不得有裂纹结疤等缺陷，其材质应符合国家标准《优质碳素结构钢冷轧钢板和钢带》GB/T 13237 或《优质碳素结构钢热轧薄钢板和钢带》GB/T 710 的规定。

镀锌钢板（带）宜选用机械咬合类，镀锌层为 100 号以上（双面三点试验平均值应不小于 $100g/m^2$）的材料，其材质应符合现行国家标准《连续热镀锌钢板和钢带》GB/T 2518 的规定。

风管系统类别 **表 6-46**

系统类别	系统工作压力 P (Pa)	密封要求
低压系统	$P \leqslant 500$	接缝和接管连接处严密
中压系统	$500 < P \leqslant 1500$	接缝和接管连接处增加密封措施
高压系统	$P > 1500$	所有的拼接缝和接管连接处，均应采取密封措施
风管的密封，主要依靠板材连接的密封，当采用密封胶嵌缝和其他方法密封时，密封面设在风管的正压侧，密封胶性能应符合使用环境的要求		

风管及其配件的板材厚度不得小于表 6-47 的规定。

普通钢板或镀锌钢板风管板材厚度 (mm) **表 6-47**

风管边长尺寸 b	矩形风管		除尘系统风管
	中、低压系统	高压系统	
$b \leqslant 320$	0.5	0.75	1.5
$320 < b \leqslant 450$	0.6	0.75	1.5

续表

风管边长尺寸 b	矩形风管		除尘系统风管
	中、低压系统	高压系统	
$450<b\leqslant 630$	0.6	0.75	2.0
$630<b\leqslant 1000$	0.75	1.0	2.0
$1000<b\leqslant 1250$	1.0	1.0	2.0
$1250<b\leqslant 2000$	1.0	1.2	按设计
$2000<b\leqslant 4000$	1.2	按设计	按设计

注：1. 本表不适用于地下人防及防火隔墙的预埋管；
2. 排烟系统风管的钢板厚度可按高压系统选用；
3. 特殊除尘系统风管的钢板厚度应符合设计要求。

c. 施工机械（表 6-48）

施工机械 **表 6-48**

设备名称	设备图示	主要功能
自动风管生产线		主要由上料架、调平压筋机、冲尖口和冲方口油压机、液压剪板机、液压折边机所组成 主要用于板材起筋、直风管下料等
等离子切割机 ACL3100		主要用于异型配件的板材下料
液压折方机		主要用于矩形风管的折方
共板式法兰机		主要用于薄钢板法兰风管的法兰制作
液压铆接机		主要用于德国法兰的液压铆接
角钢法兰液压铆接机		主要用于风管与角钢法兰的铆接
电动联合角合缝机		主要用于矩形风管板材间联合角的合缝，使风管成型

② 风管制作流程

按施工进度制定风管及零部件加工制作计划，根据设计图纸与现场测量情况结合风管生产线的技术参数绘制通风系统分解图，编制风管规格明细表和风管用料清单交生产车间实施，风管制作流程见图 6-56。

a. 风管自动生产线风管成型

在加工车间按制作好的风管用料清单选定镀锌钢板厚度，将镀锌钢板从上料架装入调平压筋机中，开机剪去钢板端部。上料时要检查钢板是否倾斜，试剪一张钢板，测量剪切的钢板切口线是否与边线垂直，对角线是否一致。

按照用料清单的下料长度和数量输入电脑，开动机器，由电脑自动剪切、压筋、冲角，通过咬口机进行咬口加工。板材剪切必须进行用料的复核，以免有误。

特殊形状的板材用等离子切割机切割，零星材料使用现场电剪刀进行剪切，使用固定式震动剪时两手要扶稳钢板，手离刀口不得小于 5cm，用力均匀适当。

咬口后的板料按画好的折方线放在折方机上，置于下模的中心线。操作时使机械上刀片中心线与下模中心重合，折成所需要的角度。折方时应互相配合并与折方机保持一定距离，以免被翻转的钢板或配重碰伤。

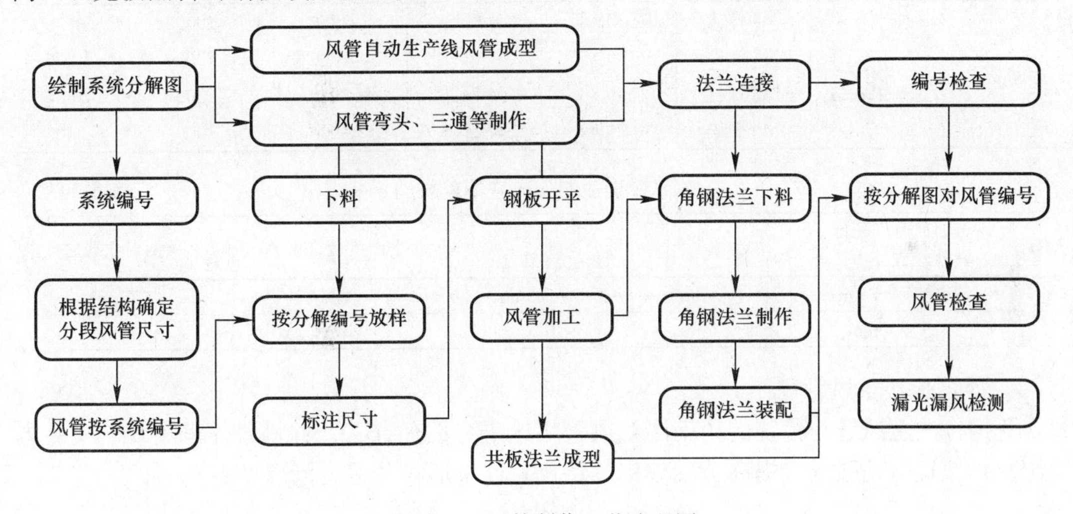

图 6-56 风管制作工艺流程图

咬口完成的风管采用手持电动缝口机进行缝合，形成成型风管。缝合后的风管外观折角平直，圆弧均匀，两端面平行，无翘角，表面凹凸不大于 5mm。

b. 角钢法兰风管制作

角钢法兰风管的制作工艺是国内外从事风管制作以来一直沿用的一种传统工艺。适用于高、中、低压通风及空调工程中的送、排风系统。通过对角钢的选材、下料、焊接、打孔等工序制作成法兰，然后再与风管进行铆接，以实现风管间的对接，具有比较稳固的技术特点和成熟的工艺基础。

矩形风管法兰由四根角钢组焊而成，每根角钢下料划线时要力求精准，使焊成后的法兰内径不小于风管的外径。划好线后，用砂轮切割机按线切断，料调直后放在钻床上钻出铆钉孔及螺栓孔，螺栓孔的规格根据风管长边或管径的大小按照规范执行。法兰的四角部位要设有螺孔。

冲完孔后将角钢放在焊接平台上进行焊接，焊接时使角钢与各规格模具卡紧压平，做到焊接牢固，焊缝熔合良好、饱满、无假焊和孔洞。另外圆形法兰的加工由角钢卷圆机来完成。在卷圆前先将铆钉孔及螺栓孔在冲剪机上冲好。法兰加工好之后敲去焊渣，并做除锈与刷油处理，刷油时防锈底漆两道，调和漆一道。

角钢法兰矩形风管角钢法兰的材料规格及螺栓和铆钉规格执行表 6-49，螺栓及铆钉间距要求为：低、中压系统不大于 150mm，高压系统不大于 100mm，法兰的焊缝应熔合良好、饱满，无夹渣和孔洞；法兰四角处应设螺栓孔，同一批同规格的法兰可制作统一的模具，按模具加工使法兰具有互换性。风管法兰制作允许偏差见表 6-50。

风管与法兰铆接前先进行以上技术、质量的复核，复核合格后再将法兰套于风管上，使风管折边线与法兰平面垂直；然后使用液压铆钉钳将其与风管铆固。壁厚小于或等于 1.2mm 的风管与角钢法兰连接采用翻边铆接。风管的翻边应平整、紧贴法兰、宽度均匀，且不小于 6mm；咬缝及四角处无开裂与孔洞；铆接牢固，无脱铆和漏铆。

金属风管角钢法兰连接形式及配件选择　　表 6-49

连接形式		附件规格			适用范围（风管边长 mm）		
					低压风管	中压风管	高压风管
角钢法兰		M6 螺栓	∟25×3	ϕ4 铆钉	≤1250	≤1000	≤630
		M8 螺栓	∟30×3	ϕ4 铆钉	≤2000	≤2000	≤1250
		M8 螺栓	∟40×4	ϕ4 铆钉	≤2500	≤2500	≤1600
		M8 螺栓	∟50×5	ϕ4 铆钉	≤4000	≤3000	≤2500

风管法兰制作允许偏差表　　表 6-50

序号	金属风管和配件其外径或外边长	允许偏差	法兰内径或内边长允许偏差	平面度允许偏差	法兰两对角线之差
1	小于或等于 300mm	−1～0mm	＋1～＋3mm	2mm	<3mm
2	大于 300mm	−2～0mm	＋1～＋3mm	2mm	<3mm

c. 薄钢板法兰风管制作

薄钢板法兰风管与传统的角钢法兰风管相比，它具有省工、省料、外表美观、安装方便快捷、减轻劳动强度、提高劳动效率等特点。连接形式及适用范围见表 6-51。

金属矩形风管连接形式及适用范围　　表 6-51

连接形式			附件规格		适用范围（风管边长 mm）		
					低压风管	中压风管	高压风管
薄钢板法兰	弹簧夹式		H=法兰高度	25×0.6	≤630	≤630	—
			δ=风管壁厚	25×0.75	≤1000	≤1000	—
	插接式		$h\times\delta$mm	30×1.0	≤2000	≤2000	—
			弹簧夹板厚≥1.0mm				
	顶丝卡式		弹簧夹长度 150mm	40×1.2	≤2000	≤2000	—
			顶丝卡厚≥3mm				
	组合式		M8 螺丝	25×0.8	≤2000	≤2000	—
			弹簧夹板厚≥3mm	30×1.0	≤2500	≤2000	—

共板式法兰风管是薄钢板法兰风管的一种，在板材冲角、咬口后进入共板式法兰机压制法兰。压好法兰后的半成品在进行折方、缝合、安装法兰角后，调平法兰面，最后在四角用硅胶密封。风管折边（或法兰条）应平直，弯曲度不应大于5‰。检验风管对角线误差不大于3mm。

组合式薄钢板法兰风管：组合式薄钢板法兰与风管连接可采用铆接、焊接或本体冲压连接。低、中压风管与法兰的铆（压）接点，间距小于等于150mm；高压风管的铆（压）接点间距小于等于100mm。

弹簧夹的材质弹性应不低于风管板材的弹性，形状和规格应与薄钢板法兰相匹配，长度为120～150mm。

薄钢板法兰风管在法兰四角连接处、支管与干管连接处的内外面进行密封。低、中压风管在风管接合部、折叠四角处的管内接缝处进行密封。

d. 插条连接风管制作

插条连接风管是无法兰连接的一种，是小管径风管连接的一种常用形式。工程中较多采用C形插条连接形式。

插条与风管插口的宽度应匹配，连接处应平整、严密。插条长度允许偏差应小于2mm；C形插条的两端延长量宜为20mm。C、S形插条连接风管的折边四角处、纵向接缝部位及所有相交处均应进行密封，如图6-57所示。

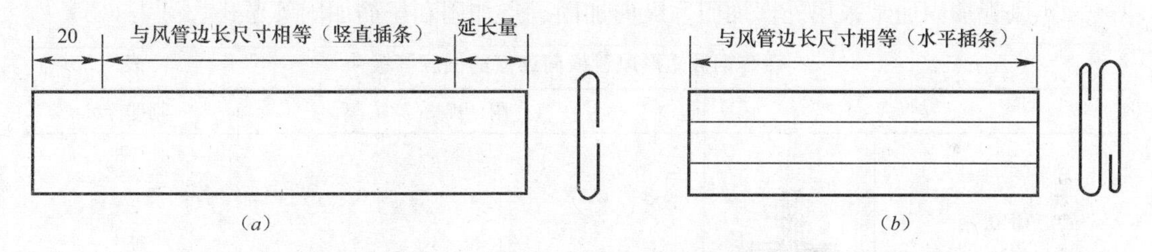

图6-57　C形插条、S形插条示意图

(a) C形插条；(b) S形插条

立咬口与包边立咬口连接的风管，其立筋的高度应大于或等于25mm。同一规格风管的立咬口、包边立咬口的高度应一致，铆钉间距应不大于150mm；立咬口的折角应与风管垂直、直线度允许偏差为5‰；立咬口四角连接处应加90°贴角，贴角的板厚应不低于风管板厚，并和咬口紧密铆固且无孔洞。

金属矩形风管连接形式及适用范围　　**表6-52**

连接形式			附件规格	适用范围（风管边长mm）	
				低压风管	中压风管
S形插条	平插条		大于管壁厚度且≥0.75	≤630	—
	立插条		大于管壁厚度且≥0.75	≤1000	—

续表

连接形式			附件规格	适用范围（风管边长 mm）	
				低压风管	中压风管
C形插条	平插条		大于管壁厚度且≥0.75	≤630	≤450
	立插条		大于管壁厚度且≥0.75 H≥25	≤1000	≤630
	直角插条		≥0.75	≤630	—
立联合角形插条			等于风管板厚且≥0.75	≤1250	—
立咬口		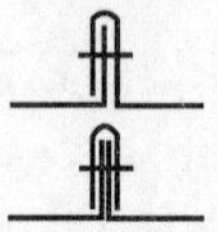	等于风管板厚且≥0.75	≤1000	≤630

注：1. S形平插条或立平插单独使用时，在连接处应有固定措施。
2. C形直角插条用于支管与主干管连接。

e. 金属风管加固

(a) 加固的要求

a）风管加固通常采用外框加固、纵向加固、点加固和压筋加固等形式，见表 6-53。

镀锌钢板矩形风管横向连接的刚度等级 **表 6-53**

连接形式			附件规格			刚度等级
角钢法兰		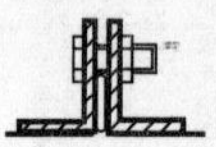	∟25×3			F3
			∟30×3			F4
			∟40×4			F5
			∟50×5			F6
薄钢板法兰	弹簧夹式		H=法兰高度 δ=风管壁厚 $H\times\delta$	25×0.6	Fb1	
	插接式		弹簧夹板厚≥1.0mm 弹簧夹长度 150mm	25×0.75	Fb2	
	顶丝卡式		顶丝卡厚≥3mm M8 螺丝	30×1.0	Fb3	
				40×1.2	Fb4	
	组合式		弹簧夹板厚≥3mm	25×1.0	Fb3	
			法兰条=1.0mm	40×1.0	Fb4	
S形插条	平插条		大于管壁厚度且≥0.75			F1
	立插条		大于管壁厚度且≥0.75			F2

续表

连接形式			附件规格	刚度等级
C形插条	平插条		大于管壁厚度且≥0.75	F1
	立插条		大于管壁厚度且≥0.75 H≥25	F2
	直角插条		≥0.75	F1
立联合角形插条			等于风管板厚且≥0.75	F2
立咬口			等于风管板厚且≥0.75	F2

b）薄钢板法兰风管通常采取轧制加强筋，加强筋的凸出部分位于风管外表面，排列间隔均匀，板面要求无明显的变形。

c）外加固的型材高度要求等于或小于风管法兰高度；排列整齐、间隔均匀对称；与风管的连接牢固，螺栓或铆接点的间距不大于220mm；外加固框的四角处，应连接为一体。

d）风管的法兰强度低于规定强度采用外加固框和管内支撑进行加固时，加固件距风管端面的距离不大于250mm。

e）风管内加固的要求与外加固相同。纵向加固时，风管对称面的纵向加固位置应上、下对称，长度与风管长度齐平。

f）内支撑加固采用螺纹杆或钢管，其支撑件两端专用垫圈应置于风管受力（压）面。管内两加固支撑件交叉成十字状时，其支撑件对应两个壁面的中心点应前移和后移1/2螺杆或钢管直径的距离。螺纹杆直径不小于8mm，垫圈外径大于30mm。钢管与加固面垂直，长度与风管边长相等。

（b）镀锌钢板矩形风管加固的方法选择和确定

a）根据风管连接型式（法兰或插条的型式）确定风管的连接刚度等级，查表6-53。

b）根据风管连接刚度等级确定不进行加固的风管所允许的最大单节风管长度，如不能满足则需进行加固，查表6-55。

c）在风管管壁采用不同形式的加固措施时，加固件之间或与管端连接件之间的允许最大距离，查表6-56。

d）风管采用点加固（其加固刚度等级为J1）、纵向加固（其加固刚度等级为Z1）时，其加固件之间或与管端连接件之间的允许最大距离，分别为表6-56的对应数值再向左移1格、2格后所对应的值。

e）当风管同时采用点加固（其加固刚度等级为J1）和压筋加固（其加固刚度等级为J1）两种形式时，其加固件之间或与管端连接件之间的允许最大距离为点加固所对应的数值为表6-56的对应数值再向左移1格所对应的数值。

f）当风管采用点支撑加固、纵向立咬口加固等形式时，应按表6-55～表6-57所对应的横向连接、横向加固允许最大间距值表格平行左移，左移后的（左移数为加固刚度等级数）表中数值即风管允许的最大横向连接、横向加固间距。

（c）加固形式确定实例

【例 1】 确定一节截面尺寸为 2000mm×1000mm，长度为 1250mm、∟40×4 角钢法兰连接的低压风管的加固方式。查表步骤如下：

a）查表 6-53。∟40×4 角钢法兰横向连接的刚度等级为 F5。

b）查表 6-55，横向连接刚度等级为 F5 的低压风管。该风管边长 2000mm 面，其管段的允许最大长度为 800mm，因此风管边长为 2000mm 的管壁面处必须采取加固措施；该风管另一面边长 1000mm 处，由于刚度等级为 F5 的低压风管管段的允许最大长度为 1250mm，该风管长度小于 1250mm，故不需采用加固措施。

c）查表 6-54。若选择∟40×4 角钢进行横向加固，其横向加固刚度等级为 G4。G4 加固材料也可选用 H=40mm、δ=1.5mm 的槽形加固形式。

镀锌钢板矩形风管加固刚度等级 **表 6-54**

加固形式			板材、管材和型钢规格	加固件高度 h（mm）					
				刚度等级					
				15	25	30	40	50	60
外框加固	角铁加固		25×3	—	G2	—	—	—	—
			30×3	—	—	G3	—	—	—
			40×4	—	—	—	G4	—	—
			50×5	—	—	—	—	G5	—
			63×5	—	—	—	—	—	G6
	直角形加固	h	1.2	—	G2	G3	—	—	—
	Z 形加固	h, b, b≥10mm	1.5	—	G2	G3	G3	—	—
			2.0	—	—	—	—	G4	—
	槽形加固 1	b, h, b≥20mm	1.2	—	G2	—	—	—	—
			1.5	—	—	G3	—	—	—
	槽形加固 2	b, h, b≥25mm	1.2	G1	G2	—	—	—	—
			1.5	—	—	G3	G4	—	—
			2.0	—	—	—	—	G5	—
点加固	扁钢内支撑	h, b, b≥25mm		J1					
	螺杆内支撑			J1					
	钢管内支撑			J1					

续表

加固形式			板材、管材和型钢规格	加固件高度 h（mm）					
				刚度等级					
				15	25	30	40	50	60
纵向加固	立咬口	h $h \geqslant 25$mm	风管板厚	Z1					
压筋加固	压筋间距≤300		风管板厚	J1					

注：扁钢立加固主要用于厚壁钢板风管，采用形式为断续焊，且其材料高度、厚度可参照角钢加固。

镀锌钢板矩形风管横向连接允许最大间距　　表 6-55

风管边长尺寸 b		≤500	630	800	1000	1250	1600	2000	2500	3000
刚度等级		允许最大间距（mm）								
低压风管	F1/G1	3000	1600							
	F2/G2		2000	1600	1250					不使用
	F3/G3		2000	1600	1250	1000				
	F4/G4		2000	1600	1250	1000	800	800		
	F5/G5		2000	1600	1250	1000	800	800	800	
	F6/G6		2000	1600	1250	1000	800	800	800	800
中压风管	F2/G2	3000	1250							
	F3/G3		1600	1250	1000					不使用
	F4/G4		1600	1250	1000	800	800			
	F5/G5		1600	1250	1000	800	800	800	625	
	F6/G6		2000	1600	1000	800	800	800	800	625
高压风管	F3/G3	3000	1250							
	F4/G4		1250	1000	800	625		不使用		
	F5/G5		1250	1000	800	625	625			
	F6/G6		1250	1000	800	625	625	625	500	400

d）查表 6-56。刚度等级为 G4，风管边长 2000mm 的低压风管管壁，加固件之间或与风管连接之间的允许最大间距应为 800mm。因此，边长为 2000mm 的风管壁面上应设置 1 个均布∟40×4 角钢加固件。

【例 2】 确定截面尺寸为 1600×500mm，长度为 1250mm、薄钢板法兰（高度 H＝30mm）连接方式的低压风管的加固方式。查表步骤如下：

a）查表 6-53。薄钢板法兰（高度 H＝30mm）连接的刚度等级为 Fb3。

b）查表 6-57，横向连接刚度等级为 Fb3 的低压风管。该风管边长 1600mm 面，其管段的允许最大长度为 800mm，因此风管边长为 1600mm 的管壁面处必须采取加固措施；该风管另一面边长 500mm 处，由于刚度等级为 Fb3 的低压风管管段的允许最大长度为 3000mm，该风管长度小于 3000mm，故不需采用加固措施。

c）查表 6-54。若选择点支撑加固，其横向加固刚度等级为 J1。

d）查表 6-57。刚度等级为 Fb3，风管边长 1600mm 的低压风管管壁，其管段的允许最大长度为 800mm，若同时采用 J1 点支撑加固与 J1 压筋加固两种方法，其加固后的允许最大长度为 1600mm（向左平移 2 格的对应值），符合加固要求。

镀锌钢板矩形风管横向加固允许最大间距 **表 6-56**

我管边长 b		≤500	630	800	1000	1250	1600	2000	2500	3000
刚度等级		允许最大间距（mm）								
低压风管	F1/G1		1600	1250	625					
	F2/G2		2000	1600	1250	625	500	400	不使用	
	F3/G3		2000	1600	1250	1000	800	600		
	F4/G4		2000	1600	1250	1000	800	800		
	F5/G5		2000	1600	1250	1000	800	800	800	625
	F6/G6	3000	2000	1600	1250	1000	800	800	800	800
中压风管	F1/G1		1250	625						
	F2/G2		1250	1250	625	500	400	400		
	F3/G3		1600	1250	1000	800	625	500	不使用	
	F4/G4		1600	1250	1000	800	800	625		
	F5/G5		1600	1250	1000	800	800	800	625	
	F6/G6		2000	1600	1000	800	800	800	800	625
高压风管	F1/G1		625							
	F2/G2		1250	625						
	F3/G3	3000	1250	1000	625			不使用		
	F4/G4		1250	1000	800	625				
	F5/G5		1250	1000	800	625	625			
	F6/G6		1250	1000	800	625	625	625	500	400

薄钢板法兰矩形风管横向连接最大间距 **表 6-57**

我管边长尺寸 b		≤500	630	800	1000	1250	1600	2000	2500	3000
刚度等级		最大间距（mm）								
低压风管	Fb1		1600	1250	650	500				
	Fb2		2000	1600	1250	650	500	400		
	Fb2		2000	1600	1250	1000	800	600		
	Fb4	3000	2000	1600	1250	1000	800	800	不使用	
中压风管	Fb1		1250	650	500					
	Fb2		1250	1250	650	500	400	400		
	Fb2		1600	1250	1000	800	650	500		
	Fb4		1600	1250	1000	800	800	650		

2）普通薄钢板风管

普通薄钢板风管板材厚度的选择按设计要求，设计无要求时执行镀锌钢板风管相关要求。壁厚 1.2mm 以内的风管制作要求参见镀锌钢板风管要求，壁厚大于 1.2mm 的风管与法兰连接可采用连续焊或翻边断续焊。管壁与法兰内口应紧贴，焊缝不得凸出法兰端面，断续焊的焊缝长度宜在 30～50mm，间距不应大于 50mm。焊接风管可采用搭接、角接和对接三种形式。风管焊接前应除锈、除油。焊缝应融合良好、平整，表面不应有裂纹、焊瘤、穿透的夹渣和气孔等缺陷，焊后的板材变形应矫正，焊渣及飞溅物应清除干净。

3）不锈钢风管

① 材料验收：不锈钢板采用奥氏体不锈钢材料，其表面不得有明显的划痕、刮伤、斑痕和凹穴等缺陷，材质应符合《不锈钢冷轧钢板和钢带》GB/T 3280 的规定。

不锈钢板风管和配件制作的板材厚度参见表 6-58。

② 风管制作

a. 风管制作场地应铺设木板，工作之前必须把工作场地上的铁屑、杂物打扫干净。

不锈钢板风管板材厚度 **表 6-58**

风管边长 b 或直径 D	不锈钢板厚度（mm）	风管边长 b 或直径 D	不锈钢板厚度（mm）
$100<b(D)\leqslant 500$	0.5	$1120<b(D)\leqslant 2000$	1.0
$500<b(D)\leqslant 1120$	0.75	$2000<b(D)\leqslant 4000$	1.2

b. 不锈钢板在放样划线时，为避免造成划痕，不能用锋利的金属划针在板材表面划辅助线和冲眼。制作较复杂的管件时，要先做好样板，经复核无误后，再在不锈钢板表面套裁下料。

c. 剪切不锈钢板时，应仔细调整好上下刀刃的间隙，刀刃间隙一般为板材厚度的 0.04 倍，以保证切断的边缘保持光洁。

d. 不锈钢板厚小于或等于 1mm 时，板材拼接通常采用咬接或铆接，使用木方尺（木槌）、铜锤或不锈钢锤进行手工咬口制作，不得使用碳素钢锤。由于不锈钢经过加工时，其强度增加，韧性降低，材料发生硬化，因此手工拍制咬口时，注意不要拍反，尽量减少加工次数，以免使材料硬度增加，造成加工困难。

e. 不锈钢板厚大于 1mm 时，采用氩弧焊或电弧焊焊接，不允许使用气焊焊接。焊接前，将焊缝区域的油脂、污物清除干净，以防止焊缝出现气孔、砂眼。清洗可用汽油、丙酮等进行。用电弧焊焊接不锈钢时，在焊缝的两侧表面涂上白垩粉，防止飞溅金属粘附在板材的表面，损伤板材。焊接后，注意清除焊缝处的熔渣，并用不锈钢丝刷或铜丝刷刷出金属光泽，再用酸洗膏进行酸洗钝化，最后用热水清洗干净。

f. 不锈钢热煨法兰采用专用的加热设备加热，其温度应控制在 1100～1200℃之间。煨弯温度不低于 820℃。煨好后的法兰必须重新加热到 1100～1200℃，再在水冷中迅速冷却。

g. 不锈钢风管采用法兰连接时，矩形风管法兰材料规格及要求参见镀锌钢板相关内容。圆形风管法兰材料规格及要求参见镀锌钢板相关内容，法兰材质为碳素钢时，其表面应进行镀铬或镀锌处理。风管铆接应采用不锈钢铆钉。

h. 矩形不锈钢风管采用薄钢板法兰连接时，要求参见镀锌钢板相关内容。紧固件材质为碳素时，其表面应进行镀铬或镀锌处理。

i. 不锈钢风管的内、外加固形式可参照镀锌钢板风管相关内容；加固间距可参照镀锌钢板风管相关内容。

4）铝板风管

① 采用纯铝板或防锈铝合金板，其表面不得有明显的划痕、刮伤、斑痕和凹穴等缺陷，材质检查按《一般工业用铝及铝合金板、带材》GB/T 3880 的规定。

铝板风管板材厚度不得小于表 6-59 的规定。

铝板风管板材厚度 **表 6-59**

风管长边尺寸 b 或直径 D	铝板厚度（mm）	风管长边尺寸 b 或直径 D	铝板厚度（mm）
$100<b(D)\leqslant 320$	1.0	$630<b(D)\leqslant 2000$	2.0
$320<b(D)\leqslant 630$	1.5	$2000<b(D)\leqslant 4000$	按设计

② 风管制作

a. 铝板厚度小于或等于 1.5mm 时，板材的连接可采用咬接或铆接，不应采用按扣式咬口，相关要求参见镀锌钢板相应内容；板厚大于 1.5mm 时，采用氩弧焊或气焊焊接，焊缝应牢固，无虚焊、穿孔等缺陷，铝板焊接的焊材必须与母材相匹配。

b. 铝板在焊接前，对铝制风管焊口处和焊丝上的氧化物及污物进行清理，清除焊口处的氧化膜并进行脱脂，为防止处理后的表面再度氧化，必须在清除氧化膜后的 2～3h 内完成焊接。

c. 在对口的过程中，为避免焊穿，要使焊口达到最小间隙。对于易焊穿的薄板，焊接须在铜垫板上进行；当采用点焊或连续焊工艺焊接铝制风管时，必须首先进行试验，形成成熟的焊接工艺后，方可正式施焊。焊接后用热水清洗焊缝表面的飞溅、焊渣、焊药等杂物。

d. 铝板风管的法兰材料规格及要求参见镀锌钢板相关内容。铝板风管与法兰的连接采用铆接时，应采用铝铆钉。当铝板风管采用碳素钢法兰时，其表面应按设计要求做防腐绝缘处理。

e. 铝板风管的内、外加固形式可参见镀锌钢板相关内容；加固间距可参见镀锌钢板相关内容，并根据铝材强度另行计算。

f. 因铝板材质原因，铝板矩形风管的连接，一般不采用 C、S 平插条形式。

(2) 非金属风管制作

非金属风管主要指采用硬聚氯乙烯、有机玻璃钢、无机玻璃钢等非金属无机材料和采用不燃材料面层复合绝热材料板制成的风管（表 6-60）。

非金属矩形风管连接形式及适用范围 **表 6-60**

非金属风管连接形式	附件材料	适用范围
45°粘接	 铝箔胶带	酚醛铝箔复合板风管、聚氨酯铝箔复合板风管 $b\leqslant 500$mm
榫接	 铝箔胶带	丙烯酸树脂玻璃纤维复合风管 $b\leqslant 1800$mm
槽形插接连接	 PVC	低压风管 $b\leqslant 2000$mm 中、高压风管 $b\leqslant 1600$mm
工形插接连接	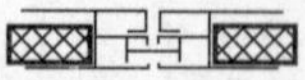 PVC	低压风管 $b\leqslant 2000$mm 中、高压风管 $b\leqslant 1600$mm
	铝合金	$b\leqslant 3000$mm
外套角钢法兰	 ∟25×3	$b\leqslant 1000$mm
	∟30×3	$b\leqslant 1600$mm
	∟40×4	$b\leqslant 2000$mm

续表

非金属风管连接形式		附件材料	适用范围
C形插接法兰	（高度25~30mm） （高度 25～30mm）	PVC铝合金	b≤1600mm
		镀锌板厚度≥1.2	
“H”连接法兰		PVC铝合金	用于风管与阀部件及设备连接

注：b为风管边长。

1）酚醛复合风管与聚氨酯复合风管

① 酚醛风管与聚氨酯复合风管是以中间层及内外防护层复合而成的板材加工而成的风管，中间层分别为酚醛泡沫与聚氨酯，内外层压花铝箔复合而成的风管。具有绝热性能好，消声效果好，施工方便，安装工期短，维修简单，清洗方便，重量非常轻等特点。

材质要求：非金属风管材料的燃烧性能应符合《建筑材料及制品燃烧性能分级》GB 8624规定的不燃A级或难燃B1等级。PVC连接件应为难燃B1级，其壁厚应大于等于1.5mm。

② 风管板材拼接一般采用45°角粘接或“H”加固条拼接方式拼接，如图6-58所示。45°角直接粘接一般适用于风管边长小于等于1600mm时，连接在拼接缝处两侧粘贴铝箔胶带；“H”形PVC或铝合金加固条拼接适用于边长大于1600mm的风管。

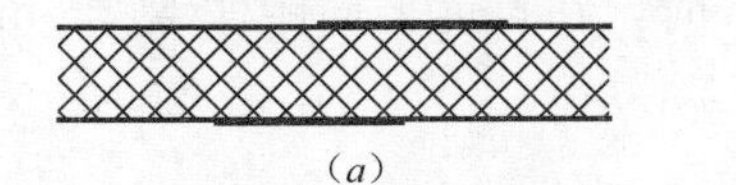
(*a*)

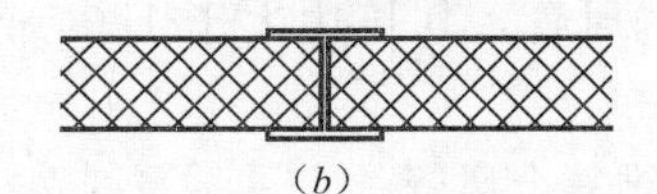
(*b*)

图6-58　风管板材拼接方式

(*a*) 45°角粘接；(*b*) 中间加“H”加固条拼接

③ 风管板材下料切割应使专用刀具，切口平直。风管管板组合前清除表面结接口的油渍、水渍、灰尘，组合方式分为一片法、两片法、四片法形式（图6-59）。组合时45°角切口处均匀涂满胶粘剂粘合。板材连接处涂胶必须均匀饱满；粘接缝平整，两拼接缝间不得有歪扭、错位和局部开裂等现象，其接缝处单边粘贴宽度不应小于20mm。风管内角缝采用密封材料封堵，外角铝箔段开出，采用铝箔胶带封贴。

图6-59　矩形风管45°角组合方式

④ 低压风管边长大于2000mm、中高压风管边长大于1500mm时，风管法兰应采用铝合金材料。

⑤ 为满足复合风管刚度要求，当边长大于630mm的矩形风管在安装插接法兰时，应

在风管四角粘贴厚度 0.75mm 以上的镀锌板直角垫片，直角垫片宽度应与风管板料厚度相等，直角垫片边长在 50mm 以上。

⑥ 风管一般采用内支撑方法进行加固，其加固形式按表 6-55 选用。横向内支撑加固点数量及纵向间距按表 6-61 规定。

酚醛复合风管与聚氨酯复合风管内支撑加固点个数及纵向间距　　表 6-61

类别		系统压力（Pa）						
		＜300	310～500	510～750	760～1000	1100～1250	1251～1500	1501～2000
		横向加固点数						
风管边长 b（mm）	410＜b≤600	—	—	—	1	1	1	1
	600＜b≤800	—	1	1	1	1	1	2
	800＜b≤1000	1	1	1	1	1	2	2
	1000＜b≤1200	1	1	1	1	1	2	2
	1200＜b≤1500	1	1	1	2	2	2	2
	1500＜b≤1700	2	2	2	2	2	2	2
	1700＜b≤2000	2	2	2	2	2	2	3
纵向加固间距（mm）								
聚氨酯类复合风管		1000	800	600				400
酚醛类风管		800		600				—

⑦ 风管采用角钢法兰、外套槽形法兰时，其法兰处可视为一纵（横）向加固点；其余连接方式的风管，其长边大于 1200mm 时，在长度方向距法兰 250mm 内设一纵向加固点。

2）玻璃纤维复合风管

① 材料验收

a. 非金属风管材料的燃烧性能应符合《建筑材料及制品燃烧性能分级》GB 8624 规定的不燃 A 级或难燃 B1 等级。复合材料的表层铝箔材质应符合《铝及铝合金箔》GB/T 3198 的规定，厚度应不小于 0.06mm。当铝箔层复合有增强材料时，其厚度应不小于 0.015mm。

b. 复合板材的复合层应粘结牢固，内部绝热材料不得裸露在外。板材外表面单面分层、塌凹等缺陷不得大于 6‰。

c. 铝箔热敏、压敏胶带和胶粘剂的燃烧性能应符合难燃 B1 级，并在使用期限内。胶粘剂应与风管材质相匹配，且符合环保要求。

d. 铝箔压敏、热敏胶带的宽度应不小于 50mm，单边粘贴宽度应不小于 20mm。铝箔厚度应不小于 0.045mm。铝箔压敏密封胶带采用 180°剥离强度试验时，剥离强度应不低于 0.52N/mm。

e. 铝箔热敏胶带熨烫面应有加热到 150℃时变色的感温色点。热敏密封胶带 180°剥离强度试验时，剥离强度应不低于 0.68N/mm。

f. 玻纤复合板内、外表面层应与内部玻璃纤维绝热材料粘结牢固，复合板表面应具有防止纤维脱落和自由散发的能力，涂层材料应符合对人体无害的卫生规定。

g. 采用玻璃纤维布作为风管内表面时，玻璃纤维布应为无碱或中碱性、无石蜡浸润，并符合《玻璃纤维元捻粗纱布》GB/T 18370 标准的规定，其表面不允许有脱胶、断丝、断裂等现象。

② 风管制作

a. 风管制作首选整板材料制作。板材拼接时，按图 6-60 在结合口处涂满胶并紧密粘合，外表面拼缝处用 30mm 宽的预留外保护层刷胶封闭后，再用一层 50mm 以上宽热敏（压敏）铝箔胶带粘贴密封。内表面接缝处可用一层宽 30mm 铝箔复合玻璃纤维布粘封，或采用胶粘剂勾缝。

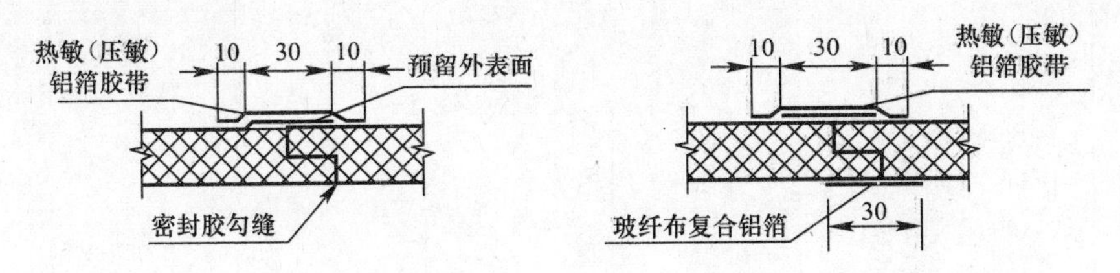

图 6-60　玻璃纤维复合板拼接

b. 风管管板槽口形式有 45°角形和 90°梯形两种（图 6-59、图 6-61），槽口切割时，使用专用刀具，切割时不得破坏外表铝箔层。其封闭口处要留有大于 35mm 的外表面做搭接边。

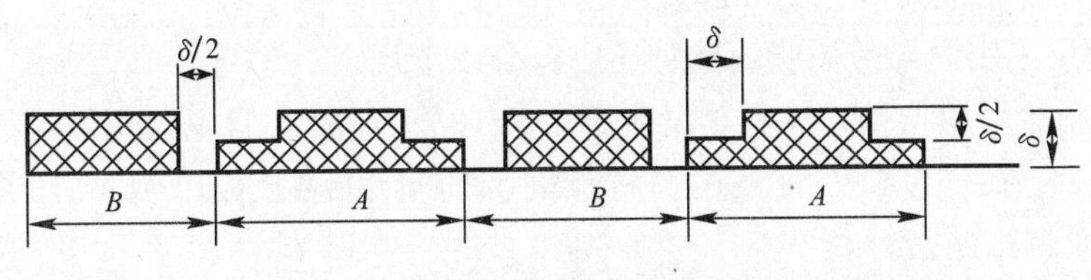

图 6-61　玻璃纤维复合风管槽口形式

c. 风管管板组合前要清除表面接口的切割纤维、油渍、水渍。切割面涂胶粘剂均匀饱满，槽口处无玻璃纤维外露。风管折角成矩形时，按图 6-62 调整风管端面的平面度，槽口无间隙和错口。风管内角接缝处应涂密封胶。风管外接缝应用预留外护层材料和热敏（压敏）铝箔胶带重叠封闭。

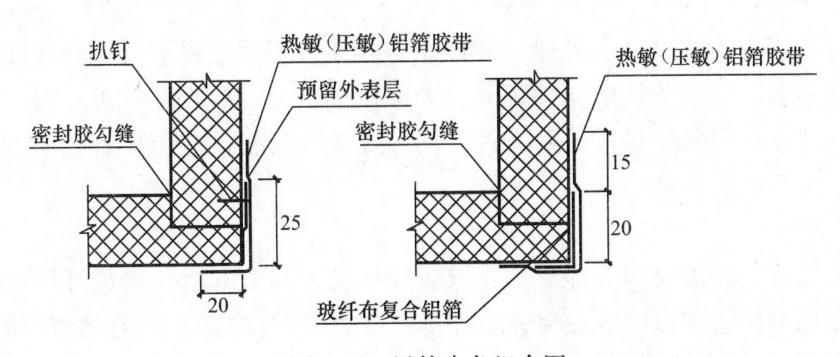

图 6-62　风管直角组合图

d. 风管采用金属槽形框处加固时，按表 6-62 设置内支撑，并将内支撑与金属槽形框紧固为一体。负压风管在风管的内侧进行加固。

e. 风管的内支撑横向加固点数及外加固框纵向间距见表 6-62。

玻璃纤维复合风管内支撑横向加固点数及外加固框纵向间距　　表 6-62

类别		系统工作压力（Pa）				
		0～100	101～250	251～500	501～750	751～1000
		内支撑横向加固点数				
风管边长 b（mm）	300<b≤400	—	—	—	—	1
	400<b≤500	—	—	1	1	1
	500<b≤600	—	1	1	1	1
	600<b≤800	1	1	1	2	2
	800<b≤1000	1	1	2	2	3
	1000<b≤1200	1	2	2	3	3
	1200<b≤1400	2	2	3	3	4
	1400<b≤1600	2	3	3	4	5
	1600<b≤1800	2	3	4	4	5
	1800<b≤2000	3	3	4	5	6
槽形钢纵向加固间距（mm）		≤600		≤400		≤350

f. 风管按表 6-60 采用外套角钢法兰、外套 C 形法兰连接时，其法兰处可视为一外加固点。其他连接方式的风管长边大于 1200mm 时，距法兰 150mm 内设纵向加固。采用阴、阳榫连接的风管，在距榫口 100mm 内设纵向加固。

g. 内表面层采用丙烯酸树脂的风管还应符合以下规定：

丙烯酸树脂涂层应均匀，涂料重量应不小于 105.7g/m²，且不得有玻璃纤维外露；

风管成形后，在外接缝处宜采用扒钉加固，其间距不宜大于 50mm，并用宽度大于 50mm 的热敏胶带粘贴密封。

h. 风管的外加固槽形钢规格见表 6-63。

玻璃纤维复合风管外加固槽形钢规格（mm）　　表 6-63

风管边长尺寸	槽形钢高度×宽度×厚度
≤1200	40×20×1.0
1201～2000	40×20×1.2

i. 在风管加固内支撑件和管外壁加固件的螺栓穿过管壁位置进行密封处理。

j. 风管成型后，管端为阴、阳榫的管段为保护接口的，要水平放置；管端为法兰的管段可以立放；风管在胶液干燥固化后方可挪动、叠放或安装，注意风管的防潮、防雨和防风沙工作。

3）玻璃钢风管

玻璃钢风管按其胶凝材料性能分为：以硫酸盐类为胶凝材料与玻璃纤维网格布制成的水硬性无机玻璃钢风管和以改性氯氧镁水泥为胶凝材料与玻璃纤维网格布制成的气硬性改性氯氧镁水泥风管两种类型。无机玻璃钢风管分为整体普通型（非保温）、整体保温型（内、外表面为无机玻璃钢，中间为绝热材料）、组合型（由复合板、专用胶、法兰、加固角件等连接成风管）和组合保温型四类。

① 材料选用：非金属风管材料的燃烧性能应符合《建筑材料燃烧性能分级方法》GB

8624 规定的不燃 A 级或难燃 B1 等级。

玻璃钢风管采用无碱、中碱或抗碱玻璃纤维网格布，并分别符合现行国家标准《增强用玻璃纤维网格布》JC 561、《玻璃纤维无捻粗纱布》GB/T 18370、《中碱玻璃纤维无捻粗纱布》JC/T 576 的规定。氯氧镁水泥风管氧化镁的品质应符合现行国家标准《菱镁制品用轻烧氧化镁》WB/T 1019　2002 的规定。胶凝材料硬化体的 pH 值应小于 8.8，并不应对玻璃纤维有碱性腐蚀。

② 玻璃钢风管制作（表 6-64～表 6-66）。

整体普通型风管制作参数（mm）　　**表 6-64**

风管长边尺寸 b 或直径 D	风管管体			法兰					
	壁厚	玻璃纤维布层数		高度	厚度	玻璃纤维布层数		孔距（L）	螺栓规格
		$C1$	$C2$			$C1$	$C2$		
$b(D)\leqslant300$	3	4	5	27	5	7	8	低、中压 $L\leqslant120$	M6
$300<b(D)\leqslant500$	4	5	7	36	6	8	10		M8
$500<b(D)\leqslant1000$	5	6	8	45	8	9	13		M8
$1000<b(D)\leqslant1500$	6	7	9	49	10	10	14	高压 $L\leqslant100$	M10
$1500<b(D)\leqslant2000$	7	8	12	53	15	14	16		M10
$b(D)>2000$	8	9	14	52	20	16	20		M10

注：$C1$=0.4mm 厚玻璃纤维布层数；$C2$=0.3mm 厚玻璃纤维布层数。

整体保温型风管制作参数（mm）　　**表 6-65**

风管长边尺寸 b 或直径 D					风管管体		法兰			
					内壁厚	外壁厚	净高度	厚度	孔距（L）	螺栓规格
$b(D)\leqslant300$	2	2	31	5					低、中压 $L\leqslant120$mm	M6
$300<b(D)\leqslant500$	2	2	31	6						M8
$500<b(D)\leqslant1000$	2	3	40	8						M8
$1000<b(D)\leqslant1500$	3	3	44	10					高压 $L\leqslant100$mm	M10
$1500<b(D)\leqslant2000$	3	4	48	15						M10
$b(D)>2000$	3	5	47	20						M10

注：保温层厚应符合设计要求。

组合保温型风管制作参数（适用压力≤1500Pa）（mm）　　**表 6-66**

风管边长 b（mm）		玻璃纤维布层数		内壁厚（mm）	外壁厚（mm）	风管总厚（mm）	连接方式		法兰孔距（mm）
		内壁	外壁						
保温	$b\leqslant1250$	2	2	2	3	5+保温层	PVC 或铝合金 C 型插条	—	
	$b>1250$		3				∟36×4 角钢法兰	≤150mm	
普通	$b\leqslant630$	5		—		5	∟25×3 角钢法兰		≤150mm
	$b\leqslant1250$						∟30×3 角钢法兰		
	$b>1250$						∟36×4 角钢法兰		

注：表中法兰规格为允许的最小规格。

a. 风管制作，应在环境温度不低于15℃的条件下进行。

b. 模具尺寸必须准确，结构坚固，制作风管时不变形，模具表面必须光洁。

c. 制作浆料宜采用拌合机拌合，人工拌合时必须保证拌合均匀，不得夹杂生料，浆料必须边拌边用，有结浆的浆料不得使用。

d. 玻璃纤维网格布相邻层之间的纵、横搭接缝距离应大于300mm，同层搭接缝距离不得小于500mm。搭接长度应大于50mm。敷设时，每层必须铺平、拉紧，保证风管各部位厚度均匀，法兰处的玻璃纤维布应与风管连成一体。

e. 整体型风管法兰处的玻璃纤维网格布应延伸至风管管体处。法兰与管体转角处的过渡圆弧半径应为壁厚的0.8～1.2倍。

f. 风管表层浆料厚度以压平玻璃纤维网格布为宜（可见布纹），且表面不得有密集气孔和漏浆。

g. 风管制作完毕，需待胶凝材料固化后除去内模，并置于干燥、通风处养护6日以上，方可安装。风管养护时不得有日光直接照射或雨淋，固化成型达到一定强度后方可脱模。脱模后应除去风管表面毛刺和尘渣。

h. 风管存放地点应通风，不得日光直接照射、雨淋及潮湿。

i. 矩形风管管体的缺棱不得多于两处，且小于等于10mm×10mm。风管法兰缺棱不得多于一处，且小于等于10mm×10mm；缺棱的深度不得大于法兰厚度的1/3，且不得影响法兰连接的强度。

j. 风管壁厚、整体成型法兰高度与厚度偏差应符合表6-67的规定，相同规格的法兰应具有互换性。

无机玻璃钢风管壁厚、整体成型法兰高度与厚度偏差（mm）　　表6-67

风管边长b或直径D	风管壁厚	整体成形法兰高度与厚度	
		高度	厚度
$b\ (D)\leqslant 300$	±0.5	±1	+0.5
$300<b\ (D)\leqslant 2000$ $b\ (D)>2000$	±0.5	±2	±1.0 ±2.0

k. 组合型风管粘合的四角处应涂满无机胶凝浆料，其组合和连接部分的法兰槽口、角缝，加固螺栓和法兰孔隙处均应密封。

组合型保温式风管保温隔热层的切割面，应采用与风管材质相同的胶凝材料或树脂加以涂封。

③ 现场组合式保温风管制作

a. 在风管左右侧板的两边采用大小不同的刀片，在切割规格板时，同时切割组合用的梯阶线，用工具刀子将台阶线外的保温层刮去，梯阶位置应保证90°的直角，切割面应平整。

b. 在阶梯面上涂上专用胶粘剂，专用胶粘剂要均匀，用量应合理控制，避免在风管捆扎后挤出的余胶太多造成浪费，也影响美观。

c. 将风管底板放于组装垫上，在风管左右板梯阶处涂上专用胶，插在底板边沿，对口纵向粘接方向左右板与底板错位100mm，再将上板盖上，同样与左右板错位100mm，形成风管连接的错位接口。

d. 在组合后的风管两端扣上角铁制成的Ⅱ形箍。Ⅱ形箍的内边尺寸比风管长边尺寸大4～

6mm，高度与风管短边尺寸一致。Π形箍必须使用，是保证粘接处不缺浆的重要手段。然后按照600～700mm的间距将风管捆扎紧。捆扎带离风管两端短板的距离应小于50mm，以保证风管两端的尺寸正确。风管回转角平直，粘接处的专用胶厚度不得大于0.5mm。

e. 捆扎带采用40～50mm宽的丝织带，见图6-63。

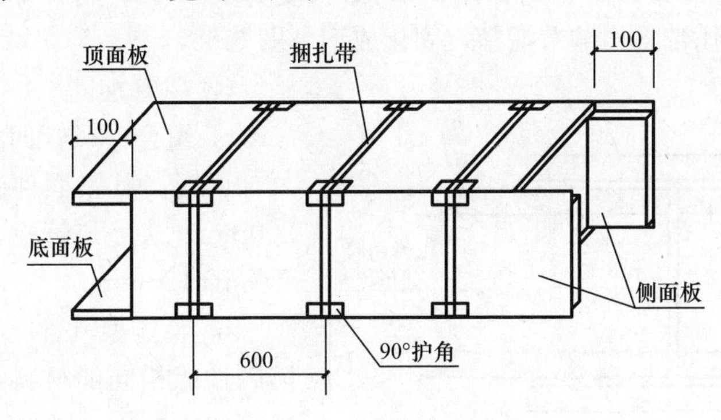

图6-63　风管捆扎示意图

f. 风管捆扎后，及时清除管内外壁挤出的余胶，填充空隙；清除风管上下板与左右板错位100mm处的余胶。

g. 风管间连接（图6-64）

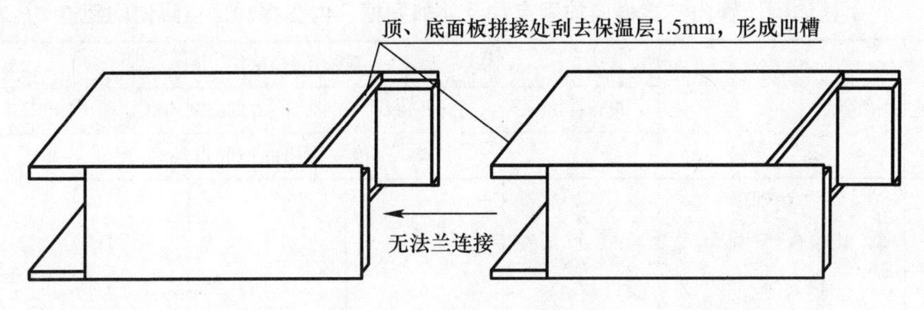

图6-64　风管无法兰连接

（a）用钢丝刷将两节风管顶、底面板拼接处保温层刮去1.5mm，形成凹槽。然后在凹槽处填满专用胶，并在左右侧面板梯阶处适量均匀地敷上专用胶。

（b）将两截风管紧密拼接。清除拼接处挤压出的余胶，同时填补空隙。

（c）为确保风管拼接的质量，不对一节风管两端同时进行拼接。

h. 主风管与支风管连接

（a）根据设计尺寸，在主风管上切割支风管的边接口，与支口上下板连接的开口尺寸为支风管内壁尺寸加大6mm。与支风管左右板连接处的开口尺寸为支风管外壁尺寸，并在顺风方向设置45°导流角，导流角的长度不得小于支风管宽度的三分之一。将支风管和主风管连接的上下板切割成梯阶形，左右板不切梯阶形。

（b）将支风管插入主风管内，用专用胶粘接，然后捆扎带固定，清理余胶，填补空隙，放在平整处固化。

i. 伸缩节的制作

（a）当风管直管长度大于20m小于30m时，管段中间设置1个伸缩节。当直管长度大于40m时，则每30m设置1个伸缩节，在伸缩节两端500mm处应设置防摆支架。

(b) 伸缩节由通用复合风管板材制作。其内径尺寸为风管外径加 6mm，长度为 250mm。首先将两节相连的风管间留 10mm 的缝隙以便伸缩。将伸缩节粘接在气流下游的风管外壁（粘接面须用粗砂纸打毛），粘接长度为 150mm。在气流上游风管外壁粘贴厚度为 3mm 的聚乙烯泡沫带（起密封作用），粘贴长度为 100mm，将伸缩节套入，作为伸缩滑动面。最后用捆扎带将伸缩节捆紧，固化成型（图 6-65）。

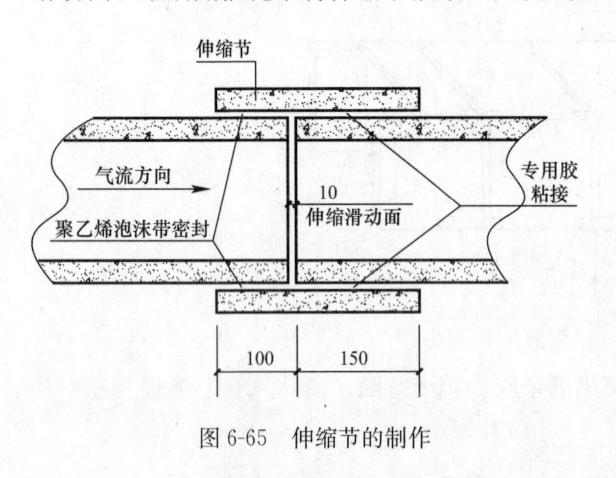

图 6-65　伸缩节的制作

④ 风管加固

a. 组合型风管四角采用角形金属型材加固时，其紧固件的间距应小于等于 200mm。法兰与管板紧固点的间距应小于等于 120mm。

b. 整体型风管应采用与本体材料或防腐性能相同的材料加固，加固件应与风管成为整体。风管制作完毕后的加固，其内支撑加固点数及外加固框、内支撑加固点纵向间距应符合表 6-68 的规定，并采用与风管本体相同的胶凝材料封堵。

整体型风管内支撑横向加固点数及外加固框、内支撑加固点纵向间距　　表 6-68

类别		系统工作压力（Pa）				
		500～630	630～820	821～1120	1121～1610	1611～2500
		内支撑横向加固点数				
风管边长 b（mm）	650<b≤1000	—	—	1	1	1
	1000<b≤1500	1	1	1	1	2
	1500<b≤2000	1	1	1	1	2
	2000<b≤3100	1	1	1	2	2
	3100<b≤4000	2	2	3	3	4
纵向加固间距（mm）		≤1420	≤1240	≤890	≤740	≤590

c. 组合型风管的内支撑加固点数及外加固框、内支撑加固点纵向间距应符合表 6-69、6-70 的规定。

组合型风管内支撑加固点数及外加固框、内支撑加固点纵向间距　　表 6-69

类别		系统工作压力（Pa）				
		500～600	601～740	741～920	921～1160	1161～1500
		内支撑横向加固点数				
风管边长 b（mm）	550<b≤1000	—	—	1	1	1
	1000<b≤1500	1	1	1	1	2
	1500<b≤2000	1	1	2	2	2
	2000<b≤3000	2	2	3	3	4
	3000<b≤4000	3	3	4	4	5
纵向加固间距（mm）		≤1100	≤1000	≤900	≤800	≤700

注：横向加固点数为 5 个时应加加固框，并与内支撑固定为一整体。

4）硬聚氯乙烯风管

① 材料选用

非金属风管材料的燃烧性能应符合《建筑材料及制品燃烧性能分级》GB 8624 规定的不燃 A 级或难燃 B1 等级。风管采用的硬聚氯乙烯板材应符合《硬质聚氯乙烯板材分类、尺寸和性能》GB/T 22789.1 的要求。板材应为 B1 级难燃材料，横向抗拉强度大于或等于 0.20MPa。热成型的硬聚氯乙烯板不得出现气泡、分层、碳化、变形和裂纹等缺陷。

组合保温型风管内支撑加固点数及外加固框、内支撑加固点纵向间距　　表 6-70

类别		系统工作压力（Pa）				
		500～600	601～740	741～920	921～1160	1161～1500
		内支撑横向加固点数				
风管边长 b（mm）	1000<b≤1500	1	1	1	1	1
	1500<b≤2000	1	1	1	1	1
	2000<b≤3000	2	2	2	2	2
	3000<b≤4000	2	2	3	3	3
纵向加固间距（mm）		≤1470	≤1370	≤1270	≤1170	≤1070

注：加固点数≥3，应加加固框，并与内支撑固定为一整体。

风管板材厚度及内径（或外边长）允许偏差应符合表 6-71、表 6-72 规定。

硬聚氯乙烯圆形风管板材厚度及直径允许偏差（mm）　　表 6-71

风管直径 D	板材厚度	内径允许偏差	风管直径 D	板材厚度	内径允许偏差
D≤320	3	−1	630<D≤1000	5	−2
320<D≤630	4	−1	1000<D≤2000	6	2

硬聚氯乙烯矩形风管板材厚度及边长允许偏差（mm）　　表 6-72

风管边长 b	板材厚度	外边长允许偏差	风管边长 b	板材厚度	外边长允许偏差
b≤320	3	−1	800<b≤1250	6	−2
320<b≤500	4	−1	1250<b≤2000	8	−2
500<b≤800	5	−2			

板材焊接不得出现焦黄、断裂等缺陷，焊缝应饱满，焊条排列应整齐，焊缝形式、焊缝坡口尺寸及使用范围应符合表 6-73 的规定。

硬聚氯乙烯板焊缝形式、坡口尺寸及使用范围　　表 6-73

焊缝形式	图形	焊缝高度（mm）	板材厚度（mm）	坡口角度 α（°）	使用范围
V 形对接焊缝	α；1～1.5；0.5	2～3	3～5	70～90	单面焊的风管
X 形对接焊缝	α；1～1.5；0.5～1	2～3	≥5	70～90	风管法兰及厚板的拼接

续表

焊缝形式	图形	焊缝高度（mm）	板材厚度（mm）	坡口角度 α（°）	使用范围
搭接焊接		≥最小板厚	3～10	—	风管和配件的加固
角焊接（无坡口）	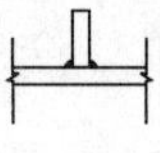	2～3	6～18	—	风管和配件的加固
角焊接（无坡口）	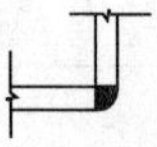	≥最小板厚	≥3	—	风管配件的角焊
V形单面角焊缝	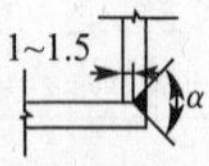	2～3	3～8	70～90	风管角部焊接
V形双面角焊缝	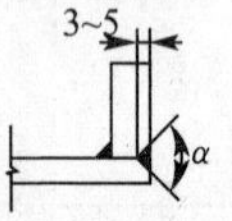	2～3	6～15	70～90	厚壁风管角部焊接

② 风管制作

a. 板材放样划线前，应留出收缩余量。每批板材加工前均应进行试验，确定焊缝收缩率。

b. 放样划线时，根据设计图纸尺寸和板材规格，以及加热烘箱、加热机具等的具体情况，合理安排放样图形及焊接部位，尽量减少切割和焊接工作量。

c. 展开划线时使用红铅笔或不伤板材表面软体笔进行。严禁用锋利金属针或锯条进行划线，避免板材表面形成伤痕或折裂。

d. 严禁在圆形风管的管底设置纵焊缝。矩形风管底宽度小于板材宽度不设置纵焊缝，管底宽度大于板材宽度，只能设置一条纵焊缝，并尽量避免纵焊缝存在，焊缝牢固、平整、光滑。

e. 用龙门剪床下料时调整刀片间隙，并在常温下进行剪切。在冬天气温较低时或板材杂质与再生材料掺合过重时，需将板材加热到30℃左右，方能进行剪切，防止材料碎裂。

f. 锯割时，将板材紧贴在锯床表面上，均匀地沿割线移动，锯割的速度要控制在每分钟3m的范围内，防止材料过热，发生烧焦和粘住现象。切割时，宜用压缩空气进行冷却。

g. 板材厚度大于3mm时开V型坡口；板材厚度大于5mm时开双面V型坡口。坡口角度为50～60°，留钝边1～1.5mm，坡口间隙0.5～1mm。坡口的角度和尺寸要均匀一致。

h. 采用坡口机或砂轮机进行坡口时将坡口机或砂轮机底板和挡板调整到需要角度，先对样板进行坡口后，检查角度是否合乎要求，确认准确无误后再进行大批量坡口加工。

i. 矩形风管的四角可采用煨角或焊接连接的方法。当采用煨角时，纵向焊缝距煨角处要大于80mm。矩形风管加热成型时，不得用四周角焊成型，应四边加热折方成型。加热表面温度应控制在130～150℃，加热折方部位无焦黄、发白裂口，成型后无明显扭曲和翘角。

j. 矩形法兰制作：在硬聚氯乙烯板上按规格划好样板，尺寸准确，对角线长度一致，四角的外边整齐。焊接成型时用钢块等重物适当压住，防止塑料焊接变形，使法兰的表平面保持平整，规格见表6-74。

硬聚氯乙烯矩形风管法兰规格（mm） **表 6-74**

风管直径 b	法兰宽×厚	螺栓孔径	螺孔间距	连接螺栓
≤160	35×6	7.5		M6
$160<b\leqslant 400$	35×8	9.5		M8
$400<b\leqslant 500$	35×10	9.5		M8
$500<b\leqslant 800$	40×10	11.5	≤120	M10
$800<b\leqslant 1250$	45×12	11.5		M10
$1250<b\leqslant 1600$	50×15	11.5		M10
$1600<b\leqslant 2000$	60×18	11.5		M10

k. 圆形法兰制作：将聚氯乙烯按直径要求计算板条长度并放足热胀冷缩余料长度，用剪床或圆盘锯裁切成条形状。圆形法兰通常采用两次热成形，第一次将加热成柔软状态的聚氯乙烯板煨成圈带，接头焊牢后，第二次再加热成柔软状态板体在胎具上压平校型。ϕ150mm 以下法兰通常采用车床加工，规格见表 6-75。

硬聚氯乙烯圆形风管法兰规格 **表 6-75**

风管直径 D（mm）	法兰宽×厚（mm）	螺栓孔径（mm）	螺孔数量	连接螺栓
$D\leqslant 180$	35×6	7.5	6	M6
$180<D\leqslant 400$	35×8	9.5	8～12	M8
$400<D\leqslant 500$	35×10	9.5	12～14	M8
$500<D\leqslant 800$	40×10	9.5	16～22	M8
$800<D\leqslant 1400$	45×12	11.5	24～38	M10
$1400<D\leqslant 1600$	50×15	11.5	40～44	M10
$1600<D\leqslant 2000$	60×15	11.5	46～48	M10
$D>2000$	按设计			

l. 风管与法兰连接采用焊接，法兰端面垂直于风管轴线。直径或边长大于 500mm 的风管与法兰的连接处，通常均匀设置三角支撑加强板，加强板间距不大于 450mm。

m. 焊接首根底焊条用 ϕ2mm，表面多根焊条焊接时要排列整齐，焊缝应填满，无焦黄断裂现象。焊缝强度不低于母材强度的 60%，焊条材质与板材相同。

n. 边长大于或等于 630mm 焊接成型的、边长大于或等于 800mm 煨角成形的或管段长度大于 1200mm 的风管，需焊接加固框或加固筋，加固框的规格一般按法兰型号选择。

o. 圆形风管一般不进行现场制作，购买成品风管即可。

（3）柔性风管

柔性风管一般为成品采购，常用的有两种：铝制软风管、铝箔制软风管，均为机械成型，一般为圆形。选用时主要要求如下：

① 柔性风管应选用防腐、防潮、不透气、不易霉变的柔性材料，用于空调系统时，应采取防止结露的措施；外保温风管应包覆防潮层。防排烟系统的柔性短管的制作材料必须为不燃材料，空气洁净系统的柔性短管应是内壁光滑、不产尘的材料。

② 直径小于等于 250mm 的金属圆形柔性风管，其壁厚应大于等于 0.09mm；直径为 250～500mm 的风管，其壁厚应大于等于 0.12mm；直径大于 500mm 的风管，其壁厚应大于等于 0.2mm。

③ 风管材料、胶粘剂的燃烧性能应达到难燃 B1 级。胶粘剂的化学性能应与所粘结材料一致，且在－30～70℃环境中不开裂、融化，不水溶并保持良好的粘结性。

④ 铝箔聚酯膜复合柔性风管的壁厚应大于或等于 0.021mm，钢丝表面应有防腐涂层，且符合现行国家标准《胎圈用钢丝》GB/T 14450 标准的规定。钢丝规格应符合表 6-76 规定。

铝箔聚酯膜复合柔性风管钢丝规格　　表 6-76

风管直径 D（mm）	$D \leqslant 200$	$200 < D \leqslant 400$	$D > 400$
钢丝直径（mm）	0.96	1.2	1.42

（4）风管部件、配件

风管部件主要指风管系统中的各类风口、阀门、排气罩、风帽、柔性短管、检查门和测定孔等。风管部件一般为成品采购，本节不作制作说明，主要质量要求见《通风与空调工程施工质量验收规范》GB 50243 相关规定。柔性短管的制作、安装参照柔性风管相关要求。

风管配件主要指风管系统中的弯管、三通、四通、各类变径及异形管、导流叶片和法兰等。

矩形风管配件所用材料厚度、连接方法及制作要求参见风管制作的相应规定。

1）矩形弯管制作

矩形弯管分内外同心弧型、内弧外直角型、内斜线外直角型及内外直角型（图 6-66），其制作应符合下列要求：

① 矩形弯管条件允许是优选内外同心弧型。弯管曲率半径宜为一个平面边长，圆弧应均匀，不需设置导流叶片。

② 当现场条件不允许，矩形内外弧型弯管平面边长大于 500mm，且内弧半径（r）与弯管平面边长（a）之比（r/a）小于或等于 0.25 时则应设置导流片。导流片弧度应与弯管弧度相等，迎风边缘应光滑，片数及设置位置应按表 6-77 及表 6-78 的规定。

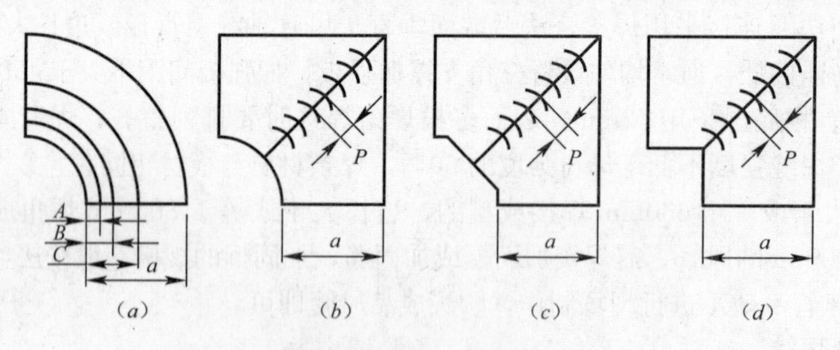

图 6-66　矩形弯管示意图

（a）内外同心弧型；（b）内弧外直角型；（c）内斜线外直角型；（d）内外直角型

内外弧型矩形弯管导流片数及设置位置　　表 6-77

弯管平面边长 a（mm）	导流片数	导流片位置		
		A	B	C
$500 < a \leqslant 1000$	1	$a/3$	—	—
$1000 < a \leqslant 1500$	2	$a/4$	$a/2$	—
$a > 1500$	3	$a/8$	$a/3$	$a/2$

③ 矩形内外直角型弯管以及边长大于500mm的内弧外直角型、内斜线外直角型弯管，按图6-67选用并设置单弧形或双弧形等圆弧导流片。导流片圆弧半径及片距按表6-77规定。

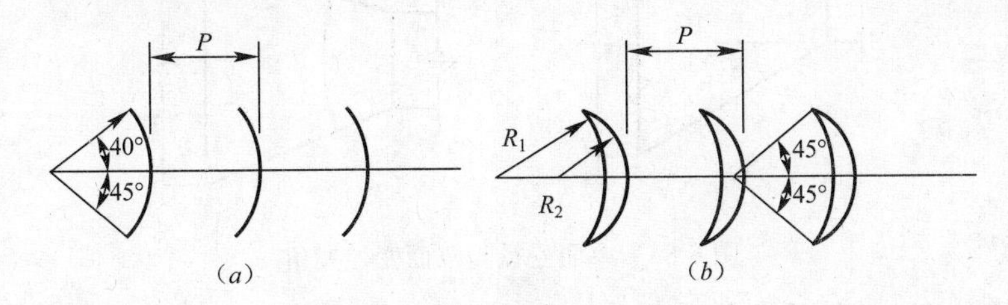

图6-67　单弧形或双弧形导流片形式

(a) 单弧形；(b) 双弧形

④ 采用机械压制成型非金属矩形弯管弧面，其内弧半径小于150mm的轧压间距通常为20～35mm；内弧半径150～300mm的轧压间距通常在35～50mm之间，内弧半径大于300mm的轧压间距通常在50～70mm。轧压深度不超过5mm。

单弧形或双弧形导流片圆弧半径及片距（mm）　　表6-78

单圆弧导流片		双圆弧导流片	
$R_1=50$ $P=38$	$R_1=115$ $P=83$	$R_1=50$ $R_2=25$ $P=54$	$R_1=115$ $R_2=51$ $P=83$
镀锌板厚度宜为0.8mm		镀锌板厚度宜为0.6mm	

2）组合圆形弯管制作

可采用立咬口，弯管曲率半径（以中心线计）和最小分节数按表6-79的规定。弯管的弯曲角度允许偏差宜为±3°。

圆形弯管曲率半径和最少分节数　　表6-79

弯管直径 D（mm）	曲率半径 R（mm）	弯管角度和最少节数							
		90°		60°		45°		30°	
		中节	端节	中节	端节	中节	端节	中节	端节
$80<D\leqslant220$	$\geqslant1.5D$	2	2	1	2	1	2	—	2
$220<D\leqslant450$	$1D\sim1.5D$	3	2	2	2	1	2	—	2
$450<D\leqslant800$	$1D\sim1.5D$	4	2	2	2	1	2	1	2
$800<D\leqslant1400$	$1D$	5	2	3	2	2	2	1	2
$1400<D\leqslant2000$	$1D$	8	2	5	2	2	2	2	2

3）变径管制作

单面变径的夹角θ宜小于30°，双面变径的夹角宜小于60°（图6-68）。

4）矩形风管三通等制作

风管三通通常采用整体制作，通过人工对板材进行拼接、下料、上法兰、加固等工序制作完成。边长小于或等于630mm支风管与主风管的连接可采用主管与直管短管分开制作，然后通过不同材质风管所采取的不同工艺使直管与主管连接起来，见图6-69。

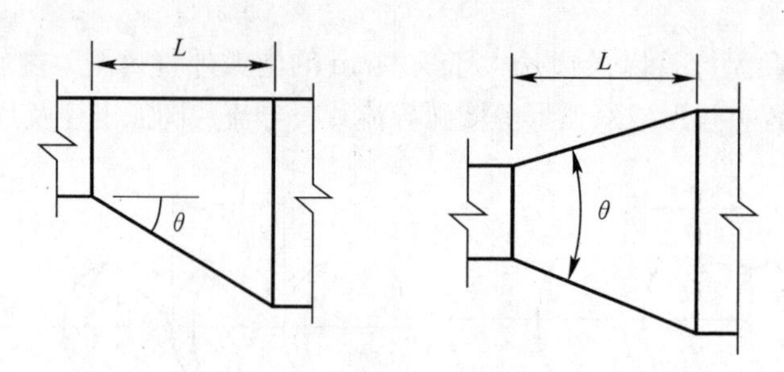

图 6-68　单面变径与双面变径夹角

① 迎风面应有 30°斜面或 R=150mm 弧面；
② S形咬接式可按图 6-69（*a*）制作，连接四角处应做密封处理；
③ 联合式咬接式可按图 6-69（*b*）制作，连接四角处应做密封处理；
④ 法兰连接式可按图 6-69（*c*）制作，主风管内壁处上螺丝前应加扁钢垫并做密封处理。

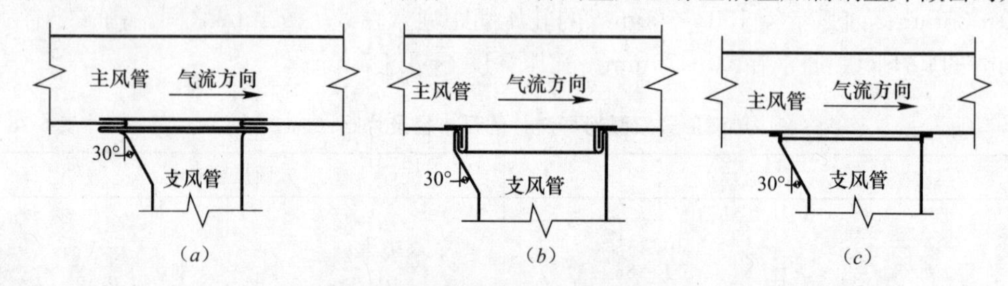

图 6-69　支风管与主风管连接方式

（*a*）S形咬接式；（*b*）联合式咬接式；（*c*）法兰连接式

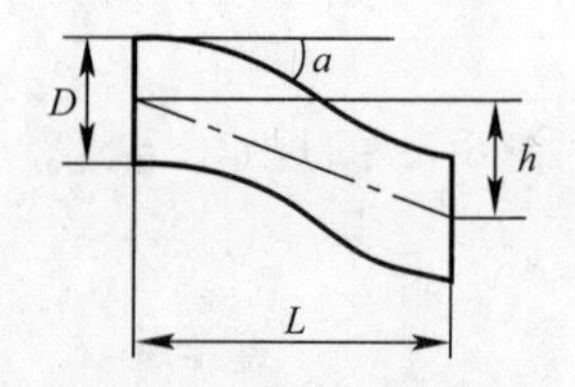

图 6-70　来回弯管示意图

5）来回弯管

应由两个小于 90°的弯管连接形成。当距离不足以制作两个弯头时，可采用直接加工。弯管角度由偏心距离 h 和来回弯的长度 L 决定。当 $L:D$ 大于等于 2 时，中间可以加接直管段，如图 6-70 所示。

6）圆形三通、四通

圆形三通、四通、支管与总管夹角宜为 15°～60°，制作偏差应为±3°。插接式三通管段长度宜为 2 倍支管直径加 100mm、支管长度不应小于 200mm，止口长度宜为 50mm。三通连接宜采用焊接或咬接形式（图 6-71）。

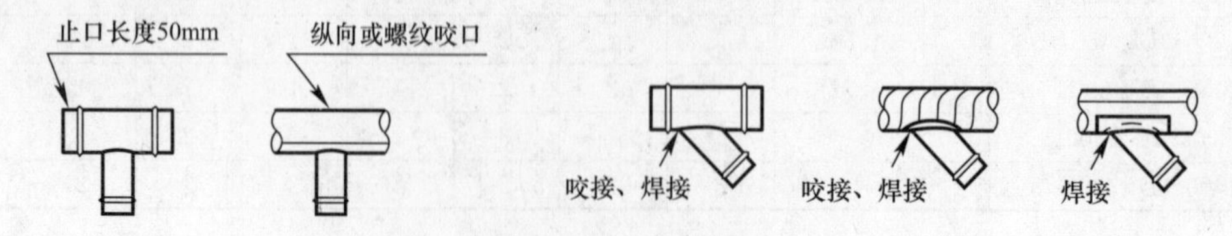

图 6-71　三通连接形式

2. 风管安装

（1）金属风管安装

1）支吊架制作

① 按照设计图纸，根据土建基准线确定风管标高；并按照风管系统所在的空间位置，

确定风管支、吊架形式，设置支、吊点。风管支、吊架的固定件、吊杆、横担和所有配件材料的应用，应符合其荷载额定值和应用参数的要求。

② 支吊架的形式和规格可按有关标准图集与规范选用，直径大于 2000mm 或边长大于 2500mm 的超宽、超重特殊风管的支、吊架应按设计规定。矩形金属水平风管在最大允许安装距离下，吊架的最小规格参见表 6-80，圆形金属水平风管在最大允许安装距离下，吊架的最小规格符合表 6-81 规定。其他规格按吊架荷载分布图 6-72 及公式（6-1）进行吊架挠度校验计算。挠度不应大于 9mm。

金属矩形水平风管吊架的最小规格（mm） **表 6-80**

风管长边 b	吊杆直径	吊架规格	
		角钢	槽形钢
$b\leqslant400$	$\phi8$	∟25×3	[40×20×201.5
$400<b\leqslant1250$	$\phi8$	∟30×3	[40×40×2.0
$1250<b\leqslant2000$	$\phi10$	∟40×4	[40×40×2.5 [60×40×2.0
$2000<b\leqslant2500$	$\phi10$	∟50×5	—
$b>2500$	按设计确定		

金属圆形水平风管吊架的最小规格（mm） **表 6-81**

风管直径 D	吊杆直径	抱箍规格		横担
		钢丝	扁钢	角钢
$D\leqslant250$	$\phi8$	$\phi2.8$	25×0.75	∟25×3
$250<D\leqslant450$	$\phi8$	$*\phi2.8$ 或 $\phi5$	25×0.75	∟25×3
$450<D\leqslant630$	$\phi8$	$*\phi3.6$	25×0.75	∟25×3
$630<D\leqslant900$	$\phi8$	$*\phi3.6$	25×1.0	∟30×3
$900<D\leqslant1250$	$\phi10$	—	25×1.0	∟30×3
$1250<D\leqslant1600$	$*\phi10$	—	*25×1.5	∟40×4
$1600<D\leqslant2000$	$*\phi10$	—	*25×2.0	∟40×4
$D>2000$	按设计确定			

注：1. 吊杆直径中的“*”表示两根圆钢；
2. 钢丝抱箍中的“*”表示两根钢丝合用；
3. 扁钢中的“*”表示上、下两个半圆弧。

③ 支吊架的下料采用机械加工，采用气焊切割口必须进行打磨处理；不可用电气焊开扩孔。

④ 吊杆要平直，螺纹应完整、光洁。吊杆加长采用搭接双侧连续焊时，搭接长度不小于吊杆直径的 6 倍；采用螺纹连接时，拧入连接螺母的螺丝长度要大于吊杆直径，并有防松动措施。

⑤ 支吊架的预埋件位置要正确、牢固可靠，埋入部分已经过除锈、除油污工作，但不得涂漆。支吊架外露部分应做防腐处理。

吊架挠度校验计算公式为式（6-1）：

$$y=\frac{(p-p_1)a(3L^2-4a^2)+(p_1+p_z)L^3}{48EI} \tag{6-1}$$

式中 y——吊架挠度（mm）；

p——风管、保温及附件总重（kg）；

p_1——保温材料及附件重量（kg）；

a——吊架与风管壁间距（mm）；

L——吊架有效长度（mm）；

E——刚度系数（kPa）；

I——转动惯量（mm^4）；

p_z——吊架自重（kg）。

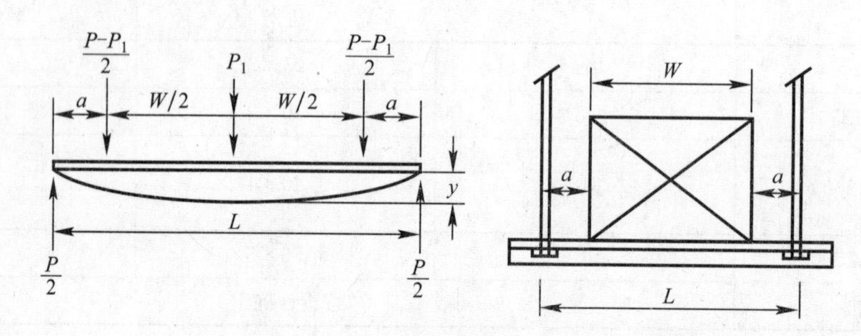

图 6-72 吊架载荷分布图

2）支吊架安装

① 按风管的中心线找出吊杆安装位置，单吊杆在风管的中心线上；双吊杆可按托架的螺孔间距或风管的中心线对称安装。吊杆与吊件应进行安全可靠的固定，对焊接后的部位应补刷油漆。

② 立管管卡安装时，应先把最上面的一个管件固定好，再用线坠在中心处吊线，下面的风管支架即可按线进行固定。

③ 当风管较长要安装成排支架时，先把两端安好，然后以两端的支架为基准，用拉线法找出中间各支架的标高进行安装。

④ 风管水平安装，直径或长边≤400mm 时，支、吊架间距不大于 4m；直径或长边>400mm 时，不大于 3m。螺旋风管的支、吊架可分别延长至 5m 和 3.75m；对于薄钢板法兰的风管，其支、吊架间距不大于 3m。当水平悬吊的主、干风管长度超过 20m 时，应设置防止摆动的固定点，每个系统不应少于 1 个。风管垂直安装时，支、吊架间距不大于 4m；单根直管至少应有 2 个固定点。

⑤ 支、吊架设置避开风口、阀门、检查门及自控机构，离风口或插接管的距离不小于 200mm。

⑥ 抱箍支架，折角平直，抱箍能紧贴并抱紧风管。安装在支架上的圆形风管应设托座和抱箍，其圆弧均匀，且与风管外径相一致。

⑦ 保温风管的支、吊架装置宜放在保温层外部，保温风管不得与支、吊托架直接接触，需垫上坚固的隔热防腐材料（通常采用防腐木方），其厚度与保温层相同，防止产生“冷桥”。

⑧ 金属风管（含保温）水平安装时，其吊架的最大间距符合表 6-82 规定。

金属风管吊架的最大间距（mm） **表 6-82**

风管边长或直径	矩形风管	圆形风管	
		纵向咬口风管	螺旋咬口风管
≤400	4000	4000	5000
＞400	3000	3000	3750

注：薄钢板法兰、C 形插条法兰、S 形插条法兰风管的支、吊架间距不应大于 3000mm。

⑨ 采用胀锚螺栓固定支、吊架时，要符合胀锚螺栓使用技术条件的规定。胀锚螺栓适用于强度等级 C15 及其以上混凝土构件；螺栓至混凝土构件边缘的距离应不小于螺栓直径的 8 倍；螺栓组合使用时，其间距不小于螺栓直径的 10 倍。螺栓孔直径和钻孔深度符合表 6-83 规定，成孔后应对钻孔直径和钻孔深度进行检查。

常用胀锚螺栓的型号、钻孔直径和钻孔深度（mm） **表 6-83**

胀锚螺栓种类	图示	规格	螺栓总长	钻孔直径	钻孔深度
内螺纹胀锚螺栓		M6 M8 M10 M12	25 30 40 50	8 10 12 15	32～42 42～52 43～53 54～64
单胀管式胀锚螺栓		M8 M10 M12	95 110 125	10 12 18.5	65～75 75～85 80～90
双胀管式胀锚螺栓		M12 M16	125 155	18.5 23	80～90 110～120

⑩ 靠墙或靠柱安装的水平风管通常选用悬臂支架或斜撑支架；不靠墙、柱安装的水平风管用托底吊架。直径或边长小于 400mm 的风管可采用吊带式吊架。

⑪ 靠墙安装的垂直风管通常采用悬臂托架或有斜撑支架，不靠墙、柱穿楼板安装的垂直风管采用抱箍吊架，室外或屋面安装的立管采用井架或拉索固定。

⑫ 风管安装后，确保支、吊架受力均匀，且无明显变形，吊架的横担挠度保证小于 9mm。

⑬ 水平悬吊的风管长度超过 20m 的系统，应设置不少于 1 个的防止风管摆动的固定支架。

⑭ 圆形风管的托座和抱箍的圆弧均匀，与风管外径一致。抱箍支架的紧固折角应平直，抱箍应箍紧风管。

⑮ 不锈钢板、铝板风管与碳素钢支架的横担接触处，要采取橡胶垫等防腐措施；矩形风管安装立面与吊杆的间隙不宜大于 150mm，吊杆距风管末端不应大于 1000mm。水平弯管在 500mm 范围内设置一个支架，支管距干管 1200mm 范围内设置一个支架；风管垂直安装时，其支架间距要求不大于 4000mm。长度大于或等于 1000mm 单根直风管至少设置 2 个固定点。

3）法兰间密封垫要求

① 风管连接的密封材料首先满足系统功能技术条件、对风管的材质无不良影响，并具有良好气密性。风管法兰垫料的燃烧性能和耐热性能应符合表 6-84 的规定。

风管法兰垫料的种类和特性 **表 6-84**

种类	燃烧性能	主要基材耐热性能	种类	燃烧性能	主要基材耐热性能
玻璃纤维类	不燃 A 级	300℃	丁腈橡胶类	难燃 B_1 级	120℃
氯丁橡胶类	难燃 B_1 级	100℃	聚氯乙烯	难燃 B_1 级	100℃
异丁基橡胶类	难燃 B_1 级	80℃			

② 当设计无要求时，法兰垫片可按下列规定使用：

a. 选择厚度为 3～5mm 的法兰垫片；

b. 输送温度低于 70℃的空气，可用橡胶板、闭孔海绵橡胶板、密封胶带或其他闭孔弹性材料；

c. 防、排烟系统或输送温度高于 70℃的空气或烟气，采用耐热橡胶板或不燃的耐温、防火材料；

d. 输送含有腐蚀性介质的气体，应采用耐酸橡胶板或软聚乙烯板；

e. 净化空调系统风管的法兰垫料应为不产尘、不易老化，且有一定强度和弹性的材料。

③ 密封垫片应减少拼接，接头连接应采用梯形或榫形方式。密封垫料不应凸入管内或脱落（图 6-73、图 6-74）。

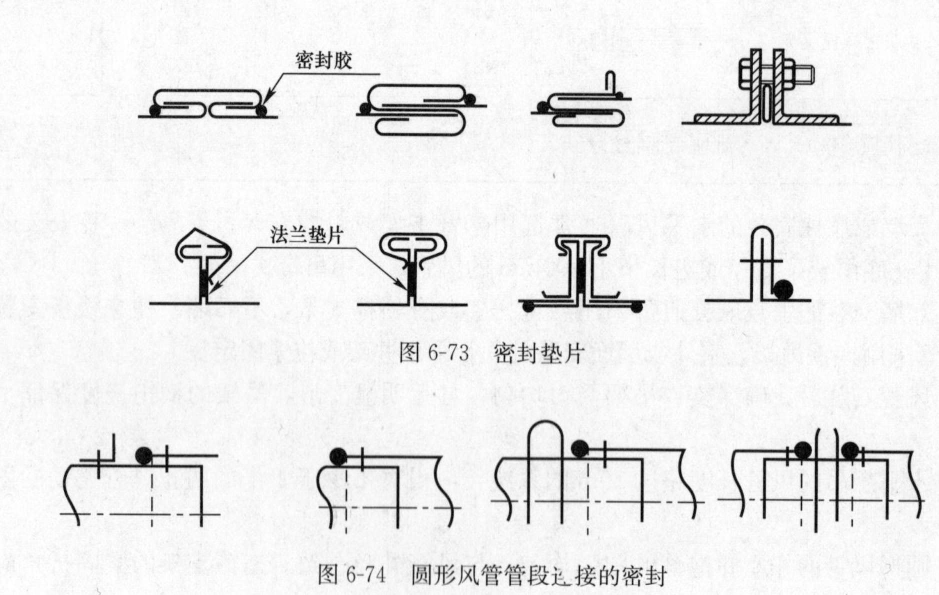

图 6-73 密封垫片

图 6-74 圆形风管管段连接的密封

4）角钢法兰连接

① 角钢法兰的连接螺栓均匀拧紧，螺母设在同一侧。

② 不锈钢风管法兰的连接，一般采用同材质的不锈钢螺栓；当采用普通碳素钢螺栓时，按设计要求喷涂涂料。

③ 铝板风管法兰的连接，采用镀锌螺栓，并在法兰两侧加垫镀锌垫圈。

④ 安装在室外或地下室等潮湿环境的风管角钢法兰连接处，采用镀锌螺栓和镀锌垫圈。

⑤ 风管穿越需要封闭的防火、防爆的墙体或楼板时，应设预埋管或防护套管，其钢板厚度不应小于 1.6mm。风管与防护套管之间，应用不燃且对人体无危害的柔性材料封堵。

5）薄钢板法兰的连接

① 风管四角处的角件与法兰四角接口的固定紧贴，端面平整，法兰四角连接处、支管与干管连接处的内外面均用密封胶密封。

② 法兰端面粘贴密封胶条并紧固法兰四角螺丝后，再安装插条或弹簧夹、顶丝卡。弹簧夹、顶丝卡不能有松动。

③ 薄钢板法兰的弹性插条、弹簧夹的紧固螺栓（铆钉）应分布均匀，间距不应大于 150mm，最外端的连接件距风管边缘不应大于 100mm。

④ 组合型薄钢板法兰与风管管壁的组合，应调整法兰口的平面度后，再将法兰条与风管铆接（或本体铆接）。

6）C 形、S 形插条连接

① C 形、S 形插条连接风管的折边四角处、纵向接缝部位及所有相交处均应进行密封。

② C 形平插条连接，应先插入风管水平插条，再插入垂直插条，最后将垂直插条两端延长部分，分别折 90°封压水平插条。

③ C 形立插条、S 形立插条的法兰四角立面处，应采取包角及密封措施。

④ S 形平插条或立插条单独使用时，在连接处应有固定措施。

⑤ 立咬口、包边立咬口连接的风管，同一规格风管的立咬口、包边立咬口的高度应一致。铆钉的间距应小于或等于 150mm，四角连接处应铆固长度大于 60mm 的 90°粘角。

7）人防风管安装

人防风管安装按设计要求执行相关规定，设计无明确规定时，可参照下列相关要求：

① 密闭阀前的风管用 3mm 钢板焊接，管道与设备之间的连接法兰衬以橡胶垫圈密封。设置在染毒区的进、排风管均应有 0.5%的坡度坡向室外。

② 其他区域风管材料采用镀锌钢板或其他材质风管时，其具体壁厚及加工方法按《通风与空调工程施工质量验收规范》GB 50243 的规定确定。

③ 工程测压管在防护密闭门外的一端应设有向下的弯头，通过防毒通道的测压管，其接口采用焊接。

④ 通风管内气流方向、阀门启闭方向及开启度，应标示清晰、准确。通风管的测定孔、洗消取样管应与风管同时制作，测定孔和洗消取样管应封堵。

⑤ 防毒密闭管路及密闭阀门需按要求作气密性试验。

（2）非金属风管安装

1）支吊架制作安装

支架制作安装中与金属风管相同内容不再重复叙述，参见金属风管相关要求。

① 非金属风管水平安装横担允许吊装风管的规格按表 6-85 可选用相应规格的角钢和槽钢。

非金属风管水平横担允许吊装的风管规格（mm） 表 6-85

风管类别	角钢或槽钢横担				
	∟25×3 [40×20×1.5	∟30×3 [40×20×1.5	∟40×4 [40×20×1.5	∟50×5 [60×40×2	∟63×5 [80×60×2
聚氨酯铝箔复合风管	$b\leqslant630$	$630<b\leqslant1250$	$b>1250$	—	—
酚醛铝箔复合风管	$b\leqslant630$	$630<b\leqslant1250$	$b>1250$	—	—
玻璃纤维复合风管	$b\leqslant450$	$450<b\leqslant1000$	$1100<b\leqslant2000$	—	—
无机玻璃钢风管	$b\leqslant630$	—	$b\leqslant1000$	$b\leqslant1500$	$b<2000$
硬聚氯乙烯风管	$b\leqslant630$	—	$b\leqslant1000$	$b\leqslant2000$	$b>2000$

② 非金属风管吊架的吊杆直径不应小于表 6-86 规定。

非金属风管吊架的吊杆直径适用范围（mm） 表 6-86

风管类别	吊杆直径			
	$\phi6$	$\phi8$	$\phi10$	$\phi12$
聚氨酯复合风管	$b\leqslant1250$	$1250<b\leqslant2000$	—	—
酚醛铝箔复合风管	$b\leqslant800$	$800<b\leqslant2000$	—	—
玻璃纤维复合风管	$b\leqslant600$	$600<b\leqslant2000$	—	—
无机玻璃钢风管	—	$b\leqslant1250$	$1250<b\leqslant2500$	$b>2500$
硬聚氯乙烯风管	—	$b\leqslant1250$	$1250<b\leqslant2500$	$b>2500$

注：b 为风管边长。

③ 水平安装非金属风管支吊架最大间距应符合表 6-87 规定。

④ 非金属风管支吊架安装。

水平安装非金属风管支吊架最大间距（mm） 表 6-87

<table>
<tr><td rowspan="3">风管类别</td><td colspan="7">风管边长</td></tr>
<tr><td>≤400</td><td>≤450</td><td>≤800</td><td>≤1000</td><td>≤1500</td><td>≤1600</td><td>≤2000</td></tr>
<tr><td colspan="7">支吊架最大间距</td></tr>
<tr><td>聚氨酯铝箔复合板风管</td><td>≤4000</td><td colspan="6">≤3000</td></tr>
<tr><td>酚醛铝箔复合板风管</td><td colspan="4">≤2000</td><td colspan="2">≤1500</td><td>≤1000</td></tr>
<tr><td>玻璃纤维复合板风管</td><td colspan="2">≤2400</td><td colspan="2">≤2200</td><td colspan="3">≤1800</td></tr>
<tr><td>无机玻璃钢风管</td><td>≤4000</td><td colspan="3">≤3000</td><td>≤2500</td><td colspan="2">≤2000</td></tr>
<tr><td>硬聚氯乙烯风管</td><td>≤4000</td><td colspan="6">≤3000</td></tr>
</table>

a. 边长（直径）大于 200mm 的风阀等部件与非金属风管连接时，单独设置支吊架。风管支吊架的安装不能有碍连接件的安装。

b. 酚醛铝箔复合板风管与聚氨酯铝箔复合板风管垂直安装的支架间距不大于 2400mm，每根立管的支架不少于 2 个。

c. 玻璃纤维复合板风管垂直安装的支架间距不大于 1200mm。

d. 无机玻璃钢风管垂直支架间距不小于或等于 3000mm，每根垂直立管不少于 2 个支架。

e. 边长或直径大于 2000mm 的超宽、超高等特殊无机玻璃钢风管的支、吊架，其规格及间距应进行荷载计算。

f. 无机玻璃钢消声弯管或边长与直径大于 1250mm 的弯管、三通等单独设置支、吊架。

g. 无机玻璃钢圆形风管的托座和抱箍所采用的扁钢不小于30×4。托座和抱箍的圆弧均匀且与风管的外径一致，托架的弧长大于风管外周长的1/3。

h. 无机玻璃钢风管边长或直径大于1250mm的风管吊装时不得超过2节。边长或直径大于1250mm的风管组合吊装时不得超过3节。

(3) 柔性风管安装

1) 支架安装

1 风管支吊架的间隔宜小于1.5m，风管在支架间的最大允许垂度宜小于40mm/m。

2 支（吊）柔性风管的吊卡箍应按图6-75所示，其宽度应大于25mm。卡箍的圆弧长应大于1/2周长且与风管外径相符。柔性风管采用外保温时，保温层应有防潮措施。吊卡箍可安装在保温层上。

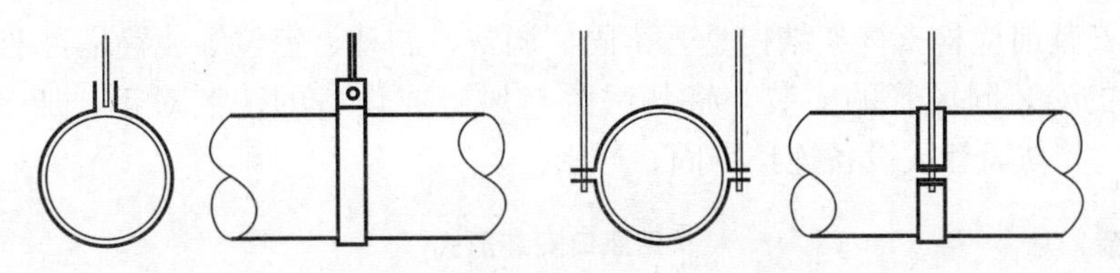

图6-75 柔性风管卡箍安装

2) 柔性风管安装

① 非金属柔性风管安装位置应远离热源设备。

② 柔性风管安装后，应能充分伸展，伸展度宜大于或等于60%，风管转弯处其截面不得缩小。

③ 金属圆形柔性风管宜采用抱箍将风管与法兰紧固，当直接采用螺丝紧固时，紧固螺丝距离风管端部应大于12mm，螺丝间距应小于或等于150mm。

④ 应用于支管安装的铝箔聚酯膜复合柔性风管长度应小于5m。风管与角钢法兰连接，应采用厚度大于等于0.5mm的镀锌板将风管与法兰紧固（图6-76）。圆形风管连接宜采用卡箍紧固，插接长度应大于50mm。当连接套管直径大于300mm时，应在套管端面10～15mm处压制环形凸槽，安装时卡箍应放置在套管的环形凸槽后面。

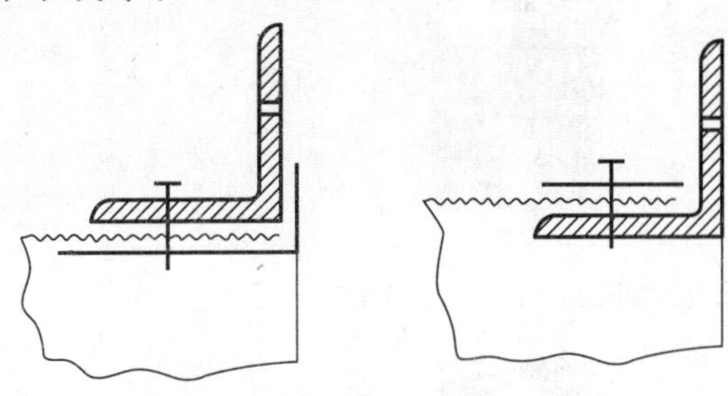

图6-76 柔性风管与角钢法兰的连接

(4) 风管部件、配件安装

1) 风口

① 材料验收

所有风口一般采用成品风口，风口进场验收合格后运至现场安装，其中矩形风口两对角线之差不应大于3mm。

② 风口安装

a. 各类风口安装应横平、竖直、严密、牢固，表面平整。风口水平安装其水平度的偏差不应大于3/1000，风口垂直安装其垂直度的偏差不应大于2/1000。

b. 带风量调节阀的风口安装时，应先安装调节阀框，后安装风口的叶片框。同一方向的风口，其调节装置应设在同一侧。

c. 散流器风口安装时，应注意风口预留孔洞要比喉口尺寸大，留出扩散板的安装位置。

d. 洁净系统的风口安装前，应将风口擦拭干净，其风口边框与洁净室的顶棚或墙面之间应采用密封胶或密封垫料封堵严密，不能漏风。

e. 球型旋转风口连接应牢固，球型旋转头要灵活，不得空阔晃动。

f. 排烟口与送风口的安装部位应符合设计要求，与风管或混凝土风道的连接应牢固、严密。

风口安装见表 6-88 所示。

2）风阀

① 调节阀、止回阀安装

a. 风阀安装前应检查框架结构是否牢固，调节、制动、定位等装置是否准确灵活。

b. 风阀的安装同风管的安装，将其法兰与风管或设备的法兰对正，加上密封垫片，上紧螺栓，使其与风管或设备连接牢固、严密。

常用风口安装形式 **表 6-88**

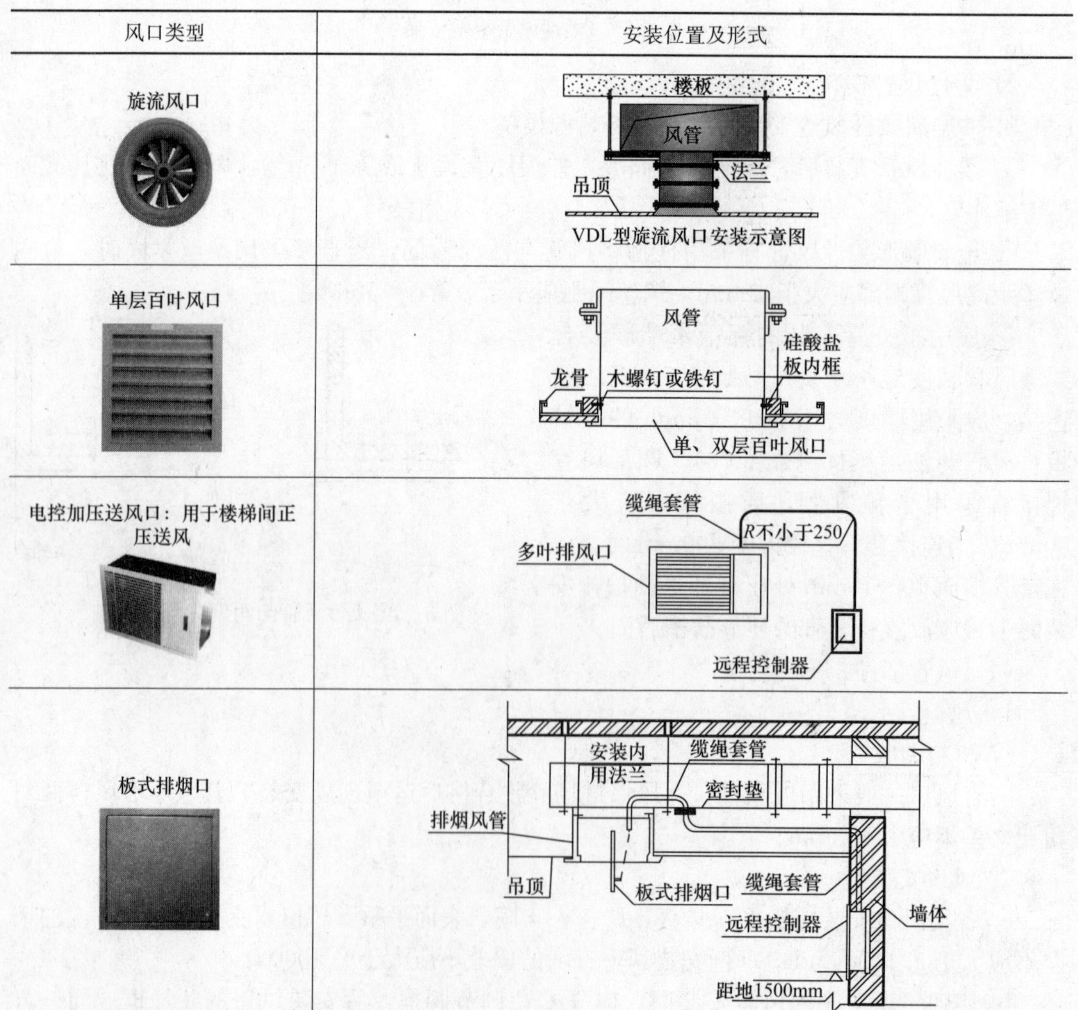

风口类型	安装位置及形式
旋流风口	楼板；风管；法兰；吊顶 VDL型旋流风口安装示意图
单层百叶风口	风管；硅酸盐板内框；龙骨；木螺钉或铁钉；单、双层百叶风口
电控加压送风口：用于楼梯间正压送风	缆绳套管；R不小于250；多叶排风口；远程控制器
板式排烟口	安装内用法兰；缆绳套管；密封垫；排烟风管；吊顶；板式排烟口；缆绳套管；墙体；远程控制器；距地1500mm

c. 电动风阀、防火阀、止回阀、排烟阀等安装在便于操作和检修的部位，安装方向正确，安装后的手动或电动操作装置灵活、可靠，阀门关闭时保持严密。

d. 风阀安装时，应使阀件的操纵装置便于人工操作。其安装方向应与阀体外壳标注的方向一致。安装在高处的风阀，其操纵装置应距地面或平台 1～1.5m。

e. 手动调节风阀的叶片的搭接贴合一致，与阀体缝隙小于 2mm。

f. 手动密闭阀安装，阀门上标志的箭头方向必须与受冲击波的方向一致。

g. 按图纸要求安装排风机、排气管的止回阀，其安装方向必须正确。

② 防烟、防火阀安装

a. 防火阀安装要注意方向，易熔件迎向气流方向，安装后进行动作试验，阀板开关要灵活、动作可靠。

b. 防火阀直径或边长大于等于 630mm 时，两侧设置独立支、吊架防火分区隔墙两侧的防火阀，距离墙表面不大于 200mm，不小于 50mm。

c. 防排烟系统的柔性短管的制作材料必须为不燃材料。

d. 排烟阀及手动控制装置的安装位置符合设计要求。

e. 安装后进行动作试验，手动、电动操作要灵敏可靠，阀板关闭严密。其安装方向、位置应正确。风管穿越防火区需安装防火阀时，阀门与防火墙之间风管应用 2mm 或以上的钢板制作，并在风管与防护套管之间应采用不燃柔性材料封堵。

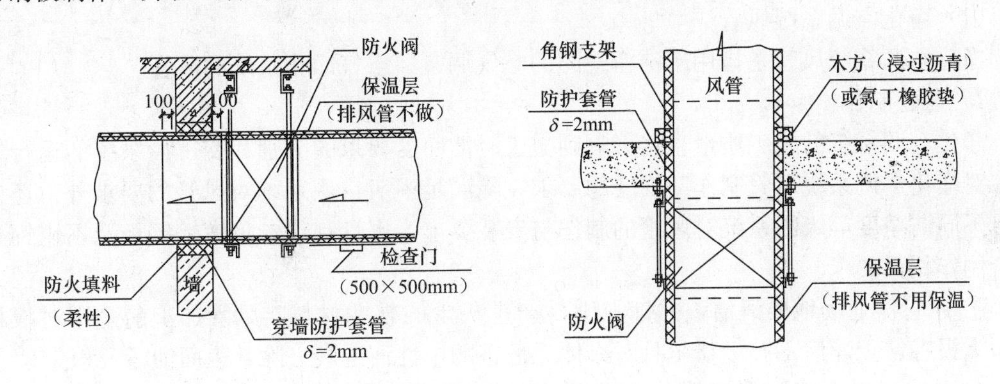

图 6-77　防火阀穿墙、楼板安装方式示意图

③ 定风量阀安装

定风量阀，是一种机械式自力装置，适用于需要定风量的通风空调系统中。定风量阀风量控制不需要外加动力，它依靠风管内气流力来定位控制阀门的位置，从而在整个压力差范围内将气流保持在预先设定的流量上。

矩形阀采用法兰连接，圆形阀采用插接。安装要求同调节阀安装，安装入口前要求最小 1.5D(B) 直管段，D 为风阀的直径，B 为风阀的宽度。需要变径时，必须留出足够的管段，以便流量稳定。

3) 消声器安装

① 消声器安装前对其外观进行检查：外表平整、框架牢固，消声材料分布均匀，孔板无毛刺。产品应具有检测报告和质量证明文件；

② 消声器等消声设备运输时，不得有过大振动和变形现象，避免外界冲击破坏消声

性能。消声器安装前应保持干净，做到无油污和浮尘；

③ 消声器安装前的位置、方向应正确，与风管的连接应紧密，不得有损坏与受潮。两组同类消声器不宜直接串联；

④ 现场安装的组合式消声器，消声组件的排列、方向和位置应符合设计要求。单个消声器组件的固定应牢固；

⑤消声器（静压箱）、消声弯管单独设置支、吊架，不能利用风管承受消声器的重量，也有利于单独检查、拆卸、维修和更换。消声器的安装方向按产品所示，通常前后设150mm×150mm清扫口，并做好标记；

⑥ 支、吊架的横托杆穿吊杆的螺孔距离，应比消声器宽40～50mm。为了便于调节标高，可在吊杆端部套50～80mm的丝扣，以便找平、找正，并加双螺母固定；

⑦ 消声器的安装方向必须正确，与风管或管件的法兰连接应保证严密、牢固；

⑧ 当通风、空调系统有恒温、恒湿要求时，消声设备外壳应做保温处理；

⑨ 消声器等安装就位后，可用拉线或吊线尺量的方法进行检查，对位置不正、扭曲、接口不齐等不符合要求部位进行修整，达到设计和使用的要求。

6.2.2 净化空调系统施工工艺

1. 净化空调风管制作

(1) 净化空调系统风管

净化空调系统风管是指用于洁净空间的空气调节、空气净化系统的风管。

1) 风管制作

净化空调系统的施工质量直接影响到交工时洁净度要求的级别和交工后系统的运行费用。对净化空调系统风管制作与安装的要求，除满足一般空调系统对风管的要求外，还应满足不同洁净度等级的系统对风管的制作与安装要求。风管制作参见镀锌钢板及不锈钢板风管制作相关要求。

① 风管作业场地要清洁，并铺上不易产生灰尘的软性材料。风管加工前采用对板材表面无损害、干燥后不产生粉尘且对人体无危害的中性清洗液去除其表面油污及积尘。

② 洁净空调系统制作风管的刚度和严密性，均按高压和中压系统的风管要求进行。洁净度等级Nl级至N5级的，按高压系统的风管制作要求；N6级至N9级的按中压系统的风管制作要求。

③ 风管要减少纵向接缝，且不能横向接缝。矩形风管底板的纵向接缝数量应符合表6-89规定。

净化系统矩形风管底板允许纵向接缝数量 **表6-89**

风管边长（mm）	$b<900$	$900<b\leqslant1800$	$1800<b\leqslant2600$
允许纵向接缝数量	0	1	2

④ 风管的咬口缝、铆接缝以及法兰翻边四角缝隙处，按设计及洁净等级要求，采用涂密封胶或其他密封措施堵严。密封材料通常采用异丁基橡胶、氯丁橡胶、变性硅胶等为基材的材料。风管板材连接缝的密封面要设在风管壁的正压侧。

⑤ 彩色涂层钢板风管的内壁要光滑；板材加工时注意保护涂层，避免损坏涂层，被

损坏的部位要涂环氧树脂。

⑥ 净化空调系统风管的法兰铆钉间距要求小于100mm，空气洁净等级为1～5的风管法兰铆钉间距要求小于65mm。

⑦ 风管连接螺栓、螺母、垫圈和铆钉采用镀锌或其他防腐措施，不能使用抽芯铆钉。

⑧ 风管不得采用S形插条、C形直角插条及立联合角插条的连接方式。空气洁净等级为1～5级的风管不得采用按扣式咬口。

⑨ 风管内不得设置加固框或加固筋。

2）风管清洗

风管及部件制作完成后，用无腐蚀性清洗液将内表面清洗干净，干燥后经白绸布擦拭检查达到要求即进行封口，安装前再拆除封口，清洗后立即安装可不封口。风管清洗时（包括槽、罐内清洗）要在具有良好通风状态时方可进行。

2. 净化空调风管安装

（1）风管系统安装前，建筑结构、门窗和地面施工应已完成；风管安装前对施工现场彻底清扫，做到无产尘作业，并应采取有效的防尘措施。安装人员应穿戴清洁工作服、手套和工作鞋等。

（2）经清洗干净包装密封的风管及其部件，安装前不得拆卸。安装时拆开端口封膜后，随即连接好接头；如安装中间停顿，应将端口重新封好。

（3）风管法兰连接的密封垫料，不得使用厚纸板、石棉绳、铅油麻丝及油毡纸等。密封垫料应尽量减少接头，密封垫料接头处应采用梯形或榫形连接（图6-78），并应涂胶粘牢（严禁在垫料表面刷涂料），法兰均匀压紧后的垫料宽度，应与风管内壁取平。

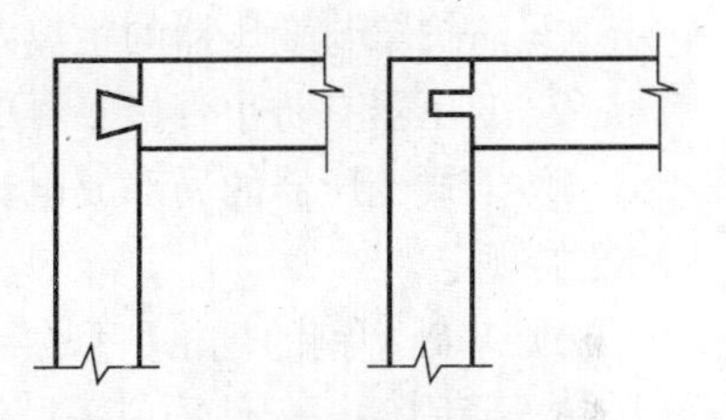

图6-78　法兰间密封垫料接头连接形式

（4）风管与洁净室吊顶、隔墙等围护结构的穿越处应严密，可设密封填料或密封胶，不得有渗漏现象发生。

（5）风管与洁净室吊顶、隔墙等围护结构的接缝处应严密。

（6）风管系统安装完毕保温前，应进行漏风检查。

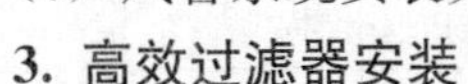

3. 高效过滤器安装

高效过滤器应在洁净条件下安装，避免其受到不洁净空气的污染，影响过滤器的使用寿命。

（1）高效过滤器的运输、存放应按制造厂标注的方向放置，移动要轻拿轻放，防止剧烈振动与碰撞；

（2）高效过滤器安装前，洁净室必须内装修工程全部完成。经全面清扫、擦拭，空吹12～24h后方可进行高效过滤器的安装；

（3）高效过滤器应在安装现场拆开包装，外层包装不得带入洁净室，而其最内层包装则必须在洁净室内方能拆开；

（4）安装前进行外观检查，重点检查过滤器有无破损泄漏等，合格后进行仪器检漏；

（5）安装时要保证滤料的清洁和严密。

6.3 建筑电气工程

本节主要内容为电气设备安装、照明器具与控制装置安装、室内配电线路敷设、电缆敷设的施工工艺和方法。

6.3.1 电气设备安装施工工艺

电气设备负责对整个建筑进行供配电，在整个建筑电气中处于核心地位。其安装质量的好坏直接关系到整个电气系统能否安全可靠运行。

1. 变压器安装

(1) 设备要求

1) 变压器的容量、规格及型号，必须符合设计要求；附件、配件齐全。

2) 查验合格证和随带技术文件，出厂试验记录。

3) 外观检查：有铭牌，附件齐全，绝缘件无缺损、裂纹，充油部分不渗漏，充气高压设备气压指示正常，涂层完整。

4) 干式变压器的技术要求，除应符合上述变压器要求外，还应符合以下要求：

① 变压器的接地装置应有防锈层及明显的接地标志。

② 防护罩与变压器的距离，应符合相关技术标准和产品技术手册规定的要求。

③ 变压器有防止直接接触的保护标志。

④ 干式变压器的局部放电试验 PC 值和噪声测试 dB (A) 值，应符合设计要求及技术标准的规定。

5) 基础型钢的规格、型号必须符合设计及规范要求，并无明显锈蚀。

6) 紧固件、配件均应采用镀锌制品标准件，平垫圈和弹簧垫齐全。

7) 其他材料如蛇皮管、吸湿硅胶、耐油塑料管、变压器油等符合设计及规范要求，并有产品合格证。

(2) 施工工艺流程

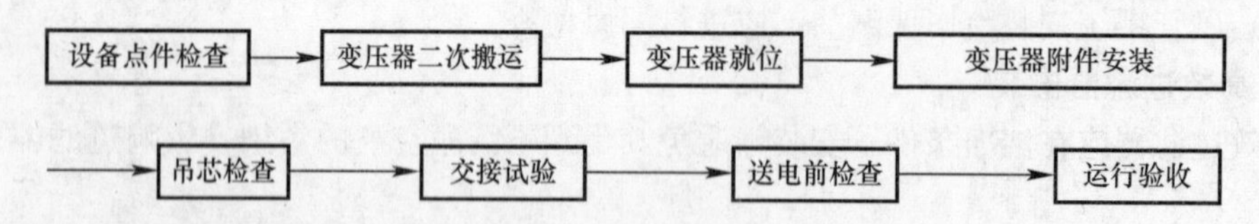

(3) 落地式变压器安装

1) 设备点件检查：

① 设备点件检查应由安装单位、供货单位、会同建设单位代表共同进行，并做好记录。

② 按照设备清单，施工图纸及设备技术文件核对变压器本体及附件备件的规格型号是否符合设计图纸要求，是否齐全，有无丢失及损坏。

③ 变压器本体外观检查无损伤及变形，油漆完好无损伤。

④ 油箱封闭是否良好，有无漏油、渗油现象，油标处油面是否正常，发现问题应立即处理。

⑤ 绝缘瓷件及环氧树脂铸件有无损伤、缺陷及裂纹。

2）变压器二次搬运：

① 变压器二次搬运应由起重工作业，电工配合。最好采用汽车吊装，也可采用吊链吊装，距离较长最好用汽车运输，运输时必须用钢丝绳固定牢固，尽量减少振动；距离较短且道路良好时，可用卷扬机、滚杠运输。产品在运输过程中，其倾斜度不得大于产品技术要求，如无要求不得大于30°。

② 变压器吊装时，索具必须检查合格，钢丝绳必须挂在油箱的吊钩上，要用两根钢绳，同时着力四处如图6-79所示，并注意产品重心的位置，两根钢绳的起吊夹角不要大于60°。若因吊高限制不能符合条件，用横梁辅助提升。

③ 变压器搬运时，应注意保护瓷瓶，最好用木箱或纸箱将高低压瓷瓶罩住，使其不受损伤。

④ 变压器搬运过程中；不应有冲击或严重振动情况，利用机械牵引时，牵引的着力点应在变压器重心以下，以防倾斜，运输倾斜角不得超过15°，防止内部结构变形。

⑤ 用千斤顶顶升大型变压器时，应将千斤顶放置在专设部位，以免变压器变形。

⑥ 大型变压器在搬运或装卸前，应核对高低压侧方向，以免安装时调换方向发生困难。

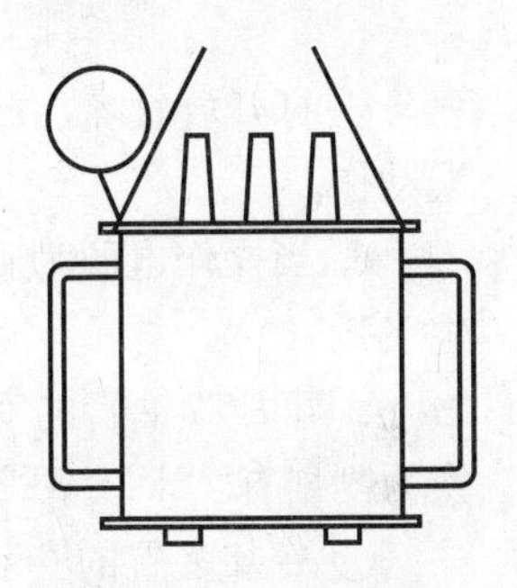

图6-79　变压器吊装

3）变压器就位

① 变压器、电抗器基础的轨道应水平，轨距与轮距应配合；核验变压器基础的强度和轨道安装的牢固性、可靠性。基础轨距应与变压器轮距相吻合。装有气体继电器的变压器，应使其顶盖沿气体继电器气流方向有1%～1.5%的升高坡度（制造厂规定不需安装坡度者除外）。

② 变压器就位可用汽车吊直接吊进变压器室内，或用道木搭设临时轨道，用吊链吊至临时平台上，然后用捯链拉入室内合适位置。

当变压器与封闭母线连接时，其套管中心应与封闭母线中心线相符。装有滚轮的变压器、电抗器，其滚轮应能灵活转动，在设备就位后，应将滚轮用能拆卸的制动装置加以固定。

变压器就位时，应注意其方位和距墙尺寸应与图纸相符，允许误差为±25mm，图纸无标注时，纵向按轨道定位，横向距离不得小于800mm，距门不得小于1000mm，并适当照顾屋内吊环的垂线位于变压器中心，以便于吊芯。

③ 在变压器的接地螺栓上均需可靠地接地。低压侧零线端子必须可靠接地。变压器基础轨道应和接地干线可靠连接，确保接地可靠性。

④ 变压器的安装应设置抗地震装置，如图6-80所示。

4）附件安装

① 气体继电器安装

a. 气体继电器应作密封试验，轻瓦斯动作容积试验，重瓦斯动作流速试验，经检验鉴定合格后才能安装。

b. 气体继电器安装应水平，观察窗安装方向便于检查，箭头指向储油箱（油枕），其与连通管连接密封良好，其内部应擦拭干净，截油阀位于油枕和气体继电器之间。

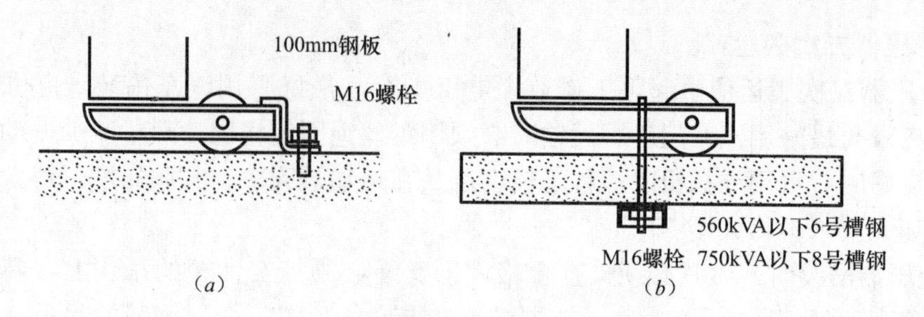

图 6-80 变压抗震做法

(a) 安装在混凝土地坪上的变压器安装；(b) 有混凝土轨梁宽面推进的变压器安装

c. 打开放气嘴，放出空气，直到有油溢出时将放气嘴关上，以免有空气使继电保护器误动作。

d. 当操作电源为直流时，必须将电源正极接到水银侧的接点上，以免接点断开时产生飞弧。

e. 事故喷油管的安装方位，应注意到事故排油时不致危及其他电器设备；喷油管口应换为割划有“十”字线的玻璃，以便发生故障时气流能顺利冲破玻璃。

② 冷却装置的安装

a. 冷却装置在安装前应按制造厂规定的压力值用气压或油压进行密封试验，其中散热器、强迫油循环风冷却器，持续 30min 应无渗漏；强迫油循环水冷却器，持续 1h 应无渗漏，水、油系统应分别检查渗漏。

b. 冷却装置安装前应用合格的绝缘油经净油机循环冲洗干净，并将残油排尽。冷却装置安装完毕后应即注满油。

c. 风扇电动机及叶片应安装牢固，并应转动灵活，无卡阻；试转时应无振动、过热；叶片应无扭曲变形或与风筒碰擦等情况，转向应正确；电动机的电源配线应采用具有耐油性能的绝缘导线。

d. 管路中的阀门应操作灵活，开闭位置应正确；阀门及法兰连接处应密封良好。

e. 外接油管路在安装前，应进行彻底除锈并清洗干净；管道安装后，油管应涂黄漆，水管应涂黑漆，并设有流向标志。

f. 油泵转向应正确，转动时应无异常噪声、振动或过热现象；其密封应良好，无渗油或进气现象。

g. 差压继电器、流速继电器应经校验合格，且密封良好，动作可靠。

h. 水冷却装置停用时，应将水放尽。

③ 储油柜的安装

a. 储油柜安装前，应清洗干净。

b. 胶囊式储油柜中的胶囊或隔膜式储油柜中的隔膜应完整无破损；胶囊在缓慢充气胀开后检查应无漏气现象。

c. 胶囊沿长度方向应与储油柜的长轴保持平行，不应扭偏；胶囊口的密封应良好，呼吸应通畅。

d. 油位表动作应灵活，油位表或油标管的指示必须与储油柜的真实油位相符，不得出现假油位。油位表的信号接点位置正确，绝缘良好。

e. 所有法兰连接处应用耐油密封垫（圈）密封；密封垫（圈）必须无扭曲、变形、裂纹和毛刺，密封垫（圈）应与法兰面的尺寸相配合。

法兰连接面应平整、整洁；密封垫应擦拭干净，安装位置应准确；其搭接处的厚度应与其原厚度相同，橡胶密封垫的压缩量不宜超过其厚度的1/3。

④ 防潮呼吸器的安装

a. 防潮呼吸器安装之前，应检查硅胶是否失效，如已失效，应在115～120℃温度烘烤8小时或按产品说明书规定执行，使其复原或更新。

b. 安装时，必须将呼吸器盖子上橡皮垫去掉，使其通畅，在隔离器具中装适量变压器油，以过滤灰尘。

⑤ 温度计安装

变压器使用的温度计有玻璃液面温度计、压力式信号温度计、电阻温度计。温度计装在箱顶表座内，表座内注入变压器油（留空气层约20mm）并密封。玻璃液面温度计应装在低压侧。压力式信号温度计安装前应经过准确度检验，并按运行部门的要求整定电接点，信号温度计的导管不应有压扁和死弯，弯曲半径不得小于100mm。控制线应接线正确，绝缘良好。电阻式温度计主要是供远方监视变压器上层油温，与比率计配合使用。

⑥ 电压切换装置安装

a. 变压器电压切换装置各分接点与线圈的联线压接正确，并接触紧密牢固。转动点停留位置正确，并与指示位置一致。

b. 电压切换装置的小轴销子、分接头的凸轮、拉杆等确保完好无损。转动盘应动作灵活，密封良好。

c. 有载调压切换装置的调换开关的触头及铜辫子软线应完整无损，触头间应有足够的压力（常规为80～100N）。

d. 电压切换装置的传动装置的固定应牢固，传动机构的摩擦部分应有足够的润滑油。

e. 联锁安装。有载调压切换装置转动到极限位置时，应装有机械联锁与带有限位开关的电气联锁。

f. 有载调压切换装置的控制箱常规应安装在操作台上，联线应正确无误，并应调整好，手动、自动工作正常，档位指示正确。

g. 电压切换装置吊出检查调整时，暴露在空气中的时间应符合表6-90规定。

调压切换装置露空时间 **表6-90**

环境温度（℃）	>0	>0	>0	<0
空气相对湿度（%）	65以下	65～75	75～85	不控制
持续时间不大于（h）	24	16	10	8

5）变压器连线

① 变压器外部引线的施工，不应使变压器的套管直接承受应力。

② 变压器中性点的接地回路中，靠近变压器处，应作一个可拆卸的连接点。

③ 接地装置从地下引出的接地干线以最近的路径直接引至变压器，绝不允许经其他电气装置接地后串联连接起来。

④ 变压器中性点接地线与工作零线应分别敷设，工作零线应用绝缘导线。

⑤ 油浸变压器附件的控制导线，应采用具有耐油性能的绝缘导线。靠近箱壁的导线，应用金属软管保护，并排列整齐，接线盒应密封良好。

6）吊芯检查

① 运输支撑和器身各部位应无移动现象，运输用的临时防护装置及临时支撑应予拆除，并经过清点做好记录以备查。

② 所有螺栓应紧固，并有防松措施；绝缘螺栓应无损坏，防松绑扎完好。

③ 铁芯检查：

a. 铁芯应无变形，铁轭与夹件间的绝缘垫应良好；

b. 铁芯应无多点接地；

c. 铁芯外引接地的变压器，拆开接地线后铁芯对地绝缘应良好；

d. 打开夹件与铁轭接地片后，铁轭螺杆与铁芯、铁轭与夹件、螺杆与夹件间的绝缘应良好；

e. 当铁轭采用钢带绑扎时，钢带对铁轭的绝缘应良好；

f. 打开铁芯屏蔽接地引线，检查屏蔽绝缘应良好；

g. 打开夹件与线圈压板的连线，检查压钉绝缘应良好；

h. 铁芯拉板及铁轭拉带应紧固，绝缘良好。

④ 绕组检查：

a. 绕组绝缘层应完整，无缺损、变位现象；

b. 各绕组应排列整齐，间隙均匀，油路无堵塞；

c. 绕组的压钉应紧固，防松螺母应锁紧。

⑤ 绝缘围屏绑扎牢固，围屏上所有线圈引出处的封闭应良好。

⑥ 引出线绝缘包扎牢固，无破损、拧弯现象；引出线绝缘距离应合格，固定牢靠，固定支架应紧固；引出线的裸露部分应无毛刺或尖角，其焊接应良好：引出线与套管的连接应牢靠，接线正确。

7）无励磁调压切换装置各分接头与线圈的连接应紧固正确；各分接头应清洁，且接触紧密，弹力良好；所有接触到的部分，用 0.05×10mm 塞尺检查，应塞不进去；转动接点应正确地停留在各个位置上，且与指示器所指位置一致；切换装置的拉杆、分接头凸轮、小轴、销子等应完整无损；转动盘应动作灵活，密封良好。

8）有载调压切换装置的选择开关、范围开关应接触良好，分接引线应连接正确、牢固，切换开关部分密封良好。必要时抽出切换开关芯子进行检查。

9）绝缘屏障应完好，且固定牢固，无松动现象。

10）检查油循环管路与下轭绝缘接口部位的密封情况。

11）检查各部位应无油泥、水滴和金属屑末等杂物。

注：①变压器有围屏者，可不必解除围屏，本条中由于围屏遮蔽而不能检查的项目，可不予检查；
②铁芯检查时，其中的 c、d、e、f、g 项无法拆开的可不测。

12）器身检查完毕后，必须用合格的变压器油进行冲洗，并清洗油箱底部，不得有遗留杂物。箱壁上的阀门应开闭灵活、指示正确。导向冷却的变压器尚应检查和清理进油管节头和联箱。吊芯过程中，芯子与箱壁不应碰撞。

13）吊芯检查后如无异常，应立即将芯子复位并注油至正常油位。吊芯、复位、注油必须在16h内完成。

14）吊芯检查完成后，要对油系统密封进行全面仔细检查，不得有漏油渗油现象。

（3）变压器交接试验

变压器的交接试验应由有资质的试验室进行。试验标准应符合规范、当地供电部门规定及产品技术资料的要求。详见《电气装置安装工程 电气设备交接试验标准》GB 50150-2016。

（4）变压器送电前的检查

1）变压器试运行前应做全面检查，确认各项数据均符合试运行条件时方可投入运行。

2）变压器试运行前，必须由质量监督部门检查合格。

3）变压器试运行前，做好各种防护措施，并做好应急预案。

（5）变压器送电试运行验收

1）送电试运行

① 变压器第一次投入时，可由高压侧投入全压冲击合闸。

② 变压器第一次受电后，持续时间应大于10min，无异常情况。

③ 变压器进行3～5次全压冲击合闸，应无异常情况，励磁涌流不应引起保护装置误动作。

④ 油浸变压器带电后，油系统不应有渗油现象。

⑤ 变压器试运行要注意冲击电流、空载电流、一、二次电压、温度，并做好详细记录。

⑥ 变压器并列运行前，相位核对应正确。

⑦ 变压器空载运行24h，无异常情况，方可投入负荷运行。

2）验收

① 变压器带电运行24h后无异常情况，应办理验收手续。

② 验收时，应移交有关资料和文件。

2. 配电箱（柜）安装

（1）成套配电箱（柜）安装

1）材料设备要求

① 设备及材料的质量均应符合设计、国家现行技术标准及其他相关文件（如采购合同）的规定，并应有产品质量合格证和随带技术文件，实行生产许可证和安全认证制度的产品，有许可证编号和安全认证标志。

② 外观检查：包装及密封应良好。开箱检查清点，型号、规格应符合设计要求，柜（盘）本体外观检查应无损伤及变形，油漆完整无损，有铭牌，柜内元器件无损坏丢失、无裂纹等缺陷。接线无脱落脱焊，充油、充气设备无泄漏，涂层完整，无明显碰撞凹陷，附件、备件齐全。装有电器的活动盘、柜门，应以裸铜软线与接地的金属构架可靠接地。

③ 柜、屏、台、箱、盘的金属框架及基础型钢必须接地（PE）或接零（PEN）可靠；装有电器的可开启门，门和框架的接地端子间应用裸编织铜线连接，且有标识。

④ 低压成套配电柜、控制柜（屏、台）和动力、照明配电箱（盘）应有可靠的电击保护。柜（屏、台、箱、盘）内保护导体应有裸露的连接外部保护导体的端子，当设计无要求时，柜（屏、台、箱、盘）内保护导体最小截面积Sp不应小于表6-91的规定。

保护导体的最小截面积 表 6-91

相线的截面积 S（mm^2）	相应保护导体的最小截面积 S_p（mm^2）
$S\leqslant16$	S
$16<S\leqslant35$	16
$35<S\leqslant400$	$S/2$
$400<S\leqslant800$	200
$S>800$	$S/4$

注：S 指柜（屏、台、箱、盘）电源进线相线截面积，且两者（S、S_p）材质相同。

⑤ 基础型钢规格型号符合设计要求，并且无明显锈蚀。

⑥ 其他材料。涂料（面漆、相色、防锈）、焊条、绝缘胶垫、锯条等均应符合相关质量标准规定。

2）施工工艺流程

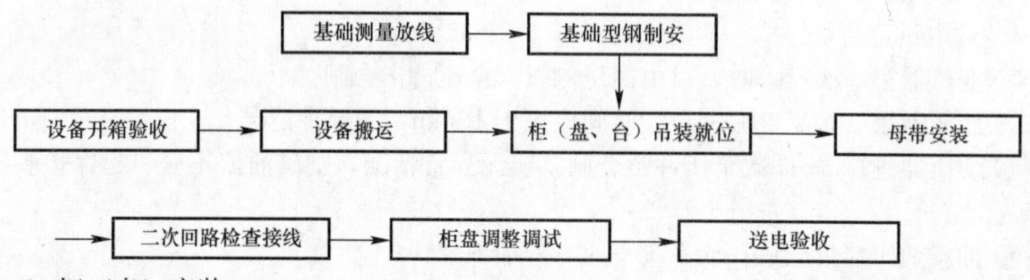

3）柜（盘）安装

① 基础测量放线

按施工图纸标定的坐标方位、尺寸进行测量放线，确定型钢基础安装的边界线和中心线。

② 基础型钢制作安装

a. 基础型钢制作。将不直的型钢先调直，再按施工图纸要求的尺寸下料，组焊基础型钢架。组焊时应注意槽钢口朝内，型钢架顶面要在一个平面上，焊接时要对称焊，避免扭曲变形，焊缝要满焊。按柜（盘）底脚固定孔的位置尺寸，在型钢架的顶面上打好安装孔，也可在组立柜（盘）时再打孔。在定孔位时，应使柜（盘）底面与型钢立面对齐，并应刷好防锈漆。

b. 基础型钢架安装。将已预制好的基础型钢架放在测量放线确定的位置的预埋铁件上，用水准仪或水平尺找平、找正，安装偏差如表 6-92。

基础型钢安装允许偏差 表 6-92

项目	允许偏差	
	(mm/m)	(mm/全长)
不直度	1	5
水平度	1	5

基础型钢上表面应处于同一水平面。找平过程中，用垫铁垫在型钢架与预埋件之间找平，但每组垫铁不得超过三块。然后，将基础型钢架、预埋件、垫铁用电焊焊牢。基础型钢架的顶部应高出地面 5～10mm（型钢是否需要高出地面，应根据设计及产品技术文件要求而定）。

c. 基础型钢架的接地。在型钢结构架的两端与引进室内的接地扁钢焊牢，焊接面为扁钢宽度的二倍，三面满焊，焊接处除去氧化铁，做好防腐处理，然后将基础型钢架涂刷二道面漆。

③ 柜（盘、台）吊装就位

a. 运输。首先应确保运输通道平整畅通。根据设备重量、外形尺寸、距离长短可采用汽车、汽车吊配合运输、人力推车运输或卷扬机滚杠运输。汽车运输时，必须用麻绳将设备与车身固定牢，开车要平稳。盘、柜等在搬运和安装时应采取防振、防潮、防止框架变形和漆面受损等安全措施，必要时可将装置性设备和易损元件拆下单独包装运输。当产品有特殊要求时，尚应符合产品技术文件的规定。

b. 设备吊装。柜（盘）顶部有吊环时，吊点应为设备的吊环；无吊环时，应将吊索挂在四角的主要承重结构处（注意不得损坏箱体），不得将吊索吊在设备部件上，吊索的绳长应一致，以防柜体受力不均产生变形或损坏部件。

c. 柜（盘）安装。应按施工图纸依次将柜平稳、安全、准确就位在基础型钢架上。单独的柜（盘）只保证柜面和侧面的垂直度。成排柜（盘）就位之后，先找正两端的柜，再由距柜上下端 20cm 处绷上通线，逐台找正，以成排柜（盘）正面平顺为准。找正时采用 0.5mm 铁片进行调整，每组垫片不能超过三片，柜、屏、台、箱、盘安装垂直度允许偏差为 1.5‰，相互间接缝不应大于 2mm，成列盘面偏差不应大于 5mm。调整后及时作临时固定，根据柜的固定螺孔尺寸，用手电钻在基础型钢架上钻孔，分别用 M12 或 M16 镀锌螺栓固定。紧固时要避免局部受力过大，以免变形，受力要均匀，并应有防松措施。

d. 固定。柜（盘）就位，用水平尺或水平仪将柜找正、找平后，应将柜体与柜体、柜体与侧挡板均用镀锌螺丝连接为整体，且应有防松措施。

e. 接地。应以每台柜（盘）单独与基础型钢架连接，严禁串联连接接地。所有接地连接螺栓处应有防松装置。

④ 母带安装

a. 柜（盘）骨架上方的母带安装必须按设计施工，母带规格型号必须与设计相符，相序、间距与设计一致，绝缘达到设计及规范相关要求的规定。

b. 绝缘端子与接线端子间距合理，排列有序，安装牢固，规格与母带截面相匹配。所有连接螺栓应采用镀锌螺栓，并应有防松措施，连接牢固。

c. 母带应设有防止异物坠落其上而使母带短路的措施。

⑤ 二次回路检查结线

a. 按柜（盘）工作原理图及接线图逐台检查柜（盘），电器元件应与设计相符，其额定电压和控制、操作电源电压必须一致，接线应正确，整齐美观，绝缘良好，连接牢固，且不得有中间接头。

b. 多油设备的二次接线不得采用橡皮线，应采用塑料绝缘线或其他耐油导线。

c. 接到活动门、板上的二次配线必须采用 2.5mm^2 以上的绝缘软线，并在转动轴线附近两端留出裕量后卡固，结束处应有外套塑料管等加强绝缘层；与电器连接时，端部应绞紧，并应加终端附件或搪锡，不得松散、断股。

d. 在导线端部应套有号码管，号码与原理图一致，导线应顺时针方向弯成内径比端子接线螺钉外径大 0.5～1mm 的圆圈；多股导线应先拧紧、挂锡、煨圈，并卡入梅花垫，或采用压接线鼻子，禁止直接插入。

e. 控制线校线后，将每根芯线理顺直敷在线槽内，用镀锌螺丝、平垫圈、弹簧垫连接在每个端子板上，每侧一般一端子压一根线，最多不得超过两根，而且必须在两根线间加垫圈。多股线应搪锡，严禁产生断股缺股现象。

f. 不应将导线绝缘层插入接线端子内，以免造成接触不良，也不应插入过少，以致掉落。

g. 强、弱电回路不应使用同一根电缆，并应分别成束分开排列。

4）调试

柜（盘）调试应符合以下规定：

① 高压试验应由供电部门认定有资质的试验单位进行。高压试验结果必须符合国家现行技术标准的规定和柜（盘）的技术资料要求。

② 手车、抽出式成套配电柜推拉应灵活，无卡阻碰撞现象。动触头与静触头的中心线应一致，且触头接触紧密，投入时，接地触头先于主触头接触；退出时，接地触头后于主触头脱开。

③ 高低压成套配电柜必须按规定作交接试验合格，且应符合下列规定：

a. 继电保护元器件、逻辑元件、变送器和控制用计算机等单体校验合格，整组试验动作正确，整定参数符合设计要求；

b. 凡经法定程序批准，进入市场投入使用的新高压电气设备和继电保护装置，按产品技术文件要求交接试验。

④ 试验内容。高低压柜框架、高低压开关、母线、电压互感器、电流互感器、避雷器、电容器、高压瓷瓶等。详见本章相关节及《电气装置安装工程 电气设备交接试验标准》GB 50150。

5）送电试运行

① 送电前应做好如下工作：

a. 设备和工作场所必须彻底清扫干净，所有电器、仪表元件清洁完成（清扫时注意不要用液体），不得有灰尘和杂物，尤其母线上和设备上不能留有工具、金属材料及其他物件，可再次对相间、相对地、相对零进行绝缘电阻测试，测试值必须符合要求。

b. 应备齐试验合格的绝缘防护用品（绝缘防护装备、胶垫，以及接地编织铜线）和应急物资（灭火器材），以及测试工具等，做好应急预案。

c. 试运行的组织工作。明确试运行指挥者、操作者和监护者，监护者必须由有经验的工程师担任。

d. 各试验项目全部合格，有试验报告单，并经监理工程师签字认可后，方可进行送电。

e. 各种保护装置（如继电保护）动作灵活可靠，控制、连锁（电气连锁、机械连锁）、信号等动作准确无误。

② 送电应符合以下规定：

a. 送电流程如下：

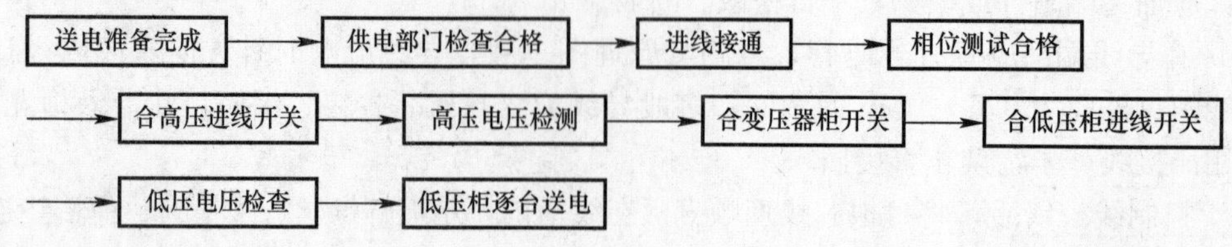

以上流程必须依次执行，每一步合格以后，才能进行下一步的操作。

b. 同相校核。在开关断开状态下进行同相校核。用万用表或电压表电压挡测量两路的同相，此时电压表无读数，表示两路电同一相。

6）验收

① 送电运行 24h，配电柜运行正常，无异常现象方可办理验收手续，交建设单位使用。

② 验收提交各种文件资料。

（2）配电箱（盘）安装

1）材料设备要求

① 配电箱（盘）体应有一定的机械强度，周边平整无损伤，油漆无脱落，材质应选择阻燃性材料。产品合格证和随带技术文件齐全，实行生产许可证和安全认证制度的产品，有许可证编号和安全认证标志。其箱体应满足以下要求：

a. 配电箱（盘）的选型配置必须符合设计及规范要求。

b. 铁制配电箱（盘）：均需先刷一遍防锈漆，再刷面漆二道。预埋的各种铁件均应刷防锈漆，并做好明显可靠的接地。导线引出面板时，面板线孔应光滑无毛刺，金属面板应装设绝缘保护套。二层底板厚度不小于 1.5mm，箱内各种器具应安装牢固，导线排列整齐，压接牢固。

c. 紧固件、配件和金具均应采用镀锌制品。

② 箱、盘间配线：电流回路应采用额定电压不低于 750V、芯线截面积不小于 2.5mm^2 的铜芯绝缘电线或电缆；除电子元件回路或类似回路外，其他回路的电线应采用额定电压不低于 750V、芯线截面不小于 1.5mm^2 的铜芯绝缘电线或电缆。箱内绝缘导线的规格型号必须符合设计及规范要求。箱、盘间线路的线间和线对地间绝缘电阻值，馈电线路必须大于 0.5MΩ；二次回路必须大于 1MΩ。二次回路连线应成束绑扎，不同电压等级、交流、直流线路及计算机控制线路应分别绑扎，且有标识。箱、盘间二次回路交流工频耐压试验，当绝缘电阻值大于 10MΩ 时，用 2500V 兆欧表摇测 1min，应无闪络击穿现象；当绝缘电阻值在 1～10MΩ 时，做 1000V 交流工频耐压试验，时间 1min，应无闪络击穿现象。

③ 配电箱的配件齐全，箱中配专用保护接地端子排的应与箱体连通形成电气通路。工作零线设在明显处，工作零线的端子排应固定在绝缘子上，端子排交流耐压不低于 2500V。端子排应为铜制，用以紧固端子排的螺栓应不小于 M5。

④ 配电箱内的母线应套绝缘管，绝缘管宜用黄（L1）、绿（L2）、红（L3）等颜色区分。

⑤ 箱内电器元件之间的安全距离，其净距见表 6-93 规定。

配电箱元件安全距离 **表 6-93**

	最小净距（mm）	电器名称	最小净距（mm）
并列电度表	60	电度表接线管头至表下沿	60
并列开关或单极保险	30	上下排电器管头	25
进出线管头至开关上下沿 10～15A	30	管头至盘边	40
20～30A	50	开关至盘边	40
60A	80	电度表至盘边	60

⑥ 照明箱（盘）内，分别设置零线（N）和保护地线（PE线）汇流排，零线和保护地线经汇流排配出。配电箱（盘）带有器具的铁制盘面和装有器具的门及电器的金属外壳均应有明显可靠的PE保护地线。

2）施工工艺流程

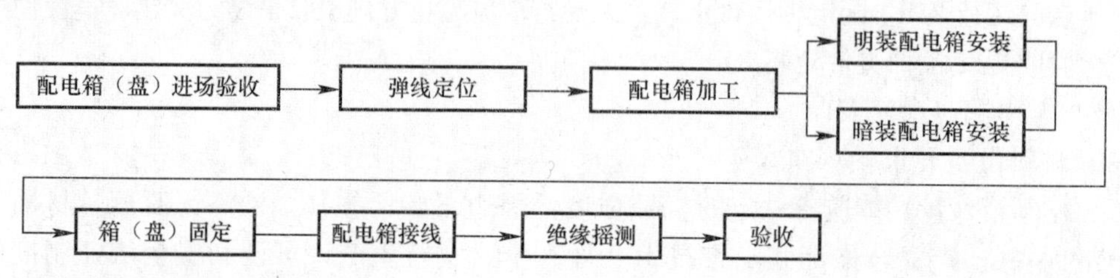

3）配电箱（盘）安装

① 弹线定位

根据设计要求找出配电箱（盘）位置，并按照箱（盘）的外形尺寸进行弹线定位；配电箱应安装在易于操作维护的位置。

② 配电箱（盘）的加工

盘面可采用厚塑料板、钢板。

盘面的组装配线如下：

a. 实物排列：将盘面板放平，再将全部电具、仪表置于其上，进行实物排列。对照设计图及电具、仪表的规格和数量，选择最佳位置使之符合间距要求，并保证操作维修方便及外形美观。

b. 加工：位置确定后，用方尺找正，画出水平线，分均孔距。然后撤去电具、仪表，进行钻孔（孔径应与绝缘嘴吻合）。钻孔后除锈，刷防锈漆及灰油漆。

c. 固定电具：油漆干后装上绝缘嘴，并将全部元器件固定在配电箱上，安装牢固。

d. 电盘配线；要求导线应排列整齐，绑扎成束。压头时，将导线留出适当余量，削出线芯，逐个压牢。但是多股线需用压线端子。如立式盘，开孔后应首先固定盘面板，然后再进行配线。

③ 配电箱（盘）安装

a. 铁架固定配电箱（盘）

将角钢调直，量好尺寸，锯断煨弯，钻孔位，焊接。煨弯时用方尺找正，将对口缝满焊牢固，并将埋注端做成燕尾，再除锈刷防锈漆。然后按照标高用水泥砂浆将铁架燕尾端埋注牢固，埋入时要注意铁架的平直程度和孔间距离，应用线坠和水平尺测量准确后再稳住铁架。待水泥砂浆凝固达到一定强度后方可进行配电箱（盘）的安装。

b. 金属膨胀螺栓固定配电箱（盘）

采用金属膨胀螺栓可在混凝土墙或砖墙上固定配电箱（盘）。先弹线定位，找出准确的固定点位置，用电钻或冲击钻在固定点位置钻孔，其孔径应与金属膨胀螺栓的胀管相配套，且孔洞应平直不得歪斜。

④ 配电箱（盘）的固定

a. 在混凝土墙或砖墙上固定明装配电箱（盘）时，采用暗配管及暗分线盒和明配管两种方式。如有分线盒，先将盒内杂物清理干净，然后将导线理顺，分清支路和相序，按支路绑扎成束。待箱（盘）找准位置后，将导线端头引至箱内或盘上，逐个剥削导线端头，再逐个压接在器具上，同时将PE保护地线压在明显的地方，并将箱（盘）调整平直后进行固定，其垂直偏差不应大于3mm。在电器、仪表较多的盘面板安装完毕后，应先用仪表校对有无差错，调整无误后试送电，并将卡片框内的卡片填写好部位、编上号。

b. 在木结构或轻钢龙骨护板墙上进行固定配电箱（盘）时，应采用加固措施。如配管在护板墙内暗敷设，并有暗接线盒时，要求盒口应与墙面平齐，在木制护板墙处应做防火处理，可涂防火漆或加防火材料衬里进行防护。除以上要求外，有关固定方法同上所述。

c. 暗装配电箱的固定：

箱体与建筑物、构筑物接触部位应涂防腐涂料，根据预留孔洞尺寸先将箱体找好标高及水平尺寸，并将箱体固定好，然后用水泥砂浆填实周边并抹平齐，待水泥砂浆凝固后再安装盘面。如箱底与外墙平齐时，应在外墙固定金属网后再做墙面抹灰。不得在箱底板上抹灰。安装盘面要求平整，周边间隙均匀对称，箱面平正、不歪斜，螺丝垂直受力均匀。

⑤ 配电箱导线与器具的连接

a. 配电箱导线与器具的连接，箱（盘）内配线整齐，无铰接现象。导线连接紧密，不伤芯线，不断股。垫圈下螺丝两侧压的导线截面积相同，同一端子上导线连接不多于2根，防松垫圈等零件齐全；回路编号齐全，标识正确。

b. 接线桩头针孔直径较大时，将导线的芯线折成双股或在针孔内垫铜皮，如果是多股芯线上缠绕一层导线，以增大芯线直径使芯线与针孔直径相适应。导线与针孔或接线桩头连接时，应拧紧接线桩上螺钉，顶压平稳牢固且不伤芯线。

4）绝缘测试

配电箱（盘）全部电器安装完毕后，用500V兆欧表对线路进行绝缘摇测。摇测项目包括相线与相线之间、相线与中性线之间、相线与保护地线之间、中性线与保护地线之间的绝缘电阻值。两人进行摇测，同时做好记录，作为技术资料存档。

5）验收

① 箱（盘）内配线整齐，无铰接现象。导线连接紧密，不伤芯线，不断股。垫圈下螺丝两侧不应压不同截面导线，同一端子上导线连接不应超过两根，防松垫圈等配件齐全。

② 箱（盘）内开关动作应灵活可靠，带有漏电保护的回路，漏电保护装置动作电流和动作时间应符合设计及规范要求。

③ 位置正确，部件齐全、箱体开孔与线管管径相适配，暗式配电箱箱盖紧贴墙面，箱（盘）涂层完整。

④ 箱（盘）内接线整齐，回路编号齐全，标识正确。

⑤ 照明配电箱（盘）不应采用可燃材料制作。

⑥ 箱（盘）应安装牢固，垂直度允许偏差为1.5‰，底边距地面为1.5m或设计高度，照明配电板底边距地面不小于1.8m或设计高度。

⑦ 照明箱（盘）内，分别设置零线（N）和保护地线（PE线）汇流排，零线和保护地线经汇流排配出。

⑧ 箱、盘的金属框架及基础型钢必须接地（PE）或接零（PEN）可靠；装有电器的可开启门，门和框架的接地端子间应用裸编织铜线连接，且有标识。

3. EPS/UPS 安装

(1) 应急电源 EPS

为应急照明负载及设备/动力负载提供应急备用电源。

1) 施工方法

① EPS 装置安装注意事项

a. 15kW 以上（含 15kW）的 EPS 装置由主机柜和电池柜两部分组成，15kW 以下的 EPS 装置主机和电池安装在一个配电箱（柜）内。

b. 由于蓄电池较重，若为壁挂安装 EPS 箱，要求固定设备的墙面应有足够强度以承担设备的重量，因此 0.5～2kW 的 EPS 装置既可壁挂安装也可落地安装，3kW 以上的 EPS 装置只能落地安装，落地安装的 EPS 装置应先安装槽钢底座。

② EPS 具体安装方法详见配电箱（柜）安装相关章节内容。

2) EPS 装置蓄电池的安装及接线

① 准备

蓄电池的安装及电池连线的安装应该同步进行。蓄电池安装之前，首先检查随机配套的电池规格和数量是否与蓄电池容量相匹配，然后检查随机配套的电池连接导线数量是否满足需要。

随设备配套的电池连接线的配置按照类别一般均有标示，大致分为：红色导线为电池组正极连接导线；黑色或蓝色为电池组负极连接导线；同层电池连接导线；层间电池连接导线；保险丝连接导线。

② 蓄电池的安装

a. 将连接 1 号电池负极的导线（黑色或蓝色）一端做好绝缘处理（暂时自由端），另一端牢固押接在电池的负极端子上，然后将电池按照图示位置安装。

b. 将连接 2 号电池负极的导线一端做好绝缘处理（暂时自由端），另一端牢固压接在电池的负极端子上，然后将电池按照图示位置安装。

c. 将连接 2 号电池负极导线的暂时自由端除去绝缘保护，压在 1 号电池的正极端子上。

d. 以相同的方法将 3 号、4 号……电池安装完毕。层间蓄电池的连接导线（黄色长线）应从电池仓隔板两端的穿线孔中穿过。

e. 将连接最高位电池正极的导线（红色）的暂时自由端作好绝缘保护，另一端压接在该电池的“+”极上。现以 8kW 的 EPS 为例，介绍电池安装以及电池连接线的安装，EPS 装置蓄电池摆放及接线示意图见图 6-81。

f. 确认该 EPS 装置的电池断路器处于“关 OFF”状态，将电池组正极导线（红色）的暂时自由端除去保护，压接在 EPS 装置的断路器“电池+”接线端子上。

g. 同时，将电池组负极导线（黑色或蓝色）的暂时自由端除去保护，压接在 EPS 装置的断路器“电池-”接线端子上。

h. 查各接线端子是否压接良好，有无短路危险，用直流电压表检查 EPS 装置“电池+”和“电池-”端子电压是否正常。

i. 对电池组正负极导线作适当绑扎固定。

③ 蓄电池电池检测线的连接

电池检测线和电池连线应该同时进行安装。在连接电池连线的同时，在每节电池的

“+”极均压接一根电池检测线；在电池组的总负极“－”引出端子处压接一根电池检测线。

将装置内已经准备好的电池检测线缆按照标号分别与相应的电池“+”极和总“－”极连接。

3）EPS 装置调试检测

① EPS 装置控制及显示功能介绍

a. 设备操作开关及断路器包括电池断路器、市电输入断路器、输出支路断路器、强制运行开关、自动/手动开关、启动及停止按钮、消声按钮。

b. 在 EPS 装置箱体面板上的指示灯包括绿色市电指示灯、红色充电指示灯、红色应急指示灯、黄色故障指示灯、黄色过载指示灯。

② 调试检测方法及步骤（本步骤应以产品随机文件为准）

a. 检查 EPS 装置主机柜和电源柜之间的连接线缆，检查电池安装以及接线，确认正确无误；确认设备上所有断路器处于“关”状态；确认 EPS 装置负荷回路均可以送电。

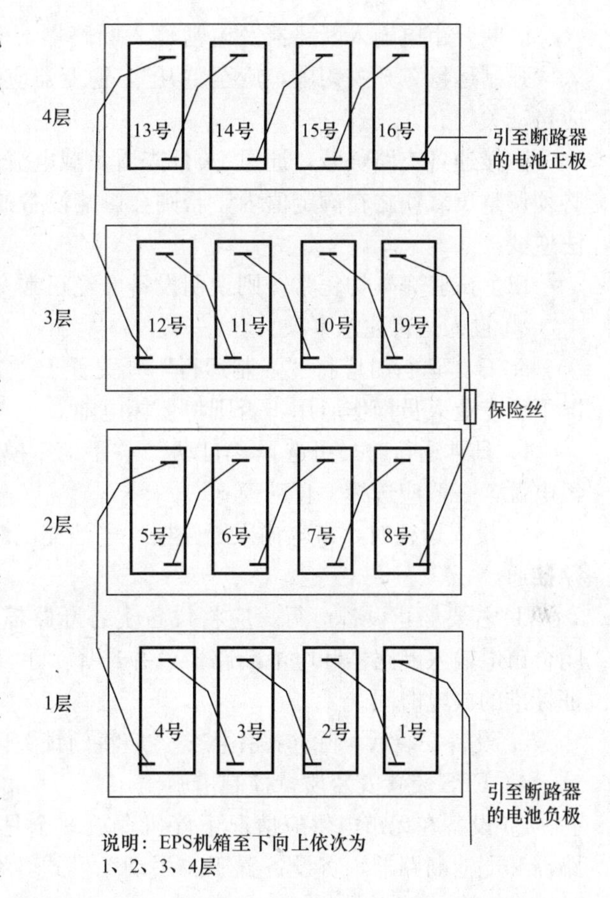

图 6-81 EPS 装置蓄电池摆放及接线示意图

b. 绝缘摇测完毕，确认无误。

c. 确认带 EPS 电源装置的配电箱（柜）内已经带电，然后将负责 EPS 装置送电的断路器（市电输入）闭合，用电压表检查 EPS 装置内的市电输入端子的电压，确认正常（此时，EPS 装置内的市电输入断路器处于开启状态）。

d. 将 EPS 装置“强制运行”开关置于“关”状态。

e. 闭合装置内的市电输入断路器，装置发出音响警报，按“消声按钮”消声，察看 LCD 应有显示，“主电”指示灯应点亮，闭合电池输入断路器，“充电”指示灯点亮。

f. 按动翻屏按键，察看各项显示内容是否正常。按动“电池查询”按钮查看电池电压，若电池为满量，则显示的电池组电压为充电器浮动电压，应为额定电池电压的 115% 左右，通过 LCD 查看每节电池的电压，有异常时会有报警。

g. 将“手动/自动”开关置于“手动”，在手动模式下，按下启动按钮约 2 秒，何以启动逆变器，提供应急供电。此时，可听见风扇启动运转，表明逆变器已经启动，“应急”指示灯点亮，通过 LCD 查看工作状态以及输出电压是否正常；按下“停止”按钮约 2 秒，逆变器停止运行，转化为市电工作状态。

h. 将“手动/自动”开关置于“自动”，断开市电输入断路器，逆变器立即自动启动；闭合市电输入断路器，约 5 秒后，逆变器应自动关闭，表明自动功能正常。

i. 断开市电输入断路器及电池输入断路器，等待约 10 秒后合上电池输入断路器，插入“强制运行”开关钥匙，旋至“开”，逆变器应启动，再旋至“关”，约 5 秒后，逆变器应自动关闭。

j. 接通各支路负载，通过 LCD 查看负载电流，不应超过额定值。若超过额定电流值，必须调整负载使之在额定值内，否则会影响设备的正常工作，严重时会导致市电掉电时无法逆变。

以上试验完毕均正常，则说明设备已经正常安装，可投入运行。

③ 投入运行注意事项

a. 日常运行时应将“强制运行”开关置于“关”状态。强制运行模式一般仅在紧急情况下由专业人员操作启用，否则将损坏电池。

b. 日常运行时，可选择“自动”、“手动”模式。为保证市电异常时 EPS 自动提供已经电源，一般应选择“自动模式”。

c. 投入运行时，市电输入断路器、电池充电断路器、需要送电的输出支路断路器均必须接通。

d. 若要停止设备运行，应将设备上各断路器均断开；如果需要人为蓄电池充电，应闭合市电输入断路器和电池断路器，并选择“手动模式”；正常充电 20 小时以上，即可保证标准的放电时间。

e. 设备安装后，除非操作需要，应将门锁关闭，以防非专业人员误操作。

4）EPS 装置安装质量控制措施

① 设备在无市电供应情况下停机存放 3 个月以上，需要接通市电，闭合市电输入断路器和电池断路器，将设备置于“手动”模式，充电 20 小时以上，以保持电池电量，延长电池寿命。

② 设备超过 3 个月不发生停电，应人为切断设备市电供应，启动逆变器进行放电，以活化电池组极板，检验并确保电池组能可靠工作。放电时，应在接通负载的情况下进行，50%以上负载放电 1 小时左右即可，放电后应及时回复市电进行充电。不要采用“强制运行”模式放电，以防发生过放电，损坏电池。

③ 设备出现任何故障报警后，均需要断开所有断路器并等待 10 秒后重新开机，否则设备将一直处于故障保护状态而无法正常工作，严重时会导致市电掉电时设备无法自动逆转。

④ 蓄电池的正常使用应定期更换。更换蓄电池前必须先将设备上的各断路器全部断开。

（2）不间断电源 UPS

为计算机类负载（重要弱电机房）提供不间断、不受外部干扰的交流电连续供电电源。

1）UPS 安装

① 开箱检查

a. UPS 电源设备完整无损，设备型号及种类与设计图纸、合同相符。

b. 按装箱清单逐项清查设备附件、备件型号及数量与设计图纸、合同相符，随机专用工具齐全。

c. 随机资料齐全（出厂检查合格证、产品性能说明书、出厂测试记录、产品安装说明书、保修卡等）。

d. 蓄电池检查

（a）外观完整无损。

（b）电解液无外渗现象。

（c）各接线柱和接线连线装置牢靠。

（d）单个蓄电池的空载电压和加负载电压符合蓄电池的技术性能要求。

（e）多组蓄电池的串并联接法符合要求，各组蓄电池的电压差在控制范围内。

② UPS 安装

UPS 电源的主机柜和蓄电池柜安装详见配电箱（柜）安装相关章节内容。

③ 电缆敷设与接线

详见电缆敷设与接线编制相关章节内容。

④ 蓄电池组安装、接线

详见 EPS 蓄电池组安装、接线编制相关章节内容。

2）UPS 调试

① 调试前的检查

a. 接线方式是否正确，接线端子是否紧固。

b. UPS 电源主机和蓄电池柜接地线是否完善、可靠，柜内及周围地面无污物。

c. 蓄电池组的连接是否正确可靠，电池到电池开关、电池开关到主机的连接极性是否正确。

d. 各组件（充电器、逆变器等）外观情况是否正常，接线及插头处紧固、可靠。

e. 放电时用的用电设备准备完毕。

② 调试用仪器、仪表

a. 三用表、高阻表、示波器、频率表、相序表、交流电流测量仪表等。

b. 放电时，用电设备负载要求：

（a）放电负载为阻性（电阻丝或水电阻），不使用容性负载。

（b）负载要有逐级增加的控制开关，避免大电流通断。

（c）负载要有良好的户外散热措施，不要将热量放在机房内。

（d）有效的安全防护措施。

③ UPS 调试详见电气调试相关内容。

6.3.2 照明器具与控制装置安装施工工艺

1. 灯具安装

（1）材料要求

① 在建筑施工过程中，为保证施工的质量、对室内（外）环境的照度，必须严格按照国家现行的设计规范、施工技术标准及工程设计图纸进行灯具的选型和施工。

② 所选用的灯具及控制器件（开关、插座）的各项指标必须满足现行的国家标准及国际标准，所有装置必须具有合格证、3C 认证及检测报告。

③ 一些专业灯具还必须具有其专业认可的资质证书（如消防用灯具必须具有消防认证书）。

(2) 普通灯具安装

① 灯具的固定应符合下列规定：

a. 灯具重量大于3kg时，固定在螺栓预埋吊钩上；软线吊灯，灯具重量在0.5kg及以下时，采用软电线自身吊装；大于0.5kg的灯具采用吊链，且软电线编叉在吊链内，使电线不受力。

b. 灯具固定牢固可靠，不使用木楔。每个灯具固定用螺钉或螺丝不少于2个；当绝缘台直径在75mm及以下时，采用1个螺钉或螺栓固定。

c. 花灯吊钩圆钢直径不小于灯具挂销直径，且不小于6mm。大型花灯的固定及悬吊装置，应按灯具重量的2倍做过载试验；当钢管作灯杆时，钢管内径不应小于10mm，钢管厚度不应小于1.5mm。

d. 灯具带电部件的绝缘材料以及提供防触电保护的绝缘材料，应耐燃烧和防明火。

② 当设计无要求时，灯具的安装高度和使用电压等级应符合下列规定：

一般敞开式灯具，灯头对地面距离不小于下列数值（采用安全电压时除外）：

室外：2.5m（室外墙上安装）；厂房：2.5m；室内：2m；软吊线带升降器的灯具在吊线展开后：0.8m。危险性较大及特殊危险场所，当灯具距地面高度小于2.4m时：使用额定电压为36V及以下的照明灯具，或有专用保护措施；灯具的可接近裸露导体必须接地（PE）或接零（PEN）可靠，并应有专用接地螺栓，且有标识；装有白炽灯泡的吸顶灯具，灯泡不应紧贴灯罩；当灯泡与绝缘台间距离小于5mm时，灯泡与绝缘台间应采取隔热措施。

(3) 专用灯具安装

① 游泳池和类似场所灯具（水下灯及防水灯具）的等电位联结应可靠，且有明显标识，其电源的专用漏电保护装置全部检测合格。自电源引入灯具的导管必须采用绝缘管。

② 手术台无影灯安装应符合下列规定：

a. 固定灯座的螺栓数量不少于灯具法兰底座上的固定孔数，且螺栓直径与底座孔径相适配；螺栓采用双螺母锁固；底座紧贴顶板，四周无缝隙；在混凝土结构上螺栓与主筋相焊接或将螺栓末端弯曲与主筋绑扎锚固；

b. 配电箱内装有专用总开关及分路开关，电源分别接在两条专用的回路上，开关至灯具的电线采用额定电压不低于750V的铜芯多股绝缘电线。灯具表面保持整洁、无污染，镀、涂层完整无划伤。

③ 应急照明灯具安装应符合下列规定：

a. 疏散照明按设计及规范要求选用灯具。

b. 安全出口标志灯和疏散标志灯装有玻璃或非燃材料的保护罩，面板亮度均匀度为1∶10（最低∶最高），保护罩应完整、无裂纹。

c. 应急照明灯的电源除正常电源外，另有一路电源供电；或者是独立于正常电源的柴油发电机组供电；或由蓄电池柜供电或选用自带电源型应急灯具。

d. 应急照明在正常电源断电后，电源转换时间为：疏散照明≤15s；备用照明≤15s（金融商店交易所≤1.5s）；安全照明≤0.5s。

e. 疏散照明由安全出口标志灯和疏散标志灯组成，安全出口标志灯距地高度不低于2m，且安装在疏散出口和楼梯口里侧的上方。

f. 疏散标志灯安装在安全出口的顶部，楼梯间、疏散走道及其转角处应安装在1m以下的墙面上。不易安装的部位可安装在上部。疏散通道上的标志灯间距不大于20m（人防工程不大于10m）；不影响正常通行，且不在其周围设置容易混同疏散标志灯的其他标志牌等。

g. 应急照明灯具、运行中温度大于60℃的灯具，当靠近可燃物时，采取隔热、散热等防火措施。当采用白炽灯、卤钨灯等光源时，不直接安装在可燃装修材料或可燃物件上；应急照明线路在每个防火分区有独立的应急照明回路，穿越不同防火分区的线路有防火隔堵措施。

h. 疏散照明线路采用耐火电线、电缆，穿管明敷或在非燃烧体内穿刚性导管暗敷，暗敷保护层厚度不小于30mm。电线采用额定电压不低于750V的铜芯绝缘电线。

④ 防爆灯具安装应符合下列规定：

a. 灯具及开关的外壳完整，无损伤、无凹陷或沟槽，灯罩无裂纹，金属护网无扭曲变形，防爆标志清晰；防爆标志、外壳防护等级和温度组别与爆炸危险环境相适配。当设计无要求时，灯具种类和防爆结构的选型应符合表6-94的规定。

灯具种类和防爆结构的选型 **表6-94**

爆炸危险区域防爆结构照明设备种类	Ⅰ区		Ⅱ区	
	隔爆型d	增安型e	隔爆型d	增安型e
固定式灯	○	×	○	○
移动式灯	△	—	○	—
携带式电池灯	○	—	○	—
镇流器	○	△	○	○

注：○为适用；△为慎用；×为不适用。

b. 灯具配套齐全，不得用非防爆零件替代灯具配件（金属护网、灯罩、接线盒等）；灯具及开关的紧固螺栓无松动、锈蚀，密封垫圈完好；安装位置离开释放源，且不在各种管道的泄压口及排放口上下方安装灯具。

c. 灯具的开关安装高度1.3m，牢固可靠，位置便于操作；灯具吊管及开关与接线盒螺纹啮合扣数不少于5扣，螺纹加工光滑、完整、无锈蚀，并在螺纹上涂以电力复合酯或导电性防锈酯。

⑤ 36V及以下行灯变压器和行灯安装应符合下列规定：

a. 行灯变压器的固定支架牢固，油漆完整；

b. 携带式局部照明灯电线采用橡套软线。

(4) 景观照明、航空障碍标志和庭院照明灯具安装

① 景观照明灯安装

a. 工艺流程：

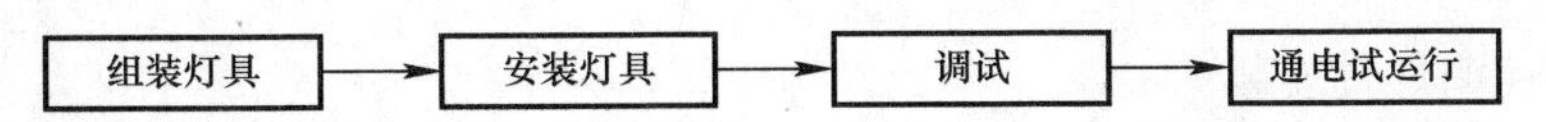

b. 施工要点

(a) 组装灯具

首先，将灯具拼装成整体，并用螺丝固定连成一体，然后按设计要求把各个灯口装

好。根据已确定的出线和走线的位置，将端子用螺丝固定牢固；根据已固定好的端子至各灯口的距离放线，把放好的导线削出线芯，进行涮锡，再压入各个灯口，理顺各灯头的相线和零线，用线卡子分别固定，按供电相序要求压入端子进行连接紧固。

（b）安装灯具

a）建筑物彩灯安装

彩灯安装均位于建筑物的顶部，彩灯灯具必须是具有防雨性能的专用灯具，安装时应将灯罩拧紧；配线管路应按明配管敷设，并具有防雨功能，管路间、管路与灯头盒间螺纹连接，金属导管及彩灯的构架、钢索等可接近裸露导体接地（PE）或接零（PEN）可靠；垂直彩灯悬挂挑臂采用不小于 10 号的槽钢。端部吊挂钢索用的吊钩螺栓直径不小于 10mm，螺栓在槽钢上固定，两侧有螺帽，且加平垫及弹簧垫圈紧固。挑臂的槽钢型号、规格及结构形式应符合设计要求，并应做好防腐处理，挑臂槽钢如是镀锌件应采用螺栓固定连接，严禁焊接。

悬挂钢丝绳直径不小于 4.5mm，底把圆钢直径不小于 16mm，地锚采用架空外线用拉线盘，埋设深度大于 1.5m。垂直彩灯采用防水吊线灯头，下端灯头距离地面高于 3000mm。

b）景观照明灯具安装

景观灯具安装。灯具落地式的基座的几何尺寸必须与灯箱匹配，其结构形式和材质必须符合设计要求。每套灯具安装的位置，应根据设计图纸而确定，投光的角度和照度应与景观协调一致，其导电部分对地绝缘电阻值必须大于 2MΩ。

景观落地式灯具安装在人员密集流动性大的场所时，应设置围栏防护。如条件不允许无围栏防护，安装高度应距地面 2500mm 以上。

金属结构架和灯具及金属软管，应作保护接地线，连接牢固可靠，标识明显。

埋地灯具体做法见图 6-82。

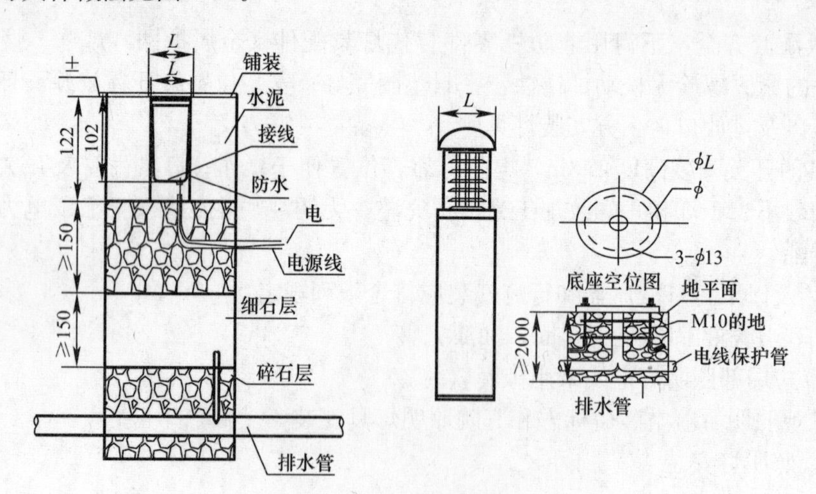

图 6-82 埋地灯安装

c）水下照明灯具安装

水下照明灯具及配件的型号、规格和防水性能，必须符合设计要求。

水下照明设备安装。必须采用防水电缆或导线。压力泵的型号、规格符合设计要求。

根据设计图纸的灯位，放线定位必须准确。确保投光的准确性。

位于灯光喷水池或音乐灯光喷水池中的各种喷头的型号、规格，必须符合设计要求，并应有产品质量合格证。

游泳池和类似场所灯具（水下灯及防水灯具）的等电位联结应可靠，且有明显标识，其电源的专用漏电保护装置应全部检测合格。自电源引入灯具的导管必须采用绝缘导管，严禁采用金属或有金属护层的导管。水下导线敷设应采用配管布线，严禁在水中有接头，导线必须甩在接线盒中。各灯具的引线应由水下接线盒引出，用软电缆相连。

灯头应固定在设计指定的位置（是指已经完成管线及灯头盒安装的位置），灯头线不得有接头，在引入处不受机械力。安装时应将专用防水灯罩拧紧，灯罩应完好，无碎裂。

喷头安装按设计要求，控制各个位置上喷头的型号和规格。安装时，必须采用与喷头相适应的管材，连接应严密，不得有渗漏现象。

压力泵安装牢固，螺栓及防松动装置齐全。防水防潮电气设备的导线入口及接线盒盖等应做防水密闭处理。

② 航空障碍标志灯和庭院灯安装

a. 工艺流程

灯架制作与组装→灯架安装→灯具接线→灯具安装。

b. 施工要点

（a）灯架制作与组装

a）钢材的品种、型号、规格、性能等，必须符合设计要求和国家现行技术标准的规定。

b）切割。按设计要求尺寸测量划线，必须采取机械切割，切割面应平直，无毛刺。

c）焊接应采用与母材材质相匹配焊条施焊。焊缝表面不得有裂纹、焊瘤、气孔、夹渣、咬边、未焊满、根部收缩等缺陷。

d）制孔。螺栓孔的孔壁应光滑、孔的直径必须符合设计要求。

e）组装。型钢拼缝要控制接缝的间距，确保其规整、几何尺寸准确，结构造型符合设计要求。

（b）灯架安装

a）灯架的联结件和配件必须是镀锌件，各结构件规格应符合设计要求。

b）承重结构的定位轴线和标高、预埋件、固定螺栓（锚栓）的规格和位置、紧固符合设计要求。

c）安装灯架时，定位轴线应从承重结构体控制轴线直接引上，不得从下层的轴线引上。

d）紧固件连接时，应设置防松动装置，紧固必须牢固可靠。

（c）灯具接线

配电线路导线绝缘检验合格，才能与灯具连接；导线相位与灯具相位必须相符，灯具内预留余量应符合规范的规定；灯具线不许有接头，绝缘良好，严禁有漏电现象，灯具配线不得外露；穿入灯具的导线不得承受压力和磨损，导线与灯具的端子螺丝拧牢固。

（d）灯具安装

a）航空障碍标志灯安装

航空障碍灯是一种特殊的预警灯具，用于高层建筑和构筑物。除应满足灯具安装的要求外，还有它特殊的工艺要求。安装方式有侧装式和底装式，通过联结件固定在支承结构件上，根据安装板上定位线，将灯具用 M12 螺栓固定牢靠；预埋钢板焊专用接地螺栓，并与接地干线可靠连接。

接线方法。接线时采用专用三芯防水航空插头及插座，详见图 6-83 所示。其中的 1、2 端头接交流 220V 电源，3 端头接保护零线。

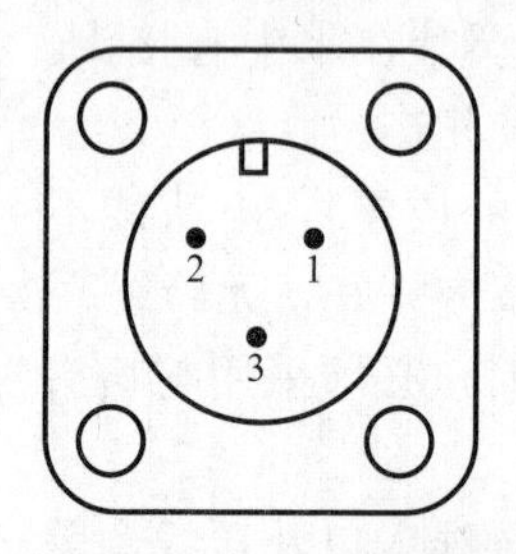

图 6-83 PLZ 型航空灯插座接线图

障碍照明灯灯具的电源按主体建筑中最高负荷等级要求供电。灯的启闭应采用露天安装光电自动控制器进行控制，以室外自然环境照度为参量来控制光电元件的导通以启闭障碍灯。也有采用时间程序来启闭障碍灯的，为了有可靠的供电电源、两路电源的切换最好在障碍灯控制盘处进行。

b）庭院灯（路灯）安装

每套灯具的导电部分对地绝缘电阻值大于 2MΩ；立柱式路灯、落地式路灯、特种园艺灯等灯具与基础固定可靠，地脚螺栓备帽齐全。灯具的接线盒或熔断器盒，盒盖的防水密封垫完整；金属立柱及灯具可接近裸露导体接地（PE）或接零（PEN）可靠。接地线单设干线，干线沿庭院灯布置位置形成环网状，且不少于 2 处与接地装置引出线连接。由干线引出支线与金属灯柱及灯具的接地端子连接，且有标识。

2. 开关、插座安装

（1）材料质量要求

① 开关、插座、接线盒和风扇及其附件应符合下列规定：

a. 查验合格证，防爆产品有防爆标志和防爆合格证；

b. 外观检查：开关、插座的面板及接线盒盒体完整、无碎裂、零件齐全，风扇无损坏，涂层完整，调速器等附件适配；

c. 对开关、插座的电气和机械性能进行现场抽样检测。检测规定如下：

不同极性带电部件的电气间隙和爬电距离不小于 3mm；绝缘电阻值不小于 5MΩ；用自攻锁紧螺钉或自切螺钉安装的，螺钉与软塑固定件旋合长度不小于 8mm，软塑固定件在经受 10 次拧紧退出试验后，无松动或掉渣，螺钉及螺纹无损坏现象；金属间相旋合的螺钉螺母，拧紧后完全退出，反复 5 次仍能正常使用。

② 辅助材料：

附属配件中金属铁件（膨胀螺栓、木螺丝、机螺栓等）均应是镀锌标准件，其规格、型号应符合设计要求，与组合件必须匹配。

（2）施工工艺流程如下：

① 清理

器具安装之前，将接线盒内残存的灰块、杂物剔掉清除干净，再用湿布将盒内灰尘擦净。若盒子有锈蚀，需除锈刷漆。

② 接线

a. 单相双孔插座接线，应根据插座的类别和安装方式而确定接线方法：

横向安装时，面对插座的右极接线柱应接相线，左极接线柱应接中性线，见图 6-84（*a*）；

竖向安装时，面对插座的上极接线柱应接相线，下极接线柱应接中性线，见图 6-84（*b*）。

b. 单相三孔及三相四孔插座接线时，应符合以下规定：

单相三孔插座接线时，面对插座上孔的接线柱应接保护接地线，面对插座的右极的接线柱应接相线，左极接线柱应接中性线，见图 6-84（*c*）；三相四孔插座接线时，面对插座上孔的接线柱应接保护地线，下孔极和左右两极接线柱分别接相线，见图 6-84（*d*）；接地或接零线在插座处不得串联连接；插座箱是由多个插座组成，众多插座导线连接时，应采用 LC 型压接帽压接总头后，然后再作分支线连接，详见图 6-85。

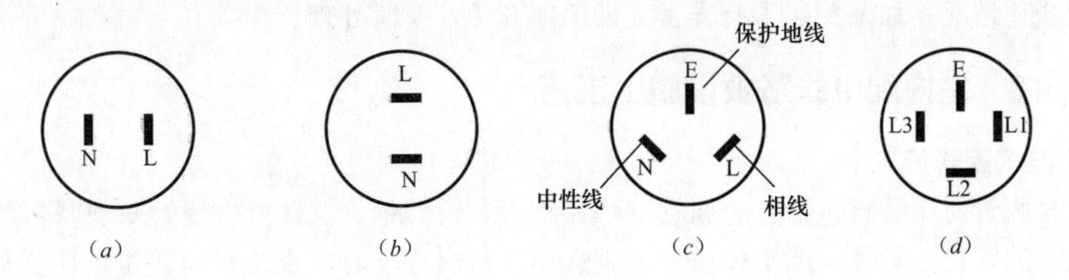

图 6-84　电源插座接线示意图

c. 开关接线，应符合以下要求：

（a）同一建筑物、构筑物的开关采用同一系列的产品，开关的通断位置一致，操作灵活、接触可靠；

（b）相线经开关控制；民用住宅无软线引至床边的床头开关。

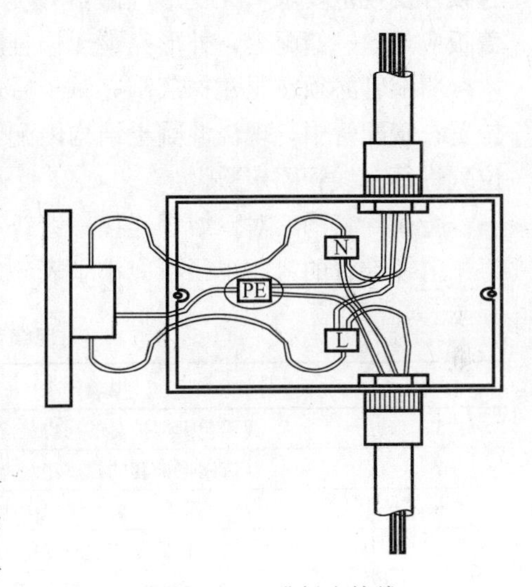

图 6-85　五孔插座接线

（3）调试运行及验收

1）通电试运行技术要求

① 每一回路的线路绝缘电阻不小于 0.5MΩ，关闭该回路上的全部开关，测量调试电压值是否符合要求，符合要求后，选用经试验合格的 5～6A 漏电保护器接电逐一测试，通电后应仔细检查和巡视，检查灯具的控制是否灵活，准确；开关与灯具控制顺序相对应，如果发现问题必须先断电，然后查找原因进行修复，合格后，再接通正式电路试亮。

② 全部回路灯具试验合格后开始照明系统通电试运行。

③ 照明系统通电试运行检验方法：

a. 灯具、导线、电缆和继电保护系统的调整试验结果，查阅试验记录或试验时旁站。

b. 空载试运行和负荷试运行结果，查阅试运行记录或试运行时旁站。

c. 绝缘电阻和接地电阻的测试结果，查阅测试记录或测试时旁站或用适配仪表进行抽测。

d. 漏电保护器动作数据值和插座接线位置准确性测定，查阅测试记录或用适配仪表进行抽测。

e. 螺栓紧固程度用适配工具作拧动试验；有最终拧紧力矩要求的螺栓用扭力扳手抽测。

2）运行中的故障预防

① 避免某一回路灯具线路发生短路故障，先测量其线路绝缘电阻；

② 减少故障损坏范围，采用开关逐一打开的方法；

③ 降低故障损伤程度，灯具试验线路上采用小容量、灵敏度很高的漏电保护器；

④ 派专人时刻观察电压表和电流表的指示情况，发现问题及时处理，最大限度地减少损失；

⑤ 根据配电设置情况，安排专人反复观察小开关有无异常，测量100A以上的开关端子温度变化情况，如开关端子有异常立即关闭开关，及时处理。

6.3.3 室内配电线路敷设施工工艺

1. 电气配管施工

电气配管所用管材包括：金属管（焊接钢管、镀锌钢管、薄壁电线管）、塑料管等。

电管的管材、管径应严格按设计要求选用。材料进场时，查验材料质量证明文件齐全有效，管材实物检查应外观完好，无开裂、凹扁等情况。盒、箱的大小尺寸以及壁厚应符合设计及规范要求，无变形，敲落孔完整无损，面板的安装孔应齐全，丝扣清晰，面板、盖板应与盒、箱配套，外形完整无损且颜色均一。

明配管必须在土建抹灰刮完腻子后进行，按施工图进行测量放线定位，确定接线盒的位置；暗配管中，现浇混凝土结构内配管，要在底部钢筋绑扎固定之后，根据施工图尺寸位置进行布线管固定敷设。

金属导管严禁对口熔焊连接；镀锌和壁厚小于等于2mm的钢导管不得套管熔焊连接。

电缆导管的弯曲半径不应小于表6-95电缆最小允许弯曲半径的要求。

电缆最小允许弯曲半径 **表6-95**

序号	电缆种类	最小允许弯曲半径
1	无铅包钢铠护套的橡皮绝缘电力电缆	$10D$
2	有钢铠护套的橡皮绝缘电力电缆	$20D$
3	聚氯乙烯绝缘电力电缆	$10D$
4	交联聚氯乙烯绝缘电力电缆	$15D$
5	多芯控制电缆	$10D$

注：D为电缆外径。

（1）明配管施工

1）厚壁镀锌钢管（即低压流体输送焊接镀锌钢管）明配施工工艺流程

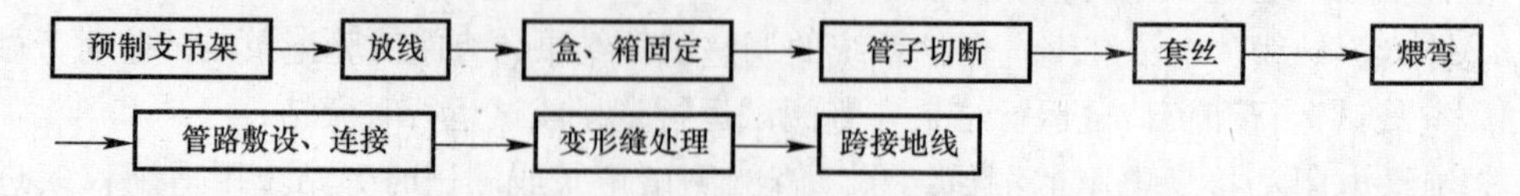

支吊架的规格设计无规定时，不应小于以下要求：吊杆用ϕ12mm的圆钢或通丝，扁钢支架30mm×3mm；角钢支架25mm×25mm×3mm；采用膨胀螺栓或预埋件固定，埋注支架要有燕尾，埋注深度不小于120mm。

支吊架预制安装：明配的导管固定点间距均匀，安装牢固；在终端、弯头中点或柜、台、箱、盘等边缘的距离150～500mm范围内设有管卡，中间直线段管卡间的最大距离应符合表6-96的规定。支吊架安装完成后应按有关设计及规范要求防腐处理。

管卡间最大距离 **表6-96**

敷设方式	导管种类	导管直径（mm）				
		15～20	25～32	32～40	50～65	65以上
		管卡间最大距离（m）				
支架或沿墙明敷	壁厚＞2mm刚性钢导管	1.5	2.0	2.5	2.5	3.5
	壁厚≤2mm刚性钢导管	1.0	1.5	2.0	—	—
	刚性绝缘导管	1.0	1.5	1.5	2.0	2.0

盒、箱固定：盒、箱安装应牢固平整，开孔整齐与管径相吻合。要求一管一孔，不得开长孔。铁制盒、箱严禁用电气焊开孔。

管子切断：配管前根据现场的实际放线及管路走向进行管子切割，切口应垂直、无毛刺，切割完后，用圆锉将管口的毛刺清理干净。

套丝：镀锌钢管进盒、箱采用套丝，锁母连接，丝长以安装完后外露2～3丝为宜。

煨管：煨管器的大小应与管径的大小相匹配；管路的弯扁度要不大于管外径的10%，弯曲处无折皱、凹穴和裂缝等现象。

管路敷设：先将管卡一端的螺丝拧紧一半，然后将管敷设在管卡内，逐个拧紧。使用铁支架时，可将钢管固定在支架上，严禁将钢管焊接在其他管道上。镀锌管进盒采用锁母连接，锁母的管端在盒内露出锁紧螺母的螺纹应为2～3丝。多根管线同时入箱时，其入箱部分的管端长度应一致，管口平齐。

钢管明敷过伸缩（沉降）缝时，应按图6-86所示的类似方法进行处理。

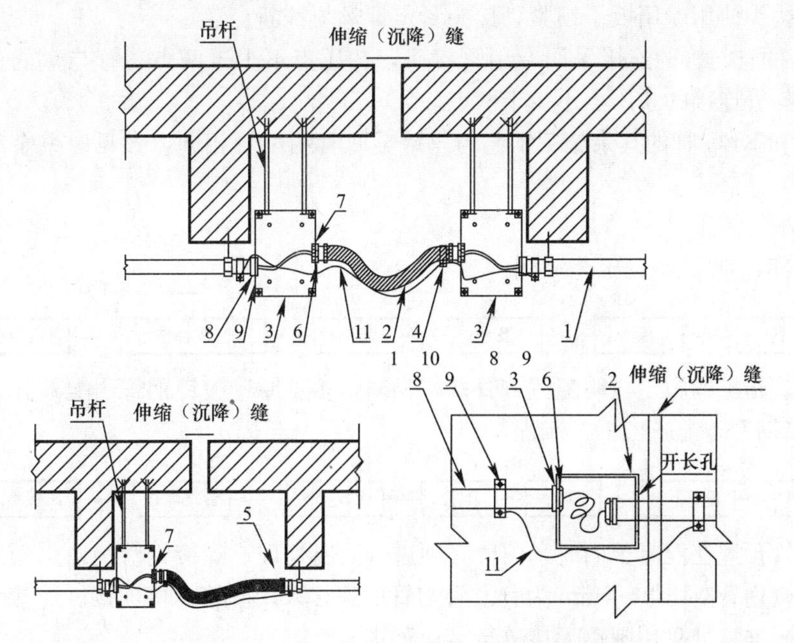

图6-86 钢管过伸缩（沉降）缝明敷设做法

1—钢管；2—可挠金属电线保护管；3—接线盒；4—接地夹；5—KG混合连接器；6—BG接线箱连接器；7—BP绝缘护套；8—锁母；9—护圈帽；10—管卡子；11—接地线

吊顶内灯头盒至灯位可采用柔性导管（如金属软管）过渡。其两端应使用专用接头。吊顶内各种盒、箱安装时，盒箱口的方向应朝向检查口以便于维修检查。

柔性导管的长度在动力工程中不大于0.8m，在照明工程中不大于1.2m。可挠性金属导管和金属柔性导管不能作接地（PE）或接零（PEN）的接续导体。

防爆导管不应采用倒扣连接；当连接有困难时，应采用防爆活接头，其接合面应严密。

当管路超过以下长度时，要在适当位置上加设接线盒：配线管路无弯曲长度每超过30m；配线管路有1个弯曲长度每超过20m；配线管路有2个弯曲长度每超过15m；配线管路有3个弯曲长度每超过8m。

照明开关安装位置便于操作，开关边缘距门框边缘的距离0.15～0.2m，同一室内安装的插座高低差不应大于5mm；成排安装的插座高低差不应大于1mm。

接地：镀锌钢管连接处采用4mm^{2}黄绿双色多股软线用专用接地卡进行跨接，严禁焊接跨接。

2）薄壁金属电线管明配管

薄壁金属电线管常用的有“紧定式金属电线管”（JDG管）和“扣压式金属电线管”（KBG）。

薄壁钢管明配施工工艺流程：

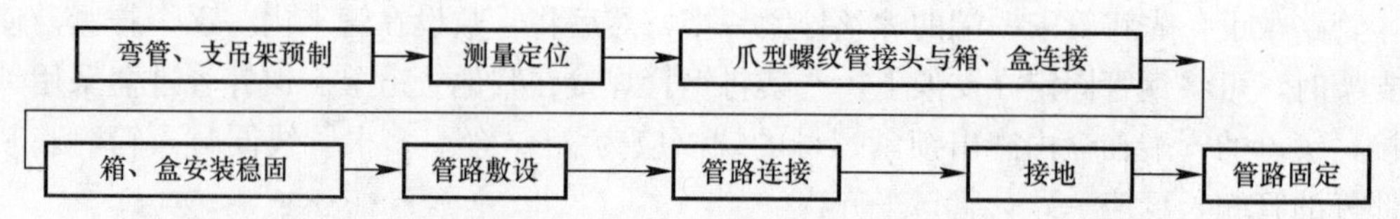

JDG管的管与管的连接采用专用管接头，并将接头紧定螺丝拧断即可；管与盒的连接采用专用盒接头使用专用扳子锁紧，接头紧定螺丝须拧断。

KBG管的管与管的连接采用专用管接头，扣压点不少于两点；管与盒的连接采用专用盒接头，与管连接的扣压点不少于两点。

JDG管和KBG管的其余施工工艺与厚壁金属管明配管相同，参见厚壁金属管明配相应部分。

（2）暗配管施工

1）镀锌钢管暗配施工工艺流程：

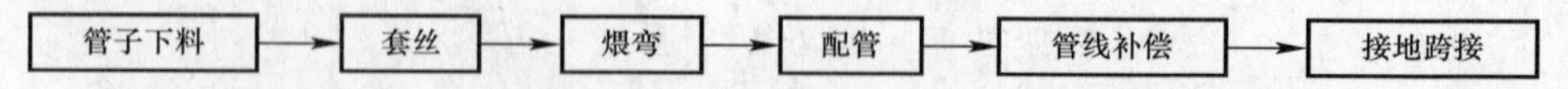

镀锌钢管暗配的施工与明配镀锌管基本相同，参见厚壁镀锌钢管明配部分。

2）焊接钢管暗配施工工艺流程：

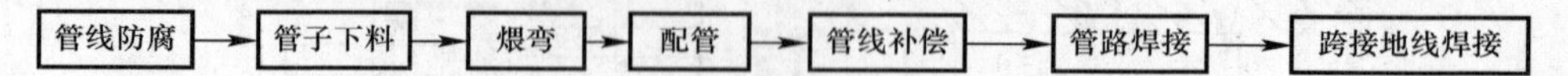

焊接钢管预埋在混凝土内时，内壁必须进行防腐处理。焊接钢管与盒、箱的连接采用焊接连接，盒内管露出2～4mm为宜。管与管的连接采用套管焊接连接。焊接钢管与接线盒（过线盒）连接处采用圆钢焊接进行接地跨接。

3）塑料电线管（PVC电线管）暗配

塑料电线管（PVC电线管）及附件应采用燃烧性能为B1级的难燃产品，其氧指数不应低于32。塑料电线管（PVC电线管）根据目前国家建筑市场中的型号可分为轻型、中型、重型三种，在建筑施工中宜采用中型以上导管。塑料电线管通常用于混凝土及墙内的非消防、非人防电气配管施工。

施工工艺流程如下：

塑料电线管煨弯：

① 管径在25mm及其以下使用冷煨法，将弯管弹簧插入（PVC）管内需煨弯处，两手扳住弯簧两端头，膝盖顶在被弯处，用手扳逐步煨出所需弯度，考虑到管子的回弯，弯曲角度要稍大一些，然后抽出弯管弹簧。

② 当管径较大时采用热煨法：用电炉子、热风机等均匀加热，烘烤管子煨弯处，待管被加热到可随意弯曲时，立即将管子放在木板上，固定管子一头，逐步煨出所需管弯度，并用湿布抹擦使弯曲部位冷却定型，然后抽出弯簧。不得因为煨弯使管出现烤伤、变色、破裂等现象。

塑料电线管连接：

管路连接应使用与管径相匹配的套管连接（包括端接头接管）。需粘接部位清洁后将配套供应的塑料管胶粘剂均匀涂抹在管外壁上，将管子插入套管；管口应到位。胶粘剂性能要求粘接后1min内不移位，黏性保持时间长，并具有防水性。

4）管路暗敷设时需注意

① 现浇混凝土板内管路敷设时应在两层钢筋网中沿最近的路径敷设配管，固定间距小于1m。管线穿外墙必须加防水套管保护。

② 现浇混凝土楼板中并行敷设的管子间距不应小于25mm，以使管子周围能够充满混凝土。

③ 竖向穿梁管线较多时，管间的间距不能小于25mm。横向穿时，管线距梁底的距离不小于50mm，并应避开梁钢筋。

④ 垫层内管线敷设时管线应固定牢固，保护层厚度不小于15mm，其跨接地线接头应设在其侧面。

⑤ 室外埋地敷设的电缆导管，埋深不应小于0.7m。壁厚小于等于2mm的钢电线导管不应埋设于室外土壤内。

⑥ 结构预留暗配管时，电管与接线盒箱连接时应一管一口，电管与盒箱连接后应将管口用纸或其他软材料堵严，并用锯末或塑料泡沫将盒箱内填充满密封严实，以免浇筑混凝土时，砂浆渗入盒箱内。

（3）套管施工

电气套管主要用在电管穿外墙、防火、防爆分区等处，一般采用镀锌钢管作套管。

施工流程：

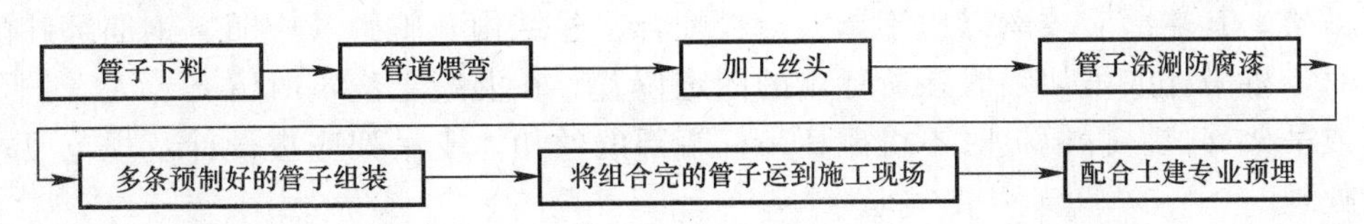

1）按照图纸设计规格尺寸进行管材下料，钢管可采用砂轮切割机切割，严禁使用气割下料，断口处平齐不歪斜，管口刮铣光滑，无毛刺，管内铁屑除净。

2）管径小的管子的煨弯采用与管径相匹配的液压弯管器冷煨弯，对于管径较大的钢管采用钢管里灌满干砂，钢管两端用木塞封堵，加热煨弯的方法进行煨弯。管道煨弯时要求弯曲半径不小于管子直径的10倍，并不得小于电缆最小弯曲半径要求，弯曲处不应有折皱、凹穴和裂缝等现象。

3）根据管道外径选择相对应的板牙采用电动套丝机进行丝扣加工。套丝时将管子用台虎钳或龙门压架钳紧牢固，随套丝随浇冷却液，丝扣长度根据需要确定，不宜套得过长，套丝后清除渣屑，丝扣应干净清晰。加工管径在32mm及其以上时，应分三板套成。

4）管段组合：套管如无防水及防爆要求，管子根数较多且位置相对集中时，可将加工好的管段进行组合。组合前可以先做个固定模具，将管子放入模具后用短钢筋点焊固定，待结构施工完后拆除模具，即完成组合。对于有防水或防爆要求的套管，须按设计图纸加装焊接止水环或加强劲肋。

5）管子防腐：按设计图纸要求进行防腐漆涂刷，涂刷层应厚度均匀，杜绝涂刷遗漏死角。

6）将加工好的管段由预制场地运输到施工部位的过程中应注意保护，防止碰伤，丝扣防止丝碰坏。

7）现场随结构施工预埋好套管，结构施工时应派人看管好套管。

2. 线槽、桥架施工

线槽、桥架、支吊架等产品有合格证，线槽、桥架内外应光滑平整、无棱刺，无扭曲、翘边等变形现象；热镀锌桥架镀锌层表面应均匀、无毛刺、挂灰、伤痕、局部未镀锌（直径2mm以上）等缺陷，不得有影响安装的锌瘤。喷涂粉末防腐处理的电缆桥架喷涂外观均匀光滑，无起泡、裂痕，色泽均匀一致；桥架螺栓孔径，在螺杆直径不大于M16时，可比螺杆直径大2mm。同一组内相邻两孔间距应均匀一致。

（1）线槽施工

线槽敷设施工工艺流程：

1）弹线定位：根据图纸确定线槽始端到终端，找好水平或垂直线，用粉线袋沿墙壁、顶棚和模板等处，在线路的中心进行弹线。

2）支架与吊架安装

① 支架与吊架距离上层楼板不应小于150～200mm；距地面高度不应低于100～150mm。

② 轻钢龙骨上敷设线槽应各自有单独卡具吊装或支撑系统，吊杆直径不应小于8mm。

③ 采用直径不小于8mm的圆钢，经过切割、调直、煨弯及焊接等步骤制作成吊杆、吊架。其端部应攻丝以便于调整。在配合土建结构施工中，应随着钢筋绑扎配筋的同时，将吊杆或吊架锚固在所标出的固定位置。在混凝土浇筑时留有专人看护预防吊杆或吊架移位。拆模板时不得碰坏吊杆端部的丝扣。支吊架应按设计及规范要求做防腐处理。

3）线槽安装

① 线槽的接口应平整紧密。槽盖装上后应平整，无翘角，出线口的位置准确。

② 不允许将穿过墙壁的线槽与墙上的孔洞一起抹死。

③ 金属线槽均应相互连接和跨接，使之成为一连续导体，并作好整体接地。

④ 线槽经过建筑物的变形缝（伸缩缝、沉降缝）时，线槽本身应断开，槽内用内连接板搭接，不需固定，保护地线和槽内导线均应留有补偿余量。

⑤ 敷设在竖井、吊顶、通道、夹层及设备层等处的线槽应符合有关防火要求。

⑥ 线槽直线段连接应采用连接板，用垫圈、弹簧垫圈、螺母紧固，接茬处缝隙严密平齐。

⑦ 吊装金属线槽：万能型吊具一般应用在钢结构中，如工字钢、角钢、轻钢龙骨等结构，可预先将吊具、卡具、吊杆、吊装器组装成一整体，在标出的固定点位置处进行吊装，逐件地将吊装卡具压接在钢结构上，将顶丝拧牢。

⑧ 出线口处应利用出线口盒进行连接，末端部位要装上封堵，在盒、箱、柜进出线处采用抱脚连接。

⑨ 地面线槽安装：地面线槽安装时，应及时配合土建地面工程施工。根据地面的形式不同，先抄平，然后测定固定点位置，将上好卧脚螺栓和压板的线槽水平放置在垫层上，然后进行线槽连接。线槽与管连接、线槽与分线盒连接、分线盒与管连接、线槽出线口连接、线槽末端处理等，都应安装到位，螺丝紧固牢靠。地面线槽及附件全部上好后，再进行一次系统调整，主要根据地面厚度，仔细调整线槽干线、分支线、分线盒接头、转弯、出口等处，水平高度要求与地面平齐，将各种盒盖盖好或堵严实，以防止水泥砂浆进入，直至配合土建地面施工结束为止。

4）线槽内保护地线安装

① 保护地线应根据设计图要求敷设在线槽内一侧，接地处螺丝直径不应小于 6mm；并且需要加平垫和弹簧垫圈，用螺母压接牢固。

② 金属线槽的宽度在 100mm 以内（含 100mm），两段线槽用连接板连接处，每端螺丝固定点不少于 4 个；宽度在 200mm 以上（含 200mm）两端线槽用连接板连接的保护地线每端螺丝固定点不少于 6 个。

（2）桥架施工

电缆桥架适用于在室内、室外架空、电缆沟、电缆隧道及电缆竖井内安装。

电缆桥架根据结构形式可分为梯级式、托盘式、槽式、组装式四种电缆桥架。

电缆桥架根据制造材料可分为钢制电缆桥架、铝合金电缆桥架、玻璃钢电缆桥架以及防火电缆桥架。

施工工艺流程：

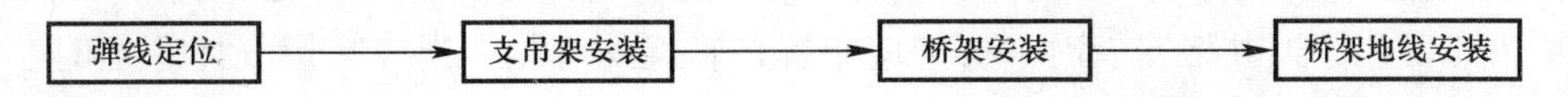

1）弹线定位

根据图纸确定始端、终端，找好水平或垂直线，用粉线袋沿墙壁、顶棚和模板等处，在线路的中心进行弹线。按设计图或规范要求，分匀挡距并用笔标出具体位置。

2）支吊架安装

电缆桥架支吊架包括托臂（卡接式、螺栓固定式）、立柱（工字钢、槽钢、角钢、异型钢立柱）、吊架（单、双杆式）、其他固定支架如垂直、斜面等固定用支架等。

① 支架与吊架所用钢材应平直，无显著扭曲。下料后长短偏差应在5mm范围内，切口处应无卷边、毛刺。

② 支架与预埋件焊接固定，焊缝饱满；膨胀螺栓固定时，选用螺栓适配，连接紧固，防松零件齐全。钢支架与吊架应焊接牢固，无显著变形，焊缝均匀平整，焊缝长度应符合要求，不得出现裂纹、咬边、气孔、凹陷、漏焊等缺陷。

③ 支架与吊架应安装牢固，保证横平竖直，在有坡度的建筑物上安装支架与吊架应与建筑物有相同坡度。

④ 支架与吊架的规格一般不应小于扁钢30mm×3mm、角钢25mm×25mm×3mm。

⑤ 严禁用电、气焊切割钢结构或轻钢龙骨任何部位。

⑥ 万能吊具应采用定型产品，并应有各自独立的吊装卡具或支撑系统。

⑦ 电缆桥架水平安装时，宜按荷载曲线选取最佳跨距进行支撑，跨距一般为1.5～3m。垂直敷设时，其固定点间距不宜大于2m。在进出接线盒、箱、柜、转角、转弯和变形缝两端及丁字接头的三端500mm以内应设固定支持点。

⑧ 严禁用木砖固定支架与吊架。

⑨ 支吊架应按设计及规范要求做防腐处理。

3）桥架安装

① 电缆桥架转弯处的弯曲半径，不应小于桥架内电缆最小允许弯曲半径的最大值。桥架弯通弯曲半径不大于300mm时，应在距弯曲段与直线段结合处300～600mm的直线段侧设置一个支、吊架。当弯曲半径大于300mm时，还应在弯通中部增设一个支、吊架。桥架与支架间螺栓、桥架连接板螺栓固定紧固无遗漏，螺母位于桥架外侧。

② 电缆桥架在电缆沟和电缆隧道内安装，应使用托臂固定在异形钢单立柱上，支持电缆桥架。电缆隧道内异型钢立柱与预埋件焊接固定，焊脚高度为3mm，电缆沟内异型钢立柱可以用固定板安装，也可以用膨胀螺栓固定。

③ 电缆桥架安装应做到安装牢固、横平竖直，沿电缆桥架水平走向的支吊架左右偏差应不大于10mm，其高低偏差不大于5mm。

④ 直线段钢制电缆桥架长度超过30m、铝合金或玻璃钢制电缆桥架长度超过15m设有伸缩节；电缆桥架跨越建筑物变形缝处设置补偿装置。

⑤ 电缆桥架（托盘）水平安装时的距地高度一般不宜低于2.50m，垂直安装时距地1.80m以下部分应加金属盖板保护，但敷设在电气专用房间（如配电室、电气竖井、技术层等）内时除外。

⑥ 几组电缆桥架在同一高度平行安装时，各相邻电缆桥架间应考虑维护、检修距离。电缆桥架与工艺管道共架安装时，桥架应布置在管架的一侧，当有易燃气体管道时，电缆桥架应设置在危险程度较低的供电一侧。电缆桥架不宜与腐蚀性液体管道、热力管道和易燃易爆气体管道平行敷设，当无法避免时，应安装在腐蚀性液体管道的上方、热力管道的下方，易燃易爆气体比空气重时，应在管道上方，比空气轻时，应在管道下方；或者采取防腐、隔热措施。电缆桥架与各种管道平行或交叉时，其最小净距应符合表6-97的规定。

电缆桥架与各种管道的最小净距 **表 6-97**

管道类别				平行净距（m）	交叉净距（m）
一般工艺管道				0.4	0.3
具有腐蚀性液体（或气体）管道				0.5	0.5
热力管道	有保温层	0.5	0.3		
	无保温层	1.0	0.5		

⑦ 当设计无规定时，电缆桥架层间距离、桥架最上层至沟顶或楼板及最下层至沟底或地面距离不宜小于表 6-98 的规定。

⑧ 电缆桥架在下列情况之一者应加盖板或保护罩：

a. 电缆桥架在铁篦子或类似带孔装置下安装时，最上层电缆桥架应加盖板或保护罩，如果在最上层电缆桥架宽度小于下层电缆桥架时，下层电缆桥架也应加盖板或保护罩。

b. 电缆桥架安装在容易受到机械损伤的地方时应加保护罩。

电缆桥架层间、最上层至沟顶或楼板距离（mm） **表 6-98**

电缆桥架		最小距离
电缆桥架层间距离	控制电缆	200
	电力电缆	300
	弱电电缆与电力电缆无盖板（有屏蔽盖板）	500（300）
最上层电缆桥架距沟顶或楼板		300

⑨ 电缆桥架由室内穿墙至室外时，在墙的外侧应采取防雨措施。桥架由室外较高处引到室内时，应先向下倾斜，然后水平引到室内，当电缆桥架采用托盘时，宜在室外水平段改用一段电缆梯架，防止雨水顺电缆托盘流入室内。

⑩ 对于安装在钢制支吊架上或用钢制附件固定的铝合金钢制电缆桥架，当钢制件表面为热浸镀锌时，可以和铝合金桥架直接接触；当其表面为喷涂粉末涂层或涂漆时，则应在与铝合金桥架接触面之间用聚氯乙烯或氯丁橡胶衬垫隔离或采取其他电化学隔离措施。

⑪ 电缆桥架安装的注意事项：

电缆桥架严禁作为人行通道、梯子或站人平台，其支吊架不得作为吊挂重物的支架使用，在钢制电缆桥架中敷设电缆时，严禁利用钢制电缆桥架的支吊架做固定起吊装置、拖动装置及滑轮和支架。

在有腐蚀性环境条件下安装的电缆桥架，应采取措施防止损伤钢制电缆桥架表面保护层，在切割、钻孔后应对其裸露的金属表面用相应的防腐涂料或油漆修补。

4）电缆桥架的接地

桥架系统应有可靠的电气连接并接地。

① 金属电缆桥架及其支架和引入或引出的金属电缆导管必须接地（PE）或接零（PEN）可靠，且必须符合下列规定：

a. 金属电缆桥架及其支架全长应不少于 2 处与接地（PE）或接零（PEN）干线相连接；

b. 非镀锌电缆桥架间连接板的两端跨接铜芯接地线，接地线最小允许截面积不小于 $4mm^2$；

c. 镀锌电缆桥架间连接板的两端不跨接接地线，但连接板两端不少于 2 个有防松螺帽或防松垫圈的连接固定螺栓。

② 当允许利用桥架系统构成接地干线回路时，应符合下列要求：

a. 电缆桥架及其支吊架、连接板应能承受接地故障电流，当钢制电缆桥架表面有绝缘涂层时，应将接地点或需要电气连接处的绝缘涂层清除干净，测量托盘、梯架端部之间连接处的接触电阻值不得大于0.00033Ω。连接电阻的测试应用30A直流电流通过试样，在接头两边相距150mm处的两个点上测量电压降，由测量得到的电压降与通过试样的电流计算出接头的电阻值。

b. 在桥架全程各伸缩缝或连续铰连接板处应采用编织铜线跨接，保证桥架的电气通路的连续性。

③ 位于振动场所的桥架包括接地部位的螺栓连接处，应装弹簧垫圈。

④ 使用玻璃钢桥架，应按设计及规格要求沿桥架全长另敷设专用接地线。

⑤ 沿桥架全长另敷设接地干线时，接地线应沿桥架侧板敷设，每段（包括非直线段）托盘、梯架应至少有一点与接地干线可靠连接，转弯处应增加固定点。

⑥ 桥架在电缆沟和电缆隧道内敷设时，接地线在电缆敷设前与支柱焊接，所有零部件及焊缝要做防锈处理。

6.3.4 电缆敷设施工工艺

在电气工程中电线、电缆、母线主要用来传输电能，为用电设备提供能量，其施工质量的好坏直接关系到整个建筑设备能否安全可靠运行。

导线的规格、型号必须符合设计要求，并有出厂合格证、备案证及3C认证书（所有资料必须原件或加盖厂家公章）。

电缆及附件的规格、型号、长度应符合设计及订货要求，符合国家现行标准及相关产品标准的规定，并应有产品标识及合格证；产品的技术文件应齐全；电缆盘上标明型号、规格、电压等级、长度、生产厂家等；电缆外观不应受损，不得有铠装压扁、电缆绞拧、护层折裂等机械损伤，电缆应绝缘良好、电缆封端应严密。电缆终端头应是定型产品，附件齐全，套管应完好，并应有合格证和试验数据记录；电缆及其附件安装用的钢制紧固件，除地脚螺栓外，应采用热镀锌或等同热镀锌性能的制品；电缆在保管期间，电缆盘及包装应完好，标识应齐全，封端应严密。

1. 管内穿线

施工工艺流程如下：

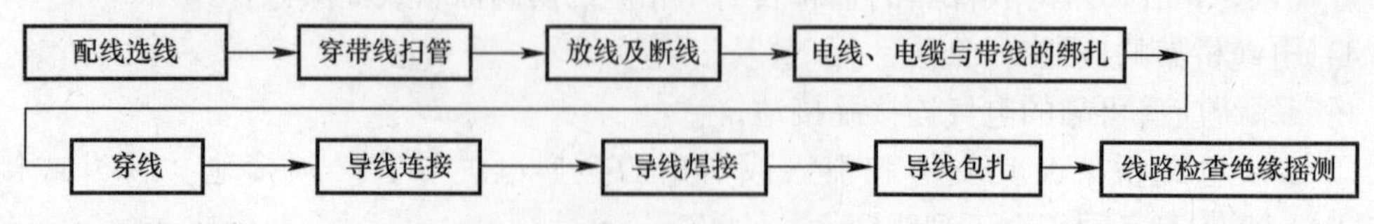

（1）配线选线

1）应根据设计图要求选择导线。进（出）户的导线应使用橡胶绝缘导线，并不小于$10mm^2$，严禁使用塑料绝缘导线。

2）相线、中性线及保护地线的颜色应加以区分，L1为黄色、L2为绿色、L3为红色为宜，用黄绿色相间的导线作保护地线。

（2）穿带线扫管

1）穿带线

① 带线一般均采用 $\phi1.2\sim2.0$mm 的钢丝。先将钢丝的一端弯成不封口的圆圈，再利用穿线器将带线穿入管路内，在管路的两端均应留有 10～15cm 的余量。

② 在管路较长或转弯较多时，可以在敷设管路的同时将带线一并穿好。

③ 穿带线受阻时，应用两根钢丝在管路两端同时搅动，使两根钢丝的端头互相钩绞在一起，然后将带线拉出。

④ 阻燃型塑料波纹管的管壁呈波纹状，带线的端头要弯成圆形。

2）清扫管路

将布条的两端牢固的绑扎在带线上，两人来回拉动带线，将管内杂物清净。

（3）放线及断线

1）放线

① 放线前应根据施工图对导线的规格、型号进行核对。

② 放线时导线应置于放线架或放线车上。

2）断线

剪断导线时，导线的预留长度应按以下四种情况考虑：

① 接线盒、开关盒、插销盒及灯头盒内导线的预留长度应为半盒周长。

② 配电箱内导线的预留长度应为配电箱体周长的 1/2。

③ 出户导线的预留长度应为 1.5m。

④ 公用导线在分支处，可不剪断导线而直接穿过。

（4）电线、电缆与带线的绑扎

1）当导线根数较少时，例如二至三根导线，可将导线前端的绝缘层削去，然后将线芯直接插入带线的盘圈内并折回压实，绑扎牢固。使绑扎处形成一个平滑的锥形过渡部位。

2）当导线根数较多或导线截面较大时，可将导线前端的绝缘层削去，然后将线芯斜错排列在带线上，用绑线缠绕绑扎牢固。使绑扎接头处形成一个平滑的锥形过渡部位，便于穿线。

（5）穿线

1）钢管（电线管）在穿线前，应首先将管口的护口戴上，并检查各个管口的护口是否齐整，如有遗漏和破损，均应补齐和更换。

2）当管路较长或转弯较多时，要在穿线的同时往管内吹入适量的滑石粉。

3）两人穿线时，应配合协调。

4）穿线时应注意下列问题：

① 同一交流回路的导线必须穿于同一管内。

② 不同回路、不同电压和交流与直流的导线，不得穿入同一管内，但以下几种情况除外：额定电压为 50V 以下的回路；同一设备或同一流水作业线设备的电力回路和无特殊防干扰要求的控制回路；同一花灯的几个回路；同类照明的几个回路，但管内的导线总数不应多于 8 根。

③ 导线在变形缝处，补偿装置应活动自如。导线应留有一定的余度。

(6) 导线连接

1) 导线的线芯连接，一般采用焊接、压板压接或套管连接。

2) 配线导线与设备、器具的连接，应符合以下要求：

① 导线截面为 $10mm^2$ 及以下的单股铜芯线可直接与设备、器具的端子连接。

② 导线截面为 $2.5mm^2$ 及以下的多股铜芯线的线芯应先拧紧搪锡或接续端子后再与设备、器具的端子连接。

③ 截面积大于 $2.5mm^2$ 的多股铜芯线，除设备自带插接式端子外，接续端子后与设备或器具的端子连接；多股铜芯线与插接式端子连接前，端部拧紧搪锡。

④ 多股铝芯线接续端子后与设备、器具的端子连接。

⑤ 每个设备和器具的端子接线不多于 2 根电线。

3) 导线连接熔焊的焊缝外形尺寸应符合焊接工艺标准的规定，焊接后应清除残余焊药和焊渣。焊缝严禁有凹陷、夹渣、断股、裂缝及根部未焊合等缺陷。

4) 锡焊连接的焊缝应饱满、表面光滑。焊剂应无腐蚀性，焊接后应清除焊区的残余焊剂。

5) 压板或其他专用夹具，应与导线线芯的规格相匹配，紧固件应拧紧到位，防松装置应齐全。

6) 套管连接器和压模等应与导线线芯规格匹配。压接时，压接深度、压口数量和压接长度应符合有关技术标准的相关规定。

7) 在配电配线的分支线连接处，干线不应受到支线的横向拉力。

8) 剥削绝缘使用工具及方法：

① 剥削绝缘使用工具：由于各种导线截面、绝缘层薄厚程度、分层多少都不同，因此使用剥削的工具也不同。常用的工具有电工刀、克丝钳和剥削钳，可进行削、勒及剥削绝缘层。一般 $4mm^2$ 以下的导线原则上使用剥削钳，但使用电工刀时，不允许采用刀在导线周围转圈剥削绝缘层的方法。

② 剥削绝缘方法：

单层剥法：不允许采用电工刀转圈剥削绝缘层，应使用剥线钳。

分段剥法：一般适用于多层绝缘导线剥削，如编织橡皮绝缘导线，用电工刀先削去外层编织层，并留有约 12mm 的绝缘台，线芯长度随接线方法和要求的机械强度而定。

斜削法：用电工刀以 45°角倾斜切入绝缘层，当切近线芯时就应停止用力，接着应使刀面的倾斜角度改为 15°左右，沿着线芯表面向前头端部推出，然后把残存的绝缘层剥离线芯，用刀口插入背部以 45°角削断。

9) 单芯铜导线的直线（分支）连接

① 绞接法：适用于 $4mm^2$ 以下的单芯线。用分支线路的导线往干线上交叉，先打好一个圈结以防止脱落，然后再密绕 5 圈。分线缠绕完后，剪去余线，具体做法见图 6-87。

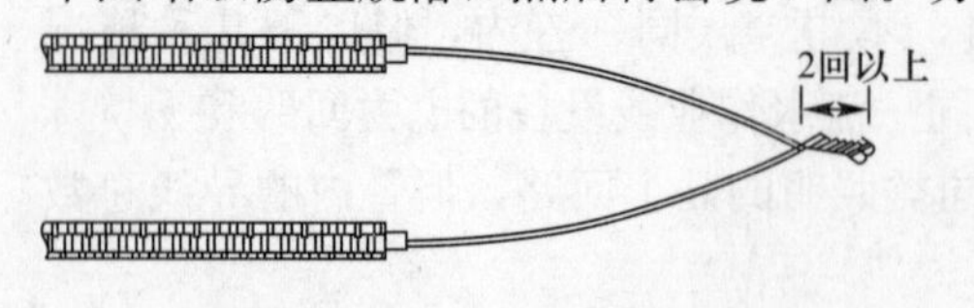

图 6-87 接线盒内普通绞接法

② 缠卷法：适用于 $6mm^2$ 及以上的单芯线的连接。将分支线折成 90°紧靠干线，其公卷的长度为导线直径的 10 倍，单卷缠绕 5 圈后剪断余下线头，具体做法见图 6-88。

③ 十字分支连接做法：将两个分支线路的导线往干线上交叉，然后在密绕10圈。分线缠绕完后，剪去余线，具体做法见图6-89。

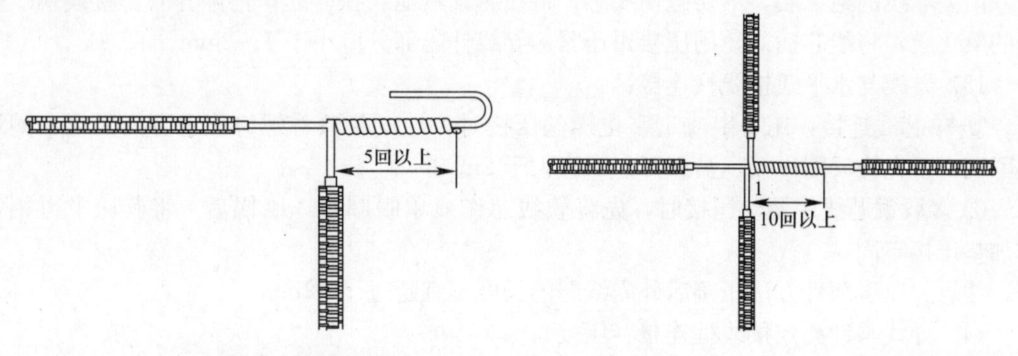

图6-88　接线盒内普通缠绕法　　图6-89　十字分支连接法

10）多芯铜线直线（分支）连接

多芯铜导线的连接共有三种方法，即单卷法、缠卷法和复卷法。首先用细砂布将线芯表面的氧化膜清除，将两线芯导线的结合处的中心线剪掉2/3，将外侧线芯作伞状张开，相互交错成一体，并将已张开的线端合成一体，具体做法见图6-90。

① 缠卷法：将分支线折成90°紧靠干线。在绑线端部适当处弯成半圆形，将绑线短端弯成与半圆形成90°角，并与连接线靠紧，用较长的一端缠绕，其长度应为导线结合处直径5倍，再将绑线两端捻绞2圈，剪掉余线。

② 单卷法：将分支线破开（或劈开两半），根部折成90°紧靠干线，用分支线其中的一根在干线上缠圈，缠绕3～5圈后剪断，再用另一根线芯继续缠绕3～5圈后剪断，按此方法直至连接到两边导线直径的5倍时为止，应保证各剪断处在同一直线上。

③ 复卷法：将分支线端破开劈成两半后与干线连接处中央相交叉，将分支线向干线两侧分别紧密缠绕后，余线按阶梯形剪断，长度为导线直径的10倍，具体做法见图6-91。

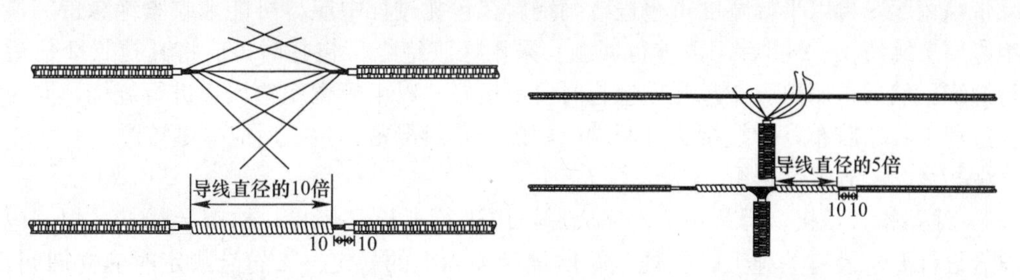

图6-90　多芯铜导线直接连接法　　图6-91　多芯铜导线分支复卷接线

11）套管压接：套管压接法是运用机械冷态压接的简单原理，用相应的模具在一定压力下将套在导线两端的连接套管压在两端导线上，使导线与连接管间形成金属互相渗透，两者成为一体构成导电通路。要保证冷压接头的可靠性，主要取决于影响质量的三个要点：即连接管形状、尺寸和材料；压模的形状、尺寸；导线表面氧化膜处理。具体做法如下：先把绝缘层剥掉，清除导线氧化膜并涂以中性凡士林油膏（使导线表面与空气隔绝，防止氧化）。当采用圆形套管时，将要连接的铜芯线分别在铜套管的两端插入，各插到套管一半处；当采用椭圆形套管时，应使两线对插后，线头分别露出套管两端4mm；然后用压接钳和压膜接，压接模数和深度应与套管尺寸相对应。

12）接线端子压接：多股导线（铜或铝）可采用与导线同材质且规格相应的接线端子。削去导线的绝缘层，不要碰伤线芯，将线芯紧紧地绞在一起，清除套管、接线端子孔内的氧化膜，将线芯插入，用压接钳压紧。导线外露部分应小于1～2mm。

13）导线与水平式接线柱连接：

① 单芯线连接：用一字或十字机螺丝压接时，导线要顺着螺钉旋进方向紧绕一圈后再紧固。不允许反圈压接，盘圈开口不宜大于2mm。

② 多股铜芯线用螺丝压接时，先将软线芯作成单眼圈状，刷锡后，将其压平再用螺丝加垫压接牢固。

注意：以上两种方法压接后外露线芯的长度不宜超过1～2mm。

14）导线与针孔式接线桩连接（压接）：

把要连接的导线的线芯插入接线桩头针孔内，导线裸露出针孔1～2mm，针孔大于导线直径1倍时需要折回头插入压接。

（7）导线焊接

铜导线的焊接：根据导线的线径及敷设场所不同，焊接的方法有如下几种：

1）电烙铁加焊：适用于线径较小的导线的连接及用其他工具焊接困难的场所。导线连接处加焊剂，用电烙铁进行锡焊。

2）喷灯加热（或用电炉加热）：将焊锡放在锡勺（或锡锅）内，然后用喷灯（或电炉）加热，焊锡熔化后即可进行焊接。加热时要掌握好温度；温度过高涮锡不饱满；温度过低涮锡不均匀。因此要根据焊锡的成分、质量及外界环境温度等诸多因素，随时掌握好适宜的温度进行焊接。

焊接完后必须用布将焊接处的焊剂及其他污物擦净。

（8）导线包扎

首先用橡胶（或粘塑料）绝缘带从导线接头处始端的完好绝缘层开始，缠绕1～2个绝缘带幅宽度，再以半幅宽度重叠进行缠绕。在包扎过程中应尽可能地收紧绝缘带。最后在绝缘层上缠绕1～2圈后，再进行回缠。采用橡胶绝缘带包扎时，应将其拉长2倍后再进行缠绕。然后再用黑胶布包扎，包扎时要衔接好，以半幅宽度边压边进行缠绕，同时在包扎过程中收紧胶布，导线接头处两端应用黑胶布封严密，包扎后应呈枣核形。

（9）线路检查绝缘摇测

1）线路检查：接、焊、包全部完成后，应进行自检和互检；检查导线接、焊、包是否符合设计要求及有关施工验收规范及质量验评标准的规定。不符合规定时应立即纠正，检查无误后再进行绝缘摇测。

2）绝缘摇测：照明线路的绝缘摇测一般选用500V、量程为0～500MΩ的兆欧表。一般照明绝缘线路绝缘摇测有以下两种情况：

① 电气器具未安装前进行线路绝缘摇测时，首先将灯头盒内导线分开，开关盒内导线连通。摇测应将干线和支线分开，一人摇测，一人应及时读数并记录。摇动速度应保持在120r/min左右，读数应采用一分钟后的读数为宜。

② 电气器具全部安装完在送电前进行摇测时，应先将线路上的开关、刀闸、仪表、设备等用电开关全部置于断开位置，摇测方法同上所述，确认绝缘摇测无误后再进行送电

试运行。

2. 电缆敷设

（1）直埋电缆敷设

施工工艺流程如下：

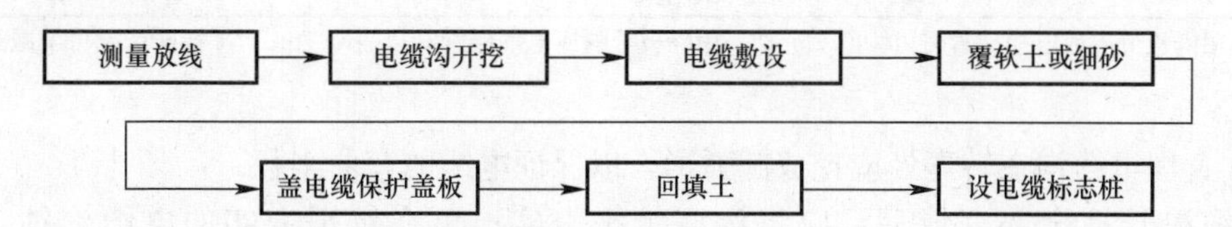

1）开挖电缆沟时，应先确定电缆线路的合理走向，再用白灰在地面上画出电缆走向的线路和电缆沟的宽度。拐弯处电缆沟的弯曲半径应满足电缆弯曲半径的要求。

2）电缆沟的开挖宽度，一般可根据电缆在沟内平行敷设时电缆间最小净距加上电缆外径计算，在沟内敷设一根电缆时，沟宽度为0.4～0.5m，敷设两根电缆时，沟宽度约为0.6m，每增加一根电缆，沟宽加大170～180mm。

3）电缆沟开挖深度应按设计深度开挖，一般不小于850mm，同时还应满足与其他地下管线的距离要求。

4）各电压等级电缆同沟直埋敷设电缆沟时，应按图纸分开敷设。

5）直埋敷设于非冻土地区时，电缆埋置深度应符合下列规定：

① 电缆外皮至地下构筑物基础，不得小于0.3m；

② 电缆外皮至地面深度，不得小于0.7m；当位于车行道或耕地下时，应适当加深，且不宜小于1m。

6）直埋敷设于冻土地区时，宜埋入冻土层以下，当无法深埋时可在土壤排水性好的干燥冻土层或回填土中埋设，也可采取其他防止电缆受到损伤的措施。

7）直埋敷设的电缆，严禁位于地下管道的正上方或下方。电缆与电缆或管道、道路、构筑物等相互间容许最小距离，应符合表6-99的规定。

电缆与电缆或管道、道路、构筑物等相互间容许最小距离（m） **表6-99**

电缆直埋敷设时的配置情况				平行	交叉
控制电缆之间				—	0.5*
电力电缆之间或与控制电缆之间	10kV及以下动力电缆	0.1	0.5*		
	10kV以上动力电缆	0.25**	0.5*		
不同部门使用的电缆				0.5**	0.5*
电缆与地下管沟	热力管沟	2***	0.5*		
	油管或易燃气管道	1	0.5*		
	其他管道	0.5	0.5*		
电缆与铁路	非直流电气化铁路路轨	3	1.0		
	直流电气化铁路路轨	10	1.0		
电缆直埋敷设时的配置情况				平行	交叉
电缆与建筑物基础				0.6***	—
电缆与公路边				1.0***	—
电缆与排水沟				1.0***	—

续表

电缆直埋敷设时的配置情况	平行	交叉
电缆与树木的主干	0.7	—
电缆与 1kV 以下架空线电杆	1.0***	—
电缆与 1kV 以上线塔基础	4.0***	—

注：* 用隔板分隔或电缆穿管时可为 0.25m；** 用隔板分隔或电缆穿管时可为 0.1m；*** 特殊情况可酌减且最多减少一半值。

8）直埋电缆沟在转弯处应挖成圆弧形，以保证电缆的弯曲半径；

电缆沟开挖全部完成后，应将沟底铲平夯实；再在铲平夯实的电缆沟铺上一层 100mm 厚或设计要求厚度的细砂或软土，作为电缆的垫层。

电缆沟内放置滚轮，其设置间距一般为 3～5m 一个，转弯处应加放一个，然后以人力牵引或机械牵引（大截面、重型电缆）的方式施放电缆。

电缆应松弛敷设在沟底，作蛇形或波浪形摆放，全长预留 1.0%～1.5%的裕量，以补偿在各种运行环境温度下因热胀冷缩引起的长度变化；在电缆接头处也留出裕量，为故障时的检修提供方便。

单芯电力电缆直埋敷设时，将单芯电缆按品字形排列，并每隔 1000mm 采用电缆卡带进行捆扎，捆扎后电缆外径按单芯电缆外径的 2 倍计算，控制电缆在沟内排列间距不作规定。

电缆敷设完毕，隐蔽工程验收合格后，在电缆上面覆盖一层 100mm 或设计规定的细砂或软土，然后盖上保护盖板或砖，覆盖宽度应超出电缆两侧各 50mm，板与板间连接处应紧靠。然后再向电缆沟内回填覆土，覆土前沟内若有积水应抽干，覆土要分层夯实，覆土要高出地面 150～200mm，以备松土沉降。覆土完毕，清理场地。直埋电缆在直线段每隔 50～100m 处、电缆接头处、转弯处、进入建筑物等处，应设置明显的方位标志或标示桩（桩露出地面一般为 150mm），以便于电缆检修时查找和防止外来机械损伤。

在每根直埋电缆敷设同时，对应挂装电缆标志牌。标志牌上应注明线路编号，当无编号时，应写明电缆型号、规格及起讫地点。标志牌规格宜统一，直埋电缆标志牌应能防腐，宜用 2mm 厚的（钢）铅板制成，文字用钢印压制，标志牌挂装应牢固。

直埋电缆由电缆沟内引入建筑物的敷设时，应穿电缆保护管防护，保护管两端应打磨成喇叭口。

（2）电缆沟内、竖井内电缆敷设

施工工艺流程如下：

1）电缆绝缘测试和耐压试验：敷设之前进行绝缘测试和耐压试验。

① 绝缘测试。根据电缆电压等线选用相应摇表测线间及对地的绝缘电阻应不低于规范规定值。

② 电缆应按《电气装置安装工程电气设备交接试验标准》GB 50150 的要求作耐压和泄漏试验。

2）电缆沟电缆敷设

① 电缆沟底应平整，并有 1‰的坡度。排水方式应按设计要求分段（设计无要求时每

段为 50m）设置集水井，集水井盖板结构应符合设计要求。井底铺设的卵石或碎石层与砂层的厚度应依据地点的情况适当增减。地下水位高的情况下，集水井应设置排水泵排水，保持沟底无积水。

② 电缆沟支架应平直，安装应牢固，保持横平，支架必须作防腐处理。支架或支持点的间距，应符合设计要求。当设计无规定时，不应大于表 6-100 中所列数值。

电缆各支持点间的距离（mm） **表 6-100**

电缆种类				敷设方式	
				水平	垂直
电力电缆	全塑料型	400	1000		
	除全塑型外的中低压电缆	800	1500		
控制电缆				800	1000

注：全塑型电力电缆水平敷设沿支架能维持较平直时，支持点间的距离允许为 800mm。

③ 电缆支架层间的最小垂直净距符合表 6-101 的规定。

电缆支架的层间允许最小距离值（mm） **表 6-101**

电缆类型和敷设特征		支（吊）架	桥架
控制电缆		120	200
电力电缆	10kV 及以下（除 6～10kV 交联聚乙烯绝缘外）	150～200	250
	6～10kV 交联聚乙烯绝缘	200～250	300
电缆敷设于槽盒内		b+80	b+100

注：b 表示槽盒外壳高度。

④ 金属电缆支架、电缆导管必须接地（PE）或接零（PEN）可靠。

⑤ 电缆在支架敷设的排列，应符合以下要求：

在多层支架上敷设电缆时，电力电缆应放在控制电缆的上层。但 1kV 以下的电力电缆和控制电缆可并列敷设。

当两侧均有支架时，1kV 以下的电力电缆和控制电缆宜与 1kV 以上的电力电缆分别敷设于不同侧支架上。

电缆沟在进入建筑物处应设防火墙。

电缆与支架之间应用衬垫橡胶垫隔开，以保护电缆。

⑥ 电缆在沟内需要穿越墙壁或楼板时，应穿钢管保护。

⑦ 交流单芯电缆或分相后的每相电缆固定用的夹具和支架，不形成闭合铁磁回路。

⑧ 电缆敷设完后，用电缆沟盖板将电缆沟盖好，必要时，应将盖板缝隙密封，以免水、汽、油等侵入。可开启的地沟盖板的单块重量不宜超过 50kg。

3）电缆竖井内电缆敷设

① 电缆支架应安装牢固，横平竖直。其支架的结构形式、固定方式应符合设计要求，支架间距应符合表 6-99 的规定，支架必须进行防腐处理。

② 金属电缆支架、电缆导管必须接地（PE）或接零（PEN）可靠。

③ 垂直敷设，有条件时最好自上而下敷设。可利用土建施工吊具，将电缆吊至楼层顶部（电缆支座面满足结构承载力安全要求）。敷设时，同截面电缆应先敷设低层，后敷

设高层，敷设时应有可靠的安全措施，特别是做好电缆轴和楼板的防滑措施。

④ 自下而上敷设时，小截面电缆可用滑轮和尼龙绳以人力牵引敷设。大截面电缆位于高层时，应利用机械牵引敷设。

⑤ 垂直敷设或大于45°倾斜敷设的电缆在每个支架上固定。敷设时，应放一根立即卡固一根。

⑥ 电缆穿越楼板时，应装套管，并应将套管用防火材料封堵严密。

⑦ 交流单芯电缆或分相后的每相电缆固定用的夹具和支架，不形成闭合铁磁回路。

⑧ 电缆排列应顺直，固定整齐，保持垂直。

4）挂标志牌

① 标志牌规格应一致，挂装应牢固。

② 标志牌上应注明电缆编号、规格、型号及电压等级。

③ 沿敷设电缆两端、拐弯处、交叉处应挂标志牌，直线段应适当增设标志牌。

（3）桥架内电缆敷设

敷设方法可用人力或机械牵引。

1）在钢制电缆桥架内敷设电缆时，在各种弯头处应加导板，防止电缆敷设时外皮损伤。

2）电缆沿桥架敷设时，应单层敷设，排列整齐，不得有交叉、绞拧、铠装压扁、护层断裂和表面严重划伤等缺陷，拐弯处应以最大允许弯曲半径为准。电力电缆在桥架内横断面的填充率不应大于40%，控制电缆不应大于50%。

3）不同等级电压的电缆应分层敷设，如受条件限制需安装在同一层桥架上时，应用隔板隔开。高压电缆应敷设在上层。

4）桥架内电缆敷设固定

大于45°倾斜敷设的电缆每隔2m处设固定点；水平敷设的电缆，首尾两端、转弯两侧及每隔5～10m处设固定点；敷设于垂直桥架内的电缆固定点间距，不大于表6-102的规定。

垂直桥架内电缆固定点的间距最大值（mm） **表6-102**

电缆种类			固定点的间距
电力电缆	全塑型	1000	
	除全塑型外的电缆	1500	
控制电缆			1000

5）电缆敷设完毕，应挂标志牌：

① 标志牌规格应一致，挂装应牢固。

② 标志牌上应注明电缆编号、规格、型号及电压等级。

③ 沿桥架敷设电缆在其两端、拐弯处、交叉处应挂标志牌，直线段应适当增设标志牌。

6）电缆出入电缆沟、竖井、建筑物、柜（盘）、台处以及管子管口处等做密封处理。电缆桥架在穿过防火墙及防火楼板时，应采取防火封堵措施，用不低于楼板或墙体耐火极限的不燃烧体或防火堵料封堵密实，穿越楼板的电缆套管上、下端口和缝隙也必须封堵密实，防止火灾沿线路延燃。

（4）电缆穿管敷设

参见管内穿线。

3. 封闭母线安装

（1）封闭母线、插接母线材料要求

1）查验合格证和随带安装技术文件。

2）外观检查：防潮密封良好，各段编号标志清晰，附件齐全，外壳不变形，母线螺栓搭接面平整、镀层覆盖完整、无起皮和麻面；插接母线上的静触头无缺损、表面光滑、镀层完整。

3）母线分段标志清晰齐全，绝缘电阻符合设计要求，每段大于 20MΩ。

4）根据母线排列图和装箱单，检查封闭插接母线、进线箱、插接开关箱及附件，其规格、数量应符合要求。

（2）母线支架安装

1）测量定位

① 进入现场后首先依据图纸进行检查，根据母线沿墙、跨柱、沿梁、预留洞及屋架敷设的不同情况，核对是否与图纸相符。

② 查看沿母线敷设全长方向有无障碍物，有无与建筑结构或设备管道、通风等安装部件交叉现象。

③ 检查预留孔洞、预埋铁件的尺寸、标高、方位，是否符合要求。

④ 配电柜内安装母线，测量与设备上其他部件安全距离是否符合要求。

⑤ 放线测量：放线测量出各段母线加工尺寸、支架尺寸，并画出支架安装距离及剔洞或固定件安装位置。

⑥ 检查安装支架平台是否符合安全及操作要求。

2）封闭母线支吊架制作安装

若供应商未提供配套支架或配套支架不适合现场安装时，应根据设计和产品技术文件规定进行支架制作。具体要求如下：

① 根据施工现场的结构类型，支吊架应采用角钢、槽钢或圆钢制作，可采用“一”、“L”、“T”、“ ⌒”等形式。

② 支架应用切割机下料，加工尺寸最大误差为 5mm。用台钻、手电钻钻孔，严禁用气割开孔，孔径不得超过螺栓直径 2mm。

③ 吊杆螺纹应用套丝机或套丝扳加工，不得有断丝。

④ 支架及吊架制作完毕，应除去焊渣，并刷防锈漆和面漆。

3）支架安装

① 支架和吊架安装时必须拉线或吊线锤，以保证成排支架或吊架的横平竖直，并按规定间距设置支架和吊架。

② 母线在拐弯处以及与配电箱、柜连接处必须安装支架，直线段支架间距不应大于 2m，支架和吊架必须安装牢固。

③ 母线垂直敷设支架：在每层楼板上，每条母线应安装 2 个槽钢支架，一端埋入墙内，另一端用膨胀螺栓固定于楼板上。当上下二层槽钢支架超过 2m 时，在墙上安装“一”字形角钢或槽钢支架，角钢或槽钢支架用膨胀螺栓固定于墙上。

④ 母线水平敷设支架：可采用“ ⌒”型吊架或“L”型支架，用膨胀螺栓固定在顶板上或墙板上。封闭母线在拐弯处应设支吊架，在楼板上的支架应用弹簧支架，弹簧数量必

须符合产品技术要求。

⑤ 膨胀螺栓固定支架不少于两个螺栓。一个吊架应用两根吊杆，固定牢固，丝扣外露 2～4 扣，膨胀螺栓应加平垫和弹簧垫，吊架应用双螺母夹紧。

⑥ 支架及支架与埋件焊接处刷防腐漆应均匀，无漏刷，不污染建筑物。

（3）母线安装

封闭母线安装应按以下规定执行：

1）封闭、插接式母线组对接续之前，应进行绝缘电阻测试，绝缘电阻值应大于 20MΩ，合格后，方可进行组对安装；

2）按照母线排列图，将各节母线、插接开关箱、进线箱运至各安装地点；

3）按母线排列图，从起始端（或电气竖井入口处）开始向上，向前安装；

4）母线垂直安装。

① 在穿越楼板预留洞处先测量好位置，用螺栓将两根角钢支架与母线连接好，再用供应商配套的螺栓套上防振弹簧、垫片，拧紧螺母固定在槽钢支架上（弹簧支架组数由供应商根据母线型式和容量规定）。

② 用水平压板以及螺栓、螺母、平垫片、弹簧垫圈将母线固定在“一”字形角钢支架上。然后逐节向上安装，要保证母线的垂直度（应用磁力线锤挂垂线），在终端处加盖板，用螺栓紧固。

5）母线槽水平安装

① 水平平卧安装用水平压板及螺栓、螺母、平垫片、弹簧垫圈将母线（平卧）固定于“﹈”型角钢吊支架上。

② 水平侧卧安装用侧装压板及螺栓、螺母、平垫片、弹簧垫圈将母线（侧卧）固定于“﹈”型角钢支架上。水平安装母线时要保证母线的水平度，在终端加终端盖并用螺栓紧固。

6）母线与外壳同心，允许偏差为±5mm。

7）母线的连接

① 当段与段连接时，母线接触面保持清洁，涂电力复合脂，螺栓孔周边无毛刺。两相邻段母线及外壳对准，母线与外壳同心，允许偏差为±5mm，连接后不使母线及外壳受额外应力。连接时将母线的小头插入另一节母线的大头中去，在母线间及母线外侧垫上配套的绝缘板，再穿上绝缘螺栓加平垫片。弹簧垫圈，然后拧上螺母，用力矩扳手紧固，达到表 6-103 规定力矩即可，最后固定好接头处两侧盖板。

母线搭接螺栓的拧紧力矩值表 **表 6-103**

序号	螺栓规格	力矩值（N·m）	序号	螺栓规格	力矩值（N·m）
1	M8	8.8～10.8	5	M16	78.5～98.1
2	M10	17.7～22.6	6	M18	98.0～127.4
3	M12	31.4～39.2	7	M20	156.9～196.2
4	M14	51.0～60.8	8	M24	274.6～343.2

② 母线连接用绝缘螺栓连接。外壳与底座间、外壳各连接部位和母线的连接螺栓应按产品技术文件要求选择正确，连接紧固。

③ 母线槽连接好后，外壳间应有跨接线，两端应设置可靠保护接地。将进线母线槽、

分线开关线外壳上的接地螺栓与母线槽外壳之间用16mm² 软铜线连接好。

④ 母线应按设计规定安装伸缩节。设计没规定时，当封闭式母线直线敷设长度超过80m时，每50～60m宜设置膨胀节。母线穿过变形缝应采取相应的技术措施，确保变形缝的变形不损伤母线。

⑤ 插接箱安装必须固定可靠，垂直安装时，标高应以插接箱底口为准。

（4）接地

封闭、插接式母线的外壳及母线支架等可接近裸露导体应接地（PE）或接零（PEN）可靠，其接地电阻值应符合设计要求和规范的规定，不应作为接地（PE）或接零（PEN）的接续导体。

（5）防火封堵

封闭母线在穿防火分区时必须对母线与建筑物之间的缝隙作防火处理，用防火堵料将母线与建筑物间的缝隙填满，防火堵料厚度不低于结构厚度，防火堵料必须符合设计及国家有关规定。

（6）试运行

1）母线安装完后，要全面进行检查，清理工作现场的工具、杂物，并与有关单位人员协商好，请无关人员离开现场。

2）母线进行绝缘电阻测试和交流工频耐压试验合格后，母线才能通电。

3）封闭插接母线的接头连接紧密，相序正确，外壳接地良好。

4）送电程序为先高压、后低压；先干线，后支线；先隔离开关、后负荷开关。停电时与上述顺序相反。

母线送电前应先挂好有电标志牌，并通知有关单位及人员，送电后应有指示灯。

5）试运行。送电空载运行24h，无异常现象为合格，方可办理验收手续。

6）提交各种验收资料。

6.4　火灾报警及联动控制系统

本节主要内容为火灾报警及联动控制系统的施工工艺和方法。

6.4.1　火灾报警及消防联动控制系统安装施工工艺

1. 消防报警设备安装

（1）控制器类设备的安装

1）火灾报警控制器、可燃气体报警控制器、区域显示器、消防联动控制器等控制器类设备（以下称控制器）在墙上安装时，其底边距地（楼）面高度宜为1.3～1.5m，其靠近门轴的侧面距墙不应小于0.5m，正面操作距离不应小于1.2m。

2）落地安装时，其底边宜高出地（楼）面0.1～0.2m。

3）控制器应安装牢固，不应倾斜；安装在轻质墙上时，应采取加固措施。

4）引入控制器的电缆或导线，应符合下列要求：

① 配线应整齐，不宜交叉，并应固定牢靠；

② 电缆芯线和所配导线的端部，均应标明编号，并与图纸一致，字迹应清晰且不易

褪色；

③ 端子板的每个接线端，接线不得超过 2 根；

④ 电缆芯和导线，应留有不小于 200mm 的余量；

⑤ 导线应绑扎成束；

⑥ 导线穿管、线槽后，应将管口、槽口封堵。

5）控制器的主电源应有明显的永久性标志，并应直接与消防电源连接，严禁使用电源插头。控制器与其外接备用电源之间应直接连接。

6）控制器的接地应牢固，并有明显的永久性标志。

(2) 火灾探测器安装

1）点型感烟、感温火灾探测器的安装，应符合下列要求：

① 探测器至墙壁、梁边的水平距离，不应小于 0.5m；探测器周围水平距离 0.5m 内，不应有遮挡物；

② 探测器至空调送风口最近边的水平距离，不应小于 1.5m；至多孔送风顶棚孔口的水平距离，不应小于 0.5m；

③ 在宽度小于 3m 的内走道顶棚上安装探测器时，宜居中安装；

④ 点型感温火灾探测器的安装间距，不应超过 10m；

⑤ 点型感烟火灾探测器的安装间距，不应超过 15m；

⑥ 探测器至端墙的距离，不应大于安装间距的一半；

⑦ 探测器宜水平安装，当确需倾斜安装时，倾斜角不应大于 45°。

2）线型红外光束感烟火灾探测器的安装，应符合下列要求：

① 当探测区域的高度不大于 20m 时，光束轴线至顶棚的垂直距离宜为 0.3～1.0m；当探测区域的高度大于 20m 时，光束轴线距探测区域的地（楼）面高度不宜超过 20m；

② 发射器和接收器之间的探测区域长度不宜超过 100m；

③ 相邻两组探测器的水平距离不应大于 14m。探测器至侧墙水平距离不应大于 7m，且不应小于 0.5m；

④ 发射器和接收器之间的管路上应无遮挡物或干扰源；

⑤ 发射器和接收器应安装牢固，并不应产生位移；

⑥ 缆式线型感温火灾探测器在电缆桥架、变压器等设备上安装时，宜采用接触式布置；在各种皮带输送装置上敷设时，宜敷设在装置的过热点附近；

⑦ 敷设在顶棚下方的线型差温火灾探测器，至顶棚距离宜为 0.1m，相邻探测器之间水平距离不宜大于 5m；探测器至墙壁距离宜为 1～1.5m。

3）可燃气体探测器的安装应符合下列要求：

①安装位置应根据探测气体密度确定。若其密度小于空气密度，探测器应位于可能出现泄漏点的上方或探测气体的最高可能聚集点上方；若其密度大于或等于空气密度，探测器应位于可能出现泄漏点的下方；

② 在探测器周围应适当留出更换和标定的空间；

③ 在有防爆要求的场所，应按防爆要求施工；

④ 线型可燃气体探测器在安装时，应使发射器和接收器的窗口避免日光直射，且在发射器与接收器之间不应有遮挡物，两组探测器之间的距离不应大于 14m；

⑤ 可燃气体探测器应安装在气体容易泄漏、容易流经及容易滞留的场所，安装位置应根据被测气体的密度、安装现场气流方向、温度等各种条件来确定。

4）通过管路采样的吸气式感烟火灾探测器的安装应符合下列要求：

① 采样管应固定牢固；

② 采样管（含支管）的长度和采样孔应符合产品说明书的要求；

③ 非高灵敏度的吸气式感烟火灾探测器不宜安装在顶棚高度大于 16m 的场所；

④ 高灵敏度吸气式感烟火灾探测器在设为高灵敏度时可安装在顶棚高度大于 16m 的场所，并保证至少有 2 个采样孔低于 16m；

⑤ 安装在大空间时，每个采样孔的保护面积应符合点型感烟火灾探测器的保护面积要求。

5）点型火焰探测器和图像型火灾探测器的安装应符合下列要求：

① 安装位置应保证其视场角覆盖探测区域；

② 与保护目标之间不应有遮挡物；

③ 安装在室外时应有防尘、防雨措施；

④ 探测器的底座应安装牢固，与导线连接必须可靠压接或焊接。当采用焊接时，不应使用带腐蚀性的助焊剂；

⑤ 探测器底座的连接导线，应留有不小于 150mm 的余量，且在其端部应有明显标志；

⑥ 探测器底座的穿线孔宜封堵，安装完毕的探测器底座应采取保护措施；

⑦ 探测器报警确认灯应朝向便于人员观察的主要入口方向；

⑧ 探测器在即将调试时方可安装，在调试前应妥善保管并应采取防尘、防潮、防腐蚀措施。

（3）手动火灾报警按钮安装

1）手动火灾报警按钮应安装在明显和便于操作的部位。当安装在墙上时，其底边距地（楼）面高度宜为 1.3～1.5m。

2）手动火灾报警按钮应安装牢固，不应倾斜。

3）手动火灾报警按钮的连接导线应留有不小于 150mm 的余量，且在其端部应有明显标志。

（4）模块安装

1）同一报警区域内的模块宜集中安装在金属箱内。

2）模块（或金属箱）应独立支撑或固定，安装牢固，并应采取防潮、防腐蚀等措施。

3）模块的连接导线应留有不小于 150mm 的余量，其端部应有明显标志。

4）隐蔽安装时在安装处应有明显的部位显示和检修孔。

（5）火灾应急广播扬声器和火灾警报装置安装

火灾应急广播扬声器和火灾警报装置安装应牢固可靠，表面不应有破损。火灾光警报装置应安装在安全出口附近明显处，距地面 1.8m 以上。光警报器与消防应急疏散指示标志不宜在同一面墙上，安装在同一面墙上时，距离应大于 1m。扬声器和火灾声警报装置宜在报警区域内均匀安装。

（6）消防专用电话安装

消防电话、电话插孔、带电话插孔的手动报警按钮宜安装在明显、便于操作的位置；

当在墙面上安装时，其底边距地（楼）面高度宜为1.3～1.5m。

消防电话和电话插孔应有明显的永久性标志。

（7）防排烟系统安装

1）防火阀、排烟防火阀的安装要求

① 阀门可靠地固定在规定的位置上，并应设单独支架，以防止风管变形影响防火阀关闭，同时防火阀能顺气流方向自行严密关闭。

② 阀门设置在吊顶或墙体内侧时，要在易于检修阀门开闭状态和进行手动复位的位置设置检查口。检查口设于顶棚或靠墙面时，每边长450mm以上，但阀体距墙应大于310mm。

③ 风管穿越防火分区时应装防火阀。阀门与防火墙（或楼板）之间的风管应采用1.6mm以上的钢板制作，并应用钢丝网水泥砂浆或其他不燃材料保护。

2）送风口、排风口的安装要求

① 电气线路及控制缆绳应采用DN20的钢管作为保护套管。控制缆绳套管的弯曲半径不宜小于250mm，弯曲处一般不多于3处，缆绳长度一般不大于6m，若长度超过6m，应在订货时说明。

② 多叶排烟口在安装时，先将铝合金风口拆下，将阀体砌入墙内，四周用水泥抹平后，或者用螺栓固定在预埋钢件上再将铝合金风口安装上。注意不要在阀体内留下杂物和不要将铝合金风口划伤。试验机构的性能，确认机构动作灵活可靠后，才算安装完毕。

③ 排烟口应设置在近顶棚的墙面上。设在顶棚上的排烟口，距可燃物件或可燃物的距离不应小于1m。排烟口平时应关闭，并应设有手动和自动开启装置。

设在墙面上的排烟口，其顶标高距平顶以100～150mm为宜。

④ 正压送风口宜安装在墙面的下部，其底标高距地坪250～400mm为宜。

⑤ 排烟风口的入口处应设置当烟气温度超过280℃时能自动关闭的防烟防火阀，排烟风机应保证在280℃时能连续工作30min。

⑥ 当任何一个排烟口或排烟阀开启时，排烟风机应能自动启动，同时应立即关闭着火区的通风空调系统。

⑦ 排烟支管上应设有当烟气温度超过280℃时能自动关闭的防火阀。

（8）消防设备应急电源安装

消防设备应急电源的电池应安装在通风良好地方，当安装在密封环境中时应有通风装置。

酸性电池不得安装在带有碱性介质的场所，碱性电池不得安装在带酸性介质的场所。

消防设备应急电源不应安装在靠近带有可燃气体的管道、仓库、操作间等场所。

单相供电额定功率大于30kW、三相供电额定功率大于120kW的消防设备应安装独立的消防应急电源。

（9）消防火灾监控系统安装

本系统由监控设备、漏电、电流探测器、远程监控系统（含总线转换器、系统软件）组成。

1）电气火灾监控系统指的是能够准确监控电气线路的故障和异常状态，发现电气火灾的火灾隐患并及时报警提醒管理人员消除这些隐患。也就是提前报警故障状态、地址和存储当前故障状态，避免因故障停电给人们的工作、生活带来的不便，系统可设置由消防控制中心手动或自动驱动塑壳断路器的断电模式。

2）运行远程监控系统时，对控制器进行操作控制，软件系统界面能接收来自电气火灾探测器的监控报警信号，在短时间内发出声、光报警信号，指示报警部位，记录报警时间，并予以保持，直至手动复位；当监控设备与电气火灾探测器之间连接不上或主电源发生故障时能在短时间内发出与监控报警信号有明显区别声光故障信号。

2. 消防报警线路安装

消防报警和联动控制系统通常采用总线方式联结。

关于电气配管、桥架安装、电线电缆敷设在电气部分已经有相关说明，本节内只介绍电线、电缆敷设和本专业特点有关联的相关部分。

1）在穿线前必须将管槽中积水及杂物清除干净，因为有些暗敷线路若不清除杂物势必影响穿线。内有积水影响线路的绝缘。

2）在管内或线槽内的布线，应在建筑抹灰及地面工程结束后进行，管内或线槽内不应有积水及杂物。

3）线缆不允许存在中间接头，影响信号的接收。

4）火灾自动报警系统应单独布线，系统内不同电压等级、不同电流类别的线路，不应布在同一管内或线槽的同一槽孔内。

5）从接线盒、线槽等处引到探测器底座、控制设备、扬声器的线路，当采用金属软管保护时，其长度不应大于 2m。

6）火灾自动报警系统导线敷设后，应用 500V 兆欧表测量每个回路导线对地的绝缘电阻，该绝缘电阻值不应小于 20MΩ。

7）同一工程中的导线，应根据不同用途选不同颜色加以区分，相同用途的导线颜色应一致。电源线正极应为红色，负极应为蓝色或黑色。

6.4.2 火灾报警及消防联动控制系统调试验收施工工艺

1. 火灾报警及消防联动控制系统调试

（1）调试准备

1）设备的规格、型号、数量、备品备件等应按设计要求查验。

2）系统的施工质量应按规范要求检查，对属于施工中出现的问题，应会同有关单位协商解决，并应有文字记录。

3）系统线路应按规范要求检查系统线路，对于错线、开路、虚焊、短路、绝缘电阻小于 20MΩ 等应采取相应的处理措施。

4）对系统中的火灾报警控制器、可燃气体报警控制器、消防联动控制器、气体灭火控制器、消防电气控制装置、消防设备应急电源、消防应急广播设备、消防电话、传输设备、消防控制中心图形显示装置、消防电动装置、防火卷帘控制器、区域显示器（火灾显示盘）、消防应急灯具控制装置、火灾警报装置等设备分别进行单机通电检查。

（2）探测器的单体调试

1）采用专用的检测仪器或模拟火灾的方法，逐个检查每只火灾探测器的报警功能，探测器应能发出火灾报警信号。

2）对于不可恢复的火灾探测器应采取模拟报警方法逐个检查其报警功能，探测器应能发出火灾报警信号。当有备品时，可抽样检查其报警功能。

(3) 报警控制器的单体调试

1) 调试前应切断火灾报警控制器的所有外部控制连线，并将任一个总线回路的火灾探测器以及该总线回路上的手动火灾报警按钮等部件连接后，方可接通电源。

2) 按现行国家标准《火灾报警控制器》GB 4717 的有关要求对控制器进行下列功能检查并记录，控制器应满足标准要求：

① 检查自检功能和操作级别；

② 使控制器与探测器之间的连线断路和短路，控制器应在 100s 内发出故障信号（短路时发出火灾报警信号除外）；在故障状态下，使任一非故障部位的探测器发出火灾报警信号，控制器应在 1min 内发出火灾报警信号，并应记录火灾报警时间；再使其他探测器发出火灾报警信号，检查控制器的再次报警功能；

③ 检查消声和复位功能；

④ 使控制器与备用电源之间的连线断路和短路，控制器应在 100s 内发出故障信号；

⑤ 检查屏蔽功能；

⑥ 使总线隔离器保护范围内的任一点短路，检查总线隔离器的隔离保护功能；

⑦ 使任一总线回路上不少于 10 只的火灾探测器同时处于火灾报警状态，检查控制器的负载功能；

⑧ 检查主、备电源的自动转换功能，并在备电工作状态下重复第 7 款检查；

⑨ 检查控制器特有的其他功能。

(4) 防排烟系统调试

防排烟系统安装完毕后，必须进行系统的调试。调试的项目有：设备单机试运转及调试；系统无生产负荷下的联合试运转及调试。系统无生产负荷下的联合试运转及调试应在设备单机试运转合格后进行。

1) 调试前准备

① 人员组织。系统调试应由施工单位负责，监理单位监督，设计单位与建设单位参与和配合。系统调试的实施可以是施工企业本身或委托给具有调试资质和调试能力的其他单位。

② 编制调试方案。施工单位应在系统调试前编制调试方案，报送专业监理工程师审核批准。调试方案应包括调试程序、使用的方法与进度、调试应达到的技术要求。

③ 调试所使用的测试仪器和仪表。其性能应稳定可靠，精度等级及最小分度值应满足测定要求，经计量检定合格，且在有效期内。

2) 设备单机试运转及调试

① 风机叶轮旋转方向正确、运转平稳、无异常振动与声响，其电机运行功率应符合设备技术文件的规定。在额定转速下连续运转 2h 后，滑动轴承外壳最高温度不得超过 70℃，滚动轴承不得超过 80℃。

② 防火阀、排烟防火阀、送风口、排烟口的手动、电动操作应灵活、可靠，信号输出正确。

③ 正压送风系统的压风入口与排烟系统的排烟口的设置符合规范要求，且两者之间留有必要的安全间距。

④ 风机选型、防火阀、排烟阀等设备安装、配电线路敷设符合规范要求。

3）防排烟系统联合试运转及调试

① 在风机室手动启动正压送风机，用微压仪测量正压送风系统余压值，楼梯间、前室、走道风压呈递减趋势明显，并应符合下列要求：防烟楼梯间为40～50Pa；前室、合用前室、消防电梯前室、封闭避难层（间）为25～30Pa。

② 在风机室手动启动排烟风机，用风速仪测量该防烟分区内的排烟口的风速，该值宜在3m/s～4m/s，但不大于10m/s。

③ 消防控制室能直接启动正压送风机和排烟风机。

④ 风机启动信号输出正确。

⑤ 防排烟系统的联动关系符合以下要求：

a. 正压送风系统

火灾探测器或手动报警信号报警→正压送风口打开→正压送风机启动。

信号返回要求：

消防控制室显示正压送风口开启状态和正压送风机运行状态。

b. 排烟系统

排烟分区内的火灾探测器或手动报警信号报警→排烟口打开→排烟风机启动。

排烟风机入口处的排烟防火阀关闭→停止相应部位的排烟风机。

信号返回要求：

消防控制室显示排烟口开启状态、排烟风机运行状态和排烟防火阀关闭状态。

⑥ 调试记录。调试结束后，必须填写完整的调试记录。

（5）联动控制系统调试

联动控制系统调试分为以下两类：多线制联动控制系统的调试；总线制联动控制系统的调试。

1）多线制联动控制系统的调试可按以下步骤进行：

① 在进行多线制联动控制系统调试前，首先将控制中心输端子排上的熔丝取下，这样可以避免调试设备联动接口故障把控制中心内电源损坏，防止联动设备误操作；

② 检查多线制联动控制系统的管线是否齐全，导线标注是否清晰，是否与联动控制设备接线端子标注一致；

③ 多数联动控制信号为DC24V电平，当联动设备中间继电器的线圈电压不是DC24V时，需要使用直流/交流电平转换器转换；

④ 各联动设备进行模拟联动试验时，对所提供的联动接口加联动信号，观察设备是否动作，动作后回接触点是否闭合有效；

⑤ 确认多线制联动控制系统的调试通过后，将消防中心输出端子排上的熔丝加上，然后开机进行自动联动试验。

2）总线制联动控制系统的调试可按以下步骤进行：

① 检查联动控制器至各楼层联动驱动器的纵向电源及通信线是否短路，排除线路故障；

② 检查各层联动驱动器、联动控制模块主板的编码值是否与设计的接线端子表上的编码值一致，防止在安装过程中相互颠倒；

③ 对每台联动控制器或联动模块所带的联动设备按多线制系统的调试方法进行模拟

试验；

④ 确认总线制联动控制系统的调试通过后，再将各楼层联动驱动器或联动控制模块内的输出接点保险丝加上，然后将消防中心电源打开进行自动联动试验。

2. 火灾报警及消防联动控制系统验收

(1) 验收前准备（表6-104）

验收前准备 **表6-104**

序号	项目	准备内容
1	人员配备	将各参建和消防有关单位组成一个验收组，明确参加验收人员的职责分工与职责，各负其责，互相协调。并抄送建设单位
2	技术措施	编制的验收方案报总承包项目技术负责人审核批准，参建人员已接受相关培训和技术交底
3	资料准备	消防施工单位、总承包单位、各机电安装公司竣工图纸、竣工资料（隐蔽工程、所有涉及消防设备和产品选用的厂家、类型、数量清单及相应的检测报告）等资料各一套
4	仪器、仪表及调试工具	调试及检验器具
5	其余	消防验收行走路线图（示意图）

(2) 系统的验收要求

1) 消防验收的组织

消防工程验收由建设单位组织，监理单位主持，公安消防监督机构指挥，施工单位（土建、装饰、机电、消防专业调试队等）具体操作，设计单位等参与。

2) 消防验收的顺序

验收受理→现场检查→现场验收→结论评定→工程移交。

① 验收受理

由建设单位向公安消防机构提出申请，要求对竣工工程进行消防验收，并提供有关书面资料。具体需要的资料如表6-105，资料要真实有效，符合申报要求。

② 现场检查

公安消防机构受理验收申请后，按计划到现场检查，由建设单位组织设计、监理、施工单位共同参加。

③ 现场验收

公安消防机构安排分组，用符合规定的工具、设备、仪表，依据技术标准对已经安装的消防工程实行现场测试，并将测试结果形成记录，并经参加现场验收的建设单位人员签字。

④ 结论评定

现场检查、现场验收结束后，依据消防验收有关评定规则，比对检查验收过程中形成的记录进行综合评定，得出验收结论，并形成消防验收意见书。

⑤ 工程移交

公安消防机构组织主持的消防验收完成后，由建设单位、监理单位和施工单位将整个工程移交给使用单位或生产单位。工程移交包括资料移交与实体移交两个方面。

系统的验收要求 **表 6-105**

序号	资料	要求	备注
1	《工程消防验收申报表》	申报表内容填写齐全，责任主体签章与资质一致	公安部106号令（要求为原件）
2	《工程验收竣工报告》	为建设行政主管部门统一表格，要求申报内容填写齐全，责任主体签章与资质一致	（要求提供原件，留存复印件）
3	须提供参建单位合法身份证明文件和企业资质文件	1. 总包施工单位应当提供施工资质 2. 消防施工单位应当提供施工资质 3. 监理单位应当提供监理资质 4. 检测单位（消检、电检）应当提供检测合法身份证明 5. 其他单位应当提供检测合法身份证明文件或相应资质	（复印件加盖公章）
4	相关的检测合格文件	1. 消防设施检测合格证明文件 2. 电气防火技术检测合格证明文件	（要求为原件）
5	建筑工程消防设计审查资料	包括相关部门批准文件、消防设计审查意见、消防设计变更情况、消防设计专家论证会纪要及有关说明等	
6	与建筑工程消防验收相关竣工资料	竣工图纸、工程竣工验收报告、隐蔽工程记录、监理记录资料，其中包括建筑专业、给水排水专业、电气专业、暖通专业的设计、建设、施工、监理4个单位图纸需盖章方有效的消防水源竣工资料、消防电源竣工资料	（要求为原件）
7	监理资料	建筑工程监理单位提供的《建筑消防设施质量监理报告》	
8	消防产品质量合格证明文件	建筑工程中所有消防设备和产品选用的厂家、类型、数量清单及相应的检测报告	

（3）系统验收内容（表 6-106）

系统验收内容 **表 6-106**

序号	验收内容
1	建筑物总平面布置及建筑内部平面布置（消防控制室、消防水泵房等设置）
2	建筑物防火、防烟分区划分
3	建筑物内装修材料，安全疏散指示和消防电梯
4	消防供水及室外消火栓系统
5	建筑物内消火栓系统
6	自动喷水灭火系统
7	火灾自动报警及消防联动系统（含消防应急广播、消防电话通信系统）
8	防烟、排烟系统（含空调、通风系统消防功能设置）
9	消防电源及其配电（含火灾应急照明和疏散指示标志系统）及灭火器配置
10	防烟、排烟系统（含空调、通风系统消防功能设置）
11	消防电源及其配电（含火灾应急照明和疏散指示标志系统）及灭火器配置
12	消防通道的布置（含室内外）
13	防火门、防火卷帘门、防火隔墙（防火等级的设计）

6.5 建筑智能化工程

本节主要内容为典型智能化子系统安装和调试的基本要求、智能化工程施工工艺的施工工艺和方法。

6.5.1 典型智能化子系统安装和调试的基本要求

1. 建筑智能化系统设备、元件安装

(1) 中央监控设备

中央监控设备的型号、规格和接口符合设计要求，设备之间的连接电缆接线正确。

(2) 现场控制器

现场控制器应安装在需监控的机电设备附近，一般在弱电竖井内、冷冻机房、高低压配电房等便于调试和维护的地方。

(3) 探测、测量元件的安装

各类探测器的安装，应根据产品的特性及保护警戒范围的要求进行安装。

各类传感器的安装位置在能正确反映其检测性能的位置，并便于调试和维护。

1) 温、湿度传感器安装

通常采用的温度传感器有风管、水管型温度传感器等，可将温度的变化转换成电信号输出。

① 传感器至现场控制器之间的连接应尽量减少因接线引起的误差，镍温度传感器的接线电阻应小于3Ω，铂温度传感器的接线电阻应小于1Ω。

② 风管型温、湿度传感器的安装应在风管保温层完成后进行。

③ 风管型温、湿度传感器应安装在风速平稳、能反映风温的地方。

④ 风管型温、湿度传感器应安装在风管直管段的下游，还应避开风管死角的位置。

⑤ 水管型温度传感器的安装开孔与焊接工作，必须在管道的压力试验、清洗、防腐和保温前进行，且不宜在管道焊缝及其边缘上开孔与焊接。

⑥ 水管型温度传感器的感温段大于管道直径的1/2时，可安装在管道的顶部。感温段小于管道直径的1/2时，应安装在管道的侧面或底部。

2) 压力、压差传感器和压差开关安装

① 通常的压力和压差传感器有电容式压差传感器、液体压差传感器，薄膜型压力传感器，分风管型和水管型两类。

② 风管型压力、压差传感器和压差开关应在风管保温层完成之后安装。

③ 风管型压力、压差传感器和压差开关应安装在温、湿度传感器的上游侧。

④ 水管型压力、压差传感器的安装应在管道安装时进行，其开孔与焊接工作必须在管道的压力试验、清洗、防腐和保温前进行。

3) 电磁流量计安装

① 电磁流量计应避免安装在较强的交直流磁场或有剧烈振动的场所。

② 电磁流量计应安装在流量调节阀的上游，流量计的上游应有10倍管径长度的直管段，下游段应有4～5倍管径长度的直管段。

③ 电磁流量计在垂直管道上安装时，液体流向自下而上，保证导管内充满被测流体或不致产生气泡；水平安装时必须使电极处在水平方向，以保证测量精度。

④ 电磁流量计和管道之间应连接成等电位并可靠接地。

4）涡轮式流量变送器的安装

① 涡轮式流量变送器应水平安装，流体的方向必须与传感器壳体上所示的流向标志一致。

② 变送器没有流向标志时可根据变送器进、出口的结构进行判断。流体的进口端导流器比较尖，中间有圆孔，流体的出口端导流器不尖，中间没有圆孔。

③ 在可能产生逆流的场合，流量变送器下游应装设止回阀。

④ 流量变送器上游应有10倍管道直径的直管段，下游应有5倍管道直径的直管段。

⑤ 流量变送器应安装在测压点的上游，距测压点3.5～5.5倍管径的距离。

5）空气质量传感器及其安装

空气质量传感器可检测空气中的烟雾、CO、CO_2、丙烷等多种气体含量。

① 管道式空气质量传感器安装应在风管保温完成之后进行。

② 检测气体密度小的空气质量传感器应安装在风管或房间的上部。

③ 检测气体密度大的空气质量传感器应安装在风管或房间的下部。

（4）主要控制设备的安装

监控系统中主要的控制设备包括：控制管道阀门的电磁阀和电动调节阀、控制风管风阀的电动风门驱动器等。

1）电磁阀安装

电磁阀安装前应按说明书规定检查接线圈与阀体间的电阻，宜进行模拟动作试验。

电磁阀的口径与管道口径不一致时，应采用异径管件，电磁阀口径一般不应低于管道口径的两个等级。

2）电动调节阀安装

电动调节阀的构成和工作原理：阀由驱动器和阀体组成，将电信号转换为阀门的开度。

工作电动执行机构输出方式有：直行程、角行程和多转式类型，分别同直线移动的调节阀、旋转的蝶阀、多转的调节阀配合工作。

3）电动风门驱动器安装

电动风门驱动器用来调节风门，以达到调节风管的风量和风压。

电动风门驱动器的技术参数：输出力矩、驱动速度、角度调整范围、驱动信号类型等。

风阀控制器安装后，风阀控制器的开闭指示位应与风阀实际状况一致，宜面向便于观察的位置。

风阀控制器安装前应检查线圈和阀体间的电阻、供电电压、输入信号等是否符合要求，宜进行模拟动作检查。

2. 建筑智能化系统线缆安装

现场控制器与各类监控点的连接，模拟信号应采用屏蔽线，且在现场控制器侧一点接地。数字信号可采用非屏蔽线，在强干扰环境中或远距离传输时，宜选用光纤。

3. 建筑智能化系统调试

智能化工程的检测应依据工程合同技术文件、施工图设计、设计变更说明、洽商记录、设备及产品的技术文件进行，依据规范规定的检测项目、检测数量和检测方法，制定系统检测方案并实施检测。

（1）通信系统调试和检测

通信系统调试和检测内容：系统检查调试、初验测试、试运行验收测试。

（2）有线电视系统调试和检测

有线电视系统的正向测试的调制误差率和相位抖动，反向测试的侵入噪声、脉冲噪声和反向隔离度的参数指标应满足设计要求。

（3）公共广播与消防广播系统调试和检测

广播系统的输入输出不平衡度、音频线的敷设、接地形式及安装质量应符合设计要求。

（4）计算机网络系统调试和检测

连通性检测、路由检测、容错功能检测、网络管理功能检测。

（5）建筑设备监控系统调试和检测

智能化工程安装后，系统承包商要对传感器、执行器、控制器及系统功能进行现场测试，传感器可用高精度仪表现场校验，使用现场控制器改变给定值或用信号发生器对执行器进行检测。

（6）火灾自动报警及消防联动系统调试和检测

火灾自动报警及消防联动系统的检测应按《火灾自动报警系统施工及验收规范》GB 50166 的规定执行。

（7）安全防范系统调试和检测

重点检测防范部位和要害部门的设防情况，有无防范盲区。安全防范设备的运行是否达到设计要求。

（8）综合布线系统调试和检测

综合布线系统的光纤布线应全部检测，对绞线缆布线以不低于10%的比例进行随机抽样检测，抽样点必须包括最远布线点。

（9）智能化系统集成调试和检测

系统集成的检测应在各个子系统检测合格，系统集成完成后调试并经过1个月试运行后进行。系统集成检测应检查系统的接口、通信协议和传输的信息等是否达到系统集成要求。

6.5.2 智能化工程施工工艺

1. 智能化工程施工基本要求

（1）对设备、器材的采购合同中应明确智能化系统供应商供货的范围，即明确智能化工程的设备、器件与被监控的其他建筑设备、器件间的界面划分，使两者的接口能符合匹配的要求。

（2）如建筑物土建施工的预埋、预留工作委托其他专业公司实施，则要提供详细正确的预留、预埋施工图，并派员实施指导或复核。

(3) 智能化工程施工前除做好专业的施工准备工作外，还要与建筑结构、装饰装修、给水排水、建筑电气、空调与采暖通风、电梯等工程有关联的部位和接口进行确认。

(4) 各被智能化工程监控的其他建筑设备应在本体试运行合格、符合要求后，才能投入被智能化工程监控的状态。

(5) 智能化工程内外接口都应采用标准化、规范化部件，有利于提高联通的可靠性，也有利于加快施工进度。

(6) 火灾报警及消防联动系统要由消防监管机构验收确认，安全防范系统要由公安监管机构验收确认，两者均是一个独立的系统，但可以通过接口和协议与外系统互相开放、交互数据。

(7) 由于技术进步，在智能化工程领域应用的设备、器件和材料更新换代迅速，因而施工中要认真阅读相关的设备、器件提供的技术说明文件，把握施工安装的要求，以免作业失误。

2. 智能化工程施工注意事项

(1) 施工作业的条件

1) 施工方案、作业指导书等技术文件已批准，并向相关作业队组做了交底。

2) 进场的设备、器件和材料已进行验收，符合工程设计要求。检查的重点是安全性、可靠性和电磁兼容性等项目。

3) 与智能化工程施工相关的土建和装饰工程已完成，机房的门窗齐全、锁匙完好，有防偷盗丢失措施。

4) 各类探测器、传感器的安装位置已与相关方协调定位。

5) 被监控建筑设备运行参数已明确，且有书面确认证明。

6) 施工机具、人员组织已确定并有分工，设备器件材料等物资进场能符合施工进度计划要求，可维持正常的持续施工。

(2) 机房、电源及接地施工要点

1) 机房铺设的架空防静电地板下部的空间高度应能满足铺设底下管线的需要。

2) 机房的高度要有足够的配线空间，方便配线架的设置。

3) 供电电源至少应为两路，并可在末端自动切换，重要的设备配不间断电源 UPS 供电，UPS 配置的方式可采取随设备分散供电或 UPS 集中供电。

4) 系统接地采用等电位联结，引至专用的线缆竖井应有单独的接地干线。所有设备的接地支线与接地干线相连，不串联连接。

(3) 设备、器件安装要点

1) 现场控制器箱、柜安装位置要方便巡视、维护和检修，箱、柜门的正面要留有足够的空间，以利检修人员的作业。

2) 各类传感器的安装位置应使其能正确反映所测的参数并实时转换，即减少时延的影响。直接插入管道、容器等的传感器如压力、温度等传感器，其连接件（凸台）应在管道或容器压力试验、清洗、防腐、保温前开孔焊接好。

3) 各类探测器应按产品说明及保护警戒范围的要求进行安装。

4) 设备、器件的安装应位置正确、整齐平整、固定可靠、方便维护管理，确保发挥正常的使用功能。

(4) 线缆、光缆施工要点

1) 线缆、光缆的型号规格要符合设计要求。

2) 综合布线系统选用的线缆、连接件、跳线等类别要匹配一致。

3) 多模光缆和单模光缆到施工现场时要测试光纤衰减常数和长度。

4) 综合布线的对绞线缆端接时，应尽量保持纽绞状态，非纽绞长度要小于规范规定的长度。

5) 在敷设时注意与其他管线间的距离要符合设计要求。

6) 线缆敷设的弯曲半径不能小于产品允许的弯曲半径。

7) 需屏蔽接地的应可靠接地。

8) 光纤、绞线芯线连接的工具应与线缆规格型号适配。

3. 智能化工程系统检测要求

(1) 智能化工程安装完成后，经初步调试，投入规定时间的试运行后要进行系统检测，以判断系统是否合格，是否需要整改。

(2) 检测机构要有相应的资质，实施检测应有检测方案，明确检测项目、检测数量和检测方法，该方案符合技术合同和设计文件要求，方案需经检测机构批准。

(3) 火灾自动报警及消防联动系统与其他系统具备联动关系时，其检测要依据合同文件和相关规范规定执行，并体现在检测方案中。

(4) 建筑设备监控系统安装完成后，应对传感器、执行器、控制器及其功能在现场进行单体和系统测试。

(5) 综合布线中光纤应全部测试，对绞线抽测 10%，抽测点包括最远的布线点。

(6) 通信系统的测试包括初验测试和试运行验收测试，其测试方案要与生产厂商协商确定。

(7) 安全防范系统要判断有无防范盲区，各子系统间报警联动是否可靠，监控图像的记录和保存时间是否符合设计要求。

(8) 计算机网络系统的检测包括连通性检测、路由检测、容错功能检测、网络功能管理检测。

(9) 系统集成检测包括接口、通信协议、传输信息等的检测。

4. 智能化工程验收要点

建筑智能化工程是在单位建筑工程中最后一个完成的分部工程，其验收要点如下：

(1) 验收条件

1) 按工程承包合同约定完成工程的内容。

2) 系统安装、检测、调试完成，并经规定时间的试运行。

3) 有相应的技术文件和工程实施记录及质量控制记录。

(2) 验收的步骤

先产品、后系统；先各系统、后系统集成。

(3) 验收方式

有分项、分部验收，有交付、竣工验收。

(4) 竣工验收的资料

1) 工程合同技术文件

2）竣工图纸

3）设备、器材、材料等产品说明书

4）系统技术、操作和维护手册

5）设备及系统测试记录

6）工程实施记录、质量控制记录

7）其他（合同约定的承包商提供的其他资料）

第7章 计算机和相关资料信息管理软件的应用知识

7.1 Office办公软件应用知识

Office办公软件是微软公司开发的办公自动化软件，使用Office办公软件，可以帮助我们更好地完成日常办公和公司业务。Office办公软件是电脑应用最多，最基础的一个软件。Office办公软件的发展经历了Office 97、Office 98、Office 2000、Office XP、Office 2003、Office 2007、office 2010、office 2016等几代。

Office套装软件一般由以下7个软件组成：Microsoft Word（文字处理应用软件）、Microsoft Excle（电子表格软件）、Microsoft PowerPoint（幻灯片演示软件）、Microsoft Outlook（邮件及信息管理软件）、Microsoft Access（数据库应用软件）、Microsoft FrontPage（网站管理应用软件）、Microsoft Share point Team Services（群组作业网站）。

1. Word文字处理软件

公司的各类办公文件，大多数企业都以Word为主，对这类文件的应用主要在文档内容中，软件本身没有什么难度，如图7-1所示。

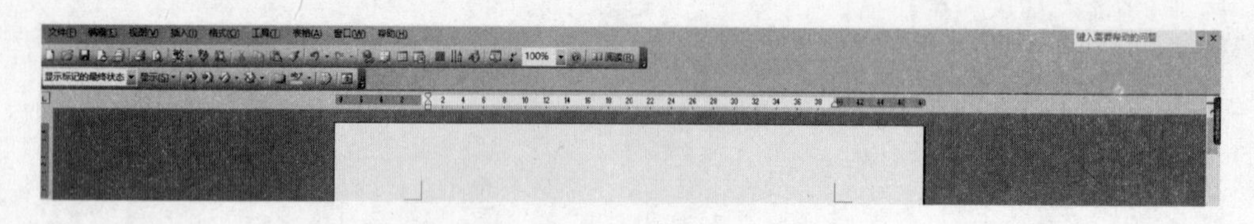

图7-1 word文档

下面简单介绍常用操作方法。

(1) 注释设置：

插入脚注、尾注和批注（脚注放在每一页面的底端，尾注放在文档的结尾）

“插入”—“引用”—“脚注和批注”

插入日期和时间、自动图文集。

(2) 格式设置：

1) 分栏效果：“格式”—“分栏”。可以设置各栏宽度或是否加分隔线。(只有在页面视图和打印预览下，才能显示分栏效果)

2) 首字下沉：“格式”—“首字下沉”

3) 中文版式：“视图”—“工具栏”—“其他格式”“格式”—“中文版式”（包括：拼音指南、合并字符、带圈字符、双行和一、纵横混排)。

4）文字方向："格式"—"文字方向"：竖向排版、横向排版。

（3）检查，校对及保护：

在"工具"菜单下可以进行字数统计：选定要统计的字符，即可统计出选定字符的个数。包括行，段，页数等。拼写和语法：检查文档中的错误语法和单词。

（4）文档的打印

打印机选择，页码范围选择，手动双面打印等。

（5）Word 表格的制作：

方法 1：打开"表格"菜单，依次选择"插入"/"表格"命令；

方法 2：单击"常用"工具栏上的"表格"按钮（简单表格）；

方法 3："表格和边框"工具栏上，选择"铅笔"工具。

（6）图文混排

插入艺术字、图片，艺术字体样式选择与调整；

当插入剪贴画图像、"来自文件"的图像或"来自扫描仪或相机"的图像时，应用其中一种格式插入图像。图形位置、大小设定，文本框与绘制图形。

（7）使用背景、边框和文字效果装饰文档

添加水印或背景图片、边框、底纹或填充效果。

2. Excel 电子表格软件

Excel 是 Microsoft Office 的重要组件之一，它是一种专门用于数据管理和数据分析等操作的电子表格软件。使用它可以把文字、数据、图形、图表和多媒体对象集合于一体，并以电子表格的方式进行各种统计计算、分析和管理等操作。

（1）熟悉 Excel 工作界面

认识启动 Excel 后的标题栏名称、工作簿名称、当前工作表；熟悉窗口的不同区域划分；鼠标单击工作界面任意位置输入数据，观察编辑栏的变化；鼠标右击工作界面，从弹出的快捷菜单中了解其中常用的命令；关闭 Excel 窗口。

操作方法：

① 启动 Excel，窗口标题栏显示"Microsoft Excel-Book1"，即表示当前打开的应用程序是"Microsoft Excel"，默认打开的文件（工作簿）是 Bookl，如图 7-2 所示。

② 窗口状态栏上方的"Sheetl"标签呈高亮显示，表明"Sheetl"为默认的活动工作表（当前工作表），依次单击"Sheet2"标签、"Sheet3"标签，则活动工作表为最后的"Sheet3"。

③ 依次单击菜单栏中的各个菜单项，了解各项菜单的构成，单击"视图"菜单中的"工具栏"命令，可见级联菜单中的"常用"和"格式"命令项被选中，"编辑栏"和"状态栏"也被选中，这是默认的窗口界面，参见图 7-2。窗口由上到下依次为标题栏、菜单栏、常用工具栏、格式工具栏、编辑栏、工作区、状态栏。

④ 留意编辑栏和状态栏的变化：单击 D6 单元格，输入数字"12"，单击编辑栏中的"取消"按钮✕，可见输入被清除：单击 F3 单元格，输入字符 ASD，单击编辑栏中的"确认"按钮✓，可见输入被确认。

⑤ 关闭当前工作簿：单击工作簿窗口的关闭按钮✕，或单击"文件"菜单中的"退出"命令，系统会弹出一个消息框，提示用户是否保存文件，可以根据需要做出选择。

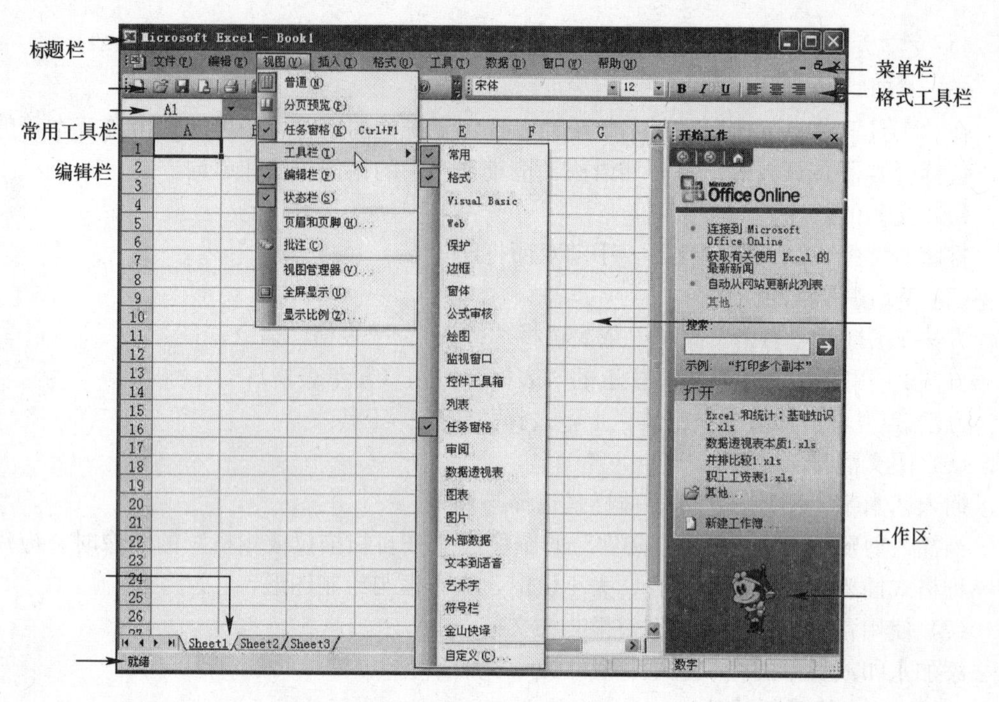

图 7-2　Excel 2003 的窗口

(2) 编辑工作表

根据图 7-3 所示的工作表样例，按照下列要求进行编辑。

某公司职工工资表

序号	工号	部门	职务	姓名	学历	基本工资	奖金	伙食津贴	全勤	旷工	借支	实得工资
1	KF001	开发部	部门经理	张小东	本科	3000	2000	450	100	0	500	5050
2	KF002	开发部	员工	李佳	大专	2500	1500	360	100	0	0	4460
3	KF003	开发部	员工	王睿	大专	2500	1000	315	100	0	0	3915
4	SC001	市场部	部门经理	张宏	硕士	3500	2500	540	100	0	0	6640
5	SC002	市场部	员工	宁江	大专	2500	1000	315	100	0	0	3915
6	SC003	市场部	员工	杨阳	大专	2500	1000	315	100	0	0	3915
7	SC004	市场部	员工	潘东	大专	2500	1000	315	100	0	0	3915
8	SC005	市场部	员工	苗诚	大专	2500	1000	315	100	0	0	3915
9	SC006	市场部	员工	萧海	大专	2500	1000	315	100	0	0	3915
10	SC007	市场部	员工	张奕	大专	2500	1000	315	0	100	0	3715
11	SC008	市场部	员工	张有为	大专	2500	1000	315	100	0	0	3915
12	XS001	销售部	员工	张东	硕士	3000	4000	630	100	0	1000	6730
13	XS002	销售部	部门经理	胡天明	博士	4000	3000	630	100	0	0	7730
14	XS003	销售部	员工	李森	本科	3000	2500	495	100	0	0	6095
15	XZ001	行政部	部门经理	刘晓	硕士	3500	3500	630	100	0	0	7730
16	XZ002	行政部	员工	严礼	大专	3000	2500	495	0	100	0	5895
17	XZ003	行政部	员工	贺顺	本科	3000	1500	405	100	0	0	5005
基本工资平均值						2852.94						
基本工资最大值						4000.00						
基本工资最小值						2500.00						

图 7-3　编辑工作表样例

7.2 AutoCAD 应用知识

1. 菜单操作方法

图形是表达和交流思想的主要工具，随着计算机科学技术的不断发展，绘图工作早已由传统的手工绘图转换为计算机辅助绘图，利用计算机绘图是当今工程设计人员必须掌握的基本技术，而 AutoCAD 就是专门为计算机绘图开发的设计软件。使用该软件不仅能够将设计方案用规范、美观的图纸表达出来，而且能有效地帮助设计人员提高设计水平及工作效率。本节主要介绍 AutoCAD 2010 菜单操作方法、基本功能。

（1）快速访问工具栏

AutoCAD 2010 的快速访问工具栏中包含最常用操作的快捷按钮，方便用户使用。在默认状态中，快速访问工具栏中包含多个快捷按钮，默认显示的按钮有【新建】、【打开】、【保存】、【打印】、【放弃】和【重做】按钮，可根据需要在展开的菜单中设置显示或隐藏按钮。

如果想在快速访问工具栏中添加或删除其他按钮，可以右击快速访问工具栏，在弹出的快捷菜单中选择【自定义快速访问工具栏】选项，在弹出的【自定义用户界面】对话框中进行设置即可。

（2）标题栏

标题栏位于应用程序窗口的最上面，用于显示当前正在运行的程序名及文件名等信息，如果是 AutoCAD 默认的图形文件，其名称为 DrawingN. dwg（N 是数字）。单击标题栏右端的按钮，可以最小化、最大化或关闭应用程序窗口。标题栏最左边是应用程序的小图标，单击它将会弹出一个 AutoCAD 窗口控制下拉菜单，可以进行最小化或最大化窗口、恢复窗口、移动窗口、关闭 AutoCAD 等操作。

标题栏位于 AutoCAD 2010 窗口界面的最上方。在标题栏中除了显示当前软件名称，还可显示新建的或打开的文件名称等。

（3）菜单栏

菜单栏默认处于隐藏状态，如果要显示菜单栏，可在快捷工具栏中单击【扩展】按钮 ，并在展开的列表中选择【显示菜单栏】选项即可。菜单栏与以前版本基本相同，只是在部分菜单中新增新版软件命令，具体操作与常规执行菜单命令完全相同，这里不再赘述。

（4）功能区

功能区由许多选项板组成，这些选项板被组织到依任务进行标记的选项卡中，各选项卡中由多个选项板组成，功能区选项板包含的很多工具和工具栏中的按钮以及菜单栏中的命令相同，如图 7-4 所示。在默认情况下创建或打开图形时，水平功能区将显示在图形窗口的顶部。当然，用户也可以将功能区放置在图形窗口的底部。

要更改选项卡的顺序，应单击要移动的选项卡、将其拖动到所需位置，然后松开。可以将工具选项板组与各个功能区选项板相关联。要显示关联的工具选项板组，单击工具或打开滑出选项板即可。选项板右下角的箭头表示用户可以展开该选项板以显示其他工具和控件。默认情况下，在单击其他选项板时，展开的选项板会自动关闭。要使选项板保持展开状态，可单击所展开选项板右下角的图钉图标。

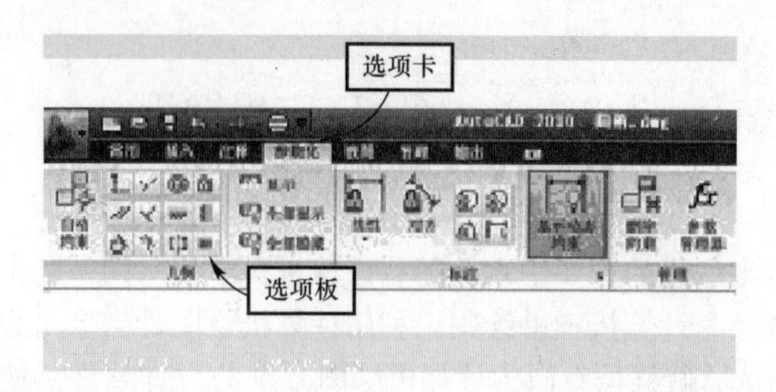

图 7-4　功能区

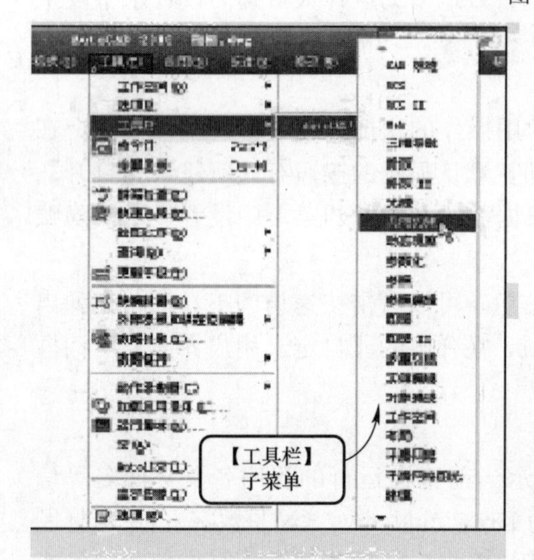

图 7-5　工具栏图标

(5) 工具栏

工具栏是应用程序调用命令的另一种方式，它包含许多由图标表示的命令按钮。AutoCAD 2010 提供了实用的工具栏，上面集中了快捷方式的按钮工具，如图 7-5 所示。当将光标或定点设备移到工具栏按钮上时，工具栏提示将显示该按钮的名称。

工具栏可以以浮动的方式显示，也可以以固定的方式显示。浮动工具栏可以显示在绘图区域的任意位置，可被拖动至新位置、调整大小或被固定。而固定工具栏则附着在绘图区域的任意边上，固定在绘图区域上边界的工具栏位于功能区下方。

如果要显示当前隐藏的工具栏，可在任意工具栏上右击，此时将弹出一个快捷菜单，通过选择命令可以显示或关闭相应的工具栏。

(6) 绘图区

绘图区域就是绘图工作的焦点区域，图形绘制操作和图形显示都在该区域内。在绘图区域中，有两方面需要注意，这就是十字光标和坐标系图标显示。AutoCAD 2010 界面中部进行绘图操作的区域即为绘图区，如图 7-6 所示。该软件支持多文档操作，绘图区可以显示多个绘图窗口，每个窗口显示一个图形文件，标题加亮显示的为当前窗口。

在绘图窗口中除了显示当前的绘图结果，还显示了当前使用的坐标系类型、坐标原点以及 X 轴、Y 轴、Z 轴的方向等。在二维绘图环境中默认坐标系为世界坐标系（WCS），而在三维建模环境中显示用户坐标系（UCS）。

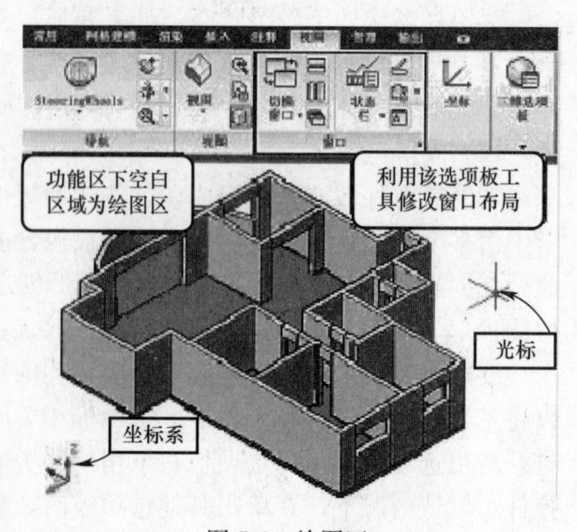

图 7-6　绘图区

(7) 命令提示行

命令行位于绘图区下方的窗口，可以在其中显示命令、系统变量、选项、信息和提示，称为命令窗口，如图 7-7 所示。命令窗口可以是固定的，也可以是浮动的。浮动命令窗口可以像其他浮动窗口一样设置自动隐藏、调整窗口大小等。

命令窗口分为两部分：底部为命令行，用于用户当前输入，上部显示历史命令、命令提示和选项等，用户可以根据提示在命令行进行相应输入。

如果按 F2 键，系统弹出图 7-8 所示的 AutoCAD 文本窗口。在该文本窗口中，除了可以很方便地查看历史记录、输入命令或系统变量等进行绘图操作之外，还可以执行其编辑菜单中的命令对命令记录进行复制、粘贴等处理。若再次按 F2 键，则将该 AutoCAD 文本窗口隐藏。

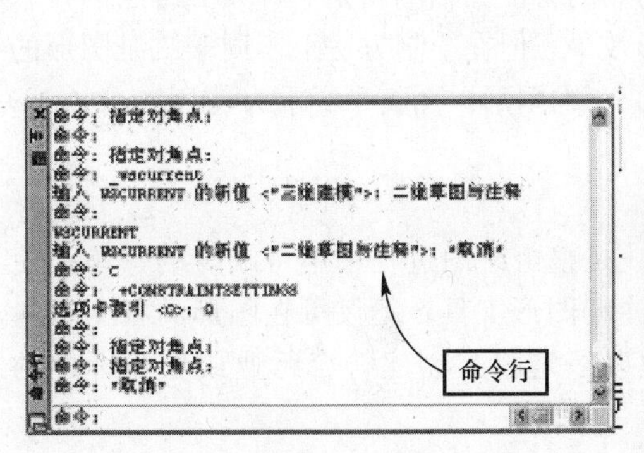

图 7-7　命令行

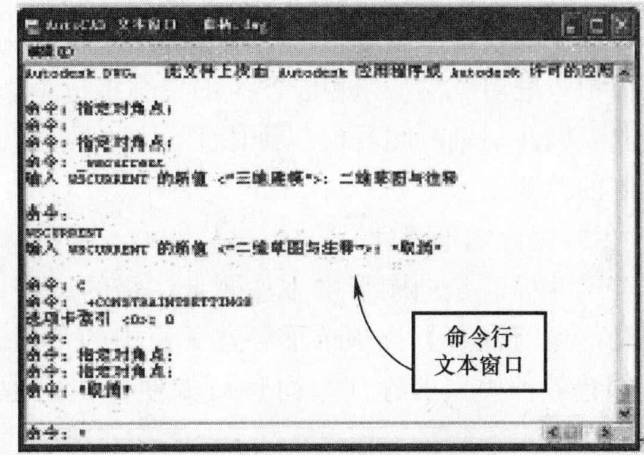

图 7-8　AutoCAD 文本窗口

(8) 状态栏

状态栏用来显示 AutoCAD 当前的状态，包括应用程序状态栏和图形状态栏，它们提供了有关打开和关闭图形工具的有用信息和按钮。用户可以以图标或文字的形式查看图形工具按钮，可以通过状态栏的快捷菜单向应用程序状态栏中添加或删除按钮。

(9) 工具选项板

工具选项板是【工具选项板】窗口中的选项卡形式区域，它们提供了一种用来组织、共享和放置块、图案填充及其他工具的有效方法。工具选项板还可以包含由第三方开发人员提供的自定义工具。

在菜单栏中选择【工具】｜【选项板】｜【工具选项板】选项，将打开【工具选项板】子菜单，该菜单中包含多种选项板可供选择。

在某些设计场合，使用工具选项板可以带来某些设计好处，即如果工具选项板的某个选项卡中提供有所需要的图例，那么可以切换到工具选项板的该选项卡，使用光标拖动的方式将其中所需要的图例拖到绘图区域中放置即可，这样在一定程度上便提高了绘图效率。

2. AutoCAD 2010 软件功能

与 AutoCAD 2009 软件相比，最新推出的 AutoCAD 2010 继承以上版本强大的设计功能，并在操作界面、细节功能、运行速度、数据共享和软件管理等方面都有较大的改进和增强，便于设计者更方便、快捷、准确的完成设计任务。

(1) AutoCAD 基本操作

AutoCAD 具有功能强大、易于掌握、使用方便、体系结构开放等特点，能够绘制平面图形与三维图形、标注图形尺寸、渲染图形以及打印输出图纸，深受广大工程技术人员的欢迎。

1）绘制与编辑图形

AutoCAD 的功能区【绘图】选项板中包含着丰富的绘图命令，使用它们可以绘制直线、构造线、多段线、圆、矩形、多边形、椭圆等基本图形，也可以将绘制的图形转换为面域，对其进行填充。

在三维建模工作空间中，可通过功能区工具快速创建圆柱体、球体、长方体等基本实体，并可利用各种图形编辑功能，快速、准确地获得各种各样的三维图形创建效果。此外，一些二维图形也可通过拉伸、设置标高和厚度等操作轻松地转换为三维图形。

在工程设计中，也常常使用轴测图来描述物体的特征。轴测图是一种以二维绘图技术来模拟三维对象沿特定视点产生的三维平行投影效果，但在绘制方法上不同于二维图形的绘制。因此，轴测图看似三维图形，但实际上是二维图形。图 7-8 所示为使用 AutoCAD 绘制的轴测图。

2）标注图形尺寸

尺寸标注是向图形中添加测量注释的过程，是整个绘图过程中不可缺少的一步。使用功能区【注释】选项卡下各选项板中的常用注释图形工具，不仅可在图形的各个方向上创建各种类型的标注，而且可方便、快速地以一定格式创建符合行业或项目标准的标注。

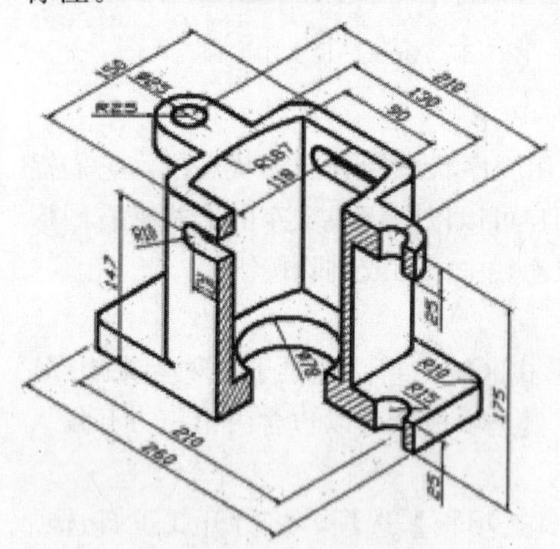

图 7-9　绘制轴测图

标注显示了对象的测量值，对象之间的距离、角度，或特征与指定原点间的距离。在 AutoCAD 中提供了线性、半径和角度 3 种基本的标注类型，可以进行水平、垂直、对齐、旋转、坐标、基线或连续等标注。此外，还可以进行引线标注、公差标注以及自定义粗糙度标注。标注的对象可以是二维图形或三维图形。图 7-9 所示为使用 AutoCAD 标注的二维图形效果，其中包括标题栏、设计要求、尺寸标注和表面粗糙度标注等内容。

3）渲染三维图形

在 AutoCAD 中，可以运用雾化、光源和材质，将模型渲染为具有真实感的图像。如果是为了演示，可以渲染全部对象；如果时间有限或显示设备和图形设备不能提供足够的灰度等级和颜色，就不必精细渲染；如果只需快速查看设计的整体效果，则可以简单消隐或设置视觉样式。

4）输出与打印图形

AutoCAD 不仅允许将所绘图形以不同样式通过绘图仪或打印机输出，还能够将不同格式的图形导入 AutoCAD 或将 AutoCAD 图形以其他格式输出。因此，当图形绘制完成之后可以使用多种方法将其输出，例如，可以将图形打印在图纸上或创建成文件以供其他应用程序使用。

7.3 常见资料管理软件的应用知识

（1）适用对象：

建筑、安装、市政等施工企业或监理企业可利用编制资料管理软件内业技术资料、安全资料。

（2）包含内容：国家和地方标准

《建设工程施工安全标准化管理资料》（2011 版）

《建筑工程施工质量验收资料》全部配套表格

《建设工程监理现场用表》

《建设工程质量监督报告表格》

《建筑施工安全检查标准》JGJ 59—2011 配套表格

《施工企业安全生产评价标准》JGJ/T 77—2010 配套表格

房屋建筑工程和市政基础设施工程竣工验收备案表格

《智能建筑工程质量验收规范》GB 50339—2013 配套表格

《自动喷水灭火系统施工及验收规范》GB 50261—005 配套表格

《园林绿化施工技术资料编制手册》配套表格

如，江苏省《优质建筑工程质量评价标准 DGJ 32/TJ 04—2004》配套表格；江苏省《民用建筑节能工程施工质量验收规程 DGJ 32/J 19—2007》配套表格，含 2006 年版；《江苏省住宅工程质量分户专项验收记录表格》等

第8章　设备安装工程预算基础

8.1　建筑面积的计算

8.1.1　术语

1. 建筑面积

建筑物（包括墙体）所形成的楼地面面积。

2. 自然层

按楼地面结构分层的楼层。

3. 结构层高

楼面或地面结构层上表面至上部结构层上表面之间的垂直距离。

4. 围护结构

围合建筑空间的墙体、门、窗。

5. 建筑空间

以建筑界面限定的、供人们生活和活动的场所。

6. 结构净高

楼面或地面结构层上表面至上部结构层下表面之间的垂直距离。

7. 围护设施

为保障安全而设置的栏杆、栏板等围挡。

8. 地下室

室内地平面低于室外地平面的高度超过室内净高的1/2的房间。

9. 半地下室

室内地平面低于室外地平面的高度超过室内净高的1/3，且不超过1/2的房间。

10. 架空层

仅有结构支撑而无外围护结构的开敞空间层。

11. 走廊

建筑物中的水平交通空间。

12. 架空走廊

专门设置在建筑物的二层或二层以上，作为不同建筑物之间水平交通的空间。

13. 结构层

整体结构体系中承重的楼板层。

14. 落地橱窗

突出外墙面且根基落地的橱窗。

15. 凸窗（飘窗）

凸出建筑物外墙面的窗户。

16. 檐廊

建筑物挑檐下的水平交通空间。

17. 挑廊

挑出建筑物外墙的水平交通空间。

18. 门斗

建筑物入口处两道门之间的空间。

19. 雨篷

建筑出入口上方为遮挡雨水而设置的部件。

20. 门廊

建筑物入口前有顶棚的半围合空间。

21. 楼梯

由连续行走的梯级、休息平台和维护安全的栏杆（或栏板）、扶手以及相应的支托结构组成的作为楼层之间垂直交通使用的建筑部件。

22. 阳台

附设于建筑物外墙，设有栏杆或栏板，可供人活动的室外空间。

23. 主体结构

接受、承担和传递建设工程所有上部荷载，维持上部结构整体性、稳定性和安全性的有机联系的构造。

24. 变形缝

防止建筑物在某些因素作用下引起开裂甚至破坏而预留的构造缝。

25. 骑楼

建筑底层沿街面后退且留出公共人行空间的建筑物。

26. 过街楼

跨越道路上空并与两边建筑相连接的建筑物。

27. 建筑物通道

为穿过建筑物而设置的空间。

28. 露台

设置在屋面、首层地面或雨篷上的供人室外活动的有围护设施的平台。

29. 勒脚

在房屋外墙接近地面部位设置的饰面保护构造。

30. 台阶

联系室内外地坪或同楼层不同标高而设置的阶梯形踏步。

8.1.2 计算建筑面积的规定

1. 建筑物的建筑面积应按自然层外墙结构外围水平面积之和计算。结构层高在2.20m及以上的，应计算全面积；结构层高在2.20m以下的，应计算1/2面积。

2. 建筑物内设有局部楼层时，对于局部楼层的二层及以上楼层，有围护结构的应按其围护结构外围水平面积计算，无围护结构的应按其结构底板水平面积计算，且结构层高在 2.20m 及以上的，应计算全面积，结构层高在 2.20m 以下的，应计算 1/2 面积。

3. 对于形成建筑空间的坡屋顶，结构净高在 2.10m 及以上的部位应计算全面积；结构净高在 1.20m 及以上至 2.10m 以下的部位应计算 1/2 面积；结构净高在 1.20m 以下的部位不应计算建筑面积。

4. 对于场馆看台下的建筑空间，结构净高在 2.10m 及以上的部位应计算全面积；结构净高在 1.20m 及以上至 2.10m 以下的部位应计算 1/2 面积；结构净高在 1.20m 以下的部位不应计算建筑面积。室内单独设置的有围护设施的悬挑看台，应按看台结构底板水平投影面积计算建筑面积。有顶盖无围护结构的场馆看台应按其顶盖水平投影面积的 1/2 计算面积。

5. 地下室、半地下室应按其结构外围水平面积计算。结构层高在 2.20m 及以上的，应计算全面积；结构层高在 2.20m 以下的，应计算 1/2 面积。

6. 出入口外墙外侧坡道有顶盖的部位，应按其外墙结构外围水平面积的 1/2 计算面积。

7. 建筑物架空层及坡地建筑物吊脚架空层，应按其顶板水平投影计算建筑面积。结构层高在 2.20m 及以上的，应计算全面积；结构层高在 2.20m 以下的，应计算 1/2 面积。

8. 建筑物的门厅、大厅应按一层计算建筑面积，门厅、大厅内设置的走廊应按走廊结构底板水平投影面积计算建筑面积。结构层高在 2.20m 及以上的，应计算全面积；结构层高在 2.20m 以下的，应计算 1/2 面积。

9. 对于建筑物间的架空走廊，有顶盖和围护设施的，应按其围护结构外围水平面积计算全面积；无围护结构、有围护设施的，应按其结构底板水平投影面积计算 1/2 面积。

10. 对于立体书库、立体仓库、立体车库，有围护结构的，应按其围护结构外围水平面积计算建筑面积；无围护结构、有围护设施的，应按其结构底板水平投影面积计算建筑面积。无结构层的应按一层计算，有结构层的应按其结构层面积分别计算。结构层高在 2.20m 及以上的，应计算全面积；结构层高在 2.20m 以下的，应计算 1/2 面积。

11. 有围护结构的舞台灯光控制室，应按其围护结构外围水平面积计算。结构层高在 2.20m 及以上的，应计算全面积；结构层高在 2.20m 以下的，应计算 1/2 面积。

12. 附属在建筑物外墙的落地橱窗，应按其围护结构外围水平面积计算。结构层高在 2.20m 及以上的，应计算全面积；结构层高在 2.20m 以下的，应计算 1/2 面积。

13. 窗台与室内楼地面高差在 0.45m 以下且结构净高在 2.10m 及以上的凸（飘）窗，应按其围护结构外围水平面积计算 1/2 面积。

14. 有围护设施的室外走廊（挑廊），应按其结构底板水平投影面积计算 1/2 面积；有围护设施（或柱）的檐廊，应按其围护设施（或柱）外围水平面积计算 1/2 面积。

15. 门斗应按其围护结构外围水平面积计算建筑面积，且结构层高在 2.20m 及以上的，应计算全面积；结构层高在 2.20m 以下的，应计算 1/2 面积。

16. 门廊应按其顶板的水平投影面积的 1/2 计算建筑面积；有柱雨篷应按其结构板水平投影面积的 1/2 计算建筑面积；无柱雨篷的结构外边线至外墙结构外边线的宽度在 2.10m 及以上的，应按雨篷结构板的水平投影面积的 1/2 计算建筑面积。

17. 设在建筑物顶部的、有围护结构的楼梯间、水箱间、电梯机房等，结构层高在

2.20m及以上的应计算全面积；结构层高在2.20m以下的，应计算1/2面积。

18. 围护结构不垂直于水平面的楼层，应按其底板面的外墙外围水平面积计算。结构净高在2.10m及以上的部位，应计算全面积；结构净高在1.20m及以上至2.10m以下的部位，应计算1/2面积；结构净高在1.20m以下的部位，不应计算建筑面积。

19. 建筑物的室内楼梯、电梯井、提物井、管道井、通风排气竖井、烟道，应并入建筑物的自然层计算建筑面积。有顶盖的采光井应按一层计算面积，且结构净高在2.10m及以上的，应计算全面积；结构净高在2.10m以下的，应计算1/2面积。

20. 室外楼梯应并入所依附建筑物自然层，并应按其水平投影面积的1/2计算建筑面积。

21. 在主体结构内的阳台，应按其结构外围水平面积计算全面积；在主体结构外的阳台，应按其结构底板水平投影面积计算1/2面积。

22. 有顶盖无围护结构的车棚、货棚、站台、加油站、收费站等，应按其顶盖水平投影面积的1/2计算建筑面积。

23. 以幕墙作为围护结构的建筑物，应按幕墙外边线计算建筑面积。

24. 建筑物的外墙外保温层，应按其保温材料的水平截面积计算，并计入自然层建筑面积。

25. 与室内相通的变形缝，应按其自然层合并在建筑物建筑面积内计算。对于高低联跨的建筑物，当高低跨内部连通时，其变形缝应计算在低跨面积内。

26. 对于建筑物内的设备层、管道层、避难层等有结构层的楼层，结构层高在2.20m及以上的，应计算全面积；结构层高在2.20m以下的，应计算1/2面积。

27. 下列项目不应计算建筑面积：

（1）与建筑物内不相连通的建筑部件；

（2）骑楼、过街楼底层的开放公共空间和建筑物通道；

（3）舞台及后台悬挂幕布和布景的天桥、挑台等；

（4）露台、露天游泳池、花架、屋顶的水箱及装饰性结构构件；

（5）建筑物内的操作平台、上料平台、安装箱和罐体的平台；

（6）勒脚、附墙柱、垛、台阶、墙面抹灰、装饰面、镶贴块料面层、装饰性幕墙，主体结构外的空调室外机搁板（箱）、构件、配件，挑出宽度在2.10m以下的无柱雨篷和顶盖高度达到或超过两个楼层的无柱雨篷；

（7）窗台与室内地面高差在0.45m以下且结构净高在2.10m以下的凸（飘）窗，窗台与室内地面高差在0.45m及以上的凸（飘）窗；

（8）室外爬梯、室外专用消防钢楼梯；

（9）无围护结构的观光电梯；

（10）建筑物以外的地下人防通道，独立的烟囱、烟道、地沟、油（水）罐、气柜、水塔、贮油（水）池、贮仓、栈桥等构筑物。

8.2 建筑设备安装工程的工程量计算

8.2.1 电气设备安装工程工程量的计算

1. 配管工程量计算：各种配管工程量以管材质、规格和敷设方式不同，按“延长米”

计量，不扣除接线盒（箱）、灯头盒、开关盒所占长度。

（1）配管、线槽安装不扣除管路中间的接线箱（盒）、灯头盒、开关盒所占长度。

（2）配管名称：电线管、钢管、防爆管、塑料管、软管、波纹管等。

（3）配管配置形式：明、暗配、吊顶内、钢结构支架、钢索配管、埋地敷设、水下敷设、砌筑沟内敷设等。

（4）配线保护管遇到下列情况之一时，应增设管路接线盒和拉线盒：1）管长度每超过 30m，无弯曲；2）管长度每超过 20m，有 1 个弯曲；3）管长度每超过 15m，有 2 个弯曲；4）管长度每超过 8m，有 3 个弯曲。垂直敷设的电线保护管遇到下列情况之一时，应增设固定导线用的拉线盒：①管内导线截面为 $50mm^2$ 及以下，长度每超过 30m；②管内导线截面为 $70 \sim 95mm^2$，长度每超过 20m；③管内导线截面为 $120 \sim 240mm^2$，长度每超过 18m。在配管清单项目计量时，设计无要求时上述规定可以作为计量接线盒、拉线盒的依据。

（5）配管安装中不包括凿槽、刨沟的工作内容，应编码列项。

2. 配线工程量计算：管内穿线的工程量，应区别线路性质、导线材质、导线截面，以单线“延长米”为计量单位计算。线中分支接头线的长度已综合考虑在定额中，不得另行计算。照明线路中的导线截面大于或等于 $6mm^2$ 以上时，应执行动力线路穿线相应项目。

（1）配线名称：管内穿线、瓷夹板配线、塑料夹板配线、绝缘子配线、槽板配线、塑料护套配线、线槽配线、车间带形母线等。

（2）配线形式：照明线路、动力线路、木结构、顶棚内、砖、混凝土结构、沿支架、钢索、屋架、梁、柱、墙、跨屋架、梁、柱。

（3）管内穿线长度可按下式计算：

管内穿线长度＝(配管长度＋导线预留长度)×同截面导线根数

连接设备导线预留长度表见下表：

电线预留长度表（每一根线）（m） **表 8-1**

序号	项目	预留长度（m）	说明
1	各种箱、柜、盘、板	高＋宽	按盘面尺寸
2	接线盒	0.15	
3	单独安装（无箱、盘）的铁壳开关、闸刀开关、启动器、线槽进出线盒、箱式电阻器、变阻器	0.5	从安装对象中心起算
4	继电器、控制开关、信号灯、按钮、熔断器等小电器	0.3	从安装对象中心起算
5	分支接头	0.2	分支线预留
6	由地面管子出口引至动力接线箱	1.0	从管口计算
7	电源与管内导线连接（管内穿线与软、硬母线接点）	1.5	从管口计算
8	出户线	1.5	从管口计算

3. 照明器具安装工程量计算

照明器具安装定额包括照明灯具安装、开关、按钮、插座、安全变压器、电铃及风扇安装，风机盘管开关等电器安装。

（1）灯具安装工程量以灯具种类、型号、规格、安装方式划分定额，按“套”计量数量。

（2）各型灯具的引线除注明者外，均已综合考虑在定额内，不另计算。

（3）定额已包括用摇表测量绝缘及一般灯具试亮工作，但不包括系统调试工作。

（4）路灯、投光灯、碘钨灯、烟囱和水塔指示灯，均已考虑了一般工程的高空作业因素。其他灯具，安装高度如果超过5m以上20m以下时，计算操作高度增加费。

（5）灯具安装定额包括灯具和灯管（泡）的安装。灯具和灯管（泡）为未计价材料，它们的价格要列入主材料费计算，一般情况灯具的预算价不包括灯管（泡）的价格，以各地灯具预算价或市场价为准。

（6）吊扇和日光灯的吊钩安装已包括在定额项目中，不另计。

（7）路灯安装，不包括支架制作及导线架设，应另列项计算。

（8）普通灯具包括：圆球吸顶灯、半圆球吸顶灯、方形吸顶灯、软线吊灯、座灯头、吊链灯、防水吊灯、壁灯等。

（9）工厂灯包括：工厂罩灯、防水灯、防尘灯、碘钨灯、投光灯、泛光灯、混光灯、密闭灯等。

（10）高度标志（障碍）灯包括：烟囱标志灯、高塔标志灯、高层建筑屋顶障碍指示灯等。

（11）装饰灯包括：吊式艺术装饰灯、吸顶式艺术装饰灯、荧光艺术装饰灯、几何型组合艺术装饰灯、标志灯、诱导装饰灯、水下（上）艺术装饰灯、点光源艺术灯、歌舞厅灯具、草坪灯具等。

（12）医疗专用灯包括：病房指示灯、病房暗脚灯、紫外线杀菌灯、无影灯等。

（13）中杆灯是指安装在高度≤19m的灯杆上的照明器具。

（14）高杆灯是指安装在高度>19m的灯杆上的照明器具。

（15）开关、按钮、插座及其他器具安装工程量计算

4. 接线箱、盒等安装工程量计算

明配管和暗配线管，均发生接线盒（分线盒）或接线箱安装，开关盒、灯头盒及插座盒安装，它们均以"个"计量，其箱盒均为未计价材料。

接线盒的设置：接线盒的设置往往在平面图中反映不出来，但在实际施工中接线盒又是不可缺少的，一般在碰到下列情况时应设置接线盒（拉线盒），以便于穿线。

1）管线分支、交叉接头处在没有开关盒、灯头盒、插座盒可利用时，就必须设置接线盒。

2）电线管路过建筑物伸缩缝、沉降缝等一般应作伸缩、沉降处理，宜设置接线盒（拉线盒）。

3）开关盒、灯头盒及插座盒：无论是明配管还是暗配管，应根据开关、灯具、插座的数量计算相应盒的工程量，材质根据管道的材质而定，分为铁质和塑料两种，插座盒、灯头盒安装，执行开关盒定额。

5. 防雷及接地装置工程量计算

（1）接闪器安装工程量计算：

1）避雷针安装按在平屋顶上、在墙上、在构筑物上、在烟囱上及在金属容器上等划分定额。

① 定额单位

a. 平屋顶上、墙上、烟囱上避雷针安装以“根”或“组”计量。

b. 独立避雷针安装以“基”计量，长度、高度、数量均按设计规定。

② 避雷针加工制作，以“根”为计量单位。

③ 避雷针拉线安装，以三根为一组，以“组”计量。

2）避雷网安装

① 避雷网敷设沿折板支架敷设和混凝土块敷设，工程量以“m”计量。工程量计算式如下：

$$避雷网长度 = 按图示尺寸计算的长度 \times (1 + 3.9\%) \quad (8\text{-}1)$$

式中 3.9%——为避雷网转弯、避绕障碍物、搭接头等所占长度附加值。

② 混凝土块制作，以“块”计量，按支持卡子的数量考虑，一般每米 1 个，拐弯处每半米 1 个。

③ 均压环安装，以“m”计量。

a. 单独用扁钢、圆钢作均压环时，工程量以设计需要作均压接地的圈梁的中心线长度按“延长米”计算，执行“均压环敷设”项目。

b. 利用建筑物圈梁内主筋作均压环时，工程量以设计需要作均压接地的圈梁中心线长度，按“延长米”计算，定额按两根主筋考虑，超过两根主筋时，可按比例调整。

④ 柱子主筋与圈梁焊接，以“处”计量。

柱子主筋与圈梁连接的“处”数按设计规定计算。每处按两根主筋与两根圈梁钢筋分别焊接考虑。如果焊接主筋和圈梁钢筋超过两根时，可按比例调整。

（2）引下线安装工程量计算

避雷引下线是从接闪器到断接卡子的部分，其定额划分有：沿建筑物、沿构筑物引下；利用建（构）筑物结构主筋引下；利用金属构件引下等。

1）引下线安装，按施工图建筑物高度计算，以“延长米”计量，定额包括支持卡子的制作与埋设。其引下线工程量按下式计算：

$$引下线长度 = 按图示尺寸计算的长度 \times (1 + 3.9\%) \quad (8\text{-}2)$$

2）利用建（构）筑物结构主筋作引下线安装：按下列方法计算工程量：

用柱内主筋作“引下线”时，定额按焊接两根主筋考虑，以“m”计量，超过两根主筋时可按比例调整。

3）断接卡子制作、安装，按“套”计量。按设计规定装设的断接卡子数量计算。接地检查井内的断接卡子安装按每井一套计算。

（3）接地体装置安装工程量计算

接地装置有接地母线、接地极组成，目前建筑物接地极利用建筑物基础内的钢筋作接地极，接地母线是从断接卡子处引出钢筋或扁钢预留，备用补打接地极用。

1）接地母线安装，一般以断接卡子所在高度为母线的计算起点，算至接地极处。接地母线材料用镀锌圆钢、镀锌扁钢或铜绞线，以“延长米”计量。其工程量计算如下：

$$接地母线长度 = 按图示尺寸计算的长度 \times (1 + 3.9\%) \quad (8\text{-}3)$$

2）接地极安装

单独接地极制作、安装，以“根”为计量，按施工图图示数量计算。

利用基础钢筋作接地极，以“m^2”为计量单位，按基础尺寸计算工程量，引下线通过断接卡子后和基础钢筋焊接。

3）接地跨接线工程量计算

① 接地跨接是接地母线、引下线、接地极等遇有障碍时，需跨越而相连的接头线称为跨接。接地跨接以“处”为计量单位。

② 接地跨接线安装定额包括接地跨接线、构架接地、钢铝窗接地三项内容。

③ 接地跨接一般出现在建筑物伸缩缝、沉降缝处，吊车钢轨作为接地线时的轨与轨连接处，为防静电管道法兰盘连接处，通风管道法兰盘连接处等，如图 8-1（*a*）、（*b*）所示。

④ 按规程规定凡需作接地跨接线的工程，每跨接一次按一处计算，户外配电装置构架均需接地，每副构架按“一处”计算。

⑤ 钢、铝窗接地以“处”为计量单位（高层建筑六层以上的金属窗设计一般要求接地），按设计规定接地的金属窗数进行计算（玻璃幕墙）。

⑥ 其他专业的金属管道要求在入户时进行接地的，按管道的根数进行计算。

⑦ 金属线管通过箱、盘、柜、盒等焊接的连接线，线管与线管连接管箍处的连接线，定额已包括其安装工作，不得再算跨接如图 8-1 所示。

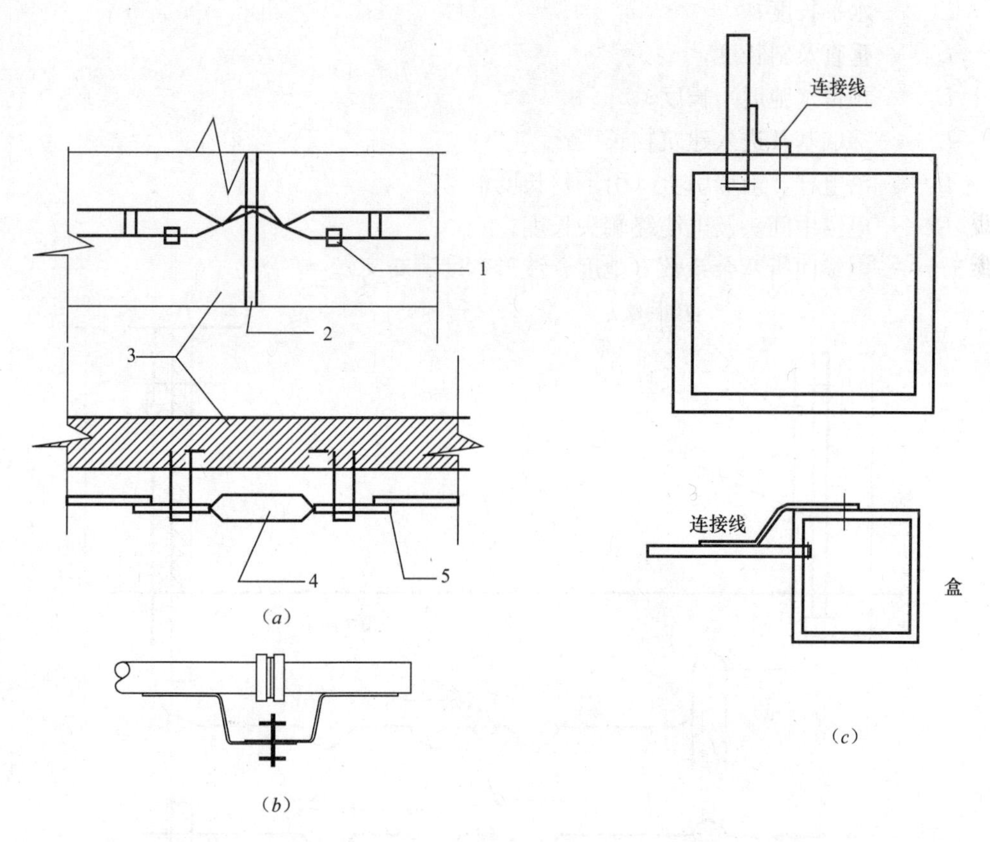

图 8-1 （*a*）风管接地跨接；（*b*）法兰接地跨接；（*c*）箱、盒接地跨接

1—接地母线卡子；2—伸缩（沉降）缝；3—墙体；4—跨接线；5—接地母线

(4) 其他问题

1) 高层建筑物屋顶的防雷接地装置应执行“避雷网安装”项目，电缆支架的接地线安装应执行“户内接地母线敷设”项目。

2) 接地装置调试

① 接地极调试，以“组”计量。

接地极一般三根为一组，计一组调试。如果接地电阻未达到要求时，增加接地体后需再作试验，可另计一次调试费。

② 接地网调试，以“系统”计量。

接地网是由多根接地极连接而成的，有时是由若干组构成大接地网。一般分网可按10至20根接地极构成。实际工作中，如果按分网计算有困难时，可按网长每50m为一个试验单位，不足50m也可按一个网计算工程量，设计有规定的可按设计数量计算。

6. 电缆工程量计算

(1) 电缆工程量计算

10kV以下电力电缆和控制电缆，按单根“延长米”计量。其总长度由水平长度加上垂直长度，再加上预留长度而定，如图8-2及表8-2所示。其计算式如下：

$$L = (L_1 + L_2 + L_3 + L_4 + L_5 + L_6 + L_7) \times (1 + 2.5\%) \quad (8\text{-}4)$$

式中 L_1——水平长度；

L_2——垂直及斜长度；

L_3——预留（弛度）长度；

L_4——穿墙基及进入建筑物长度；

L_5——沿电杆、沿墙引上（引下）长度；

L_6、L_7——电缆中间头及电缆终端头长度；

2.5%——电缆曲折弯余系数（弛度、波形弯度、交叉）。

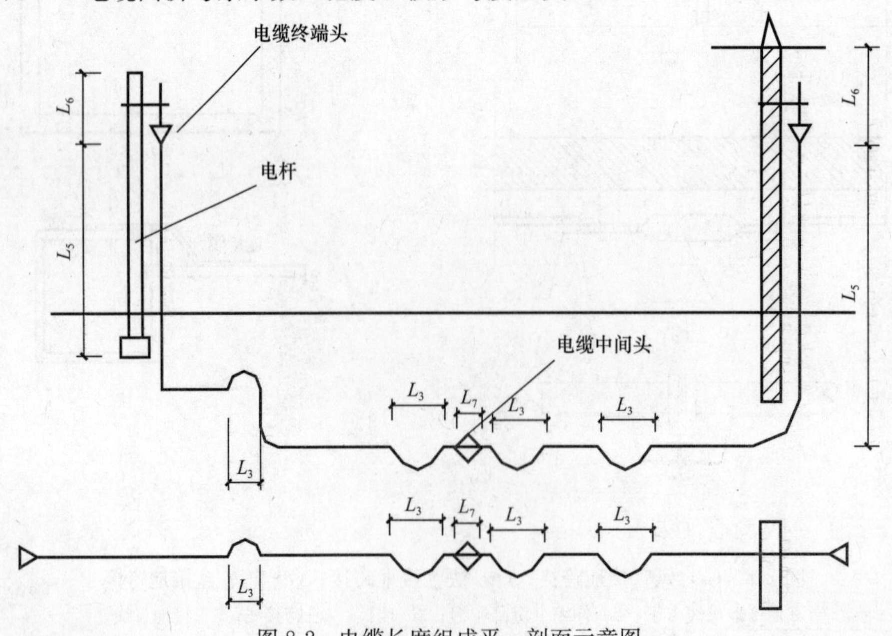

图8-2 电缆长度组成平、剖面示意图

电缆端头预留长度表：

电缆附加长度表（m） **表 8-2**

序号	项目	预留（附加）长度（m）	说明
1	电缆敷设弛度、波形弯度、交叉	2.5%	按电缆全长计算
2	各种箱、柜、盘、板	高＋宽	按盘面尺寸
3	单独安装的铁壳开关、闸刀开关、启动器、变阻器	0.5m	从安装对象中心起算
4	继电器、控制开关、信号灯、按钮、熔断器	0.3m	从安装对象中心起算
5	分支接头	0.2m	分支线预留
6	电缆进入建筑物	2.0m	规范规定最小值
7	电缆进入沟内或吊架时引上（下）预留	1.5m	规范规定最小值
8	变电所进线、出线	1.5m	规范规定最小值
9	电力电缆终端头	1.5m	检修余量最小值
10	电缆中间接头盒	两端各留 2.0m	检修余量最小值
11	高压开关柜及低压配电盘、箱	2.0m	盘下进出线
12	电缆至电动机	0.5m	从电动机接线盒起算
13	厂用变压器	3.0m	从地坪起算
14	电梯电缆与电缆架固定点	每处 0.5m	规范规定最小值
15	电缆绕过梁柱等增加长度	按实计算	按被绕物的断面情况计算增加长度

注：电缆工程量＝施工图用量＋附加及预留长度。

(2) 电缆敷设

电缆敷设方式主要有：直接埋地；穿管敷设；电缆沟内支架上；挂于墙、柱的支架上；沿桥架及电缆槽敷设。

1) 电缆直埋时，需要计算电缆埋设挖填土（石）方、铺砂盖砖工程量。

① 电缆埋设挖填土石方量：电缆沟有设计断面图时，按图计算土石方量；电缆沟无设计断面图时，按下式计算土石方量。

a. 两根电缆以内土石方量为（如图 8-3 所示）：

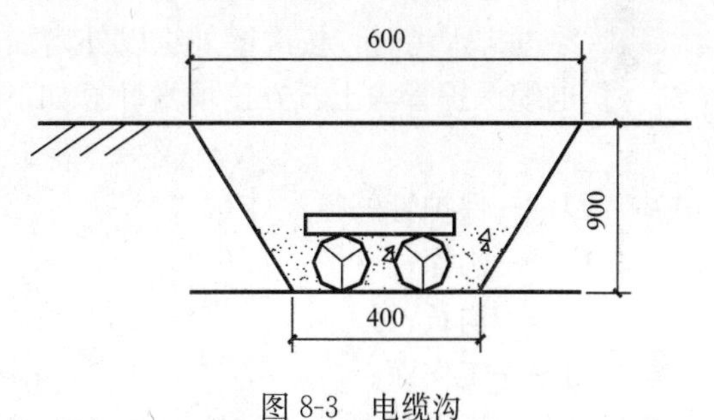

图 8-3 电缆沟

截面积 $S=(0.6+0.4)\times0.9/2=0.45\text{m}^2$。 (8-5)

即每 1m 沟长，$V=0.45\text{m}^3$，沟长按设计图计算。

b. 每增加一根电缆时，沟底宽增加 170mm，也即每米沟长增加 0.153m^3 土石方量（见表 8-3）。

直埋电缆的挖、填土（石）方量表 **表 8-3**

项目	电缆根数	
	1～2	每增一根
每米沟长挖方量（m^3）	0.45	0.153

c. 以上土方量系按埋深从自然地坪起算，如设计埋深超过 900mm 时，多挖的土方量应另行计算。

② 挖路面的埋设电缆时，按设计的沟断面图计算挖方量，可按下式计算：

$$V = HBL \tag{8-6}$$

式中 V——挖方体积；

H——电缆沟深度；

B——电缆沟底宽；

L——电缆沟长度。

③ 电缆直埋沟内铺砂盖砖工程量

a. 电缆沟铺砂盖砖工程量以沟长度“m”计量。以 1～2 根电缆为准，每增一根另立项再套定额计算。

b. 电缆不盖砖而盖钢筋混凝土保护板时，或埋电缆标志桩时，用相应定额；其钢筋混凝土保护板和标志桩的加工制作，定额不包括，按建筑工程定额有关规定或按实计算。

2）电缆保护管

由铸铁管、钢管和角钢组成的保护管，按下述方法计算：

① 电缆保护管：无论是引上管、引下管、过沟管、穿路管、穿墙管均按长度“m”计量，以管的材质（铸铁管、钢管和混凝土管）分档，套相应预算定额。

② 电缆保护管长度，除按设计规定长度计算外，遇有下列情况，应按以下规定增加保护管长度：

a. 横穿道路，按路基宽度两端各增加 2m；

b. 垂直敷设时，管口距地面增加 2m；

c. 穿过建筑物外墙时，按基础外缘以外增加 1m；

d. 穿过排水沟时，按沟壁外缘以外增加 1m。

③ 电缆保护管沟土石方挖填量计算如下式：

$$V = (D + 2 \times 0.3)HL \tag{8-7}$$

式中 D——保护管外径；

H——沟深；

L——沟长；

0.3——工作面。

填方不扣保护管体积。有施工图时按图开挖，无注明时一般按沟深 0.9m，沟宽按最外边的保护管两侧边缘外各增加 0.3m 工作面计算。

电缆沟的挖、填方，开挖路面、顶管等工作按江苏省建筑、市政综合基价相应项目执行。

3）电缆在支架、吊架、桥架上敷设时的工程量计算

这里就支架、吊架、电缆桥架的工程量的计算进行讲述。

① 支架、吊架制作与安装，以“100kg”计量，用第四册《电气设备安装工程》定额有关子目。

② 电缆桥架安装

a. 当桥架为成品时，按“m”计量安装，套用第四册《电气设备安装工程》定额第十

二章有关子目。其中桥架安装包括运输、组对、吊装、固定、弯通或三、四通修改、制作组对，切割口防腐，桥架开孔，上管件、隔板安装、盖板安装、接地、附件安装等工作内容；

b. 若需现场加工桥架时，其制作量以“100kg”计量，用第四册定额第十四章有关子目；

c. 电缆桥架只按材质（钢、玻璃钢、铝合金、塑料）分类，按槽式、梯式、托盘式分档，以“m”计量。在竖井内敷设时人工和机械乘系数 1.3；注意桥架的跨接、接地的安装项目；

d. 桥架支撑架项目适用于立柱、托臂及其他各种支撑架的安装。项目中已综合考虑了采用螺栓、焊接和膨胀螺栓三种固定方式；

e. 玻璃钢梯式桥架和铝合金梯式桥架项目均按不带盖考虑，如这两种桥架带盖，则分别执行玻璃钢槽式桥架和铝合金槽式桥架项目；

f. 钢制桥架主结构设计厚度大于 3mm 时，项目人工、机械乘以系数 1.2；

g. 不锈钢桥架按本章钢制桥架项目乘以系数 1.1 执行。

4）电缆在电缆沟内敷设安装工程量计算

① 电缆敷设，除按与电缆敷设相关内容立项计算外，还要另立项计算下列内容。

② 电缆沟挖土石方，按断面尺寸计算，以“m^3”计量，用安装定额第四册子目，也可用《建筑工程预算定额》相应部分子目。

③ 电缆沟砌砖或浇筑混凝土以“m^3”计量，用《建筑工程预算定额》相应子目。

④ 电缆沟壁、沟顶抹水泥砂浆，以“m^2”计量，用土建定额。

⑤ 电缆沟盖板、揭盖项目，按每揭或每盖一次，以“m”为计量单位，如又揭又盖，则按两次计算。

⑥ 钢筋混凝土电缆沟盖板现场制作，以“m^3”计量，用土建定额。当向混凝土预制构件厂订购时，应计算电缆沟盖板采购价值。

⑦ 采购的电缆沟盖板场外运输，以“m^3”计量，用《建筑工程预算定额》计算运输费。用市场车辆运输时以“元/(t×km)”计算。

⑧ 电缆沟内铁件制作安装，以“100kg”计量，用安装定额第四册第十四章相应子目，该子目已包括除锈、刷油漆，所以不再另立项计算这些内容。

⑨ 沟内接地母线及接地极制作安装，分别以“m”及“根”计量，用安装定额第四册防雷接地章节的相应子目。

⑩ 沟内接地装置调试，以“系统”计量，用相关定额第四册。

5）电缆终端头与中间头制作安装

无论采用哪种材质的电缆和哪种敷设方式，电缆敷设后，其两端要剥出一定长度的线芯，以便分相与设备接线端子连接。每根电缆均有始末两端，1 根电缆有 2 个电缆头。另外，由于电缆长度不够，需要将两根电缆的两端连接起来，这个连接点，就是电缆中间接头。

7. 控制设备及低压电器

（1）各种开关的安装

常用开关有：控制开关、熔断器、限位开关、控制、接触启动器、电磁铁、快速自动开关、按钮、电笛、电铃、水位电气信号装置等。

1）定额单位："个"或"台"。

2）工程量计算：按施工图中的实际数量计算。

（2）低压控制台、屏、柜、箱等安装

1）定额单位：无论明装、暗装、落地、嵌入、支架式安装方式，不分型号、规格，均以"台"计量。

2）工程量计算：按施工图中的实际数量计算。

（3）落地、支架安装的设备均未包括基础槽钢、角钢及支架的制作、安装。

1）基础槽钢、角钢的制作：按施工图设计尺寸计算重量，以"100kg"计量，执行铁构件制作项目。

2）基础槽钢、角钢的安装：按施工图设计尺寸计算长度，以"m"计量。

3）支架制作、安装：按施工图设计尺寸计算重量，以"100kg"计量，执行铁构件制作、安装项目。

（4）焊（压）接接线端子

进出配电箱、设备的接头需考虑焊（压）接接线端子时，以"个"计量。根据进出配电箱、设备的配线规格、根数计算。

（5）盘柜配线

盘柜配线是指非标准盘柜现场制作时，配电盘柜内组装各种电器元件之间的线路连接，不包括配电盘外部的引入线。定额不分导线材质，只按配线导线的截面大小划分子目。

1）盘柜配线工程量，以"m"计量。可采用下式计算配线长度：

$$\text{单线长度(m)} = \text{配电盘、柜半周长(m)} \times \text{配线根数} \tag{8-8}$$

式中，配线根数是指盘柜内部电器元件之间的连接线的根数。

2）盘柜配线定额只适用于盘上小设备元件的少量现场配线，不适用于工厂的设备修、配、改工程。

8. 电机

电机系指在动力线路中的发电机和电动机。对于电机本体安装工程量，均执行第一册《机械设备安装工程》定额；而对电机的检查接线、电机调试均执行第四册有关定额内容。

（1）电机检查接线

1）发电机、调相机、电动机的电气检查接线，均以"台"计量。直流发电机组和多台串联的机组，按单台电机分别执行。

2）电机项目的界线划分：单台电机重量在3t以下的为小型电机；单台电机重量在3t以上至30t以下的为中型电机；单台电机重量在30t以上的为大型电机；凡功率在0.75kW以下的小型电机为微型电机。

3）小型电机按电机类别和功率大小执行相应定额，凡功率在0.75kW以下的小型电机执行微型电机定额，大、中型电机不分类别一律按电机重量执行相应定额。如：风机盘管检查接线，执行微型电机检查接线项目；但一般民用小型交流电风扇、排气扇，不计微型电机检查接线项目。

4）各种电机的检查接线，规范要求均需配有相应的金属软管，本章综合取定平均每台电机配 0.8m 金属软管，如设计有规定的按设计规格和数量计算，同时扣除原项目中金属软管和专用接头含量。譬如：设计要求用包塑金属软管、阻燃金属软管或采用铝合金软管接头等，均按设计计算。

5）电机的电源线为导线时，需计算焊（压）接接线端子。

6）电机干燥与解体检查项目，应根据需要按实际情况执行，均以“台”计量。

（2）电动机调试

1）普通电动机调试按同步电动机、异步电动机、直流电动机分为三类，每类又按启动方式、功率、电压等级分档次，均以“台”计量。

2）可控硅调速直流电动机、交流变频调速电动机调试，均以“系统”计量。

3）微型电机系指功率在 0.75kW 以下的小型电机，不分类别，一律执行微型电机综合调试项目，以“台”计量。

4）单相电动机，如轴流风机、排风扇、吊风扇等不计算调试费。

9. 电气调整试验

电气调整项目中最常用的是：送配电设备系统调试、电动机调试、接地系统调试等。

（1）送配电设备系统调试

送配电设备系统调试适用于各种送配电设备和低压供电回路的系统调试。调试工作包括：有自动空气开关或断路器、隔离开关、常规保护装置、测量仪表电力电缆及一、二次回路调试。定额分交流、直流两类，分别以电压等级分档，按“系统”计量。

1）1kV 以下供电送配电设备系统调试

① 系统的划分：凡回路中需调试的元件可划分为一个系统。可调元件如仪表、继电器、电磁开关。上述仪表如单独安装时，不作“系统调试”，只作“校验”处理，按校验单位收费标准收费即可。

② 低压电路中的电度表、保险器、闸刀等不作设备调试，只作试亮、试通工作。自动空气开关、漏电开关也不作调试工作，即不划分调试系统。但是一个单位工程，至少要计一个系统的调试费。

如某栋楼房照明各分配电箱只有闸刀开关、保险器、空气开关、漏电开关等，则分配电箱不作为独立的一个调试系统，而只计算该楼总配电箱或整个工程的供配电系统为一个系统的调试。

③ 从配电箱到电动机的供电回路已包括在电动机系统调试项目中，不得重新计量系统调试。

④ 对于电气照明工程按照调试系统划分标准，不论单位工程大小，只能按一个系统计。

（2）自动投入、事故照明切换、中央信号装置调试

自动投入装置及信号系统调试，均包括继电器、仪表等元件本体和二次回路的调试。具体规定如下：

1）备用电源自动投入装置调试系统划分：按联锁机构的个数来确定备用电源自动投入装置系统数。

如：两条互为备用线路或两台备用变压器装有自动投入装置，应计算两个备用电源自投系统调试。备用电机自动投入也按此计算。

2）线路自动重合闸调试系统，按采用自动重合闸装置的线路中自动断路器的台数计算系统数。不论电气型或机械型均适用于该定额。

3）事故照明切换装置，按设计图凡能完成直、交流切换的，以一套装置为一个调试系统。

4）中央信号装置，按每一个变电所或配电室为一个调试系统计算工程量。

8.2.2 给水排水工程工程量计算

1. 管道安装的说明及计算规则

(1) 室内外管道界限划分标准如下：给水管道入户处有阀门者以阀门为界（水表节点），入户处无阀门者以建筑物外墙皮 1.5m 处为界；排水管道以出户第一个排水检查井为界。

(2) 各种管道，均以施工图所示中心长度计算延长米，不扣除阀门，管件（包括减压阀、疏水器、水表、伸缩器等组成安装）所占的长度。定额单位为“10m”。

(3) 管道安装已经综合考虑了接头零件、水压试验、灌水试验及钢管弯管制作、安装(伸缩器除外)。

(4) 管道支架中的型钢支架定额单位为“100kg”，塑料管管夹的定额单位为“个”，此外，室内 $DN\leqslant32$mm 的给水、供暖管道均已包括管卡及托钩制作安装，支架防腐的工程量需要另计。

(5) 钢套管的制作、安装，按室外管道（焊接）子目计算。定额单位为“个”，规格按被套管的管径确定。

(6) 管道消毒、冲洗，如设计要求仅冲洗不消毒时，可扣除材料费中漂白粉的价格，其余不变。定额单位为“100m”。

(7) 室内外管道挖填土方及管道基础的工程量需另计，需参考土建定额。

(8) 室内塑料排水管综合考虑了消音器安装所需的人工，但消音器本身的价格应按设计要求另计。

(9) 管道防腐、保温。不同管材防腐的要求不同，焊接钢管要求管道除锈后要刷防锈漆和银粉，镀锌钢管要求丝扣处补刷防锈漆后刷银粉，塑料管不用防腐。管道防腐与保温定额单位均为“$10m^2$”。

2. 阀门、水位标尺安装的说明及计算规则

(1) 螺纹阀门安装适用于各种内外连接的阀门安装。如管件材质与项目给定的材料不同时，可作调整。

(2) 法兰阀门安装适用于各种法兰阀门的安装。如仅为一侧法兰连接时，法兰、带帽螺栓及钢垫圈数量减半。

(3) 三通调节阀安装按相应阀门安装项目乘以系数 1.5。

(4) 各种阀门安装均以“个”为计量定额单位。浮球阀已包括了连杆及浮球的安装。

3. 低压器具、水表组成与安装的说明及计算规则

(1) 减压器、疏水器组成安装以组为计量定额单位，按标准图集 N108 编制，如实际组成与此不同时，阀门和压力表数量可按设计用量进行调整。

(2) 法兰水表安装按标准图集 S145 编制，其中已包括旁通管及止回阀的安装，如实际形式与此不同时，阀门及止回阀数量可按实际调整。

（3）水表安装以“组”为计量定额单位，不分冷、热水表，均执行水表组成安装相应项目；如阀门、管件材质不同时，可按实际调整；螺纹水表安装已包括配套阀门的安装人工及材料，不应重复计算。

（4）减压器安装按高压侧的直径计算。

（5）远传式水表、热量表不包括电气接线。

4. 卫生器具制作安装的说明及计算规则

（1）浴盆安装适用于各种型号和材质，但不包括浴盆支座和周边的砌砖、瓷砖的粘贴。定额单位为“10组”。

（2）洗脸盆、洗手盆、洗涤盆适用于各种型号，但台式洗脸盆不包括台板、支架。定额单位均为“10组”。

（3）冷热水混合器安装项目中，包括了温度计的安装，但不包括支架制作安装及阀门安装。

（4）蒸汽-水加热器安装项目中，包括了莲蓬头安装，但不包括支架制作安装、阀门和疏水器安装。

（5）复合管连接的卫生器具安装，人工按热熔连接、粘接或卡套、卡箍连接综合取定，如设计管道和管件不同时，可作调整，其他不变。

（6）电热水器、开水炉安装项目内只考虑了本体安装，连接管、连接件等可按相应项目另计。

（7）饮水器安装项目中未包括阀门和脚踏开关的安装，可按相应项目另计。

（8）大、小便槽水箱托架安装已按标准图集计算在相应的项目内，定额单位为“10套”。

（9）蹲式大便器安装，已包括了固定大便器的垫砖，但不包括大便器的蹲台砌筑，定额单位为“10套”。

8.2.3 供暖工程工程量计算

1. 供暖热源管道界线的划分

（1）室内外以入口阀门或建筑物外墙皮1.5m为界；

（2）与工艺管道界线以锅炉房或泵站外墙皮1.5m为界；

（3）工厂车间内供暖管道以供暖系统与工业管道碰头点为界；

（4）设在高层建筑内的加压泵间管道以泵间外墙皮为界。

2. 管道的工程量计算

（1）管道工程量计算规则

1）各种管道均以施工图所示中心线长度，按不同材质，不同连接方式，不同直径，以“10m”为计量单位，不扣除管件、阀类及各种管道附件（包括减压器、疏水器等组成安装）所占的长度。

2）室内管道的计算范围包括建筑物外墙皮1.5m以内的所有管道。

（2）管道工程量计算方法

在计算中首先量截供暖进户管、立管、干管；再量回水管，最后量截立支管。

1）水平导管、干管用比例尺直接在图纸上量截。量截时须注意沿墙敷设的管道应按建筑物轴线长度及墙皮距干管中心线距离计算水平管的实际长度，一般来讲，水平干管和垂直干管与墙皮的净距≥60mm。

2）垂直导管按图纸标注的标高量截计算。

3）立管的量截应根据干管的布置形式计算立管的长度。计算时应注意供暖系统的干管是有坡度的，因此供、回水干管的高度应采取平均高度。

4）散热器支管的计算

由于每组散热器片数不同，立管安装位置不同等，支管的实际长度这样计算：

同侧连接的支管长度由立管中心量至散热器中心线（一般为窗或墙的中心线），减去散热器整组长度的二分之一。其计算公式为：

$$L = L_1 - L_2 \quad (8\text{-}9)$$

异侧连接时，供水管量截方向与同侧连接相同，回水支管的量截长度的中心线量至散热中心线，然后再加上散热器长度的二分之一散热器出口至垂直管段的长度。散热器出口和垂直管段的长度一般可按200mm计算。回水支管的计算公式为：

$$L = L_1 + L_2 + 0.2\text{m} \quad (8\text{-}10)$$

3. 供暖器具安装

（1）散热器组安工程量计算

按不同类型的散热器以“片”为计量单位计算散热器组安的工程量。一般情况下，施工图纸中在平面图和系统轴测图上均标注散热器每组的片数，也有的图纸中平面不标散热器每组的片数，而只在系统图中标以测注。一般情况，散热器的工程量计算以平面图为准。

（2）光排管散热器安装。按光排管长度（不包括联管长度），以“m”为计量单位。联管材料费已列入定额，不得重复计算。若一组散热器由几种不同管径的钢管组成时，其工程量按管径分别计算。

（3）钢板式散热器和钢板板式、壁式散热器安装。只包括托钩的安装费，不包括托钩价格，应按托钩实际数量计算托钩本身价值。

（4）钢板柱形散热器安装，已包括托钩工料费，不得另行计算。

4. 小型容器制作安装

（1）钢板水箱制作，按施工图所示尺寸，不扣除接管口管人孔、手孔，包括接口短管和法兰重量，以“kg”为计量单位。法兰和短管另计材料费。

（2）采用N101《采暖通风国家标准图集》和SI20《全国通用给水排水标准图集》的矩形水箱安装，以“个”为计量单位，按水箱总容积套用定额相应子目。圆形水箱安装也按总容积套用矩形水箱安装相应子目。

水箱安装不包括支架制作安装，如为型钢支架执行一般管道支架定额项目，若为混凝土或砖支座，执行土建定额相应项目。

（3）除污器单独安装时，可执行《工艺管道工程》相同口径的阀门安装定额项目，其接口法兰安装也执行法兰安装项目。成组安装时，可按其构成部分分别套用定额相应项目。

5. 刷油工程量计算

（1）散热器刷油工程量计算

按散热器表面积计算，散热器刷油工程量与散热面积相同。其计算公式为：

$$散热器表面积 = 片数 \times 每片散热器表面积 \tag{8-11}$$

（2）管道刷油工程量计算

管道外表面积就是管道刷油工程量，不扣除管件及阀门等占的面积。其计算公式为：

$$管道刷油工程量 = 管道长度 \times 每米管道外表面积 \tag{8-12}$$

8.2.4 燃气安装工程量计算

1. 室内外管道分界线

（1）室内外管道分界

1）室内外管道地下管道室内的管道以室内第一个阀门为界；

2）地上引入室内的管道以墙外三通为界。

（2）室外管道

室外管道（包括生活用燃气管道、民用小区管网）和市政管道以两者的碰头点为界。

2. 定额内容

（1）管道安装定额内容

1）场内搬运、检查清扫、管道及管件安装、分段试压与吹扫；

2）碳钢管管件制作，包括机械煨弯、三通制作等；

3）室内管道托钩、角钢卡制作与安装；

4）室外钢管（焊接）除锈及刷底漆。

（2）使用本章定额时，下列项目另行计算：

1）阀门、法兰安装，除第六章相应项目计算，调长器安装、调长器与阀门联装、法兰燃气计量表安装除外；

2）室外管道保温、埋地管道防腐绝缘，按相关设计规定另行计算；

3）埋地管道的土石方工程及排水工程，按建筑工程消耗量定额相应项目计算；

4）非同步施工的室内管道安装的打、堵洞眼，可按相应消耗定额另计；

5）室外管道带气碰头；

6）民用燃气表安装，定额内已含支（托）架制作安装及刷漆；公用燃气表安装，其支架或支墩按实另计。

（3）燃气承插铸铁管以 N1 型和 X 型接口形式编制。如果为 N 型和 SMJ 型接口时，其人工乘以系数 1.05；安装 X 型 DN400 铸铁管接口时，每个口增加螺栓 2.06 套，人工乘以系数 1.08。

（4）燃气输送压力大于 0.2MPa 时，燃气承插管安装定额中人工乘以系数 1.3。

8.2.5 通风空调工程量计算

（1）管道的制作安装

各种风管及风管上的附件制作安装工程量计算规则为：

1）制作安装工程量均按施工图示的不同规格，以展开面积计算，不扣除检查孔、测定孔、送风口、吸风口等所占面积。

矩形风管面积：

$$F = XL \tag{8-13}$$

圆形风管面积：

$$F = \pi DL \tag{8-14}$$

2）计算风管长度时，一律按施工图示中心线，主管与支管按两中心线交点划分，三通、弯头、变径管、天圆地方等管件包括在内，但不含部件长度。直径和周长以图示尺寸为准展开，咬口重叠部分已包括在定额内，不得另行增加。

3）风管导流叶片制作安装按图示叶片面积计算。

4）设计采用渐缩管均匀送风的系统，圆形风管以平均直径、矩形风管以平均周长计算。

5）塑料风管、复合材料风管制作安装定额所列直径为内径，周长为内周长。

6）柔性软风管安装按图示管道中心线长度以“m”为计量单位，柔性软风管阀门安装以“个”为计量单位。

7）软管（帆布接口）制作安装，按图示尺寸以“m^2”为计量单位。

8）风管测定孔制作安装，按其型号以“个”为计量单位。

9）钢板通风管道、净化通风管道、玻璃钢通风管道、复合材料风管的制作安装中已包括法兰、加固框和吊托架，不得另行计算。

10）不锈钢通风管道、铝板通风管道的制作安装中不包括法兰和吊托架，可按相应定额以“kg”为计量单位另行计算。

11）塑料通风管制作安装不包括吊托架，可按相应定额以“kg”为计量单位计算。

（2）风阀、风口等制作安装

调节阀、风口、百叶窗、风帽、罩类、消声器、过滤器、电加热器、风机减震台座等各类通风、空调部件的制作安装工程量计算规则为：

1）标准部件的制作，按其成品重量以“kg”为计量单位，根据设计型号、规格，按本册定额附录二“国标通风部件标准重量表”计算重量，非标准部件按图示成品重量计算。部件安装按图示规格尺寸（周长或直径）以“个”为计量单位，分别执行相应定额。

2）钢百叶窗及活动金属百叶风口的制作以“m^2”为计量单位，安装按规格以“个”为计量单位。

① 百叶风口的安装子目适用于带调节板活动百叶风口、单层百叶风口、双层百叶风口、三层百叶风口、连动百叶风口、135 型（单层、双层及带导流叶片）百叶风口、活动金属百叶风口等；

② 散流器安装子目适用于圆形直片散流器、方形散流器、流线型散流器；

③ 送吸风口安装子目适用于单面送吸风口、双面送吸风口。铝合金或其他材料制作的风口安装也套用本章有关子目；

④ 成品风口安装以风口周长计算，执行定额相应子目。成品钢百叶窗安装，以百叶窗框面积套用相应子目。

3）风帽筝绳制作安装，按其图示规格、长度，以“kg”为计量单位计算工程量。

4）风帽泛水制作安装，按其图示展开面积尺寸，以“m^2”为计量单位计算工程量。

5）挡水板制作安装工程量按空调器断面面积计算。

6）空调空气处理室上的钢密闭门的制作安装工程量，以“个”为计量单位计算。

（3）通风空调设备制作安装

通风空调设备制作安装适用于工业与民用工程通风空调系统中各类设备的制作安装，其工程量计算规则如下：

1）风机安装按不同型号以“台”为计量单位计算工程量。

2）整体式空调机组、空调器按其不同重量和安装方式以“台”为计量单位计算其安装工程量；分段组装式空调器按重量计算其安装工程量。

3）风机盘管安装，按其安装方式不同以“台”为单位计算工程量。

4）空气加热器、除尘设备安装，按不同重量以“台”为计量单位计算工程量。

5）设备支架的制作安装工程量，依据图纸按重量计算，执行第三册《静置设备与工艺金属结构制作安装工程》定额相应项目和工程量计算规则。

6）电加热器外壳制作安装工程量，按图示尺寸以“kg”为计量单位。

7）风机减震台座制作安装执行设备支架定额，定额内不包括减震器，应按设计规定另行计算。

8）高、中、低效过滤器及净化工作台安装以“台”为单位计算工程量，风淋室安装按不同重量以“台”为单位计算工程量。

9）洁净室安装工程量按重量计算。

8.2.6 刷油、防腐蚀、绝热工程工程量计算

1. 除锈、刷油、防腐蚀工程

（1）设备筒体、管道表面积计算公式：

$$S=\pi\times D\times L(\mathrm{m}^2) \qquad (8\text{-}15)$$

式中 D——设备或管道直径（m）；

L——设备筒体高或管道延长米。

（2）各种管件、阀门、人孔、管口凹凸部分，定额消耗量中已综合考虑，不再另外计算工程量。

2. 绝热工程

（1）设备筒体或管道绝热层、防潮层和保护层计算公式：

$$V=\pi\times(D+1.033\delta)\times1.033\delta\times L(\mathrm{m}^3) \qquad (8\text{-}16)$$

$$S=\pi\times(D+2.1\delta+0.0082)\times L(\mathrm{m}^2) \qquad (8\text{-}17)$$

式中 D——直径（m）；

1.033及2.1——调整系数；

δ——绝热层厚度（m）；

L——设备筒体或管道长度（m）；

0.0082——捆扎线直径或钢带厚（加防潮层厚度）（m）。

（2）伴热管道绝热工程量计算式：

将下列D'计算结果分别代入式（8-15）、式（8-16）计算出伴热管道的绝热层、防潮层和保护层工程量。

1）单管伴热或双管伴热（管径相同，夹角小于90°时）

$$D'=D_1+D_2+(10\sim20\mathrm{mm}) \qquad (8\text{-}18)$$

式中 D'——伴热管道综合值；

D_1——主管道直径；

D_2——伴热管道直径；

(10～20mm)——主管道与伴热管道之间的间隙。

2）双管伴热（管径相同，夹角大于90°时）

$$D' = D_1 + 1.5D_2 + (10 \sim 20\text{mm}) \tag{8-19}$$

3）双管伴热（管径不同，夹角小于90°时）

$$D' = D_1 + D_{伴大} + (10 \sim 20\text{mm}) \tag{8-20}$$

式中 D_1——主管道直径；

$D_{伴大}$——伴热管大管直径。

3. 设备封头绝热层、防潮层和保护层工程量计算公式

$$V=[(D+1.033\delta)/2]2\times\pi\times1.033\delta\times1.5\times N(\text{m}^3) \tag{8-21}$$

$$S=[(D+2.1\delta)/2]2\times\pi\times1.5\times N(\text{m}^2) \tag{8-22}$$

式中 N——封头个数。

4. 阀门绝热层、防潮层和保护层计算公式

$$V=\pi\times(D+1.033\delta)\times2.5D\times1.033\delta\times1.05\times N(\text{m}^3) \tag{8-23}$$

$$S=\pi\times(D+2.1\delta)\times2.5D\times1.05\times N(\text{m}^2) \tag{8-24}$$

式中 N——阀门个数。

5. 法兰绝热层、防潮层和保护层计算公式

$$V=\pi\times(D+1.033\delta)\times1.5D\times1.033\delta\times1.05\times N(\text{m}^3) \tag{8-25}$$

$$S=\pi\times(D+2.1\delta)\times1.5D\times1.05\times N(\text{m}^2) \tag{8-26}$$

式中 N——法兰数量（副）。

6. 油罐拱顶绝热层、防潮层和保护层计算公式

$$V=2\pi r\times(h+0.5165\delta)\times1.033\delta(\text{m}^3) \tag{8-27}$$

$$S=2\pi r\times(h+1.05\delta)(\text{m}^2) \tag{8-28}$$

式中 r——油罐拱顶球面半径；

h——罐顶拱高。

7. 矩形通风管道绝热层、防潮层和保护层计算公式

$$V=[2\times(A+B)\times1.033\delta+4\times(1.033\delta)\times2]\times L(\text{m}^3) \tag{8-29}$$

$$S=[2\times(A+B)+8\times(1.05\delta+0.0041)]\times L(\text{m}^2) \tag{8-30}$$

式中 A——风管长边尺寸（m）；

B——风管短边尺寸（m）。

8.3 工程造价构成

8.3.1 安装工程概预算概述

1. 概预算的性质

安装工程概预算是反映拟建设备工程经济效果的一种技术经济文件，它是根据设计文件和设计图样、概预算定额以及其他的有关规定，编制的确定项目全部投资额的文件，是设计、施工文件的组成部分，也是基本建设管理工作的重要环节。

2. 概预算的作用

基本建设在整个国民经济中占有很重要的位置，国家每年都在基本建设方面投入约占国民经济财政总支出的25%，要用好这笔巨额资金，充分发挥投资效益，做好概预算工作是十分必要的。基本建设程序规定，设计必须有概算，施工必须有预算。概预算不仅是计算基本建设项目的全部费用的重要依据，而且是对全部基本建设投资进行筹措、分配、管理、控制和监督的重要依据，是编制基本建设计划、控制基本建设投资、考核工程成本、确定工程造价、办理工程结算、办理银行贷款的依据。同时，基本建设概预算也是实行工程招标、投资和投资包干的重要文件，可以作为编制标底和投标报价的依据。另外，基本建设概预算还是对设计方案进行技术经济分析的重要尺度。此外，施工单位还能通过编制施工预算作为加强企业内部经济核算的依据。

3. 概预算的分类

目前，基本建设概预算一般包括设计概算、施工图预算和施工预算三部分，根据建设阶段的不同，建设工程概预算有以下的分类：

（1）投资估算

投资估算是指在项目投资决策阶段，按照现有的资料和特定的方法，对建设项目的投资数额进行的估计。投资估算是建设项目决策的一个重要依据。根据国家规定，在整个建设项目投资决策过程中，必须对拟建建设工程造价（投资）进行估算，并据此研究是否进行投资建设。投资估算的准确性是十分重要的，若估算误差过大，必将导致决策的失误。因此，准确、全面地估算建设项目的工程造价是建设项目可行性研究的重要依据，也是整个建设项目投资决策阶段工程造价管理的重要任务。它的编制依据主要是估算指标、估算手册或类似工程的预（决）算资料等。其主要作用有：

1）项目建议书阶段的投资估算，是多方案比选，优化设计，合理确定项目投资的基础，是项目主管部门审批项目建议书的依据之一，并对项目的规划、规模起参考作用，从经济上判断项目是否应列入投资计划；

2）项目可行性研究阶段的投资估算，是项目投资决策的重要依据，是正确评价建设项目投资合理性，分析投资效益，为项目决策提供依据的基础。当可行性研究报告被批准之后，其投资估算额就作为建设项目投资的最高限额，不得随意突破；

3）项目投资估算对工程设计概算起控制作用，它为设计提供了经济依据和投资限额，设计概算不得突破批准的投资估算额。投资估算一经确定，即成为限额设计的依据，用以对各设计专业实行投资切块分配，作为控制和指导设计的尺度或标准；

4）项目投资估算是进行工程设计招标，优选设计方案的依据；

5）项目投资估算可作为项目资金筹措及制订建设贷款计划的依据，建设单位可根据批准的投资估算额进行资金筹措向银行申请贷款。

（2）设计概算

设计概算是在初步设计或扩大初步设计阶段，由设计单位根据初步设计或扩大初步设计图纸，概算定额、指标，工程量计算规则，材料、设备的预算单价，建设主管部门颁发的有关费用定额或取费标准等资料预先计算工程从筹建至竣工验收交付使用全过程建设费用经济文件。简言之，即计算建设项目总费用，其主要作用有：

1）国家确定和控制基本建设总投资的依据；

2）确定工程投资的最高限额；

3）工程承包、招标的依据；

4）核定贷款额度的依据；

5）考核分析设计方案经济合理性的依据。

（3）修正概算

在技术设计阶段，由于设计内容与初步设计的差异，设计单位应对投资进行具体核算，对初步设计概算进行修正而形成的经济文件，其作用与设计概算相同。

（4）施工图预算

施工图预算是指拟建工程在开工之前，施工单位根据已批准并经会审后的施工图纸计算的工程量、施工组织设计（施工方案）和国家现行预算定额、单位估价表以及各项费用的取费标准、建筑材料预算价格和设备预算价格等资料、建设地区的自然和技术经济条件等进行计算和确定单位工程和单项工程建设费用的经济文件。其主要作用有：

1）是考核工程成本、确定工程造价的主要依据；

2）是编制标底、投标文件、签订承发包合同的依据；

3）是工程价款结算的依据；

4）是施工企业编制施工计划的依据。

（5）施工预算

施工预算是在施工图预算的控制下，施工单位根据施工图纸计算的分项工程量、施工定额（包括劳动定额、材料消耗定额、机械台班定额）、单位工程施工组织设计或分部（项）过程设计和降低工程成本、技术组织措施等资料，通过工料分析计算和确定完成一个单位工程或其中的分部（项）工程所需要的人工、材料、机械台班消耗量及其相应费用的经济文件。施工预算实质上是施工企业的成本计划文件。其主要作用有：

1）是企业内部下达施工任务单、限额领料、实行经济核算的依据；

2）是企业加强施工计划管理、编制作业计划的依据；

3）是实行计件工资、按劳分配的依据。

（6）工程结算

工程结算是指施工企业按照承包合同和已完工程量向建设单位（业主）办理工程价清算的经济文件。工程建设周期长，耗用资金数大，为使建筑安装企业在施工中耗用的资金及时得到补偿，需要对工程价款进行中间结算（进度款结算）、年终结算，全部工程竣工验收后应进行竣工结算。

我国现阶段工程结算方式主要有以下几种：

1）按月结算

实行旬末或月中预支，月终结算，竣工后清算的方法。跨年度竣工的工程，在年终进行工程盘点，办理年度结算。

2）竣工后一次结算

建设项目或单项工程全部建筑安装工程建设期在12个月以内，或者工程承包价值在100万元以下的，可以实行工程价款每月月中预支，竣工后一次结算。建设项目或单项工程全部建筑安装工程建设期在12个月以内，或者工程承包价值在100万元以下的，可以实行工程价款每月月中预支，竣工后一次结算。

3）分段结算

即当年开工，当年不能竣工的单项工程或单位工程按照工程形象进度，划分不同阶段进行结算。

4）目标结算方式

即在工程合同中，将承包工程的内容分解成不同的控制界面，以业主验收控制界面作为支付工程款的前提条件。也就是说，将合同中的工程内容分解成不同的验收单元，当施工单位完成单元工程内容并经业主经验收后，业主支付构成单元工程内容的工程价款。

在目标结算方式下，施工单位要想获得工程价款，必须按照合同约定的质量标准完成界面内的工程内容，要想尽早获得工程价款，施工单位必须充分发挥自己的组织实施能力，在保证质量的前提下，加快施工进度。

5）结算双方约定的其他结算方式

实行预付款的工程项目，在承包合同或协议中应明确发包单位（甲方）在开工前拨付给承包单位（乙方）工程预付款的数额、预付时间，开工后扣还预付款的起扣点、逐次扣还的比例，以及办理的手续和方法。

按照我国有关规定，预付款的预付时间应不迟于约定的开工日期前7天。发包方不按约定预付的，承包方在约定预付时间7天后向发包方发出要求预付的通知。发包方收到通知后仍不能按要求预付，承包方可在发出通知后7天停止施工，发包方应从约定应付之日起向承包方支付应付款的贷款利息，并承担违约责任。

（7）竣工决算

单位工程竣工后进行竣工决算。竣工决算由业主委托有相应资质的专家编制。工程决算的工程费用就是建筑安装工程的实际成本（实际造价），是建设单位确定固定资产的唯一根据，也是反映工程项目投资效果的文件。

竣工决算的内容包括竣工财务决算说明书、竣工财务决算报表、工程竣工图和工程造价对比分析四个部分。其中竣工财务决算说明书和竣工财务决算报表又合称为竣工财务决算，它是竣工决算的核心内容。

8.3.2 安装工程造价组成

1. 建筑安装工程造价的组成

建筑安装工程费按照工程造价形成由分部分项工程费、措施项目费、其他项目费、规费、税金组成，分部分项工程费、措施项目费、其他项目费包含人工费、材料费、施工机具使用费、企业管理费和利润（图8-4）。

（1）分部分项工程费

分部分项工程费是指各专业工程的分部分项工程应予列支的各项费用，由人工费、材料费、施工机具使用费、企业管理费和利润构成。

1）人工费：是指按工资总额构成规定，支付给从事建筑安装工程施工的生产工人和附属生产单位工人的各项费用。内容包括：

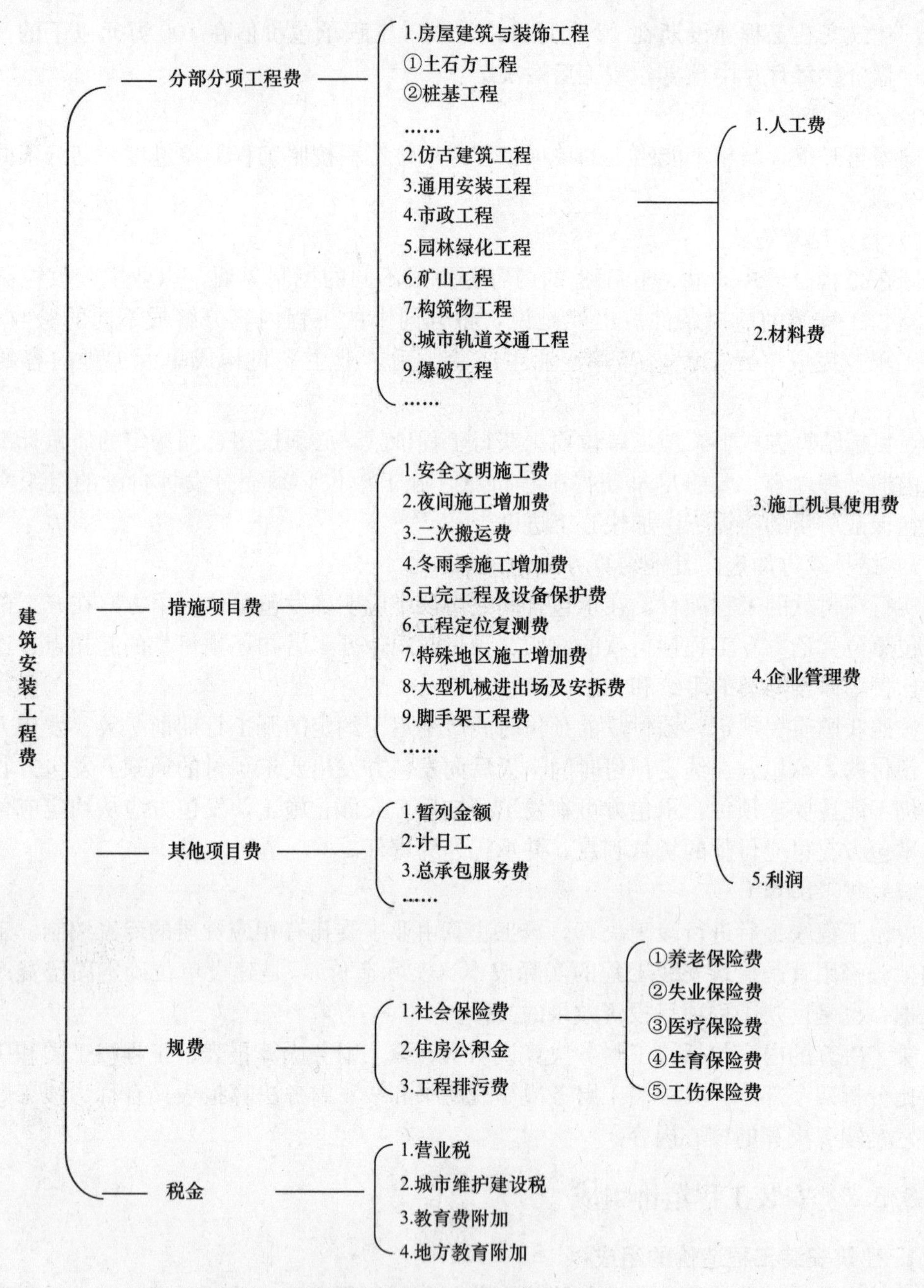

图 8-4　建筑安装工程造价组成

① 计时工资或计件工资：是指按计时工资标准和工作时间或对已做工作按计件单价支付给个人的劳动报酬。

② 奖金：是指对超额劳动和增收节支支付给个人的劳动报酬，如节约奖、劳动竞赛奖等。

③ 津贴补贴：是指为了补偿职工特殊或额外的劳动消耗和因其他特殊原因支付给个人的津贴，以及为了保证职工工资水平不受物价影响支付给个人的物价补贴。如流动施工

津贴、特殊地区施工津贴、高温（寒）作业临时津贴、高空津贴等。

④ 加班加点工资：是指按规定支付的在法定节假日工作的加班工资和在法定日工作时间外延时工作的加点工资。

⑤ 特殊情况下支付的工资：是指根据国家法律、法规和政策规定，因病、工伤、产假、计划生育假、婚丧假、事假、探亲假、定期休假、停工学习、执行国家或社会义务等原因按计时工资标准或计时工资标准的一定比例支付的工资。

2）材料费：是指施工过程中耗费的原材料、辅助材料、构配件、零件、半成品或成品、工程设备的费用。内容包括：

① 材料原价：是指材料、工程设备的出厂价格或商家供应价格。

② 运杂费：是指材料、工程设备自来源地运至工地仓库或指定堆放地点所发生的全部费用。

③ 运输损耗费：是指材料在运输装卸过程中不可避免的损耗。

④ 采购及保管费：是指为组织采购、供应和保管材料、工程设备的过程中所需要的各项费用，包括采购费、仓储费、工地保管费、仓储损耗。

工程设备是指房屋建筑及其配套的构成或计划构成永久工程一部分的机电设备、金属结构设备、仪器装置等建筑设备，包括附属工程中电气、采暖、通风空调、给排水、通信及建筑智能等为房屋功能服务的设备，不包括工艺设备，具体划分标准见《建设工程计价设备材料划分标准》GB/T 50531。明确由建设单位提供的建筑设备，其设备费用不作为计取税金的基数。

3）施工机具使用费：是指施工作业所发生的施工机械、仪器仪表使用费或其租赁费。包含以下内容：

① 施工机械使用费：以施工机械台班耗用量乘以施工机械台班单价表示，施工机械台班单价应由下列七项费用组成：

a. 折旧费：指施工机械在规定的使用年限内，陆续收回其原值的费用。

b. 大修理费：指施工机械按规定的大修理间隔台班进行必要的大修理，以恢复其正常功能所需的费用。

c. 经常修理费：指施工机械除大修理以外的各级保养和临时故障排除所需的费用。包括为保障机械正常运转所需替换设备与随机配备工具附具的摊销和维护费用，机械运转中日常保养所需润滑与擦拭的材料费用及机械停滞期间的维护和保养费用等。

d. 安拆费及场外运费：安拆费指施工机械（大型机械除外）在现场进行安装与拆卸所需的人工、材料、机械和试运转费用以及机械辅助设施的折旧、搭设、拆除等费用；场外运费指施工机械整体或分体自停放地点运至施工现场或由一施工地点运至另一施工地点的运输、装卸、辅助材料及架线等费用。

e. 人工费：指机上司机（司炉）和其他操作人员的人工费。

f. 燃料动力费：指施工机械在运转作业中所消耗的各种燃料及水、电等。

g. 税费：指施工机械按照国家规定应缴纳的车船使用税、保险费及年检费等。

② 仪器仪表使用费：是指工程施工所需使用的仪器仪表的摊销及维修费用。

4）企业管理费：是指施工企业组织施工生产和经营管理所需的费用。内容包括：

① 管理人员工资：是指按规定支付给管理人员的计时工资、奖金、津贴补贴、加班

加点工资及特殊情况下支付的工资等。

② 办公费：是指企业管理办公用的文具、纸张、账表、印刷、邮电、书报、办公软件、监控、会议、水电、燃气、采暖、降温等费用。

③ 差旅交通费：是指职工因公出差、调动工作的差旅费、住勤补助费，市内交通费和误餐补助费，职工探亲路费，劳动力招募费，职工退休、退职一次性路费，工伤人员就医路费，工地转移费以及管理部门使用的交通工具的油料、燃料等费用。

④ 固定资产使用费：指企业及其附属单位使用的属于固定资产的房屋、设备、仪器等的折旧、大修、维修或租赁费。

⑤ 用具使用费：是指企业施工生产和管理使用的不属于固定资产的工具、器具、家具、交通工具和检验、试验、测绘、消防用具等的购置、维修和摊销费，以及支付给工人自备工具的补贴费。

⑥ 劳动保险和职工福利费：是指由企业支付的职工退职金、按规定支付给离休干部的经费，集体福利费、夏季防暑降温、冬季取暖补贴、上下班交通补贴等。

⑦ 劳动保护费：是企业按规定发放的劳动保护用品的支出。如工作服、手套、防暑降温饮料、高危险工作工种施工作业防护补贴以及在有碍身体健康的环境中施工的保健费用等。

⑧ 工会经费：是指企业按《工会法》规定的全部职工工资总额比例计提的工会经费。

⑨ 职工教育经费：是指按职工工资总额的规定比例计提，企业为职工进行专业技术和职业技能培训，专业技术人员继续教育、职工职业技能鉴定、职业资格认定以及根据需要对职工进行各类文化教育所发生的费用。

⑩ 财产保险费：指企业管理用财产、车辆的保险费用。

⑪ 财务费：是指企业为施工生产筹集资金或提供预付款担保、履约担保、职工工资支付担保等所发生的各种费用。

⑫ 税金：指企业按规定交纳的房产税、车船使用税、土地使用税、印花税等。

⑬ 意外伤害保险费：企业为从事危险作业的建筑安装施工人员支付的意外伤害保险费。

⑭ 工程定位复测费：是指工程施工过程中进行全部施工测量放线和复测工作的费用。建筑物沉降观测由建设单位直接委托有资质的检测机构完成，费用由建设单位承担，不包含在工程定位复测费中。

⑮ 检验试验费：是施工企业按规定进行建筑材料、构配件等试样的制作、封样、送达和其他为保证工程质量进行的材料检验试验工作所发生的费用。

不包括新结构、新材料的试验费，对构件（如幕墙、预制桩、门窗）做破坏性试验所发生的试样费用和根据国家标准和施工验收规范要求对材料、构配件和建筑物工程质量检测检验发生的第三方检测费用，对此类检测发生的费用，由建设单位承担，在工程建设其他费用中列支。但对施工企业提供的具有合格证明的材料进行检测不合格的，该检测费用由施工企业支付。

⑯ 非建设单位所为四小时以内的临时停水停电费用。

⑰ 企业技术研发费：建筑企业为转型升级、提高管理水平所进行的技术转让、科技研发，信息化建设等费用。

⑱ 其他：业务招待费、远地施工增加费、劳务培训费、绿化费、广告费、公证费、法律顾问费、审计费、咨询费、投标费、保险费、联防费、施工现场生活用水电费等。

5）利润：是指施工企业完成所承包工程获得的盈利。

(2) 措施项目费

措施项目费是指为完成建设工程施工，发生于该工程施工前和施工过程中的技术、生活、安全、环境保护等方面的费用。

根据现行工程量清单计算规范，措施项目费分为单价措施项目与总价措施项目。

1）单价措施项目是指在现行工程量清单计算规范中有对应工程量计算规则，按人工费、材料费、施工机具使用费、管理费和利润形式组成综合单价的措施项目。安装工程单价措施项目费包括：吊装加固；金属抱杆安装、拆除、移位；平台铺设、拆除；顶升、提升装置安装、拆除；大型设备专用机具安装、拆除；焊接工艺评定；胎（模）具制作、安装、拆除；防护棚制作安装拆除；特殊地区施工增加；安装与生产同时进行施工增加；在有害身体健康环境中施工增加；工程系统检测、检验；设备、管道施工的安全、防冻和焊接保护；焦炉烘炉、热态工程；管道安拆后的充气保护；隧道内施工的通风、供水、供气、供电、照明及通信设施；脚手架搭拆；高层施工增加；其他措施（工业炉烘炉、设备负荷试运转、联合试运转、生产准备试运转及安装工程设备场外运输）；大型机械设备进出场及安拆。

单价措施项目中各措施项目的工程量清单项目设置、项目特征、计量单位、工程量计算规则及工作内容均按现行工程量清单计算规范执行。

2）总价措施项目是指在现行工程量清单计算规范中无工程量计算规则，以总价（或计算基础乘费率）计算的措施项目。其中各专业都可能发生的通用的总价措施项目如下：

① 安全文明施工：为满足施工安全、文明、绿色施工以及环境保护、职工健康生活所需要的各项费用。本项为不可竞争费用。

a. 环境保护包含范围：现场施工机械设备降低噪音、防扰民措施费用；水泥和其他易飞扬细颗粒建筑材料密闭存放或采取覆盖措施等费用；工程防扬尘洒水费用；土石方、建渣外运车辆冲洗、防洒漏等费用；现场污染源的控制、生活垃圾清理外运、场地排水排污措施的费用；其他环境保护措施费用。

b. 文明施工包含范围："五牌一图"的费用；现场围挡的墙面美化（包括内外粉刷、刷白、标语等）、压顶装饰费用；现场厕所便槽刷白、贴面砖，水泥砂浆地面或地砖费用，建筑物内临时便溺设施费用；其他施工现场临时设施的装饰装修、美化措施费用；现场生活卫生设施费用；符合卫生要求的饮水设备、淋浴、消毒等设施费用；生活用洁净燃料费用；防煤气中毒、防蚊虫叮咬等措施费用；施工现场操作场地的硬化费用；现场绿化费用、治安综合治理费用、现场电子监控设备费用；现场配备医药保健器材、物品费用和急救人员培训费用；用于现场工人的防暑降温费、电风扇、空调等设备及用电费用；其他文明施工措施费用。

c. 安全施工包含范围：安全资料、特殊作业专项方案的编制，安全施工标志的购置及安全宣传的费用；"三宝"（安全帽、安全带、安全网）、"四口"（楼梯口、电梯井口、通道口、预留洞口），"五临边"（阳台围边、楼板围边、屋面围边、槽坑围边、卸料平台两侧），水平防护架、垂直防护架、外架封闭等防护的费用；施工安全用电的费用，包括配电箱三级配电、两级保护装置要求、外电防护措施；起重机、塔吊等起重设备（含井架、门架）及外用电梯的安全防护措施（含警示标志）费用及卸料平台的临边防护、层间安全门、防护棚等设施费用；建筑工地起重机械的检验检测费用；施工机具防护棚及其围栏的安全保护设施费用；施工安全防护通道的费用；工人的安全防护用品、用具购置费用；消防设施与消防器材的配置费用；电气保护、安全照明设施费；其他安全防护措施费用。

d. 绿色施工包含范围：建筑垃圾分类收集及回收利用费用；夜间焊接作业及大型照明灯具的挡光措施费用；施工现场办公区、生活区使用节水器具及节能灯具增加费用；施工现场基坑降水储存使用、雨水收集系统、冲洗设备用水回收利用设施增加费用；施工现场生活区厕所化粪池、厨房隔油池设置及清理费用；从事有毒、有害、有刺激性气味和强光、噪声施工人员的防护器具；现场危险设备、地段、有毒物品存放地安全标识和防护措施；厕所、卫生设施、排水沟、阴暗潮湿地带定期消毒费用；保障现场施工人员劳动强度和工作时间符合国家标准《体力劳动强度等级》GB 3869 的增加费用等。

② 夜间施工：规范、规程要求正常作业而发生的夜班补助、夜间施工降效、夜间照明设施的安拆、摊销、照明用电以及夜间施工现场交通标志、安全标牌、警示灯安拆等费用。

③ 二次搬运：由于施工场地限制而发生的材料、成品、半成品等一次运输不能到达堆放地点，必须进行的二次或多次搬运费用。

④ 冬雨季施工：在冬雨季施工期间所增加的费用。包括冬季作业、临时取暖、建筑物门窗洞口封闭及防雨措施、排水、工效降低、防冻等费用，不包括设计要求混凝土内添加防冻剂的费用。

⑤ 地上、地下设施、建筑物的临时保护设施：在工程施工过程中，对已建成的地上、地下设施和建筑物进行的遮盖、封闭、隔离等必要保护措施。在园林绿化工程中，还包括对已有植物的保护。

⑥ 已完工程及设备保护费：对已完工程及设备采取的覆盖、包裹、封闭、隔离等必要保护措施所发生的费用。

⑦ 临时设施费：施工企业为进行工程施工所必需的生活和生产用的临时建筑物、构筑物和其他临时设施的搭设、使用、拆除等费用。

a. 临时设施包括：临时宿舍、文化福利及公用事业房屋与构筑物、仓库、办公室、加工场等。

b. 建筑、装饰、安装、修缮、古建园林工程规定范围内（建筑物沿边起 50 米以内，多幢建筑两幢间隔 50 米内）围墙、临时道路、水电、管线和轨道垫层等。

⑧ 赶工措施费：在现行工期定额滞后的情况下，施工合同约定工期比我省现行工期定额提前超过 30%，施工企业为缩短工期所发生的费用。如施工过程中，发包人要求实际工期比合同工期提前时，由发承包双方另行约定。

⑨ 工程按质论价：施工合同约定质量标准超过国家规定，施工企业完成工程质量达到经有权部门鉴定或评定为优质工程所必须增加的施工成本费。

⑩ 特殊条件下施工增加费：地下不明障碍物、铁路、航空、航运等交通干扰而发生的施工降效费用。

总价措施项目中，除通用措施项目外，针对安装专业措施项目如下：

a. 非夜间施工照明：为保证工程施工正常进行，在如地下（暗）室、设备及大口径管道内等特殊施工部位施工时所采用的照明设备的安拆、维护及照明用电、通风等；在地下（暗）室等施工引起的人工工效降低以及由于人工工效降低引起的机械降效。

b. 住宅工程分户验收：按《住宅工程质量分户验收规程》DGJ 32/TJ103 的要求对住宅工程安装项目进行专门验收发生的费用。

（3）其他项目费

1）暂列金额：建设单位在工程量清单中暂定并包括在工程合同价款中的一笔款项。用于施工合同签订时尚未确定或者不可预见的所需材料、工程设备、服务的采购，施工中可能发生的工程变更、合同约定调整因素出现时的工程价款调整以及发生的索赔、现场签证确认等的费用。由建设单位根据工程特点，按有关计价规定估算；施工过程中由建设单位掌握使用，扣除合同价款调整后如有余额，归建设单位。

2）暂估价：建设单位在工程量清单中提供的用于支付必然发生但暂时不能确定价格的材料的单价以及专业工程的金额，包括材料暂估价和专业工程暂估价。材料暂估价在清单综合单价中考虑，不计入暂估价汇总。

3）计日工：是指在施工过程中，施工企业完成建设单位提出的施工图纸以外的零星项目或工作所需的费用。

4）总承包服务费：是指总承包人为配合、协调建设单位进行的专业工程发包，对建设单位自行采购的材料、工程设备等进行保管以及施工现场管理、竣工资料汇总整理等服务所需的费用。总包服务范围由建设单位在招标文件中明示，并且发承包双方在施工合同中约定。

（4）规费

规费是指有权部门规定必须缴纳的费用。

1）工程排污费：包括废气、污水、固体，扬尘及危险废物和噪声排污费等内容。

2）社会保险费：企业应为职工缴纳的养老保险、医疗保险、失业保险、工伤保险和生育保险等五项社会保障方面的费用。为确保施工企业各类从业人员社会保障权益落到实处，省、市有关部门可根据实际情况制定管理办法。

3）住房公积金：企业应为职工缴纳的住房公积金。

（5）税金

税金是指国家税法规定的应计入建筑安装工程造价内的营业税、城市维护建设税、教育费附加及地方教育附加。

1）营业税：是指以产品销售或劳务取得的营业额为对象的税种。

2）城市建设维护税：是为加强城市公共事业和公共设施的维护建设而开征的税，它以附加形式依附于营业税。

3）教育费附加及地方教育附加：是为发展地方教育事业，扩大教育经费来源而征收的税种。它以营业税的税额为计征基数。

2. 建筑安装工程各项费用的参考计算方法

（1）人工费

$$人工费 = \sum(工日消耗量 \times 日工资单价) \tag{8-31}$$

注：8-31 主要适用于施工企业投标报价时自主确定人工费，也是工程造价管理机构编制计价定额确定定额人工单价或发布人工成本信息的参考依据。

$$人工费 = \sum(工程工日消耗量 \times 日工资单价) \tag{8-32}$$

日工资单价是指施工企业平均技术熟练程度的生产工人在每工作日（国家法定工作时间内）按规定从事施工作业应得的日工资总额。

工程造价管理机构确定日工资单价应通过市场调查、根据工程项目的技术要求，参考实物工程量人工单价综合分析确定，最低日工资单价不得低于工程所在地人力资源和社会保障部门所发布的最低工资标准的：普工 1.3 倍、一般技工 2 倍、高级技工 3 倍。

工程计价定额不可只列一个综合工日单价，应根据工程项目技术要求和工种差别适当划分多种日人工单价，确保各分部工程人工费的合理构成。

注：8-32 适用于工程造价管理机构编制计价定额时确定定额人工费，是施工企业投标报价的参考依据。

（2）材料费

1）材料费

$$材料费 = \sum(材料消耗量 \times 材料单价) \tag{8-33}$$

$$材料单价 = [(材料原价 + 运杂费) \times [1 + 运输损耗率(\%)]] \times [1 + 采购保管费率(\%)] \tag{8-34}$$

2）工程设备费

$$工程设备费 = \sum(工程设备量 \times 工程设备单价) \tag{8-35}$$

$$工程设备单价 = (设备原价 + 运杂费) \times [1 + 采购保管费率(\%)] \tag{8-36}$$

（3）施工机具使用费

1）施工机械使用费

$$施工机械使用费 = \sum(施工机械台班消耗量 \times 机械台班单价) \tag{8-37}$$

$$机械台班单价 = 台班折旧费 + 台班大修费 + 台班经常修理费 + 台班安拆费及场外运费 + 台班人工费 + 台班燃料动力费 + 台班车船税费 \tag{8-38}$$

注：工程造价管理机构在确定计价定额中的施工机械使用费时，应根据《建筑施工机械台班费用计算规则》，结合市场调查编制施工机械台班单价。施工企业可以参考工程造价管理机构发布的台班单价，自主确定施工机械使用费的报价，如租赁施工机械，公式为：施工机械使用费 $= \sum$（施工机械台班消耗量×机械台班租赁单价）。

2）仪器仪表使用费

$$仪器仪表使用费 = 工程使用的仪器仪表摊销费 + 维修费 \tag{8-39}$$

（4）企业管理费费率

1）以分部分项工程费为计算基础

$$企业管理费费率(\%) = \frac{生产工人年平均管理费}{年有效施工天数 \times 人工单价} \times 人工费占分部分项工程费比例(\%) \tag{8-40}$$

2）以人工费和机械费合计为计算基础

$$企业管理费费率(\%)=\frac{生产工人年平均管理费}{年有效施工天数\times(人工单价+每一工日机械使用费)}\times 100\% \tag{8-41}$$

3）以人工费为计算基础

$$企业管理费费率(\%)=\frac{生产工人年平均管理费}{年有效施工天数\times 人工单价}\times 100\% \tag{8-42}$$

注：上述公式适用于施工企业投标报价时自主确定管理费，是工程造价管理机构编制计价定额确定企业管理费的参考依据。

工程造价管理机构在确定计价定额中企业管理费时，应以定额人工费或（定额人工费＋定额机械费）作为计算基数，其费率根据历年工程造价积累的资料，辅以调查数据确定，列入分部分项工程和措施项目中。

（5）利润

1）施工企业根据企业自身需求并结合建筑市场实际自主确定，列入报价中。

2）工程造价管理机构在确定计价定额中利润时，应以定额人工费或（定额人工费＋定额机械费）作为计算基数，其费率根据历年工程造价积累的资料，并结合建筑市场实际确定，以单位（单项）工程测算，利润在税前建筑安装工程费的比重可按不低于5%且不高于7%的费率计算，利润应列入分部分项工程和措施项目中。

（6）规费

1）社会保险费和住房公积金

社会保险费和住房公积金应以定额人工费为计算基础，根据工程所在地省、自治区、直辖市或行业建设主管部门规定费率计算。

$$社会保险费和住房公积金=\sum(工程定额人工费\times社会保险费和住房公积金费率) \tag{8-43}$$

式中：社会保险费和住房公积金费率可以每万元发承包价的生产工人人工费和管理人员工资含量与工程所在地规定的缴纳标准综合分析取定。

2）工程排污费

工程排污费等其他应列而未列入的规费应按工程所在地环境保护等部门规定的标准缴纳，按实计取列入。

（7）税金

税金计算公式：

$$税金=税前造价\times综合税率(\%)\ 综合税率： \tag{8-44}$$

1）纳税地点在市区的企业

$$综合税率(\%)=\frac{1}{1-3\%-(3\%\times 7\%)-(3\%\times 3\%)-(3\%\times 2\%)}-1 \tag{8-45}$$

2）纳税地点在县城、镇的企业

$$综合税率(\%)=\frac{1}{1-3\%-(3\%\times 5\%)-(3\%\times 3\%)-(3\%\times 2\%)}-1 \tag{8-46}$$

3）纳税地点不在市区、县城、镇的企业

$$综合税率(\%)=\frac{1}{1-3\%-(3\%\times1\%)-(3\%\times3\%)-(3\%\times2\%)}-1 \quad (8\text{-}47)$$

4）实行营业税改增值税的，按纳税地点现行税率计算。

3. 建筑安装工程计价参考公式如下

（1）分部分项工程费

$$分部分项工程费=\sum(分部分项工程量\times综合单价) \quad (8\text{-}48)$$

式中：综合单价包括人工费、材料费、施工机具使用费、企业管理费和利润以及一定范围的风险费用（下同）。

（2）措施项目费

1）国家计量规范规定应予计量的措施项目，其计算公式为：

$$措施项目费=\sum(措施项目工程量\times综合单价) \quad (8\text{-}49)$$

2）国家计量规范规定不宜计量的措施项目计算方法如下：

① 安全文明施工费

$$安全文明施工费=计算基数\times安全文明施工费费率(\%) \quad (8\text{-}50)$$

计算基数应为定额基价（定额分部分项工程费+定额中可以计量的措施项目费）、定额人工费或（定额人工费+定额机械费），其费率由工程造价管理机构根据各专业工程的特点综合确定。

② 夜间施工增加费

$$夜间施工增加费=计算基数\times夜间施工增加费费率(\%) \quad (8\text{-}51)$$

③ 二次搬运费

$$二次搬运费=计算基数\times二次搬运费费率(\%) \quad (8\text{-}52)$$

④ 冬雨期施工增加费

$$冬雨期施工增加费=计算基数\times冬雨期施工增加费费率(\%) \quad (8\text{-}53)$$

⑤ 已完工程及设备保护费

$$已完工程及设备保护费=计算基数\times已完工程及设备保护费费率(\%) \quad (8\text{-}54)$$

上述②～⑤项措施项目的计费基数应为定额人工费或（定额人工费+定额机械费），其费率由工程造价管理机构根据各专业工程特点和调查资料综合分析后确定。

（3）其他项目费

1）暂列金额由建设单位根据工程特点，按有关计价规定估算，施工过程中由建设单位掌握使用、扣除合同价款调整后如有余额，归建设单位。

2）计日工由建设单位和施工企业按施工过程中的签证计价。

3）总承包服务费由建设单位在招标控制价中根据总包服务范围和有关计价规定编制，施工企业投标时自主报价，施工过程中按签约合同价执行。

(4) 规费和税金

建设单位和施工企业均应按照省、自治区、直辖市或行业建设主管部门发布标准计算规费和税金，不得作为竞争性费用。

4. 相关问题的说明

(1) 各专业工程计价定额的编制及其计价程序，均按本通知实施。

(2) 各专业工程计价定额的使用周期原则上为5年。

(3) 工程造价管理机构在定额使用周期内，应及时发布人工、材料、机械台班价格信息，实行工程造价动态管理，如遇国家法律、法规、规章或相关政策变化以及建筑市场物价波动较大时，应适时调整定额人工费、定额机械费以及定额基价或规费费率，使建筑安装工程费能反映建筑市场实际。

(4) 建设单位在编制招标控制价时，应按照各专业工程的计量规范和计价定额以及工程造价信息编制。

(5) 施工企业在使用计价定额时除不可竞争费用外，其余仅作参考，由施工企业投标时自主报价。

8.3.3 工程类别划分标准

1. 安装工程类别以分项工程确定工程类别，按表8-4、表8-5的划分规定执行。

安装工程类别划分表 表8-4

一类工程
10kV变配电装置。 10kV电缆敷设工程或实物量在5km以上的单独6kV（含6kV）电缆敷设分项工程。 锅炉单炉蒸发量在10t/h（含10t/h）以上的锅炉安装及其相配套的设备、管道、电气工程。 建筑物使用空调面积在15000m^{2}以上的单独中央空调分项安装工程。 建筑物使用通风面积在15000m^{2}以上的通风工程。 运行速度在1.75m/s以上的单独自动电梯分项安装工程。 建筑面积在15000m^{2}以上的建筑智能化系统设备安装工程和消防工程。 24层以上的水电安装工程。 工业安装工程一类项目（表8-5）。
二类工程
除一类范围以外的变配电装置和10kV以内架空线路工程。 除一类范围以外且在400V以上的电缆敷设工程。 除一类范围以外的各类工业设备安装、车间工艺设备安装及其相配套的管道、电气工程。 锅炉锅炉单炉蒸发量在10t/h以内的锅炉安装及其相配套的设备、管道、电气工程。 建筑物使用空调面积在15000m^{2}以内，5000m^{2}以上的单独中央空调分项安装工程。 建筑物使用通风面积在15000m^{2}以内，5000m^{2}以上的通风工程。 除一类范围以外的单独自动扶梯、自动或半自动电梯分项安装工程。 除一类范围以外的建筑智能化系统设备安装工程和消防工程。 8层以上或建筑面积在10000m^{2}以上建筑的水电安装工程。
三类工程
除一、二类范围以外的其他各类安装工程

工业安装工程一类工程项目表 **表 8-5**

洁净要求不小于一万级的单位工程。 焊口有探伤要求的工艺管道、热力管道、煤气管道、供水（含循环水）管道等工程。 易燃、易爆、有毒、有害介质管道工程（GB 5044 职工性接触毒物危害程度分级）。 防爆电气、仪表安装工程。 各种类气罐、不锈钢及有色金属贮罐。碳钢贮罐容积单只≥1000m³。 压力容器制作安装。 设备单重≥10t/台或设备本体高度≥10m。 空分设备安装工程。 起重运输设备： 双梁桥式起重机：起重量≥50/10t 或轨距≥21.5m 或轨道高度≥15m 龙门式起重机：起重量≥20t 皮带运输机：（1）宽≥650mm　斜度≥10°； （2）宽≥650mm　总长度≥50m； （3）宽≥1000mm。 锻压设备： 机械压力：压力≥250t； 液压机：压力≥315t； 自动锻压机：压力≥5t。 塔类设备安装工程。 炉窑类：① 回转窑：直径≥1.5m； ② 各类含有毒气体炉窑。 总实物量超过 50m³ 的炉窑砌筑工程。 专业电气调试（电压等级在 500V 以上）与工业自动化仪表调试。 公共安装工程中的煤气发生炉、液化站、制氧站及其配套的设备、管道、电气工程。

2. 安装工程类别划分说明

（1）安装工程以分项工程确定工程类别。

（2）在一个单位工程中有几种不同类别组成，应分别确定工程类别。

（3）改建、装修工程中的安装工程参照相应标准确定工程类别。

（4）多栋建筑物下有连通的地下室或单独地下室工程，地下室部分水电安装按二类标准取费，如地下室建筑面积≥10000m²，则地下室部分水电安装按一类标准取费。

（5）楼宇亮化、室外泛光照明工程按照安装工程三类取费。

（6）上表中未包括的特殊工程，如影剧院、体育馆等，由当地工程造价管理机构根据工程实际情况予以核定，并报上级造价管理机构备案。

8.4　工程造价定额计价基本知识

8.4.1　定额的种类

建设工程定额是工程建设中各类定额的总称。为对建设工程定额有一个全面的了解，可以按照不同的原则和方法对其进行科学的分类。

1. 按编制单位和适用范围分类

（1）国家定额

国家定额是指由国家建设行政主管部门组织，依据有关国家标准和规范，综合全国工程建设的技术与管理状况等编制和发布，在全国范围内使用的定额。

（2）行业定额

行业定额是指由行业建设行政主管部门组织，依据有关行业标准和规范，考虑行业工程建设特点等情况所编制和发布的，在本行业范围内使用的定额。

（3）地区定额

地区定额是指由地区建设行政主管部门组织，考虑地区工程建设特点和情况制定发布的，在本地区内使用的定额。

（4）企业定额

企业定额是指由施工企业自行组织，主要根据企业的自身情况，包括人员素质、机械装备程度、技术和管理水平等编制，在本企业内部使用的定额。

2. 按编制程序和用途分类

（1）施工定额

施工定额是具有合理劳动组织的建筑安装工人小组在正常施工条件下完成单位合格产品所需人工、机械、材料消耗的数量标准。它以同一性质的施工过程——工序作为研究对象，表示生产产品数量与时间消耗综合关系的定额。施工定额是施工企业（建筑安装企业）组织生产和加强管理在企业内部使用的一种定额，属于企业定额的性质。施工定额是建设工程定额中分项最细、定额子目最多的一种定额，也是建设工程定额中的基础性定额。施工定额由人工定额、材料消耗定额和施工机械台班使用定额所组成。

施工定额是施工企业进行施工组织、成本管理、经济核算和投标报价的重要依据。施工定额直接应用于施工项目的管理，用来编制施工作业计划、签发施工任务单、签发限额领料单，以及结算计件工资或计量奖励工资等。施工定额和施工生产结合紧密，施工定额的定额水平反映施工企业生产与组织的技术水平和管理水平。施工定额也是编制预算定额的基础。

在市场经济条件下，国家定额和地区定额不再是强加给施工企业的约束和指令，而是对企业的施工定额管理进行引导，从而实现对工程造价的宏观调控。

（2）预算定额

预算定额是以建筑物或构筑物各个分部分项工程为对象编制的定额。预算定额是以施工定额为基础综合扩大编制的，同时也是编制概算定额的基础。其中的人工、材料和机械台班的消耗水平根据施工定额综合取定，定额项目的综合程度大于施工定额。

预算定额是工程建设中的一项重要的技术经济文件，它的各项指标，反映了在完成规定计量单位符合设计标准和施工及验收规范要求的分项工程消耗的劳动和物化劳动的数量限度。这种限度最终决定着单项工程和单位工程的成本和造价。

预算定额是编制施工图预算的主要依据，是编制单位估价表、确定工程造价、控制建设工程投资的基础和依据。与施工定额不同，预算定额是社会性的，而施工定额则是企业性的。

（3）概算定额

概算定额是以扩大的分部分项工程为对象编制的。概算定额是编制扩大初步设计概算、确定建设项目投资额的依据。概算定额一般是在预算定额的基础上综合扩大而成的，每一综合分项概算定额都包含了数项预算定额。

（4）概算指标

概算指标是概算定额的扩大与合并，它是以整个建筑物和构筑物为对象，每 $100m^2$ 建

筑面积或 $1000m^2$ 建筑体积、构筑物以座为计量单位来编制的。概算指标的设定和初步设计的深度相适应，一般是在概算定额和预算定额的基础上编制的，是设计单位编制设计概算或建设单位编制年度投资计划的依据，也可作为编制估算指标的基础。

（5）投资估算指标

投资估算指标通常是以独立的单项工程或完整的工程项目为对象编制。确定的生产要素消耗的数量标准或项目费用标准，是根据已建工程或现有工程的价格数据和资料，经分析、归纳和整理编制而成的。

投资估算指标的制定是建设工程项目管理的一项重要工作。估算指标是编制项目建议书和可行性研究报告书投资估算的依据，是对建设项目全面的技术性与经济性论证的依据。估算指标对提高投资估算的准确度、建设项目全面评估、正确决策具有重要意义。

3. 按生产要素内容分类

（1）人工定额

人工定额，也称劳动定额，是指在正常的施工技术和组织条件下，完成单位合格产品所必需的人工消耗量标准。

人工定额反映生产工人在正常施工条件下的劳动效率，表明每个工人在单位时间内为生产合格产品所必需消耗的劳动时间，或者在一定的劳动时间中所生产的合格产品数量。

人工定额按表现形式的不同，可分为时间定额和产量定额。

1）时间定额

时间定额，就是某种专业、某种技术等级工人班组或个人，在合理的劳动组织和合理使用材料的条件下，完成单位合格产品所必需的工作时间，包括准备与结束时间、基本工作时间、辅助工作时间、不可避免的中断时间及工人必需的休息时间。时间定额以工日为单位，每一工日按八小时计算。其计算方法如下：

$$\text{单位产品时间定额(工日)} = \frac{1}{\text{每工产量}} \tag{8-55}$$

或

$$\text{单位产品时间定额(工日)} = \frac{\text{小组成员工日数的总和}}{\text{台班产量}} \tag{8-56}$$

2）产量定额

产量定额，又称为“每工产量”，就是在合理的劳动组织和合理使用材料的条件下，某种专业、某种技术等级的工人班组或个人在单位工日中所应完成的合格产品的数量。其计算方法如下：

$$\text{每工产量} = \frac{1}{\text{单位产品时间定额(工日)}} \tag{8-57}$$

或

$$\text{台班产量} = \frac{\text{小组成员工日数的总和}}{\text{单位产品时间定额(工日)}} \tag{8-58}$$

产量定额的计量单位有：m、m^2、m^3、t、台、块、根、件、扇等。

从以上公式可以看出，时间定额与产量定额互为倒数，即：

$$\text{时间定额} \times \text{产量定额} = 1 \tag{8-59}$$

$$时间定额 = \frac{1}{产量定额} \tag{8-60}$$

$$产量定额 = \frac{1}{时间定额} \tag{8-61}$$

3）人工定额的测定

人工定额是根据国家的经济政策、劳动制度和有关技术文件及资料制定的。制定人工定额，常用的方法有四种。

① 技术测定法

技术测定法是根据先进合理的生产技术条件和施工组织条件，对施工过程中各工序采用测时法、写实记录法、工作日写实法，分别对每一道工序进行工时消耗测定，再对所获得的资料进行科学的分析，制定出人工定额的方法。该方法通过测定得出结论，具有较高的准确度和较充分的依据，是一种科学的方法。

② 统计分析法

统计分析法是把过去施工生产中的同类工程或同类产品的工时消耗的统计资料，与当前生产技术和施工组织条件的变化因素结合起来，进行统计分析的方法。这种方法简单易行，适用于施工条件正常、产品稳定、工序重复量大和统计工作制度健全的施工过程。但是，过去的记录只是实耗工时，不反映生产组织和技术的状况。所以，在这样条件下求出的定额水平，只是已达到的劳动生产率水平，而不是平均水平。实际工作中，必须分析研究各种变化因素，使定额能真实地反映施工生产平均水平。

③ 比较类推法

对于同类型产品规格多、工序重复、工作量小的施工过程，常用比较类推法。采用此法制定定额是以同类型工序和同类型产品的实耗工时为标准，类推出相似项目定额水平的方法。此法必须掌握类似的程度和各种影响因素的异同程度。

④ 经验估计法

根据定额专业人员、经验丰富的工人和施工技术人员的实际工作经验，参考有关定额资料，对施工管理组织和现场技术条件进行调查、讨论和分析制定定额的方法，叫做经验估计法。采用这种方法，制定定额的工作过程较短，工作量较小，但往往因参加估工人员的经验有一定的局限性，定额的制定过程较短，准确程度较差。因此，应参照现行同类定额，广泛收集工时消耗资料进行必要分析比较，并多方吸收经验，经充分研讨后确定。经验估计法通常作为一次性定额使用。

4）工时消耗分配

工人在工作班内消耗的工作时间，按其消耗的性质，基本可以分为两大类：必需消耗的时间（定额工时）和损失时间（非定额工时）。

必需消耗的时间是工人在正常施工条件下，为完成一定产品（工作任务）所消耗的时间，它是制定定额的主要依据。

损失时间，是与产品生产无关，而与施工组织和技术上的缺陷有关，与工人在施工过程中的个人过失或某些偶然因素有关的时间消耗。

① 必需消耗的工作时间，包括有效工作时间、休息时间和不可避免的中断时间。

a. 有效工作时间是从生产效果来看与产品生产直接有关的时间消耗。包括基本工作时间、辅助工作时间、准备与结束工作时间。

基本工作时间是工人完成一定产品的施工工艺过程所消耗的时间。基本工作时间所包括的内容依工作性质各不相同，基本工作时间的长短和工作量大小成正比例。

辅助工作时间是指为保证基本工作能顺利完成所消耗的时间。在辅助工作时间里，不能使产品的形状大小、性质或位置发生变化。辅助工作时间的结束，往往就是基本工作时间的开始。辅助工作一般是手工操作，但如果在机手并动的情况下，辅助工作是在机械运转过程中进行的，为避免重复则不应再计辅助工作时间的消耗。

准备与结束工作时间是执行任务前或任务完成后所消耗的工作时间。如工作地点、劳动工具和劳动对象的准备工作时间，工作结束后的整理工作时间等，准备和结束工作时间的长短与所担负的工作量大小无关，但往往和工作内容有关。准备与结束工作时间可以分为班内的准备与结束工作时间和任务的准备与结束工作时间。

b. 不可避免的中断时间是指由于施工工艺特点引起的工作中断所必需的时间。与施工过程、工艺特点有关的工作中断时间，应包括在定额时间内，但应尽量缩短此项时间消耗。与工艺特点无关的工作中断所占用的时间，是由于劳动组织不合理引起的，属于损失时间，不能计入定额时间。

c. 休息时间是工人在工作过程中为恢复体力所必需的短暂休息和生理需要的时间消耗。这种时间是为了保证工人精力充沛地进行工作，所以在定额时间中必须进行计算。休息时间的长短和劳动条件有关，劳动越繁重紧张、劳动条件越差（如高温），则休息时间越长。

② 损失时间中包括多余和偶然工作、停工、违背劳动纪律所引起的损失时间。

a. 多余工作是指工人进行了任务以外而又不能增加产品数量的工作。多余工作的工时损失，一般都是由于工程技术人员和工人的差错而引起的，因此，不应计入定额时间。偶然工作也是工人在任务外进行的工作，但能够获得一定产品。如抹灰工不得不补上偶然遗留的墙洞等。由于偶然工作能获得一定产品，拟定定额时要适当考虑它的影响。

b. 停工时间是工作班内停止工作造成的工时损失。停工时间按其性质可分为施工本身造成的停工时间和非施工本身造成的停工时间两种。施工本身造成的停工时间，是由于施工组织不善、材料供应不及时、工作面准备工作做得不好、工作地点组织不良等情况引起的停工时间。非施工本身造成的停工时间，是由于水源、电源中断引起的停工时间。前一种情况在拟定定额时不应该计算，后一种情况定额中则应给予合理的考虑。

c. 违背劳动纪律造成的工作时间损失，是指工人在工作班开始和午休后的迟到、午饭前和工作班结束前的早退、擅自离开工作岗位、工作时间内聊天或办私事等造成的工时损失，此项工时损失不应允许存在，因此，在定额中是不能考虑的。

（2）材料消耗定额

材料消耗定额是指在合理和节约使用材料的条件下，生产单位合格产品所必须消耗的一定规格的材料、成品、半成品和水、电等资源的数量标准。合理使用材料消耗定额，不仅对合理使用各项物资材料、资源有重要意义，而且对减少施工中成本开支也有制约作用。

1）材料消耗定额指标

材料消耗定额指标的组成，按其使用性质、用途和用量大小划分为四类。

① 主要材料，指直接构成工程实体的材料；

② 辅助材料，直接构成工程实体，但比重较小的材料；

③ 周转性材料（又称工具性材料），指施工中多次使用但并不构成工程实体的材料，如模板、脚手架等；

④ 零星材料，指用量小、价值不大、不便计算的次要材料，可用估算法计算。

2）材料消耗定额的编制

编制材料消耗定额，主要包括确定直接使用在工程上的材料净用量和在施工现场内运输及操作过程中的不可避免的废料和损耗。

① 材料净用量的确定

材料净用量的确定，一般有以下几种方法：

a. 理论计算法

理论计算法是根据设计、施工验收规范和材料规格等，从理论上计算材料的净用量。如砖墙的用砖数和砌筑砂浆的用量可用理论计算公式计算各自的净用量。

b. 测定法

测定法是通过测定在完成一定的工程量中材料消耗数量的方法来制定定额。用该法制定定额必须选择有代表性的作业班组，同时材料的品种、质量应符合设计和施工技术规程的要求。

c. 图纸计算法

根据选定的图纸，计算各种材料的体积、面积、延长米或重量。

d. 经验法

根据历史上同类项目的经验进行估算。

② 材料损耗量的确定

材料的损耗一般以损耗率表示。材料损耗率可以通过观察法或统计法计算确定。材料消耗量计算的公式如下：

$$损耗率=\frac{损耗量}{净用量}\times 100\% \tag{8-62}$$

$$总消耗量=净用量+损耗量=净用量\times(1+损耗率) \tag{8-63}$$

（3）施工机械台班使用定额

1）施工机械时间定额

施工机械时间定额，是指在合理劳动组织与合理使用机械条件下，完成单位合格产品所必需的工作时间，包括有效工作时间（正常负荷下的工作时间和降低负荷下的工作时间）、不可避免的中断时间、不可避免的无负荷工作时间。机械时间定额以“台班”表示，即一台机械工作一个作业班时间。一个作业班时间为 8 小时。它反映了合理地、均衡地组织劳动和使用机械时该机械在单位时间内的生产效率。

$$单位产品机械时间定额(台班)=\frac{1}{台班产量} \tag{8-64}$$

由于机械必须由工人小组配合，所以完成单位合格产品的时间定额，同时列出人工时间定额，即：

$$单位产品人工时间定额(工日)=\frac{小组成员总人数}{台班产量} \tag{8-65}$$

2）机械产量定额

机械产量定额，是指在合理劳动组织与合理使用机械的条件下，机械在每个台班时间内，应完成合格产品的数量。

$$机械台班产量定额 = 1/机械时间定额(台班) \tag{8-66}$$

机械产量定额和机械时间定额互为倒数关系。

3）定额表示方法

机械台班使用定额的复式表示法的形式如下：人工时间定额/机械台班产量。

4）施工机械台班使用定额的编制

机械工作时间的消耗可分为必需消耗的时间和损失时间两大类。

a. 在必需消耗的工作时间里，包括有效工作、不可避免的无负荷工作和不可避免的中断三项时间消耗，而在有效工作的时间消耗中又包括正常负荷下、有根据地降低负荷下的工时消耗。

正常负荷下的工作时间，是指机械在与机械说明书规定的计算负荷相符的情况下进行工作的时间。

有根据地降低负荷下的工作时间，是指在个别情况下由于技术上的原因，机械在低于其计算负荷下工作的时间。例如，货车运输重量轻但体积大的货物时，不能充分利用汽车的载重吨位因而不得不降低其计算负荷。

不可避免的无负荷工作时间，是指由施工过程的特点和机械结构的特点造成的机械无负荷工作时间。例如筑路机在工作区末端调头等，都属于此项工作时间的消耗。

不可避免的中断工作时间，是与机械的使用和保养、工艺过程的特点、工人休息有关的中断时间。

与机械有关的不可避免中断工作时间，是由于工人进行准备与结束工作或辅助工作时，机械停止工作而引起的中断工作时间。它是与机械的使用与保养有关的不可避免中断时间。

与工艺过程的特点有关的不可避免中断工作时间，有循环的和定期的两种。循环的不可避免中断，是在机械工作的每一个循环中重复一次，如汽车装货和卸货时的停车。定期的不可避免中断，是经过一定时期重复一次。比如把灰浆泵由一个工作地点转移到另一工作地点时的工作中断。

工人休息时间前面已经作了说明。要注意的是应尽量利用与工艺过程有关的和与机械有关的不可避免中断时间进行休息，以充分利用工作时间。

b. 损失的工作时间，包括多余工作、停工、违背劳动纪律所消耗的工作时间和低负荷下的工作时间。

机械的多余工作时间，是机械进行任务内和工艺过程内未包括的工作而延续的时间。如由于工人没有及时供料而使机械空运转的时间。

机械的停工时间，按其性质也可分为施工本身造成和非施工本身造成的停工。前者是由于施工组织得不好而引起的停工现象，如由于未及时供给机械燃料而引起的停工。后者是由于气候条件所引起的停工现象，如暴雨时压路机的停工。上述停工中延续的时间，均为机械的停工时间。

违反劳动纪律引起的机械的时间损失，是指由于工人迟到早退或擅离岗位等原因引起的机械停工时间。

低负荷下的工作时间，是由于工人或技术人员的过错所造成的施工机械在降低负荷的情况下工作的时间。例如，工人装车的砂石数量不足引起的汽车在降低负荷的情况下工作所延续的时间。此项工作时间不能作为计算时间定额的基础。

5）机械台班使用定额的编制内容

① 拟定机械工作的正常施工条件，包括工作地点的合理组织、施工机械作业方法的拟定、配合机械作业的施工小组的组织以及机械工作班制度等。

② 确定机械净工作生产率，即机械纯工作一小时的正常生产率。

③ 确定机械的利用系数。机械的正常利用系数指机械在施工作业班内对作业时间的利用率。

$$机械利用系数 = 工作班净工作时间/(机械工作班时间) \tag{8-67}$$

④ 计算机械台班定额。施工机械台班产量定额的计算如下：

$$施工机械台班产量定额 = 机械净工作生产率 \times 工作班延续时间 \times 机械利用系数 \tag{8-68}$$

$$施工机械时间定额 = 1/(施工机械台班产量定额) \tag{8-69}$$

⑤ 拟定工人小组的定额时间。工人小组的定额时间指配合施工机械作业工人小组的工作时间总和。

$$工人小组的定额时间 = 施工机械时间定额 \times 工人小组的人数 \tag{8-70}$$

8.4.2 江苏省建设工程计价依据

随着我国市场经济体制改革的不断深入和完善，如何充分发挥市场机制作用，建立公平竞争市场，形成建设工程造价的运行机制，达到合理确定和有效控制工程建设投资的目的，已成为建设市场中亟待解决的重要课题。

为了适应市场经济的需要，逐步与国际惯例接轨，维护与建立公平、公开、竞争的建设市场经济秩序，保障工程建设各方的合法权益，提升企业的竞争优势，推动建设事业的发展，根据建设部、国家质检总局联合颁发的《建设工程工程量清单计价规范》GB 50500，江苏省建设厅自 2003 年陆续颁发了一系列配套的计价依据。主要有：

1. 江苏省建设工程费用定额

为规范建设工程计价行为，合理确定和有效控制工程造价，根据《建设工程工程量清单计价规范》GB 50500 和《建筑安装工程费用项目组成》（建标［2003］206 号）（注：现已更新为《建筑安装工程费用项目组成》建标〔2013〕44 号文）等有关规定，结合江苏省实际情况，江苏省建设厅组织编制了《江苏省建筑工程费用定额》，并决定自 2014 年 7 月 1 日起在全省范围内施行。

（1）费用定额作用

《江苏省建筑工程费用定额》是建设工程编制设计概算、施工图预（结）算、最高投标限价（招标控制价）、标底以及调解处理工程造价纠纷的依据；是确定投标报价、工程结算审核的指导；也可作为企业内部核算和制订企业定额的参考。

（2）费用定额适用范围

本定额适用于在江苏省行政区域范围内新建、扩建和改建的建筑与装饰、安装、市政、仿古建筑及园林绿化、房屋修缮、城市轨道交通工程，与《建设工程工程量清单计价规范》GB 50500 及江苏省现行的建筑与装饰、安装、市政、仿古建筑及园林绿化、房屋修缮、城市轨道交通工程计价表（定额）配套使用。

（3）费用定额的组成内容

费用定额包括分部分项工程费、措施费、其他项目费、规费和税金。

2. 江苏省建设工程计价表

为贯彻执行《建设工程工程量清单计价规范》，适应江苏省建设工程计价改革的需要，江苏省建设厅颁发了《江苏省建筑与装饰工程计价表》、《江苏省安装工程计价表》、《江苏省市政工程计价表》、《江苏省建设工程工程量清单计价项目指引》（以下统称《计价表》）、《江苏省仿古建筑与园林工程计价表》（以下简称《计价表》）。

（1）《计价表》的作用

1）指导招投标工程编制工程标底、投标报价和审核工程结算；

2）企业内部核算、制定企业定额的参考依据；

3）一般工程（依法非招标工程）编制和审核工程预、结算的依据；

4）编制建筑工程概算定额的依据；

5）建设行政主管部门调解工程造价纠纷、合理确定工程造价的依据。

（2）《计价表》编制依据

1）《计价表》是依据国家有关现行产品标准、设计规范、施工验收规范、质量评定标准、安全技术操作规程编制的，并适当参考了行业、地方标准以及有代表性的工程设计、施工资料和其他资料。

2）《计价表》是按照正常施工条件下，目前国内大多数施工企业采用的施工方法、施工工艺、机械化装备程度、合理的工期和劳动组织条件编制的，反映了社会平均消耗水平。

3）《计价表》中的材料价格主要采用了南京市当年度发布的建筑材料指导价格。

3. 《计价表》适用范围和主要内容

《江苏省安装工程计价表》是将《江苏省单位估价表》和《江苏省安装费用定额》进行修订后进行。

（1）适用范围

《江苏省安装工程计价表》适用于新建、扩建及技术改造项目的设备安装工程。

（2）主要内容

《江苏省安装工程计价表》共 11 册，包括：

第一册　机械设备安装工程

第二册　热力设备安装工程

第三册　静置设备与工艺金属结构制作安装工程

第四册　电气设备安装工程

第五册　建筑智能化安装工程

第六册　自动化控制仪表安装工程

第七册　通风空调工程

第八册　工业管道工程

第九册　消防工程

第十册　给排水、采暖、燃气工程

第十一册　刷油、防腐蚀、绝热工程

8.5　工程造价的工程量清单计价基本知识

8.5.1　工程量清单计价

工程量清单计价是一种主要由市场定价的计价模式。为适应我国工程投资体制改革和建设管理体制改革的需要，加速我国建筑工程计价模式与国际接轨的步伐，自2003年起开始在全国范围内逐步推行工程量清单计价方法。规定全部使用国有资金投资或国有资金投资为主（二者简称“国有资金投资”）的工程建设项目，必须采用工程量清单计价；对于非国有资金投资的工程建设项目，是否采用工程量清单计价由项目业主自主确定。

到目前为止，工程量清单计价规范已先后发布实施了三个版本，《建设工程工程量清单计价规范》GB 50500—2003自2003年7月1日起实施、《建设工程工程量清单计价规范》GB 50500—2008（修编版）自2008年12月1日起实施、《建设工程工程量清单计价规范》GB 50500—2013自2013年7月1日起实施，经过多年的实践，工程计价模式的改革取得丰硕的成果，基本上完成了工程造价从计划经济的预结算制，过渡到利用工程量确定公平竞争，由市场来形成价格的局面，以下简称《计价规范》。

工程量清单是工程量清单计价的基础，贯穿于建设工程的招投标阶段和施工阶段，是编制招投标控制价、投标报价、计算工程量、支付工程款、调整合同价款、办理竣工结算以及工程索赔等的依据。工程量清单的主要意义如下：

1. 为投标人提供了一个平等和共同的竞争基础

工程量清单是由招标人负责编制，将要求投标人完成的工程项目及其相应的工程实体数量全部列出，为投标人提供拟建工程的基本内容、实体数量和质量要求等的基础信息。这样，在建设工程招标投标中，投标人的竞争活动就有了一个共同基础，投标人机会均等，受到的待遇是公正和公平的。

2. 工程量清单是建设工程计价的依据

在招投标过程中，招标人根据工程量清单编制招标工程的招标控制价；投标人按照工程量清单所表述的内容，依据企业定额计算投标价格，自主填报工程量清单所列项目的单价与合价。

3. 有利于工程款的拨付和工程造价的最终结算

中标后，业主与中标单位签订施工合同，中标价就是确定合同价的基础，投标清单上的单价就成了拨付工程款的依据。业主根据施工企业完成的工程量，可以很容易地确定进度款的拨付。工程竣工后，根据设计变更、工程量增减等，业主也很容易确定工程的最终造价，可在某种程度上减少业主与施工单位之间的纠纷。

4. 工程量清单是调整工程价款、处理工程索赔的依据

在发生工程变更和工程索赔时，可以选用或者参照工程量清单中的分部分项工程或计价项目及合同单价来确定变更价款和索赔费用。

5. 有利于业主对投资的控制

采用现在的施工图预算形式，业主对因设计变更、工程量的增减所引起的工程造价变化不敏感，往往等到竣工结算时才知道这些变更对项目投资有多大的影响，但此时常常是为时已晚。而采用工程量清单报价的方式则可对投资变化一目了然，在欲进行设计变更时，能马上知道它对工程造价的影响，业主就能根据投资情况来决定是否变更或进行方案比较，已决定最恰当的处理方法。

8.5.2 《建设工程工程量清单计价规范》GB 50500—2013 简介

为及时总结我国实施工程量清单计价以来的实践经验和最新理论研究成果，顺应市场要求，结合建设工程行业特点，在新时期统一建设工程工程量清单的编制和计价行为，实现“政府宏观调控、部门动态监管、企业自主报价、市场形成价格”的宏伟目标，住房和城乡建设部及时对《建设工程工程量清单计价规范》GB 50500—2008 进行全方位修改、补充和完善。

2013 版《计价规范》的编制是对 2008 版《计价规范》的修改、补充和完善，它不仅较好地解决了原《规范》执行以来存在的主要问题，而且对清单编制和计价的指导思想进行了深化，在“政府宏观调控、部门动态监管、企业自主报价、市场决定价格”的基础上，新《计价规范》规定了合同价款约定、合同价款调整、合同价款中期支付、竣工结算支付以及合同解除的价款结算与支付、合同价款争议的解决方法，展现了加强市场监管的措施，强化了清单计价的执行力度。新《计价规范》的出台，标志着我国工程价款管理迈入全过程精细化管理的新时代，工程价款管理将向集约型管理、科学化管理、全过程管理、重在前期管理的方向转变和发展。

1. 一般概念

工程量清单应由具有编制能力的招标人或受其委托，具有相应资质的工程造价咨询人编制。需按照《计价规范》配套的专业工程计算规范附录中统一的项目编码、项目名称、计量单位和工程量计算规则进行编制。采用工程量清单方式招标时，工程量清单必须作为招标文件的组成部分，招标人应将工程量清单连同招标文件的其他内容一并发给投标人，并对其编制的工程量清单的准确性和完整性负责。投标人依据工程量清单进行投标报价，对工程量清单不负有核实的义务，更不具有修改和调整的权力。

工程量清单由分部分项工程量清单、措施项目清单、其他项目清单、规费项目清单、税金项目清单五部分组成。

2. 《计价规范》GB 50500—2013 的各章内容

《计价规范》GB 50500—2013 包括正文和专业计量规范两大部分。正文共十六章，包括总则、术语、一般规定、工程量清单编制、招标控制价、投标报价、合同价款约定、工程计量、合同价款调整、合同价款中期支付、竣工结算支付、合同解除的价款结算与支付、合同价款争议的解决、工程造价鉴定、工程计价资料与档案、工程计价表格等内容。

专业计量规范包括：《房屋建筑与装饰工程工程量计算规范》；《通用安装工程工程量计算规范》；《市政工程工程量计算规范》；《园林绿化工程工程量计算规范》；《仿古建筑工

程工程量计算规范》；《矿山工程工程量计算规范》；《构筑物工程工程量计算规范》；《城市轨道交通工程工程量计算规范》；《爆破工程工程量计算规范》。专业计量规范包括总则、术语、一般规定、分部分项工程、措施项目、条文说明等内容。

3. 《计价规范》GB 50500—2013 的特点及与 2008 版《计价规范》的不同点

从《计价规范》GB 50500—2013 的结构上看，这次修改的重点放在了正文部分，配套专业工程计算规范附录（计算规则，计量单位）除个别调整外，基本没有变动。相比原 2008 版《计价规范》，新版《计价规范》有以下特点及不同点：

（1）专业划分更加精细

新《计价规范》将原《计价规范》中的六个专业（建筑、装饰、安装、市政、园林、矿山），重新进行了精细化调整：

1）将建筑与装饰专业合并为一个专业；

2）将仿古从园林专业中分开，拆解为一个新专业；

3）新增了构筑物、城市轨道交通、爆破工程三个专业。

调整后分为以下九个专业：

① 房屋建筑与装饰工程；② 仿古建筑工程；

③ 通用安装工程；④ 市政工程；

⑤ 园林绿化工程；⑥ 矿山工程；

⑦ 构筑物工程；⑧ 城市轨道交通工程；

⑨ 爆破工程。

由此可见，新《计价规范》各个专业之间的划分更加清晰、更加具有针对性和可操作性。

（2）责任划分更加明确

新《计价规范》对原《计价规范》里责任不够明确的内容作了明确的责任划分和补充。

1）阐释了招标工程量清单和已标价工程量清单的定义（2.0.2、2.0.3）；

2）规定了计价风险合理分担的原则（3.4.1、3.4.2、3.4.3、3.4.4、3.4.5）；

3）规定了招标控制价出现误差时投诉与处理的方法（5.3.1～5.3.9）；

4）规定了当法律法规变化、工程变更、项目特征描述不符、工程量清单缺项、工程量偏差、物价变化等 15 种事项发生时，发承包双方应当按照合同约定调整合同价款（9.1.1）。

（3）可执行性更加强化

1）增强了与合同的契合度，需要造价管理与合同管理相统一；

2）明确了 52 条术语的概念，要求提高使用术语的精确度；

3）提高了合同各方面风险分担的强制性，要求发、承包双方明确各自的风险范围；

4）细化了措施项目清单编制和列项的规定，加大了工程造价管理复杂度；

5）改善了计量、计价的可操作性，有利于结算纠纷的处理。

（4）合同价款调整更加完善

凡出现以下情况之一者，发承包双方应当按照合同约定调整合同价款：

1）法律法规变化；

2）工程变更；

3）项目特征描述不符；

4）工程量清单缺项；

5）工程量偏差；

6）物价变化；

7）暂估价；

8）计日工；

9）现场签证；

10）不可抗力；

11）提前竣工（赶工补偿）；

12）误期赔偿；

13）索赔；

14）暂列金额；

15）发承包双方约定的其他调整事项。

（5）风险分担更加合理

强制了计价风险的分担原则，明确了应由发、承包人各自分别承担的风险范围和应由发、承包双方共同承担的风险范围以及完全不由承包人承担的风险范围。

（6）招标控制价编制、复核、投诉、处理的方法、程序更加法治和明晰。

（7）新《计价规范》章、节、条数量变化明显（表 8-6）

新、旧《计价规范》章、节、条数量对比　　表 8-6

2008 版《计价规范》				2013 版《计价规范》			
章	名称	节数	条数	章	名称	节数	条数
第 1 章	总则	1	8	第 1 章	总则	1	7
第 2 章	术语	1	23	第 2 章	术语	1	52
第 3 章	工程量清单编制	6	21	第 3 章	一般规定	4	19
第 4 章	工程量清单计价	9	72	第 4 章	工程量清单编制	6	19
第 5 章	工程量清单计价表格	2	13	第 5 章	招标控制价	3	21
				第 6 章	投标报价	2	13
				第 7 章	合同价款约定	2	5
				第 8 章	工程计量	3	15
				第 9 章	合同价款调整	15	58
				第 10 章	合同价款中期支付	3	24
				第 11 章	竣工结算支付	6	35
				第 12 章	合同解除的价款结算与支付	1	4
				第 13 章	合同价款争议的解决	5	19
				第 14 章	工程造价鉴定	3	19
				第 15 章	工程计价资料与档案	2	13
				第 16 章	工程计价表格	1	6
合计	5 章	19 节	137 条	合计	16 章	58 节	329 条

8.5.3 工程量清单的编制

工程量清单由招标单位编制，招标单位不具有编制资质的要委托有工程造价咨询资质的单位编制。

1. 招标控制价

国有资金投资的工程建设项目应实行工程量清单招标，并应编制招标控制价。招标控制价由分部分项工程费、措施项目费、其他项目费、规费和税金组成。招标控制价应在招标时公布，不应上调或下浮。

招标控制价编制应注意以下事项：

（1）招标控制价应根据下列依据编制：

1）《建设工程工程量清单计价规范》GB 50500—2013；

2）国家或省级、行业建设主管部门颁发的计价定额和计价办法；

3）建设工程设计文件及相关资料；

4）招标文件中的工程量清单及有关要求；

5）与建设项目相关的标准、规范、技术资料；

6）工程造价管理机构发布的工程造价信息；工程造价信息没有发布的参照市场价。

（2）分部分项工程费应根据招标文件中的分部分项工程量清单项目的特征描述及有关要求计算，分部分项工程量清单应采用综合单价计价，综合单价中应包括招标文件中有关投标人承担的风险费用。招标文件提供了暂估单价的材料，按暂估的单价计入综合单价。

（3）措施项目费计价区分三种情况：

1）措施项目清单中的安全文明施工费应按照国家或省级、行业建设主管部门的规定计价，不得作为竞争性费用；

2）措施项目清单计价应根据拟建工程的施工组织设计，可以计算工程量的措施项目，应按分部分项工程量清单的方式采用综合单价计价；

3）其余的措施项目可以“项”为单位的方式计价，应包括除规费、税金外的全部费用。

（4）其他项目费应按下列规定计价：

1）暂列金额应根据工程特点，按有关计价规定估算；

2）暂估价中的材料单价应根据工程造价信息或参照市场价格估算；暂估价中的专业工程金额应分不同专业，按有关计价规定估算；

3）计日工应根据工程特点和有关计价依据计算；

4）总承包服务费应根据招标文件列出的内容和要求估算。

（5）规费和税金应按国家或省级、行业建设主管部门的规定计算，不得作为竞争性费用。

2. 投标价

投标价由投标人自主确定，但不得低于成本。投标价应由投标人或受其委托具有相应资质的工程造价咨询人编制。投标人应按招标人提供的工程量清单填报价格。填写的项目编码、项目名称、项目特征、计量单位、工程量必须与招标人提供的一致。其目的是使各投标人在投标报价中具有共同的竞争平台。同时要求投标总价应当与分部分项工程费、措施项目费、其他项目费和规费、税金合计金额一致。

投标人编制投标价应注意以下事项：

（1）投标报价应根据下列依据编制：

1）《建设工程工程量清单计价规范》GB 50500—2013；

2）国家或省级、行业建设主管部门颁发的计价办法；

3）企业定额，国家或省级、行业建设主管部门颁发的计价定额；

4）招标文件、工程量清单及其补充通知、答疑纪要；

5）建设工程设计文件及相关资料；

6）施工现场情况、工程特点及拟定的投标施工组织设计或施工方案；

7）与建设项目相关的标准、规范等技术资料；

8）市场价格信息或工程造价管理机构发布的工程造价信息；

9）其他的相关资料。

（2）分部分项工程费应按招标文件中分部分项工程量清单项目的特征描述确定综合单价计算。综合单价中应考虑招标文件中要求投标人承担的风险费用。招标文件中提供了暂估单价的材料，按暂估的单价计入综合单价。

（3）投标人可根据工程实际情况结合施工组织设计，对招标人所列的措施项目进行增补。措施项目费区分三种情况计价：

1）措施项目清单中的安全文明施工费应按照国家或省级、行业建设主管部门的规定计价，不得作为竞争性费用；

2）措施项目清单计价应根据拟建工程的施工组织设计，可以计算工程量的措施项目，应按分部分项工程量清单的方式采用综合单价计价；

3）其余的措施项目可以"项"为单位的方式计价，应包括除规费、税金外的全部费用。

（4）其他项目费应按下列规定报价：

1）暂列金额应按招标人在其他项目清单中列出的金额填写；

2）材料暂估价应按招标人在其他项目清单中列出的单价计入综合单价；专业工程暂估价应按招标人在其他项目清单中列出的金额填写；

3）计日工按招标人在其他项目清单中列出的项目和数量，自主确定综合单价并计算计日工费用；

4）总承包服务费根据招标文件中列出的内容和提出的要求自主确定。

（5）规费和税金应按国家或省级、行业建设主管部门的规定计算，不得作为竞争性费用。

8.5.4 工程量清单计价与施工图预算计价的区别

1. 定价主体不同

工程量清单计价是企业自主定价。工程价格反映的是企业个别成本价格，施工企业完全可以依据自身生产经营成本，结合市场供求竞争状况的计算核定工程价格。

传统的施工图预算计价是在计划经济基础上的政府定价方式，工程价格反映的是工程定额编制期的社会平均成本价格，其中利润是政府规定的计划利润，没有充分体现企业自身竞争能力和自主定价，也不能及时反映市场动态变化。工程量清单计价有利于真正反映和促进企业的有序竞争，有利于促进工程新技术、新工艺、新材料的应用。

2. 表现形式不同

工程量清单计价采用综合单价。综合单价是一个全费用单价，包含工程直接费用、工程与企业管理费、利润、约定范围的风险等因素，企业完全可以自主定价，也可以参考各类工程定额调整组价。能够直观和全面反映企业完成分部、分项及单位工程的实际价格；且便于承发包双方测算核定与变更工程合同价格，计量支付与结算工程款，尤其适合于固定单价合同。

传统的施工图预算计价一般采用国家颁布的工程定额组成工料单价，管理费和利润另计，也没有考虑风险因素，既不能直观和全面反映企业完成分部、分项和单位工程的实际价格，工程合同价格计算核定、调整又比较复杂，难以界定合理性，容易引起各方理解争议。

3. 费用组成不同

采用工程量清单计价，工程造价包括分部分项工程费、措施项目费、其他项目费、规费和税金，包括完成每项工程包含的全部工程内容的费用，包括完成每项工程内容所需的费用（规费、税金除外），包括工程量清单中没有体现的，施工中又必须发生的工程内容所需费用，包括风险因素而增加的费用。

传统的施工图预算计价，工程造价由直接工程费、现场经费、间接费、利润和税金组成。

4. 清单计价更能体现竞争实力

采用工程量清单招标，遵循量价分离原则。招标人对工程内容及其计算的工程量负责，承担工程量的风险；投标人根据自身实力和市场竞争状况，自行确定要素价格、企业管理费和利润，承担工程价格约定范围的风险。采用工程量清单方式招标，招标人事先统一约定了工程量，工程量清单的准确性和完整性都由招标人负责，从而统一了投标报价的基础，投标人可以避免因工程数量计算误差造成的不必要风险，从而真正凭自身实力报价竞争。

采用传统的施工图预算招标由投标人自行计算工程量，投标总价的高低偏差既可能是分项工程单价差异，也可能包括了工程量的计算偏差，不能真正体现投标人的竞争实力。

5. 反映结果不同

传统的施工图预算招标的技术标和商务标是分别依据企业、政府的不同标准分离编制的，相互不能支持与匹配，不能全面正确反映和评价投标人的技术和经济的综合能力。

工程量清单招标的工程实体项目和措施项目单价组成完全能够与技术标紧密结合，相互支持、配合，既能从技术和商务两方面反映和衡量投标方案的可行性、可靠性和合理性，又能反映投标人的综合竞争能力。

第9章　建设工程项目管理的基础

9.1　建设工程项目管理的内容

9.1.1　建设工程项目管理的概念

1. 建设工程项目管理

运用系统的理论和方法，对建设工程项目进行的计划、组织、指挥、协调和控制等专业化活动，简称为项目管理。项目管理的内涵是：自项目开始至项目完成，通过项目策划和项目控制，以使项目的费用目标、进度目标和质量目标得以实现。

“自项目开始至项目完成”指的是项目的实施期；“项目策划”指的是目标控制前的一系列筹划和准备工作；“费用目标”对业主而言是投资目标，对施工方而言是成本目标。项目决策期管理工作的主要任务是确定项目的定义，而项目实施期管理的主要任务是通过管理使项目的目标得以实现。

2. 建设工程项目管理的内容、目标和任务

根据《建设工程项目管理规范》GB/T 50326的规定，建设工程项目管理主要包括在项目管理规划的指导下，建立项目管理组织和项目经理责任制，从而进行项目合同管理、项目采购管理、项目进度管理、项目质量管理、项目职业健康安全管理、项目环境管理、项目成本管理、项目资源管理、项目信息管理、项目风险管理、项目沟通管理和项目收尾管理。

工程项目管理的三大基本目标是投资（成本）目标、质量目标、进度目标。它们的关系是对立统一的关系：要提高质量，就必须增加投资，而赶工是不可能获得好的工程质量；而且，要加快施工速度，也必须增加投入。工程项目管理的目的就是在保证质量的前提下，加快施工速度，降低工程造价。

工程项目管理的主要任务是：安全管理、投资（成本）控制、进度控制、质量控制、合同管理、信息管理、组织和协调。其中安全管理是项目管理中最重要的任务，而投资（成本）控制、进度控制、质量控制和合同管理则主要涉及物质的利益。

9.1.2　建设工程项目管理的参与方

1. 建设工程项目的主要利害关系图

建设工程项目的利害关系图（见图9-1）是指那些积极参与该项目或其利益受到该项目影响的个人和组织。建设工程项目管理班子必须弄清楚谁是本工程项目的利害关系者，明确他们的要求和期望是什么，然后对这些要求和期望进行管理和施加影响，确保工程项目获得成功。

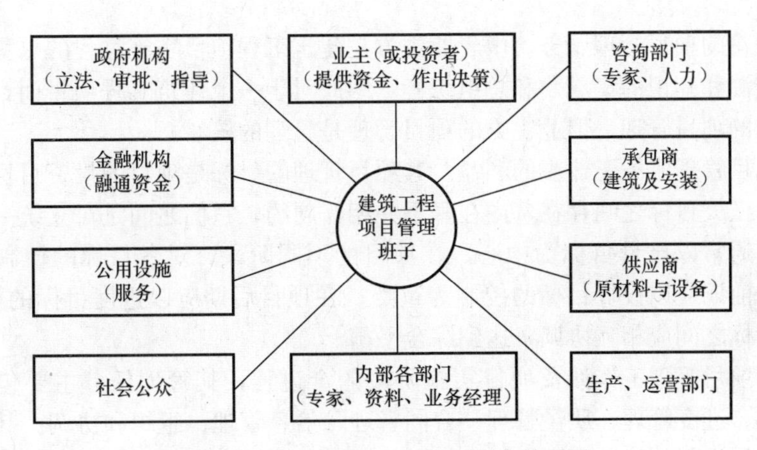

图 9-1　建设工程项目的主要利害关系图

2. 建筑工程项目管理的主体

在如图 9-1 所示的众多利害关系者中，把建筑工程项目管理的参与者称为建筑工程项目管理的主体，主要包括：

（1）业主（建设单位）；

（2）承包商（施工方、建设项目总承包方）；

（3）设计单位；

（4）监理咨询机构；

（5）供货方。

与建筑工程项目相关的其他主体还包括：政府的计划管理部门、建设管理部门、环境管理部门、审计部门等，它们分别对工程项目立项、工程建设质量、工程建设对环境的影响和工程建设资金的使用等方面进行管理。此外，还有工程招标代理公司、工程设备租赁公司、保险公司、银行等，它们均与建筑工程项目业主方签订合同，提供服务或产品等。

3. 建筑工程项目管理的类型及各方项目管理的目标和任务

（1）建筑工程项目管理的类型

建筑工程项目在实施过程中，各阶段的任务和实施的主体不同，其在项目中处于不同的地位，扮演着不同的角色，发挥着不同的作用。从项目管理的角度来看，不同管理主体的具体管理职责、范围、采用的管理技术都会有所区别，由此就形成了建筑工程项目管理的不同类型。同时，建筑工程项目承包形式不同，建筑工程项目管理的类型也不同。常见的建筑工程项目管理的类型可归纳为以下几种：

① 业主方的项目管理；

② 设计方的项目管理；

③ 施工方的项目管理；

④ 供货方的项目管理；

⑤ 建设项目总承包方的项目管理。

（2）各方项目管理的目标和任务

① 业主方项目管理的目标和任务。

业主方的项目管理包括投资方和开发方的项目管理，以及由工程管理咨询公司提供的代表业主方利益的项目管理服务。由于业主方是建筑工程项目实施过程的总集成者（人力资源、物质资源和知识的集成）和总组织者，因此对于一个建筑工程项目而言，虽然有代表不同利益方的项目管理，但业主方的项目管理是管理的核心。

业主方项目管理服务于业主的利益，其项目管理的目标是项目的投资目标、进度目标和质量目标。三大目标之间存在着内在联系并相互制约，它们之间是对立统一的关系。在实际工作中，通常以质量目标为中心。在项目的不同阶段，对各目标的控制也会有所侧重，如在项目前期应以投资目标的控制为重点；在项目后期应以进度目标的控制为重点。总之，三大目标之间应相互协调，达到综合平衡。

业主方的项目管理工作涉及项目实施阶段的全过程，其管理任务主要包括：安全管理、投资管理、进度管理、质量管理、合同管理、信息管理、组织和协调。其中安全管理是项目管理中最重要的任务，因为安全管理关系到人身的健康与安全，而投资管理、进度管理、质量管理和合同管理等则主要涉及物质利益。

② 设计方项目管理的目标和任务。

设计方项目管理主要服务于项目的整体利益和设计方本身的利益。其项目管理的目标包括设计的成本目标、设计的进度目标、设计的质量目标及项目的投资目标。项目的投资目标能否实现与设计工作密切相关。

设计方项目管理工作主要在项目设计阶段进行，但也涉及设计前的准备阶段、施工阶段、动用前的准备阶段和保修期。

设计方项目管理的任务主要包括：与设计工作有关的安全管理，设计成本管理和与设计工作有关的工程造价管理，设计进度管理，设计质量管理，设计合同管理，设计信息管理，与设计工作有关的组织和协调。

③ 施工方项目管理的目标和任务

施工方的项目管理主要服务于项目的整体利益和施工方本身的利益。其项目管理的目标包括施工的安全目标、施工的成本目标、施工的进度目标和施工的质量目标。

施工方的项目管理工作主要在施工阶段进行，但也涉及设计准备阶段、设计阶段、动用前的准备阶段和保修期。

施工方项目管理任务主要包括：施工安全管理，施工成本管理，施工进度管理，施工质量管理，施工合同管理，施工信息管理，以及与施工有关的组织与协调。

施工方是承担施工任务的单位的总称谓，它可能是施工总承包方、施工总承包管理方、分包施工方、建设项目总承包的施工任务执行方或仅仅提供施工劳务的参与方。施工方担任的角色不同，其项目管理的任务和工作重点也会有所差异。施工总承包方对所承包的建设工程承担施工任务的执行和组织的总责任；施工总承包管理方对所承包的建设工程承担施工任务组织的总责任；分包施工方承担合同所规定的分包施工任务，以及相应的项目管理任务。若采用施工总承包或施工总承包管理模式，分包方必须接受施工总承包方或施工总承包管理方的工作指令，服从其总体的项目管理安排。

④ 供货方项目管理的目标和任务。

供货方项目管理主要服务于项目的整体利益和供货方本身的利益。其项目管理的目标包括供货的成本目标、供货的进度目标和供货的质量目标。

供货方的项目管理工作主要在施工阶段进行，但也涉及设计准备阶段、设计阶段、动用前的准备阶段和保修期。

供货方项目管理的任务主要包括：供货安全管理，供货成本管理，供货进度管理，供货质量管理，供货合同管理，供货信息管理，以及与供货有关的组织与协调。

⑤ 建设项目总承包方（建设项目工程总承包方）项目管理的目标和任务。

建设项目总承包有多种形式，如设计和施工任务综合的承包，设计、采购和施工任务综合的承包等，这些项目管理都属于建设项目总承包方的项目管理。

建设项目总承包方项目管理主要服务于项目的整体利益和总承包方本身的利益。其项目管理的目标包括项目的总投资目标和总承包方的成本目标、项目的进度目标和项目的质量目标。

建设项目总承包方项目管理工作涉及项目实施阶段的全过程，即设计前的准备阶段、设计阶段、施工阶段、动用前的准备阶段和保修期。

建设项目总承包方项目管理的任务包括：安全管理，投资控制和总承包方的成本管理，进度管理，质量管理，合同管理，信息管理，以及与建设项目总承包方有关的组织和协调。

（3）建设工程项目管理和施工项目管理的区别

建设工程项目管理与施工项目管理在任务、内容、范围及管理主体等方面均不相同，两者的区别见表 9-1。

建设工程项目管理和施工项目管理的区别 **表 9-1**

区别特征	施工项目管理	建筑工程项目管理
管理任务	生产建筑产品，取得利润	取得符合要求的、能发挥应有效益的固定资产
管理内容	涉及从投标开始到交工为止的全部生产组织与管理及维修	涉及项目的全寿命周期（决策期、实施期、使用期）的建设管理
管理范围	出承包合同规定的承包范围，即建设项目中单项工程或单位工程的施工	出可行性研究报告确定的所有工程内容，是一个建设项目
管理的主体	施工企业	建设单位或其委托的咨询（监理）单位

9.2 建设工程项目管理组织

项目管理组织泛指参与工程项目建设各方的项目管理组织机构，包括建设单位、设计单位、施工单位的项目管理组织机构，也包括工程总承包单位、代建单位、项目管理单位等参建方的项目管理组织机构。

9.2.1 建设工程项目管理组织机构的作用

项目经理在启动项目管理之前，首先要做好组织准备，建立一个能完成管理任务，使项目经理指挥灵便、运转自如、效率高的项目组织机构——项目经理部，其目的就是为了提供进行项目管理的组织保证。

1. 形成一定的权力系统，以便进行统一指挥

组织机构的建立首先是以形式产生权力，权力是工作的需要，是管理地位形成的前提，是组织活动的反映。没有组织机构，便没有权力，也没有权力的运用。

2. 形成责任制和信息沟通体系责任制是施工项目组织中的核心问题

没有责任也就不称其为项目管理的机构，也就不存在项目管理。一个项目组织能否有效地运转，取决于是否有健全的岗位责任制。项目组织的每个成员都应肩负一定责任，责任是项目组织对每个成员规定的一部分管理活动和生产活动的具体内容。

信息沟通是指下级（下层）以报告的形式或其他形式向上级（上层）传递信息，同级不同部门之间为了相互协作而横向传递信息。越是高层领导，越要深入下层获得信息。原因就是领导离不开信息，有了充分的信息，才能进行有效决策。

综上所述，可以看出组织机构非常重要，在项目管理中是一个焦点。一个项目经理建立了理想有效的组织系统，他的项目管理就成功了一半。

9.2.2 施工管理机构的组织结构

1. 基本的组织结构模式

组织结构模式可用组织结构图来描述，组织结构图（图 9-2）也是一个重要的组织工具，反映一个组织系统中各组成部门（组成元素）之间的组织关系（指令关系）。在组织结构图中，矩形框表示工作部门，上级工作部门对其直接下属工作部门的指令关系用单向箭线表示。

组织论的三个重要的组织工具一项目结构图、组织结构图和合同结构图（图 9-3）的区别如表 9-2 所示。

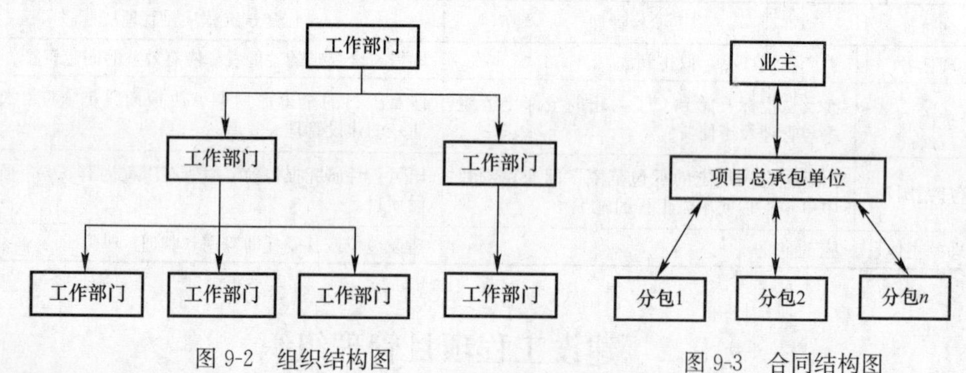

图 9-2 组织结构图　　图 9-3 合同结构图

常用的组织结构模式包括职能组织结构、线性组织结构和矩阵组织结构等。这几种常用的组织结构模式既可以在企业管理中运用，也可在建设项目管理中运用。

项目结构图、组织结构图和合同结构图的区别　　表 9-2

	表达的含义	图中矩形框的含义	矩形框连接的表达
项目结构图	对一个项目的结构进行逐层分解，以反映组成该项目的所有工作任务（该项目的组成部分）	一个项目的组成部分	直线
组织结构图	反映一个组织系统中各组成部门（组成元素）之间的组织关系（指令关系）	一个组织系统中的组织部分（工作部门）	单向箭线
合同结构图	反映一个建设项目参与单位之间的合同关系	一个建设项目的参与单位	双向箭线

组织结构模式反映了一个组织系统中各子系统之间或各元素（各工作部门）之间的指令关系。组织分工反映了一个组织系统中各子系统或各元素的工作任务分工和管理职能分工。组织结构模式和组织分工都是一种相对静态的组织关系。而工作流程组织则反映一个组织系统中各项工作之间的逻辑关系，是一种动态关系。在一个建设工程项目实施过程中，其管理工作的流程、信息处理的流程，以及设计工作、物资采购和施工的流程的组织都属于工作流程组织的范畴。

（1）职能组织结构的特点及其应用

在人类历史发展过程中，当手工业作坊发展到一定的规模时，一个企业内需要设置对人、财、物和产、供、销管理的职能部门，这样就产生了初级的职能组织结构。因此，职能组织结构是一种传统的组织结构模式（图 9-4）。在职能组织结构中，每一个职能部门可根据它的管理职能对其直接和非直接的下属工作部门下达工作指令。因此，每一个工作部门可能得到其直接和非直接的上级工作部门下达的工作指令，它就会有多个矛盾的指令源。一个工作部门的多个矛盾的指令源会影响企业管理机制的运行。

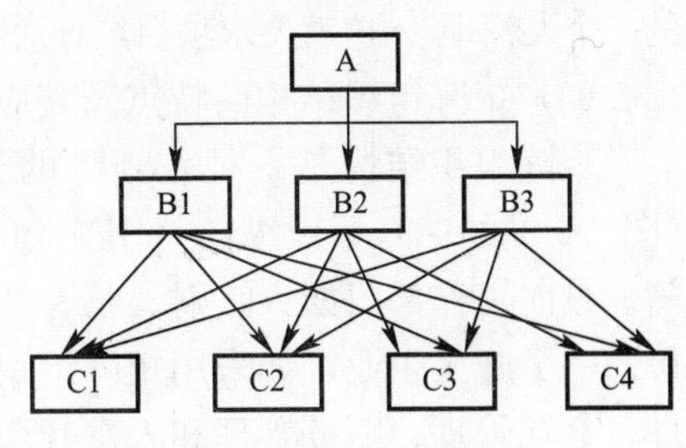

图 9-4　职能组织结构

在一般的工业企业中，设有人、财、物和产、供、销管理的职能部门，另有生产车间和后勤保障机构等。虽然生产车间和后勤保障机构并不一定是职能部门的直接下属部门，但是，职能管理部门可以在其管理的职能范围内对生产车间和后勤保障机构下达工作指令，这是典型的职能组织结构。在高等院校中，设有人事、财务、教学、科研和基本建设等管理的职能部门（处室），另有学院、系和研究中心等教学和科研的机构，其组织结构模式也是职能组织结构，人事处和教务处等都可对学院和系下达其分管范围内的工作指令。我国多数的企业、学校、事业单位目前还沿用这种传统的组织结构模式。许多建设项目也还用这种传统的组织结构模式。

这种组织形式的主要优点是加强了施工项目目标控制的职能化分工，能够发挥职能机构的专业管理作用，提高管理效率，减轻项目经理负担。但由于下级人员受多头领导，在工作中常出现交叉和矛盾的工作指令关系，将使下级在工作中无所适从，因此严重影响了项目管理机制的运行和项目目标的实现。此种组织形式一般用于大、中型施工项目。

（2）线性组织结构的特点及其应用

在军事组织系统中，组织纪律非常严谨，军、师、旅、团、营、连、排和班的组织关系是指令按逐级下达，一级指挥一级和一级对一级负责。线性组织结构就是来自于这种十分严谨的军事组织系统。在线性组织结构中，每一个工作部门只能对其直接的下属部门下达工作指令，每一个工作部门也只有一个直接的上级部门，因此，每一个工作部门只有唯一个指令源，避免了由于矛盾的指令而影响组织系统的运行（图 9-5）。

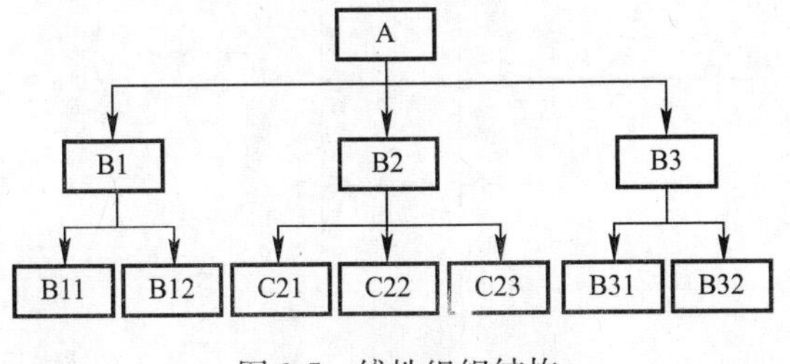

图 9-5　线性组织结构

在国际上，线性组织结构模式是建设项

目管理组织系统的一种常用模式，因为一个建设项目的参与单位很多，少则数十，多则数百，大型项目的参与单位将数以千计，在项目实施过程中矛盾的指令会给工程项目目标的实现造成很大的影响，而线性组织结构模式可确保工作指令的唯一性。但在一个特大的组织系统中，由于线性组织结构模式的指令路径过长，有可能会造成组织系统在一定程度上运行的困难。

由此可见，线性组织机构形式的主要优点是组织机构简单，权力集中，命令统一，职责分明，决策迅速，隶属关系明确，每一个工作部门的指令源是唯一的。缺点是实现没有职能部门的“个人管理”，这就要求项目经理通晓各种业务，通晓多种知识技能，成为“全能”式人物。

（3）矩阵组织结构的特点及其应用

矩阵组织结构是一种较新型的组织结构模式。在矩阵组织结构最高指挥者（部门）（图 9-6 中的 A）下设纵向（图 9-6 的 Xi）和横向（图 9-6 的 Yi）两种不同类型的工作部门。纵向工作部门如人、财、物、产、供、销的职能管理部门。横向工作部门如生产车间等。一个施工企业，如采用矩阵组织结构模式，则纵向工作部门可以是计划管理、技术管理、合同管理、财务管理和人事管理部门等，而横向工作部门可以是项目部（图 9-7）。

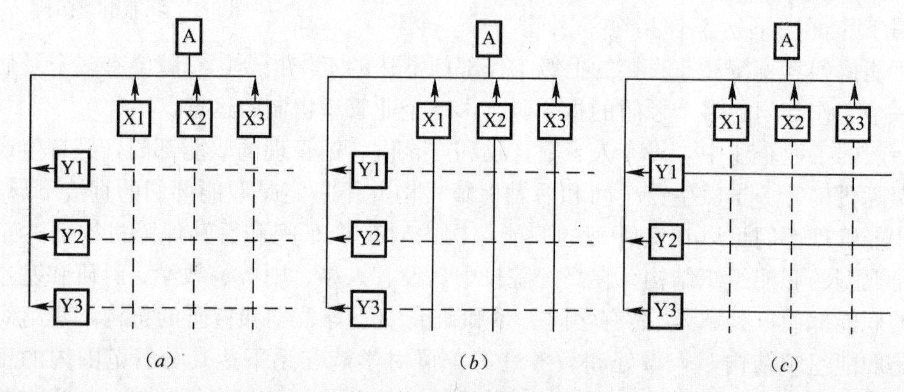

图 9-6 矩阵组织结构

(a) 矩阵组织结构；(b) 以纵向工作部门指令为先的矩阵组织结构；(c) 以横向工作部门指令为主的矩阵组织结构

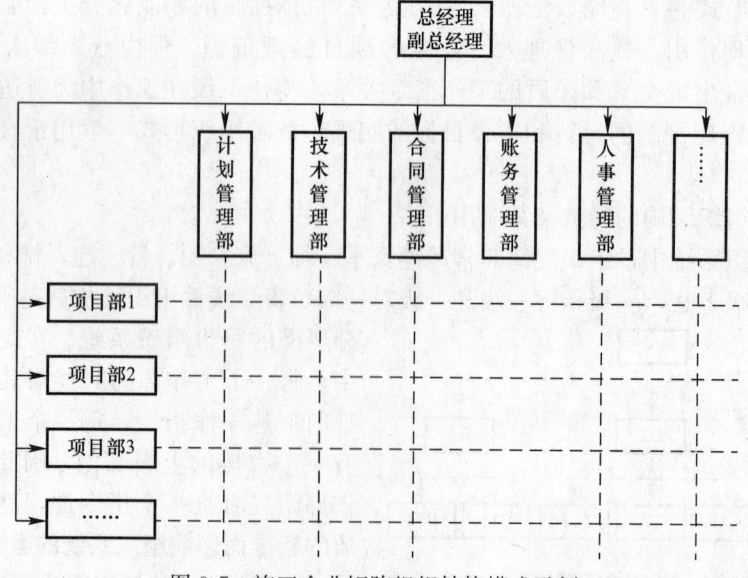

图 9-7 施工企业矩阵组织结构模式示例

一个大型建设项目如采用矩阵组织结构模式，则纵向工作部门可以是投资控制、进度控制、质量控制、合同管理、信息管理、人事管理、财务管理和物资管理等部门，而横向工作部门可以是各子项目的项目管理部（图 9-8）。

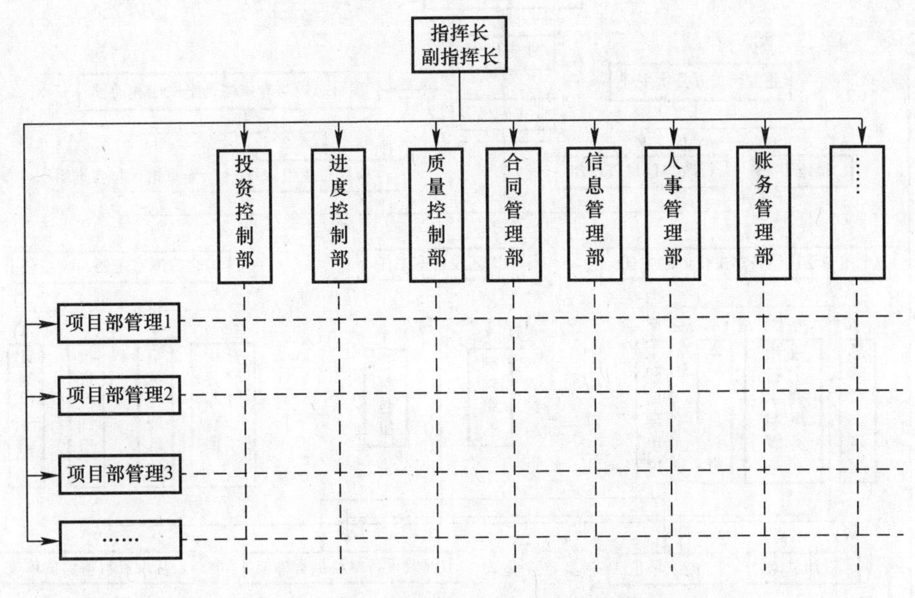

图 9-8　一个大型建设项目采用矩阵组织结构模式的示例

矩阵组织结构适用范围：①适用于同时承担多个需要进行项目管理工程的企业。在这种情况下，各项目对专业技术人才和管理人员都有需求，加在一起数量较大，采用矩阵式组织可以充分利用有限的人才对多个项目进行管理，特别有利于发挥优秀人才的作用。②适用于大型、复杂的施工项目。因大型复杂的施工项目要求多部门、多技术、多工种配合实施，在不同阶段，对不同人员，在数量和搭配上有不同的需求。在上海地铁和广州地铁一号线建设时都采用了矩阵组织结构模式。

在矩阵组织结构中，每一项纵向和横向交汇的工作（如图 9-8 中的项目管理部 1 涉及的投资问题），指令来自于纵向和横向两个工作部门，因此其指令源为两个。当纵向和横向工作部门的指令发生矛盾时，由该组织系统的最高指挥者（部门），即图 9-6（*a*）的 A 进行协调或决策。

在矩阵组织结构中为避免纵向和横向工作部门指令矛盾对工作的影响，可以采用以纵向工作部门指令为主（图 9-6*b*）或以横向工作部门指令为主（图 9-6*c*）的矩阵组织结构模式，这样也可减轻该组织系统的最高指挥者（部门），即图 9-6（*b*）和图 9-6（*c*）中 A 的协调工作量。

2. 项目管理的组织结构图

对一个项目的组织结构进行分解，并用图的方式表示，就形成项目组织结构图（DOBS 图，Diagram of Organizational Breakdown Structure），或称项目管理组织结构图。项目组织结构图反映一个组织系统（如项目管理班子）中各子系统之间和各元素（如各工作部门）之间的组织关系，反映的是各工作单位、各工作部门和各工作人员之间的组织关系。而项目结构图描述的是工作对象之间的关系。对一个稍大一些的项目的组织结构应该进行编码，它不同于项目结构编码，但两者之间也会有一定的联系。图 9-9 是项目组织结构图的示例，它属于职能组织结构。

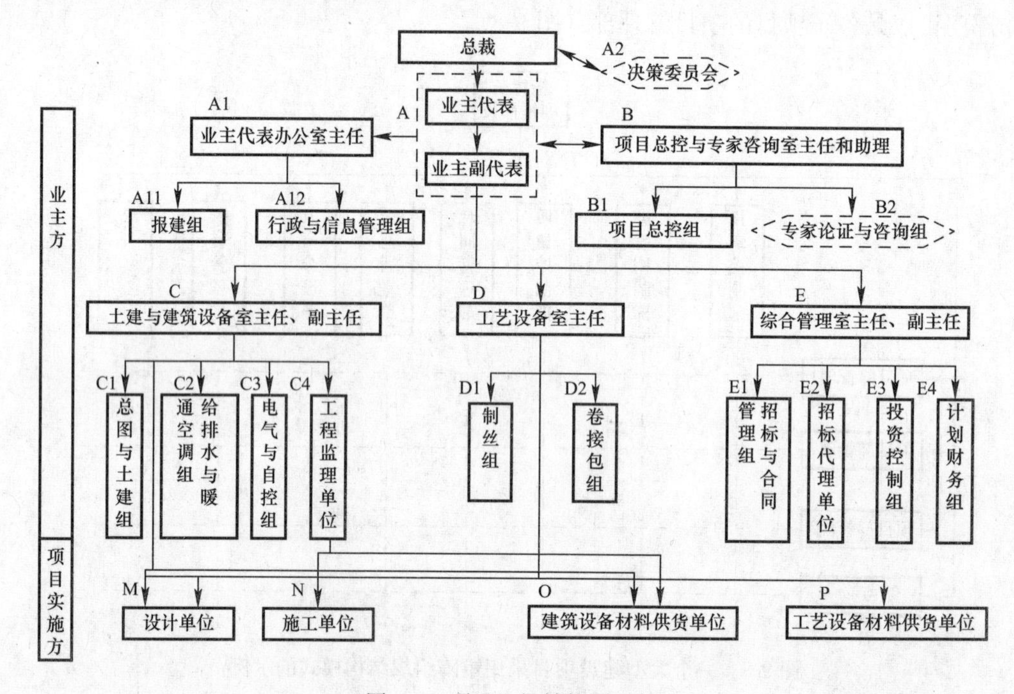

图 9-9　项目组织结构图示例

一个建设工程项目的实施除了业主方外，还有许多单位参加，如设计单位、施工单位、供货单位和工程管理咨询单位以及有关的政府行政管理部门等，项目组织结构图应注意表达业主方以及项目的参与单位有关的各工作部门之间的组织关系。

业主方、设计方、施工方、供货方和工程管理咨询方的项目管理的组织结构都可用各自的项目组织结构图予以描述。项目组织结构图应反映项目经理和费用（投资或成本）控制、进度控制、质量控制、合同管理、信息管理及组织与协调等主管工作部门或主管人员之间的组织关系。

图 9-10 是一个线性组织结构的项目组织结构图示例，在线性组织结构中每一个工作部门只有唯一的上级工作部门，其指令来源是唯一的。在图 9-10 中表示了总经理不允许

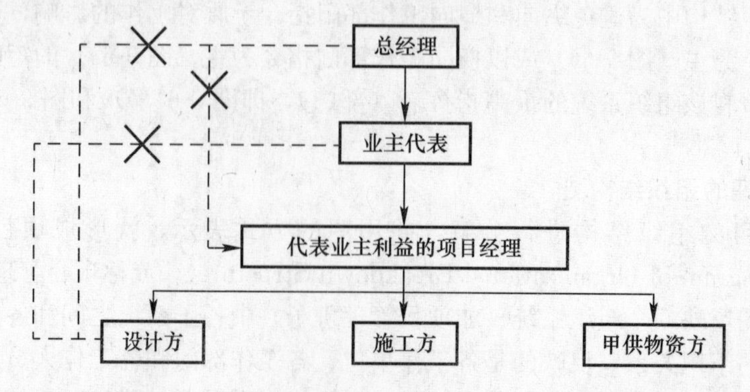

图 9-10　在线性组织结构中不允许出现多重指令

对项目经理、设计方直接下达指令，总经理必须通过业主代表下达指令；而业主代表也不允许对设计方等直接下达指令，他必须通过项目经理下达指令，否则就会出现矛盾的指令。项目的实施方（设计方、施工方和甲供物资方）的唯一指令来源是业主方的项目经理，这有利于项目的顺利进行。

9.2.3 建设工程项目常见的实施模式

工程建设项目投资大，建设周期长，参与项目的单位众多，社会性强，因此，工程项目实施模式具有复杂性。工程项目的实施组织方式是通过研究工程项目的承发包模式，确定工程的合同结构，合同结构的确立也就决定了工程项目的管理组织，决定了参与工程项目各方的项目管理的工作内容和任务。

建筑市场的市场体系主要由3方面构成：即以发包人为主体的发包体系；以设计、施工、供货方为主体的承建体系；以及以工程咨询、评估、监理方为主体的咨询体系。市场主体三方的不同关系就会形成不同的工程项目组织系统，构成不同的项目实施组织形式，对工程管理的方式和内容产生不同的影响。

1. 平行承发包模式

发包人将工程项目分解后，分别委托多个承建单位分别进行建造的方式。采用平行承发包形式，对发包人而言，将直接面对多个施工单位，多个材料设备供应单位和多个设计单位，而这些单位之间的关系是平行的，各自对发包人负责。

（1）平行承发包形式的合同结构

平行承发包形式是发包人将工程项目分解后，分别进行发包，分别与各承建单位签订工程合同。因为工程是采取切块平行发包，如将工程设计切为几项，则发包人将要签订几个设计合同；若将施工切成几块，同样，发包人将要签订几个施工合同，工程任务切块越多，发包人的合同数量也就越多。

（2）平行承发包形式对发包方项目管理的影响

① 采用平行承发包形式，合同乙方的数量多，发包人对合同各方的协调和组织工作量大，管理比较困难。发包人需管理协调设计与设计、施工与施工、设计与施工等各方相互之间出现的矛盾和问题，因此，发包人需建立一个强有力的项目管理班子，对工程实施管理，协调各方关系。

② 对投资控制有利的一面因发包人是直接与各专业承建方签约，层层分包的情况少，发包人一般可以得到较有利的竞争报价，合同价相对较低。不利的一面是整个工程的总的合同价款必须在所有合同签订以后才能得知，总合同价不宜在短期内确定，在某种程度上会影响投资控制的实施，总投资事先控制不住。

③ 有利于工程的质量控制。由于工程分别发包给各承建单位，合同间的相互制约使各发包工程内容的质量要求可得到保证，各承包单位能够形成相互检查与监督的他人控制的约束力。

④ 合同管理的工作量大。工程招标的组织管理工作量大，且平行切块的发包数越多，发包人的合同数也越多，管理工作量越大。

采用平行承发包形式的关键是要合理确定每一发包合同标的物的界面，合同交接面不清，发包人合同管理的工作量、对各承建单位的协调组织工作量将大大增加，管理难度也

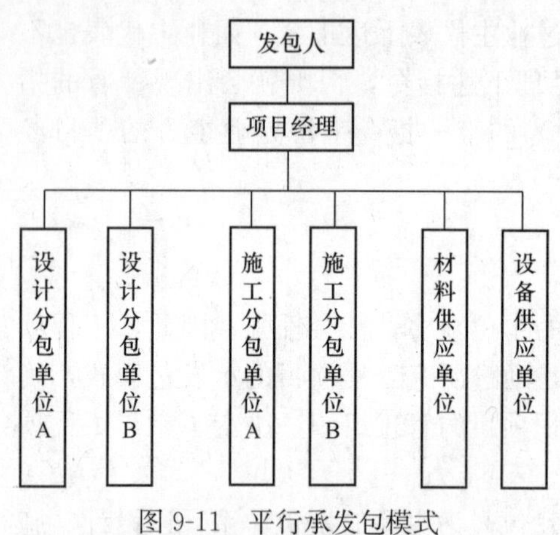

图 9-11　平行承发包模式

会增加。如图 9-11 为承发包管理模式的组织形式，其中，发包人法人任命项目经理或委托工程咨询单位担任项目经理，组建项目管理班子。项目经理接受发包人的工作指令，对工程项目实施的规划和控制负责，并代表发包人的利益对项目各承建单位进行管理。

2. 施工总承包模式

施工总承包的承发包模式是发包人将工程的施工任务委托一家施工单位进行承建的方式。采用施工总承包模式，发包人直接面对施工总承包单位。

（1）施工总承包形式的合同结构

采用施工总承包形式，发包人仅与施工单位签订施工总承包合同。总承包单位与发包人签订总承包合同后，可以将其总承包任务的一部分再分包给其他承包单位，形成工程总承包与分包的关系。总承包单位与分包单位分别签订工程分包合同，分包单位对总承包单位负责，发包人与分包单位没有直接的承发包关系。

（2）施工总承包形式对发包人项目管理的影响

① 发包人对承建单位的协调管理工作量较小，从合同关系上看发包人只需处理设计总承包和施工总承包之间出现的矛盾和问题，总承包单位是向发包人负责，分包单位的责任将被发包人看做是总承包单位的责任。由此，施工总承包的形式有利于项目的组织管理，可以充分发挥总承包单位的专业协调能力，减少发包人的协调工作量，使其能专注于项目的总体控制与管理。

② 施工总承包的合同价格可以较早地确定，宜于对投资进行控制。但由于总承包单位需对分承包单位实施管理，并需承担包括分包单位在内的工程总承包风险，因此，总承包合同价款相对平行承发包要高，发包人工程款的支出要大一些。

③ 采用施工总承包的形式，一般需在工程设计全部完成后进行工程的施工招标，设计与施工不能搭接进行，但另一方面，总承包单位需对工程总进度负责，需协调各分包工程的进度，因而有利于总体进度的协调控制。

3. 设计、施工总承包模式

工程总承包企业按照合同约定，承担工程项目设计与施工，并对工程的质量、安全、工期、造价全面负责。这一承建单位就称项目总承包单位。由其进行从工程设计、材料设备订购、工程施工、设备安装调试，至试车生产、交付使用等一系列实质性工作。

（1）项目设计、施工总承包形式的合同结构采用项目总承包形式

发包人与项目总承包单位签订总承包合同，只与其发生合同关系。项目总承包单位拥有设计和施工力量，具备较强的综合管理能力，项目总承包单位也可以是由设计单位和施工单位组成的项目总承包联合体，两家单位就某一项目与发包人签订总承包合同，在这个项目上共同对发包人负责。对于总承包的工程，项目总承包单位可以将部分的工程任务分包给分包单位完成，总承包单位负责对分包单位的协调和管理，发包人与分包单位不存在直接的承发包关系。

（2）项目设计、施工总承包形式对发包人项目管理的影响

① 项目总承包形式对发包人而言，只需签订一份总承包合同，合同结构简单。由于发包人只有一个主合同，相应的协调组织工作量较小，项目总承包单位内部以及设计、施工、供货单位等方面的关系由总承包单位协调和管理，相当于发包人将对项目总体的协调工作转移给了项目总承包单位。

② 对形成总投资的控制有利。总承包合同一经签订，项目总造价也就确定。但项目总承包的合同总价会因总承包单位的总承包管理费以及项目总承包的风险费而较高。

③ 项目总工期明确，项目总承包单位对总进度负责，并需协调控制各分包单位的分进度。实行项目总承包，一般能做到设计阶段与施工阶段的相互搭接，对进度目标控制有利。

④ 项目总承包的时间范围一般是从初步设计开始直到交付使用，项目总承包合同的签订在设计之前。因此项目总承包需按功能招标，招标发包工作及合同谈判与合同管理的难度就比较大。

⑤ 对工程实体质量的控制，由项目总承包单位实施，并可以对各分包单位进行质量的专业化管理。但发包人对项目的质量标准、功能和使用要求的控制比较困难，主要是在招标时对项目的功能与标准等质量要求难以明确、全面、具体地进行描述，因而质量控制的难度大。所以，采用项目总承包形式，质量控制的关键是做好设计准备阶段的项目管理工作。图 9-12 为项目总承包模式的管理组织结构，其中，项目经理及其项目管理班子代表发包人的利益实施工程项目管理，项目总承包单位接受项目经理发出的工作指令，并对各分包单位的工作进行管理和协调。

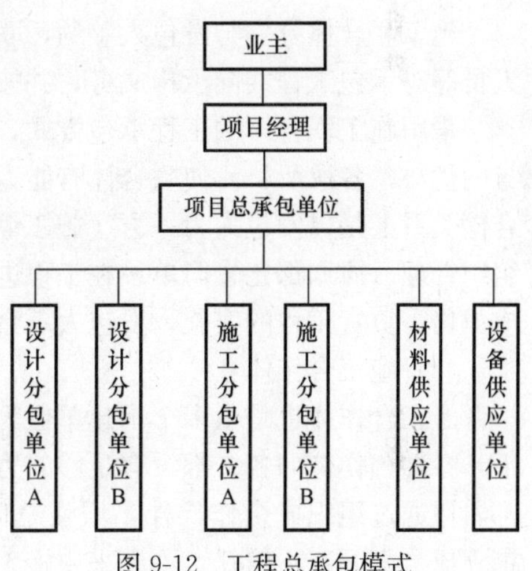

图 9-12　工程总承包模式

4. 项目管理公司运作模式

政府通过招标的方式，选择专业化的项目管理单位，负责项目的投资管理和建设组织实施工作，项目建成后交付使用单位。项目管理公司按照合同约定代行项目建设的投资主体职责。

5. 项目管理模式

项目管理公司（一般为具备相当实力的工程公司或咨询公司）受项目发包人委托，根据合同约定，代表发包人对工程项目的组织实施进行全过程或若干阶段的管理和服务，项目管理公司作为发包人的代表，帮助发包人作项目前期的策划、可行性研究、项目定义、项目计划以及工程实施的设计、采购、施工等工作。

根据项目管理公司的服务内容、合同中规定的权限和承担的责任不同，项目管理模式一般分为两种类型。

（1）项目管理承包型（PMC）。在该类型中，项目管理公司与项目发包人签订项目管理承包合同，代表发包人管理项目，而将项目所有的设计、施工任务发包出去，承包商与项目管理公司签订承包合同。但在一些项目上，项目管理公司也可能承担一些外界及公用

设施的设计、采购、施工工作。这种管理模式中，项目管理公司要承担费用超支的风险，若管理得好，利润回报也高。

（2）项目管理服务型（PM）。在该类型中，项目管理公司按照合同约定，在工程项目决策阶段，为发包人编制可行性研究报告，进行可行性分析和项目策划；在工程项目实施阶段，为发包人提供招标代理、设计管理、采购管理、施工管理和试运行（竣工验收）等服务，代表发包人对工程质量、安全、进度、费用、合同、信息等管理。这种项目管理模式风险较低，项目管理公司根据合同承担相应的管理责任，并得到相对固定的服务费。

6. 施工联合体与施工合作体模式

（1）施工联合体

施工联合体是由多个承建单位为承包某项工程而成立的一种联合机构。它是以施工联合体的名义与发包人签订一份工程承包合同，共同对发包人负责。因此，施工联合体的承包方式是由多个承建单位联合共同承包一个工程的方式。多个承建单位只是针对某一个工程而联合，各单位仍是各自独立的企业，这一工程完成以后，联合体就不复存在。

施工联合体统一与发包人签约，联合体成员单位以投入联合体的资金、机械设备以及人员等对承包工程共同承担义务，并按各自投入的比例风险分享收益。

采用施工联合体的工程承包方式，联合体单位在资金、技术、管理等方面可以集中各自的优势，各取所长，使联合体有能力承包大型工程，同时也可以增强抗风险的能力。在合同关系上是以发包人为一方、施工联合体为另一方的施工总承包关系。对发包人而言，组织管理、协调都比较简单。在工程进展过程中，若联合体中某一成员单位破产，则其他成员仍需负责工程的实施，发包人不会因此而造成损失。

（2）施工合作体

施工合作体也是由多个承建单位为承建某项工程而采取的合作施工的形式。一般情况下，参加合作体的各方都没有足够的力量，不具备与所承包工程相当的总承包能力，各方都希望通过组织成合作伙伴，增强总体实力。但是，合作体各方又出于各自的目的和要求，成员之间互不信任，不愿采用施工联合体的模式。由此建立的施工合作体形式上同施工联合体，但实质上却完全不同。施工合作体与发包人签订基本合同，由合作体统一组织、管理与协调整个工程的实施。合作体成员单位各自均有包括人员、施工机械和资金的完整施工力量，它们在合作体的统一规划和协调下，各自独立完成整个项目中的某一部分的工程任务，各自独立核算，自负盈亏、自担风险。施工合作体中如果某一成员单位破产，其他成员则不予承担相应的经济责任，这一风险由发包人承担。对发包人而言，采用施工合作体的形式，组织协调工作量可以减小，但项目实施的风险要大于施工联合体。

9.3 施工管理的工作任务分工

业主方和项目各参与方，如设计单位、施工单位、供货单位和工程管理咨询单位等都有各自的项目管理的任务，上述各方都应该编制各自的项目管理任务分工表。

为了编制项目管理任务分工表，首先应对项目实施的各阶段的费用（投资或成本）控制、进度控制、质量控制、合同管理、信息管理和组织与协调等管理任务进行详细分解，在项目管理任务分解的基础上确定项目经理和费用（投资或成本）控制、进度控制、质量控制、合同管理、信息管理及组织与协调等主管工作部门或主管人员的工作任务。

1. 工作任务分工

每一个建设项目都应编制项目管理任务分工表，这是一个项目的组织设计文件的一部分。在编制项目管理任务分工表前，应结合项目的特点，对项目实施各阶段的费用（投资或成本）控制、进度控制、质量控制、合同管理、信息管理和组织与协调等管理任务进行详细分解。在项目管理任务分解的基础上，明确项目经理和上述管理任务主管工作部门或主管人员的工作任务，从而编制工作任务分工表（表9-3）。

工作任务分工表 **表9-3**

工作部门 工作任务	项目经理部	投资控制部	进度控制部	质量控制部	合同管理部	信息管理部				

2. 工作任务分工表

在工作任务分工表中应明确各项工作任务由哪个工作部门（或个人）负责，由哪些工作部门（或个人）配合或参与。无疑，在项目的进展过程中，应视必要性对工作任务分工表进行调整。

某大型公共建筑属国家重点工程，在项目实施的初期，项目管理咨询公司建议把工作任务划分成26个大块，针对这26个大块任务编制了工作任务分工表（如表9-4所示），随着工程的进展，任务分工表还将不断深化和细化，该表有如下特点：

（1）任务分工表主要明确哪项任务由哪个工作部门（机构）负责主办，另明确协办部门和配合部门，主办、协办和配合在表中分别用三个不同的符号表示；

（2）在任务分工表的每一行中，即每一个任务，都有至少一个主办工作部门；

（3）运营部和物业开发部参与整个项目实施过程，而不是在工程竣工前才介入工作。

某大型公共建筑工程的工作任务分工表 **表9-4**

	工作项目	经理室、指挥部	技术委员会	专家顾问组	办公室	总工程师室	综合部	财务部	计划部	工程部	设备部	运营部	物业开发部
1	人事	☆					△						
2	重大技术审查决策	☆	△	○	○	△	○	○	○	○	○	○	○
3	设计管理			○		☆			○	△	△	○	
4	技术标准			○		☆				△	△	○	
5	科研管理			○		☆		○	○	○	○		
6	行政管理				☆	○	○	○	○	○	○	○	○
7	外事工作			○	☆	○				○	○	○	

续表

	工作项目	经理室、指挥部	技术委员会	专家顾问组	办公室	总工程师室	综合部	财务部	计划部	工程部	设备部	运营部	物业开发部
8	档案管理			○	☆	○	○	○	○	○	○	○	○
9	资金保险						○	☆	○				
10	财务管理						○	☆	○				
11	审计						☆	○	○				
12	计划管理						○	○	☆	△	△	○	
13	合同管理						○	○	☆	△	△	○	
14	招投标管理			○		○	○		☆	△	△	○	
15	工程筹划			○		○				☆	○	○	
16	土建评定项目管理			○		○				☆	○		
17	工程前期工作			○				○	○	☆	○		○
18	质量管理			○		△				☆	△		
19	安全管理					○	○			☆	△		
20	设备选型			△		○					☆	○	
21	设备材料采购							○	○	△	△		☆
22	安装工程项目管理			○					○	△	☆	○	
23	运营准备			○		○				△	△	☆	
24	开通、调试、验收			○		△				△	☆	△	
25	系统交接			○	○	○	○	○	○	☆	☆	☆	
26	物业开发						○	○	○	○	○	○	☆

☆——主力；△——协办；○——配合。

9.4 施工管理的管理职能分工

管理是由多个环节组成的过程（图 9-13）。

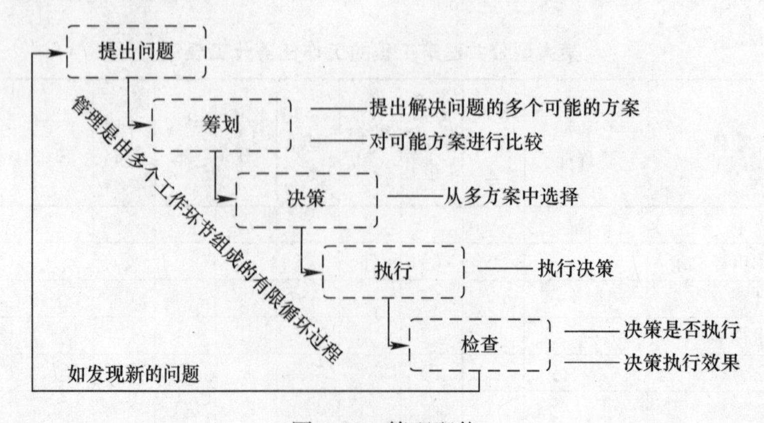

图 9-13 管理职能

即：

（1）提出问题；

（2）筹划——提出解决问题的可能的方案，并对多个可能的方案进行分析；

（3）决策；

（4）执行；

（5）检查。

这些组成管理的环节就是管理的职能。管理的职能在一些文献中也有不同的表述，但其内涵是类似的。

以下以一个示例来解释管理职能的含义：

（1）提出问题——通过进度计划值和实际值的比较，发现进度推迟了；

（2）筹划——加快进度有多种可能的方案，如改一班工作制为两班工作制，增加夜班作业，增加施工设备和改变施工方法，应对这三个方案进行比较；

（3）决策——从上述三个可能的方案中选择一个将被执行的方案，如增加夜班作业；

（4）执行——落实夜班施工的条件，组织夜班施工；

（5）检查——检查增加夜班施工的决策有否被执行，如已执行，则检查执行的效果如何。

如通过增加夜班施工，工程进度的问题解决了，但发现新的问题，施工成本增加了，这样就进入了管理的一个新的循环：提出问题、筹划、决策、执行和检查。整个施工过程中管理工作就是不断发现问题和不断解决问题的过程。

以上不同的管理职能可由不同的职能部门承担，如：

（1）进度控制部门负责跟踪和提出有关进度的问题；

（2）施工协调部门对进度问题进行分析，提出三个可能的方案，并对其进行比较；

（3）项目经理在三个可供选择的方案中，决定采用第一方案，即增加夜班作业；

（4）施工协调部门负责执行项目经理的决策，组织夜班施工；

（5）项目经理助理检查夜班施工后的效果。

业主方和项目各参与方，如设计单位、施工单位、供货单位和工程管理咨询单位等都有各自的项目管理的任务和其管理职能分工，上述各方都应该编制各自的项目管理职能分工表。

管理职能分工表（表 9-5）是用表的形式反映项目管理班子内部项目经理、各工作部门和各工作岗位对各项工作任务的项目管理职能分工。表中用拉丁字母表示管理职能。管理职能分工表也可用于企业管理。

表 9-6 和表 9-7 是苏黎世机场建设工作的管理职能分工表，它将管理职能分成七个，即决策准备、决策、执行、检查、信息、顾问和了解。决策准备与筹划的含义基本相同。从表 9-6 和表 9-7 可以看出，每项任务都有工作部门或个人负责决策准备、决策、执行和检查。我国多数企业和建设项目的指挥或管理机构，习惯用岗位责任制的岗位责任描述书来描述每一个工作部门的工作任务（包括责任、权利和任务等）。工业发达国家在建设项目管理中广泛应用管理职能分工表，以使管理职能的分工更清晰、更严谨，并会暴露仅用岗位责任描述书时所掩盖的矛盾。如果使用管理职能分工表还不足以明确每个工作部门的管理职能，则可辅以使用管理职能分工描述书。

管理职能分工表 **表 9-5**

工作部门 工作任务	项目经理部	投资控制部	进度控制部	质量控制部	合同管理部	信息管理部				

每一个字块用拉丁字母表示管理的职能

为了区分业主方和代表业主利益的项目管理方和工程建设监理方等的管理职能，也可以用管理职能分工表表示，如表 9-8 所示的是某项目的一个示例。表中用英文字母表示管理职能。

苏黎世机场建设工作管理职能分工表（1） **表 9-6**

编号	工作任务 P—决策准备 Ko—检查 B—顾问 E—决策 I—信息 D—执行 Ke—了解	项目建设委员会	项目建设委员会成员	机场经理会	机场经理会成员	机场各部门负责人	工程项目协调部门	工程项目协调工程师	工程项目协调组
1	总体规划的目的/工期/投资	E	BKo	Ke	E	Ke	—	—	—
2	组织方面的负责	E	Bko	Ke	E	Ke	—	—	—
3	投资规划	E	BKo	Ke	E	Ke			
4	长期的规划准则	E	Ko	BKe	NKe	DI	B	B	—
5	机场—机构组成方面的问题	E	B	Ke	Ke	Ke	—	—	—
6	总体经营管理	E	B	Ke	Ke	Pke	—	—	—
7	有关设计任务书、工期与投资的控制检查	Ko	Ko	DI	DI	I	—	—	—
8	与机场有关的其他项目	Ke	Ke	E	Iko	P	BKo	BKo	Ke
9	施工方面有关技术问题的工作准则	—	—	E	BIKo	B	Ke	PKo	Ke

苏黎世机场建设工作管理职能分工表（2） **表 9-7**

编号	工作任务 P—决策准备 Ko—检查 B—顾问 E—决策 I—信息 D—执行 Ke—了解	项目建设委员会	项目建设委员会成员	机场经理会	机场经理会成员	机场各部门负责人	工程项目协调部门	工程项目协调工程师		
10	施工方面有关一般行政管理与组织的工作准则	E	BKo	Ke	E	Ke	—	—		
11	投资分配	E	Bko	Ke	E	Ke	—	—		
12	设计任务书及工期计划的改变	E	BKo	Ke	E	Ke				
13	施工现场场地分配	E	Ko	BKe	NKe	DI	B	B		
14	总协调	E	B	Ke	Ke	Ke	—	—		
15	总体工程项目管理组织各岗位人员的确定	E	B	Ke	Ke	Pke	—	—		
16	对已批准的设计建设规划的监督	Ko	Ko	DI	DI	I	—	—		
17	对已批准的工期计划的监督	Ke	Ke	E	Iko	P	BKo	BKo		
18	设计监督	—	—	E	BIKo	B	Ke	PKo		
19	在工程项目管理组织内部信息									

某项目管理职能分工表示例　　　　表 9-8

序号	任务		业主方	项目管理方	工程监理方
	设计阶段				
1	审批	获得政策有关部门的各项审批	E		
2		确定投资、进度、质量目标	DC	PC	PE
3	发包与合同管理	确定设计发包模式	D	PE	
4		选择总包设计单位	DE	P	
5		选择分包设计单位	DC	PEC	PC
6		确定施工发包模式	D	PE	PE
7	进度	设计进度目标规划	DC	PE	
8		设计进度目标控制	DC	PEC	
9	投资	投资目标分解	DC	PE	
10		设计阶段投资控制	DC	PE	
11	质量	设计质量控制	DC	PE	
12		设计认可与批准	DE	PC	
	招标阶段				
13	发包	招标、评标	DC	PE	PE
14		选择施工总包单位	DE	PE	PE
15		选择施工分包单位	D	PE	PEC
16		合同签订	DE	P	P
17	进度	施工进度目标规划	DC	PC	PE
18		项目采购进度规划	DC	PC	PE
19		项目采购进度控制	DC	PEC	PEC
20	投资	招标阶段投资控制	DC	PEC	
21	质量	制定材料设备质量标准	D	PC	PEC

表中符号的含义：P——筹划；D——决策；E——执行；C——检查。

9.5　施工管理的工作流程组织

1. 工作流程组织内容

工作流程组织包括：

（1）管理工作流程组织，如投资控制、进度控制、合同管理、付款和设计变更等流程；

（2）信息处理工作流程组织，如与生成月度进度报告有关的数据处理流程；

（3）物质流程组织，如钢结构深化设计工作流程弱电工程物资采购工作流程，外立面施工作业流程等。

2. 工作流程组织的任务

每一个建设项目应根据其特点，从多个可能的工作流程方案中确定以下几个主要的工作流程组织：

（1）设计准备工作的流程；

（2）设计工作的流程；

（3）施工招标工作的流程；

（4）物资采购工作的流程；

（5）施工作业的流程；

（6）各项管理工作（投资控制、进度控制、质量控制、合同管理和信息管理等）的流程；

（7）与工程管理有关的信息处理的流程。

这也就是工作流程组织的任务，即定义工作的流程。

工作流程图应视需要逐层细化，如投资控制工作流程可细化为初步设计阶段投资控制工作流程图、施工图阶段投资控制工作流程图和施工阶段投资控制工作流程图等。

业主方和项目各参与方，如工程管理咨询单位、设计单位、施工单位和供货单位等都有各自的工作流程组织的任务。

3. 工作流程图

工作流程图用图的形式反映一个组织系统中各项工作之间的逻辑关系，它可用以描述工作流程组织。工作流程图是一个重要的组织工具，如图 9-14 所示。工作流程图用矩形框表示工作（图 9-14*a*），箭线表示工作之间的逻辑关系，菱形框表示判别条件。也可用两个矩形框分别表示工作和工作的执行者（图 9-14*b*）。

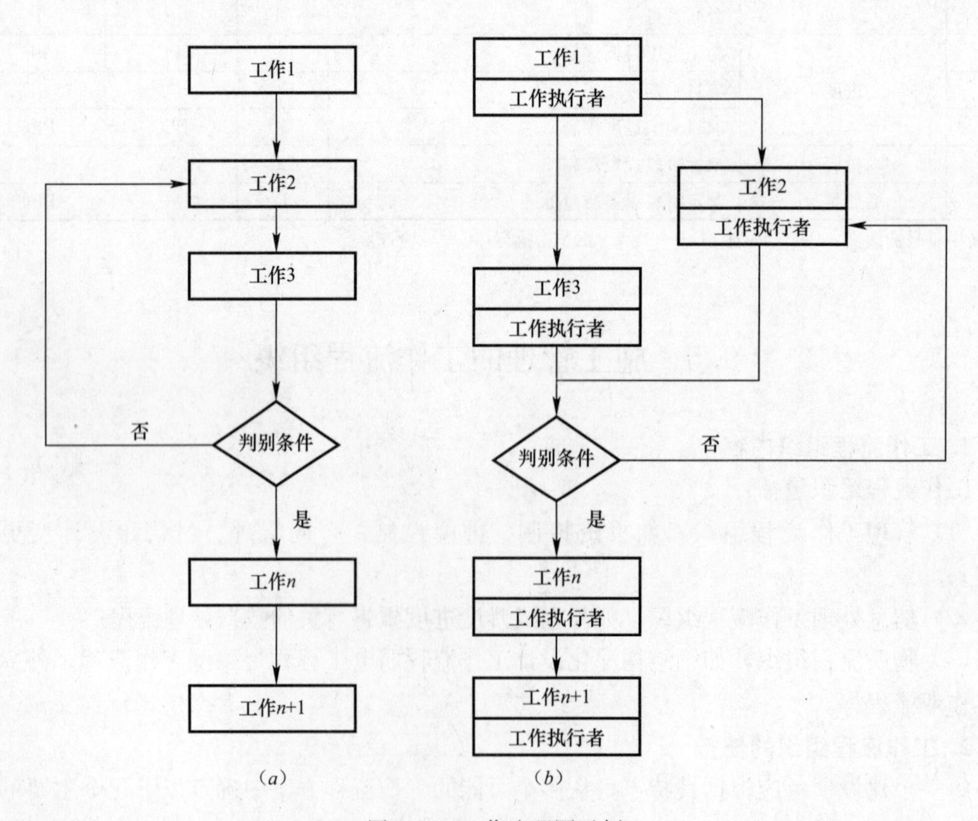

图 9-14　工作流程图示例

9.6 建设工程项目目标控制的任务

由于项目实施过程中主客观条件的变化是绝对的，不变则是相对的；在项目进展过程中平衡是暂时的，不平衡则是永恒的，因此在项目实施过程中必须随着情况的变化进行项目目标的动态控制。项目目标的动态控制是项目管理最基本的方法论。

1. 动态控制原理

项目目标动态控制的工作程序如下（图 9-15）：

1）项目目标动态控制的准备工作：

将对项目的目标（如投资/成本、进度和质量目标）进行分解，以确定用于目标控制的计划值（如计划投资/成本、计划进度和质量标准等）。

2）在项目实施过程中（如设计过程中、招投标过程中和施工过程中等）对项目目标进行动态跟踪和控制：

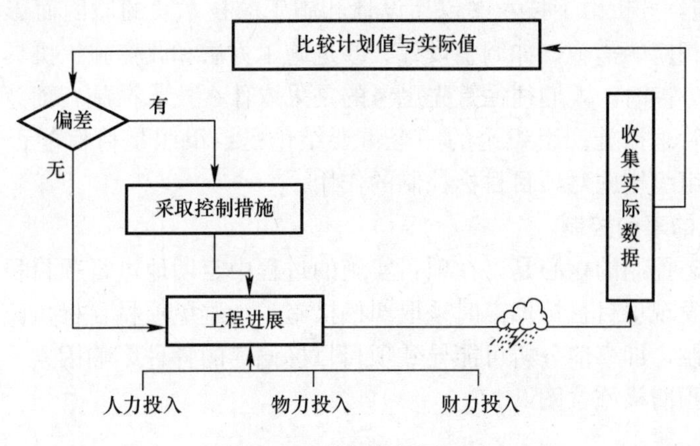

图 9-15 动态控制原理图

收集项目目标的实际值，如实际投资/成本、实际施工进度和施工的质量状况等；定期（如每两周或每月）进行项目目标的计划值和实际值的比较；通过项目目标的计划值和实际值的比较，如有偏差，则采取纠偏措施进行纠偏。

如有必要（即原定的项目目标不合理，或原定的项目目标无法实现），进行项目目标的调整，目标调整后控制过程再回到上述的第一步。

由于在项目目标动态控制时要进行大量的数据处理，当项目的规模比较大时，数据处理的量就相当可观。采用计算机辅助的手段可高效、及时而准确地生成许多项目目标动态控制所需要的报表，如计划成本与实际成本的比较报表，计划进度与实际进度的比较报表等，将有助于项目目标动态控制的数据处理。

2. 项目目标动态控制的纠偏措施

项目目标动态控制的纠偏措施（图 9-16）主要包括：

1）组织措施，分析由于组织的原因而影响项目目标实现的问题，并采取相应的措施，如调整项目组织结构、任务分工、管理职能分工、工作流程组织和项目管理班子人员等；

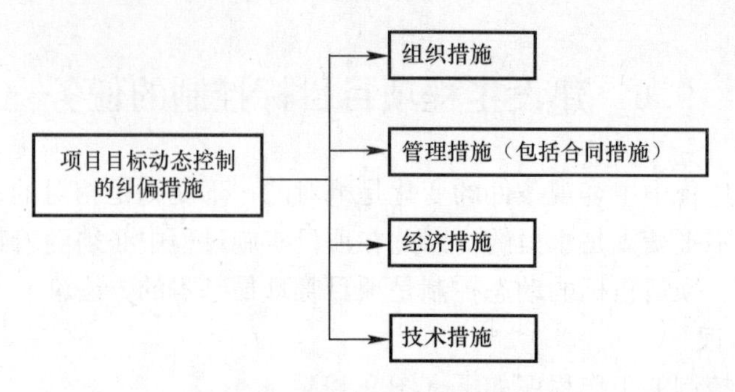

图 9-16　动态控制的纠偏措施

2）管理措施（包括合同措施），分析由于管理的原因而影响项目目标实现的问题，并采取相应的措施，如调整进度管理的方法和手段，改变施工管理和强化合同管理等；

3）经济措施，分析由于经济的原因而影响项目目标实现的问题，并采取相应的措施，如落实加快工程施工进度所需的资金等；

4）技术措施，分析由于技术（包括设计和施工的技术）的原因而影响项目目标实现的问题，并采取相应的措施，如调整设计、改进施工方法和改变施工机具等。

当项目目标失控时，人们往往首先思考的是采取什么技术措施，而忽略可能或应当采取的组织措施和管理措施。组织论的一个重要结论是：组织是目标能否实现的决定性因素。应充分重视组织措施对项目目标控制的作用。

3. 项目目标的事前控制

项目目标动态控制的核心是，在项目实施的过程中定期地进行项目目标的计划值和实际值的比较，当发现项目目标偏离时采取纠偏措施。为避免项目目标偏离的发生，还应重视事前的主动控制，即事前分析可能导致项目目标偏离的各种影响因素，并针对这些影响因素采取有效的预防措施（图 9-17）。

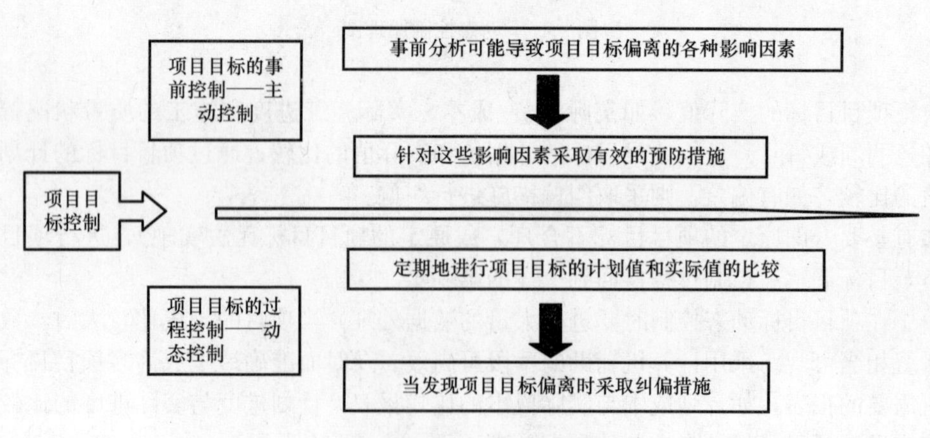

图 9-17　项目的目标控制

4. 动态控制方法在施工管理中的应用

我国在施工管理中引进项目管理的理论和方法已多年，但是，运用动态控制原理控制项目的目标尚未得到普及，许多施工企业还不重视在施工过程中依据和运用定量的施工成本控制、施工进度控制和施工质量控制的报告系统指导施工管理工作，项目目标控制还处于相当粗放的状况。应认识到，运用动态控制原理进行项目目标控制将有利于项目目标的实现，并有利于促进施工管理科学化的进程。

（1）运用动态控制原理控制施工进度

运用动态控制原理控制施工进度的步骤如下：

1）施工进度目标的逐层分解

施工进度目标的逐层分解是从施工开始前和在施工过程中，逐步地由宏观到微观，由粗到细编制深度不同的进度计划的过程。对于大型建设工程项目，应通过编制施工总进度规划、施工总进度计划、项目各子系统和各子项目施工进度计划等进行项目施工进度目标的逐层分解。

2）在施工过程中对施工进度目标进行动态跟踪和控制

① 按照进度控制的要求，收集施工进度实际值。

② 定期对施工进度的计划值和实际值进行比较。

进度的控制周期应视项目的规模和特点而定，一般的项目控制周期为一个月，对于重要的项目，控制周期可定为一旬或一周等。比较施工进度的计划值和实际值时应注意，其对应的工程内容应一致，如以里程碑事件的进度目标值或再细化的进度目标值作为进度的计划值，则进度的实际值是相对于里程碑事件或再细化的分项工作的实际进度。进度的计划值和实际值的比较应是定量的数据比较，比较的成果是进度跟踪和控制报告，如编制进度控制的旬、月、季、半年和年度报告等。

③ 通过施工进度计划值和实际值的比较，如发现进度的偏差，则必须采取相应的纠偏措施进行纠偏。

3）调整施工进度目标

如有必要（即发现原定的施工进度目标不合理，或原定的施工进度目标无法实现等），则调整施工进度目标。

（2）运用动态控制原理控制施工成本

运用动态控制原理控制施工成本的步骤如下：

1）施工成本目标的逐层分解

施工成本目标的分解指的是通过编制施工成本规划，分析和论证施工成本目标实现的可能性，并对施工成本目标进行分解。

2）在施工过程中对施工成本目标进行动态跟踪和控制

① 按照成本控制的要求，收集施工成本的实际值。

② 定期对施工成本的计划值和实际值进行比较。

成本的控制周期应视项目的规模和特点而定，一般的项目控制周期为一个月。

施工成本的计划值和实际值的比较包括（图 9-18）：

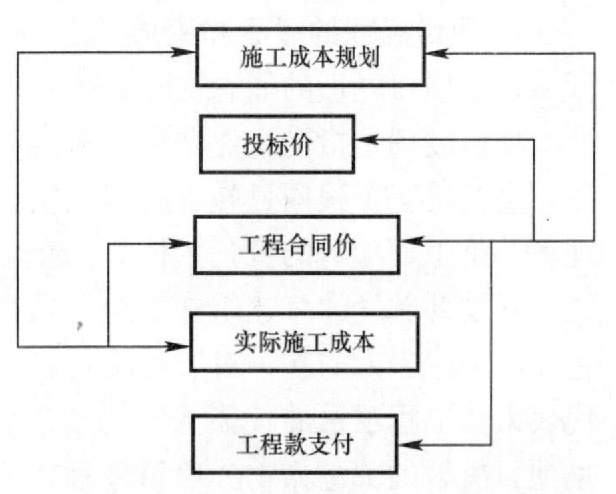

图 9-18　施工成本计划值和实际值的比较

(a) 工程合同价与投标价中的相应成本项的比较；

(b) 工程合同价与施工成本规划中的相应成本项的比较；

(c) 施工成本规划与实际施工成本中的相应成本项的比较；

(d) 工程合同价与实际施工成本中的相应成本项的比较；

(e) 工程合同价与工程款支付中的相应成本项的比较等。

由上可知，施工成本的计划值和实际值也是相对的，如：相对于工程合同价而言，施工成本规划的成本是实际值；而相对于实际施工成本，则施工成本规划的成本值是计划值等。成本的计划值和实际值的比较应是定量的数据比较，比较的成果是成本跟踪和控制报告，如编制成本控制的月、季、半年和年度报告等。

③ 通过施工成本计划值和实际值的比较，如发现进度的偏差，则必须采取相应的纠偏措施进行纠偏。

3) 调整施工成本目标

如有必要（即发现原定的施工成本目标不合理，或原定的施工成本目标无法实现等），则调整施工成本目标。

(3) 运用动态控制原理控制施工质量

运用动态控制原理控制施工质量的工作步骤与进度控制和成本控制的工作步骤相类似。质量目标不仅是各分部分项工程的施工质量，它还包括材料、半成品、成品和有关设备等的质量。在施工活动开展前，首先应对质量目标进行分解，也即对上述组成工程质量的各元素的质量目标作出明确的定义，它就是质量的计划值。在施工过程中则应收集上述组成工程质量的各元素质量的实际值，并定期地对施工质量的计划值和实际值进行跟踪和控制，编制质量控制的月、季、半年和年度报告。通过施工质量计划值和实际值的比较，如发现质量的偏差，则必须采取相应的纠偏措施进行纠偏。

9.7 施工方项目经理的任务和责任

项目经理是项目经理部的灵魂和最高决策者，项目经理的理念和经营管理水平直接影响着项目经理部的工作效率和业绩。只有优秀睿智的项目经理领导的项目经理部，才是高效精干并具有创新开拓精神的施工项目管理责任主体。优秀的项目经理部既是企业经济效益和社会信誉的直接责任人，又是业主对项目投资的最基本保证。

1. 项目经理的概念和素质

(1) 项目经理的概念

项目经理是指受企业法定代表人委托和授权，在工程项目施工中担任项目经理岗位职务，直接负责工程项目施工的组织实施者；是对工程项目实施全过程、全面负责的项目管理者；是工程项目的责任主体，是企业法人代表在工程项目上的委托代理人。

建设部颁发的《建筑施工企业项目经理资质管理办法》指出（施工企业项目经理是受企业法定代表人委托，对工程项目施工过程全面负责的项目管理者，是建筑施工企业法定代表人在工程项目的代表人）。这就决定了项目经理在项目中是最高的责任者、组织者，是项目决策的关键人物。项目经理在项目管理中处于中心地位。

为了确保工程项目的目标实现，项目经理不应同时承担两个或两个以上未完工程项目领导岗位的工作。为了确保工程项目实施的可持续性和项目经理责任、权利和利益的连贯性和可追溯性，在项目运行正常的情况下，企业不应随意撤换项目经理。但在工程项目发生重大安全、质量事故或项目经理违法、违纪时，企业可撤换项目经理，而且必须进行绩效审计，并按合同规定报告有关合作单位。

（2）项目经理的素质

项目经理应具备下列素质：

1）符合项目管理要求的能力，善于领导、组织协调与沟通。

2）相应的项目管理经验和业绩。

3）项目管理需要的专业技术、管理、经济、法律和法规知识。

4）良好的职业道德和团结协作精神，遵纪守法、爱岗敬业、诚信尽责。

5）身体健康。

2. 项目经理责任制

（1）项目经理责任制概述

项目经理责任制是我国施工管理体制上一个重大的改革，对加强工程项目管理，提高工程质量起到了很好的作用。

所谓项目经理责任制是指以项目经理为责任主体的施工项目管理目标责任制度，它是以施工项目为对象，以项目经理全面负责为前提，以（项目管理目标责任书）为依据，以创优质工程为目标，以求得项目产品的最佳经济效益为目的，实行从施工项目开工到竣工验收的一次性全过程的管理。

项目经理责任制是项目管理目标实现的具体保障和基本条件。它有利于明确项目经理与企业、职工三者之间责、权、利、效的关系；有利于运用经济手段强化对施工项目的法制管理；有利于项目规范化、科学化管理和提高工程质量；有利于促进和提高企业项目管理的经济效益和社会效益。

项目经理责任制的主体是项目经理个人全面负责，项目经理部集体全面管理。其中个人全面负责是指施工项目管理活动中，由项目经理代表项目经理部统一指挥，并承担主要的责任；集体全面管理是指项目经理部成员根据工作分工，承担相应的责任并享受相应的利益。

项目经理责任制的重点在于管理。即要遵循科学规律，注重现代化管理的内涵和运用，通过强化项目管理，全面实现项目管理目标责任书的内容与要求。

（2）项目管理目标责任书

项目经理责任制作为项目管理的基本制度，是评价项目经理绩效的依据，其核心是项目管理目标责任书确定的责任。

工程项目在实施之前，法定代表人或其授权人要与项目经理就工程项目全过程管理签订项目管理目标责任书，明确规定项目经理部应达到的成本、质量、进度和安全等管理目标，它是具有企业法规性的文件，也是项目经理的任职目标，具有很强的约束性。

项目管理目标责任书一般包括下列内容：

1）项目管理实施目标；

2）企业各部门与项目经理部之间的责任、权限和利益分配；

3）项目施工、试运行等管理的内容和要求；

4）项目需要资源的提供方式和核算办法；

5）法定代表人向项目经理委托的特殊事项；

6）项目经理部应承担的风险；

7）项目管理目标评价的原则、内容和方法；

8）对项目经理部进行奖惩的依据标准和办法；

9）项目经理解职和项目经理部解体的条件和办法。

项目管理目标责任书的重点是明确项目经理工作内容，其核心是为了完成项目管理目标，是组织考核项目经理和项目经理部成员业绩的标准和依据。

3. 项目经理的责、权、利

（1）项目经理应履行的职责

项目经理应履行下列职责：

1）代表企业实施施工项目管理，贯彻执行国家法律、法规、方针、政策和强制性标准，执行企业的管理制度，维护企业的合法权益；

2）"项目管理目标责任书"规定的职责；

3）主持编制项目管理实施规划并对项目目标进行系统管理；

4）对进入现场的资源进行优化配置和动态管理；

5）建立质量管理体系和职业健康安全管理体系并组织实施；

6）在授权范围内负责与企业管理层、劳务作业层、各协作单位、发包人、分包人和监理工程师等的协调，解决项目中出现的问题；

7）在授权范围内处理项目经理部与国家、企业、分包单位以及职工之间的利益分配；

8）收集工程资料，准备结算资料，参与工程竣工验收；

9）接受审计，处理项目经理部解体的善后工作；

10）协助企业进行项目的检查鉴定和评奖申报。

（2）项目经理应具有的权限

项目经理应具有以下权限：

1）参与企业进行的施工项目投标和签订施工合同；

2）参与组建项目经理部，确定项目经理部的组织形式，选择、聘任管理人员，确定管理人员的职责，并定期进行考核、评价和奖惩；

3）主持项目经理部工作组织制定施工项目的各项管理制度；

4）在企业财务制度规定的范围内根据企业法定代表人授权和施工项目管理的需要决定资金的投入和使用；

5）制定项目经理部的计酬办法；

6）参与选择并使用具有相应资质的分包人；

7）在授权范围内，按物资采购程序性文件的规定行使采购权；

8）在授权范围内协调和处理与施工项目管理有关的内部与外部事项；

9）法定代表人授予的其他权力。

（3）项目经理的任务

项目经理的任务包括项目的行政管理和项目管理两个方面，其在项目管理方面的主要任务是：

1）施工安全管理；
2）施工成本控制；
3）施工进度控制；
4）施工质量控制；
5）工程合同管理；
6）工程信息管理；
7）工程组织与协调等。
（4）项目经理应享有的利益
项目经理应享有下列利益：
1）获得工资和奖励。
2）项目完成后，按照《项目管理目标责任书》的规定，经审计后给予奖励或处罚。
3）除按《项目管理目标责任书》可获得物质奖励外，还可获得表彰、记功等奖励。

4. 建造师执业资格制度

建造师执业资格制度于1834年年起源于英国，迄今已有近一百七十年的历史。世界上许多国家已经建立了这项制度。1997年在华盛顿正式召开了国际建造师协会成立大会。我国施工企业约有10多万个，从业人员约3500万，在从事建设工程项目总承包和施工管理的广大专业技术人员中，特别是在施工项目经理队伍中，建立建造师执业资格制度是非常必要的。

（1）我国建造师执业资格制度的建立

2002年12月5日，人事部、住建部联合印发了《建造师执业资格制度暂行规定》（人发［2002］111号），这标志着我国建造师执业资格制度正式建立。该规定明确指出，我国的建造师是指从事建设工程项目总承包和施工管理关键岗位的专业技术人员，分为一级建造师和二级建造师。这项制度的建立，必将促进我国工程项目管理人员素质和管理水平的提高，促进我们进一步开拓国际建筑市场。

2003年2月27日《国务院关于取消第二批行政审批项目和改变一批行政审批项目管理方式的决定》（国发［2003］5号）规定："取消建筑施工企业项目经理资质核准，由注册建造师代替，并设立过渡期"。

2003年4月23日《关于建筑业企业项目经理资质管理制度向建造师执业资格制度过渡有关问题的通知》（建市［2003］86号）中规范了过渡期项目经理的任职条件和过渡期满后项目经理的任职条件。

建筑业企业项目经理资质管理制度向建造师执业资格制度过渡的时间定为5年，即从国发［2003］5号文印发之日起至2008年2月27日止。在过渡期内，原项目经理资质证书继续有效。对于具有建筑业企业项目经理资质证书的人员，在取得建造师注册证书后，其项目经理资质证书应缴回原发证机关。过渡期满后，项目经理资质证书停止使用。

从国发［2003］5号文印发之日起，各级建设行政主管部门、国务院有关专业部门、中央管理的企业及有关行业协会不再审批建筑业企业项目经理资质。

（2）建造师执业资格证书

一级建造师执业资格实行全国统一大纲、统一命题、统一组织的考试制度，由人事部、建设部共同组织实施，原则上每年举行一次考试；二级建造师执业资格实行全国统一大纲，各省、自治区、直辖市命题并组织的考试制度。报考人员要符合有关文件规定的相应条件。对一级、二级建造师执业资格考试合格的人员，可分别获得《中华人民共和国一级建造师执业资格证书》、《中华人民共和国二级建造师执业资格证书》。取得建造师执业资格证书的人员，必须经过注册登记，方可以建造师名义执业。

（3）注册建造师与项目经理的关系

1）建造师是一种专业人员的名称，而项目经理是一个工作岗位的名称（图 9-19）。

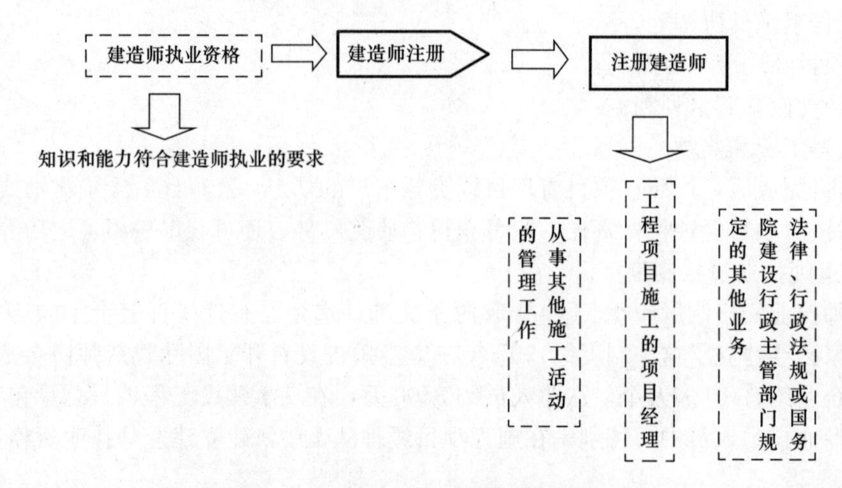

图 9-19　建造师的执业资格和注册建造师

2）建造师与项目经理所从事的都是建设工程的管理，但执业范围不同。建造师执业的覆盖面较大，可涉及工程建设项目管理的许多方面，担任项目经理只是建造师执业中的一项，除此之外，还可以从事法律、行政法规或国务院建设行政主管部门规定的其他业务以及其他施工活动的管理工作；而项目经理则限于企业内某一特定工程的项目管理。建造师选择工作的权利相对自由，可在社会市场上有序流动，有较大的活动空间；项目经理岗位则是企业设定的，项目经理是企业法人代表授权或聘用的、一次性的工程项目施工管理者。

3）我国在全面实施建造师执业资格制度后仍然要坚持落实项目经理岗位责任制。项目经理岗位是保证工程项目建设质量、安全、工期的重要岗位，要充分发挥有关行业协会的作用，加强项目经理培训，不断提高项目经理队伍素质。要加强对建筑业企业项目经理市场行为的监督管理，对发生重大工程质量安全事故或市场违法违规行为的项目经理，必须依法予以严肃处理。国发［2003］5 号文取消的是项目经理资质的行政审批，而不是取消项目经理。这里发生变化的是，大中型工程项目的项目经理必须由取得建造师执业资格的建造师担任。注册建造师资格是担任大中型工程项目经理的一个必要条件，是国家的强制性要求。小型工程项目的项目经理可以由不是建造师的人员担任。

9.8　施工资源与施工现场管理

1. 项目资源管理的任务

项目资源管理应在满足工程总承包项目的质量、安全、费用、进度以及其他目标的基础上，实现项目资源的优化配置和动态平衡。项目资源管理的全过程应包括项目资源的计划、配置、优化、控制和调整。

2. 项目资源管理的内容

（1）项目资源配置

项目资源配置包括资源的合理选择、供应和使用。项目资源既包括市场资源，也包括内部资源，无论什么性质的资源都应更好地发挥其效能，降低工程成本。项目资源的配置力求优化和有效组合，并实施动态控制。优化配置即适时、适量、比例适当、位置适宜地配置和投入资源，投入资源在施工过程中搭配适当，协调地在项目中发挥作用，有效地形成生产力，生产出合格产品。在项目运行中，要合理、节约地使用资源，以达到节约资源的目的。

（2）项目资源管理控制

控制是指资源管理目标的过程控制，包括对资源的利用率和使用效率的监督、闲置资源的清退、资源随项目实施任务的增减变化及时调整等。

1）资源管理控制包括按资源管理计划进行资源选择、资源的组织和进场后的管理等内容。

2）人力资源管理控制包括人力资源的选择、订立劳务分包合同、教育培训和考核等。

3）材料管理控制包括供应单位的选择、订立采购供应合同、出厂或进场验收、储存管理、使用管理及不合格品处置等。

4）机械设备管理控制包括机械设备购置与租赁管理、使用管理、操作人员管理、报废和出场管理。

5）技术管理控制包括技术开发管理，新产品、新材料、新工艺的应用管理，项目管理实施规划和技术方案的管理，技术档案管理，测试仪器管理等。

6）资金管理控制包括资金收入与支出管理、资金使用成本管理、资金风险管理等。
项目资源管理考核

（3）资源管理考核

1）资源管理考核

资源管理考核是通过对资源投入、使用、调整以及计划与实际的对比分析，找出管理中存在的问题，并对其进行评价的管理活动。通过考核能及时反馈信息，提高资源使用价值，持续改进。

2）人力资源考核

人力资源考核应以有关管理目标或约定为依据，对人力资源管理方法、组织规划、制度建设、团队建设、使用效率和成本管理等进行分析和评价。

3）材料管理考核

材料管理考核工作对材料计划、使用、回收以及相关制度进行效果评价。材料管理考核要坚持计划管理、跟踪检查、总量控制、节奖超罚的原则。

4）机械设备管理考核

机械设备管理考核要对项目机械设备的配置、使用、维护以及技术安全措施、设备使用或本等进行分析和评价。

5）项目技术管理考核

项目技术管理考核包括对技术管理工作计划的执行，技术方案的实施，技术措施问题的处置，技术资料收集、整理和归档以及技术开发，新技术和新工艺应用等情况进行评价。

6）资金管理考核

资金管理考核通过对资金分析工作，计划收支与实际收支对比，找出差异，分析原因，改进资金管理。在项目竣工后，应结合成本核算与分析工作进行资金收支情况和经济效益分析，并上报组织财务主管部门备案。组织根据资金管理效果对有关部门或项目经理部进行奖惩。

3. 施工现场管理

施工项目现场是指从事工程施工活动经批准占用的施工场地。它既包括红线以内占用的建筑用地和施工用地，又包括红线以外现场附近经批准占用的临时施工用地。

施工项目现场管理是指项目经理部按照《施工现场管理规定》和城市建设管理的有关法规，科学合理地安排使用施工现场，协调各专业管理和各项施工活动，控制污染，创造文明安全的施工环境和人、材、物、资金流畅通的施工秩序所进行的一系列管理工作。

施工项目现场的主要内容 表 9-9

	主要内容
规划及报批施工用地	根据施工项目及建筑用地的特点科学规划，充分、合理使用施工现场场内占地； 当场内空间不足时，应会同发包人按规定向城市规划部门、公安交通部门申请，经批准后，方可使用场外施工临时用地
设计施工现场平面图	根据建筑总平面图、单位工程施工图、拟订的施工方案、现场地理位置和环境及政府部门的管理标准，充分考虑现场布置的科学性、合理性、可行性，设计施工总平面图、单位工程施工平面图； 单位工程施工平面图应根据施工内容和分包单位的变化，设计出阶段性施工平面图，并在阶段性进度目标开始实施前，通过施工协调会议确认后实施
建立施工现场管理组织	项目经理全面负责施工过程中的现场管理，并建立施工项目现场管理组织体系；安全、保卫、消防、材料、环保、卫生等管理人员组成； 施工项目现场管理组织应由主管生产的副经理、主任工程师、分包人、生产、技术、质量、建立施工项目现场管理规章制度和管理标准、实施措施、监督办法和奖惩制度； 根据工程规模、技术复杂程度和施工现场的具体情况，遵循"谁生产、谁负责"的原则，建立按专业、岗位、区片的施工现场管理责任制，并组织实施； 建立现场管理例会和协调制度，通过调度工作实施动态管理，做到经常化、制度化
建立文明施工现场	遵循国务院及地方建设行政主管部门颁布的施工现场管理法规和规章，认真管理施工现场； 按审核批准的施工总平面图布置和管理施工现场，规范场容； 项目经理部应对施工现场场容、文明形象管理作出总体策划和部署，分包人在项目经理部指导和协调下，按照分区划块原则做好分包人施工用地场容、文明形象管理的规划； 经常检查施工项目现场管理的落实情况，听取社会公众、邻近单位的意见，发现问题，及时处理，不留隐患，避免再度发生，并实施奖惩； 接受政府建设行政主管部门的考评机构和企业对建设工程施工现场管理的定期抽查、日常检查、考评和指导； 加强施工现场文明建设，展示和宣传企业文化，塑造企业及项目经理部的良好形象
及时清场转移	施工结束后，应及时组织清场，向新工地转移；组织剩余物资退场，拆除临时设施，清除建筑垃圾，按市容管理要求恢复临时占用土地

第 10 章　建设工程相关法律法规

10.1　建　筑　法

《中华人民共和国建筑法》（以下简称《建筑法》）于 1997 年 11 月 1 日由中华人民共和国第八届全国人民代表大会常务委员会第二十八次会议通过，于 1997 年 11 月 1 日发布，自 1998 年 3 月 1 日起施行。并于 2011 年 4 月 22 日修改通过，2011 年 7 月 1 日起施行。

《建筑法》的立法目的在于加强对建筑活动的监督管理，维护建筑市场秩序，保证建筑工程的质量和安全，促进建筑业健康发展。《建筑法》从建筑许可、建筑工程发包与承包、建筑工程监理、建筑安全生产管理、建筑工程质量管理等方面做出了规定。

10.1.1　建设工程企业资质等级许可制度

我国，对从事建筑活动的建设工程企业——如建筑施工企业、勘察单位、设计单位和工程监理单位，实行资质等级许可制度。

《建筑法》第 13 条规定："从事建筑活动的建筑施工企业、勘察单位、设计单位和工程监理单位，按照其拥有的注册资本、专业技术人员、技术装备和已完成的建筑工程业绩等资质条件，划分为不同的资质等级，经资质审查合格，取得相应等级的资质证书后，方可在其资质等级许可的范围内从事建筑活动。"

新设立的企业，应到工商行政管理部门登记注册手续并取得企业法人营业执照后，方可到建设行政主管部门办理资质申请手续。任何单位和个人不得涂改、伪造、出借、转让企业资质证书，不得非法扣押、没收资质证书。

1. 设工程企业资质管理机关

国务院建设行政主管部门负责全国建筑业企业资质、建设工程勘察、设计资质、工程监理企业资质的归口管理工作，国务院铁道、交通、水利、信息产业、民航等有关部门配合国务院建设行政主管部门实施相关资质类别和相应行业企业资质的管理工作。

2. 建设工程企业资质分类管理

（1）建筑业企业资质管理

建筑业企业，是指从事土木工程、建筑工程、线路管道设备安装工程、装修工程的新建、扩建、改建等活动的企业。

建筑业企业资质分为施工总承包、专业承包和劳务分包三个序列。施工总承包资质、专业承包资质、劳务分包资质序列按照工程性质和技术特点分别划分为若干资质类别。各资质类别按照规定的条件划分为若干资质等级。

1）施工总承包企业可以承揽的业务范围

取得施工总承包资质的企业（以下简称施工总承包企业），可以承接施工总承包工程。

施工总承包企业可以对所承接的施工总承包工程内各专业工程全部自行施工，也可以将专业工程或劳务作业依法分包给具有相应资质的专业承包企业或劳务分包企业。

2）专业承包企业可以承揽的业务范围

取得专业承包资质的企业（以下简称专业承包企业），可以承接施工总承包企业分包的专业工程和建设单位依法发包的专业工程。专业承包企业可以对所承接的专业工程全部自行施工，也可以将劳务作业依法分包给具有相应资质的劳务分包企业。

3）劳务分包企业可以承揽的业务范围

取得劳务分包资质的企业（以下简称劳务分包企业），可以承接施工总承包企业或专业承包企业分包的劳务作业。

（2）建设工程勘察设计资质管理

1）工程勘察资质的分类及可以承揽的业务范围

工程勘察资质分为工程勘察综合资质、工程勘察专业资质、工程勘察劳务资质。

工程勘察综合资质只设甲级；工程勘察专业资质设甲级、乙级，根据工程性质和技术特点，部分专业可以设丙级；工程勘察劳务资质不分等级。

取得工程勘察综合资质的企业，可以承接各专业（海洋工程勘察除外）、各等级工程勘察业务；取得工程勘察专业资质的企业，可以承接相应等级相应专业的工程勘察业务；

取得工程勘察劳务资质的企业，可以承接岩土工程治理、工程钻探、凿井等工程勘察劳务业务。

2）工程设计资质的分类及可以承揽的业务范围

工程设计资质分为工程设计综合资质、工程设计行业资质、工程设计专业资质和工程设计专项资质。

工程设计综合资质只设甲级；工程设计行业资质、工程设计专业资质、工程设计专项资质设甲级、乙级。

根据工程性质和技术特点，个别行业、专业、专项资质可以设丙级，建筑工程专业资质可以设丁级。

取得工程设计综合资质的企业，可以承接各行业、各等级的建设工程设计业务；取得工程设计行业资质的企业，可以承接相应行业相应等级的工程设计业务及本行业范围内同级别的相应专业、专项（设计施工一体化资质除外）工程设计业务；取得工程设计专业资质的企业，可以承接本专业相应等级的专业工程设计业务及同级别的相应专项工程设计业务（设计施工一体化资质除外）；取得工程设计专项资质的企业，可以承接本专项相应等级的专项工程设计业务。

（3）工程监理企业资质管理

工程监理企业资质分为综合资质、专业资质和事务所资质。其中，专业资质按照工程性质和技术特点划分为若干工程类别。

综合资质、事务所资质不分级别。专业资质分为甲级、乙级；其中，房屋建筑、水利水电、公路和市政公用专业资质可设立丙级。

工程监理企业可以开展相应类别建设工程的项目管理、技术咨询等业务。

1）综合资质可以承揽的业务范围

可以承担所有专业工程类别建设工程项目的工程监理业务。

2）专业资质可以承揽的业务范围

专业甲级资质可承担相应专业工程类别建设工程项目的工程监理业务。

专业乙级资质可承担相应专业工程类别二级以下（含二级）建设工程项目的工程监理业务。

专业丙级资质可承担相应专业工程类别三级建设工程项目的工程监理业务。

3）事务所资质可以承揽的业务范围

可承担三级建设工程项目的工程监理业务，但是，国家规定必须实行强制监理的工程除外。

10.1.2 专业人员执业资格制度

《建筑法》第14条规定："从事建筑活动的专业技术人员，应当依法取得相应的执业资格证书，并在执业资格证书许可的范围内从事建筑活动。"

1. 建筑业专业人员执业资格制度的含义

建筑业专业人员执业资格制度指的是我国的建筑业专业人员在各自的专业范围内参加全国或行业组织的统一考试，获得相应的执业资格证书，经注册后在资格许可范围内执业的制度。

2. 目前我国主要的建筑业专业技术人员执业资格种类

我国目前有多种建筑业专业职业资格，其中主要有：

1）注册建筑师；2）注册结构工程师；3）注册造价工程师；4）注册土木（岩土）工程师；5）注册房地产估价师；6）注册监理工程师；7）注册建造师。

3. 我国建筑业专业技术人员执业资格的内容

1）均需要参加统一考试；2）均需要注册；3）均有各自的执业范围；4）均须接受继续教育。

10.1.3 工程发包、承包与分包制度

1. 工程发包制度

建设工程的发包方式主要有两种：招标发包和直接发包。《建筑法》第19条规定："建筑工程依法实行招标发包，对不适用于招标发包的可以直接发包。"

建筑工程实行公开招标的，发包单位应当依照法定程序和方式，在具备相应资质条件的投标者中，择优选定中标者。建筑工程实行招标发包的，发包单位应当将建筑工程发包给依法中标的承包单位。建筑工程实行直接发包的，发包单位应当将建筑工程发包给具有相应资质条件的承包单位。

《建筑法》第24条第1款规定，"提倡对建筑工程实行总承包"。

（1）禁止将建设工程肢解发包和违法采购。

禁止发包单位将建设工程肢解发包

肢解发包指的是建设单位将应当由一个承包单位完成的建设工程分解成若干部分发包给不同的承包单位的行为。

肢解发包的弊端在于：肢解发包可能导致发包人变相规避招标；肢解发包会不利于投资和进度目标的控制；肢解发包也会增加发包的成本；肢解发包增加了发包人管理的

成本。

(2) 禁止违法采购

按照合同约定，小规模的建筑材料、建筑构配件和设备由工程承包单位采购的，发包单位不得指定承包单位采购人用于工程的建筑材料、建筑构配件和设备或者指定生产厂、供应商。

大规模材料设备的采购，必须通过招标选择货物供应单位。

2. 工程承包制度

(1) 关于资质管理及其纠纷处理的规定

承包建筑工程的单位应当持有依法取得的资质证书，并在其资质等级许可的业务范围内承揽工程。禁止建筑施工企业超越本企业资质等级许可的业务范围或者以任何形式用其他建筑施工企业的名义承揽工程。禁止建筑施工企业以任何形式允许其他单位或者个人使用本企业的资质证书、营业执照，以本企业的名义承揽工程。

2005年1月1日开始实行的《最高人民法院关于审理建设工程施工合同纠纷案件适用法律问题的解释》第1条规定："建设工程施工合同具有下列情形之一的，应当根据合同法第52条第(5)项的规定，认定无效：承包人未取得建筑施工企业资质或者超越资质等级的；没有资质的实际施工人借用有资质的建筑施工企业名义的；建设工程必须进行招标而未招标或者中标无效的。"

上面的三种情形违反了《建筑法》关于发承包的规定，依据《合同法》属于无效的合同。对该合同按照以下办法处理：

建设工程施工合同无效，但建设工程经竣工验收合格，承包人请求参照合同约定支付工程价款的，应予支持。

建设工程施工合同无效，且建设工程经竣工验收不合格的，按照以下情形分别处理：

1) 修复后的建设工程经竣工验收合格，发包人请求承包人承担修复费用的，应予支持；

2) 修复后的建设工程经竣工验收不合格，承包人请求支付工程价款的，不予支持。

因建设工程不合格造成的损失，发包人有过错的，也应承担相应的民事责任。

3) 承包人超越资质等级许可的业务范围签订建设工程施工合同，在建设工程竣工前取得相应资质等级，当事人请求按照无效合同处理的，不予支持。

(2) 联合承包

《建筑法》第27条规定："大型建筑工程或者结构复杂的建筑工程，可以由两个以上的承包单位联合共同承包。"

组成联合体的成员单位投标之前必须要签订共同投标协议，明确约定各方拟承担的工作和责任，并将共同投标协议连同投标文件一并提交招标人。依据《工程建设项目施工招标投标办法》，联合体投标未附联合体各方共同投标协议的，由评标委员会初审后按废标处理。

《建筑法》第27条同时规定："共同承包的各方对承包合同的履行承担连带责任。"

【案例】

建筑公司甲与建筑公司乙组成了一个联合体去投标，他们在共同投标协议中约定如果在施工的过程中出现质量问题而遭遇建设单位的索赔，各自承担索赔额的50%。后来在施工的过程中果然由于建筑公司甲的施工技术问题出现了质量问题并因此遭到了建设单位的索赔，索赔额是10万元。但是，建设单位却仅仅要求建筑公司乙赔付这笔索赔款。建筑公司乙拒绝了建设单位的请求，其理由有两点：

1. 质量事故的出现是建筑公司甲的技术原因，应该由建筑公司甲承担责任。

2. 共同投标协议中约定了各自承担50%的责任，即使不由建筑公司甲独自承担，起码建筑公司甲也应该承担50%的比例，不应该由自己拿出这笔钱。

你认为建筑公司乙的理由成立吗?

【分析】

（1）理由不成立。

依据《建筑法》，联合体中共同承包的各方对承包合同的履行承担连带责任。也就是说，建设单位可以要求建筑公司甲承担赔偿责任，也可以要求建筑公司乙承担赔偿责任。

已经承担责任的一方，可以就超出自己应该承担的部分向对方追偿，但是却不可以拒绝先行赔付。

（2）联合体资质的认定

联合体作为投标人也要符合资质管理的规定，因此，也必须要对联合体确定资质等级。

《建筑法》第27条对如何认定联合体资质作出了原则性规定：两个以上不同资质等级的单位实行联合共同承包的，应当按照资质等级较低的单位的业务许可范围承揽工程。

（3）转包

转包指的是承包单位承包建设工程后，不履行合同约定的责任和义务，将其承包的全部建设工程转给他人或者将其承包的全部建设工程肢解以后以分包的名义分别转给其他单位承包的行为。

禁止承包单位将其承包的全部建筑工程转包给他人，禁止承包单位将其承包的全部建筑工程肢解以后以分包的名义分别转包给他人。

承包人非法转包、违法分包建设工程或者没有资质的实际施工人借用有资质的建筑施工企业名义与他人签订建设工程施工合同的行为无效。

（4）法律责任

超越资质承揽工程的法律责任：发包单位将工程发包给不具有相应资质条件的承包单位的，或者违反本法规定将建筑工程肢解发包的，责令改正，处以罚款。

超越本单位资质等级承揽工程的，责令停止违法行为，处以罚款，可以责令停业整顿，降低资质等级；情节严重的，吊销资质证书；有违法所得的，予以没收。

未取得资质证书承揽工程的，予以取缔，并处罚款；有违法所得的，予以没收。

以欺骗手段取得资质证书的，吊销资质证书，处以罚款；构成犯罪的，依法追究刑事责任。

转让、出借资质证书的法律责任：建筑施工企业转让、出借资质证书或者以其他方式允许他人以本企业的名义承揽工程的，责令改正，没收违法所得，并处罚款，可以责令停业整顿，降低资质等级；情节严重的，吊销资质证书。对因该项承揽工程不符合规定的质量标准造成的损失，建筑施工企业与使用本企业名义的单位或者个人承担连带赔偿责任。

发承包中行贿、受贿的法律责任：在工程发包与承包中索贿、受贿、行贿，构成犯罪的，依法追究刑事责任；不构成犯罪的，分别处以罚款，没收贿赂的财物，对直接负责的主管人员和其他直接责任人员给予处分。

对在工程承包中行贿的承包单位，除依照前款规定处罚外，可以责令停业整顿，降低资质等级或者吊销资质证书。

3. 工程分包制度

分包，是指总承包单位将其所承包的工程中的专业工程或者劳务作业发包给其他承包单位完成的活动。

分包分为专业工程分包和劳务作业分包。

(1) 对分包单位的认可

《建筑法》第 29 条规定："除总承包合同中约定的分包外，必须经建设单位认可。"这条规定实际上赋予了建设单位对分包商的否决权。即没有经过建设单位认可的分包商是违法的分包商。

然而，认可分包单位与指定分包单位是不同的，指定分包商在我国是违法的。

(2) 违法分包

《建筑法》明确规定：禁止总承包单位将工程分包给不具备相应资质条件的单位。也禁止分包单位将其承包的工程再分包。

具体包括以下几种情形：

总承包单位将建设工程分包给不具备相应资质条件的单位的；

建设工程总承包合同中未有约定，又未经建设单位认可，承包单位将其承包的部分建设工程交由其他单位完成的；

施工总承包单位将建设工程主体结构的施工分包给其他单位的；

分包单位将其承包的建设工程再分包的。

(3) 总承包单位与分包单位的连带责任

《建筑法》第 29 条第 2 款规定："建筑工程总承包单位按照总承包合同的约定对建设单位负责；分包单位按照分包合同的约定对总承包单位负责。总承包单位和分包单位就分包工程对建设单位承担连带责任。"

(4) 法律责任

转包或者违法分包的法律责任：

承包单位将承包的工程转包的，或者违反本法规定进行分包的，责令改正，没收违法所得，并处罚款，可以责令停业整顿，降低资质等级；情节严重的，吊销资质证书。

因转包或者违法分包影响工程质量的法律责任：

承包单位有前款规定的违法行为的，对因转包工程或者违法分包的工程不符合规定的质量标准造成的损失，与接受转包或者分包的单位承担连带赔偿责任。

10.2 安全生产法

《中华人民共和国安全生产法》（以下简称《安全生产法》）由中华人民共和国第九届全国人民代表大会常务委员会第二十八次会议于 2002 年 6 月 29 日通过，自 2002 年 11 月

1日起施行。并于2014年8月31日修改通过，自2014年12月1日起施行。

《安全生产法》的立法目的在于为了加强安全生产监督管理，防止和减少生产安全事故，保障人民群众生命和财产安全，促进经济发展。《安全生产法》对生产经营单位的安全生产保障、从业人员的权利和义务、安全生产的监督管理、生产安全事故的应急救援与调查处理四个主要方面做出了规定。

10.2.1 生产经营单位的安全生产保障

1. 组织保障措施

（1）建立安全生产保障体系

矿山、建筑施工单位和危险物品的生产、经营、储存单位，应当设置安全生产管理机构或者配备专职安全生产管理人员。

其他生产经营单位，从业人员超过100人的，应当设置安全生产管理机构或者配备专职安全生产管理人员；从业人员在100人以下的，应当配备专职或者兼职的安全生产管理人员。

（2）明确岗位责任

1）生产经营单位的主要负责人的职责：建立、健全本单位安全生产责任制；组织制定本单位安全生产规章制度和操作规程；保证本单位安全生产投入的有效实施；督促、检查本单位的安全生产工作，及时消除生产安全事故隐患；组织制定并实施本单位的生产安全事故应急救援预案；及时、如实报告生产安全事故。

同时，《安全生产法》第47条规定："生产经营单位发生重大生产安全事故时，单位的主要负责人应当立即组织抢救，并不得在事故调查处理期间擅离职守。"

2）生产经营单位的安全生产管理人员的职责

生产经营单位的安全生产管理人员应当根据本单位的生产经营特点，对安全生产状况进行经常性检查；对检查中发现的安全问题，应当立即处理；不能处理的，应当及时报告本单位有关负责人，检查及处理情况应当记录在案。

3）对安全设施、设备的质量负责的岗位

对安全设施的设计质量负责的岗位：

建设项目安全设施的设计人、设计单位应当对安全设施设计负责。

矿山建设项目和用于生产、储存危险物品的建设项目的安全设施设计应当按照国家有关规定报经有关部门审查，审查部门及其负责审查的人员对审查结果负责。

对安全设施的施工负责的岗位：

矿山建设项目和用于生产、储存危险物品的建设项目的施工单位必须按照批准的安全设施设计施工，并对安全设施的工程质量负责。

对安全设施的竣工验收负责的岗位：

矿山建设项目和用于生产、储存危险物品的建设项目竣工投入生产或者使用前，必须依照有关法律、行政法规的规定对安全设施进行验收；验收合格后，方可投入生产和使用。验收部门及其验收人员对验收结果负责。

对安全设备质量负责的岗位：

生产经营单位使用的涉及生命安全、危险性较大的特种设备，以及危险物品的容器、运输工具，必须按照国家有关规定，由专业生产单位生产，并经取得专业资质的检测、检验机构检测、检验合格，取得安全使用证或者安全标志，方可投入使用。检测、检验机构对检测、检验结果负责。

涉及生命安全、危险性较大的特种设备的目录由国务院负责特种设备安全监督管理的部门制定，报国务院批准后执行。

2. 管理保障措施

（1）人力资源管理

对主要负责人和安全生产管理人员的管理：

生产经营单位的主要负责人和安全生产管理人员必须具备与本单位所从事的生产经营活动相应的安全生产知识和管理能力。

危险物品的生产、经营、储存单位以及矿山、建筑施工单位的主要负责人和安全生产管理人员，应当由有关主管部门对其安全生产知识和管理能力考核合格后方可任职。考核不得收费。

对一般从业人员的管理：

生产经营单位应当对从业人员进行安全生产教育和培训，保证从业人员具备必要的安全生产知识，熟悉有关的安全生产规章制度和安全操作规程，掌握本岗位的安全操作技能。未经安全生产教育和培训合格的从业人员，不得上岗作业。

对特种作业人员的管理：

生产经营单位的特种作业人员必须按照国家有关规定经专门的安全作业培训，取得特种作业操作资格证书，方可上岗作业。

（2）物力资源管理

设备的日常管理：

生产经营单位应当在有较大危险因素的生产经营场所和有关设施、设备上，设置明显的安全警示标志。

安全设备的设计、制造、安装、使用、检测、维修、改造和报废，应当符合国家标准或者行业标准。

生产经营单位必须对安全设备进行经常性维护、保养、并定期检测，保证正常运转。维护、保养、检测应当做好记录，并由有关人员签字。

设备的淘汰制度：

国家对严重危及生产安全的工艺、设备实行淘汰制度。生产经营单位不得使用国家明令淘汰、禁止使用的危及生产安全的工艺、设备。

生产经营项目、场所、设备的转让管理：

生产经营单位不得将生产经营项目、场所、设备发包或者出租给不具备安全生产条件或者相应资质的单位或者个人。

生产经营项目、场所的协调管理：

生产经营项目、场所有多个承包单位、承租单位的，生产经营单位应当与承包单位、承租单位签订专门的安全生产管理协议，或者在承包合同、租赁合同中约定各自的安全生产管理职责；生产经营单位对承包单位、承租单位的安全生产工作统一协调、管理。

(3) 经济保障措施

1) 保证安全生产所必需的资金

生产经营单位应当具备的安全生产条件所必需的资金投入，由生产经营单位的决策机构、主要负责人或者个人经营的投资人予以保证，并对由于安全生产所必需的资金投入不足导致的后果承担责任。

2) 保证安全设施所需要的资金

生产经营单位新建、改建、扩建工程项目（以下统称建设项目）的安全设施，必须与主体工程同时设计、同时施工、同时投入生产和使用（即“三同时”制度）。安全设施投资应当纳入建设项目概算。

3) 保证劳动防护用品、安全生产培训所需要的资金

生产经营单位必须为从业人员提供符合国家标准或者行业标准的劳动防护用品，并监督、教育从业人员按照使用规则佩戴、使用。

生产经营单位应当安排用于配备劳动防护用品、进行安全生产培训的经费。

4) 保证工伤社会保险所需要的资金

生产经营单位必须依法参加工伤社会保险，为从业人员缴纳保险费。

(4) 技术保障措施

1) 对新工艺、新技术、新材料或者使用新设备的管理

生产经营单位采用新工艺、新技术、新材料或者使用新设备，必须了解、掌握其安全技术特性，采取有效的安全防护措施，并对从业人员进行专门的安全生产教育和培训。

2) 对安全条件论证和安全评价的管理

矿山建设项目和用于生产、储存危险物品的建设项目，应当分别按照国家有关规定进行安全条件论证和安全评价。

3) 对废弃危险物品的管理

生产、经营、运输、储存、使用危险物品或者处置废弃危险物品的，由有关主管部门依照有关法律、法规的规定和国家标准或者行业标准审批并实施监督管理。

生产经营单位生产、经营、运输、储存、使用危险物品或者处置废弃危险物品，必须执行有关法律、法规和国家标准或者行业标准，建立专门的安全管理制度，采取可靠的安全措施，接受有关主管部门依法实施的监督管理。

4) 对重大危险源的管理

生产经营单位对重大危险源应当登记建档，进行定期检测、评估、监控，并制订应急预案，告知从业人员和相关人员在紧急情况下应当采取的应急措施。

生产经营单位应当按照国家有关规定将本单位重大危险源及有关安全措施、应急措施报有关地方人民政府负责安全生产监督管理的部门和有关部门备案。

5) 对员工宿舍的管理

生产、经营、储存、使用危险物品的车间、商店、仓库不得与员工宿舍在同一座建筑物内，并应当与员工宿舍保持安全距离。

生产经营场所和员工宿舍应当设有符合紧急疏散要求、标志明显、保持畅通的出口。禁止封闭、堵塞生产经营场所或者员工宿舍的出口。

6）对危险作业的管理

生产经营单位进行爆破、吊装等危险作业，应当安排专门人员进行现场安全管理，确保操作规程的遵守和安全措施的落实。

7）对安全生产操作规程的管理

生产经营单位应当教育和督促从业人员严格执行本单位的安全生产规章制度和安全操作规程；并向从业人员如实告知作业场所和工作岗位存在的危险因素、防范措施以及事故应急措施。

8）对施工现场的管理

两个以上生产经营单位在同一作业区域内进行生产经营活动，可能危及对方生产安全的，应当签订安全生产管理协议，明确各自的安全生产管理职责和应当采取的安全措施，并指定专职安全生产管理人员进行安全检查与协调。

（5）法律责任

1）不满足资金投入的法律责任

生产经营单位的决策机构、主要负责人、个人经营的投资人不依照本法规定保证安全生产所必需的资金投入，致使生产经营单位不具备安全生产条件的，责令限期改正，提供必需的资金；逾期未改正的，责令生产经营单位停产停业整顿。

有前款违法行为，导致发生生产安全事故，构成犯罪的，依照刑法有关规定追究刑事责任；尚不够刑事处罚的，对生产经营单位的主要负责人给予撤职处分，对个人经营的投资人处2万元以上20万元以下的罚款。

2）未履行安全管理职责的法律责任

生产经营单位的主要负责人未履行本法规定的安全生产管理职责的，责令限期改正；逾期未改正的，责令生产经营单位停产停业整顿。

生产经营单位的主要负责人有前款违法行为，导致发生生产安全事故，构成犯罪的，依照刑法有关规定追究刑事责任；尚不够刑事处罚的，给予撤职处分或者处2万元以上5万元以下的罚款。

生产经营单位的主要负责人依照前款规定受刑事处罚或者撤职处分的，自刑罚执行完毕或者受处分之日起，5年内不得担任任何生产经营单位的主要负责人。

3）未配备合格人员的责任

生产经营单位有下列行为之一的，责令限期改正；逾期未改正的，责令停产停业整顿，并处5万元以上10万元以下的罚款。对其直接负责的主管人员和其他直接责任人员处1万元以上2万元以下的罚款。

未按照规定设立安全生产管理机构或者配备安全生产管理人员的；危险物品的生产、经营、储存单位以及矿山、金属冶炼、建筑施工、道路运输单位的主要负责人和安全生产管理人员未按照规定经考核合格的；未依法对从业人员进行安全生产教育和培训，或者未依法如实告知从业人员有关的安全生产事项的；特种作业人员未按照规定经专门的安全作业培训并取得特种作业操作资格证书，上岗作业的。

4）不符合安全设施的法律责任

生产经营单位有下列行为之一的，责令停止建设或者停产停业整顿，限期改正；逾期未改正的，处五十万元以上一百万元以下的罚款，对其直接负责的主管人员和其他直接责任人员处二万元以上五万元以下的罚款；构成犯罪的，依照刑法有关规定追究刑事责任：

未按照规定对矿山、金属冶炼建设项目或者用于生产、储存、装卸危险物品的建设项目进行安全评价的；矿山、金属冶炼建设项目或者用于生产、储存、装卸危险物品的建设项目没有安全设施设计或者安全设施设计未按照规定报经有关部门审查同意的；矿山、金属冶炼建设项目或者用于生产、储存、装卸危险物品的建设项目的施工单位未按照批准的安全设施设计施工的；矿山、金属冶炼建设项目或者用于生产、储存危险物品的建设项目竣工投入生产或者使用前，安全设施未经验收合格的。

5）不符合设备管理的法律责任

生产经营单位有下列行为之一的，责令限期改正，可以处五万元以下的罚款；逾期未改正的，处五万元以上二十万元以下的罚款，对其直接负责的主管人员和其他直接责任人员处一万元以上二万元以下的罚款；情节严重的，责令停产停业整顿；构成犯罪的，依照刑法有关规定追究刑事责任：

未在有较大危险因素的生产经营场所和有关设施、设备上设置明显的安全警示标志的；安全设备的安装、使用、检测、改造和报废不符合国家标准或者行业标准的；未对安全设备进行经常性维护、保养和定期检测的；未为从业人员提供符合国家标准或者行业标准的劳动防护用品的；危险物品的容器、运输工具，以及涉及人身安全、危险性较大的海洋石油开采特种设备和矿山井下特种设备未经具有专业资质的机构检测、检验合格，取得安全使用证或者安全标志，投入使用的；使用应当淘汰的危及生产安全的工艺、设备的。

6）擅自生产、经营、运输、储存、使用危险物品或者处置废弃危险物品的法律责任

未经依法批准，擅自生产、经营、运输、储存、使用危险物品或者处置废弃危险物品的，依照有关危险物品安全管理的法律、行政法规的规定予以处罚；构成犯罪的，依照刑法有关规定追究刑事责任。

7）对重大危险源管理不当的法律责任

生产经营单位有下列行为之一的，责令限期改正，可以处十万元以下的罚款；逾期未改正的，责令停产停业整顿，并处十万元以上二十万元以下的罚款，对其直接负责的主管人员和其他直接责任人员处二万元以上五万元以下的罚款；构成犯罪的，依照刑法有关规定追究刑事责任：

生产、经营、运输、储存、使用危险物品或者处置废弃危险物品，未建立专门安全管理制度、未采取可靠的安全措施的；对重大危险源未登记建档，或者未进行评估、监控，或者未制定应急预案的；进行爆破、吊装以及国务院安全生产监督管理部门会同国务院有关部门规定的其他危险作业，未安排专门人员进行现场安全管理的。

8）非法转让经营项目、场所、设备的法律责任

生产经营单位将生产经营项目、场所、设备发包或者出租给不具备安全生产条件或者相应资质的单位或者个人的，责令限期改正，没收违法所得；违法所得十万元以上的，并处违法所得二倍以上五倍以下的罚款；没有违法所得或者违法所得不足十万元的，单处或者并处十万元以上二十万元以下的罚款；对其直接负责的主管人员和其他直接责任人员处一万元以上二万元以下的罚款；导致发生生产安全事故给他人造成损害的，与承包方、承租方承担连带赔偿责任。

生产经营单位未与承包单位、承租单位签订专门的安全生产管理协议或者未在承包合

同、租赁合同中明确各自的安全生产管理职责，或者未对承包单位、承租单位的安全生产统一协调、管理的，责令限期改正，可以处五万元以下的罚款，对其直接负责的主管人员和其他直接责任人员可以处一万元以下的罚款；逾期未改正的，责令停产停业整顿。

9）未协调安全生产的法律责任

两个以上生产经营单位在同一作业区域内进行生产经营活动，可能危及对方生产安全的，应当签订安全生产管理协议，明确各自的安全生产管理职责和应当采取的安全措施，并指定专职安全生产管理人员进行安全检查与协调。

10）非法设置员工宿舍的法律责任

生产经营单位有下列行为之一的，责令限期改正，可以处五万元以下的罚款，对其直接负责的主管人员和其他直接责任人员可以处一万元以下的罚款；逾期未改正的，责令停产停业整顿；构成犯罪的，依照刑法有关规定追究刑事责任：

生产、经营、储存、使用危险物品的车间、商店、仓库与员工宿舍在同一座建筑内，或者与员工宿舍的距离不符合安全要求的；生产经营场所和员工宿舍未设有符合紧急疏散需要、标志明显、保持畅通的出口，或者锁闭、封堵生产经营场所或者员工宿舍出口的。

10.2.2 从业人员安全生产的权利和义务

生产经营单位的从业人员，是指该单位从事生产经营活动各项工作的所有人员，包括管理人员、技术人员和各岗位的工人，也包括生产经营单位临时聘用的人员。

1. 安全生产中从业人员的权利和义务

（1）安全生产中从业人员的权利

1）知情权

生产经营单位的从业人员有权了解其作业场所和工作岗位存在的危险因素、防范措施及事故应急措施，有权对本单位的安全生产工作提出建议。

2）批评权和检举、控告权

从业人员有权对本单位安全生产工作中存在的问题提出批评、检举、控告。

3）拒绝权

从业人员有权拒绝违章指挥和强令冒险作业。生产经营单位不得因从业人员对本单位安全生产工作提出批评、检举、控告或者拒绝违章指挥、强令冒险作业而降低其工资、福利等待遇或者解除与其订立的劳动合同。

4）紧急避险权

从业人员发现直接危及人身安全的紧急情况时，有权停止作业或者在采取可能的应急措施后撤离作业场所。

生产经营单位不得因从业人员在前款紧急情况下停止作业或者采取紧急撤离措施而降低其工资、福利等待遇或者解除与其订立的劳动合同。

5）请求赔偿权

因生产安全事故受到损害的从业人员，除依法享有工伤社会保险外，依照有关民事法律尚有获得赔偿的权利的，有权向本单位提出赔偿要求。

依法为从业人员缴纳工伤社会保险费和给予民事赔偿，是生产经营单位的法定义务。生产经营单位必须依法参加工伤社会保险，为从业人员缴纳保险费；生产经营单位与从业人员订立的劳动合同，应当载明依法为从业人员办理工伤社会保险的事项。

发生生产安全事故后，受到损害的从业人员首先按照劳动合同和工伤社会保险合同的约定，享有请求相应赔偿的权利。如果工伤保险赔偿金不足以补偿受害人的损失，受害人还可以依照有关民事法律的规定，向其所在的生产经营单位提出赔偿要求。为了切实保护从业人员的该项权利，《安全生产法》第49条规定："生产经营单位不得以任何形式与从业人员订立协议，免除或者减轻其对从业人员因生产安全事故伤亡依法应承担的责任。"

6）获得劳动防护用品的权利

生产经营单位必须为从业人员提供符合国家标准或者行业标准的劳动防护用品，并监督、教育从业人员按照使用规则佩戴、使用。

7）获得安全生产教育和培训的权利

生产经营单位应当对从业人员进行安全生产教育和培训，保证从业人员具备必要的安全生产知识，熟悉有关的安全生产规章制度和安全操作规程，掌握本岗位的安全操作技能。

（2）安全生产中从业人员的义务

1）自律遵规的义务

从业人员在作业过程中，应当严格遵守本单位的安全生产规章制度和操作规程，服从管理，正确佩戴和使用劳动防护用品。

2）自觉学习安全生产知识的义务

从业人员应当接受安全生产教育和培训，掌握本职工作所需的安全生产知识，提高安全生产技能，增强事故预防和应急处理能力。

3）危险报告义务

从业人员发现事故隐患或者其他不安全因素，应当立即向现场安全生产管理人员或者本单位负责人报告；接到报告的人员应当及时予以处理。

2. 法律责任

（1）订立非法免责条款的法律责任

生产经营单位与从业人员订立协议，免除或者减轻其对从业人员因生产安全事故伤亡依法应承担的责任的，该协议无效；对生产经营单位的主要负责人、个人经营的投资人处2万元以上10万元以下的罚款。

（2）从业人员违章操作的法律责任

生产经营单位的从业人员不服从管理，违反安全生产规章制度或者操作规程的，由生产经营单位给予批评教育，依照有关规章制度给予处分；造成重大事故，构成犯罪的，依照刑法有关规定追究刑事责任。

10.2.3 安全生产的监督管理

1. 安全生产监督管理部门

根据《安全生产法》和《建设工程安全生产管理条例》的有关规定，国务院负责安全生产监督管理的部门，对全国建设工程安全生产工作实施综合监督管理。国务院建设行政主管部门对全国建设工程安全生产实施监督管理。国务院铁路、交通、水利等有关部门按照国务院的职责分工，负责有关专业建设工程安全生产的监督管理。

根据《建设工程安全生产管理条例》第44条的规定，建设行政主管部门或者其他有关部门可以将施工现场的监督检查委托给建设工程安全监督机构具体实施。

2. 安全生产监督管理措施

对安全生产负有监督管理职责的部门（以下统称负有安全生产监督管理职责的部门）依照有关法律、法规的规定，对涉及安全生产的事项需要审查批准（包括批准、核准、许可、注册、认证、颁发证照等，下同）或者验收的，必须严格依照有关法律、法规和国家标准或者行业标准规定的安全生产条件和程序进行审查；不符合有关法律、法规和国家标准或者行业标准规定的安全生产条件的，不得批准或者验收通过。对未依法取得批准或者验收合格的单位擅自从事有关活动的，负责行政审批的部门发现或者接到举报后应当立即予以取缔，并依法予以处理。对已经依法取得批准的单位，负责行政审批的部门发现其不再具备安全生产条件的，应当撤销原批准。

《建设工程安全生产管理条例》第 42 条规定，建设行政主管部门在审核发放施工许可证时，应当对建设工程是否有安全施工措施进行审查，对没有安全施工措施的，不得颁发施工许可证。

建设行政主管部门或者其他有关部门对建设工程是否有安全施工措施进行审查时，不得收取费用。

3. 安全生产监督管理部门的职权

负有安全生产监督管理职责的部门依法对生产经营单位执行有关安全生产的法律、法规和国家标准或者行业标准的情况进行监督检查，行使以下职权：

1）进入生产经营单位进行检查，调阅有关资料，向有关单位和人员了解情况。

2）对检查中发现的安全生产违法行为，当场予以纠正或者要求限期改正；对依法应当给予行政处罚的行为，依照本法和其他有关法律、行政法规的规定作出行政处罚决定。

3）对检查中发现的事故隐患，应当责令立即排除；重大事故隐患排除前或者排除过程中无法保证安全的，应当责令从危险区域内撤出作业人员，责令暂时停产停业或者停止使用；重大事故隐患排除后，经审查同意，方可恢复生产经营和使用。

4）对有根据认为不符合保障安全生产的国家标准或者行业标准的设施、设备、器材予以查封或者扣押，并应当在 15 日内依法作出处理决定。监督检查不得影响被检查单位的正常生产经营活动。

4. 安全生产监督检查人员的义务

安全生产监督检查人员在行使职权时，应当履行如下法定义务：

1）应当忠于职守，坚持原则，秉公执法；

2）执行监督检查任务时，必须出示有效的监督执法证件；

3）对涉及被检查单位的技术秘密和业务秘密，应当为其保密。

5. 法律责任

1）不具备安全生产条件的法律责任

生产经营单位不具备本法和其他有关法律、行政法规和国家标准或者行业标准规定的安全生产条件，经停产停业整顿仍不具备安全生产条件的，予以关闭；有关部门应当依法吊销其有关证照。

2）未履行赔偿责任的法律责任

生产经营单位发生生产安全事故造成人员伤亡、他人财产损失的，应当依法承担赔偿责任；拒不承担或者其负责人逃匿的，由人民法院依法强制执行。

生产安全事故的责任人未依法承担赔偿责任，经人民法院依法采取执行措施后，仍不能对受害人给予足额赔偿的，应当继续履行赔偿义务；受害人发现责任人有其他财产的，可以随时请求人民法院执行。

10.2.4 生产安全事故的应急救援与处理

1. 生产安全事故的应急救援

（1）生产安全事故的分类

2007年6月1日起施行的《生产安全事故报告和调查处理条例》对生产安全事故作出了明确的分类。

根据生产安全事故（以下简称事故）造成的人员伤亡或者直接经济损失，事故一般分为以下等级：

特别重大事故，是指造成30人以上死亡，或者100人以上重伤（包括急性工业中毒，下同），或者1亿元以上直接经济损失的事故；

重大事故，是指造成10人以上30人以下死亡，或者50人以上100人以下重伤，或者5000万元以上1亿元以下直接经济损失的事故；

较大事故，是指造成3人以上10人以下死亡，或者10人以上50人以下重伤，或者1000万元以上5000万元以下直接经济损失的事故；

一般事故，是指造成3人以下死亡，或者10人以下重伤，或者1000万元以下直接经济损失的事故。

这里所称的“以上”包括本数，所称的“以下”不包括本数。

（2）应急救援体系的建立

《安全生产法》第77条规定：“县级以上地方各级人民政府应当组织有关部门制定本行政区域内特大生产安全事故应急救援预案，建立应急救援体系。”

根据《安全生产法》第79条的规定，危险物品的生产、经营、储存单位以及矿山、金属冶炼、城市轨道交通运营、建筑施工单位应当建立应急救援组织；生产经营规模较小的，可以不建立应急救援组织，但应当指定兼职的应急救援人员。危险物品的生产、经营、储存、运输单位以及矿山、金属冶炼、城市轨道交通运营、建筑施工单位应当配备必要的应急救援器材、设备和物资，并进行经常性维护、保养，保证正常运转。

2. 生产安全事故报告

（1）安全生产法关于生产安全事故报告的规定

生产经营单位发生生产安全事故后，事故现场有关人员应当立即报告本单位负责人。

单位负责人接到事故报告后，应当迅速采取有效措施，组织抢救，防止事故扩大，减少人员伤亡和财产损失，并按照国家有关规定立即如实报告当地负有安全生产监督管理职责的部门，不得隐瞒不报、谎报或者拖延不报，不得故意破坏事故现场、毁灭有关证据。对于实行施工总承包的建设工程，根据《建设工程安全生产管理条例》第50条的规定，由总承包单位负责上报事故。

负有安全生产监督管理职责的部门接到事故报告后，应当立即按照国家有关规定上报事故情况。负有安全生产监督管理职责的部门和有关地方人民政府对事故情况不得隐瞒不报、谎报或者拖延不报。

有关地方人民政府和负有安全生产监督管理职责部门的负责人接到重大生产安全事故报告后，应当立即赶到事故现场，组织事故抢救。

【案例】

某施工现场发生了安全生产事故，堆放石料的料堆坍塌，将一些正在工作的工人掩埋，最终导致了3名工人死亡。工人张骏江在现场目睹了整个事故的全过程，于是立即向本单位负责人报告。由于张骏江看到的是掩埋了5名工人，他就推测这5名工人均已经死亡。于是向本单位负责人报告说5名工人遇难。此数字与实际数字不符，你认为该工人是否违法?

【分析】 不违法。

依据《安全生产法》，事故现场有关人员应当立即报告本单位负责人，但并不要求如实报告。因为在进行报告的时候，报告人未必能准确知道伤亡人数。所以，即使报告数据与实际数据不符，也并不违法。

但是，如果报告人不及时报告，就会涉嫌违法。因为可能由于其报告不及时而使得救援迟缓，伤亡扩大。

(2)《生产安全事故报告和调查处理条例》关于生产安全事故报告的规定

1）事故单位的报告

事故发生后，事故现场有关人员应当立即向本单位负责人报告；单位负责人接到报告后，应当于1小时内向事故发生地县级以上人民政府安全生产监督管理部门和负有安全生产监督管理职责的有关部门报告。

情况紧急时，事故现场有关人员可以直接向事故发生地县级以上人民政府安全生产监督管理部门和负有安全生产监督管理职责的有关部门报告。

2）监管部门的报告

安全生产监督管理部门和负有安全生产监督管理职责的有关部门接到事故报告后，应当依照下列规定上报事故情况，并通知公安机关、劳动保障行政部门、工会和人民检察院：

特别重大事故、重大事故逐级上报至国务院安全生产监督管理部门和负有安全生产监督管理职责的有关部门；

较大事故逐级上报至省、自治区、直辖市人民政府安全生产监督管理部门和负有安全生产监督管理职责的有关部门；

一般事故上报至设区的市级人民政府安全生产监督管理部门和负有安全生产监督管理职责的有关部门。

安全生产监督管理部门和负有安全生产监督管理职责的有关部门依照前款规定上报事故情况，应当同时报告本级人民政府。国务院安全生产监督管理部门和负有安全生产监督管理职责的有关部门以及省级人民政府接到发生特别重大事故、重大事故的报告后，应当立即报告国务院。必要时，安全生产监督管理部门和负有安全生产监督管理职责的有关部门可以越级上报事故情况。

安全生产监督管理部门和负有安全生产监督管理职责的有关部门逐级上报事故情况，每级上报的时间不得超过2小时。

3）报告的内容

报告事故应当包括下列内容：

①事故发生单位概况；②事故发生的时间、地点以及事故现场情况；③事故的简要经过；④事故已经造成或者可能造成的伤亡人数（包括下落不明的人数）和初步估计的直接经济损失；⑤已经采取的措施；⑥其他应当报告的情况。

事故报告后出现新情况的，应当及时补报。自事故发生之日起 30 日内，事故造成的伤亡人数发生变化的，应当及时补报。道路交通事故、火灾事故自发生之日起 7 日内，事故造成的伤亡人数发生变化的，应当及时补报。

4）应急救援

事故发生单位负责人接到事故报告后，应当立即启动事故相应应急预案，或者采取有效措施，组织抢救，防止事故扩大，减少人员伤亡和财产损失。

事故发生地有关地方人民政府、安全生产监督管理部门和负有安全生产监督管理职责的有关部门接到事故报告后，其负责人应当立即赶赴事故现场，组织事故救援。

5）现场与证据

事故发生后，有关单位和人员应当妥善保护事故现场以及相关证据，任何单位和个人不得破坏事故现场、毁灭相关证据。

因抢救人员、防止事故扩大以及疏通交通等原因，需要移动事故现场物件的，应当做出标志，绘制现场简图并做出书面记录，妥善保存现场重要痕迹、物证。

3. 生产安全事故调查处理

(1)《安全生产法》对生产安全事故调查的规定

根据《安全生产法》第 83～85 条的规定，生产安全事故调查处理应当遵守以下基本规定：

事故调查处理应当按照科学严谨、依法依规、实事求是、注重实效的原则，及时、准确地查清事故原因，查明事故性质和责任，总结事故教训，提出整改措施，并对事故责任者提出处理意见。事故调查报告应当依法及时向社会公布。事故调查和处理的具体办法由国务院制定。

事故发生单位应当及时全面落实整改措施，负有安全生产监督管理职责的部门应当加强监督检查。

生产经营单位发生生产安全事故，经调查确定为责任事故的，除了应当查明事故单位的责任并依法予以追究外，还应当查明对安全生产的有关事项负有审查批准和监督职责的行政部门的责任，对有失职、渎职行为的，依照本法第八十七条的规定追究法律责任。

任何单位和个人不得阻挠和干涉对事故的依法调查处理。

(2)《生产安全事故报告和调查处理条例》对生产安全事故处理的规定

1）事故调查报告

事故调查报告应当包括下列内容：

事故发生单位概况；事故发生经过和事故救援情况；事故造成的人员伤亡和直接经济损失；事故发生的原因和事故性质；事故责任的认定以及对事故责任者的处理建议；事故防范和整改措施。

事故调查报告应当附具有关证据材料。事故调查组成员应当在事故调查报告上签名。

2）事故处理时限

重大事故、较大事故、一般事故，负责事故调查的人民政府应当自收到事故调查报告之日起15日内做出批复；特别重大事故，30日内做出批复，特殊情况下，批复时间可以适当延长，但延长的时间最长不超过30日。

3）整改

事故发生单位应当认真吸取事故教训，落实防范和整改措施，防止事故再次发生。防范和整改措施的落实情况应当接受工会和职工的监督。

安全生产监督管理部门和负有安全生产监督管理职责的有关部门应当对事故发生单位落实防范和整改措施的情况进行监督检查。

4）处理结果的公布

事故处理的情况由负责事故调查的人民政府或者其授权的有关部门、机构向社会公依法应当保密的除外。

4. 法律责任

（1）违反《安全生产法》的法律责任

1）救援不力的法律责任

生产经营单位主要负责人在本单位发生重大生产安全事故时，不立即组织抢救或者在事故调查处理期间擅离职守或者逃匿的，给予降职、撤职的处分，并由安全生产监督管理部门处上一年年收入百分之六十至百分之一百的罚款；对逃匿的处15日以下拘留；构成犯罪的，依照刑法有关规定追究刑事责任。

2）不及时如实报告安全生产事故的法律责任

生产经营单位主要负责人对生产安全事故隐瞒不报、谎报或者拖延不报的，依照前款规定处罚。

（2）违反《生产安全事故报告和调查处理条例》的法律责任

事故发生后玩忽职守而承担的法律责任：

事故发生单位主要负责人有下列行为之一的，处上一年年收入40%～80%的罚款；属于国家工作人员的，并依法给予处分；构成犯罪的，依法追究刑事责任：

不立即组织事故抢救的；迟报或者漏报事故的；在事故调查处理期间擅离职守的。

因恶意阻挠对事故调查处理的法律责任：

事故发生单位及其有关人员有下列行为之一的，对事故发生单位处100万元以上500万元以下的罚款；对主要负责人、直接负责的主管人员和其他直接责任人员处上一年年收入60%～100%的罚款；属于国家工作人员的，并依法给予处分；构成违反治安管理行为的，由公安机关依法给予治安管理处罚；构成犯罪的，依法追究刑事责任：

谎报或者瞒报事故的；伪造或者故意破坏事故现场的；转移、隐匿资金、财产，或者销毁有关证据、资料的；拒绝接受调查或者拒绝提供有关情况和资料的；在事故调查中作伪证或者指使他人作伪证的；事故发生后逃匿的。

对事故负有责任的单位和人员应承担的法律责任：

事故发生单位对事故发生负有责任的，依照下列规定处以罚款：

① 发生一般事故的，处10万元以上20万元以下的罚款；

② 发生较大事故的，处20万元以上50万元以下的罚款；

③ 发生重大事故的，处50万元以上200万元以下的罚款；

④ 发生特别重大事故的，处200万元以上500万元以下的罚款。

对事故负有责任的人员承担的法律责任：

事故发生单位主要负责人未依法履行安全生产管理职责，导致事故发生的，依照下列规定处以罚款；属于国家工作人员的，并依法给予处分；构成犯罪的，依法追究刑事责任：

① 发生一般事故的，处上一年年收入30%的罚款；

② 发生较大事故的，处上一年年收入40%的罚款；

③ 发生重大事故的，处上一年年收入60%的罚款；

④ 发生特别重大事故的，处上一年年收入80%的罚款。

对事故负有责任的单位和人员应承担的其他法律责任：

事故发生单位对事故发生负有责任的，由有关部门依法暂扣或者吊销其有关证照；对事故发生单位负有事故责任的有关人员，依法暂停或者撤销其与安全生产有关的执业资格、岗位证书；事故发生单位主要负责人受到刑事处罚或者撤职处分的，自刑罚执行完毕或者受处分之日起，5年内不得担任任何生产经营单位的主要负责人。

为发生事故的单位提供虚假证明的中介机构，由有关部门依法暂扣或者吊销其有关证照及其相关人员的执业资格；构成犯罪的，依法追究刑事责任。

政府有关部门及其人员的法律责任：

有关地方人民政府、安全生产监督管理部门和负有安全生产监督管理职责的有关部门有下列行为之一的，对直接负责的主管人员和其他直接责任人员依法给予处分；构成犯罪的，依法追究刑事责任：不立即组织事故抢救的；迟报、漏报、谎报或者瞒报事故的；阻碍、干涉事故调查工作的；在事故调查中作伪证或者指使他人作伪证的。

违反本条例规定，有关地方人民政府或者有关部门故意拖延或者拒绝落实经批复的对事故责任人的处理意见的，由监察机关对有关责任人员依法给予处分。

参与事故调查人员的法律责任：

参与事故调查的人员在事故调查中有下列行为之一的，依法给予处分；构成犯罪的，依法追究刑事责任：对事故调查工作不负责任，致使事故调查工作有重大疏漏的；包庇、袒护负有事故责任的人员或者借机打击报复的。

10.3 建设工程安全生产管理条例

《建设工程安全生产管理条例》（以下简称《安全生产管理条例》）于2003年11月12日经国务院第28次常务会议通过，2003年11月24日中华人民共和国国务院令第393号公布，自2004年2月1日起施行。

《安全生产管理条例》的立法目的在于加强建设工程安全生产监督管理，保障人民群众生命和财产安全。《建筑法》和《安全生产法》是制定该条例的基本法律依据。是《建筑法》和《安全生产法》在工程建设领域的进一步细化与延伸。《安全生产管理条例》分别对建设单位、施工单位、工程监理单位以及勘察、设计和其他有关单位的安全责任做出了规定。

《建设工程安全生产管理条例》第 2 条规定：“在中华人民共和国境内从事建设工程的新建、扩建、改建和拆除等有关活动及实施对建设工程安全生产的监督管理，必须遵守本条例。本条例所称建设工程，是指土木工程、建筑工程、线路管道和设备安装工程及装修工程。”

1. 建设单位的安全责任

（1）向施工单位提供资料的责任

建设单位应当向施工单位提供施工现场及毗邻区域内供水、排水、供电、供气、供热、通信、广播电视等地下管线资料，气象和水文观测资料，相邻建筑物和构筑物、地下工程的有关资料，并保证资料的真实、准确、完整。

建设单位提供的资料将成为施工单位后续工作的主要参考依据。这些资料如果不真实、准确、完整，并因此导致了施工单位的损失，施工单位可以就此向建设单位要求赔偿。

（2）依法履行合同的责任

建设单位不得对勘察、设计、施工、工程监理等单位提出不符合建设工程安全生产法律、法规和强制性标准规定的要求，不得压缩合同约定的工期。

（3）提供安全生产费用的责任

安全生产需要资金的源头就是建设单位。只有建设单位提供了用于安全生产的费用，施工单位才可能有保证安全生产的费用。

因此，《安全生产管理条例》第 8 条规定：“建设单位在编制工程概算时，应当确定建设工程安全作业环境及安全施工措施所需费用。”

（4）不得推销劣质材料设备的责任

建设单位不得明示或者暗示施工单位购买、租赁、使用不符合安全施工要求的安全防护用具、机械设备、施工机具及配件、消防设施和器材。

（5）提供安全施工措施资料的责任

建设单位在申请领取施工许可证时，应当提供建设工程有关安全施工措施的资料。

依法批准开工报告的建设工程，建设单位应当自开工报告批准之日起 15 日内，将保证安全施工的措施报送建设工程所在地的县级以上地方人民政府建设行政主管部门或者其他有关部门备案。

（6）对拆除工程进行备案的责任

《安全生产管理条例》第 11 条规定，建设单位应当将拆除工程发包给具有相应资质等级的施工单位。

建设单位应当在拆除工程施工 15 日前，将下列资料报送建设工程所在地的县级以上地方人民政府建设行政主管部门或者其他有关部门备案：

1）施工单位资质等级证明；2）拟拆除建筑物、构筑物及可能危及毗邻建筑的说明；3）拆除施工组织方案；4）堆放、清除废弃物的措施。

实施爆破作业的，应当遵守国家有关民用爆炸物品管理的规定。

2. 建设单位的法律责任

（1）未提供安全生产作业环境及安全施工措施所需费用的法律责任

建设单位未提供建设工程安全生产作业环境及安全施工措施所需费用的，责令限期改正；逾期未改正的，责令该建设工程停止施工。

建设单位未将保证安全施工的措施或者拆除工程的有关资料报送有关部门备案的，责令限期改正，给予警告。

（2）其他法律责任

建设单位有下列行为之一的，责令限期改正，处20万元以上50万元以下的罚款；造成重大安全事故，构成犯罪的，对直接责任人员，依照刑法有关规定追究刑事责任；造成损失的，依法承担赔偿责任：

1）对勘察、设计、施工、工程监理等单位提出不符合安全生产法律、法规和强制性标准规定的要求的；

2）要求施工单位压缩合同约定的工期的；

3）将拆除工程发包给不具有相应资质等级的施工单位的。

3. 工程监理单位的安全责任

（1）审查施工方案的责任

《建设工程安全生产管理条例》第14条规定："工程监理单位应当审查施工组织设计中的安全技术措施或者专项施工方案是否符合工程建设强制性标准。"

施工组织设计在本质上是施工单位编制的施工计划。其中要包含安全技术措施和施工方案。对于达到一定规模的危险性较大的分部分项工程要编制专项施工方案。

实际上，整个施工组织设计都需要经过监理单位的审批后才能被施工单位使用。由于本章主要是谈安全管理，所以，在这里仅仅强调了监理单位要审查施工组织设计中的安全技术措施或者专项施工方案是否符合工程强制性标准。

如果在实践中合同中约定的标准高于强制性标准的情况时，监理单位就不仅要审查施工组织设计中的安全技术措施或者专项施工方案是否违法了，还要看一看是否违约。若违约，也不能批准施工单位的施工组织设计。

（2）监理的安全生产责任

工程监理单位在实施监理过程中，发现存在安全事故隐患的，应当要求施工单位整改；情况严重的，应当要求施工单位暂时停止施工，并及时报告建设单位。施工单位拒不整改或者不停止施工的，工程监理单位应当及时向有关主管部门报告。工程监理单位和监理工程师应当按照法律、法规和工程建设强制性标准实施监理，并对建设工程安全生产承担监理责任。

4. 监理单位的法律责任

（1）违反强制性标准的法律责任

注册执业人员（包括监理工程师）未执行法律、法规和工程建设强制性标准的，责令停止执业3个月以上1年以下；情节严重的，吊销执业资格证书，5年内不予注册；造成重大安全事故的，终身不予注册；构成犯罪的，依照刑法有关规定追究刑事责任。

（2）其他法律责任

工程监理单位有下列行为之一的，责令限期改正；逾期未改正的，责令停业整顿，并处10万元以上30万元以下的罚款；情节严重的，降低资质等级，直至吊销资质证书；造成重大安全事故，构成犯罪的，对直接责任人员，依照刑法有关规定追究刑事责任；造成损失的，依法承担赔偿责任：

1）未对施工组织设计中的安全技术措施或者专项施工方案进行审查的；

2）发现安全事故隐患未及时要求施工单位整改或者暂时停止施工的；

3）施工单位拒不整改或者不停止施工，未及时向有关主管部门报告的；

4）未依照法律、法规和工程建设强制性标准实施监理的。

5. 施工单位的安全责任

（1）主要负责人、项目负责人和专职安全生产管理人员的安全责任

1）主要负责人

加强对施工单位安全生产的管理，首先要明确责任人。《建设工程安全生产管理条例》第21条第1款的规定，“施工单位主要负责人依法对本单位的安全生产工作全面负责”。

在这里，“主要负责人”并不仅限于施工单位的法定代表人，而是指对施工单位全面负责，有生产经营决策权的人。

根据《建设工程安全生产管理条例》的有关规定，施工单位主要负责人的安全生产方面的主要职责包括：建立健全安全生产责任制度和安全生产教育培训制度；制定安全生产规章制度和操作规程；保证本单位安全生产条件所需资金的投入；对所承建的建设工程进行定期和专项安全检查，并做好安全检查记录。

2）项目负责人

《建设工程安全生产管理条例》第21条第2款规定，施工单位的项目负责人应当由取得相应执业资格的人员担任，对建设工程项目的安全施工负责。

项目负责人（主要指项目经理）在工程项目中处于核心地位，对建设工程项目的安全全面负责。根据《建设工程安全生产管理条例》第21条的规定，项目负责人的安全责任主要包括：落实安全生产责任制度，安全生产规章制度和操作规程；确保安全生产费用的有效使用；根据工程的特点组织制定安全施工措施，消除安全事故隐患；及时、如实报告生产安全事故。

3）安全生产管理机构和专职安全生产管理人员

根据《建设工程安全生产管理条例》第23条规定，“施工单位应当设立安全生产管理机构，配备专职安全生产管理人员”。

安全生产管理机构的设立及其职责：

安全生产管理机构是指施工单位及其在建设工程项目中设置的负责安全生产管理工作的独立职能部门。

根据建设部《建筑施工企业安全生产管理机构设置及专职安全生产管理人员配备办法》（建质［2004］213号）规定，施工单位所属的分公司、区域公司等较大的分支机构应当各自独立设置安全生产管理机构，负责本企业（分支机构）的安全生产管理工作。施工单位及其所属分公司、区域公司等较大的分支机构必须在建设工程项目中设立安全生产管理机构。

安全生产管理机构的职责主要包括：落实国家有关安全生产法律法规和标准、编制并适时更新安全生产管理制度、组织开展全员安全教育培训及安全检查等活动。

专职安全生产管理人员的配备及其职责：

《建设工程安全生产管理条例》第23条规定，“专职安全生产管理人员的配备办法由国务院建设行政主管部门会同国务院其他有关部门制定”。建设部《建筑施工企业安全生

产管理机构设置及专职安全生产管理人员配备办法》（建质［2004］213号）对专职安全生产管理人员的配备做出了具体规定。

专职安全生产管理人员是指经建设主管部门或者其他有关部门安全生产考核合格，并取得安全生产考核合格证书在企业从事安全生产管理工作的专职人员，包括施工单位安全生产管理机构的负责人及其工作人员和施工现场专职安全生产管理人员。

专职安全生产管理人员的安全责任主要包括：对安全生产进行现场监督检查。发现安全事故隐患，应当及时向项目负责人和安全生产管理机构报告；对于违章指挥、违章操作的，应当立即制止。

（2）总承包单位和分包单位的安全责任

1）总承包单位的安全责任

《建设工程安全生产管理条例》第24条规定，“建设工程实行施工总承包的，由总承包单位对施工现场的安全生产负总责”。为了防止违法分包和转包等违法行为的发生，真正落实施工总承包单位的安全责任，《建设工程安全生产管理条例》进一步强调：“总承包单位应当自行完成建设工程主体结构的施工”。这也是《建筑法》的要求，避免由于分包单位的能力的不足而导致生产安全事故的发生。

2）总承包单位与分包单位的安全责任划分

《建设工程安全生产管理条例》第24条规定，“总承包单位依法将建设工程分包给其他单位的，分包合同中应当明确各自的安全生产方面的权利、义务。总承包单位和分包单位对分包工程的安全生产承担连带责任”。

但是，总承包单位与分包单位在安全生产方面的责任也不是固定的，要根据具体的情况来确定责任。《安全生产管理条例》第24条规定：“分包单位应当服从总承包单位的安全生产管理，分包单位不服从管理导致生产安全事故的，由分包单位承担主要责任。”

（3）安全生产教育培训

1）管理人员的考核

施工单位的主要负责人、项目负责人、专职安全生产管理人员应当经建设行政主管部门或者其他有关部门考核合格后方可任职。

2）作业人员的安全生产教育培训

日常培训：施工单位应当对管理人员和作业人员每年至少进行一次安全生产教育培训，培训情况计入个人工作档案。安全生产教育培训考核不合格的人员，不得上岗。

新岗位培训：作业人员进入新的岗位或者新的施工现场前，应当接受安全生产教育培训。培训或者教育培训考核不合格的人员，不得上岗作业。

施工单位在采用新技术、新工艺、新设备、新材料时，也应当对作业人员进行相应的安全生产教育培训。

特种作业人员的专门培训：垂直运输机械作业人员、安装拆卸工、爆破作业人员、起重信号工、登高架设作业人员等特种作业人员，必须按照国家有关规定经过专门的安全作业培训，并取得特种作业操作资格证书后，方可上岗作业。

（4）施工单位应采取的安全措施

1）编制安全技术措施、施工现场临时用电方案和专项施工方案

编制安全技术措施：《建设工程安全生产管理条例》第26条规定：“施工单位应当在

施工组织设计中编制安全技术措施”。

编制施工现场临时用电方案：《建设工程安全生产管理条例》第26条还规定，“施工单位应当在施工组织设计中编制安全技术措施和施工现场临时用电方案”。临时用电方案直接关系到用电人员的安全，应当严格按照《施工现场临时用电安全技术规范（附条文说明）》（JGJ 46—2005）进行编制，保障施工现场用电防止触电和电气火灾事故发生。

编制专项施工方案：对下列达到一定规模的危险性较大的分部分项工程编制专项施工方案，并附具安全验算结果，经施工单位技术负责人、总监理工程师签字后实施，由专职安全生产管理人员进行现场监督：基坑支护与降水工程；土方开挖工程；模板工程；起重吊装工程；脚手架工程；拆除、爆破工程；国务院建设行政主管部门或者其他有关部门规定的其他危险性较大的工程。

对前款所列工程中涉及深基坑、地下暗挖工程、高大模板工程的专项施工方案，施工单位还应当组织专家进行论证、审查。

2）安全施工技术交底

施工前的安全施工技术交底的目的就是让所有的安全生产从业人员都对安全生产有所了解，最大限度避免安全事故的发生。因此，建设工程施工前，施工单位负责项目管理的技术人员应当对有关安全施工的技术要求向施工作业班组、作业人员作出详细说明，并由双方签字确认。

3）施工现场安全警示标志的设置

施工单位应当在施工现场人口处、施工起重机械、临时用电设施、脚手架、出入通道口、楼梯口、电梯井口、孔洞口、桥梁口、隧道口、基坑边沿、爆破物及有害危险气体和液体存放处等危险部位，设置明显的安全警示标志。安全警示标志必须符合国家标准。

4）施工现场的安全防护

施工单位应当根据不同施工阶段和周围环境及季节、气候的变化，在施工现场采取相应的安全施工措施。施工现场暂时停止施工的，施工单位应当做好现场防护，所需费用由责任方承担，或者按照合同约定执行。

5）施工现场的布置应当符合安全和文明施工要求

施工单位应当将施工现场的办公、生活区与作业区分开设置，并保持安全距离；办公、生活区的选址应当符合安全性要求。职工的膳食、饮水、休息场所等应当符合卫生标准。施工单位不得在尚未竣工的建筑物内设置员工集体宿舍。

施工现场临时搭建的建筑物应当符合安全使用要求。施工现场使用的装配式活动房屋应当具有产品合格证。临时建筑物一般包括施工现场的办公用房、宿舍、食堂、仓库、卫生间等。

6）对周边环境采取防护措施

施工单位对因建设工程施工可能造成损害的毗邻建筑物、构筑物和地下管线等，应当采取专项防护措施。施工单位应当遵守有关环境保护法律、法规的规定，在施工现场采取措施，防止或者减少粉尘、废气、废水、固体废物、噪声、振动和施工照明对人和环境的危害和污染。在城市市区内的建设工程，施工单位应当对施工现场实行封闭围挡。

7）施工现场的消防安全措施

施工单位应当在施工现场建立消防安全责任制度，确定消防安全责任人，制定用火、用电、使用易燃易爆材料等各项消防安全管理制度和操作规程，设置消防通道、消防水源，配备消防设施和灭火器材，并在施工现场人口处设置明显标志。

8）安全防护设备管理

施工单位采购、租赁的安全防护用具、机械设备、施工机具及配件，应当具有生产（制造）许可证、产品合格证，并在进入施工现场前进行查验。

施工现场的安全防护用具、机械设备、施工机具及配件必须由专人管理，定期进行检查、维修和保养，建立相应的资料档案，并按照国家有关规定及时报废。

作业人员应当遵守安全施工的强制性标准、规章制度和操作规程，正确使用安全防护用具、机械设备等。

9）起重机械设备管理

施工单位在使用施工起重机械和整体提升脚手架、模板等自升式架设设施前，应当组织有关单位进行验收，也可以委托具有相应资质的检验检测机构进行验收；使用承租的机械设备和施工机具及配件的，由施工总承包单位、分包单位、出租单位和安装单位共同进行验收。验收合格的方可使用。

《特种设备安全监察条例》规定的施工起重机械，在验收前应当经有相应资质的检验检测机构监督检验合格。

施工单位应当自施工起重机械和整体提升脚手架、模板等自升式架设设施验收合格之日起30日内，向建设行政主管部门或者其他有关部门登记。登记标志应当置于或者附着于该设备的显著位置。

依据《特种设备安全监察条例》第2条，作为特种设备的施工起重机械指的是“涉及生命安全、危险性较大的”起重机械。

10）办理意外伤害保险

《建设工程安全生产管理条例》第38条规定；“施工单位应当为施工现场从事危险作业的人员办理意外伤害保险。

意外伤害保险费由施工单位支付。实行施工总承包的，由总承包单位支付意外伤害保险费。意外伤害保险期限自建设工程开工之日起至竣工验收合格止。”

6. 施工单位的法律责任

（1）挪用安全生产费用的法律责任

施工单位挪用列入建设工程概算的安全生产作业环境及安全施工措施所需费用的，责令限期改正，处挪用费用20%以上50%以下的罚款；造成损失的，依法承担赔偿责任。

（2）违反施工现场管理的法律责任

施工单位有下列行为之一的，责令限期改正；逾期未改正的，责令停业整顿，并处5万元以上10万元以下的罚款；造成重大安全事故，构成犯罪的，对直接责任人员，依照刑法有关规定追究刑事责任：

1）施工前未对有关安全施工的技术要求作出详细说明的；

2）未根据不同施工阶段和周围环境及季节、气候的变化，在施工现场采取相应的安全施工措施，或者在城市市区内的建设工程的施工现场未实行封闭围挡的；

3）在尚未竣工的建筑物内设置员工集体宿舍的；

4）施工现场临时搭建的建筑物不符合安全使用要求的；

5）未对因建设工程施工可能造成损害的毗邻建筑物、构筑物和地下管线等采取专项防护措施的。

施工单位有前款规定第（4）项、第（5）项行为，造成损失的，依法承担赔偿责任。

（3）违反安全设施管理的法律责任

施工单位有下列行为之一的，责令限期改正；逾期未改正的，责令停业整顿，并处10万元以上30万元以下的罚款；情节严重的，降低资质等级，直至吊销资质证书；造成重大安全事故，构成犯罪的，对直接责任人员，依照刑法有关规定追究刑事责任；造成损失的，依法承担赔偿责任：

1）安全防护用具、机械设备、施工机具及配件在进入施工现场前未经查验或者查验不合格即投入使用的；

2）使用未经验收或者验收不合格的施工起重机械和整体提升脚手架、模板等自升式架设设施的；

3）委托不具有相应资质的单位承担施工现场安装、拆卸施工起重机械和整体提升脚手架、模板等自升式架设设施的；

4）在施工组织设计中未编制安全技术措施、施工现场临时用电方案或者专项施工方案的。

（4）管理人员不履行安全生产管理职责的法律责任

施工单位的主要负责人、项目负责人未履行安全生产管理职责的，责令限期改正；逾期未改正的，责令施工单位停业整顿；造成重大安全事故、重大伤亡事故或者其他严重后果，构成犯罪的，依照刑法有关规定追究刑事责任。

施工单位的主要负责人、项目负责人有前款违法行为，尚不够刑事处罚的，处2万元以上20万元以下的罚款或者按照管理权限给予撤职处分；自刑罚执行完毕或者受处分之日起，5年内不得担任任何施工单位的主要负责人、项目负责人。

（5）作业人员违章作业的法律责任

作业人员不服管理、违反规章制度和操作规程冒险作业造成重大伤亡事故或者其他严重后果，构成犯罪的，依照刑法有关规定追究刑事责任。

（6）降低安全生产条件的法律责任

施工单位取得资质证书后，降低安全生产条件的，责令限期改正；经整改仍未达到与其资质等级相适应的安全生产条件的，责令停业整顿，降低其资质等级直至吊销资质证书。

（7）其他法律责任

施工单位有下列行为之一的，责令限期改正；逾期未改正的，责令停业整顿，依照《中华人民共和国安全生产法》的有关规定处以罚款；造成重大安全事故，构成犯罪的，对直接责任人员，依照刑法有关规定追究刑事责任：

1）未设立安全生产管理机构、配备专职安全生产管理人员或者分部分项工程施工时无专职安全生产管理人员现场监督的；

2）施工单位的主要负责人、项目负责人、专职安全生产管理人员、作业人员或者特种作业人员，未经安全教育培训或者经考核不合格即从事相关工作的；

3）未在施工现场的危险部位设置明显的安全警示标志，或者未按照国家有关规定在施工现场设置消防通道、消防水源、配备消防设施和灭火器材的；

4）未向作业人员提供安全防护用具和安全防护服装的；

5）未按照规定在施工起重机械和整体提升脚手架、模板等自升式架设设施验收合格后登记的；

6）使用国家明令淘汰、禁止使用的危及施工安全的工艺、设备、材料的。

7. 勘察、设计单位的安全责任

（1）勘察单位的安全责任

建设工程勘察是工程建设的基础性工作。建设工程勘察文件，是建设工程项目规划、选址和设计的重要依据，其勘查成果是否科学、准确，对建设工程安全生产具有重要影响。

1）确保勘查文件的质量，以保证后续工作的安全的责任

勘察单位应当按照法律、法规和工程建设强制性标准进行勘察，提供的勘察文件应当真实、准确，满足建设工程安全生产的需要。

2）科学勘察，以保证周边建筑物安全的责任

勘察单位在勘察作业时，应当严格执行操作规程，采取措施保证各类管线、设施和周边建筑物、构筑物的安全。

（2）设计单位的安全责任

1）科学设计的责任

设计单位应当按照法律、法规和工程建设强制性标准进行设计，防止因设计不合理导致生产安全事故的发生。

2）提出建议的责任

设计单位应当考虑施工安全操作和防护的需要，对涉及施工安全的重点部位和环节在设计文件中注明，并对防范生产安全事故提出指导意见。

采用新结构、新材料、新工艺的建设工程和特殊结构的建设工程，设计单位应当在设计中提出保障施工作业人员安全和预防生产安全事故的措施建议。

3）承担后果的责任

《建设工程安全生产管理条例》第13条规定："设计单位和注册建筑师等注册执业人员应当对其设计负责。"

8. 勘察单位、设计单位的法律责任

勘察单位、设计单位有下列行为之一的，责令限期改正，处10万元以上30万元以下的罚款；情节严重的，责令停业整顿，降低资质等级，直至吊销资质证书；造成重大安全事故，构成犯罪的，对直接责任人员，依照刑法有关规定追究刑事责任；造成损失的，依法承担赔偿责任：

（1）未按照法律、法规和工程建设强制性标准进行勘察、设计的；

（2）采用新结构、新材料、新工艺的建设工程和特殊结构的建设工程，设计单位未在设计中提出保障施工作业人员安全和预防生产安全事故的措施建议的。

9. 其他相关单位的安全责任

（1）机械设备和配件供应单位的安全责任

为建设工程提供机械设备和配件的单位，应当按照安全施工的要求配备齐全有效的保险、限位等安全设施和装置。

（2）出租机械设备和施工机具及配件单位的安全责任

出租的机械设备和施工机具及配件，应当具有生产（制造）许可证、产品合格证，并应当对出租的机械设备和施工机具及配件的安全性能进行检测，在签订租赁协议时，应当出具检测合格证明。禁止出租检测不合格的机械设备和施工机具及配件。

（3）施工起重机械和自升式架设设施的安全管理

1）安装与拆卸

在施工现场安装、拆卸施工起重机械和整体提升脚手架、模板等自升式架设设施，必须由具有相应资质的单位承担。

安装、拆卸施工起重机械和整体提升脚手架、模板等自升式架设设施，应当编制拆装施工方案、制定安全施工措施，并由专业技术人员现场监督。施工起重机械和整体提升脚手架、模板等自升式架设设施安装完毕后，安装单位应当自检，出具自检合格证明，并向施工单位进行安全使用说明，办理验收手续并签字。

2）检验检测

强制检测：施工起重机械和整体提升脚手架、模板等自升式架设设施的使用达到国家规定的检验检测期限的，必须经具有专业资质的检验检测机构检测。经检测不合格的，不得继续使用。

施工起重机械和自升式架设设施在使用过程中，应当按照规定进行定期检测，并及时进行全面检修保养。对于达到国家规定的检验检测期限的，必须经具有专业资质的检验检测机构检测。

检验检测机构的安全责任：检验检测机构对检测合格的施工起重机械和整体提升脚手架、模板等自升式架设设施，应当出具安全合格证明文件，并对检测结果负责。

根据国务院《特种设备安全监察条例》的规定，检验检测机构和检验检测人员进行特种设备检验检测，应当遵循诚信原则和方便企业的原则，为施工单位提供可靠、便捷的检验检测服务。检验检测机构和检验检测人员应当客观、公正、及时地出具检验检测结果、鉴定结论。检测合格的，应当出具安全合格证明文件。检验检测结果、鉴定结论经检验检测人员签字后，由检验检测机构负责人签署。设备检验检测机构和检验检测人员对检验检测结果、鉴定结论负责。

设备检验检测机构进行设备检验检测时发现严重事故隐患，应当及时告知施工单位，并立即向特种设备安全监督管理部门报告。

10. 其他相关单位的法律责任

（1）未提供安全设施和装置的法律责任

为建设工程提供机械设备和配件的单位，未按照安全施工的要求配备齐全有效的保险、限位等安全设施和装置的，责令限期改正，处合同价款1倍以上3倍以下的罚款；造成损失的，依法承担赔偿责任。

（2）出租未经安全性能检测或者经检测不合格的机械设备的法律责任

出租单位出租未经安全性能检测或者经检测不合格的机械设备和施工机具及配件的，责令停业整顿，并处5万元以上10万元以下的罚款；造成损失的，依法承担赔偿责任。

(3) 违法安装、拆卸自升式架设设施的法律责任

施工起重机械和整体提升脚手架、模板等自升式架设设施安装、拆卸单位有下列行为之一的，责令限期改正，处5万元以上10万元以下的罚款；情节严重的，责令停业整顿，降低资质等级，直至吊销资质证书；造成损失的，依法承担赔偿责任：

1) 未编制拆装方案、制定安全施工措施的；

2) 未由专业技术人员现场监督的；

3) 未出具自检合格证明或者出具虚假证明的；

4) 未向施工单位进行安全使用说明，办理移交手续的。

施工起重机械和整体提升脚手架、模板等自升式架设设施安装、拆卸单位有前款规定的第（1）项、第（3）项行为，经有关部门或者单位职工提出后，对事故隐患仍不采取措施，因而发生重大伤亡事故或者造成其他严重后果，构成犯罪的，对直接责任人员，依照刑法有关规定追究刑事责任。

10.4 建设工程质量管理条例

《建设工程质量管理条例》于2000年1月10日经国务院第25次常务会议通过，2000年1月30日实施。

《建设工程质量管理条例》的立法目的在于为了加强对建设工程质量的管理，保证建设工程质量，保护人民生命和财产安全。分别对建设单位、施工单位、工程监理单位和勘查、设计单位质量责任和义务作出了规定。

《建设工程质量管理条例》第2条规定："凡在中华人民共和国境内从事建设工程的新建、扩建、改建等有关活动及实施对建设工程质量监督管理的，必须遵守本条例。"

1. 施工单位的质量责任和义务

(1) 依法承揽工程的责任

施工单位应当依法取得相应等级的资质证书，并在其资质等级许可的范围内承揽工程。

禁止施工单位超越本单位资质等级许可的业务范围或者以其他施工单位的名义承揽工程。禁止施工单位允许其他单位或者个人以本单位的名义承揽工程。施工单位不得转包或者违法分包工程。

(2) 建立质量保证体系的责任

施工单位对建设工程的施工质量负责。施工单位应当建立质量责任制，确定工程项目的项目经理、技术负责人和施工管理负责人。

建设工程实行总承包的，总承包单位应当对全部建设工程质量负责；建设工程勘察、设计、施工、设备采购的一项或者多项实行总承包的，总承包单位应当对其承包的建设工程或者采购的设备的质量负责。

(3) 分包单位保证工程质量的责任

总承包单位依法将建设工程分包给其他单位的，分包单位应当按照分包合同的约定对其分包工程的质量向总承包单位负责，总承包单位与分包单位对分包工程的质量承担连带责任。

(4) 按图施工的责任

《建设工程质量管理条例》第28条规定："施工单位必须按照工程设计图纸和施工技术标准施工，不得擅自修改工程设计，不得偷工减料。施工单位在施工过程中发现设计文件和图纸有差错的，应当及时提出意见和建议。"

建设单位、施工单位、监理单位不得修改建设工程勘察、设计文件；确需修改建设工程勘察、设计文件的，应当由原建设工程勘察、设计单位修改。经原建设工程勘察、设计单位书面同意，建设单位也可以委托其他具有相应资质的建设工程勘察、设计单位修改。修改单位对修改的勘察、设计文件承担相应责任。施工单位、监理单位发现建设工程勘察、设计文件不符合工程建设强制性标准、合同约定的质量要求的，应当报告建设单位，建设单位有权要求建设工程勘察、设计单位对建设工程勘察、设计文件进行补充、修改。

建设工程勘察、设计文件内容需要作重大修改的，建设单位应当报经原审批机关批准后，方可修改。

(5) 对建筑材料、构配件和设备进行检验的责任

《建设工程质量管理条例》第29条规定："施工单位必须按照工程设计要求、施工技术标准和合同约定，对建筑材料、建筑构配件、设备和商品混凝土进行检验，检验应当有书面记录和专人签字；未经检验或者检验不合格的，不得使用。"

(6) 对施工质量进行检验的责任

施工单位必须建立、健全施工质量的检验制度，严格工序管理，作好隐蔽工程的质量检查和记录。隐蔽工程在隐蔽前，施工单位应当通知建设单位和建设工程质量监督机构。

(7) 见证取样的责任

施工人员对涉及结构安全的试块、试件以及有关材料，应当在建设单位或者工程监理单位监督下现场取样，并送具有相应资质等级的质量检测单位进行检测。

(8) 保修的责任

施工单位对施工中出现质量问题的建设工程或者竣工验收不合格的建设工程，应当负责返修。

在建设工程竣工验收合格前，施工单位应对质量问题履行返修义务；建设工程竣工验收合格后，施工单位应对保修期内出现的质量问题履行保修义务。《合同法》第281条对施工单位的返修义务也有相应规定："因施工人原因致使建设工程质量不符合约定的，发包人有权要求施工人在合理期限内无偿修理或者返工、改建。经过修理或者返工、改建后，造成逾期交付的，施工人应当承担违约责任。"返修包括修理和返工。

2. 法律责任

(1) 超越资质承揽工程的法律责任

施工单位超越本单位资质等级承揽工程的，责令停止违法行为，对施工单位处工程合同价款2%以上4%以下的罚款，可以责令停业整顿，降低资质等级；情节严重的，吊销资质证书；有违法所得的，予以没收。

未取得资质证书承揽工程的，予以取缔，依照前款规定处以罚款；有违法所得的，予以没收。

以欺骗手段取得资质证书承揽工程的，吊销资质证书，依照本条第一款规定处以罚款；有违法所得的，予以没收。

（2）出借资质的法律责任

施工单位允许其他单位或者个人以本单位名义承揽工程的，责令改正，没收违法所得，对施工单位处工程合同价款2%以上4%以下的罚款；可以责令停业整顿，降低资质等级；情节严重的，吊销资质证书。

（3）转包或者违法分包的法律责任

承包单位将承包的工程转包或者违法分包的，责令改正，没收违法所得，对施工单位处工程合同价款0.5%以上1%以下的罚款；可以责令停业整顿，降低资质等级；情节严重的，吊销资质证书。

（4）偷工减料，不按图施工的法律责任

施工单位在施工中偷工减料的，使用不合格的建筑材料、建筑构配件和设备的，或者有不按照工程设计图纸或者施工技术标准施工的其他行为的，责令改正，处工程合同价款2%以上4%以下的罚款；造成建设工程质量不符合规定的质量标准的，负责返工、修理，并赔偿因此造成的损失；情节严重的，责令停业整顿，降低资质等级或者吊销资质证书。

（5）未取样检测的法律责任

施工单位未对建筑材料、建筑构配件、设备和商品混凝土进行检验，或者未对涉及结构安全的试块、试件以及有关材料取样检测的，责令改正，处10万元以上20万元以下的罚款；情节严重的，责令停业整顿，降低资质等级或者吊销资质证书；造成损失的，依法承担赔偿责任。

（6）不履行保修义务的法律责任

施工单位不履行保修义务或者拖延履行保修义务的，责令改正，处10万元以上20万元以下的罚款，并对在保修期内因质量缺陷造成的损失承担赔偿责任。

3. 建设工程质量保修

所谓建设工程质量保修，是指建设工程竣工验收后在保修期限内出现的质量缺陷（或质量问题），由施工单位依照法律规定或合同约定予以修复。其中，质量缺陷是指建设工程的质量不符合工程建设强制性标准以及合同的约定。

建设工程实行质量保修制度。《建设工程质量管理条例》在建设工程的保修范围、保修期限和保修责任等方面，对该项制度做出了具体的规定。

（1）工程质量保修书

《建设工程质量管理条例》第39条第2款规定，“建设工程承包单位在向建设单位提交工程竣工验收报告时，应当向建设单位出具质量保修书。质量保修书中应当明确建设工程的保修范围、保修期限和保修责任”。

根据《建设工程质量管理条例》第16条的规定，“有施工单位签署的工程保修书”是建设工程竣工验收应具备的条件之一。工程质量保修书也是一种合同，是发承包方就保修范围、保修期限和保修责任等设立权利义务的协议，集中体现了承包单位对发包单位的工程质量保修承诺。

（2）保修范围和最低保修期限

《建设工程质量管理条例》第40条规定了保修范围及其在正常使用条件下各自对应的最低保修期限：

1）基础设施工程、房屋建筑的地基基础工程和主体结构工程，为设计文件规定的该工程的合理使用年限；

2）屋面防水工程、有防水要求的卫生间、房间和外墙面的防渗漏，为5年；

3）供热与供冷系统，为2个采暖期、供冷期；

4）电气管线、给排水管道、设备安装和装修工程，为2年。

上述保修范围属于法律强制性规定。超出该范围的其他项目的保修不是强制的，而是属于发承包方意思自治的领域。最低保修期限同样属于法律强制性规定，发承包双方约定的保修期限不得低于条例规定的期限，但可以延长。

（3）保修责任

《建设工程质量管理条例》第41条规定："建设工程在保修范围和保修期内发生质量问题的，施工单位应当履行保修义务，并对造成的损失承担赔偿责任。"

根据该条规定，质量问题应当发生在保修范围和保修期以内，是施工单位承担保修责任的两个前提条件。《房屋建筑工程质量保修办法》（2000年6月30日建设部令第80号发布）规定了三种不属于保修范围的情况，分别是：因使用不当造成的质量缺陷；第三方造成的质量缺陷；不可抗力造成的质量缺陷。

就工程质量保修事宜，建设单位和施工单位应遵守如下基本程序：

1）建设工程在保修期限内出现质量缺陷，建设单位应当向施工单位发出保修通知。

2）施工单位接到保修通知后，应当到现场核查情况，在保修书约定的时间内予以保修。发生涉及结构安全或者严重影响使用功能的紧急抢修事故，施工单位接到保修通知后，应当立即到达现场抢修。

3）施工单位不按工程质量保修书约定保修的，建设单位可以另行委托其他单位保修，由原施工单位承担相应责任。

4）保修费用由造成质量缺陷的责任方承担。如果质量缺陷是由于施工单位未按照工程建设强制性标准和合同要求施工造成的，则施工单位不仅要负责保修，还要承担保修费用。但是，如果质量缺陷是由于设计单位、勘察单位或建设单位、监理单位的原因造成的，施工单位仅负责保修，其有权对由此发生的保修费用向建设单位索赔。建设单位向施工单位承担赔偿责任后，有权向造成质量缺陷的责任方追偿。

（4）建设工程质量保证金

1）质量保证金的含义

建设工程质量保证金（保修金）（以下简称保证金）是指发包人与承包人在建设工程承包合同中约定，从应付的工程款中预留，用以保证承包人在缺陷责任期内对建设工程出现的缺陷进行维修的资金。

缺陷是指建设工程质量不符合工程建设强制性标准、设计文件，以及承包合同的约定。

2）缺陷责任期

缺陷责任期从工程通过竣（交）工验收之日起计。由于承包人原因导致工程无法按规定期限进行竣（交）工验收的，缺陷责任期从实际通过竣（交）工验收之日起计。

由于发包人原因导致工程无法按规定期限进行竣（交）工验收的，在承包人提交竣（交）工验收报告90天后，工程自动进入缺陷责任期。

缺陷责任期一般为6个月、12个月或24个月，具体可由发、承包双方在合同中约定。

缺陷责任期内，由承包人原因造成的缺陷，承包人应负责维修，并承担鉴定及维修费用。如承包人不维修也不承担费用，发包人可按合同约定扣除保证金，并由承包人承担违约责任。承包人维修并承担相应费用后，不免除对工程的一般损失赔偿责任。

由他人原因造成的缺陷，发包人负责组织维修，承包人不承担费用，且发包人不得从保证金中扣除费用。

3）质量保证金的数额

建设工程竣工结算后，发包人应按照合同约定及时向承包人支付工程结算价款并预留保证金。

全部或者部分使用政府投资的建设项目，按工程价款结算总额5%左右的比例预留保证金。社会投资项目采用预留保证金方式的，预留保证金的比例可参照执行。

采用工程质量保证担保、工程质量保险等其他保证方式的，发包人不得再预留保证金。

4）质量保证金的返还

缺陷责任期内，承包人认真履行合同约定的责任，到期后，承包人向发包人申请返还保证金。发包人在接到承包人返还保证金申请后，应于14日内会同承包人按照合同约定的内容进行核实。如无异议，发包人应当在核实后14日内将保证金返还给承包人，逾期支付的，从逾期之日起，按照同期银行贷款利率计付利息，并承担违约责任。发包人在接到承包人返还保证金申请后14日内不予答复，经催告后14日内仍不予答复，视同认可承包人的返还保证金申请。

10.5 劳 动 法

《中华人民共和国劳动法》（以下简称《劳动法》）于1994年7月5日第八届全国人民代表大会常务委员会第八次会议通过，自1995年1月1日起施行。

《劳动法》的立法目的在于保护劳动者的合法权益，调整劳动关系，建立和维护适应社会主义市场经济的劳动制度，促进经济发展和社会进步。

《劳动法》第2条规定：“在中华人民共和国境内的企业、个体经济组织（以下统称用人单位）和与之形成劳动关系的劳动者，适用本法。

国家机关、事业组织、社会团体和与之建立劳动合同关系的劳动者，依照本法执行。”

本书仅节选了与工程建设密切相关的规定进行介绍。

1. 劳动保护的规定

（1）劳动安全卫生

劳动安全卫生，又称劳动保护，是指直接保护劳动者在劳动中的安全和健康的法律保障。根据《劳动法》的有关规定，用人单位和劳动者应当遵守如下有关劳动安全卫生的法律规定：

用人单位必须建立、健全劳动安全卫生制度，严格执行国家劳动安全卫生规程和标准，对劳动者进行劳动安全卫生教育，防止劳动过程中的事故，减少职业危害。

劳动安全卫生设施必须符合国家规定的标准。新建、改建、扩建工程的劳动安全卫生设施必须与主体工程同时设计、同时施工、同时投入生产和使用。

用人单位必须为劳动者提供符合国家规定的劳动安全卫生条件和必要的劳动防护用

品，对从事有职业危害作业的劳动者应当定期进行健康检查。

从事特种作业的劳动者必须经过专门培训并取得特种作业资格。

劳动者在劳动过程中必须严格遵守安全操作规程。劳动者对用人单位管理人员违章指挥、强令冒险作业，有权拒绝执行；对危害生命安全和身体健康的行为，有权提出批评、检举和控告。

女职工的特殊保护：

根据我国《劳动法》的有关规定，对女职工的特殊保护规定主要包括：

禁止安排女职工从事矿山井下、国家规定的第四级体力劳动强度的劳动和其他禁忌从事的劳动。

不得安排女职工在经期从事高处、低温、冷水作业和国家规定的第三级体力劳动强度的劳动。

不得安排女职工在怀孕期间从事国家规定的第三级体力劳动强度的劳动和孕期禁忌从事的劳动。对怀孕7个月以上的女职工，不得安排其延长工作时间和夜班劳动。

女职工生育享受不少于90天的产假。

不得安排女职工在哺乳未满一周岁的婴儿期间从事国家规定的第三级体力劳动强度的劳动和哺乳期禁忌从事的其他劳动，不得安排其延长工作时间和夜班劳动。

未成年工特殊保护：

所谓未成年工，是指年满16周岁未满18周岁的劳动者。根据我国《劳动法》的有关规定，对未成年工的特殊保护规定主要包括：

不得安排未成年工从事矿山井下、有毒有害、国家规定的第四级体力劳动强度的劳动和其他禁忌从事的劳动。

用人单位应当对未成年工定期进行健康检查。

（2）法律责任

1）劳动安全设施和劳动卫生条件不符合要求的法律责任

用人单位的劳动安全设施和劳动卫生条件不符合国家规定或者未向劳动者提供必要的劳动防护用品和劳动保护设施的，由劳动行政部门或者有关部门责令改正，可以处以罚款；情节严重的，提请县级以上人民政府决定责令停产整顿；对事故隐患不采取措施，致使发生重大事故，造成劳动者生命和财产损失的，对责任人员比照刑法第187条的规定追究刑事责任。

2）强令劳动者违章冒险作业的法律责任

用人单位强令劳动者违章冒险作业，发生重大伤亡事故，造成严重后果的，对责任人员依法追究刑事责任。

3）非法雇用童工的法律责任

用人单位非法招用未满16周岁的未成年人的，由劳动行政部门责令改正，处以罚款；情节严重的，由工商行政管理部门吊销营业执照。

4）侵害女职工和未成年工合法权益的法律责任

用人单位违反本法对女职工和未成年工的保护规定，侵害其合法权益的，由劳动行政部门责令改正，处以罚款；对女职工或者未成年工造成损害的，应当承担赔偿责任。

2. 劳动争议的处理

劳动争议，又称劳动纠纷，是指劳动关系当事人之间关于劳动权利和义务的争议。我国《劳动法》第 77 条明确规定："用人单位与劳动者发生劳动争议，当事人可以依法申请调解、仲裁、提起诉讼，也可以协商解决。" 2008 年 5 月 1 日开始施行的《中华人民共和国劳动争议调解仲裁法》（以下简称《劳动争议调解仲裁法》）第 5 条进一步规定，"发生劳动争议，当事人不愿协商、协商不成或者达成和解协议后不履行的，可以向调解组织申请调解；不愿调解、调解不成或者达成调解协议后不履行的，可以向劳动争议仲裁委员会申请仲裁；对仲裁裁决不服的，除本法另有规定的外，可以向人民法院提起诉讼。"

（1）协商解决劳动争议

协商，是指当事人各方在自愿、互谅的基础上，按照法律、政策的规定，通过摆事实讲道理解决纠纷的一种方法。协商的方法是一种简便易行、最有效、最经济的方法，能及时解决争议，消除分歧，提高办事效率，节省费用，也有利于双方的团结和相互的协作关系。

根据《劳动争议调解仲裁法》第 4 条的规定，"发生劳动争议，劳动者可以与用人单位协商，也可以请工会或者第三方共同与用人单位协商，达成和解协议。"

（2）申请调解解决劳动争议

1）调解组织

发生劳动争议，当事人可以到下列调解组织申请调解：

企业劳动争议调解委员会；

依法设立的基层人民调解组织；

在乡镇、街道设立的具有劳动争议调解职能的组织。

企业劳动争议调解委员会由职工代表和企业代表组成。职工代表由工会成员担任或者由全体职工推举产生，企业代表由企业负责人指定。企业劳动争议调解委员会主任由工会成员或者双方推举的人员担任。

当事人申请劳动争议调解可以书面申请，也可以口头申请。口头申请的，调解组织应当当场记录申请人基本情况、申请调解的争议事项、理由和时间。

2）调解协议书

经调解达成协议的，应当制作调解协议书。

调解协议书由双方当事人签名或者盖章，经调解员签名并加盖调解组织印章后生效，对双方当事人具有约束力，当事人应当履行。

自劳动争议调解组织收到调解申请之日起 15 日内未达成调解协议的，当事人可以依法申请仲裁。

3）调解协议的履行

达成调解协议后，一方当事人在协议约定期限内不履行调解协议的，另一方当事人可以依法申请仲裁。

因支付拖欠劳动报酬、工伤医疗费、经济补偿或者赔偿金事项达成调解协议，用人单位在协议约定期限内不履行的，劳动者可以持调解协议书依法向人民法院申请支付令。人民法院应当依法发出支付令。

（3）通过劳动争议仲裁委员会进行裁决

1）劳动争议仲裁的特点

与其他解决方式以及《仲裁法》规定的仲裁相比，劳动争议仲裁有以下基本特点：

从仲裁主体上看，劳动争议仲裁委员会由劳动行政部门代表、工会代表和企业方面代表组成。劳动争议仲裁委员会组成人员应当是单数，是带有司法性质的行政执行机关。它不是一般的民间组织，也区别于司法结构、群众自治性组织和行政机构。

从解决对象看，劳动争议仲裁解决劳动争议，这是与《仲裁法》规定的仲裁方式的重大区别。

从仲裁实行的原则看，劳动争议仲裁实行的是法定管辖，而《仲裁法》规定的是约定管辖。

从与诉讼的关系看，当事人对劳动争议仲裁裁决不服的，可以向法院起诉。《仲裁法》规定的仲裁，则采用或裁或审的体制。

2）劳动争议仲裁的原则

劳动争议仲裁原则是指劳动争议仲裁机构在仲裁程序中应遵守的准则，它是劳动争议仲裁的特有原则，反映了劳动争议仲裁的本质要求。

一次裁决原则：即劳动争议仲裁实行一个裁级一次裁决制度，一次裁决即为终局裁决。当事人如不服仲裁裁决，只能依法向人民法院起诉，不得向上一级仲裁委员会申请复议或要求重新处理。

合议原则：仲裁庭裁决劳动争议案件，实行少数服从多数的原则。合议原则是民主集中制在仲裁工作中的体现，其目的是为了保证仲裁裁决的公正性。

强制原则：劳动争议仲裁实行强制原则，主要表现为：当事人申请仲裁无须双方达成一致协议，只要一方申请，仲裁委员会即可受理；在仲裁庭对争议调解不成时，无须得到当事人的同意，可直接行使裁决权；对发生法律效力的仲裁文书，可申请人民法院强制执行。

3）劳动争议仲裁委员会与仲裁庭

劳动争议仲裁委员会：劳动争议仲裁委员会是依法成立的，通过仲裁方式处理劳动争议的专门机构，它独立行使劳动争议仲裁权。省、自治区人民政府可以决定在市、县设立；直辖市人民政府可以决定在区、县设立。直辖市、设区的市也可以设立一个或者若干个劳动争议仲裁委员会。劳动争议仲裁委员会不按行政区划层层设立。

劳动争议仲裁委员会负责管辖本区域内发生的劳动争议。

劳动争议由劳动合同履行地或者用人单位所在地的劳动争议仲裁委员会管辖。双方当事人分别向劳动合同履行地和用人单位所在地的劳动争议仲裁委员会申请仲裁的，由劳动合同履行地的劳动争议仲裁委员会管辖。

仲裁庭：仲裁庭在仲裁委员会领导下处理劳动争议案件，实行一案一庭制。

仲裁庭由一名首席仲裁员、二名仲裁员组成。简单案件，仲裁委员会可以指定一名仲裁员独任处理。

仲裁委员会组成人员或者仲裁员有下列情形之一的，应当回避，当事人有权以口头或者书面方式申请其回避：是本案当事人或者当事人、代理人的近亲属的；与本案有利害关系的与本案当事人、代理人有其他关系，可能影响公正裁决的；私自会见当事人、代理人，或者接受当事人、代理人的请客送礼的。

4）劳动争议仲裁的申请与受理

① 时效：根据《劳动争议调解仲裁法》第 27 条的规定，“劳动争议申请仲裁的时效

期间为一年。仲裁时效期间从当事人知道或者应当知道其权利被侵害之日起计算。

前款规定的仲裁时效，因当事人一方向对方当事人主张权利，或者向有关部门请求权利救济，或者对方当事人同意履行义务而中断。从中断时起，仲裁时效期间重新计算。

因不可抗力或者有其他正当理由，当事人不能在本条第一款规定的仲裁时效期间申请仲裁的，仲裁时效中止。从中止时效的原因消除之日起，仲裁时效期间继续计算。

劳动关系存续期间因拖欠劳动报酬发生争议的，劳动者申请仲裁不受本条第一款规定的仲裁时效期间的限制；但是，劳动关系终止的，应当自劳动关系终止之日起一年内提出。”

② 申请

申请人申请仲裁应当提交书面仲裁申请，并按照被申请人人数提交副本。

仲裁申请书应当载明下列事项：

劳动者的姓名、性别、年龄、职业、工作单位和住所，用人单位的名称、住所和法定代表人或者主要负责人的姓名、职务；仲裁请求和所根据的事实、理由；证据和证据来源、证人姓名和住所。

书写仲裁申请确有困难的，可以口头申请，由劳动争议仲裁委员会记入笔录，并告知对方当事人。

受理劳动争议仲裁委员会收到仲裁申请之日起5日内，认为符合受理条件的，应当受理，并通知申请人；认为不符合受理条件的，应当书面通知申请人不予受理，并说明理由。对劳动争议仲裁委员会不予受理或者逾期未作出决定的，申请人可以就该劳动争议事项向人民法院提起诉讼。

劳动争议仲裁委员会受理仲裁申请后，应当在5日内将仲裁申请书副本送达被申请人。

被申请人收到仲裁申请书副本后，应当在10日内向劳动争议仲裁委员会提交答辩书。

劳动争议仲裁委员会收到答辩书后，应当在5日内将答辩书副本送达申请人。被申请人未提交答辩书的，不影响仲裁程序的进行。

③ 审理

仲裁庭应当在开庭5日前，将开庭日期、地点书面通知双方当事人。当事人有正当理由的，可以在开庭3日前请求延期开庭。是否延期，由劳动争议仲裁委员会决定。

申请人收到书面通知，无正当理由拒不到庭或者未经仲裁庭同意中途退庭的，可以视为撤回仲裁申请。被申请人收到书面通知，无正当理由拒不到庭或者未经仲裁庭同意中途退庭的，可以缺席裁决。

仲裁庭裁决劳动争议案件，应当自劳动争议仲裁委员会受理仲裁申请之日起45日内结束。案情复杂需要延期的，经劳动争议仲裁委员会主任批准，可以延期并书面通知当事人，但是延长期限不得超过15日。逾期未作出仲裁裁决的，当事人可以就该劳动争议事项向人民法院提起诉讼。

仲裁庭裁决劳动争议案件时，其中一部分事实已经清楚，可以就该部分先行裁决。

④ 执行

当事人对仲裁裁决不服的，自收到裁决书之日起15日内，可以向人民法院起诉；期满不起诉的，裁决书即发生法律效力。但是，下列劳动争议，除《劳动争议调解仲裁法》

另有规定的外，仲裁裁决为终局裁决，裁决书自作出之日起发生法律效力：

追索劳动报酬、工伤医疗费、经济补偿或者赔偿金，不超过当地月最低工资标准 12 个月金额的争议；因执行国家的劳动标准在工作时间、休息休假、社会保险等方面发生的争议。

当事人对发生法律效力的调解书和裁决书，应当依照规定的期限履行。一方当事人逾期不履行的，另一方当事人可以依照民事诉讼法的有关规定向人民法院申请强制执行。

(4) 通过人民法院处理劳动争议

人民法院受理劳动争议案件的条件：其一是争议案件已经过劳动争议仲裁委员会仲裁；其二是争议案件的当事人在接到仲裁决定书之日起 15 日内向法院提起诉讼。人民法院处理劳动争议适用《民事诉讼法》规定的程序，由各级人民法院民庭受理，实行两审终审。参见民事诉讼法有关规定。

10.6 劳动合同法

为了完善劳动合同制度，明确劳动合同双方当事人的权利和义务，保护劳动者的合法权益，构建和发展和谐稳定的劳动关系，制定本法。本法自 2013 年 7 月 1 日起施行

中华人民共和国境内的企业、个体经济组织、民办非企业单位等组织（以下称用人单位）与劳动者建立劳动关系，订立、履行、变更、解除或者终止劳动合同，适用本法。

国家机关、事业单位、社会团体和与其建立劳动关系的劳动者，订立、履行、变更、解除或者终止劳动合同，依照本法执行。

订立劳动合同，应当遵循合法、公平、平等自愿、协商一致、诚实信用的原则。

依法订立的劳动合同具有约束力，用人单位与劳动者应当履行劳动合同约定的义务。

1. 劳动合同的订立

用人单位自用工之日起即与劳动者建立劳动关系。用人单位应当建立职工名册备查。

用人单位招用劳动者时，应当如实告知劳动者工作内容、工作条件、工作地点、职业危害、安全生产状况、劳动报酬，以及劳动者要求了解的其他情况；用人单位有权了解劳动者与劳动合同直接相关的基本情况，劳动者应当如实说明。

用人单位招用劳动者，不得扣押劳动者的居民身份证和其他证件，不得要求劳动者提供担保或者以其他名义向劳动者收取财物。

建立劳动关系，应当订立书面劳动合同。

已建立劳动关系，未同时订立书面劳动合同的，应当自用工之日起一个月内订立书面劳动合同。

用人单位与劳动者在用工前订立劳动合同的，劳动关系自用工之日起建立。

用人单位未在用工的同时订立书面劳动合同，与劳动者约定的劳动报酬不明确的，新招用的劳动者的劳动报酬按照集体合同规定的标准执行；没有集体合同或者集体合同未规定的，实行同工同酬。

劳动合同分为固定期限劳动合同、无固定期限劳动合同和以完成一定工作任务为期限的劳动合同。

固定期限劳动合同，是指用人单位与劳动者约定合同终止时间的劳动合同。

用人单位与劳动者协商一致，可以订立固定期限劳动合同。

无固定期限劳动合同，是指用人单位与劳动者约定无确定终止时间的劳动合同。

用人单位与劳动者协商一致，可以订立无固定期限劳动合同。有下列情形之一，劳动者提出或者同意续订、订立劳动合同的，除劳动者提出订立固定期限劳动合同外，应当订立无固定期限劳动合同：

1）劳动者在该用人单位连续工作满十年的；

2）用人单位初次实行劳动合同制度或者国有企业改制重新订立劳动合同时，劳动者在该用人单位连续工作满十年且距法定退休年龄不足十年的；

3）连续订立二次固定期限劳动合同，且劳动者没有本法第三十九条和第四十条第一项、第二项规定的情形，续订劳动合同的。

用人单位自用工之日起满一年不与劳动者订立书面劳动合同的，视为用人单位与劳动者已订立无固定期限劳动合同。

以完成一定工作任务为期限的劳动合同，是指用人单位与劳动者约定以某项工作的完成为合同期限的劳动合同。

用人单位与劳动者协商一致，可以订立以完成一定工作任务为期限的劳动合同。

劳动合同由用人单位与劳动者协商一致，并经用人单位与劳动者在劳动合同文本上签字或者盖章生效。

劳动合同文本由用人单位和劳动者各执一份。劳动合同应当具备以下条款：

1）用人单位的名称、住所和法定代表人或者主要负责人；

2）劳动者的姓名、住址和居民身份证或者其他有效身份证件号码；

3）劳动合同期限；

4）工作内容和工作地点；

5）工作时间和休息休假；

6）劳动报酬；

7）社会保险；

8）劳动保护、劳动条件和职业危害防护；

9）法律、法规规定应当纳入劳动合同的其他事项。

劳动合同除前款规定的必备条款外，用人单位与劳动者可以约定试用期、培训、保守秘密、补充保险和福利待遇等其他事项。

劳动合同对劳动报酬和劳动条件等标准约定不明确，引发争议的，用人单位与劳动者可以重新协商；协商不成的，适用集体合同规定；没有集体合同或者集体合同未规定劳动报酬的，实行同工同酬；没有集体合同或者集体合同未规定劳动条件等标准的，适用国家有关规定。

劳动合同期限三个月以上不满一年的，试用期不得超过一个月；劳动合同期限一年以上不满三年的，试用期不得超过二个月；三年以上固定期限和无固定期限的劳动合同，试用期不得超过六个月。

同一用人单位与同一劳动者只能约定一次试用期。

以完成一定工作任务为期限的劳动合同或者劳动合同期限不满三个月的，不得约定试用期。

试用期包含在劳动合同期限内。劳动合同仅约定试用期的，试用期不成立，该期限为劳动合同期限。

劳动者在试用期的工资不得低于本单位相同岗位最低档工资或者劳动合同约定工资的百分之八十，并不得低于用人单位所在地的最低工资标准。

在试用期中，除劳动者有本法第三十九条和第四十条第一项、第二项规定的情形外，用人单位不得解除劳动合同。用人单位在试用期解除劳动合同的，应当向劳动者说明理由。

用人单位为劳动者提供专项培训费用，对其进行专业技术培训的，可以与该劳动者订立协议，约定服务期。

劳动者违反服务期约定的，应当按照约定向用人单位支付违约金。违约金的数额不得超过用人单位提供的培训费用。用人单位要求劳动者支付的违约金不得超过服务期尚未履行部分所应分摊的培训费用。

用人单位与劳动者约定服务期的，不影响按照正常的工资调整机制提高劳动者在服务期间的劳动报酬。

用人单位与劳动者可以在劳动合同中约定保守用人单位的商业秘密和与知识产权相关的保密事项。

对负有保密义务的劳动者，用人单位可以在劳动合同或者保密协议中与劳动者约定竞业限制条款，并约定在解除或者终止劳动合同后，在竞业限制期限内按月给予劳动者经济补偿。劳动者违反竞业限制约定的，应当按照约定向用人单位支付违约金。

竞业限制的人员限于用人单位的高级管理人员、高级技术人员和其他负有保密义务的人员。竞业限制的范围、地域、期限由用人单位与劳动者约定，竞业限制的约定不得违反法律、法规的规定。

在解除或者终止劳动合同后，前款规定的人员到与本单位生产或者经营同类产品、从事同类业务的有竞争关系的其他用人单位，或者自己开业生产或者经营同类产品、从事同类业务的竞业限制期限，不得超过二年。

除本法第二十二条和第二十三条规定的情形外，用人单位不得与劳动者约定由劳动者承担违约金。

下列劳动合同无效或者部分无效：

1）以欺诈、胁迫的手段或者乘人之危，使对方在违背真实意思的情况下订立或者变更劳动合同的；

2）用人单位免除自己的法定责任、排除劳动者权利的；

3）违反法律、行政法规强制性规定的。

对劳动合同的无效或者部分无效有争议的，由劳动争议仲裁机构或者人民法院确认。

劳动合同部分无效，不影响其他部分效力的，其他部分仍然有效。

劳动合同被确认无效，劳动者已付出劳动的，用人单位应当向劳动者支付劳动报酬。劳动报酬的数额，参照本单位相同或者相近岗位劳动者的劳动报酬确定。

2. 劳动合同的履行和变更

用人单位与劳动者应当按照劳动合同的约定，全面履行各自的义务。用人单位应当按照劳动合同约定和国家规定，向劳动者及时足额支付劳动报酬。用人单位拖欠或者未足额支付劳动报酬的，劳动者可以依法向当地人民法院申请支付令，人民法院应当依法发出支付令。用人单位应当严格执行劳动定额标准，不得强迫或者变相强迫劳动者加班。用人单位安排加班的，应当按照国家有关规定向劳动者支付加班费。

劳动者拒绝用人单位管理人员违章指挥、强令冒险作业的，不视为违反劳动合同。劳动者对危害生命安全和身体健康的劳动条件，有权对用人单位提出批评、检举和控告。

用人单位变更名称、法定代表人、主要负责人或者投资人等事项，不影响劳动合同的履行。

用人单位发生合并或者分立等情况，原劳动合同继续有效，劳动合同由承继其权利和义务的用人单位继续履行。

用人单位与劳动者协商一致，可以变更劳动合同约定的内容。变更劳动合同，应当采用书面形式。

变更后的劳动合同文本由用人单位和劳动者各执一份。

3. 劳动合同的解除和终止

用人单位与劳动者协商一致，可以解除劳动合同。

劳动者提前三十日以书面形式通知用人单位，可以解除劳动合同。劳动者在试用期内提前三日通知用人单位，可以解除劳动合同。

用人单位有下列情形之一的，劳动者可以解除劳动合同：

1）未按照劳动合同约定提供劳动保护或者劳动条件的；

2）未及时足额支付劳动报酬的；

3）未依法为劳动者缴纳社会保险费的；

4）用人单位的规章制度违反法律、法规的规定，损害劳动者权益的；

5）因本法第二十六条第一款规定的情形致使劳动合同无效的；

6）法律、行政法规规定劳动者可以解除劳动合同的其他情形。

用人单位以暴力、威胁或者非法限制人身自由的手段强迫劳动者劳动的，或者用人单位违章指挥、强令冒险作业危及劳动者人身安全的，劳动者可以立即解除劳动合同，不需事先告知用人单位。

劳动者有下列情形之一的，用人单位可以解除劳动合同：

1）在试用期间被证明不符合录用条件的；

2）严重违反用人单位的规章制度的；

3）严重失职，营私舞弊，给用人单位造成重大损害的；

4）劳动者同时与其他用人单位建立劳动关系，对完成本单位的工作任务造成严重影响，或者经用人单位提出，拒不改正的；

5）因本法第二十六条第一款第一项规定的情形致使劳动合同无效的；

6）被依法追究刑事责任的。

有下列情形之一的，用人单位提前三十日以书面形式通知劳动者本人或者额外支付劳动者一个月工资后，可以解除劳动合同：

1）劳动者患病或者非因工负伤，在规定的医疗期满后不能从事原工作，也不能从事由用人单位另行安排的工作的；

2）劳动者不能胜任工作，经过培训或者调整工作岗位，仍不能胜任工作的；

3）劳动合同订立时所依据的客观情况发生重大变化，致使劳动合同无法履行，经用人单位与劳动者协商，未能就变更劳动合同内容达成协议的。

有下列情形之一，需要裁减人员二十人以上或者裁减不足二十人但占企业职工总数百分之十以上的，用人单位提前三十日向工会或者全体职工说明情况，听取工会或者职工的意见后，裁减人员方案经向劳动行政部门报告，可以裁减人员：

1）依照企业破产法规定进行重整的；

2）生产经营发生严重困难的；

3）企业转产、重大技术革新或者经营方式调整，经变更劳动合同后，仍需裁减人员的；

4）其他因劳动合同订立时所依据的客观经济情况发生重大变化，致使劳动合同无法履行的。

裁减人员时，应当优先留用下列人员：

1）与本单位订立较长期限的固定期限劳动合同的；

2）与本单位订立无固定期限劳动合同的；

3）家庭无其他就业人员，有需要扶养的老人或者未成年人的。

用人单位依照本条第一款规定裁减人员，在六个月内重新招用人员的，应当通知被裁减的人员，并在同等条件下优先招用被裁减的人员。

劳动者有下列情形之一的，用人单位不得依照本法第四十条、第四十一条的规定解除劳动合同：

1）从事接触职业病危害作业的劳动者未进行离岗前职业健康检查，或者疑似职业病病人在诊断或者医学观察期间的；

2）在本单位患职业病或者因工负伤并被确认丧失或者部分丧失劳动能力的；

3）患病或者非因工负伤，在规定的医疗期内的；

4）女职工在孕期、产期、哺乳期的；

5）在本单位连续工作满十五年，且距法定退休年龄不足五年的；

6）法律、行政法规规定的其他情形。

用人单位单方解除劳动合同，应当事先将理由通知工会。用人单位违反法律、行政法规规定或者劳动合同约定的，工会有权要求用人单位纠正。用人单位应当研究工会的意见，并将处理结果书面通知工会。

有下列情形之一的，劳动合同终止：

1）劳动合同期满的；

2）劳动者开始依法享受基本养老保险待遇的；

3）劳动者死亡，或者被人民法院宣告死亡或者宣告失踪的；

4 用人单位被依法宣告破产的；

5）用人单位被吊销营业执照、责令关闭、撤销或者用人单位决定提前解散的；

6）法律、行政法规规定的其他情形。

劳动合同期满，有本法第四十二条规定情形之一的，劳动合同应当续延至相应的情形消失时终止。但是，本法第四十二条第二项规定丧失或者部分丧失劳动能力劳动者的劳动合同的终止，按照国家有关工伤保险的规定执行。

有下列情形之一的，用人单位应当向劳动者支付经济补偿：

1）劳动者依照本法第三十八条规定解除劳动合同的；

2）用人单位依照本法第三十六条规定向劳动者提出解除劳动合同并与劳动者协商一致解除劳动合同的；

3）用人单位依照本法第四十条规定解除劳动合同的；

4）用人单位依照本法第四十一条第一款规定解除劳动合同的；

5）除用人单位维持或者提高劳动合同约定条件续订劳动合同，劳动者不同意续订的情形外，依照本法第四十四条第一项规定终止固定期限劳动合同的；

6）依照本法第四十四条第四项、第五项规定终止劳动合同的；

7）法律、行政法规规定的其他情形。

经济补偿按劳动者在本单位工作的年限，每满一年支付一个月工资的标准向劳动者支付。六个月以上不满一年的，按一年计算；不满六个月的，向劳动者支付半个月工资的经济补偿。

劳动者月工资高于用人单位所在直辖市、设区的市级人民政府公布的本地区上年度职工月平均工资三倍的，向其支付经济补偿的标准按职工月平均工资三倍的数额支付，向其支付经济补偿的年限最高不超过十二年。

本条所称月工资是指劳动者在劳动合同解除或者终止前十二个月的平均工资。

用人单位违反本法规定解除或者终止劳动合同，劳动者要求继续履行劳动合同的，用人单位应当继续履行；劳动者不要求继续履行劳动合同或者劳动合同已经不能继续履行的，用人单位应当依照本法第八十七条规定支付赔偿金。

国家采取措施，建立健全劳动者社会保险关系跨地区转移接续制度。

用人单位应当在解除或者终止劳动合同时出具解除或者终止劳动合同的证明，并在十五日内为劳动者办理档案和社会保险关系转移手续。

劳动者应当按照双方约定，办理工作交接。用人单位依照本法有关规定应当向劳动者支付经济补偿的，在办结工作交接时支付。

用人单位对已经解除或者终止的劳动合同的文本，至少保存二年备查。

4. 集体合同

企业职工一方与用人单位通过平等协商，可以就劳动报酬、工作时间、休息休假、劳动安全卫生、保险福利等事项订立集体合同。集体合同草案应当提交职工代表大会或者全体职工讨论通过。

集体合同由工会代表企业职工一方与用人单位订立；尚未建立工会的用人单位，由上级工会指导劳动者推举的代表与用人单位订立。

企业职工一方与用人单位可以订立劳动安全卫生、女职工权益保护、工资调整机制等专项集体合同。

在县级以下区域内，建筑业、采矿业、餐饮服务业等行业可以由工会与企业方面代表订立行业性集体合同，或者订立区域性集体合同。

集体合同订立后，应当报送劳动行政部门；劳动行政部门自收到集体合同文本之日起十五日内未提出异议的，集体合同即行生效。

依法订立的集体合同对用人单位和劳动者具有约束力。行业性、区域性集体合同对当地本行业、本区域的用人单位和劳动者具有约束力。

集体合同中劳动报酬和劳动条件等标准不得低于当地人民政府规定的最低标准；用人单位与劳动者订立的劳动合同中劳动报酬和劳动条件等标准不得低于集体合同规定的标准。

用人单位违反集体合同，侵犯职工劳动权益的，工会可以依法要求用人单位承担责任；因履行集体合同发生争议，经协商解决不成的，工会可以依法申请仲裁、提起诉讼。

5. 法律责任

用人单位直接涉及劳动者切身利益的规章制度违反法律、法规规定的，由劳动行政部门责令改正，给予警告；给劳动者造成损害的，应当承担赔偿责任。

用人单位提供的劳动合同文本未载明本法规定的劳动合同必备条款或者用人单位未将劳动合同文本交付劳动者的，由劳动行政部门责令改正；给劳动者造成损害的，应当承担赔偿责任。

用人单位自用工之日起超过一个月不满一年未与劳动者订立书面劳动合同的，应当向劳动者每月支付二倍的工资。

用人单位违反本法规定不与劳动者订立无固定期限劳动合同的，自应当订立无固定期限劳动合同之日起向劳动者每月支付二倍的工资。

用人单位违反本法规定与劳动者约定试用期的，由劳动行政部门责令改正；违法约定的试用期已经履行的，由用人单位以劳动者试用期满月工资为标准，按已经履行的超过法定试用期的期间向劳动者支付赔偿金。

用人单位违反本法规定，扣押劳动者居民身份证等证件的，由劳动行政部门责令限期退还劳动者本人，并依照有关法律规定给予处罚。

用人单位违反本法规定，以担保或者其他名义向劳动者收取财物的，由劳动行政部门责令限期退还劳动者本人，并以每人五百元以上二千元以下的标准处以罚款；给劳动者造成损害的，应当承担赔偿责任。

劳动者依法解除或者终止劳动合同，用人单位扣押劳动者档案或者其他物品的，依照前款规定处罚。

用人单位有下列情形之一的，由劳动行政部门责令限期支付劳动报酬、加班费或者经济补偿；劳动报酬低于当地最低工资标准的，应当支付其差额部分；逾期不支付的，责令用人单位按应付金额百分之五十以上百分之一百以下的标准向劳动者加付赔偿金：

1）未按照劳动合同的约定或者国家规定及时足额支付劳动者劳动报酬的；

2）低于当地最低工资标准支付劳动者工资的；

3）安排加班不支付加班费的；

4）解除或者终止劳动合同，未依照本法规定向劳动者支付经济补偿的。

劳动合同依照本法第二十六条规定被确认无效，给对方造成损害的，有过错的一方应当承担赔偿责任。

用人单位违反本法规定解除或者终止劳动合同的，应当依照本法第四十七条规定的经济补偿标准的二倍向劳动者支付赔偿金。

用人单位有下列情形之一的，依法给予行政处罚；构成犯罪的，依法追究刑事责任；给劳动者造成损害的，应当承担赔偿责任：

1）以暴力、威胁或者非法限制人身自由的手段强迫劳动的；

2）违章指挥或者强令冒险作业危及劳动者人身安全的；

3）侮辱、体罚、殴打、非法搜查或者拘禁劳动者的；

4）劳动条件恶劣、环境污染严重，给劳动者身心健康造成严重损害的。

用人单位违反本法规定未向劳动者出具解除或者终止劳动合同的书面证明，由劳动行政部门责令改正；给劳动者造成损害的，应当承担赔偿责任。

劳动者违反本法规定解除劳动合同，或者违反劳动合同中约定的保密义务或者竞业限制，给用人单位造成损失的，应当承担赔偿责任。

用人单位招用与其他用人单位尚未解除或者终止劳动合同的劳动者，给其他用人单位造成损失的，应当承担连带赔偿责任。

违反本法规定，未经许可，擅自经营劳务派遣业务的，由劳动行政部门责令停止违法行为，没收违法所得，并处违法所得一倍以上五倍以下的罚款；没有违法所得的，可以处五万元以下的罚款。

劳务派遣单位、用工单位违反本法有关劳务派遣规定的，由劳动行政部门责令限期改正；逾期不改正的，以每人五千元以上一万元以下的标准处以罚款，对劳务派遣单位，吊销其劳务派遣业务经营许可证。用工单位给被派遣劳动者造成损害的，劳务派遣单位与用工单位承担连带赔偿责任。

对不具备合法经营资格的用人单位的违法犯罪行为，依法追究法律责任；劳动者已经付出劳动的，该单位或者其出资人应当依照本法有关规定向劳动者支付劳动报酬、经济补偿、赔偿金；给劳动者造成损害的，应当承担赔偿责任。

个人承包经营违反本法规定招用劳动者，给劳动者造成损害的，发包的组织与个人承包经营者承担连带赔偿责任。

劳动行政部门和其他有关主管部门及其工作人员玩忽职守、不履行法定职责，或者违法行使职权，给劳动者或者用人单位造成损害的，应当承担赔偿责任；对直接负责的主管人员和其他直接责任人员，依法给予行政处分；构成犯罪的，依法追究刑事责任。

参考文献

[1] 钱大治. 施工员通用与基础知识. 北京：中国建筑工业出版社，2014.
[2] 钱大治. 施工员岗位与专业技能. 北京：中国建筑工业出版社，2014.
[3] 刘延峰. 施工员专业基础知识. 北京：中国建筑工业出版社，2014.
[4] 罗能镇. 施工员专业管理实务. 北京：中国建筑工业出版社，2014.
[5] 王清训. 机电工程管理与实务. 北京：中国建筑工业出版社，2014.
[6] 丁士昭. 建设工程项目管理. 北京：中国建筑工业出版社，2014.
[7] 建筑工程施工手册（第四版）（设备安装部分）. 北京：中国建筑工业出版社，2002.
[8] 建筑工程施工手册（第五版）（设备安装部分）. 北京：中国建筑工业出版社，2013.
[9] 建设施工项目管理. 全国二级建造师执业资格考试用书编写委员会. 中国建筑工业出版社. 2013.